3ds Max 家具设计实例教程

闫水田　蒋　明　李　硕◎编著

中国铁道出版社有限公司
CHINA RAILWAY PUBLISHING HOUSE CO., LTD.

内 容 简 介

本书以实例的形式，从实战角度详细介绍了各类常见家具模型的设计方法、流程和技巧。全书共分 6 章，首先介绍了 3ds Max 家具设计必须掌握的软件知识和家具设计的专业知识，然后通过大量的实例介绍了桌类家具的设计、坐具类家具的设计、柜类家具的设计、床类家具的设计和架类家具的设计。

配套资源中提供了书中实例的源文件和素材文件，以及讲解实例设计过程的语音视频教学文件。

本书实例丰富、技术实用、讲解细致，适合家具设计、模型制作、室内效果图表现等行业的技术人员系统学习，也可作为大中专院校和培训机构家具设计、室内设计及其相关专业的教材。

图书在版编目（CIP）数据

3ds Max 家具设计实例教程/闫水田, 蒋明, 李硕编著.
—北京：中国铁道出版社有限公司, 2023.1
ISBN 978-7-113-29811-1

Ⅰ.①3… Ⅱ.①闫… ②蒋… ③李… Ⅲ.①家具-计算机辅助设计-三维动画软件-教材 Ⅳ.①TS664.01-39

中国版本图书馆 CIP 数据核字（2022）第 211453 号

书　　名：3ds Max 家具设计实例教程
3ds Max JIAJU SHEJI SHILI JIAOCHENG
作　　者：闫水田　蒋明　李硕

责任编辑：于先军　　编辑部电话：（010）51873026　　邮箱：46768089@qq.com
封面设计：宿　萌
责任校对：安海燕
责任印制：赵星辰

出版发行：中国铁道出版社有限公司（100054，北京市西城区右安门西街 8 号）
网　　址：http://www.tdpress.com
印　　刷：河北宝昌佳彩印刷有限公司
版　　次：2023 年 1 月第 1 版　2023 年 1 月第 1 次印刷
开　　本：787mm×1 092mm 1/16　印张：21　字数：544 千
书　　号：ISBN 978-7-113-29811-1
定　　价：89.80 元

前　言

3ds Max是Autodesk公司开发的基于PC系统的三维动画制作和渲染软件。经过Autodesk公司坚持不懈的努力，随着3ds Max软件版本的不断更新，逐步加强了灯光、材质渲染、模型和动画制作等各个模块，使软件的功能日趋完善。现在已被广泛应用于三维动画、影视制作、建筑设计等各种静态、动态场景的模拟制作之中。

本书内容

本书以3ds Max 2016为平台，通过53个实例，从实战角度详细介绍了各类常见家具模型的设计方法、流程和技巧。

全书共分6章，第1章介绍了使用3ds Max软件制作家具模型必须掌握的软件知识和家具设计的专业知识。具体内容包括3ds Max软件的基本操作与设置、家具设计的原则、定位、造型和机构、工艺及不同时期家具的特点。第2章介绍了桌类家具的设计。具体内容包括会议桌、电脑桌、办公桌、欧式茶几、边几、角几、欧式餐桌、明清写字桌、明清课桌。第3章介绍了坐具类家具的设计。具体内容包括摇摇椅、艺术沙发、欧式餐椅、休闲椅、皮质沙发、公共座椅、现代转椅、藤椅、沙滩椅、电脑椅、明清官帽椅、明清扶手椅、欧式凳子、欧式贵族椅、贵妃椅。第4章介绍了柜类家具的设计。具体内容包括展示柜、陈设柜、吊柜、床头柜、电视柜、仿古衣柜、明清小衣柜、明清桌柜、明清橱柜、床边柜、书柜、储物柜、食品柜、餐边柜、欧式橱柜、艺术柜。第5章介绍了床类家具的设计。具体内容包括单人床、双人床、双层床、儿童床、圆形床、罗汉床、吊床。第6章介绍了架类家具的设计。具体内容包括衣架、花架、展示架、书架、屏风、隔断。

本书特色

本书实例丰富，技术实用，步骤详细，讲解到位。书中的实例都是结合知识点的应用和难易程度按照不同类型家具的特点来精心安排的。

- 实例丰富，实用性强：书中通过53个实例，全面、详细地介绍了各种常见家具设计的全过程。每个实例都是从家具的特点出发，一直到最终模型的制作完成。这些实例都来自真实的家具设计样式，实用性强。
- 一步一图，易学易懂：书中对每个实例都进行了详细介绍，每一个操作步骤后均附有对应的图示，读者在学习的过程中能够直观、清晰地看到操作的过程及效果，便于理解掌握。
- 视频教学，学习高效：配套资源中提供了书中所有实例制作过程的语音视频教学，全面展示了每个家具模型制作的全过程，可帮助读者快速解决学习中遇到的困难并拓展知识。

配套资源

为方便读者学习，本书提供了书中所有实例的源文件及所用到的素材文件，同时，还提供了书中所有实例制作过程的语音视频教学文件。

配套资源下载网址：http://www.crphdm.com/2017/0927/13696.shtml

读者对象

本书实例丰富、技术实用、讲解细致，适合于家具设计、模型制作、室内效果图表现等行业的技术人员系统学习，也可作为大中专院校和培训机构家具设计、室内设计及其相关专业的教材。

编　者

2022 年 11 月

目 录

第 1 章　3ds Max 家具设计必备知识

3ds Max 是 Autodesk 公司开发的基于 PC 系统的三维动画制作和渲染软件。其前身是基于 DOS 操作系统的 3D Studio 系列软件。在 Windows NT 出现以前，工业级的 CG 制作被 SGI 图形工作站垄断。3D Studio Max + Windows NT 组合的出现降低了 CG 制作的门槛，先是运用在电脑游戏中的动画制作，以后更进一步开始参与影视片的特效制作，例如 X 战警 II；最后的武士等。3ds Max 具有如下特点：① 电脑配置不需要太高；② 插件多，兼容性强；③ 强大的角色动画制作能力；④ 强大的建模工具和命令，使制作模型更加快捷简单。

1.1　认识 3ds Max

Autodesk 公司于 1993 年开始研发基于 PC 的三维软件，终于在 1996 年 3D Studio MAX V1.0 问世，图形化的操作界面，使其应用更为方便。3D Studio MAX 从 V4.0 开始简写成 3ds Max，随后历经 V1.2，2.5，3.0，4.0，5.0 等，直至如今的版本。

3ds Max 从 2009 开始分为两个版本，它们分别是 3ds Max 和 3ds Max Design。3ds Max 和 3ds Max Design 分别是动画版和建筑工业版，不同的版本分别有不同的安装包，但是目前的最新版本中集成了基础版和建筑工业版，在软件启动时提供不同的版本选择。

3ds Max 基础版本主要应用于建筑、影视、游戏、动画方面。Design 版本主要应用在建筑、工业、制图方面，主要在灯光方面有改进，有用于模拟和分析阳光、天空及人工照明的辅助技术。无论是室内建筑装饰效果图，还是室外建筑设计效果图，3ds Max Design 强大的功能和灵活性都是实现创造力的最佳选择。

经过 Autodesk 公司坚持不懈的努力，逐步完善了灯光、材质渲染，模型和动画制作。广泛应用于三维动画、影视制作、建筑设计等各种静态、动态场景的模拟制作。

1.2　3ds Max 应用领域

3ds Max 是制作建筑效果图和动画的专业工具，同时拥有强大功能的 3ds Max 被广泛应用于电视及娱乐业中，比如片头动画和视频游戏的制作。其中，深深扎根于玩家心中的电子游戏《古墓丽影》中劳拉的角色形象就是 3ds Max 的杰作。此外，3ds Max 在影视特效方面也有一定的应用。而在国内发展相对比较成熟的建筑效果图和建筑动画制作上，3ds Max 的使用率更是占据了绝对的优势。根据不同行业的应用特点，对 3ds Max 的掌握程度也有不同的要求。建筑方面的应用相对来说局限性要大一些，它只要求单帧的渲染效果和环境效果，只涉及比较简单的动画；片头动画和视频游戏应用中动画占的比例很大，特别是视频游戏对角色动画的要求要高一些；影视特效方面的应用则把 3ds Max 的功能发挥到了极致，而这也是众多 3ds Max 迷想要达到的目标。由于应用广泛，在此建议大家在学完本书之后，确定自己的发展方向，然后继续深入学习，从而更好地提升自己的技术水平。以下是 3ds Max 的一些具体应用。

1．影视广告片头制作

用动画形式制作电视广告是目前很受厂商欢迎的一种商品宣传方式。使用 3ds Max 制作三维动画有立体感，写实能力强，表现力也很强，能轻而易举地表现一些结构复杂的形体，并且能产生惊人的真实效果，图 1–1 所示为典型的电影公司片头动画截图。同时，利用三维软件制作的影视动画也越来越普遍，更能吸引观众，图 1–2 所示为三维动画在电影中的应用。

图 1–1

图 1–2

2．游戏角色设计

由于 3ds Max 自身的特点，它已成为全球范围内应用最为广泛的游戏角色设计与制作软件之一，如果配合其他的三维雕刻软件更能表现出一些模型细节。图 1–3 所示为利用 3ds Max 软件同时配合 ZBrush 等雕刻软件制作的作品。除制作游戏角色外，3ds Max 还被广泛应用于制作游戏场景，如图 1–4 所示。

图 1–3

图 1–4

3．室内设计及建筑外观效果图

室内设计与建筑外观表现是目前国内 3ds Max 应用最广泛的一个领域。图 1–5 和图 1–6 分别为利用 3ds Max 软件制作的室内和室外的效果图。

图 1-5

图 1-6

4. 虚拟场景的设计

虚拟现实是目前三维技术发展的方向。通过 3ds Max 可将远古或未来的场景表现出来，从而进行更深层次的学术研究，并使这些场景所处的时代更容易被大众接受。未来成熟的虚拟场景技术加上虚拟现实技术能够使观众获得身临其境的真实感受。同时，3ds Max 在虚拟演播室中也占有一席之地，目前在电视节目中被大量使用。我们在电视中所见到的场景很多都是人工制作出来的，通过一些技术处理，将人物和背景实时地进行融合。图 1-7 所示为使用 3ds Max 设计的虚拟场景。

图 1-7

5. 军事科技及教育

在军事上可以用三维动画技术来模拟战场、进行军事部署或演习等，如图 1-8 所示。

图 1-8

6.工业及其他设计

三维设计软件在市场上常见的有 Maya、3ds Max、Rhino、Cinema 4D、Pro/E、UG、Catia、Alias 等。用 3ds Max 来进行工业设计表现，不过主要用在渲染上，真正使用 3ds Max 来建模的工业设计师是非常少的，它需要其他软件的配合使用。图 1-9 所示为 3ds Max 工业设计案例。

图 1-9

除了工业设计之外，3ds Max 还可广泛应用于家具设计等。接下来就让我们学习一下家具设计方面的基础知识。

1.3 3ds Max 基本操作与设置

本书将从桌类家具、坐具类家具、柜类家具、床类家具和架类家具五大类逐一学习使用 3ds Max 设计家具的方法。其中，桌类家具包括现代会议桌、电脑桌、办公桌、欧式茶几、边几、角几、欧式餐桌、明清写字桌、明清课桌。坐具类家具包括摇椅、懒人沙发、欧式餐椅、休闲椅、皮质沙发、公共座椅、现代转椅、藤椅、沙滩椅、电脑椅、明清官帽椅、明清扶手椅、欧式凳子、欧式餐椅、贵妃椅等。最具代表性的是贵妃椅。柜类家具包括展示柜、陈设柜、吊柜、床头柜、电视柜、仿古衣柜、明清小衣柜、明清桌柜、明清橱柜、床边柜、书柜、储物柜、食品柜、餐边柜、欧式橱柜、艺术柜等。床类家具包括单人床、双人床、双层床、儿童床、圆形床、罗汉床、吊床等。架类家具包括衣架、花架、展示架、书架、屏风和隔断等。希望通过本书的学习，读者能熟练掌握 3ds Max 常用的建模方法及简单的材质和渲染技术。

在学习制作家具模型之前，先来了解和设置 3ds Max 软件。首先来看 3ds Max 2016 软件的初始界面，如图 1-10 所示。3ds Max 首次打开后会弹出一个“欢迎使用”的界面，可以在这里选择观看学习官方提供的一些基础视频，如果不希望打开时显示该对话框，可以取消选中 在启动时显示此欢迎屏幕 复选框。3ds Max 2016 默认的启动界面是黑色的，看上去可能比较酷，但为了录制视频的需要，我们还是将界面颜色设置成之前的灰色。单击 自定义(U) 菜单，在下拉菜单中选择“加载自定义用户界面方案”命令，如图 1-11 所示。然后找到 3ds Max 的安装目录\Program Files\Autodesk\3ds Max 2016\zh-CN\UI，双击 ame-light 图标，双击 3ds Max 2016 图标，此时 3ds Max 颜色发生改变，在弹出的“加载自定义用户界面方案”对话框中单击“确定”按钮，如图 1-12 所示。3ds Max 在下次启动时就会默认为灰色的界面了，如图 1-13 所示。

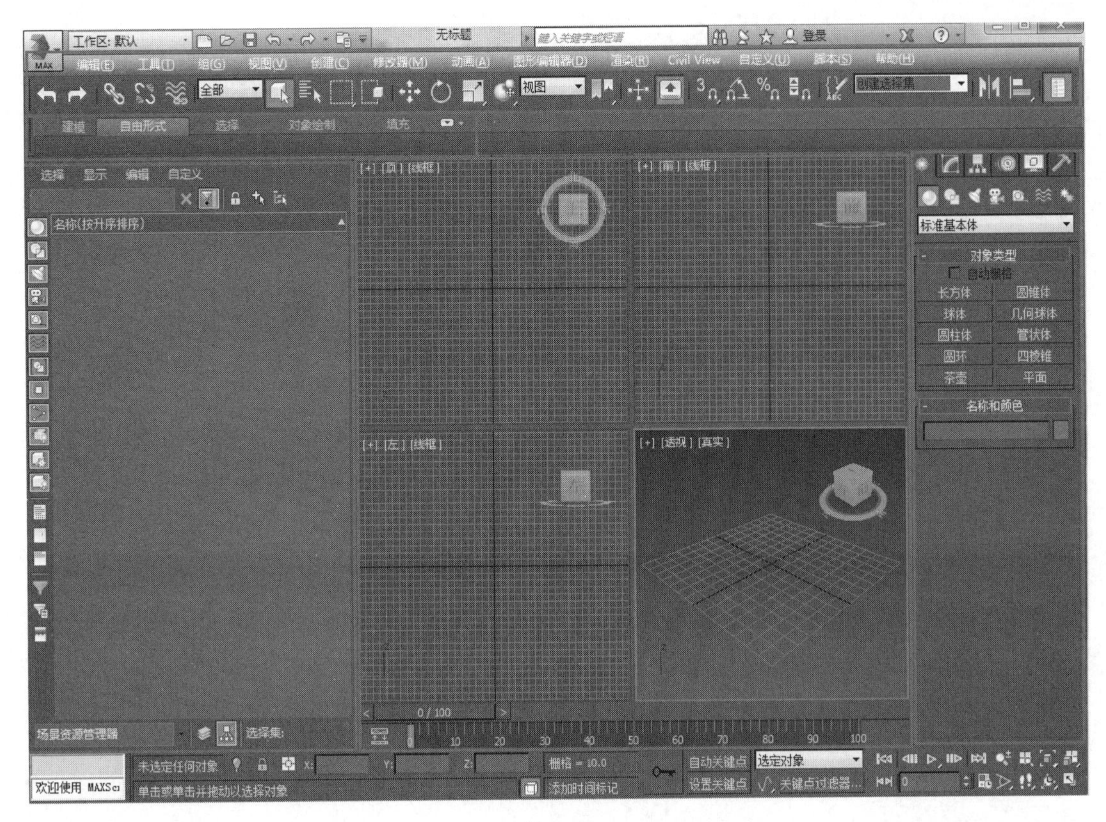

图 1-10

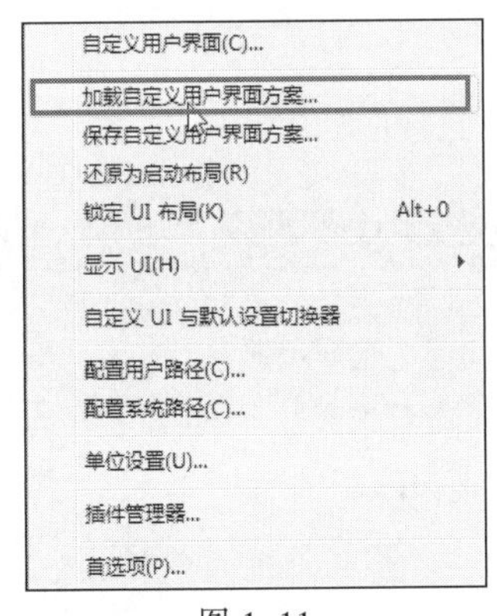

图 1-11

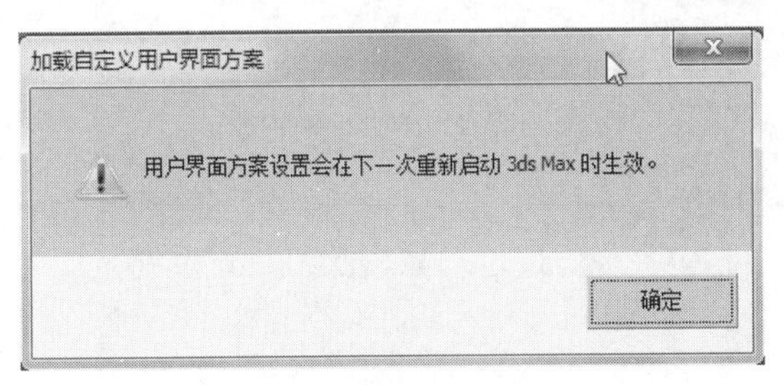

图 1-12

3ds Max 2016 版本增加了新的实时渲染引擎，选择“自定义”菜单中的“首选项”命令，弹出“首选项设置”对话框，如图 1-14 所示。单击“选择驱动程序”按钮，弹出“显示驱动程序选择”对话框，如图 1-15 所示。图中“Nitrous Direct3D 11（推荐）”是 3ds Max 2016 版本中增加的新的显示引擎，可以在视图中实时显示渲染效果，功能非常强大，如果计算机配置较高，那么使用专业显卡的效果会更加逼真，渲染速度会更快。但是目前我们使用的大多数显卡都是游戏卡，虽然不能和专业显卡的性能相比，但随着硬件技术的不断发展，游戏卡同样能给我们带来非常强大的效果。但是，如果你的计算机配置不是很好的话，建议还是使用之前的 Direct3D，以免在制作大型场景文件时烧坏显卡。

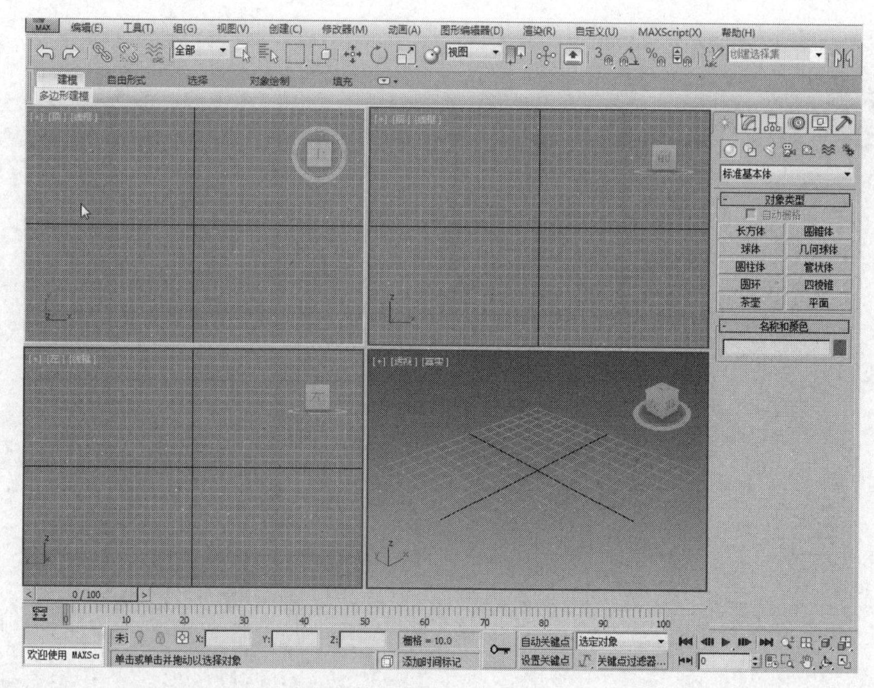

图 1-13

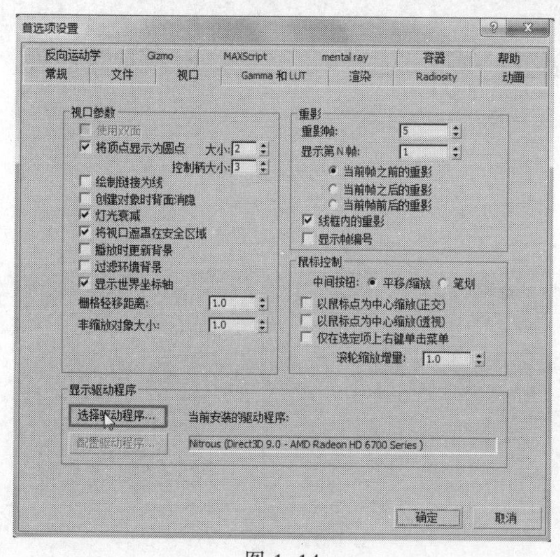

图 1-14

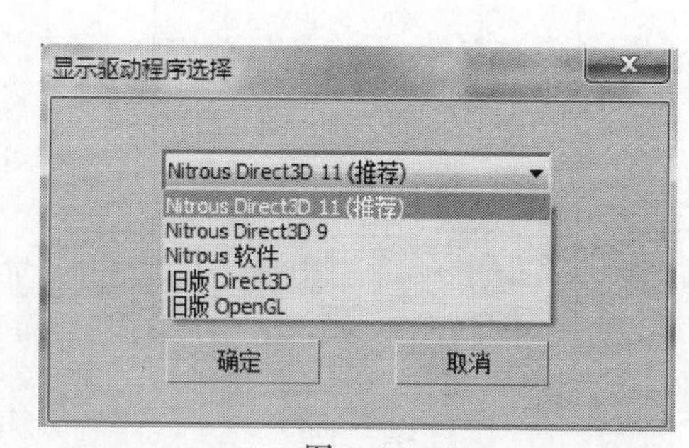

图 1-15

3ds Max 2016 版本中提供了快速切换视图显示按钮，图 1-16 所示的方框内的按钮，在制作模型时容易误单击到此按钮，所以希望只在激活的视图中显示。接下来设置一下，在这 4 个按钮中的任何 1 个上右击，在弹出的快捷菜单中选择“配置”命令，再在弹出的“视口配置”对话框中选择“仅在活动视图中”单选按钮，将“ViewCube 大小”设置为“小”，“非活动不透明度”设置为“25%”，如图 1-17 所示。设置完成之后，就只有被激活的视图才显示该按钮。

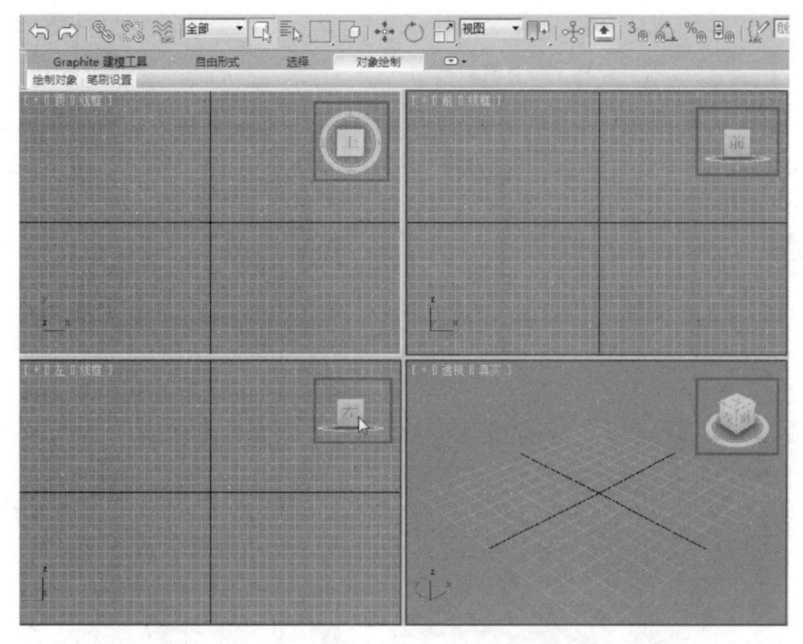

图 1-16

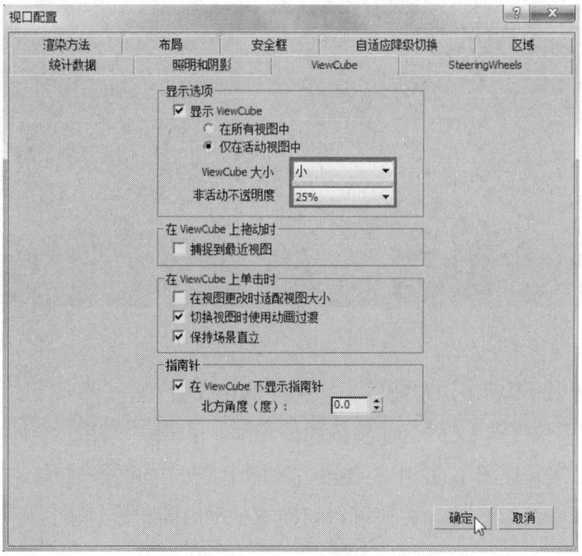

图 1-17

在制作模型时，经常需要细分光滑模型，它的快捷键要先设定，在“自定义”菜单中选择“自定义用户界面”命令，在弹出的“自定义用户界面”对话框中选择类别为 Editable Polygon Object，在下面找到 NURMS 切换（多边形），然后在热键中设置类别为快捷键【Ctrl+Q】，单击“指定”按钮，如图 1-18 所示。

指定好快捷键后，在视图中创建一个 Box 物体并右击，在弹出的快捷菜单中选择“转换为”|“转换为可编辑多边形”命令，将该 Box 物体转换为多边形物体，如图 1-19 所示。此时按下刚刚设置好的快捷键【Ctrl+Q】，该 Box 物体就产生了光滑效果，默认光滑级别为 1，如图 1-20 所示。将“迭代次数”值设置为 2，即光滑级别设置为 2，物体将显得更加光滑，如图 1-21 所示。

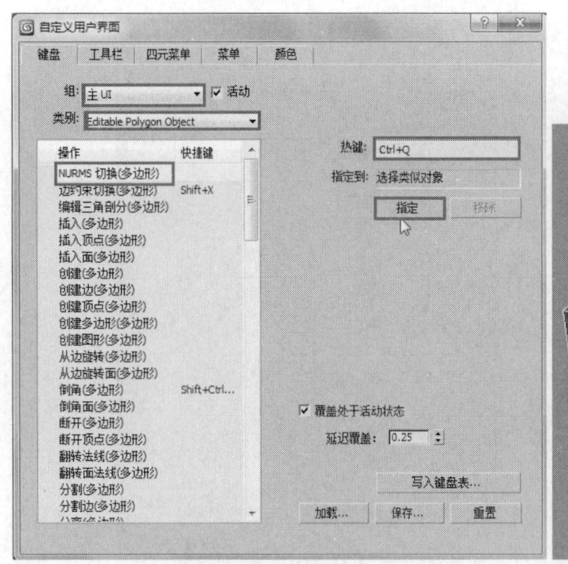

图 1-18

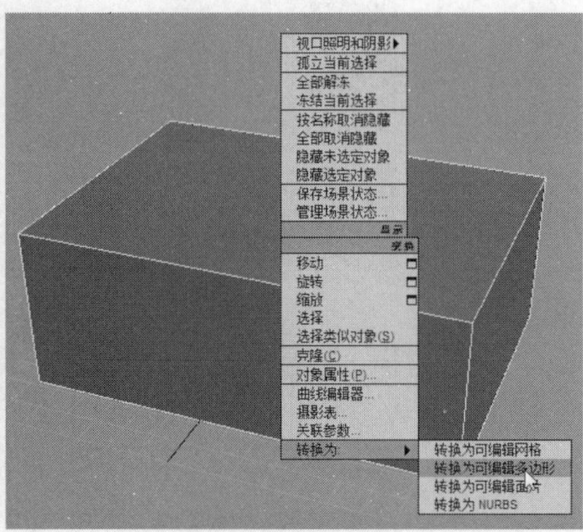

图 1-19

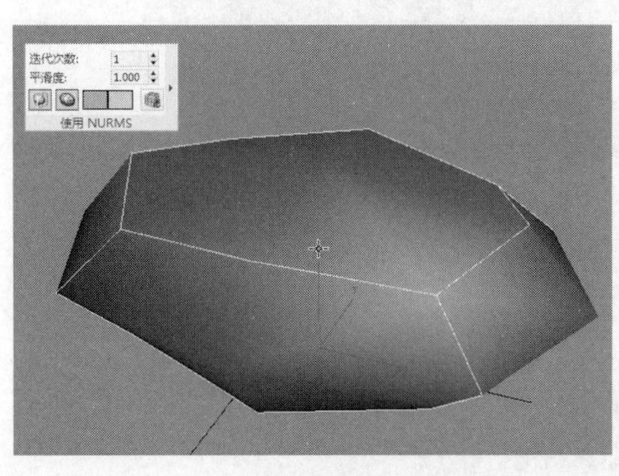

图 1-20

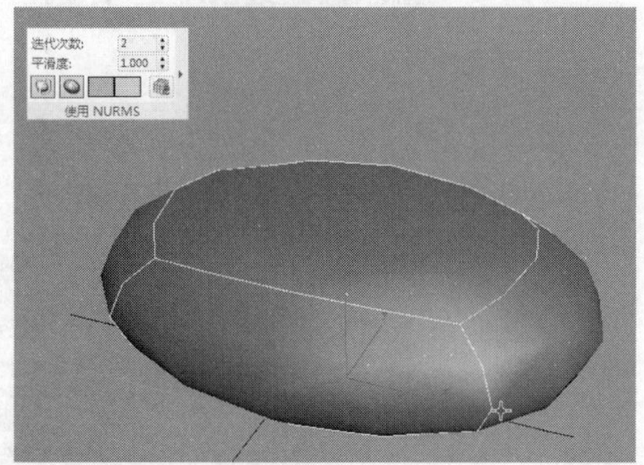

图 1-21

再次将该物体转换为可编辑的多边形物体，该物体的布线会发生一些改变，如图 1–22 所示。很明显它的布线增加了，再次按下快捷键【Ctrl+Q】使该物体光滑，单击按钮，物体光滑后的布线效果将显示出来，如图 1–23 所示。其实它在图 1–22 中的线段数和图 1–23 中的线段数是一样的，只是在图 1–22 中细分之后的线段没有被显示出来。单击按钮可以切换细分之后的布线效果，便于观察。

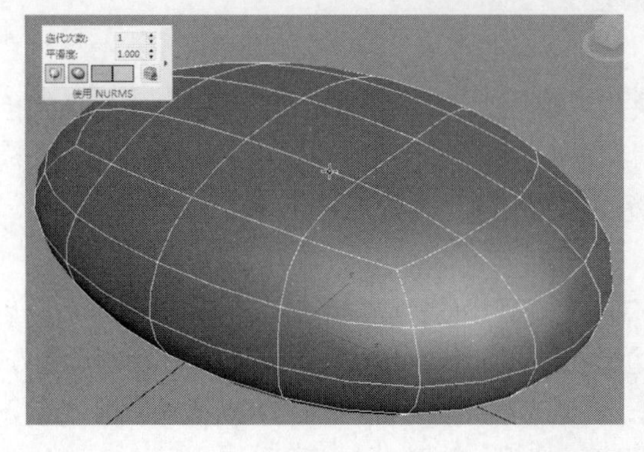

图 1–22

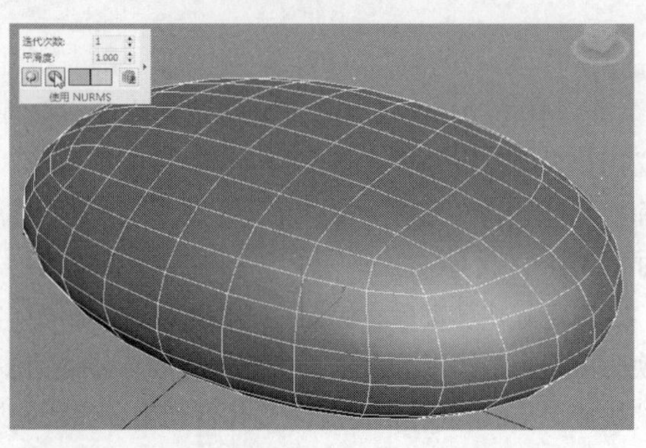

图 1–23

以上是细分光滑物体的快捷键设置，在模型制作的过程中，要大量运用快捷键进行切换，该快捷键不一定和上述设置一样，读者可以根据需要自行设定所需的快捷键。

选择物体边面显示快捷键的设置：当场景中的模型文件较多时，如果以边面显示快捷键为【F4】键，场景中所有模型均会以边面模式显示，这样非常占用系统资源。所以在必要的情况下，只需所选物体以边面显示。那么该如何来设置呢？单击“自定义”菜单，选择“自定义用户界面”，在弹出的自定义用户界面中的“类别”下选择 Views，然后在下方找到“以边面模式显示选定对象”，在右侧的热键区域单击【Shift+Ctrl+F4】键，单击“指定”按钮，这样就指定了【Shift+Ctrl+F4】键为选择物体以边面显示的快捷键，如图 1-24 所示。

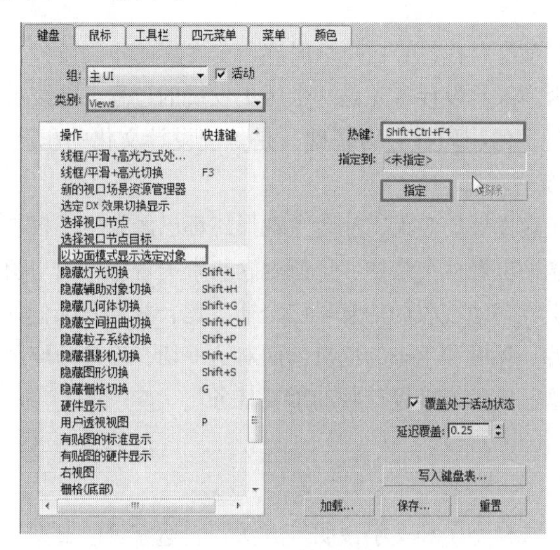

图 1-24

当然除了该快捷键的设置方法之外，还可以单击视图中左上角的[真实 + 边面]，再依次选择 显示选定对象 | 以边面模式显示选定对象 同样能开启选择物体的边面显示效果。

在视图中创建一些不规则几何体模型，按下快捷键【F4】，效果如图 1-25 所示。

再次按下【F4】键先关闭物体的边框显示，按下设置的【Shift+Ctrl+F4】键，选择其中任意一个几何体，此时显示效果如图 1-26 所示。当然选定对象的边面模式显示也可以在视图中单击左上角的 [真实] | 显示选定对象 | 以边面模式显示选定对象 打开。

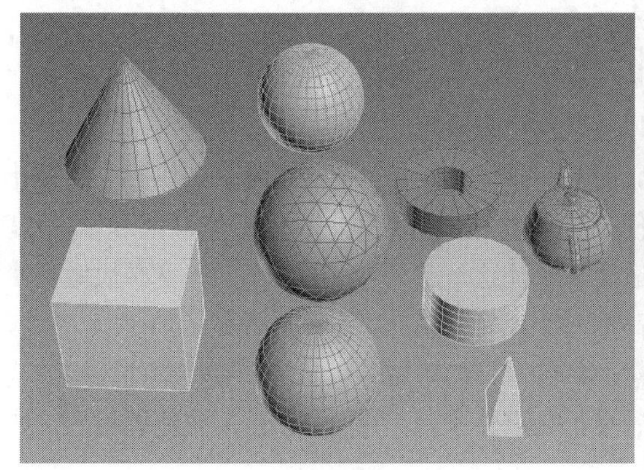

图 1-25

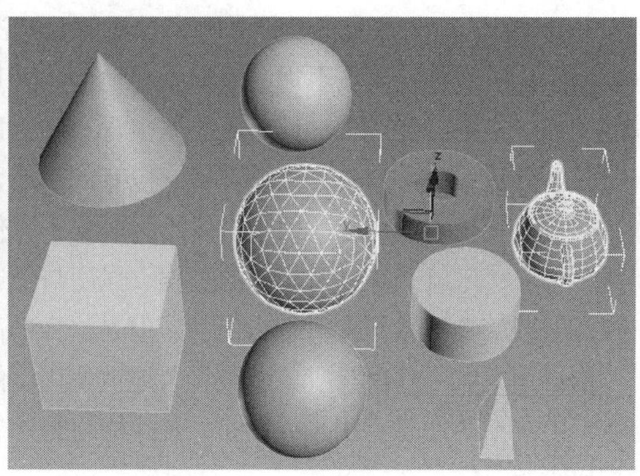

图 1-26

提示　这样做的好处是当场景中模型文件较多时，在非常复杂的场景下，想观察某个物体的布线效果，如果全部开启边面显示是非常消耗系统资源的，容易造成系统卡顿。通过开启选择物体的边面显示效果可以显示选择物体的布线，其他物体可以不显示边面以节省系统资源。

以上就是在设计制作之前要设置的一些基本操作和快捷键操作，这些设置在接下来的学习制作当中会大量使用。

1.4　家具设计的专业知识

家具设计既有民族性，又有时代性。在一个民族历史发展的不同阶段，该民族的家具设计会表现出明显的时代特征，这是因为家具设计首先是一个历史发展的过程，是该民族各个时期设计文化的叠合及承接，是以该时代的现实的物质社会为基础，是传统设计文化的积淀和不断扬弃的对立统一，是历史性与现实性的对立统一。

在经济全球化、科技飞速发展的今天，社会主观形式都已经发生了根本的改变，尤其是信息的广泛、高速传播，开放的观念冲击着社会结构、价值观念与审美观念，国与国之间的交流、人与人之间的交往日趋频繁，人们从世界各地接收的信息早已今非昔比，社会及人们的要求在不断进步和改变。加之工业文明所带来的能源、环境和生态的危机，面对这一切，设计师能否适应它、利用它，使得设计成为特定时代的产物，这已成为当今设计师的重要任务。

1.4.1　家具设计简介

家具设计是指用图形（或模型）和文字说明等方法，表达家具的造型、功能、尺寸、色彩、材料和结构。家具设计既是一门艺术，又是一门应用科学。主要包括造型设计、结构设计及工艺设计三个方面。设计的整个过程包括收集资料、构思、绘制草图、评价、试样、再评价、绘制生产图。

1.4.2　家具设计的原则

当你设计一件家具时，有四个主要目标。你或许没有特意地去了解过它们，但是它们却是设计过程中不可或缺的重要组成部分。这四个目标就是实用、舒适、耐久、美观。这些对家具制造行业来说是最基本的要求之一，因此更加值得人们不断深入地研究。

是否实用：一件家具的功能是相当重要的，它必须能够体现出本身存在的价值。假若是一把椅子，它就必须能够使你能坐在上面，而非坐在地面；若是一张床，它一定可以让你坐在上面，也能够让你躺在上面。实用功能的含义就是家具要包含通常可以接受的已被限定的目的。

是否舒适：一件家具不仅要具备它应有的功能，而且还必须具有相当的舒适度。一块石头能够让你不需要直接坐在地面上，但是它既不舒服也不方便，然而椅子恰恰相反。你要想一整晚能好好地躺在床上休息，床就必须具备足够的高度、强度与舒适度来保证这一点。一张咖啡桌的高度必须做到使它在端茶或端咖啡给客人时相当便利，但是这样的高度对于就餐来说却又有些不舒服了。

能否耐久：一件家具应该能够长久地被使用，然而每件家具的使用寿命却是不尽相同的，因为这与它们的主要功用息息相关。例如，休闲椅与野外餐桌都是户外家具，它们并不被期望能够耐用得如同抽屉面板一样长久。

耐久性经常被人们当作质量的唯一体现。然而实际上一件家具的质量与设计中各个目标的完美体现都是息息相关的，它包括接下来即将提及的另一个目标：美观。若是一把椅子，尽管做得十分耐久牢靠，但是外形十分难看，或者坐在它上面极为不舒服，它也不是一把高质量的椅子。

是否美观：在现在的手工店铺中，制造的家具外形是否美观、能否吸引人已成为判断工人是否优秀的重要因素。通过一段时间的努力训练，优秀工人可以懂得如何完成之前提及的三个目标。他们已经明白如何让一件家具能够具备其应有的功能以及做到舒适与耐用。

能够体现出这四个目标紧密联系的一个实例是克里斯莫斯椅，它是古希腊人设计制造出来的。尽管它非常时尚和美观，但它并非一件高品质的家具。从外观来看由于横挡与椅腿部连接看起来并不漂亮，所以就没有采用横挡的结构。然而由于椅腿过于单薄，以至不能够采用连接件连接。如此一来，这种椅子即使在没有损伤的情况下也不能够使用很久。经过一二十年的惨痛教训，之后的制造者不得不增加横挡，来给这个外表虽然相当美观但却极为脆弱的椅子增加牢固度。目前，国内的一些儿童家具在造型、色彩、趣味元素的使用上较为雷同，真正有创意、特别能打动儿童的家具不多。造成这种状况的主要原因在于，现今市场上的各种儿童家具都是成人设计的，或者说，是成人揣摩儿童心理后设计的。因此，无论设计师如何高明，其设计构思毕竟与儿童本来的心理诉求隔了一层。虽然每年都会有家具设计企业投入大量的人力、财力针对儿童需求展开调查研究，甚至通过举办各种形式的儿童房设计大赛来分析更受孩子欢迎的儿童房的特点。但是，调查问卷往往是父母代为填写的，参赛作品也是父母捉刀的，其效果也就可想而知。注重儿童本身的感受，真正让儿童参与设计，寻找家具与儿童互动的“触点”，才能打破由成人设计儿童家具的局限性，真正生产出既安全又让儿童满意的家具。

1.4.3　家具设计的定位

首先要了解该家具企业的品牌定位与产品市场定位，然后再确定设计从哪里开始着手。产品创新关系着一个企业的生死存亡，不只是设计一件产品而已。首先要清楚企业的定位，是家具行业中的领导者、跟随者，还是市场补缺者。家具设计定位与家具企业定位相对应，可以分为三大类：

（1）新材料、新工艺、新结构的更新换代的产品设计；

（2）同类产品中的差异化设计；

（3）市场需求空档的产品设计。

家具行业的领导企业是领导着市场主流流行趋势的企业，有着左右市场趋势的能力。对这样的领导企业而言，设计就应该是更新换代的产品设计，即使没有更新换代的新材料、新工艺、新结构，至少在设计产品上市的营销策划阶段就该着眼于“新”，对老的产品进行重新定位，以突出新产品各方面的优势。领导企业的设计师要对国际上家具新材料、新工艺、新结构的发展动态了如指掌，并能结合国内市场特征形成自己的特色。只有这样的家具行业领导企业才有实力把设计创新概念化，并把概念化的设计用市场手段去宣传推广，同时把设计师品牌化。当然如果能及时、敏感地把新材料、新工艺、新结构结合于设计实践中，那他更是划时代的设计大师了。

1.4.4　家具造型和结构

要在造型上取得良好的效果，必须熟悉各种材料的性能、特点、加工工艺及成型方法，才能设计出最能体现材料特性的家具造型。

合理的结构不仅可以增加家具的强度，节约原材料，便于机械化、自动化生产，而且能强化家具造型艺术的个性。

造型和结构的把握要充分发挥个人的想象力，除了创新之外，在设计时还要讲究实用性，一个好的造型结构以及实用性相结合的产品才是完美的作品。

1.4.5 家具的工艺

工艺是制作家具的重要手段。工艺设计是使结构设计得以实现的基础。生产方式和工艺流程取决于工艺设计，它对组织生产起着重要的作用。工艺设计主要包括家具类型结构分析和技术条件确定、编制工艺卡片和工艺流程图两个方面。首先分析家具产品的材料构成情况。其次分析该产品应采用哪种类型的生产手段。单件生产多选用通用设备组成的工艺流程；大量生产多选用具有较大生产能力的专用机床、自动机床、联合机床组成的单向流水线；批量生产（指定期更换和以成批形式投入生产）介于上述两类之间，尽可能采用专用机床、自动机床组成的流水线。最后根据结构装配图编制零部件明细表，其中包括家具产品的型号、用途、外围尺寸和零部件尺寸、允许的公差、使用材料、五金配件、涂饰及胶料种类以及装配质量、技术条件、产品包装要求等。

1.4.6 家具设计的常用尺寸

以下是一些常用家具的尺寸参考（单位：cm）。

- 衣橱：深度，一般60～65；推拉门，70；衣橱门宽度，40～65。
- 推拉门：75～150；高度，190～240。
- 矮柜：深度，35～45；柜门宽度，30～60。
- 电视柜：深度，45～60；高度，60～70。
- 单人床：宽度，90，105，120；长度，180，186，200，210。
- 双人床：宽度，135，150，180；长度，180，186，200，210。
- 圆床：直径，186，212.5，242.4（常用）。
- 室内门：宽度，80～95；高度，190，200，210，220，240。
- 厕所门、厨房门：宽度，80，90；高度，190，200，210。
- 单人沙发：长度，80～95；深度，85～90；坐垫高，35～42；背高，70～90。
- 双人沙发：长度，126～150；深度，80～90。
- 三人沙发：长度，175～196；深度，80～90。
- 四人沙发：长度，232～252；深度，80～90。
- 小型茶几：长方形，长度60～75；宽度，45～60；高度38～50（38最佳）。
- 长方形中型茶几：长度，120～135；宽度，38～50或60～75。
- 正方形中型茶几：长度，75～90；高度，43～50。
- 长方形大型茶几：长度，150～180；宽度，60～80；高度，33～42（33最佳）。
- 圆形大型茶几：直径，75，90，105，120；高度，33～42。
- 方形大型茶几：宽度，90，105，120，135，150；高度，33～42。
- 固定式书桌：深度，45～70（60最佳）；高度75。
- 活动式书桌：深度，65～80；高度，75～78；书桌下缘离地至少58；长度最少90（150～180最佳）。

- 餐桌：高度，75～78（一般）；西式高度，68～72；一般方桌宽度，120，90，75。
- 长方桌：宽度，80，90，105，120；长度，150，165，180，210，240。
- 圆桌：直径，90，120，135，150，180。
- 书架：深度，25～40（每一格）；长度，60～120；下大上小型下方深度 35～45，高度 80～90。

1.4.7　家具设计的色彩搭配

1. 色调配色

色调配色是指选择具有某种相同性质（冷暖调、明度、艳度）的色彩搭配在一起，色相越全越好，最少也要三种色相以上。比如，同等明度的红、黄、蓝搭配在一起。

2. 近似配色

选择相邻或相近的色相进行搭配。这种配色因为含有三原色中某一共同的颜色，所以很协调。因为色相接近，所以也比较稳定，如果是单一色相的浓淡搭配则称为同色系配色。出彩搭配：紫配绿，紫配橙，绿配橙。

3. 渐进配色

按色相、明度、艳度三要素之一的程度高低依次排列颜色。特点是即使色调沉稳，也很醒目，尤其是色相和明度的渐进配色。彩虹既是色调配色，也属于渐进配色。

4. 对比配色

用色相、明度或艳度的反差进行搭配，可以体现鲜明的强弱。其中，明度的对比给人明快清晰的印象，可以说只要有明度上的对比，配色就不会太失败。比如，红配绿，黄配紫，蓝配橙。

5. 单重点配色

让两种颜色形成面积的大反差。“万绿丛中一点红”就是一种单重点配色。其实，单重点配色也是一种对比，相当于一种颜色做底色，另一种颜色做图形。

6. 分隔式配色

如果两种颜色比较接近，看上去不分明，可以靠对比色加在这两种颜色之间，增加强度，整体效果就会很协调了。最简单的加入色是无色系的颜色和米色等中性色。

7. 夜配色

严格来讲，这不算是真正的配色技巧，但很有用。高明度或鲜亮的冷色与低明度的暖色配在一起，称为夜配色或影配色。它的特点是神秘、遥远，充满异国情调、民族风情。比如，凫色配勃艮第酒红，翡翠松石绿配黑棕。

1.4.8　不同时期家具的特点

明清家具代表着我国家具的黄金时代，时至今日仍然对我们今天的家具设计和制造有着深远的影响。对它们进行纵向的对照、比较以及横向的分析、辨别，可以更深层次地了解中国家具的发展脉络，从而为更好地设计今天的家具打下坚实的基础。

我国家具的艺术成就，对东西方都产生过不同程度的影响，在世界家具体系中占有重要的地位。

1. 明清家具的演变

明代及清代前期，家具制造业空前繁荣，大致可归于两个原因：一是城市乡镇的商品经济普遍发达，社会时尚的追求从一个侧面刺激了家具的供需数量；另一个原因可能与海运发达有关，硬质木材大量涌入，使工匠们有了发挥的空间，竞相制造出在坚固程度和美观实用等方面都超越了前代的家具。

所谓明式家具，一般是指在继承宋元家具传统样式的基础上逐渐发展起来的家具。由明入清，以优质硬木为主要材料的日用居室家具开始出现。它初始时被称为“细木家具”。起初，这种细木家具在江南地区主要采用当地盛产的榉木，至明中期以后，更多地选用花梨、紫檀等品种的木材。当时人们把这些花纹美丽的木材统称为“文木”。特别是经过晚明时文人的直接参与和积极倡导，这类时髦的家具立即得以风行并迅速以鲜明的风格形象普及开来。细木家具具有经久耐用的实用性和隽永高远的审美趣味，它以一种出类拔萃的艺术风貌，成为中华民族文明史上的一颗艺术明珠。这种家具产生于明代，时代特色鲜明，故称其为“明式”，如图 1–27 所示。

图 1–27

在明式家具的产生和发展的过程中，主要的地域范围是以苏州为中心的江南地区，这一地区的明式家具持续着鲜明独特的风格，这种风格鲜明的江南家具得到人们广泛的喜爱，人们把苏式家具看作明式家具的正宗，也称它为“苏式家具”，或称“苏做”。

明末清初，家具从形制、工艺、装饰、用材等各方面都日趋成熟。大量进口的硬木木料，如紫檀、花梨、红木，都得到上层社会和文人雅士的喜爱。其中，色泽淡雅、花纹美丽的花梨木成为制作高档家具的首选材料。国产的木材，如南方的与黄花梨接近的铁力木、榉木，用于装饰的黄杨木和瘿木以及专做箱柜的樟木等都被广泛使用。在装饰上有浮雕、镂雕以及各种曲线线形，既丰富又有节制，使得这一时期的家具刚柔相济，洗练中显出精致；白铜合页、把手、紧固件或其他配件恰到好处地为家具增添了有效的装饰作用，在色彩上也相得益彰，如图 1–28、图 1–29 所示。

家具的种类比以往任何时期都要丰富，不仅有桌、柜、箱类，也有床榻类、椅凳类、几案类、屏风类等。根据不同的工艺特点，做法也明显不同，可划分为紫檀作、花梨作、红木作以及柴木作等，相互有所区别。清初的柴木家具是明代家具中的精品，许多柴木家具风格淳朴、造型敦厚，体现出来自民间的审美情趣。在柴木家具中，以晋作为最优，河北、山东也不乏佳作。

图 1-28

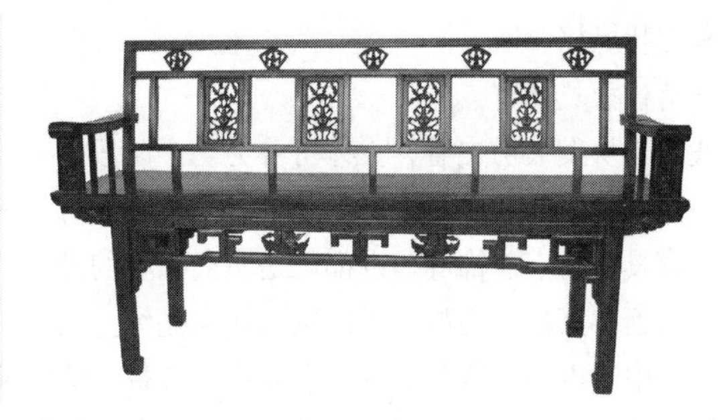

图 1-29

清初之时，家具上的创新不多，出现了尺寸扩大、形式守旧的特征；但随着政治的稳定，社会的繁荣，统治者体现到家具上的追求，一是体积加大，二是装饰一味趋于细腻。

清代中叶以后，苏式家具也出现了新的特征，与风行全国的京式家具相互影响，又各自保留自身的特点和历史地位，在清代各种不同风格的家具中独树一帜。从家具的工艺技术和造型艺术上讲，乾隆后期家具发展达到了顶峰时期。这个时期清朝家具的风格逐渐明朗起来，才真正显示出“清式家具”的独特审美。

对于这两种时代的家具风格特点的了解和掌握，是我们欣赏家具、鉴定家具时必须掌握的。

2. 明清家具的特点

（1）明代家具的特点

明代家具的风格特点，细分有以下四点。

① 造型简练、以线为主

严格的比例关系是家具造型的基础。明代家具局部与局部的比例、装饰与整体形态的比例，都极为匀称而协调。其各个部件的线条，均呈挺拔秀丽之势。刚柔相济，线条挺而不僵，柔而不弱，表现出简练、质朴、典雅、大方之美。

② 结构严谨、做工精细

明代家具的卯榫结构，极富有科学性。不用钉子少用胶，不受自然条件的潮湿或干燥的影响，制作上采用攒边等做法。在跨度较大的局部之间，镶以牙板、牙条、券口、圈口、矮老、霸王枨、罗锅枨、卡子花等，既美观，又增强了牢固性。明代家具的结构设计是科学和艺术的完美结合。

③ 装饰适度、繁简相宜

明代家具的装饰手法，可以说是多种多样的，雕、镂、嵌、描等都广为所用。装饰用材也很广泛，珐琅、螺钿、竹、牙、玉、石等，样样不拒。但是，绝不贪多堆砌，也不曲意雕琢，而是根据整体要求，做恰如其分的局部装饰。如椅子背板上，做小面积的透雕或镶嵌，在桌案的局部，施以矮老或卡子花等。虽然施以装饰，但整体看，仍不失朴素与清秀的本色，可谓适宜得体、锦上添花。明式家具纹饰题材最突出的特点是大量采用带有吉祥寓意的主题，如方胜、盘长、万字、如意、云头、龟背、曲尺、连环等纹饰。与清式家具相比，明式家具纹饰题材的寓意大都比较雅逸，更增加了明式家具的高雅气质。

④ 木材坚硬、纹理优美

明代家具的木材纹理，自然优美，呈现出羽毛、兽面等形象，令人产生不尽的遐想。充分利用木材的纹理优势，发挥硬木材料本身的自然美，这是明代硬木家具的又一突出特点。明代硬木家具用材多数为黄花梨、紫檀等，这些高级硬木都具有色调和纹理的自然美。工匠们在制作时，除了精工细作以外，同时不加漆饰，不做大面积装饰，充分发挥、利用木材本身的色调、纹理，形成自己特有的审美趣味和独特风格。

（2）清代家具的特点

清代家具从发展历史看，大体可分为三个阶段。

第一阶段是清初至康熙初，这个阶段不论是工艺水平还是工匠的技艺，都还是明代的继续。所以，这时期的家具造型、装饰等，也都还是明代家具的延续。造型上不似中期那么浑厚、凝重，装饰上不似中期那么繁缛富丽，用材也不似中期那么宽绰。而且，清初紫檀木尚不短缺，大部分家具还是用紫檀木制造。中期以后，紫檀渐少，多以红木代替。清初期，由于为时不长，特点不明显，没有留下更多的传世之作，这时期还是处于对前代的继承期。家具风格也可以称为明式。

第二阶段是康熙至嘉庆。这段时间是清代社会政治的稳定期，社会经济的发达期。这个阶段的家具行业也随着社会发展、人民需要和科技的进步而兴旺发达。到了乾隆时期，家具生产达到了顶峰。这些家具材质优良，做工细腻，尤以装饰见长。这些家具风格，与前代截然不同，代表着清代的主流，被后世称为“清式风格”。清式家具的风格，概括来说有以下两点。

① 造型上浑厚、庄重

从雍正开始，家具新品种、新结构、新装饰不断涌现，如折叠式书桌、炕格、炕书架等。在装饰上也有新的创意，如黑光漆面嵌螺钿、婆罗漆面、掐丝珐琅等。另外用福字、寿字、流云等描画在束腰上，也是雍正时的一种新手法。这时期的家具一改前代的挺秀，而为浑厚和庄重。突出表现为用料宽绰，尺寸加大，体态丰硕。清代太师椅的造型最能体现清式风格的特点。它座面加大，后背饱满，腿子粗壮，整体造型像宝座一样雄伟、庄重。

② 装饰上求多、求满、求富贵、求华丽

清中期家具特点突出，成为“清式家具”的代表作。清式家具以雕绘满眼绚烂华丽见长，其纹饰图案也相应地体现着这种美学风格。清代家具纹饰图案的题材在明代的基础上进一步发展拓宽，植物、动物、风景、人物无所不有，十分丰富。清式家具的装饰，求多、求满、求富贵、求华丽。多种材料并用，多种工艺结合。甚至在一件家具上，也用多种手段和多种材料进行装饰。雕、嵌、描金兼取，螺钿、木石并用。此时家具常见通体装饰，没有空白，达到空前的富丽和辉煌。吉祥图案在这一时期亦非常流行，但这一时期所流行的图案大都以贴近老百姓的生活为目的，与明式家具的阳春白雪相比，显得有些世俗化。晚清的家具装饰花纹多以各类物品的名称拼凑成吉祥语，如“鹿鹤同春”“年年有余”“早生贵子”等，宫廷贵族的家具则多用“祥云捧日”“双龙戏珠”“洪福齐天”等。明末清初之际，西方文化艺术逐渐传入我国。雍正以后，仿西洋纹样的风气大盛，特别是清代广式家具，出现了中西结合式家具，即以我国传统做法制成器，而雕刻西式纹样，通常是一种形似牡丹的花纹，这种花纹出现的年代要相对晚些。

清代工匠崇尚在一件家具上同时采用几种工艺手法，如雕刻加镶嵌，彩绘加贴金、包铜或珐琅等，材料的运用也趋多样，常见的有家具上加玉、牙、藤、瓷等。处理手法比起明代更趋多样化、复杂化，如这一时期出现的紫檀嵌瓷扶手椅、玻璃香几、嵌玉璧插屏、掐丝珐琅宝座等都是清代特有的家具装饰技法。

第三阶段是道光以后至清末。至同治、光绪时，社会经济每况愈下。同时，由于外国资本主义经济、文化以及教会的输入，使得我国原本自给自足的封建经济发生变化，外来文化也随之渗入我国领土。这时期的家具风格，也毫不例外地受到影响，有所变化。造型上接受了法国建筑和法国家具上的洛可可影响；追求曲线美，过多装饰；木材不求高贵，做工也比较粗糙。

第 2 章　桌类家具设计

本章将通过现代会议桌、电脑桌、办公桌、欧式茶几、边几、角几、欧式餐桌、明清写字桌、明清课桌等实例来学习桌类家具的制作方法。希望通过本章的学习，读者能了解一些家具的基础知识。桌类家具的高度尺寸一般为：70cm、72cm、74cm、76cm。椅凳类家具的座面高度一般为：40cm、42cm、44cm。写字桌台面下的空间高度不小于 58cm，空间宽度不小于 52cm。桌椅配套时，两者高度差应控制在 28～32cm。正确的桌椅高度应该能够使人正坐时保持两个基本垂直：两脚平放地面时，大小腿能够垂直；当两臂自然下垂时，上臂和小臂基本垂直。

2.1 制作会议桌

步骤 01 在学习制作模型之前，首先来设置一下软件的界面颜色、UI 以及尺寸等。选择“自定义”｜“加载自定义用户界面方案”，在弹出的加载自定义用户界面方案界面中选择 ame-light 文件，单击“打开”按钮，如图 2-1 所示。在设置完成后，软件界面和颜色会由默认的黑色变成灰色，如果喜欢黑色界面的朋友可以不必设置。

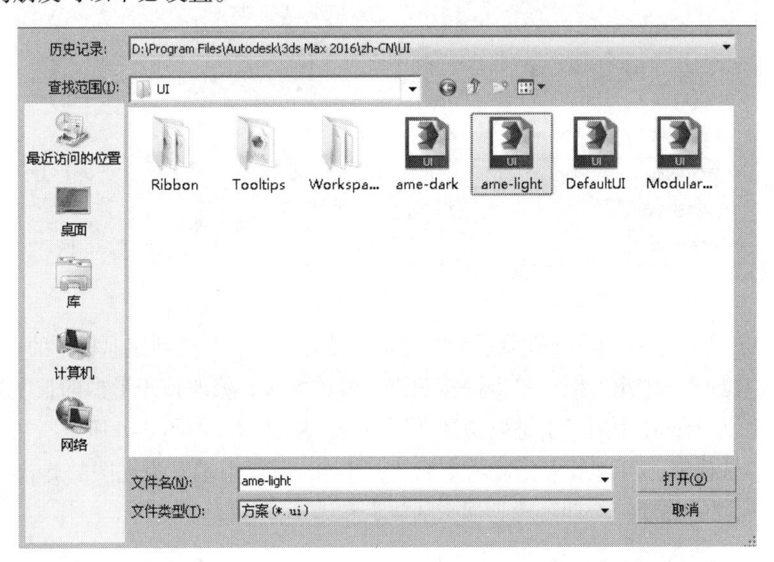

图 2-1

设置好用户界面后，再来设置一下常用的快捷键。选择“自定义” | “首选项”，在打开的自定义用户界面面板中，单击“键盘”卷展栏下“类别”右侧的下拉列表，选择 Editable Polygon Object 选项，如图 2-2 所示。然后在 Editable Polygon Object 列表中找到 NURMS 切换（多边形），在右侧的热键输入框中输入需要设定的快捷键，此处根据个人习惯，设置为【Ctrl+Q】键，单击指定按钮，这样就把该命令指定了自定义设置的快捷键，如图 2-3 所示。

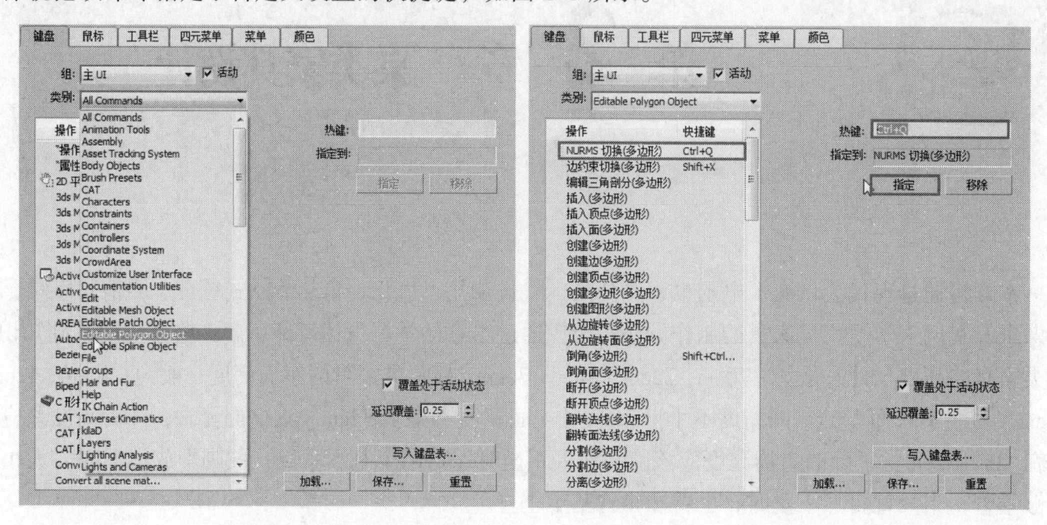

图 2-2　　　　图 2-3

接下来设置 3ds Max 软件的尺寸，在“自定义”菜单中选择“单位设置”命令，如图 2-4 所示。在弹出的对话框中选择“公制”中的“厘米”选项，如图 2-5 所示。

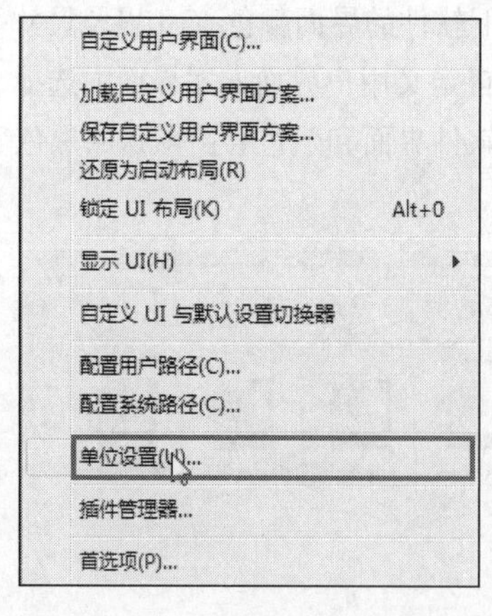

图 2-4

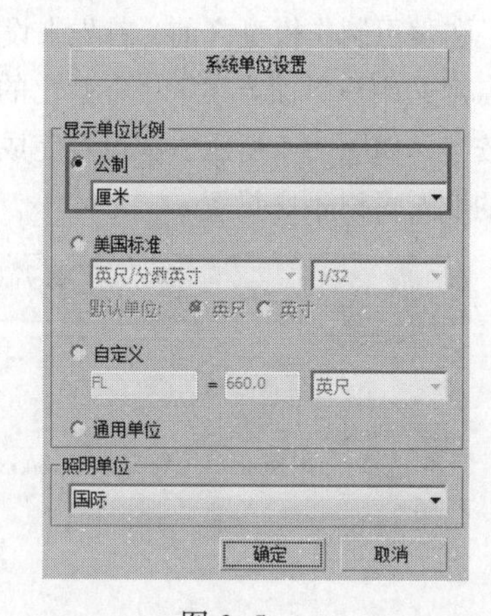

图 2-5

步骤 02 建模方法多种多样，找到适合自己的方法即可。单击创建面板下的按钮，单击“矩形”按钮在视图中创建一个矩形框，单击按钮进入修改面板，修改该矩形框的长度为 150cm，宽度为 420cm，角半径为 35cm，按【G】键取消透视图中的网格显示，如图 2-6 所示。在透视图中单击，然后按【Alt+W】快捷键，可以最大化显示该视图；【Alt+鼠标中键】为视图的旋转操作；直接按住鼠标中键拖动为视图的移动；滚动滑轮为视图的放大和缩小操作。

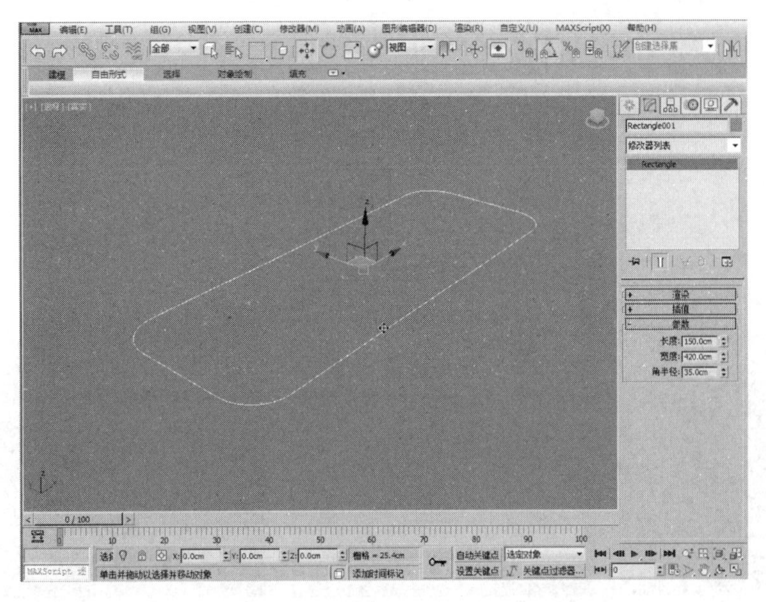

图 2-6

步骤 03 单击创建面板下的按钮，单击“线”按钮在视图中创建样条线，如图 2-7 所示。单击按钮进入修改面板，单击右侧修改面板下 Line 前面的+号，此时会展开样条线的子级别，如图 2-8 所示。子级别分别为“顶点”级别、“线段”级别和“样条线”级别，这三个级别对应的快捷键分别为 1、2、3，按相对应的快捷键即可快速进入对应的子级别。

进入“顶点级别”，选择点移动来调整点的距离，然后框选右侧所有点，单击 圆角 按钮，当鼠标放置在点上时，鼠标的样式会发生变化，如图 2-9 所示。在点上单击并拖动鼠标将直角处理为圆角，如图 2-10 所示。使用同样的方法，将左侧的点也处理为圆角，如图 2-11 所示。

> **注意** 进入样条线的顶点级别。样条线中的点分为 4 种模式，它们分别为 Bezier 角点、Bezier、角点、平滑。选择任意一个点，右击，在弹出的快捷菜单中查看当前点的模式，当然也可以变换当前点的模式，如图 2-12 中红色框所示。

先来看 Bezier 角点模式，该模式下点的两端会有两个手柄，如图 2-13 所示。移动方框中的绿色点可以调整曲线弧度，如图 2-14 所示。Bezier 角点两端的点是独立控制的，调整一端，另一端的曲线不会发生改变。

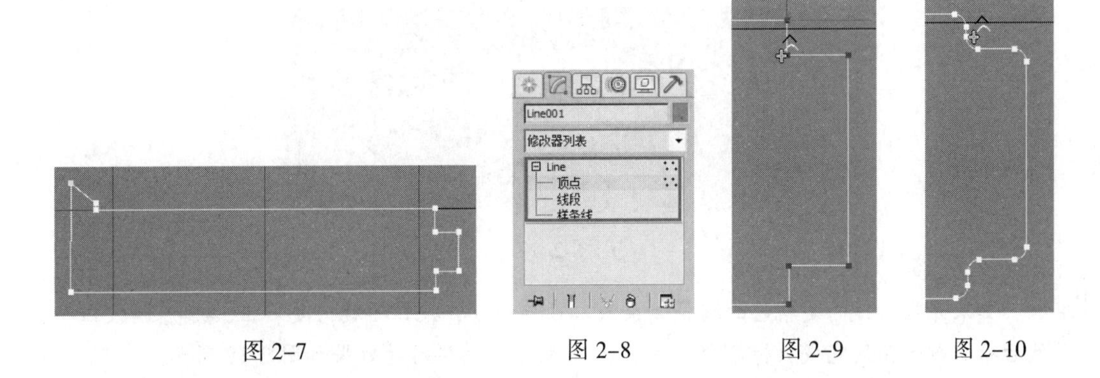

图 2-7　　图 2-8　　图 2-9　　图 2-10

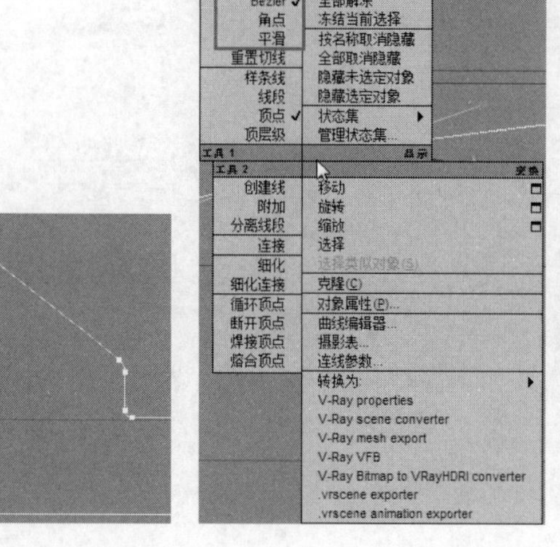

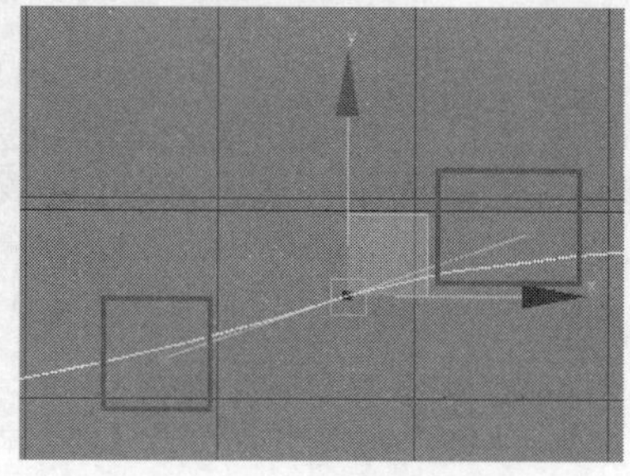

图 2-11　　图 2-12　　图 2-13

右击，在弹出的快捷菜单中选择 Bezier 命令时，点就变成了 Bezier 点，Bezier 点和 Bezier 角点很类似，它们之间的区别就在于 Bezier 点调整一端时另外一端曲线会随之变化，如图 2-15 所示。角点模式比较容易理解，线段之间是以拐角的方式变化的，而不是圆滑的曲线，如图 2-16 所示。

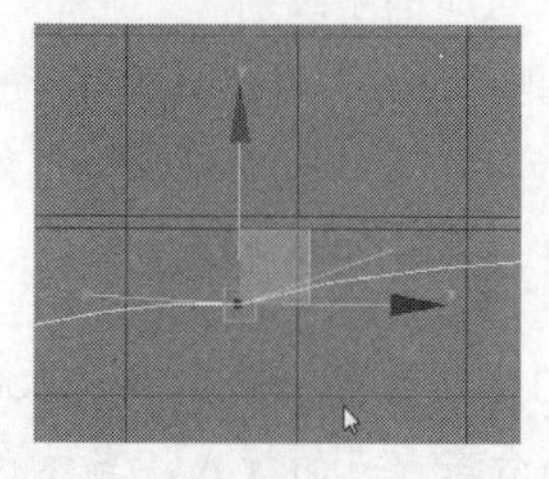

图 2-14

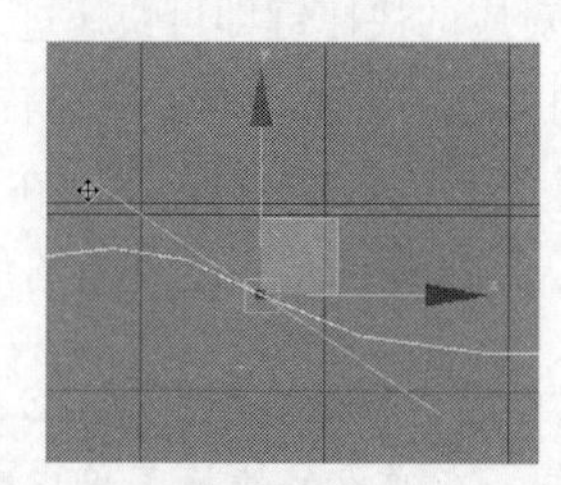

图 2-15

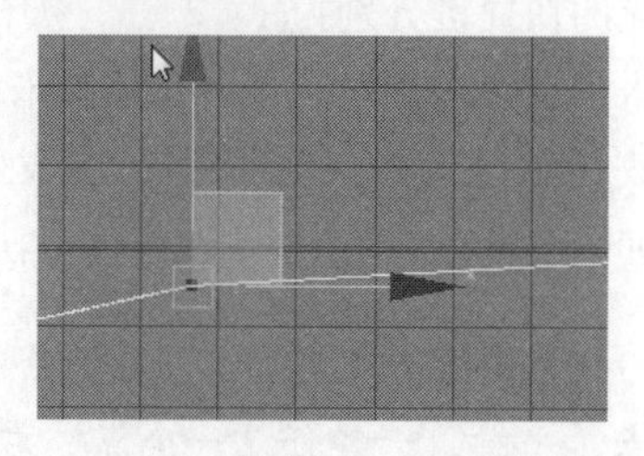

图 2-16

平滑模式也会使曲线自动平滑，但是没有可控的手柄。

步骤 04 选择会议桌的剖面曲线，单击（创建）|（几何体）面板下的下拉三角，选择“复合对象”面板，单击 放样 按钮，在底部参数中单击 获取路径 按钮，然后拾取视图中的路径曲线完成放样，放样后的效果如图 2-17 所示。

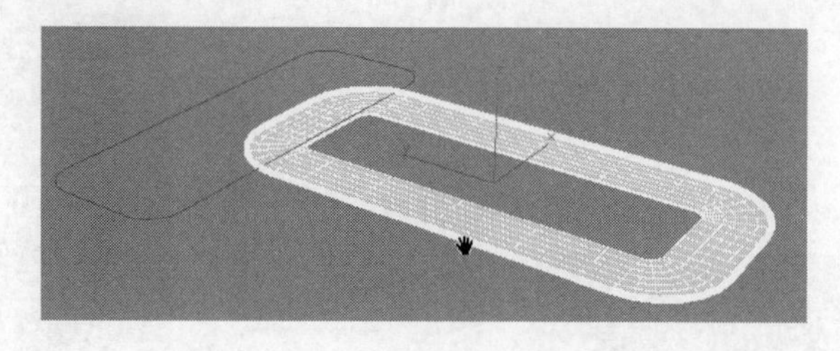

图 2-17

注意 如果开始选择的是紫色的路径样条线，在单击放样按钮后就需要单击 获取图形 按钮，然后拾取剖面曲线完成放样命令，如图 2-18 所示。放样后的效果如图 2-19 所示。

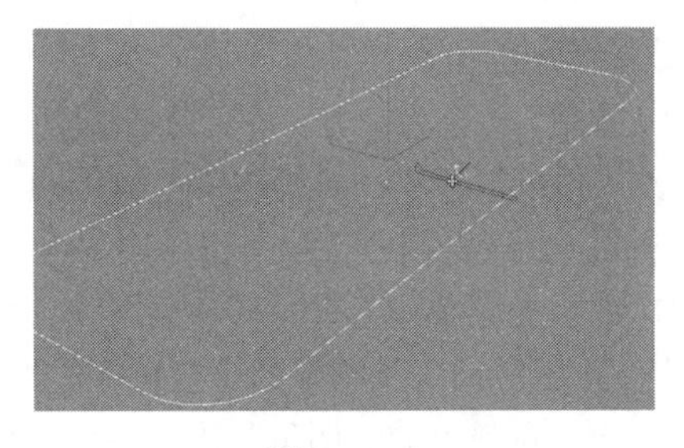

图 2–18

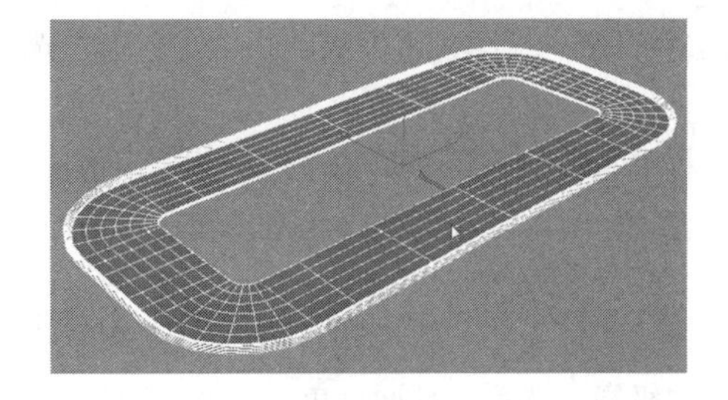

图 2–19

单击按钮进入“修改”命令面板，单击 Loft 前面的“+”号展开子级别，然后单击图形或者路径可以进入对应的子级别。进入“图形”子级别，在放样物体上框选，用旋转工具将图形旋转 90° 调整。另外，如果放样后的模型需要进一步调整形状或者大小，可以选择开始创建的样条线剖面曲线，调整该曲线的大小和形状，该样条线的改变会直接影响放样后的模型形状，如图 2–20 所示。

单击按钮进入“修改”命令面板，在“蒙皮参数”卷展栏中，可以通过选项中的“图形步数”和“路径步数”来控制放样后模型的分段数，从而控制模型精细程度。当将“路径步数”值设置为 0 时，效果如图 2–21 所示。当将“图形步数”设置为 1，增大“图形步数”时，模型效果如图 2–22 所示。

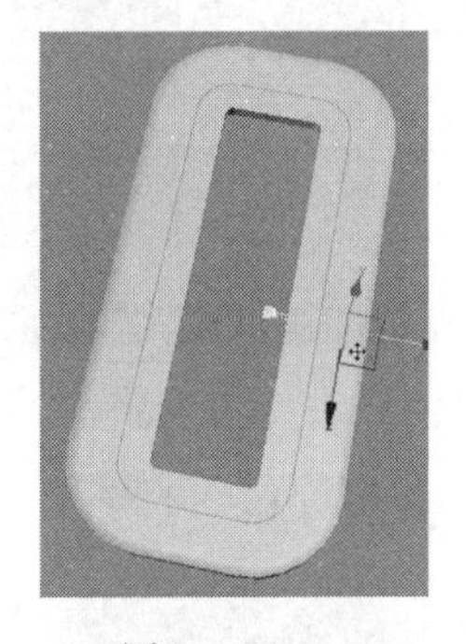

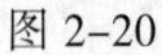

图 2–20

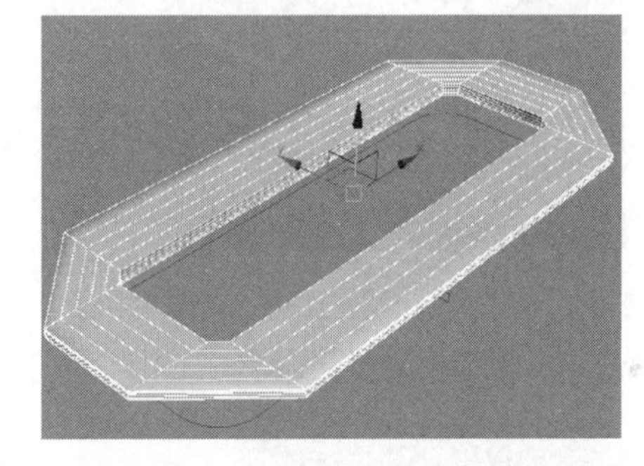

图 2–21

注意　虽然“图形步数”和“路径步数”两个参数越大，模型越精细，但是也不能无限制地加大两个参数，过高的参数会造成系统资源浪费。所以在调整这两个参数时，根据需要折中选择即可。此处将“图形步数”值设置为 1，“路径步数”值设置为 8。

单击按钮，在弹出的镜像面板中，选择 Z 轴为镜像轴，“克隆当前选择”参数中选择“不克隆”，如图 2–23 所示，镜像后的效果如图 2–24 所示。

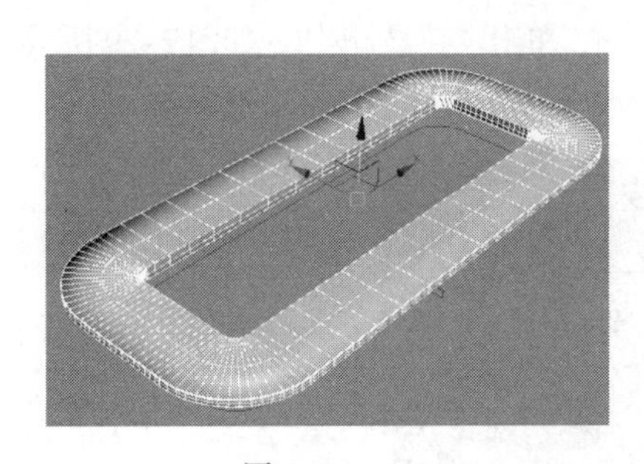

图 2–22

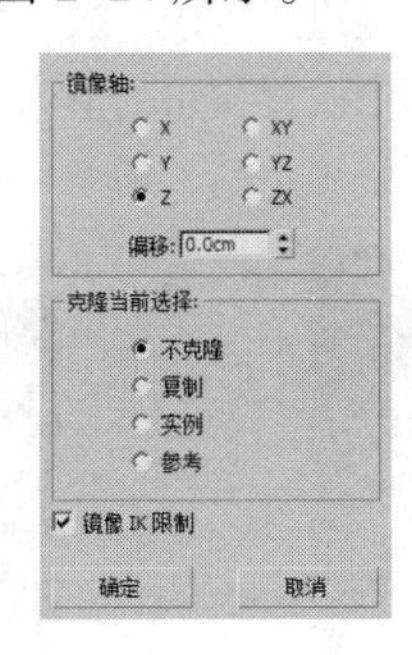

图 2–23

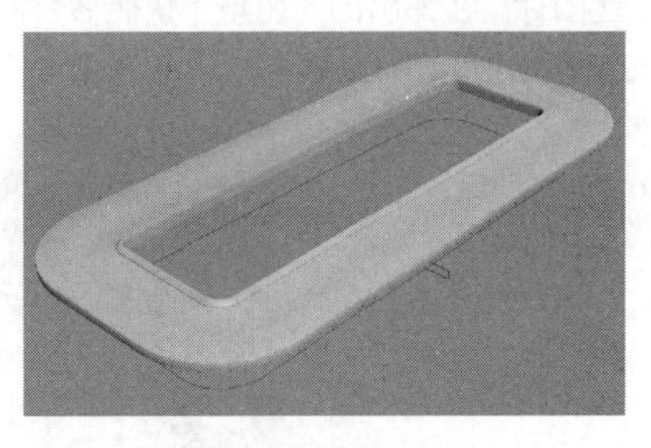

图 2–24

制作好桌面模型后，可以选择创建的样条线，右击选择“隐藏当前选择”命令将选择的物体隐藏起来，也可以单击显示面板，选中“图形”选项来隐藏场景中的所有样条线。

步骤 05 选择桌面物体，右击，在弹出的快捷菜单中选择“转换为”|“转换为可编辑多边形”命令，将模型转换为可编辑的多边形物体。按【1】键进入“顶点”级别，选择内部所有的点，用缩放工具将桌面的内部开口缩小调整，调整效果如图 2-25 所示。在视图中创建一个长方体模型，设置长、宽、高分别为 65cm、8cm、76cm 左右，右击，在弹出的快捷菜单中选择“转换为”|“转换为可编辑多边形”命令，将模型转换为可编辑的多边形物体，并用移动工具调整到合适位置。按“4”键进入面级别，选择底部面，单击 倒角 按钮后面的图标，在弹出的“倒角”快捷参数面板中设置倒角参数。

注意 倒角参数面板有两个参数，第一个是挤出高度的调节，如图 2-26 所示。第二个是缩放大小的调节，如图 2-27 所示。配合这两个参数可以调整出复杂多变的模型变化效果。此处先调整缩放值大小为 3 左右，单击“+”号，然后调整高度为 4cm，单击按钮结束倒角设置，效果如图 2-28 所示。

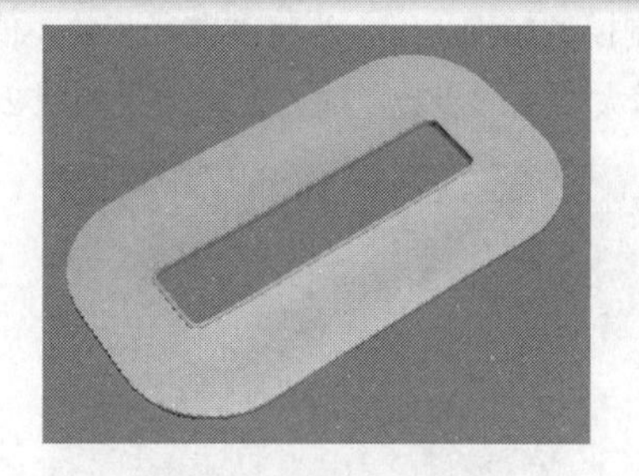

图 2-25

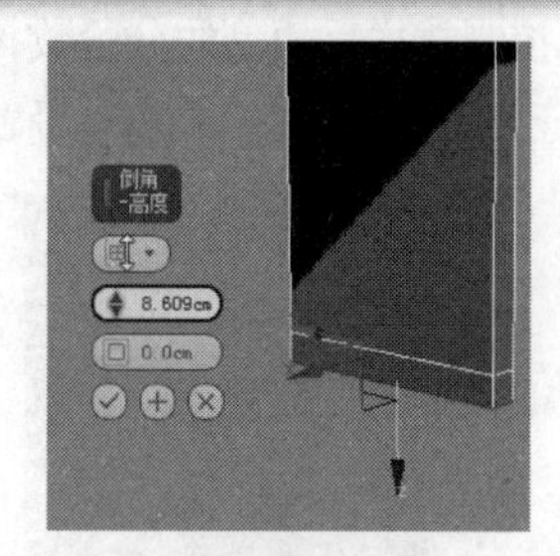

图 2-26

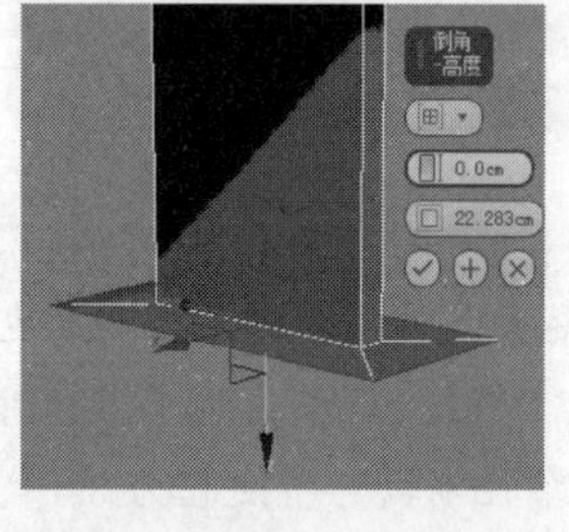

图 2-27

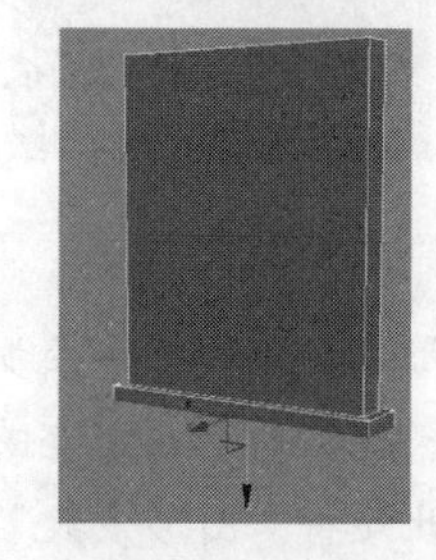

图 2-28

从图 2-28 中可以看出，模型的边缘棱角太尖锐，现实生活中很少有这样的现象，所以要对棱角进行处理。处理的方法有两种：第一种，按【2】键进入“边”级别，选择边缘的线段，单击 切角 按钮后面的图标，在弹出的“切角”快捷参数面板中设置切角的值为 1cm，单击“+”号按钮，如图 2-29 所示。再次设置切角值为 0.35 左右（切角值大小不是固定的，使切角距离平均即可），如图 2-30 所示。

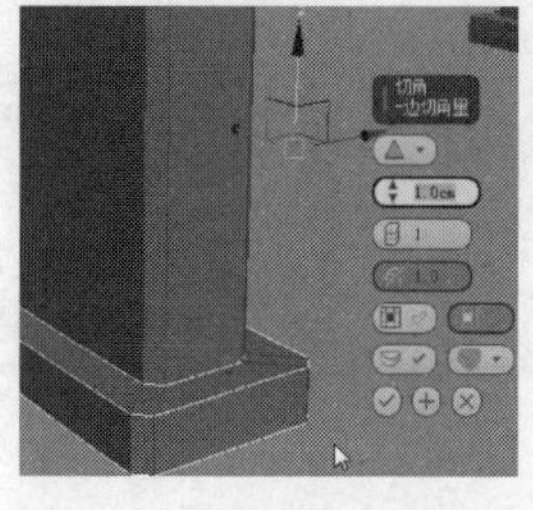

图 2-29

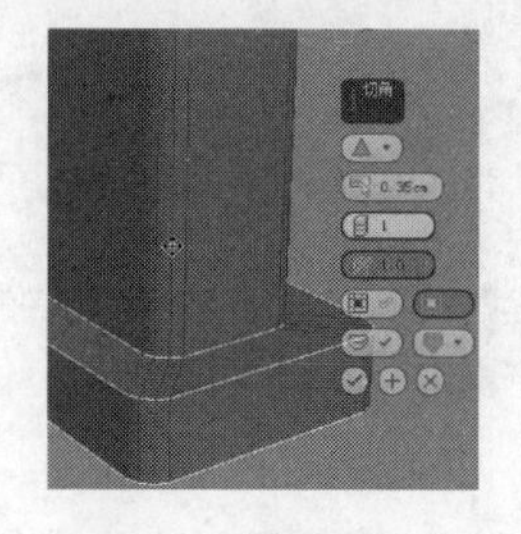

图 2-30

第二种，框选图 2–31 中所示线段，右击，在弹出的快捷菜单中单击“连接”按钮前面的■图标，在弹出的“连接”快捷参数面板中设置参数。首先设置添加的线段数量为 2，调整两边偏移量值为 95 左右（该值越大所加线段越靠近边缘位置），如图 2–32 所示。

使用同样的方法在物体厚度方向上的两侧和高度上下边缘添加分段，如图 2–33~图 2–35 所示。

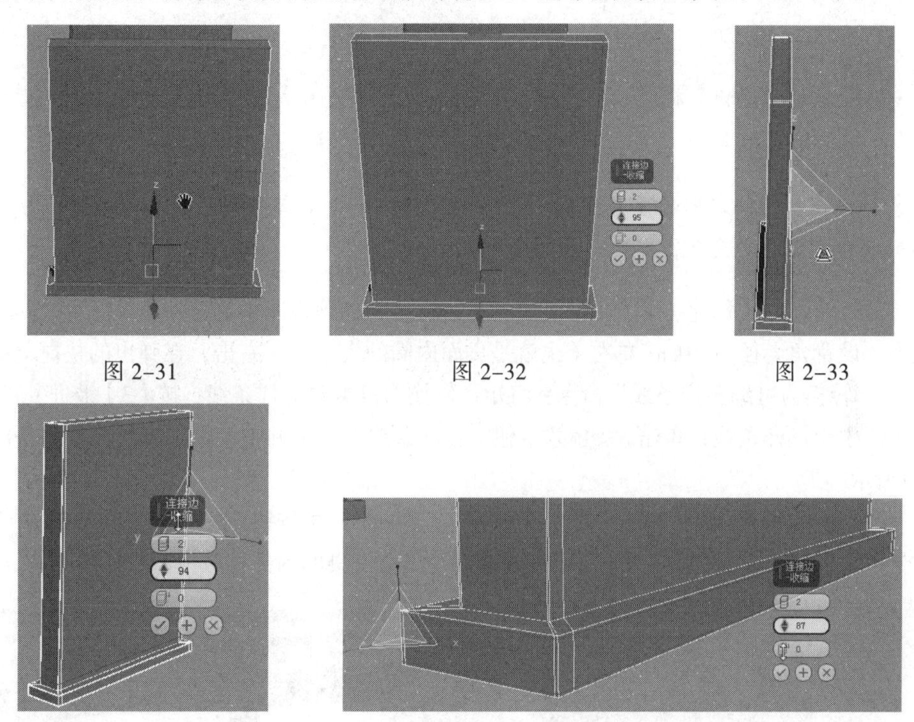

图 2–31　　图 2–32　　图 2–33

图 2–34　　图 2–35

按快捷键【Ctrl+Q】细分该模型，将迭代次数（细分次数）设置为 2，效果如图 2–36 所示。

步骤 06　在视图中创建一个和桌面大小一致的长方体物体，设置宽度分段为 3，按【F4】键开启线框显示，根据长方体线框分布位置复制调整桌腿模型，如图 2–37 所示。

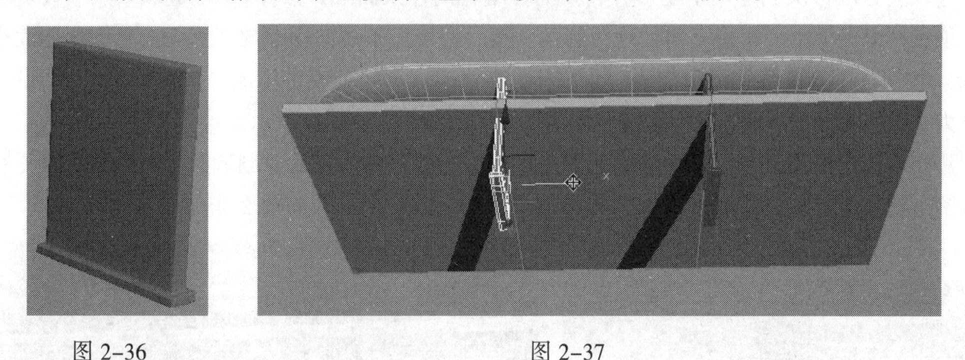

图 2–36　　图 2–37

选择长方体模型，按【Delete】键删除，然后选择右侧的桌腿模型，单击▷|◁按钮在弹出的镜像面板中设置 Y 轴方向为镜像轴，克隆方式选择“实例”后单击“确定”按钮，将复制的腿部模型移动都左侧位置，如图 2–38 所示。再次复制腿部模型并旋转调整角度和位置，效果如图 2–39 所示。

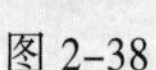

图 2-38

图 2-39

注意　复制时可以选择实例的方式复制，这样调整任何一个腿部模型形状和大小时，另外所有腿部模型都会随之变化。

步骤 07 单击 (创建) | (图形) | 矩形 ，在顶视图中创建一个长宽为 75cm、350cm 左右的矩形，设置角半径为 10cm 左右（也就是桌面内圈的大小），右击，在弹出的快捷菜单中选择“转换为” | “转换为可编辑样条线”命令，将矩形转换为可编辑的样条线，按【3】键进入“样条线”级别，在视图中矩形样条线，单击 轮廓 按钮，在样条线上单击并拖动鼠标将线段向外挤出轮廓，如图 2-40 所示。

单击按钮进入修改面板，单击“修改器列表”右侧的小三角按钮，在修改器下拉列表中添加“挤出”修改器，设置挤出数量值为 77cm，用该方法创建出会议桌的内部挡板模型，如图 2-41 所示。

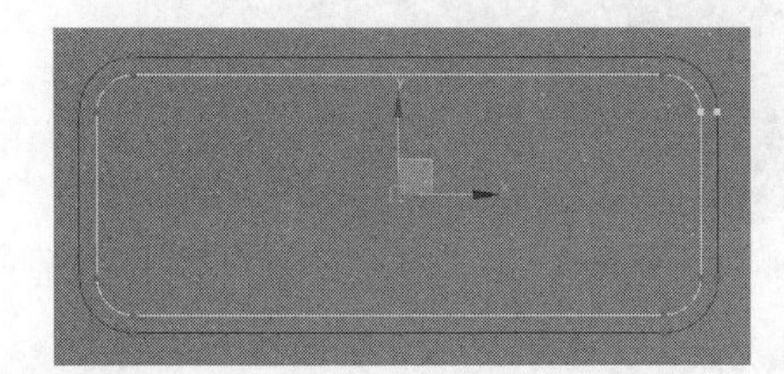

图 2-40

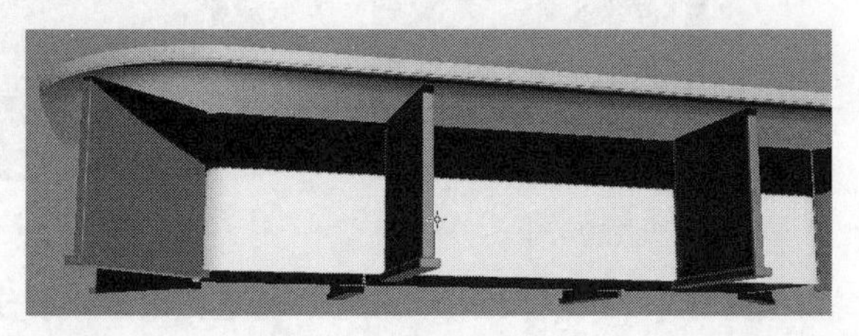

图 2-41

参考以上方法再次创建一个矩形并转换为可编辑的样条曲线，按【1】键进入“点”级别，选择四角的顶点，单击 圆角 按钮将直角处理为圆角。然后将该样条线向内缩放，重新调整圆角的大小，单击 附加 按钮将两个圆角矩形附加成一个整体，在修改器下拉列表中添加“挤出”修改器，设置挤出数量值为 2cm，用该方法制作出会议桌的桌斗，如图 2-42 中线框中所示。

创建长方体模型调整大小移动到桌兜的内部作为挡板物体，然后复制调整出其他挡板（复制是可以线调整出一半物体，然后通过镜像工具再镜像复制出另一半），如图 2-43 所示。

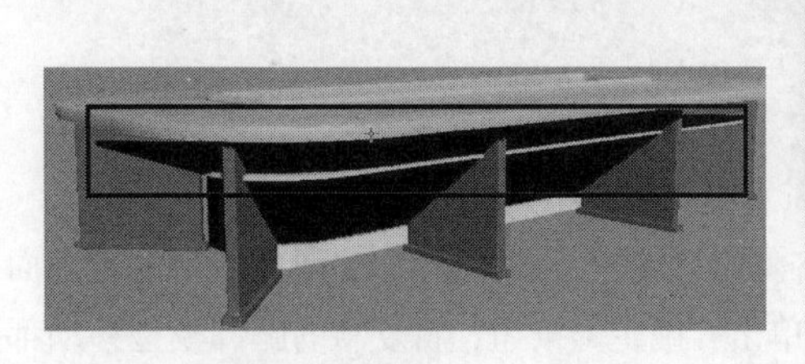

图 2-42

图 2-43

按快捷键【M】键打开材质编辑器，在左侧材质类型中单击标准材质并拖拉到右侧材质视图区域，选择场景中的所有物体，单击按钮将标准材质赋予所选择物体，效果如图 2–44 所示。单击修改面板右侧的颜色框，在弹出的“对象颜色”面板中选择黑色，指定线框颜色为黑色，如图 2–45 所示。

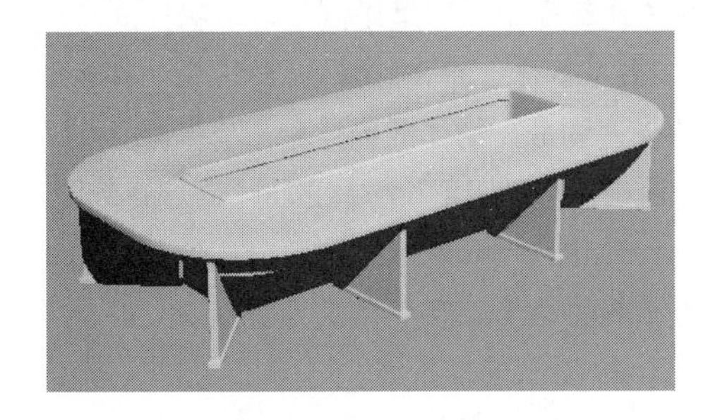

图 2–44

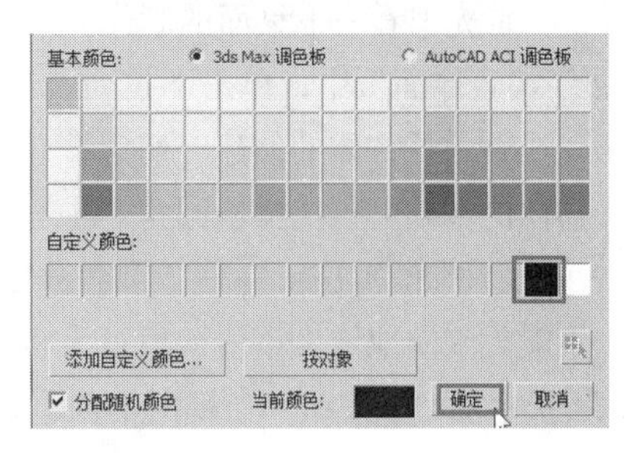

图 2–45

步骤 08 单击软件左上角图标，选择“导入”|“合并”命令，找到搜集的椅子模型，单击打开按钮，在弹出的合并面板中，单击全部(A)按钮，然后单击“确定”将其合并到当前场景中。单击“组”菜单下的“组...”命令将导入的模型设置为一个组，这样便于整体选择导入的模型。配合旋转、缩放、移动工具调整角度大小和位置，然后复制调整出其他椅子模型，最后的整体效果如图 2–46 所示。

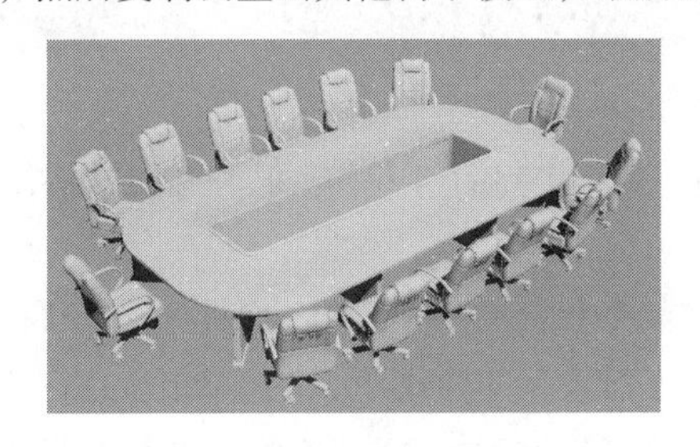

图 2–46

本实例小结：通过本实例的学习，了解了放样命令的建模方法。简单来说，放样命令就是绘制出路径和截面曲线，通过这两条样条线来生成三维模型的方法。该方法比较适合有规律的物体形状的制作。

2.2　制作电脑桌

本节学习制作办公桌，虽然模型并不是很复杂，但是尽量在制作时做得精细一些，该表现的细节尽量还是要表现出来。

首先来看一下要制作模型的最终效果，如图 2–47 所示。

图 2–47

2.2.1 制作电脑桌主体

步骤 01 首先来看一下桌面的制作。桌面物体比较简单，这里用倒角 Box 物体来替代，在创建面板下的集合体面板中，单击下拉列表选择扩展基本体，单击切角长方体按钮，在视图中通过单击并拖曳来完成倒角长方体的创建。切角长方体的创建和 Box 物体的创建稍微有一点区别，前者要在创建出 Box 物体的基础上再拖曳出圆角。进入修改面板，设置切角长方体的长、宽、高分别为 800mm、1 600mm、30mm，圆角为 7mm 左右，圆角分段为 4，如图 2–48 所示。圆角分段值越高边缘越光滑，当然这里也不能无限制地增大该值，值过大容易造成模型面数过多，浪费资源。

单击面板中的线按钮，在视图中创建如图 2–49 所示的样条线。

图 2–48

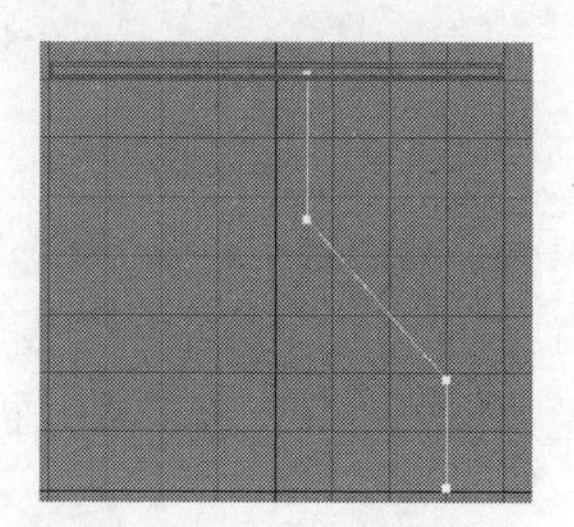

图 2–49

按【1】键进入“点”级别，选择中间的两个点，单击圆角按钮，在选中的点上拖动鼠标将其设置为圆角，如图 2–50 所示。

移动所需点的位置调整样条线形状，展开渲染面板，选中“在渲染中启用”和“在视口中启用”复选框，这样样条线即可以三维模型的样式显示并渲染出来，它的粗细可以通过调整“径向”下的“厚度值”来控制，这里暂时将厚度设置为 30mm，效果如图 2–51 所示。

从图 2–51 可以发现它的曲线弧度不是很美观，这里需要重新对点进行设置，切换到左视图，选择中间的点并右击，在弹出的快捷菜单中选择“Bezier 点”命令，重新调整点的手柄来调整曲线曲度即可。

步骤 02 在顶视图中创建一个圆柱体并右击，在弹出的快捷菜单中选择“转换为”|“转换为可编辑多边形”命令，选择底部面并按【Delete】键将其删除。当物体分段较多时，我们想精简线段该如何设置呢？只需要把选择的线段移除即可，注意这里是移除而不是删除。首先在某个线段上双击可以快速选择一环的循环线段，然后按【Ctrl+Backspace】快捷键即可将线段移除，如图 2–52 和图 2–53 所示。

按【3】键进入“边界”级别，选择底部的边界线段，按住【Shift】键向下移动挤出新的面，配合缩放工具进行大小的调整，经过多次挤出调整至如图 2–54 所示。

注意，在底面的处理的方法：按住【Shift】键向内缩放挤出面，然后单击封口按钮将开口封闭，如图 2–55 所示。

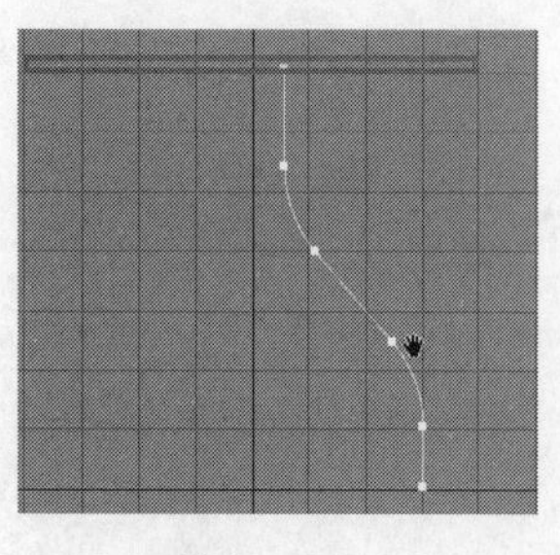

图 2–50

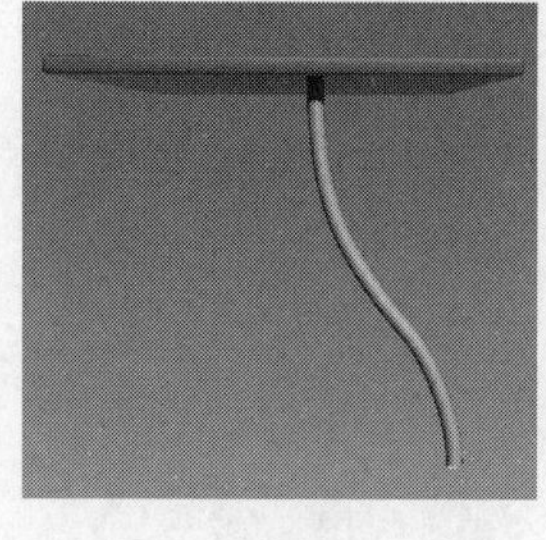

图 2–51

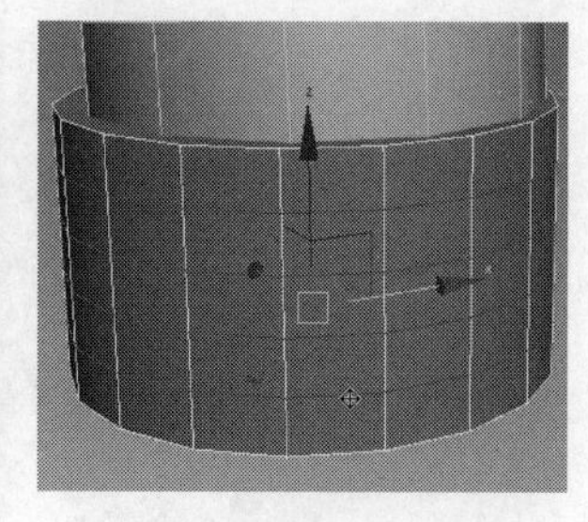

图 2–52

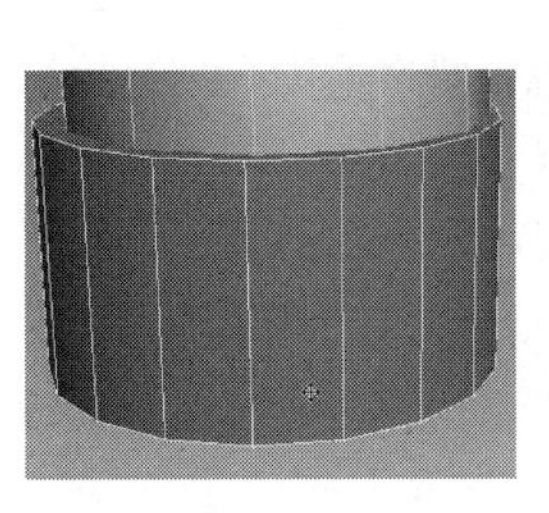

图 2-53

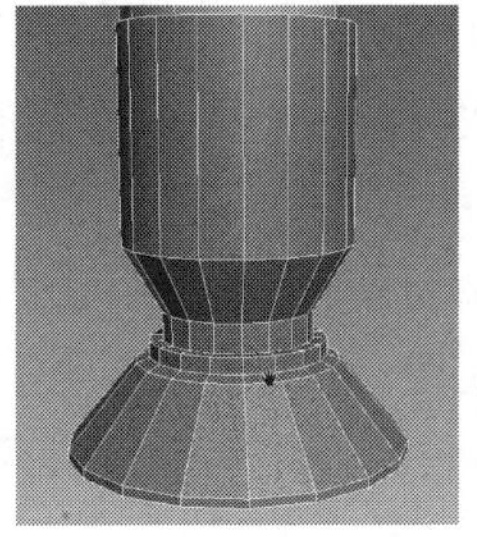

图 2-54

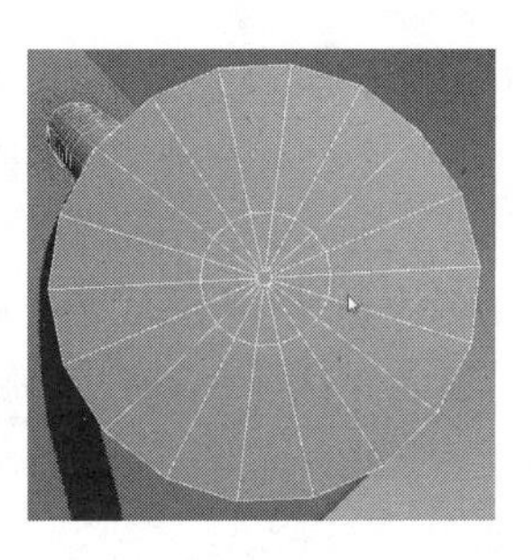

图 2-55

步骤 03 选择图 2-56 中的环形线段并按【Ctrl+Shift+E】快捷键加线，用缩放工具适当将添加的线段向外缩放，如图 2-57 所示。

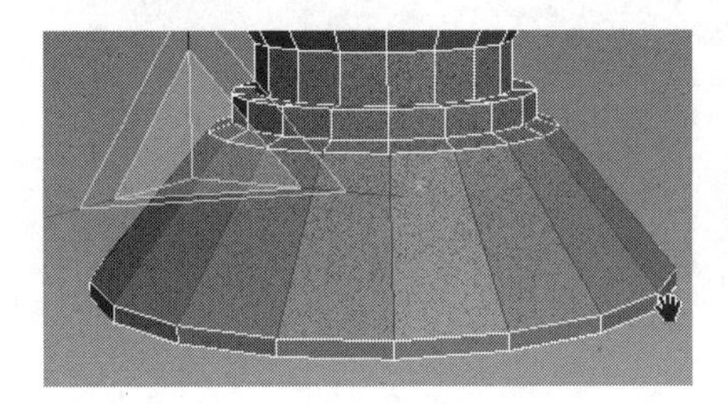

图 2-56

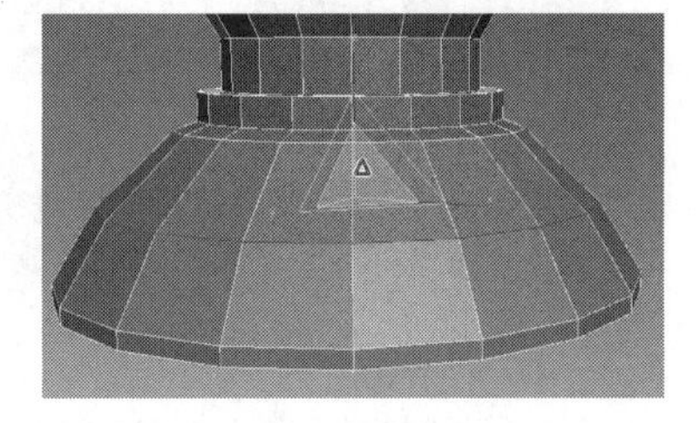

图 2-57

按【Ctrl+Q】快捷键细分显示该模型，因为此时在顶部的边缘没有线段进行约束，细分之后会出现如图 2-58 所示的效果。

那么如何处理呢？很简单，只需要在物体的边缘位置加线来约束一下它的形状即可，选择图 2-59 中一圈的线段并右击，在弹出的快捷菜单中选择“连接”命令，调整 98 值，值越大或者越小（±100），添加的线段越靠近边缘，如图 2-60 所示。

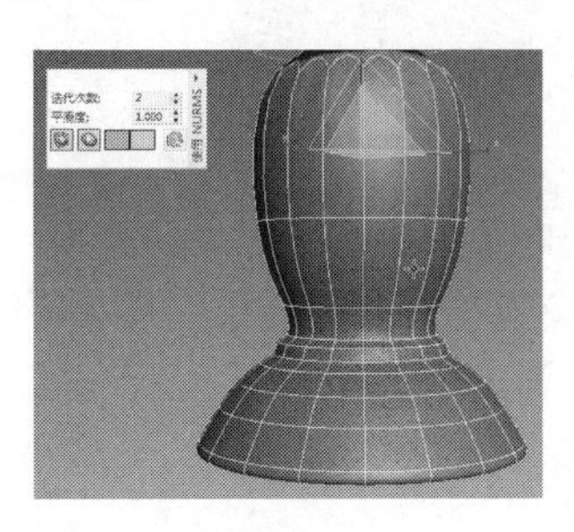

图 2-58

图 2-59

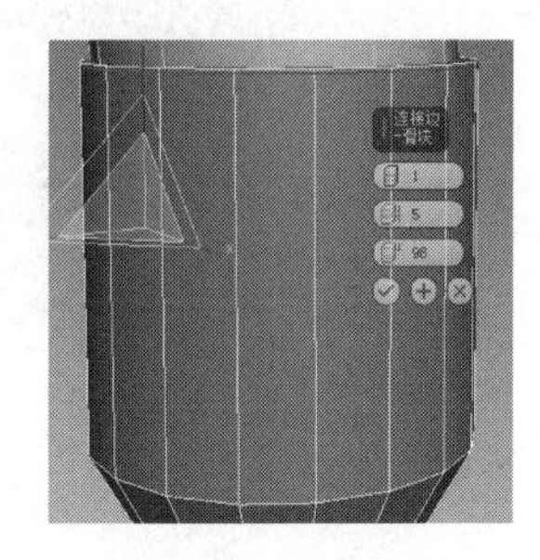

图 2-60

除了加线的方法外，还可以对线段进行切角控制。选择需要切角的环形线段并右击，在弹出的快捷菜单中选择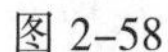命令，在弹出的切角参数中设置切角的值，这里将切角值设置为 3，如图 2-61 所示。

使用同样的方法将底座有棱角的线段做切角处理，如图 2-62 所示。

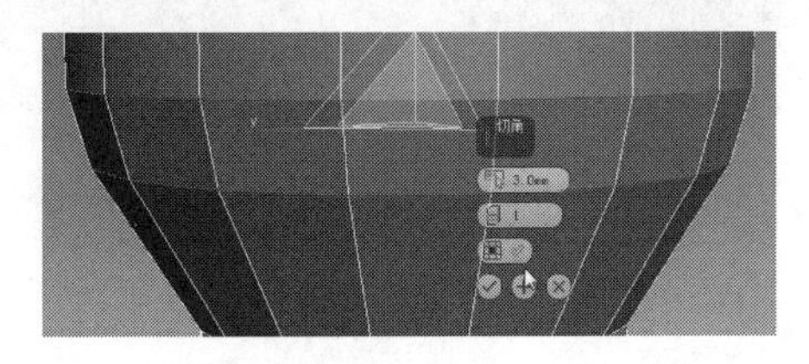

图 2-61

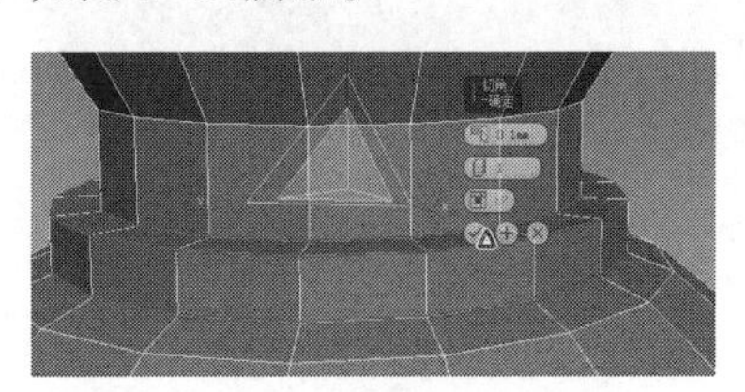

图 2-62

按【Ctrl+Q】快捷键细分显示该模型，效果如图 2-63 所示。细节得到很好的处理。

步骤 04 再次按【Ctrl+Q】快捷键取消细分光滑，可以发现模型的面上下部分显示不同，如图 2-64 所示。

出现这样的原因是因为上部分是开始创建的圆柱体，自身面带有平滑属性，下半部分是通过多边形编辑挤压出来的面，自身不带有光滑属性，那么能不能设置得让其显示相同呢？当然可以。首先进入面级别或者元素级别，选择所有的面，展开[- 多边形: 平滑组]卷展栏，单击[自动平滑]按钮即可。光滑之后的效果如图 2-65 所示。

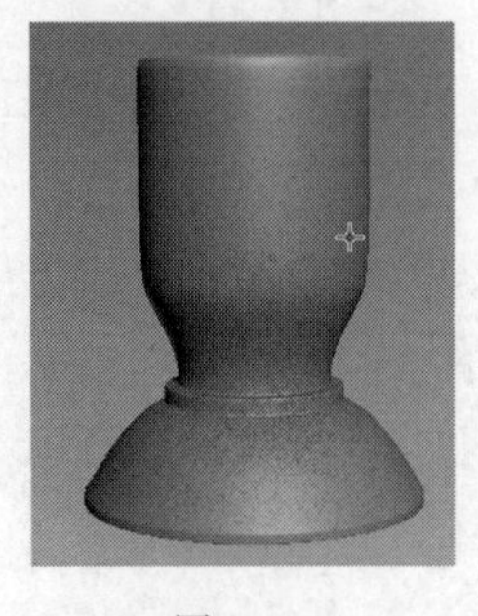

图 2-63

图 2-64

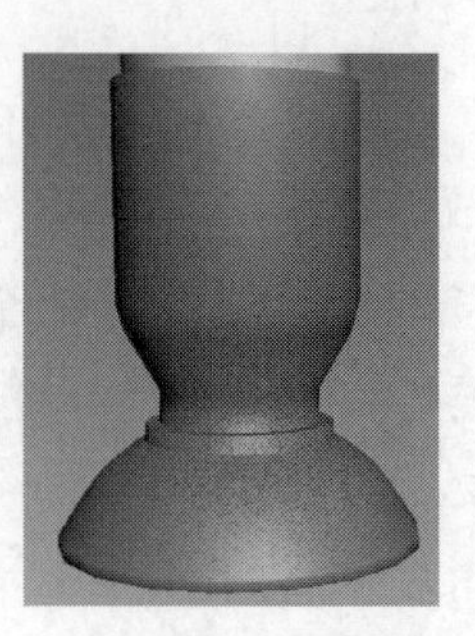

图 2-65

步骤 05 一个桌腿制作好之后，单击[镜像]按钮镜像调整出另外一半，如图 2-66 所示。

步骤 06 桌腿与桌面之间固定架的制作。在视图中创建一个圆柱体并右击，在弹出的快捷菜单中选择“转换为”|“转换为可编辑多边形”命令。选择下方两边的点并按【Ctrl+Shift+E】快捷键添加线，如图 2-67 所示。然后将加线上方的面按【Delete】键删除，如图 2-68 所示。

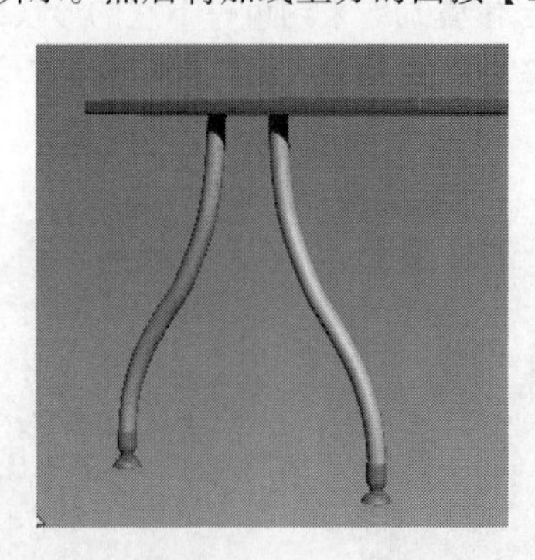

图 2-66

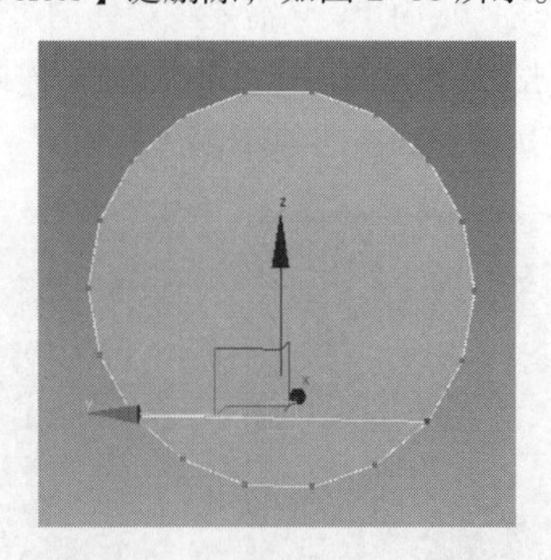

图 2-67

将侧面和背部的面也删除，按【1】键进入“点”级别，右击，在弹出的快捷菜单中选择“剪切”工具，然后加线来调整模型布线，如图 2-69 所示。

图 2-68

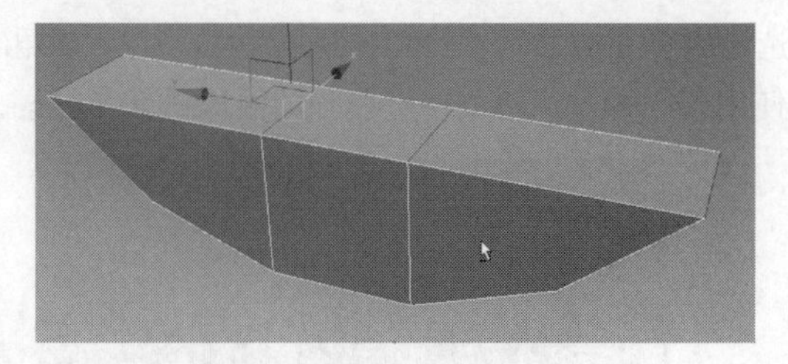

图 2-69

在修改器下拉列表中添加“壳”修改器，设置“内部量”“外部量”的值分别为 5。然后右击，

在弹出的快捷菜单中选择“转换为”|“转换为可编辑多边形”命令，重新调整点的位置。选择拐角处的线段进行切角，如图 2-70 所示。分别在边缘的位置加线，如图 2-71 所示。

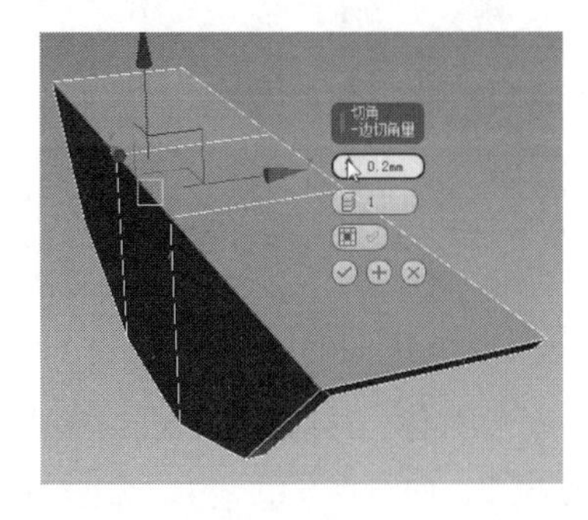

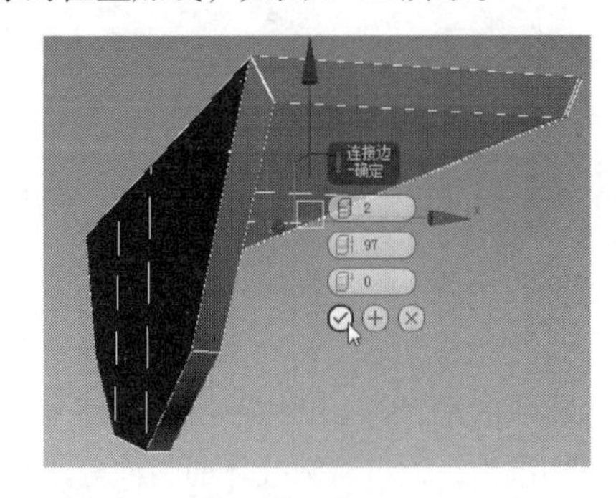

图 2-70　　　　图 2-71

按【Ctrl+Q】快捷键细分显示该模型并调整到合适位置，如图 2-72 所示。

步骤 07 在创建面板中单击 平面 按钮在左视图中创建一个面片，配合线段选择，然后按【Ctrl+Shift+E】快捷键加线调整点来调整模型形状，如图 2-73 所示。

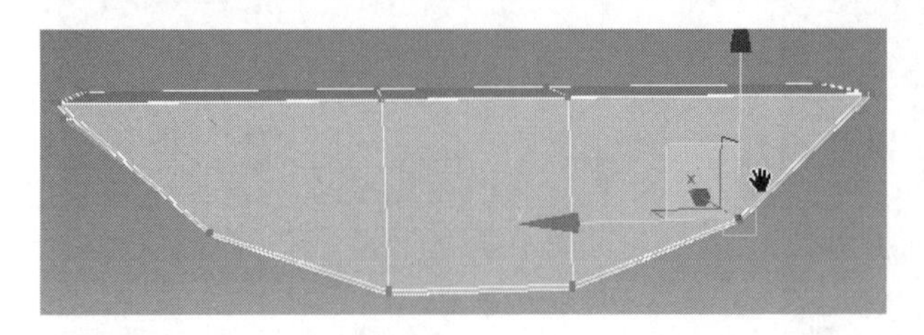

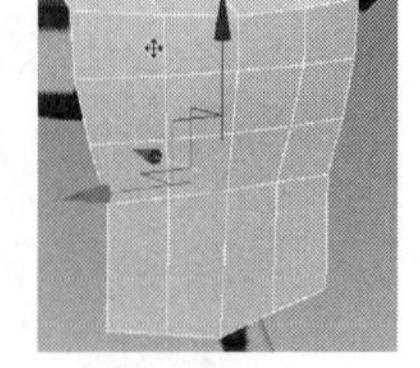

图 2-72　　　　图 2-73

前面介绍了通过添加“壳”修改器来模拟物体的厚度，这里还有另外一种方法，按【3】键进入“边界”级别选择外围的边界，然后按住【Shift】键向内移动挤出面来模拟物体的厚度，如图 2-74 所示。选择厚度循环线上的任意一条线段，单击 环形 按钮快速选择环形线段，如图 2-75 所示。然后右击，在弹出的快捷菜单中选择“连接边”命令，在物体的边缘位置加线，如图 2-76 所示。

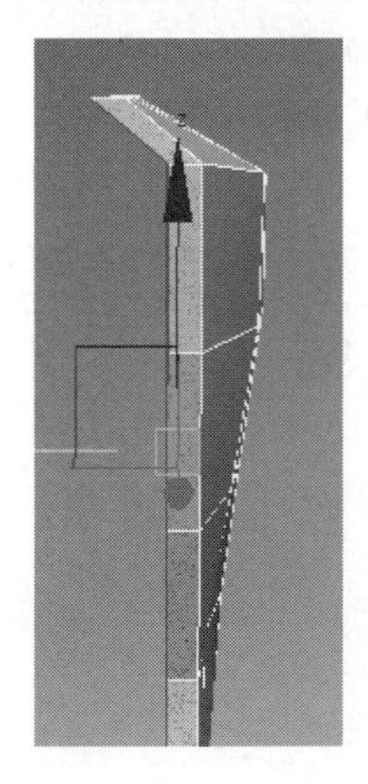

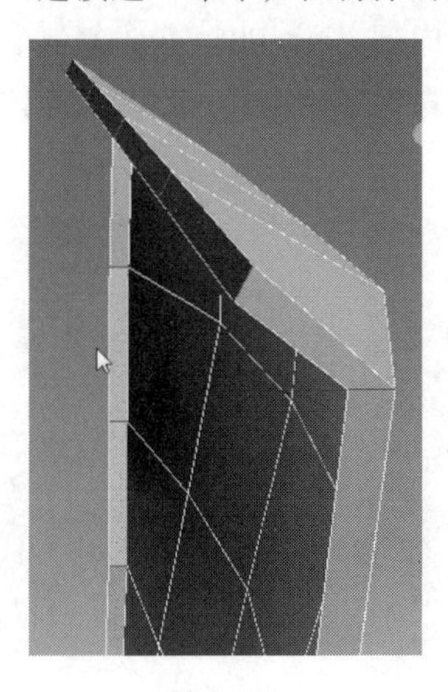

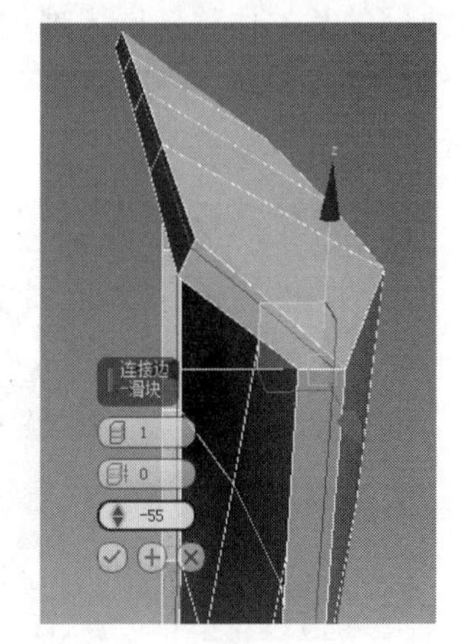

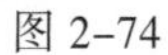

图 2-74　　　　图 2-75　　　　图 2-76

使用同样的方法分别在图 2-77 和图 2-78 中所示位置进行加线处理。最后在物体的两侧边缘做同样的加线处理，按【Ctrl+Q】快捷键细分显示该模型，效果如图 2-79 所示。

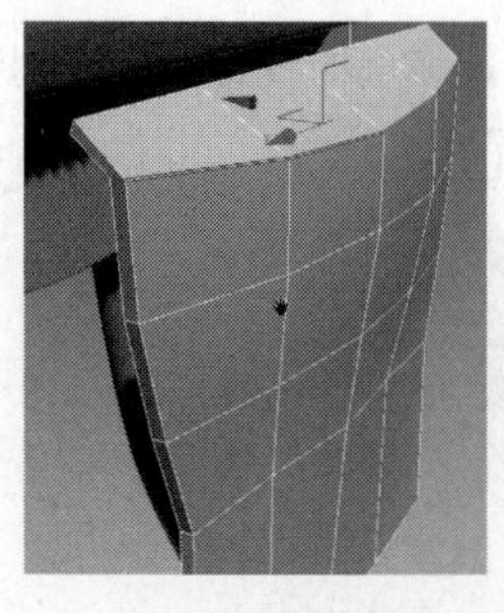

图 2-77

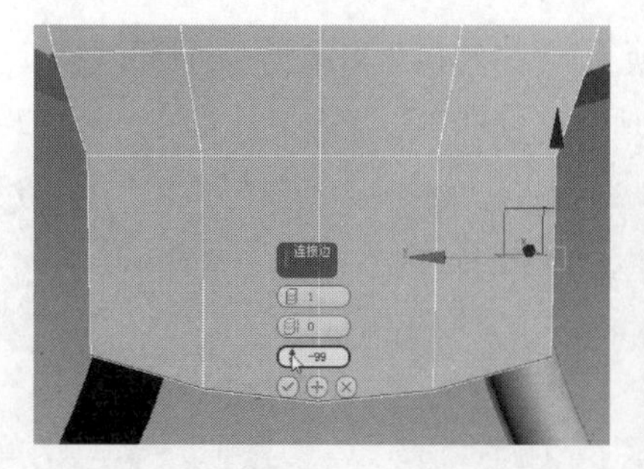

图 2-78

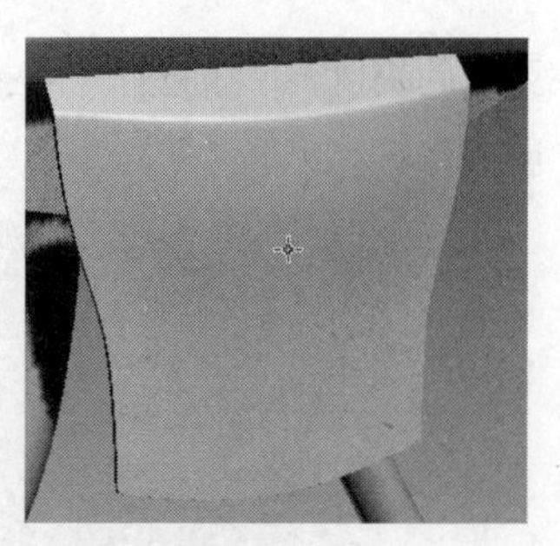

图 2-79

步骤 08 接下来制作螺丝钉效果，在视图中创建一个圆柱体，移动嵌入如图 2-80 所示的内部。为了使布尔运算更加准确，这里将圆柱体的断面分段设置为 2，向右再复制一个。然后将要进行布尔运算的物体在细分级别下右击，在弹出的快捷菜单中选择“转换为”|“转换为可编辑多边形”命令，将该物体塌陷，进入创建面板下的复合对象面板，单击 ProBoolean 按钮，然后单击 开始拾取 按钮拾取圆柱体来完成布尔运算，运算之后的效果如图 2-81 所示。

图 2-80

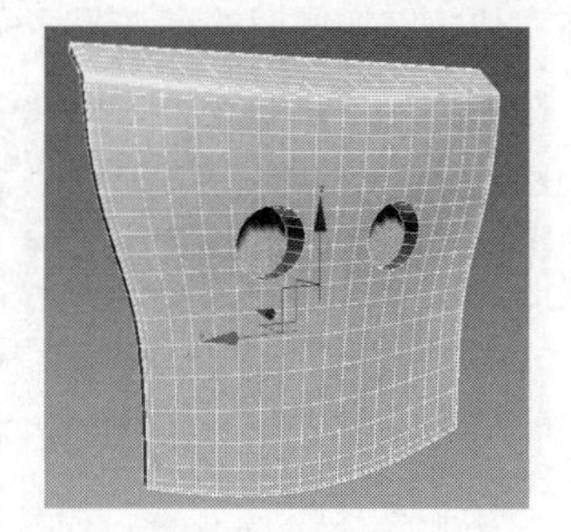

图 2-81

步骤 09 螺丝钉的创建。在圆孔处创建一个球体，然后在球体的位置创建一个长方体，将长方体的宽度分段设置为 8mm，然后在修改器下拉列表中添加“弯曲”修改器，弯曲轴选择 X 轴，角度设置在 60° 左右，如图 2-82 所示。

将该弯曲后的长方体移动嵌入球体内部并沿 90° 方向复制，选择球体，在复合面板下单击 ProBoolean 按钮，然后单击 开始拾取 按钮来拾取弯曲后的长方体完成超级布尔运算，之后的效果如图 2-83 所示。

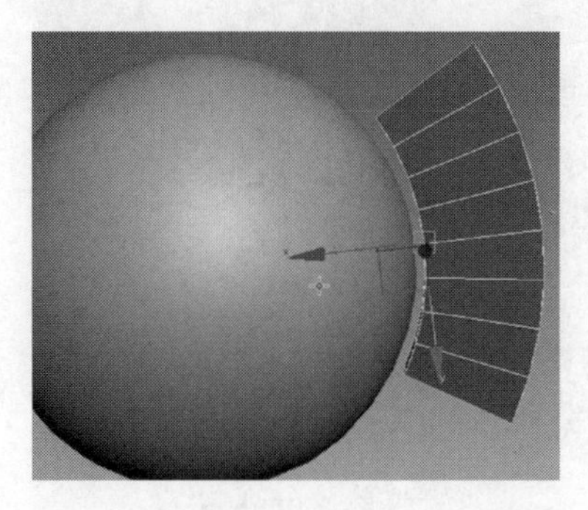

图 2-82

图 2-83

步骤 10 复制该物体移动调整到合适位置，然后将整个桌腿部分对称复制到另外一侧，如图 2-84 所示。

在桌面底部位置创建一个切角长方体，长、宽、高分别为 80mm、60mm、1 520mm 左右，圆角值为 3mm，作为桌腿之间的支架，如图 2-85 所示。

步骤 11 最后在视图中创建一个长、宽、高分别为 400mm、1 620mm、18mm，圆角值为 1.3mm 左右的切角长方体作为桌子的靠背，效果如图 2-86 所示。

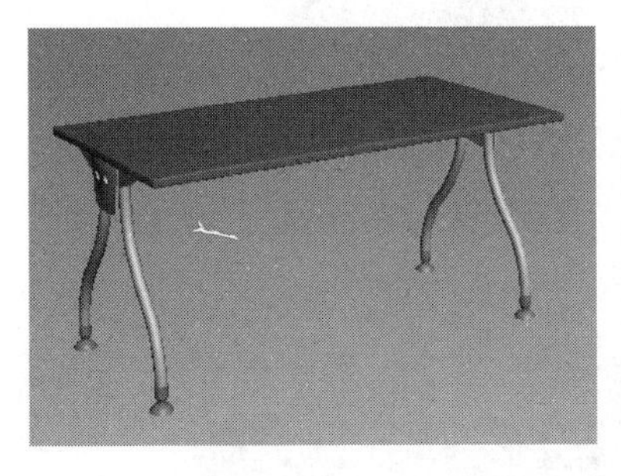

图 2-84

图 2-85

图 2-86

2.2.2　制作柜子

柜子相对来说也很简单，这里无非就是创建一些切角长方体，然后复制、调整，就像堆积木一样堆出我们需要的形状。

步骤 01 首先创建一个切角长方体，设置长、宽、高分别为 550mm、340mm、10mm，圆角值为 2mm，按住【Shift】键进行复制，然后再旋转 90° 复制调整。在进行旋转复制时如何精确控制旋转的角度呢？只需单击按钮或者按【A】键打开角度捕捉，这样就会默认以每 5° 的角度递增进行旋转，非常方便。复制之后的效果如图 2-87 所示。

选择正面切角长方体，在修改面板中将长度分段设置为 3，便于比例的控制，接下来将底部和顶部的面也进行复制，如图 2-88 所示。

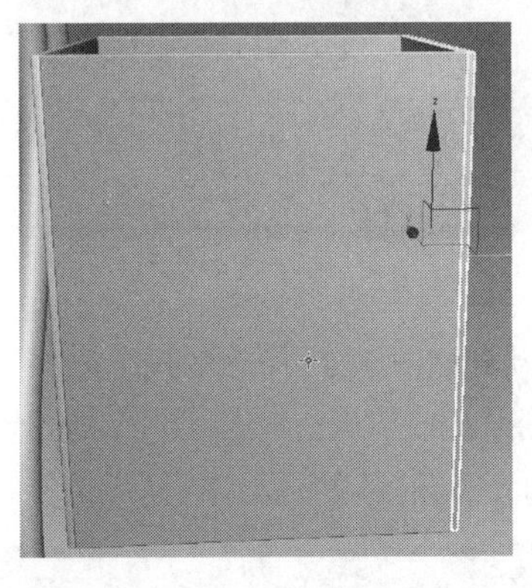

图 2-87

图 2-88

在柜子前面板位置创建一个长、宽、高分别为 150mm、330mm、15mm 左右的 Box 物体，右击，在弹出的快捷菜单中选择"转换为"|"转换为可编辑多边形"命令，在中间的位置选择两边的线段，按【Ctrl+Shift+E】快捷键加线，如图 2-89 所示。

按【4】键进入面级别，选择上下两个面，单击 挤出 后面的按钮，先设置挤出值为 0.3mm，单击按钮，然后设置挤出值为 1.1mm，单击按钮，再次设置挤出值为 0.3mm 并单击来完成确认。之所以这里多次挤出，是为了模型边缘的圆滑控制的需要，如图 2-90 所示。

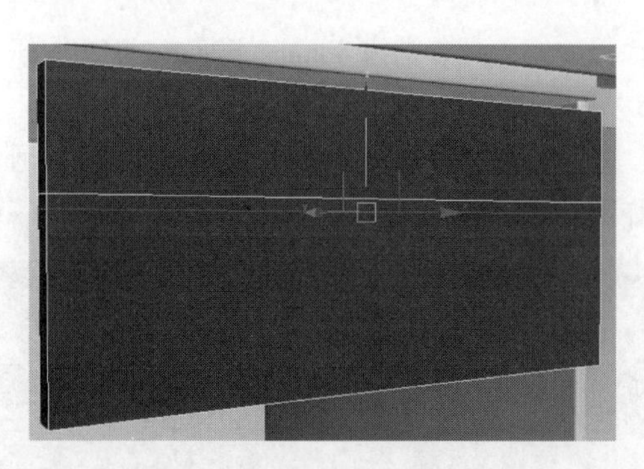

图 2-89

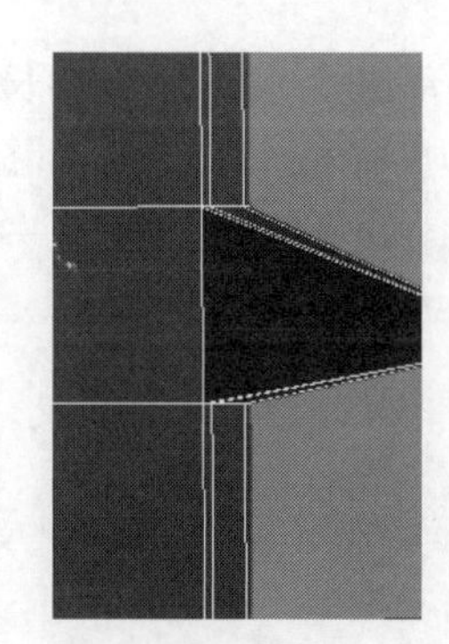

图 2-90

分别在物体的两侧和中间位置加线，如图 2-91 和图 2-92 所示。

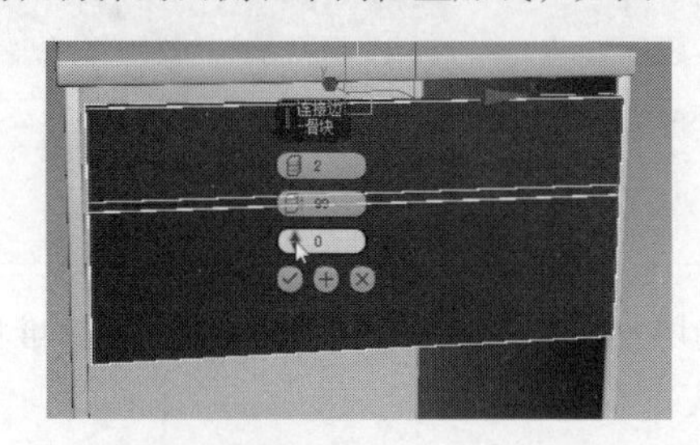

图 2-91

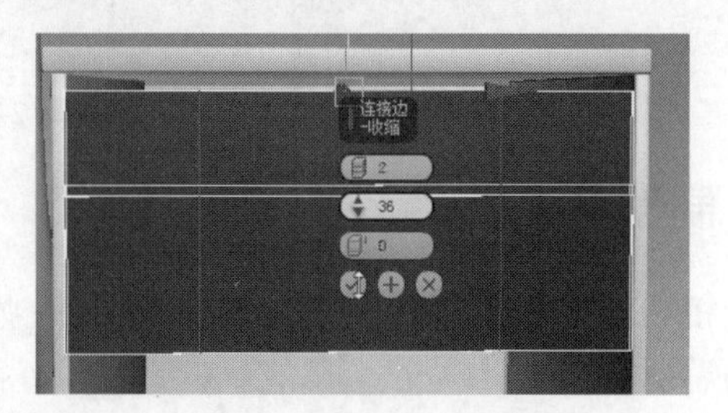

图 2-92

使用同样的方法再分别在背部的边缘和凹陷部分的边缘加线，如图 2-93 和图 2-94 所示。

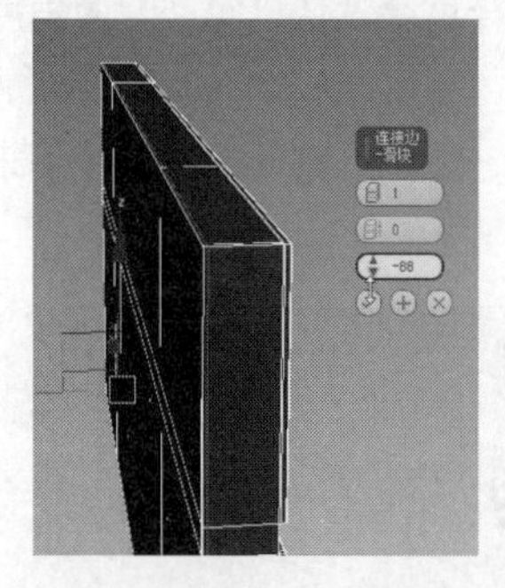

图 2-93

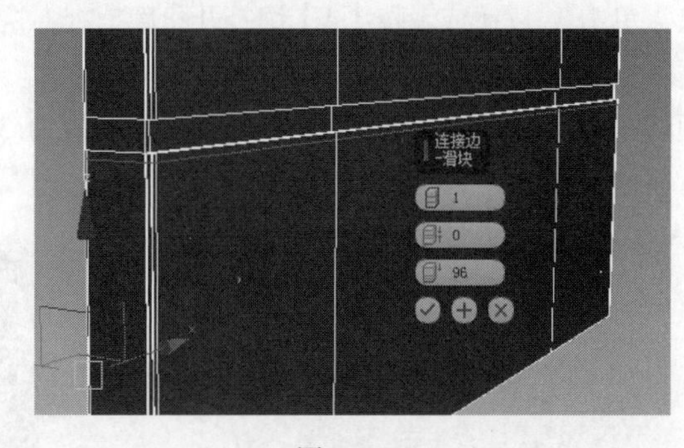

图 2-94

步骤 02　在视图中创建一个切角长方体，然后移动到如图 2-95 所示的位置。

在创建面板下的复合对象面板下单击 ProBoolean 按钮，拾取切角长方体来完成布尔运算，如图 2-96 所示。按住【Shift】键向下复制两个长方体并调整好它们之间的位置。

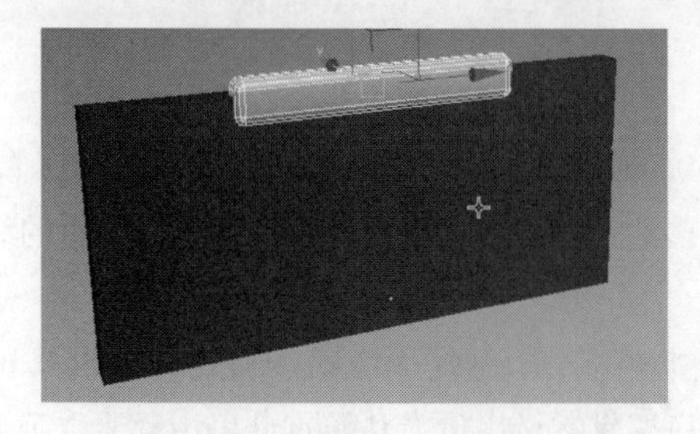

图 2-95

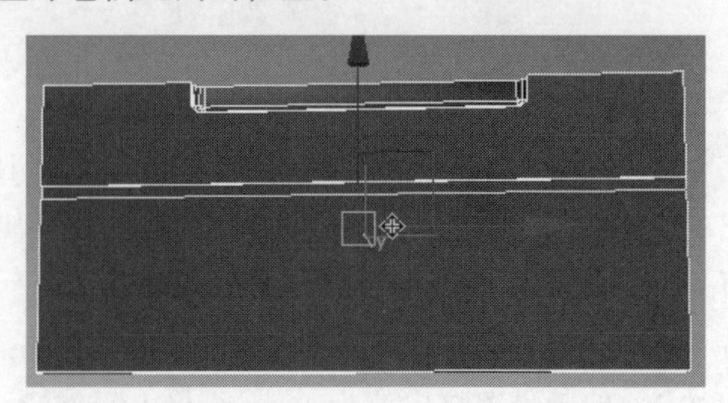

图 2-96

步骤 03 在创建面板下的扩展基本体面板中单击 胶囊 按钮，在视图中创建一个半径约36mm、高度为 200mm 的胶囊物体，右击，在弹出的快捷菜单中选择“转换为”|“转换为可编辑多边形”命令，选择上部的点并按【Delete】键将其删除，然后按【3】键进入“边界”级别，选择上部的边界，向内挤压缩放出面并调整，如图 2-97 所示。

步骤 04 在视图中创建一个半径为 38mm，高度分段为 3mm，端面分段分别为 2 mm 的圆柱体，移动调整嵌入上图物体的内部，如图 2-98 所示。

在创建面板下的复合对象面板下单击 ProBoolean 按钮，单击 开始拾取 按钮拾取圆柱体完成超级布尔运算，效果如图 2-99 所示。

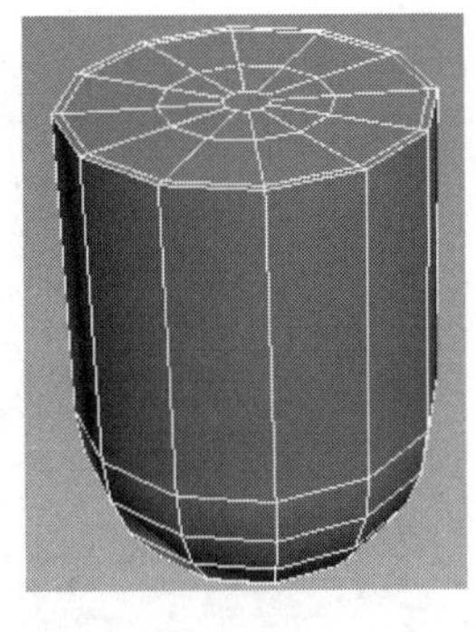

图 2-97

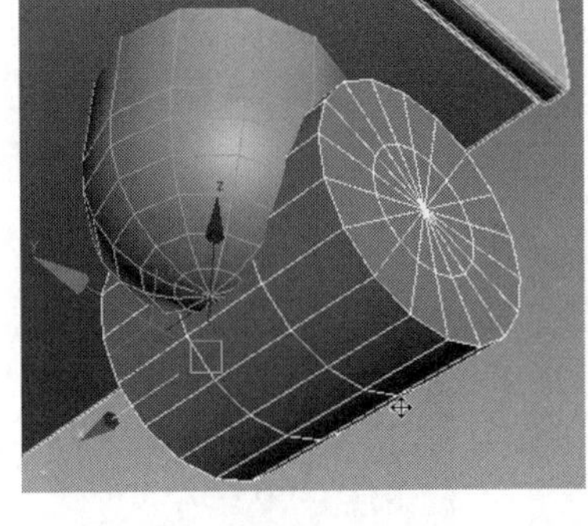

图 2-98

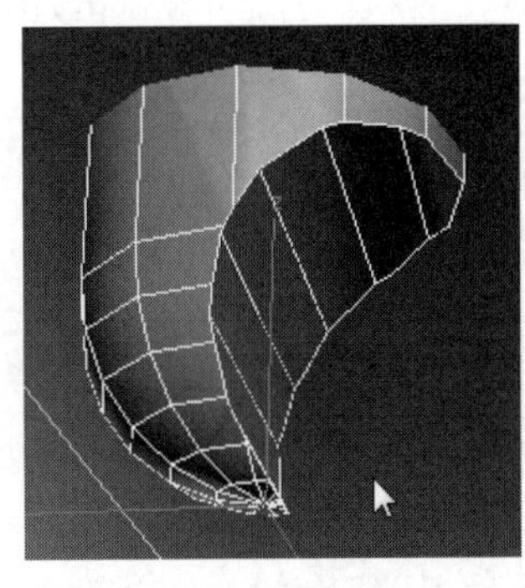

图 2-99

步骤 05 在创建面板下单击 管状体 按钮，在视图中创建一个半径 1 为 38mm，半径 2 为36mm，高度为 45mm 的管状体，调整到合适位置并右击，在弹出的快捷菜单中选择“转换为”|“转换为可编辑多边形”命令，删除底部的点，按【4】键进入“边界”级别，选择两端的边界，单击 封口 按钮将开口封闭，然后将两边两点之间按【Ctrl+Shift+E】快捷键连接出线段。在视图中继续创建一个切角圆柱体，设置半径值为 35mm，高度为 14mm，圆角值为 0.3mm，右击，在弹出的快捷菜单中选择“转换为”|“转换为可编辑多边形”命令，选择如图 2-100 所示的线段，按【Ctrl+Shift+E】快捷键加线，将中间的点适当向外移动调整，如图 2-101 所示。

单击按钮沿着 X 轴对称复制，调整好位置，然后在两轮子中间创建一个 Box 物体，如图 2-102所示。

步骤 06 选择轮子部位的所有模型，选择 组(G) 菜单中的 组(G)... 命令，给这些物体创建一个组，这样便于后面方便地选择整体对象，适当旋转调整轮子角度，然后复制出剩余的 3 个轮子即可，如图 2-103所示。

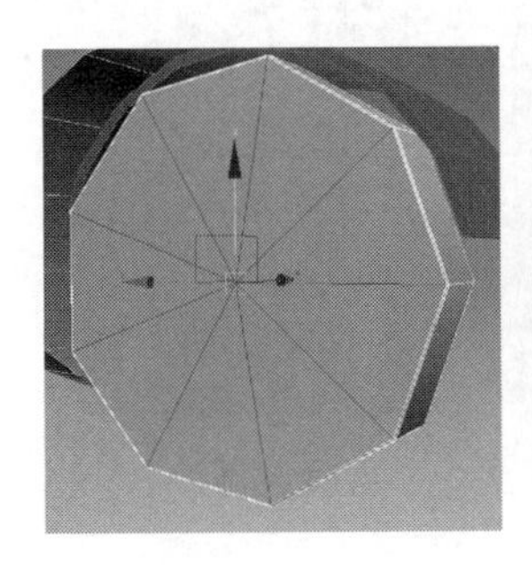

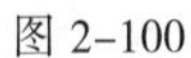

图 2-100

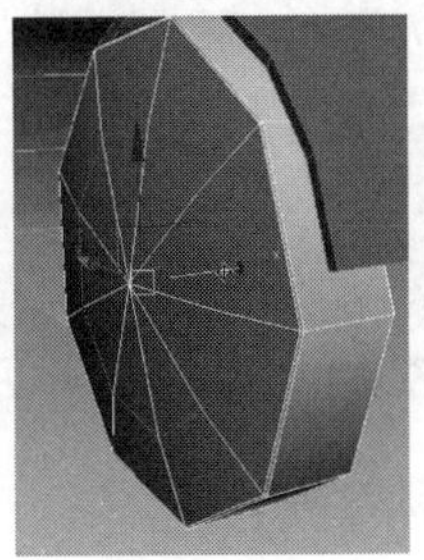

图 2-101

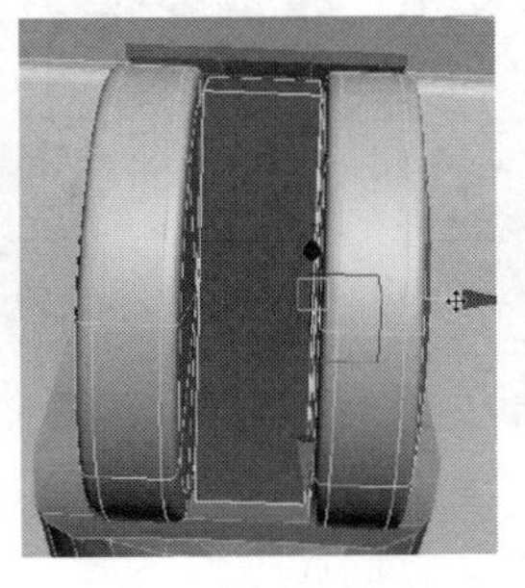

图 2-102

图 2-103

2.2.3 制作其他附件

步骤 01 创建一个长方体，然后在左视图中创建一个矩形并右击，在弹出的快捷菜单中选择“转换为”|“转换为可编辑样条曲线”命令，选择右上角的点，单击 圆角 按钮将该点处理为圆角，如图 2-104 和图 2-105 所示。

步骤 02 通过调整两个点的手柄重新调整曲线后，在修改器下拉列表中添加“挤出”修改器，设置挤出数量为 4mm，然后向右复制出另一个，将创建的长方体旋转 90° 复制，调整大小和位置，如图 2-106 所示。

步骤 03 创建并复制出如图 2-107 所示的圆柱体。

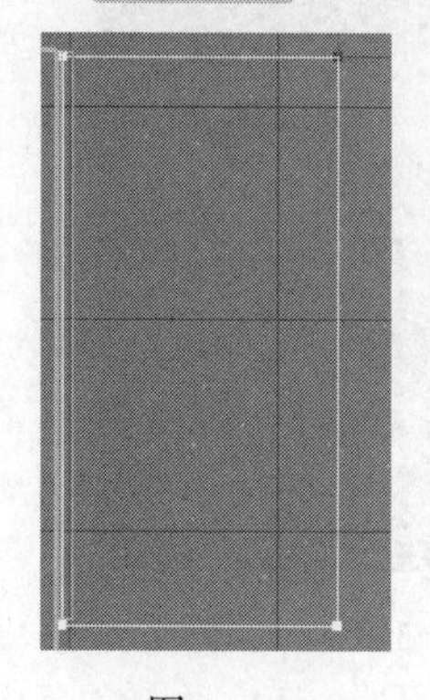

图 2-104

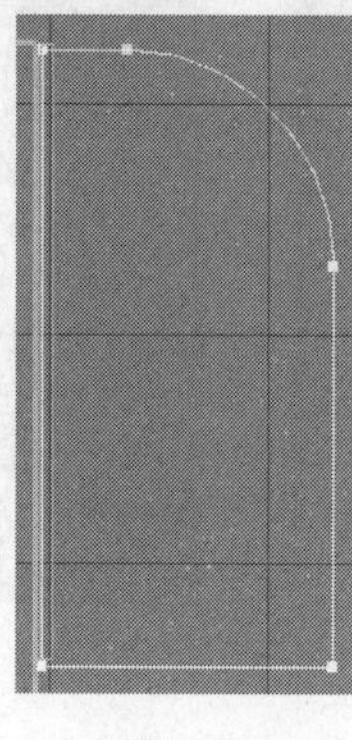

图 2-105

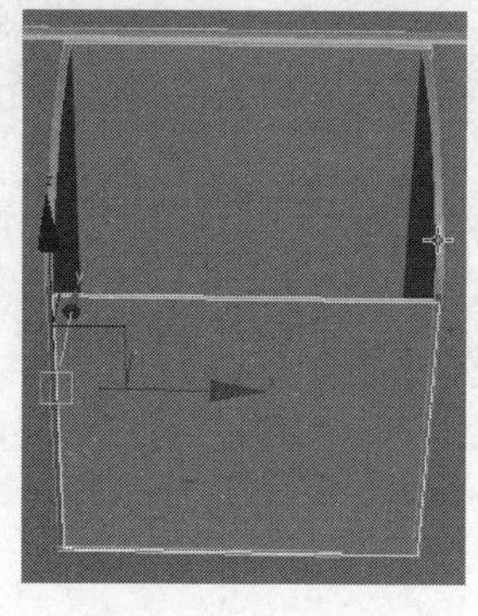

图 2-106

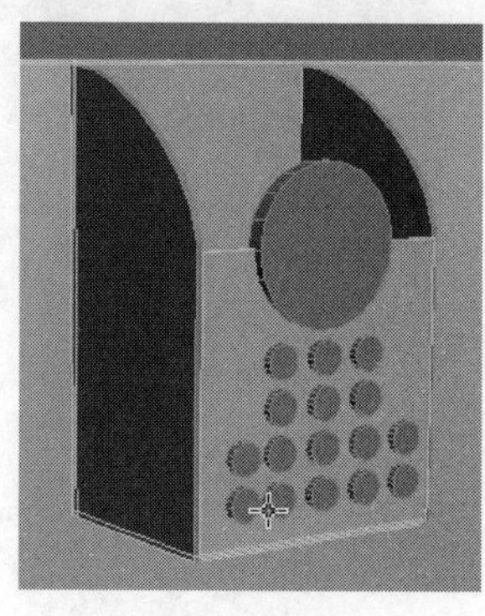

图 2-107

然后在复合对象面板下单击 ProBoolean 按钮，单击“开始拾取”按钮逐个拾取圆柱体，布尔运算之后的效果如图 2-108 所示。

复制调整出另一个笔筒物体模型。

步骤 04 电脑显示器的制作。在视图中创建一个半径为 12mm，分段为 18 的球体，右击，在弹出的快捷菜单中选择“转换为”|“转换为可编辑多边形”命令，删除底部一半的面，选择边界线，向内挤出调整出面，如图 2-109 所示。

步骤 05 在其正上方创建一个圆柱体并将其转换为可编辑的多边形物体，删除顶部的面，选择边界线，按住【Shift】键向上分别移动和缩放，挤出调整所需的形状，如图 2-110 所示。

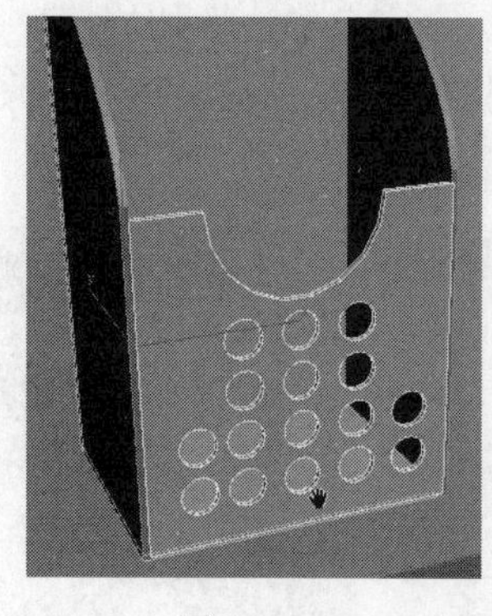

图 2-108

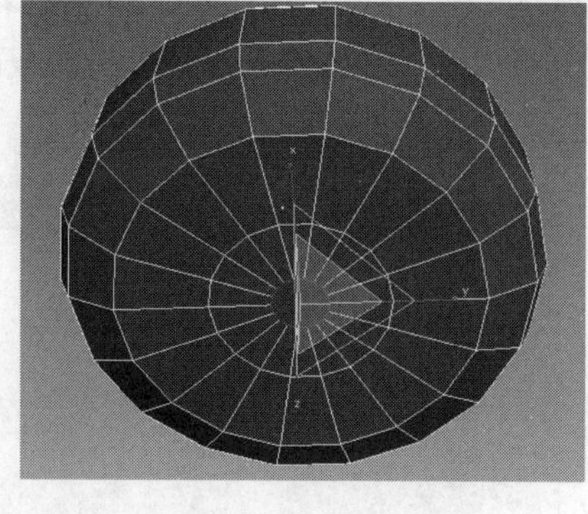

图 2-109

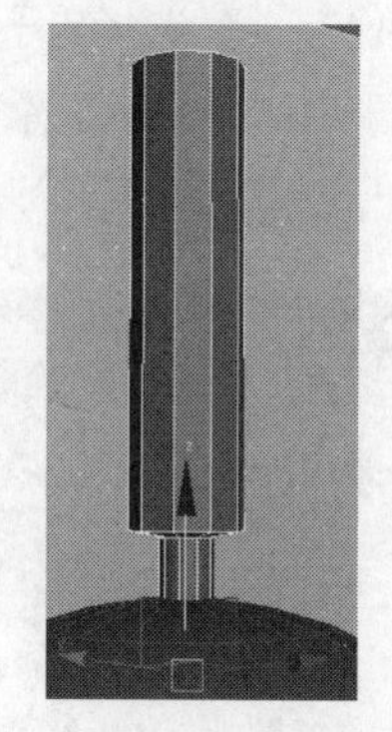

图 2-110

在如图 2-111 所示的位置创建圆柱体。

步骤 06 创建长方体并将其转换为可编辑的多边形，分别在上下、左右、前后的边缘位置加线，按【Ctrl+Q】快捷键细分显示该模型，然后缩放复制，最后选择中间的面，单击“倒角”按钮将面向内挤出并倒角调整出显示屏，效果如图 2–112 所示。

图 2–111

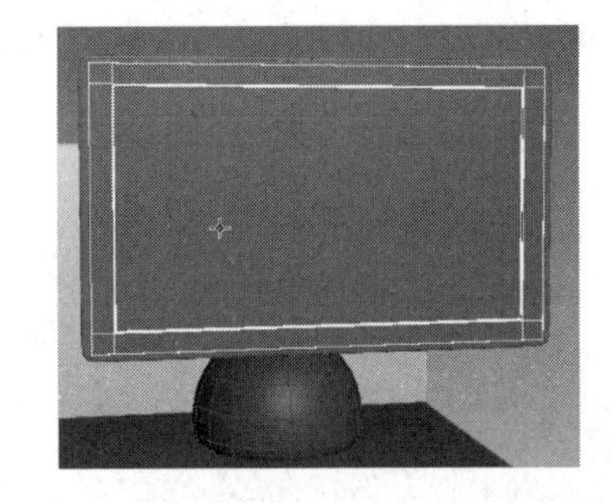

图 2–112

最后记得一定要在边缘线的位置通过加线来控制拐角处的形状，将显示器适当旋转调整，框选场景中的所有模型，按【M】键打开材质编辑器，选择任意一个材质球，单击按钮将默认材质赋予场景中的模型，然后单击右侧面板中的颜色框，在对象颜色面板中选择“黑色”，然后单击“确定”按钮。按【F2】键打开场景线框显示，最终效果如图 2–113 所示。

图 2–113

2.3　制作办公桌

本节学习制作办公桌，虽然模型并不是很复杂，但是尽量在制作时做得精细一些，该表现的细节尽量还是要表现出来。首先来看一下最终的制作效果，如图 2–114 所示。

图 2–114

步骤 01　在视图中创建一个长、宽、高分别为 10cm、30cm、3cm 的长方体，然后向右复制，调整宽度值为 2cm，并给当前模型换一种颜色显示，选择这两个长方体继续向右复制出 3 个物体，如图 2–115 所示。

将这些物体沿着 Y 轴方向复制，调整好距离，如图 2–116 所示。

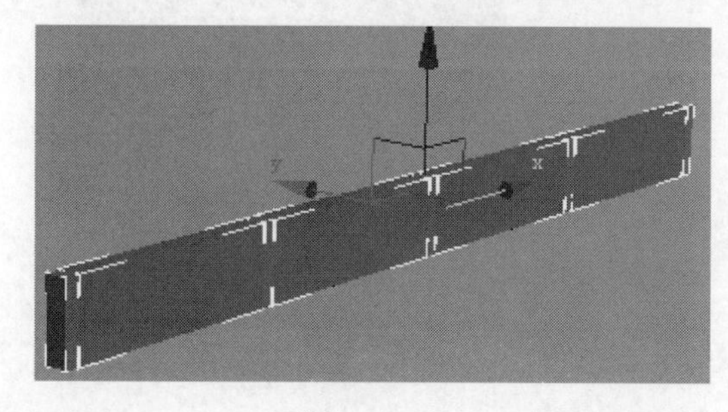

图 2–115

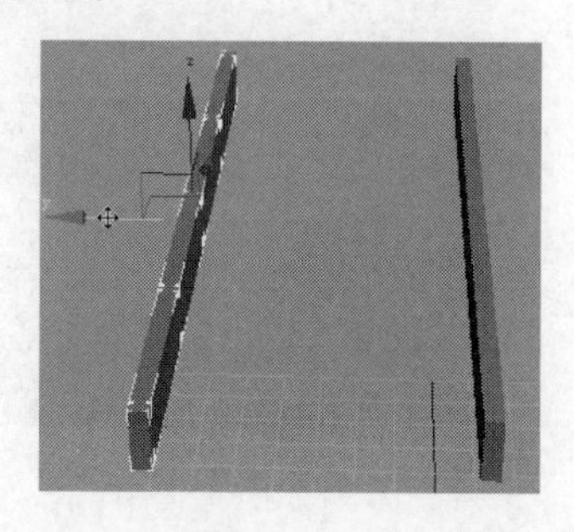

图 2–116

步骤 02 删除多余的 3 个长方体，单独编辑剩余的一个长方体，制作好之后再复制出剩余的模型，如图 2–117 所示。

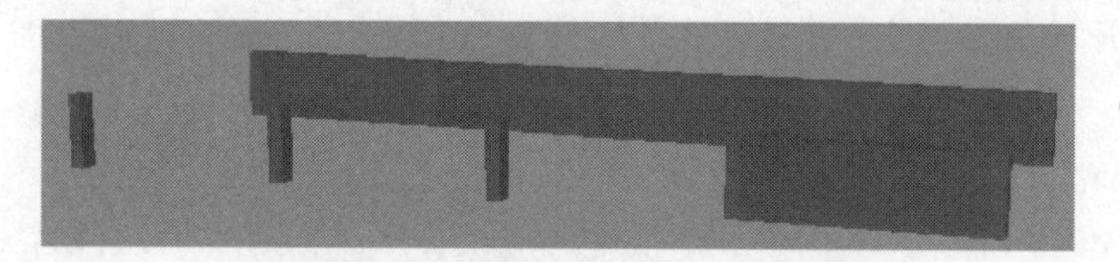

图 2–117

选择一个 Box 物体并右击，在弹出的快捷菜单中选择“转换为”|“转换为可编辑多边形”命令，进入面级别，选择一个面分别向内再向外多次倒角，如图 2–118 所示。

复制、调整出剩余的模型，如图 2–119 所示。

图 2–118

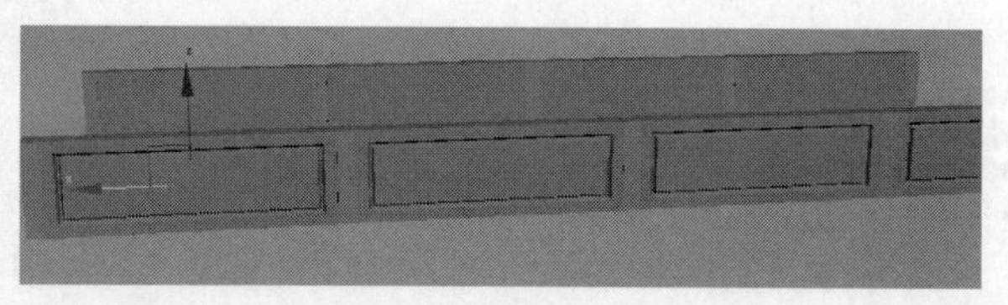

图 2–119

步骤 03 在顶视图中创建一个切角长方体，设置长、宽、高分别为 63cm、140cm、3cm，圆角值为 1cm，然后沿着 Z 轴方向向上复制并调整大小，如图 2–120 所示。

图 2–120

步骤 04 将前面制作好的抽屉模型旋转 90° 复制并调整长度，制作出侧边的挡板效果，如图 2–121 所示。

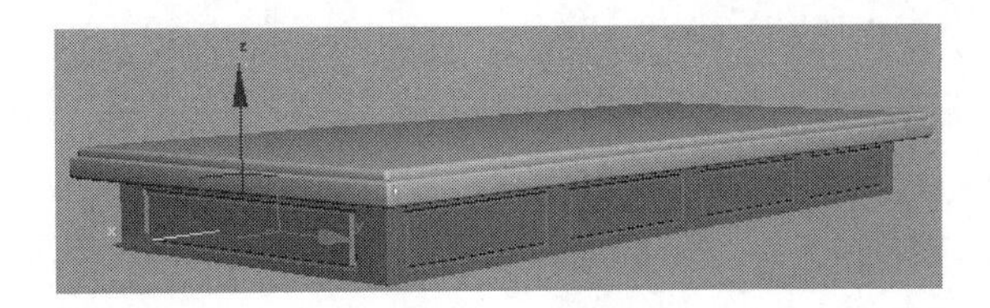

图 2–121

步骤 05 在桌子的底部创建长方体，在创建时可以单击按钮打开捕捉工具，这样在创建时即可根据需求进行精确的点的捕捉创建，如图 2–122 所示。

调整好长方体的高度值，移动到桌子的底部位置，如图 2–123 所示。

图 2–122

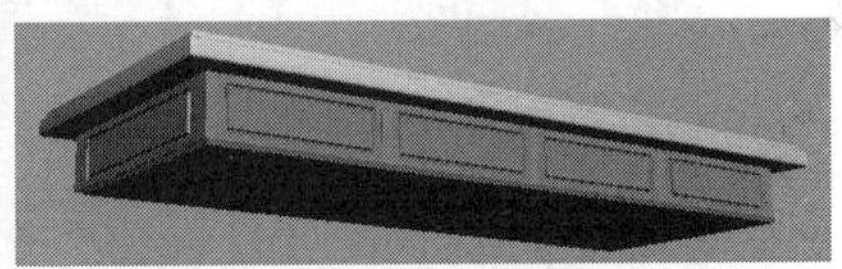

图 2–123

步骤 06 创建一个长方体，设置长、宽、高分别为 3.7cm、3.7cm 和 70cm，该长方体作为桌子腿模型，复制调整好它们的位置，如图 2–124 所示。

继续创建一些长方体模型作为桌子底部的挡板模型，然后在挡板的位置创建一个切角长方体，通过缩放调整大小后移动到合适的位置，然后向下复制，如图 2–125 所示。

将前面的挡板物体复制一个调整到后方，然后在侧面的位置创建一个长方体并将其转换为可编辑的多边形物体，进入面级别，选择面用倒角工具向内挤出调整挡板上的纹路，如图 2–126 所示。

图 2–124

图 2–125

图 2–126

继续复制调整出侧面模型，效果如图 2–127 和图 2–128 所示。

图 2-127

图 2-128

步骤 07 在桌子腿底部创建一个长方体，右击，在弹出的快捷菜单中选择“转换为”|“转换为可编辑多边形”命令，选择上方的面向上挤出倒角，如图 2-129 所示。

在腿底四角的位置创建出长方体作为桌子的地垫，如图 2-130 所示。

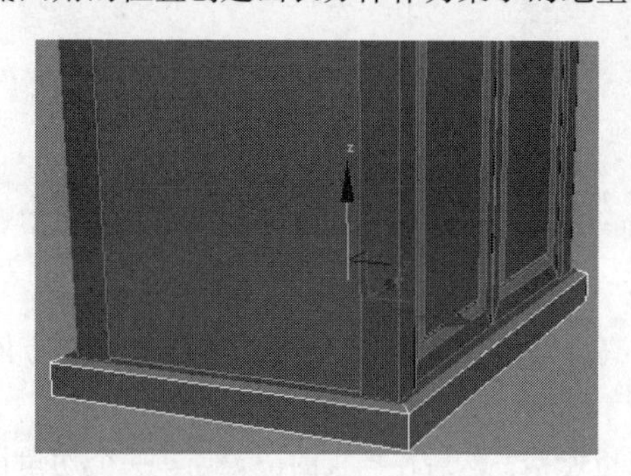

图 2-129

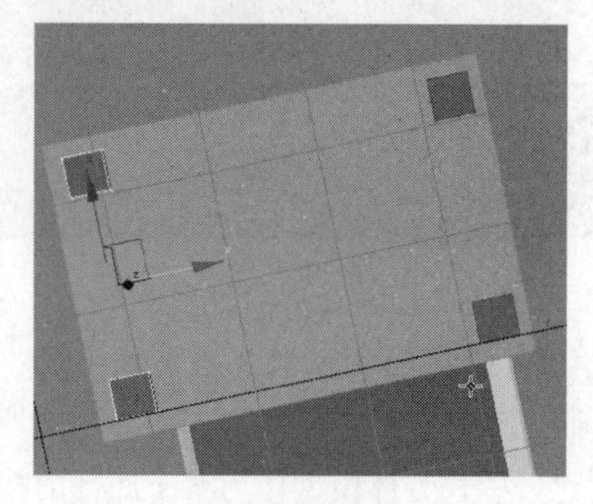

图 2-130

步骤 08 在创建面板下的扩展基本体面板中创建一个切角圆柱体，在修改面板中设置 切片结束位置: 180.0 的值为 180，这样创建的圆柱体为半个圆柱体，旋转调整该模型到抽屉的拉手位置并向下复制，如图 2-131 中方框所示。

将左侧底部部分的模型向右复制，如图 2-132 所示。

图 2-131

图 2-132

步骤 09 创建一个如图 2-133 所示的样条线。

在修改器下拉列表中添加“车削”修改器。设置旋转的方向为 X，此时模型并不是我们想要的效果，如图 2-134 所示。

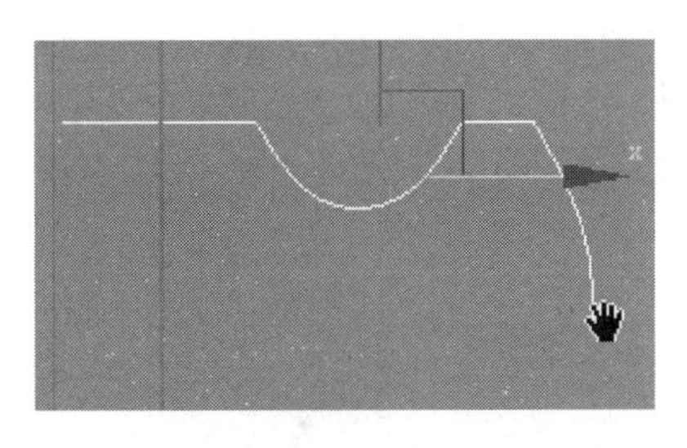

图 2–133

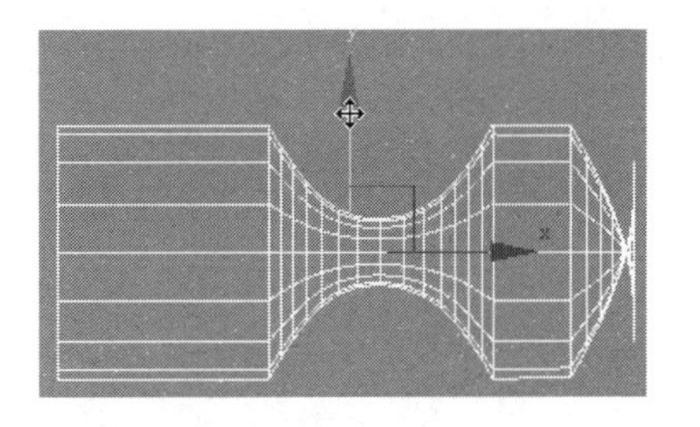

图 2–134

单击“车削”命令前面的“+”号进入子级别，手动向下移动旋转的轴心，如果模型看上去漆黑一片，只需要选中“翻转法线”即可，分段数值越高模型越精细。将该模型移动到抽屉的拉手位置，如图 2–135 所示。

步骤 10　复制出剩余的拉手模型，最后再整体调整模型的比例关系，最终效果如图 2–136 所示。

图 2–135

图 2–136

本实例小结：本实例主要通过一些基本物体和多边形编辑相结合的方式制作书桌模型，抽屉拉手模型的制作用到了“车削”命令来制作，当然也可以基于圆柱体的基础上进行多边形制作。

2.4　制作欧式茶几

本节重点学习由二维曲线通过 360° 旋转来生成三维模型的方法，另一个知识点是多边形建模。

步骤 01　在创建面板下单击按钮，单击 线 按钮，在视图中创建一个如图 2–137 所示的曲线。

按【1】键进入“顶点”级别，单击“圆角”按钮，将 90° 角的地方处理成圆角，调整点与点之间的距离从而调整样条线的整体比例，效果如图 2–138 所示。

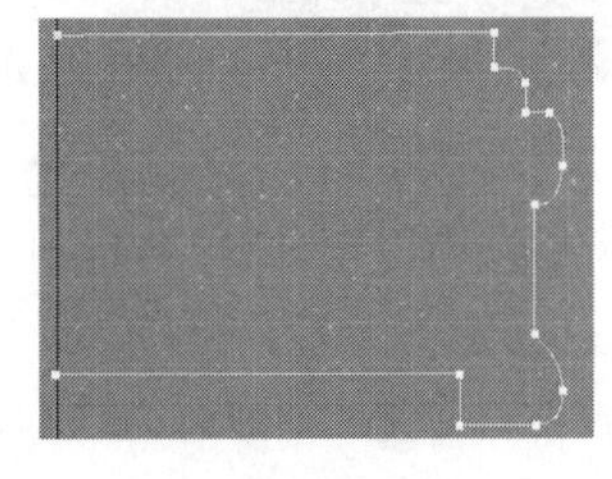

图 2–137

图 2–138

在前面的知识点中已经介绍过，如果两个点在垂直方向或者水平方向不在一个水平线上，可以通过缩放工具来调整，这里还有一个更加精确的方法。在工具栏上的捕捉按钮上右击，在弹出的栅格和捕捉设置面板中取消选中“栅格点”复选框，选中“顶点”复选框，在“平移”选项区域中选中“使用轴约束”复选框，如图 2–139 和图 2–140 所示。

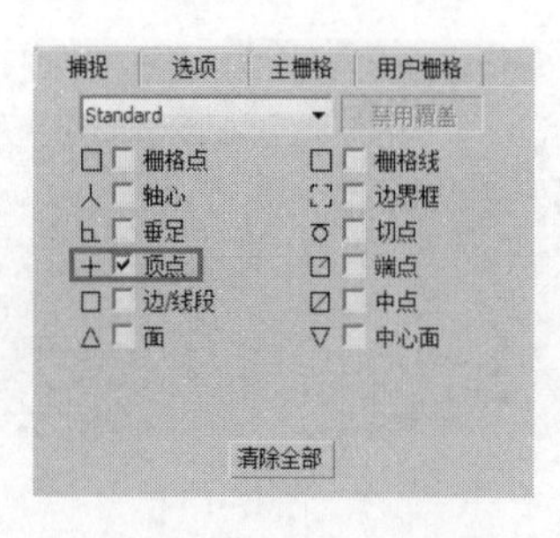

图 2-139

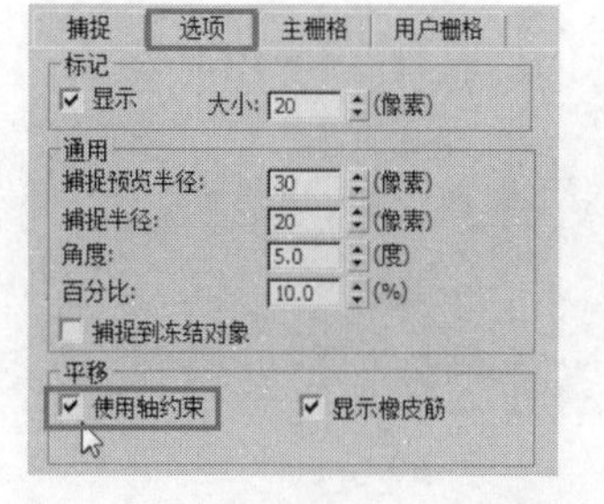

图 2-140

设置好后，选中想要对齐的点，在保证沿着 Y 轴移动的同时，将选中的点拖放到另一个水平点上并释放，如图 2-141 所示。这样就把该点和另一个点对齐了。

步骤 02 选中该样条曲线，在修改器下拉列表中添加“车削”修改器，生成的三维模型如图 2-142 所示。

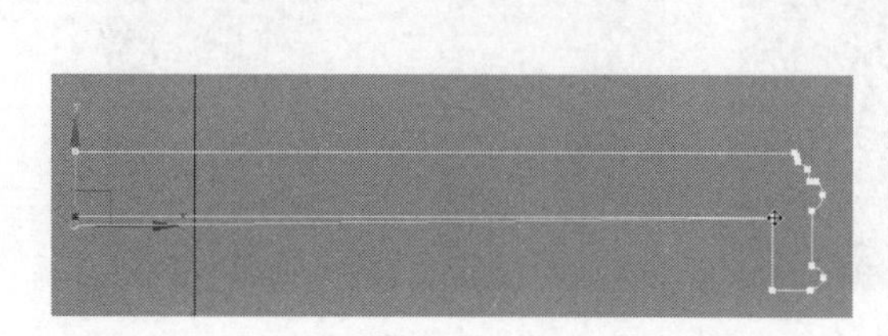

图 2-141

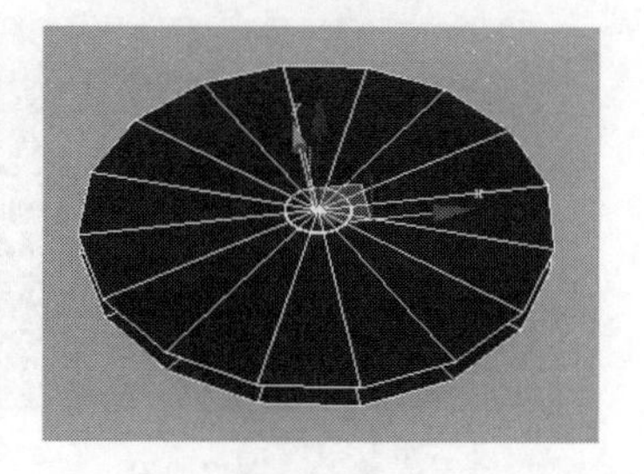

图 2-142

此时可以看到生成的三维模型一片漆黑，在“对齐”选项中单击 最小 按钮，这样就设置了该模型选装的轴心，同时给该模型设置一个默认的材质，在“封口参数”选项下选中 封口始端 和 封口末端 复选框，选中该复选框前后的对比如图 2-143 所示。

适当增加该模型的旋转分段数使模型更加精细，其效果如图 2-144 所示。

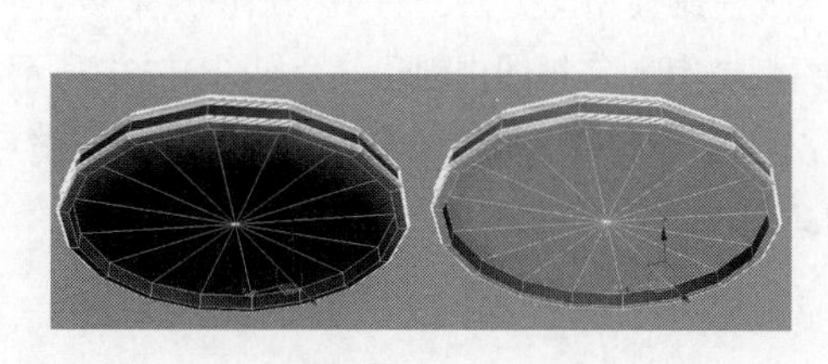

图 2-143

图 2-144

步骤 03 桌面制作好后，接下来制作桌腿。用同样的方法在前视图中创建如图 2-145 所示的样条线，用圆角工具适当地处理 90° 角的点并调整各个点的光滑度以及位置。

步骤 04 在修改器下拉列表中选择“车削”命令，单击 最小 按钮，此时模型前后的对比效果如图 2-146 所示。

选中“焊接内核”和“翻转法线”复选框，前后的模型对比如图 2-147 所示。

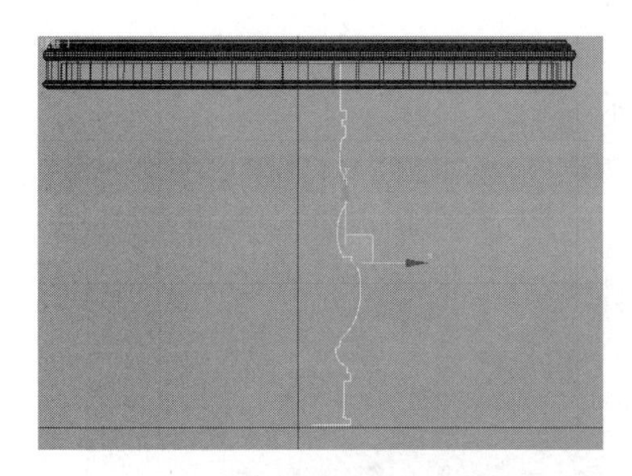

图 2-145

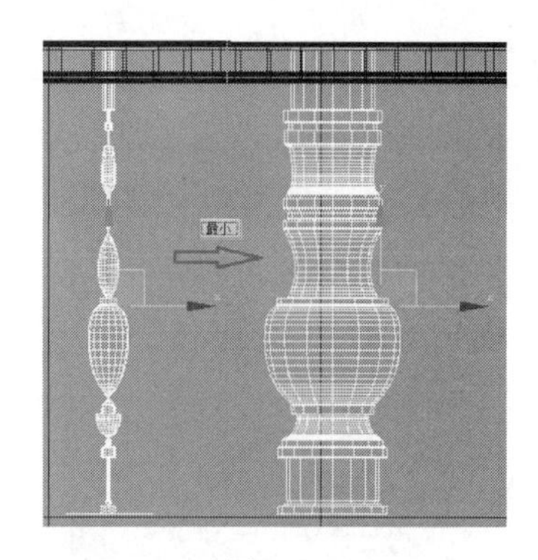

图 2-146

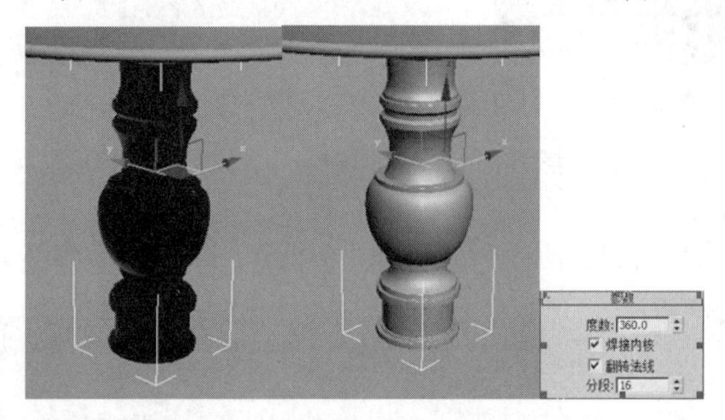

图 2-147

步骤 05 将“分段”设置为 4，效果如图 2-148 所示。然后在视图中创建一个 Box 物体，将其转换为可编辑的多边形物体，通过面的挤出等工具制作出如图 2-149 所示的模型。

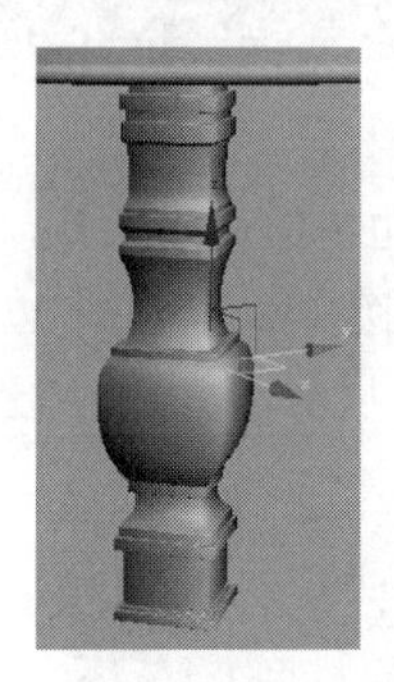

图 2-148

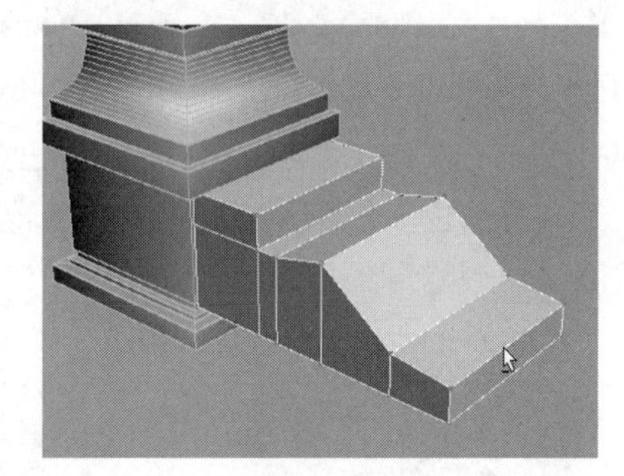

图 2-149

按【Ctrl+Q】快捷键细分该模型，如图 2-150 所示。此时的模型效果不好，在宽度上添加分段，如图 2-151 所示。

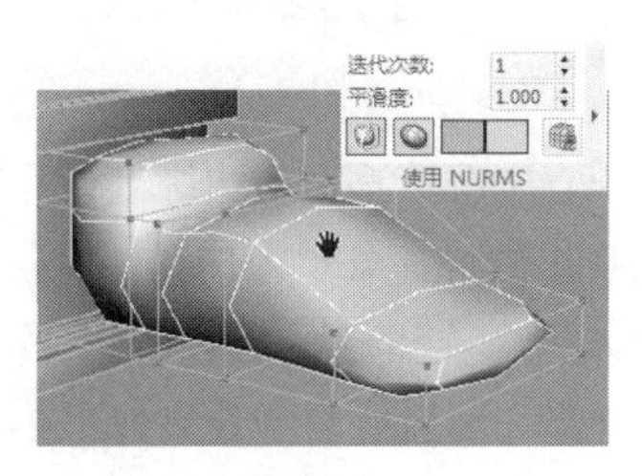

图 2-150

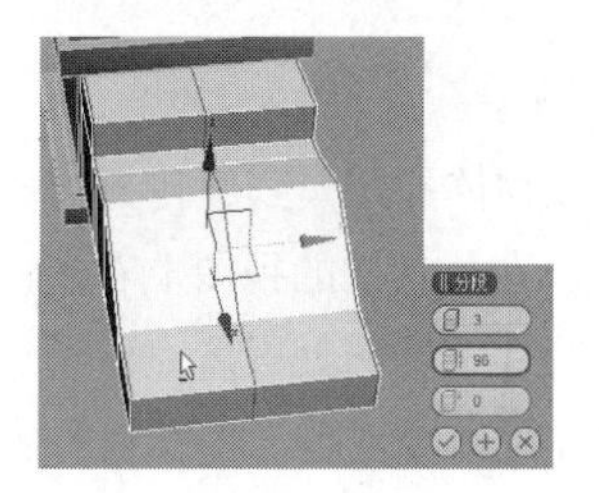

图 2-151

同时在左侧的边缘和右侧的边缘分别添加分段，如图 2-152 所示。

再次细分显示该模型，效果如图 2-153 所示。

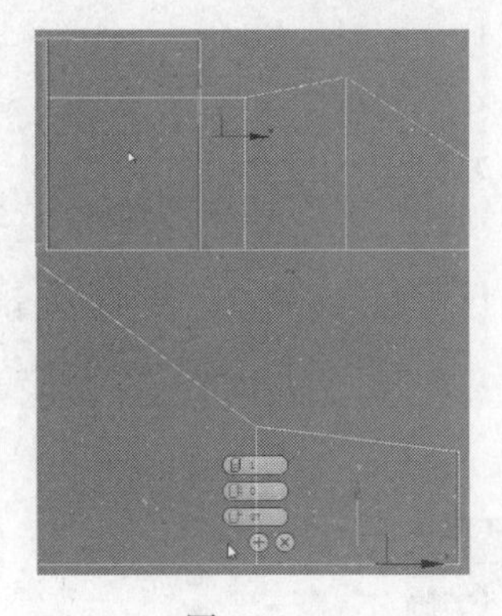

图 2-152

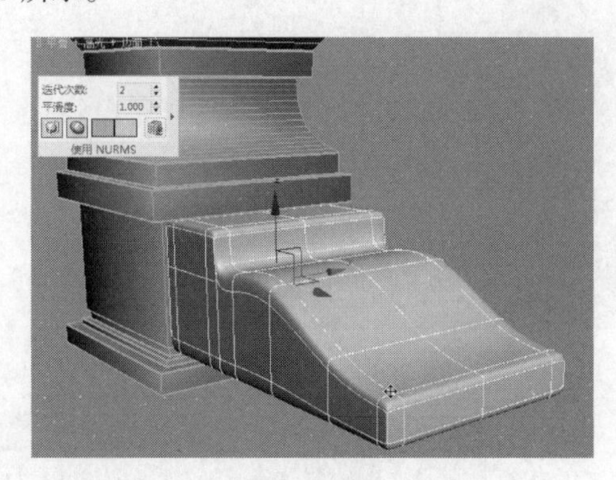

图 2-153

步骤 06 继续创建和复制调整倒角的 Box 物体，然后将制作好的模型旋转复制 3 个，调整好各自的位置，效果如图 2-154 所示。

打开材质编辑器，将一个默认的材质赋予场景中的模型，最终效果如图 2-155 所示。

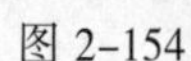

图 2-154

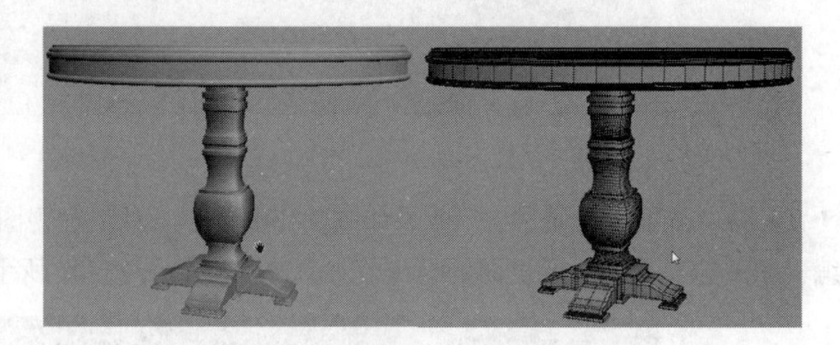

图 2-155

步骤 07 茶几的主题部分制作完成后，接下来制作出边缘的一些细节。在视图中创建一个如图 2-156 所示的物体。可以先创建一个圆环物体，然后将其转换为可编辑的多边形，删除不需要的面，再适当地调整即可。创建后，调整到合适的位置，如图 2-157 所示。

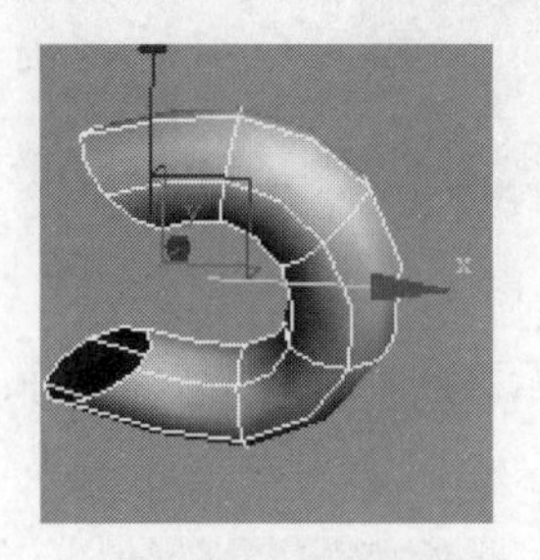

图 2-156

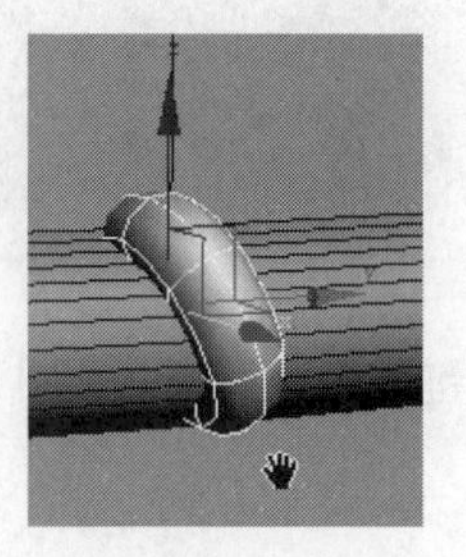

图 2-157

步骤 08 选择该物体并切换到旋转工具，希望它围绕着桌面的边缘进行复制，此时需要设置它自身的一个旋转轴心，在工具栏的视图上右击，在弹出的快捷菜单中选择“拾取”命令，如图 2-158 所示。然后单击桌面物体，这样就设置完成了该物体的旋转轴心为桌面物体。

按住【Shift】键进行旋转复制，将复制的数量调高，最后的复制效果如图 2-159 所示。

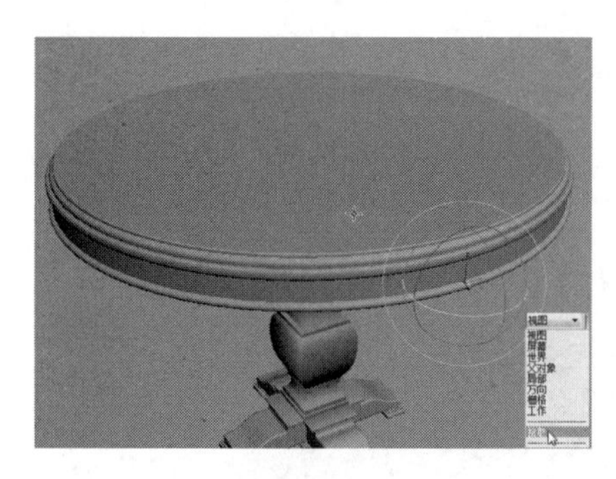

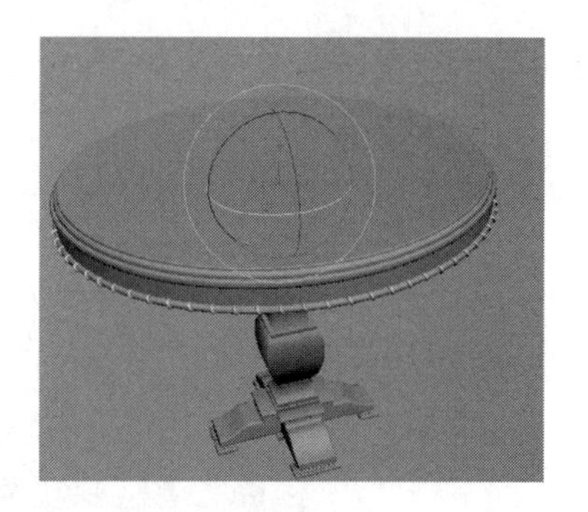

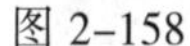

图 2–158　　图 2–159

步骤 09　除了上述的旋转复制可以得到所需的模型之外，这里再介绍一种阵列的方法。单击工具(T)菜单，然后选择阵列(A)...命令，阵列的参数面板如图 2–160 所示。除了在菜单中可以打开阵列外，还可以在工具栏上的空白处右击，在弹出的快捷菜单中选择附加命令，此时会打开一个小的浮动工具栏，如图 2–161 所示。单击按钮同样能打开阵列工具。

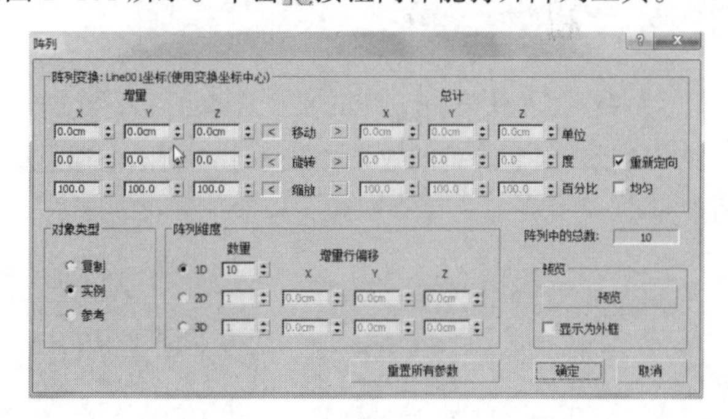

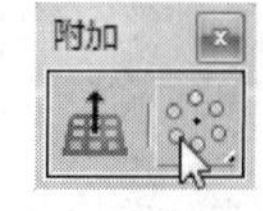

图 2–160　　图 2–161

首先来学习阵列工具的用法。将场景重置，创建一个茶壶物体，“阵列维度”选项区域中分为 1D、2D、3D。1D 的意思就是在一条线上进行复制、旋转、缩放；2D 就是在一个面上进行复制、旋转、缩放；3D 就是在一个空间上进行复制、旋转、缩放。

先将 1D 的数量设置为 10，也就是复制 10 个，在“增量”X 轴的位置设置递增的一个距离，单击“预览”按钮，效果如图 2–162 所示。此时可以单击上下的小箭头并拖动鼠标来快速地预览调整距离参数等。“总计”中参数的意义就是在 X 轴上复制 10 个物体后的总距离。两种参数设置方式可以随时进行切换。

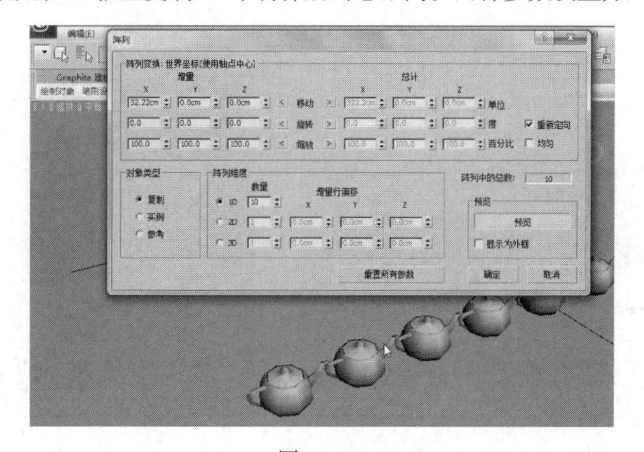

图 2–162

将 1D 中的数量设置为 5，2D 中的数量也设置为 5，在“增量行偏移”中设置 Y 轴的增量值，单击“预览”按钮，效果如图 2–163 所示。

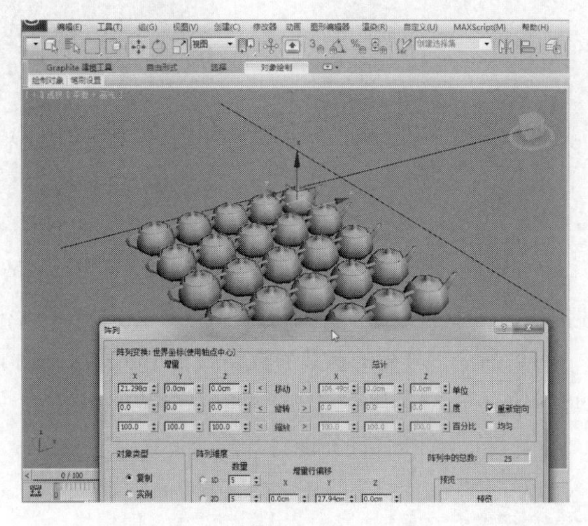

图 2–163

调整 3D 中的参数，如图 2–164 所示。最后阵列的效果如图 2–165 所示。通过这种方式可以很方便地快速复制出一个庞大的军团效果。

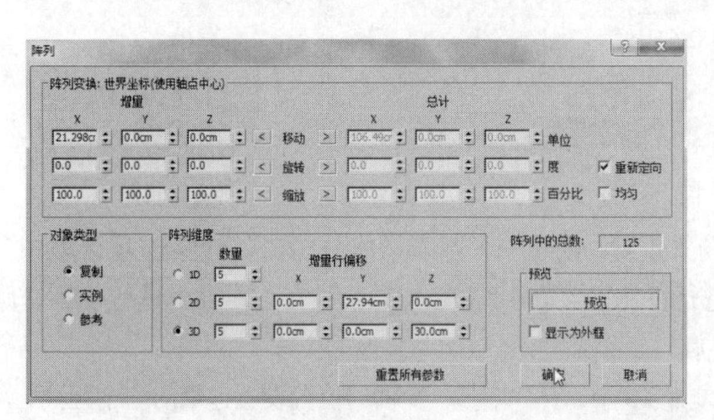

图 2–164

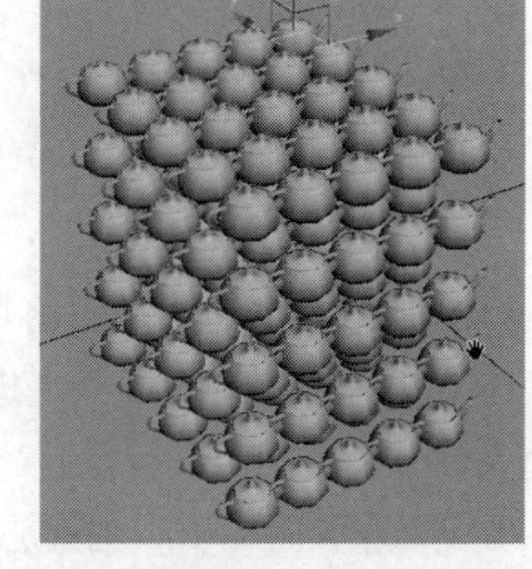

图 2–165

步骤 10 返回茶几的场景，利用阵列工具制作出如图 2–166 所示的边框效果，其参数设置如图 2–167 所示。

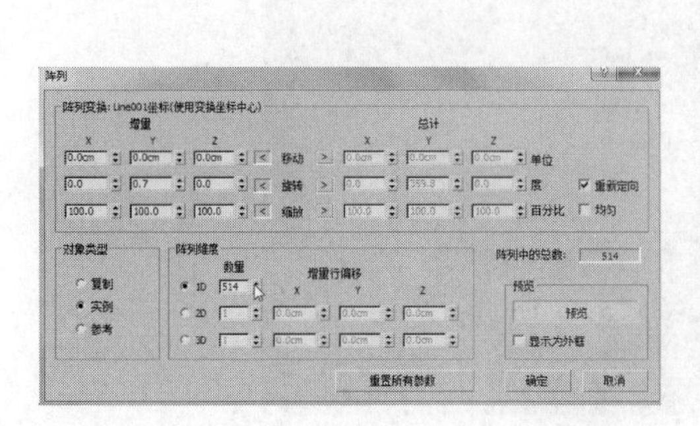

图 2–166

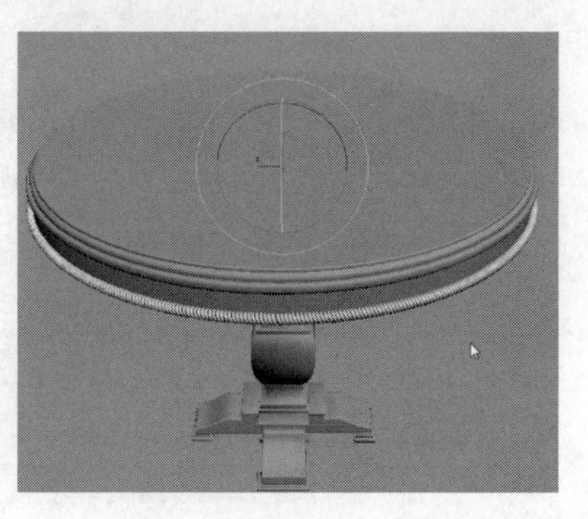

图 2–167

按下【7】键可以显示当前场景中的点数和面数，赋予场景中的模型一个默认的材质，最终的效果如图 2-168 所示。

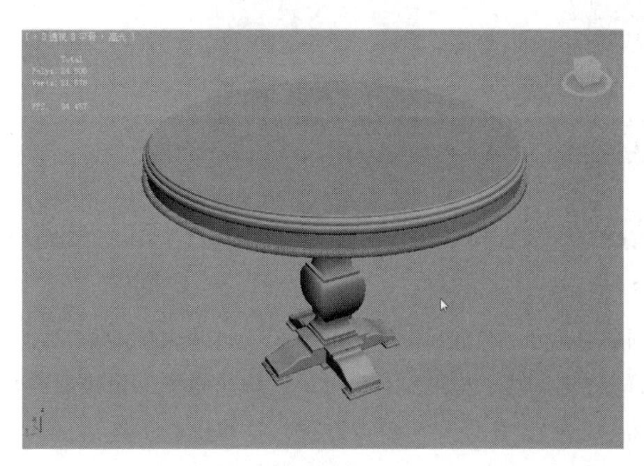

图 2-168

本实例小结：本节重点学习了由二维曲线通过 360° 的旋转来生成三维模型的方法。另外，还主要学习了空间模型的物体阵列方法。阵列工具非常重要，希望读者熟练掌握。

2.5　制作边几

边几是在客厅中摆放在两个沙发之间的茶几，多为正方形或圆形。在卧室或者浴室也常有人喜欢摆放边几，大多数用来放置电话和花瓶等装饰品。

本实例学习制作的边几模型是一个半圆形，放置在墙边。

步骤 01 单击（创建）|（图形）| 圆 按钮，在视图中创建一个半径为 30cm 的圆形，右击，在弹出的快捷菜单中选择“转换为”|“转换为可编辑样条线”命令，将矩形转换为可编辑的样条线。选择其中的一个点删除。按快捷键【2】键进入线段级别，选择图 2-169 中的线段，单击 拆分 按钮在线段中心位置加点，然后选择底部对应的两个点，右击，在弹出的快捷菜单中选择“角点”，将点的模式设置为角点，设置后的样条线形状如图 2-170 所示。

选择底部两个点单击 圆角 按钮，在选择的点上单击并拖动将点处理为圆角，如图 2-171 所示。在前视图中创建两个矩形，并转换为可编辑的样条曲线，选择其中任意一个矩形，单击 附加 按钮拾取另一个矩形将两者附加成一个整体，如图 2-172 所示。

按【3】键进入样条线级别，选择外侧方形，选择差集，当鼠标指针放置在另一个矩形上时会发生变化，如图 2-173 所示。在该矩形上单击完成布尔运算，效果如图 2-174 所示。

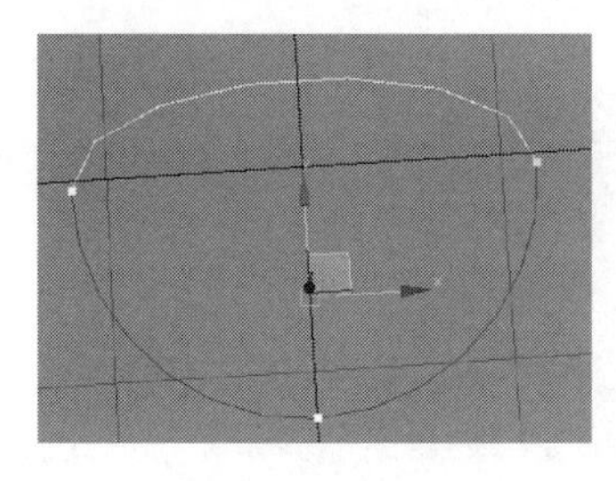

图 2-169

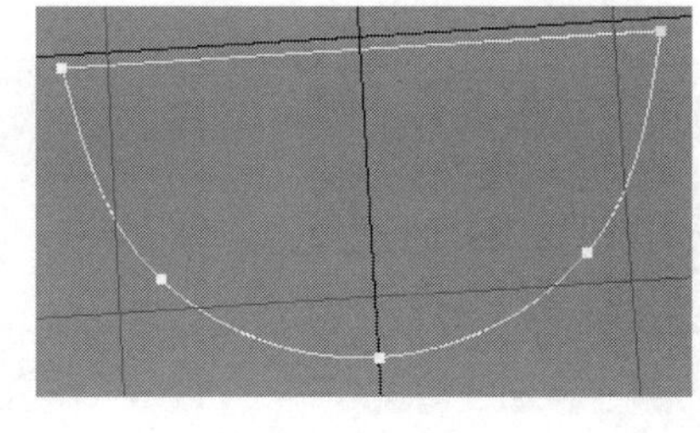

图 2-170

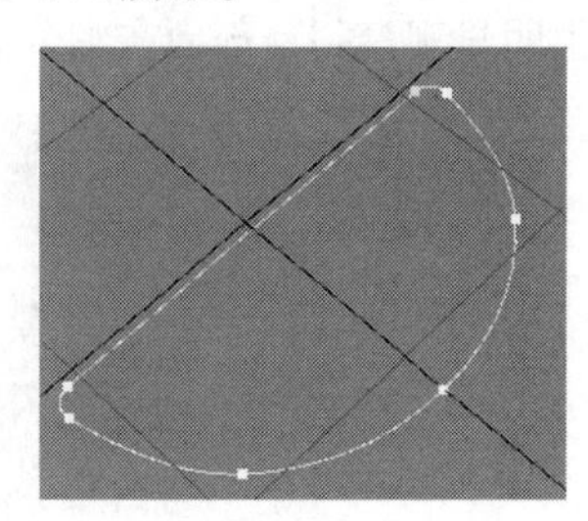

图 2-171

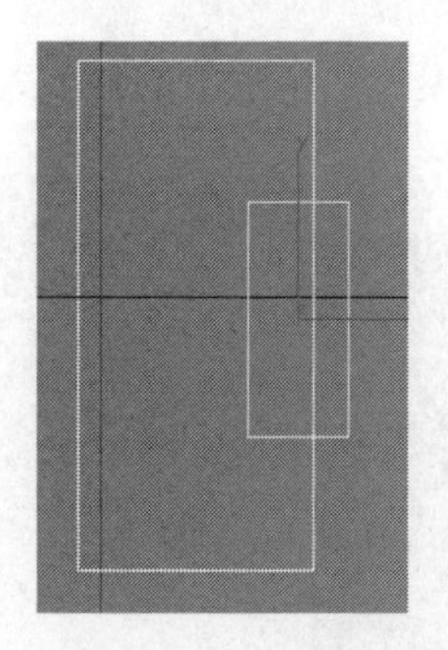

图 2-172

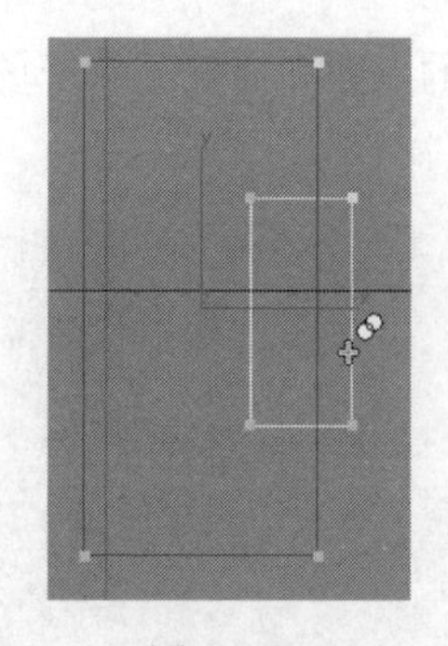

图 2-173

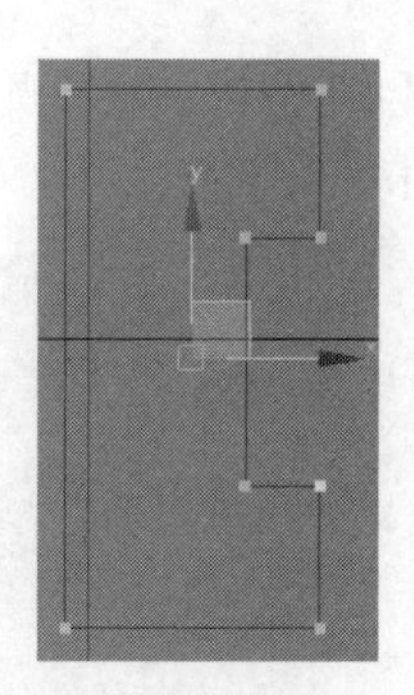

图 2-174

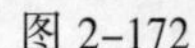

步骤 02 选择半圆样条线，在修改器下拉列表下添加 倒角剖面 修改器，然后单击“获取图形”按钮拾取图 2-174 中的样条线，效果如图 2-175 所示。此处如果不希望底端两个角为圆角，可以修改调整半圆形曲线形状，将底部的圆角处理为角点方式（这样做是为了后面多边形形状的调整需要），重新调整剖面曲线大小后，用倒角剖面的方法生成三维模型，如图 2-176 所示。

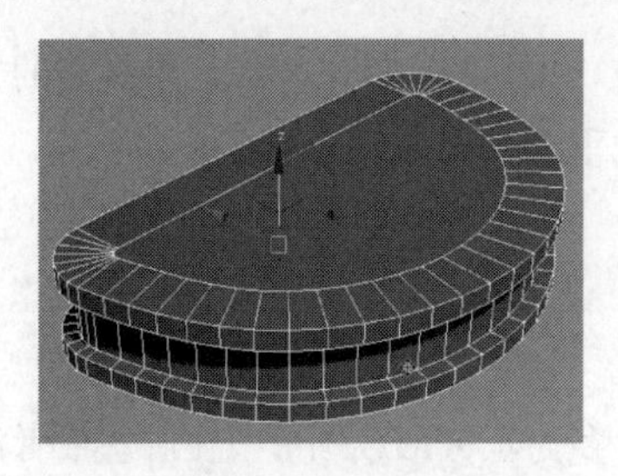

图 2-175

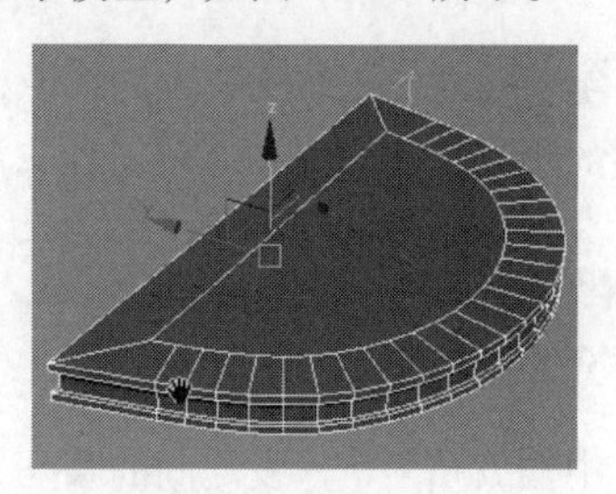

图 2-176

在修改器下拉列表下添加编辑多边形修改器，选择底部拐角位置线段，用“切”工具将线段切角，如图 2-177 所示。用同样的方法将该物体其他拐角位置的线段做切角设置，如图 2-178 所示。

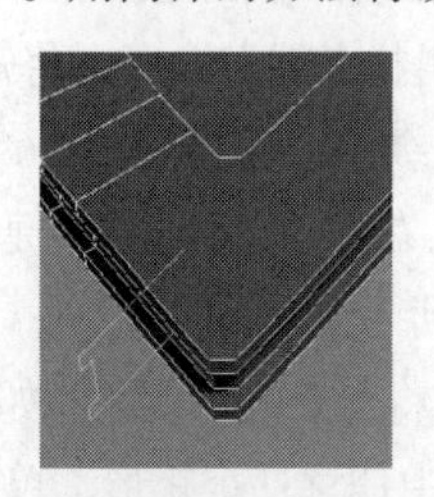

图 2-177

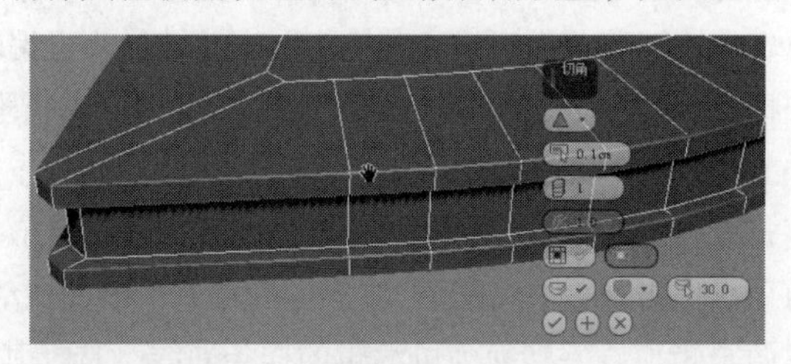

图 2-178

按【4】键进入面级别，选择顶部中心位置的面，用倒角工具向下倒角挤出，如图 2-179 所示。然后在修改器下拉列表下添加“涡轮平滑”修改器，细分后的显示效果如图 2-180 所示。从图中可以很明显观察到顶部面在细分后显得不是十分平滑。

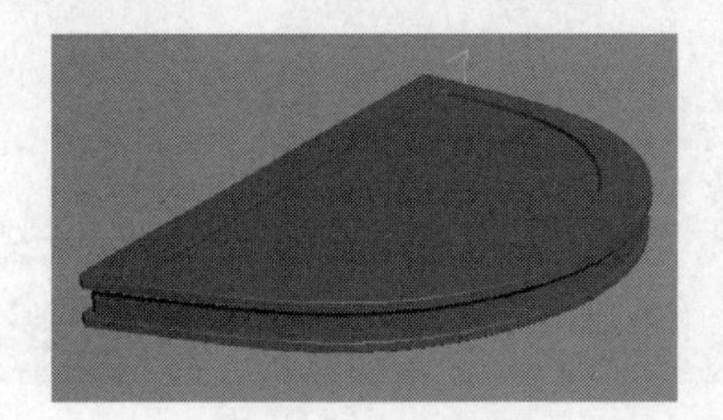

图 2-179

图 2-180

此处出现这样的原因是因为顶部面边数太多，细分后容易产生一定的问题。调整的方法也很简单，通过加线调整布线的方法尽可能地将面处理为四边面，加线后的布线效果如图 2–181 所示。再次细分后的显示效果如图 2–182 所示。

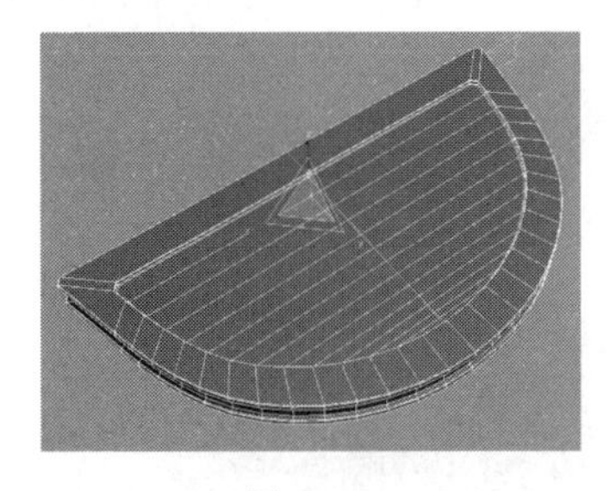

图 2–181

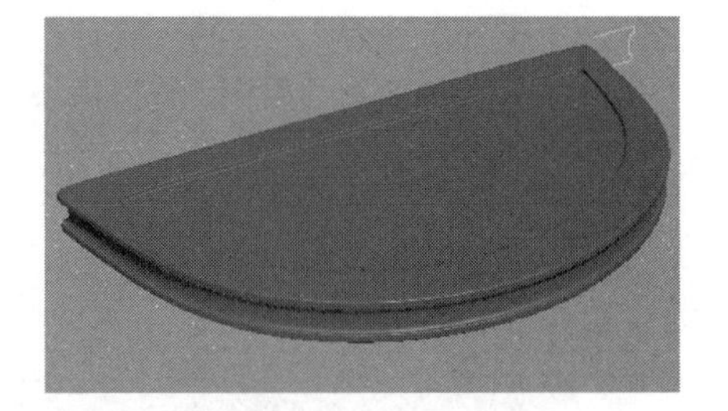

图 2–182

为了使模型细分后中间的棱角更加明显，在图 2–183 中箭头所指的位置加线。

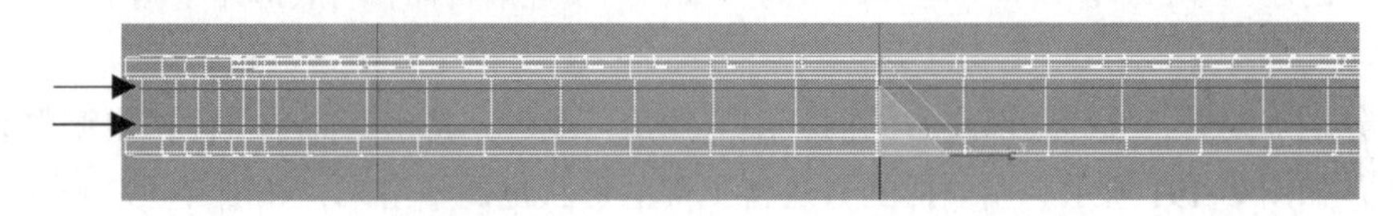

图 2–183

步骤 03 创建一个长宽和桌面大小一致的长方体并转换为可编辑的多边形物体。然后分别在长度和宽度上加线并调整点的位置，如图 2–184 所示。进入“面”级别，选择顶部面，单击 倒角 按钮后面的图标，在弹出的“倒角”快捷参数面板中设置倒角参数，将选择面连续向上倒角挤出，如图 2–185 所示。

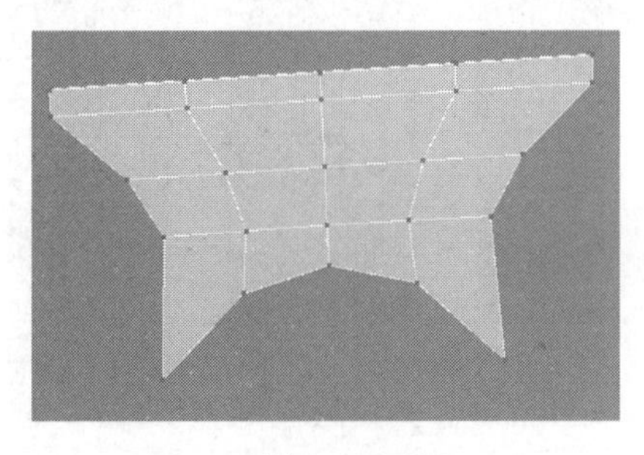

图 2–184

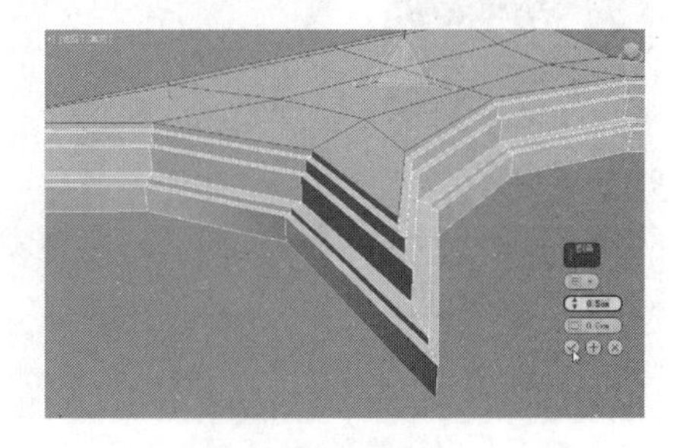

图 2–185

进入“线段”级别，选择拐角位置线段，用切角命令将线段切角进行处理，效果如图 2–186 所示。然后再选择水平方向上拐角位置的线段，用切角工具将线段切角，同时配合加线工具在模型顶端和底端位置加线，如图 2–187 所示。

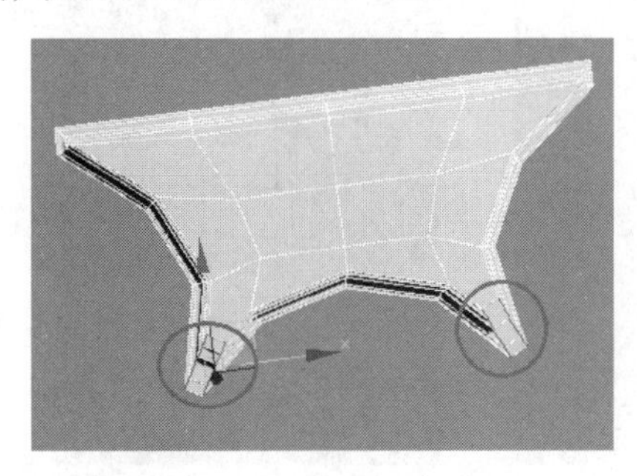

图 2–186

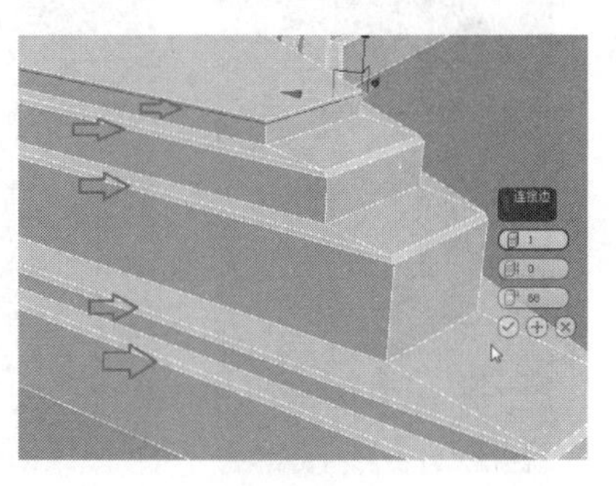

图 2–187

按快捷键【Ctrl+Q】细分该模型，效果如图 2-188 所示。从细分效果来看，四个角的表现效果不是太好。所以需要对四角位置的线段再次调整。可以选择图 2-189 中的线段将其进行切角设置。这样再次进行细分后，效果会得到明显改善。

图 2-188

图 2-189

步骤 04 创建一个长方体模型并将其转换为可编辑的多边形物体，将底部缩小调整，如图 2-190 所示。

在高度上分别加线后，选择底部左右的面，用“倒角”或者“挤出”命令将面挤出调整后加线调整该部位形状，如图 2-191 所示。用同样的方法将顶部的形状也调整出来，如图 2-192 所示。右击，在弹出的快捷菜单中选择“剪切”命令，在模型表面上剪切调整布线，如图 2-193 所示。然后选择剪切位置的线段，单击 切角 “切角”按钮后面的□图标，在弹出的“切角”快捷参数面板中设置切角的值，效果如图 2-194 所示。

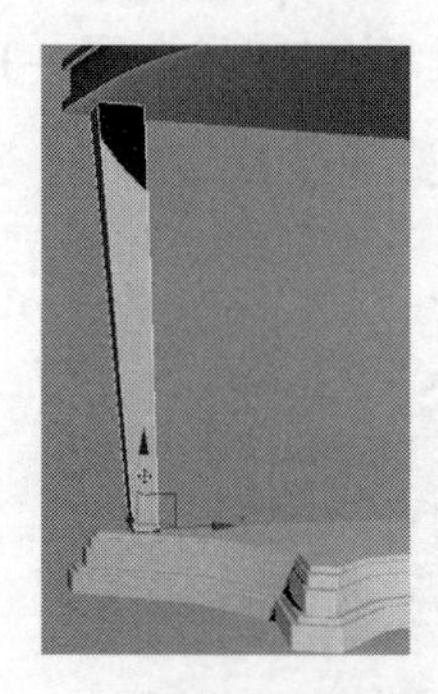

图 2-190

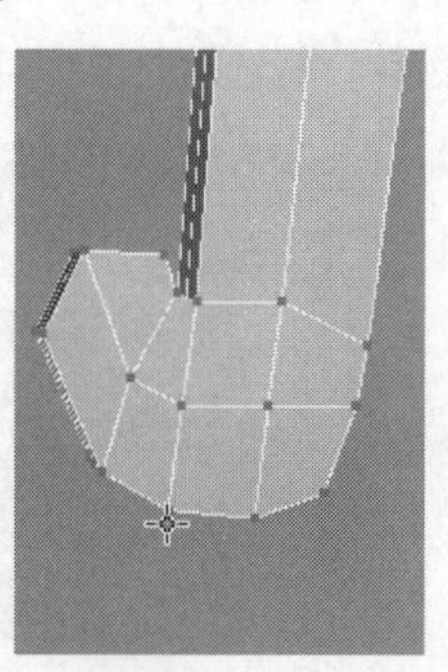

图 2-191

图 2-192

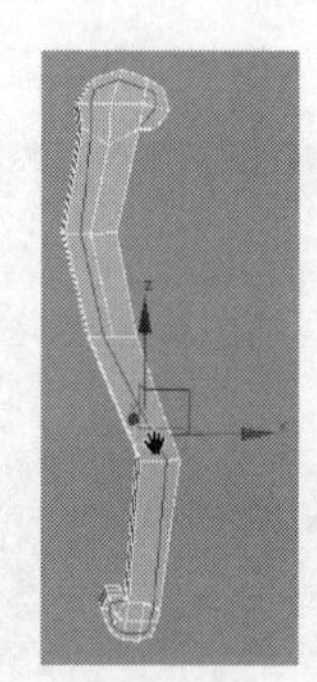

图 2-193

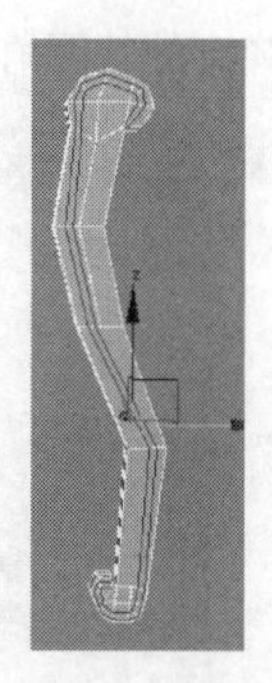

图 2-194

进入面级别，选择切角位置的面，如图 2-195 和图 2-196 中所示的面。单击 倒角 按钮后面的□图标，在弹出的“倒角”快捷参数面板中设置倒角参数，将选择的面连续向下倒角挤出，如图 2-197 所示。

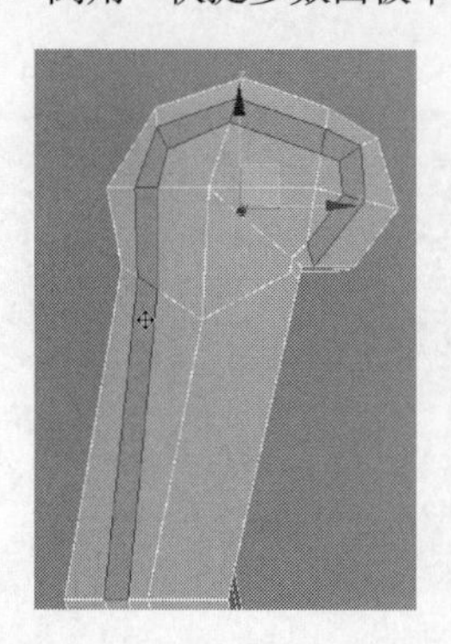

图 2-195

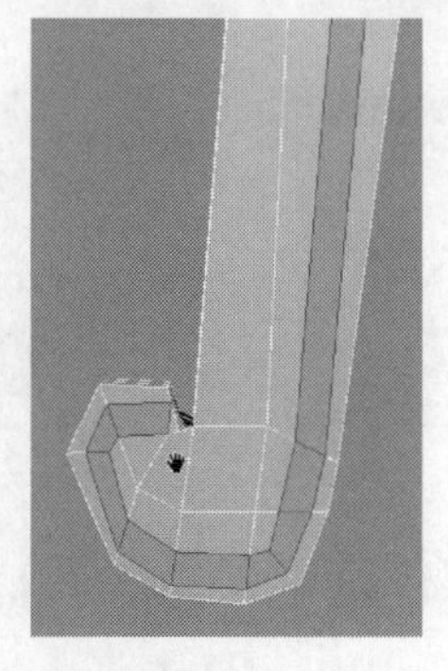

图 2-196

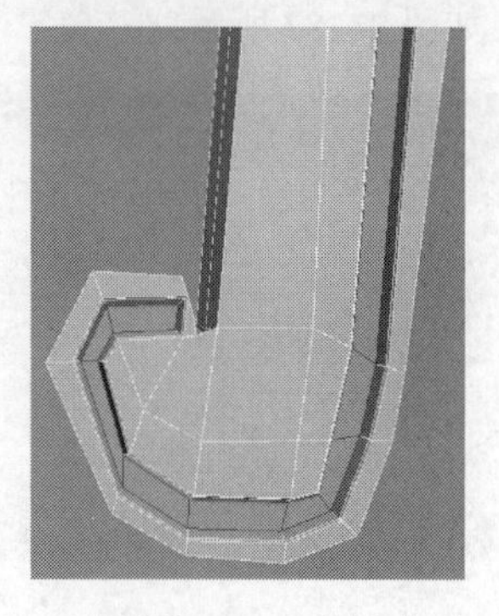

图 2-197

按快捷键【Ctrl+Q】细分该模型，效果如图 2–198 所示。其中一面纹理制作出来之后，删除另一半模型，如图 2–199 所示。单击按钮进入修改面板，单击“修改器列表”右侧的小三角按钮，在修改器下拉列表中添加“对称”修改器，单击 对称 前面的“+”然后单击 镜像 进入镜像子级别，在视图中移动对称中心的位置，如果模型出现空白的情况，可以选中“翻转”参数复选框。对称后效果如图 2–200 所示。

添加“对称”修改器命令后的模型中间的点会自动焊接在一起。右击，在弹出的快捷菜单中选择“转换为”|“转换为可编辑多边形”命令，将模型塌陷为多边形物体。按快捷键【Ctrl+Q】细分该模型，然后复制调整出其他腿部模型效果，如图 2–201 所示。

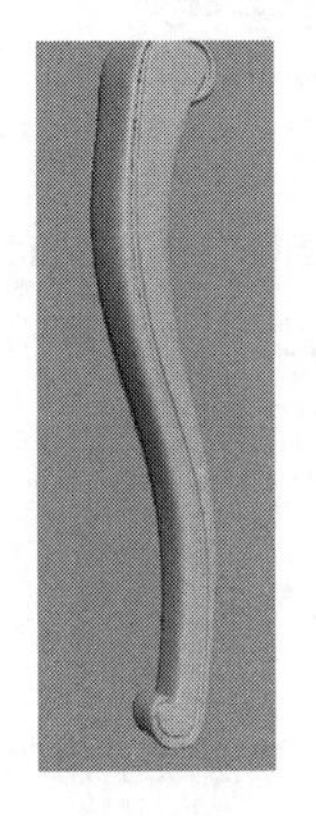
图 2–198

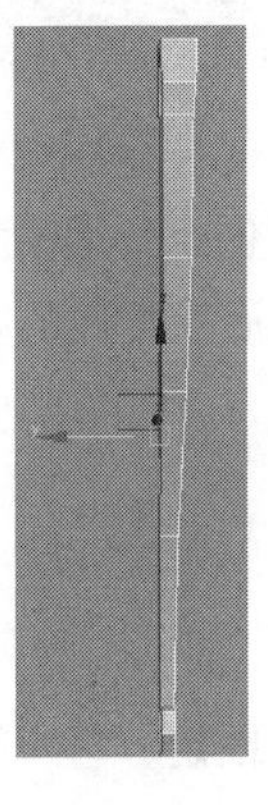
图 2–199

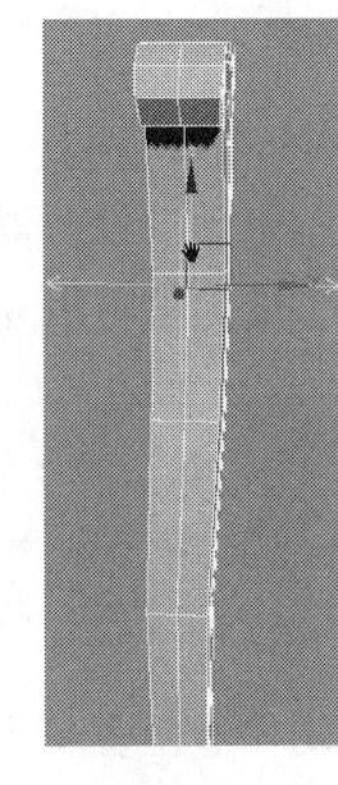
图 2–200

图 2–201

步骤 05　盆栽植物的创建与导入。单击面板下的下拉列表选择 AEC 扩展，然后单击 植物 按钮，此时系统会列出一些内置的植物，如图 2–202 所示，选择一个植物后在场景中单击，即可快速创建出对应的植物模型，如图 2–203 所示。

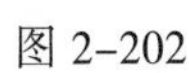
图 2–202

图 2–203

虽然系统提供了一些植物模型，但是感觉不是很美观，同时这里需要的盆栽和系统提供的模型也不太相符。单击软件左上角图标，选择“导入”|“合并”命令，找到搜集的一些盆栽植物模型合并到当前场景中。调整大小和位置，如图 2–204 所示。按快捷键【M】打开材质编辑器，在左侧材质类型中单击标准材质并拖拉到右侧材质视图区域，选择场景中所有物体，单击按钮将标准材质赋予所选择物体，单击修改面板右侧的颜色框，在弹出的“对象颜色”面板中选择黑色，指定线框颜色为黑色，效果如图 2–205 所示。

图 2-204

图 2-205

本实例小结：通过本实例重点学习了“倒角剖面”修改器创建三维模型的方法，同时还要重点掌握样条线与样条线之间的布尔运算之间的方法。最后学习边几底座物体的多边形形状调整方法和边缘光滑棱角的控制调整方法。

2.6 制作角几

角几是一种比较小巧的桌几，它可灵活移动，造型多变不固定。它一般被摆放于角落、沙发边或者床边等，其目的在于方便日常放置经常流动的小物件。按照不同的材料可分为金属角几、木质角几、人造板角几、塑料角几等。

本节来学习制作一个圆形的角几。

步骤 01 创建长、宽分别为 3cm、23cm 的矩形，在软件界面底部的 X: 0.0cm Y: 0.0cm Z: 0.0cm 中将 Z 轴数值设为 60cm， Z: 60.0cm ，这样就将创建的矩形沿着 Z 轴向上移动了 60cm 单位（基于原点位置）。这样操作的目的是控制角几的高度。单击（创建）|（图形）| 线 按钮，在视图中创建如图 2-206 所示的样条线。

图 2-206

在修改器下拉列表下添加“车削”修改器，默认效果如图 2-207 所示。单击“对齐”参数下的 最小 按钮，此时效果如图 2-208 所示。

图 2-207

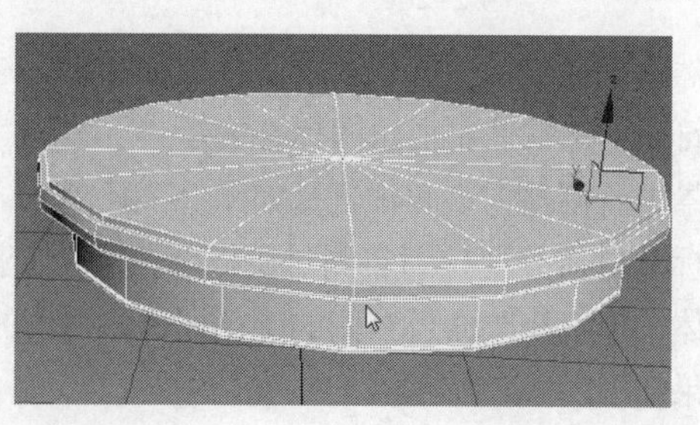

图 2-208

车削后的物体分段数可以通过参数卷展栏下的“分段”参数设置，值越高，模型越精细（因为该模型后期还要进行多边形的编辑调整，所以此处分段数不用太高）。右击，在弹出的快捷菜单中选择“转换为”｜“转换为可编辑多边形”命令，将模型塌陷为多边形物体。选择外侧边缘的一圈线段，将外侧边缘的环形线段做切角设置，如图 2-209 所示。细分后的效果如图 2-210 所示。

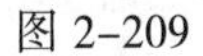

图 2-209

图 2-210

步骤 02 在桌面外侧位置创建一个长方体并转换为多边形物体，如图 2-211 所示。加线根据桌面弧线形状调整长方体形状，如图 2-212 所示。然后将该模型做倾斜调整，如图 2-213 所示。

图 2-211

图 2-212

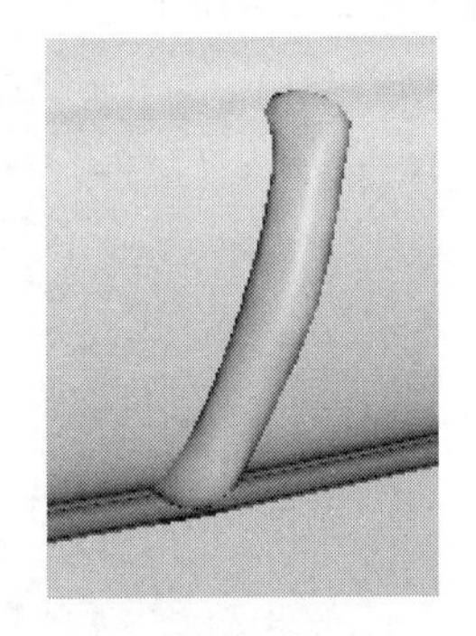

图 2-213

制作好该模型后，希望它沿着桌面外边缘的位置做环形复制，首先要先调整物体的轴心。单击视图下的小三角，选择拾取选项，在视图中拾取圆形桌面物体，然后长按按钮，在弹出的下拉工具列表中选择切换物体的坐标轴心，切换后的轴心位置如图 2-214 所示。很明显，当前的坐标中心不正确。单击按钮进入层次面板，依次单击 仅影响轴 居中到对象 按钮将桌面的轴心设置为自身的中心点，如图 2-215 所示。

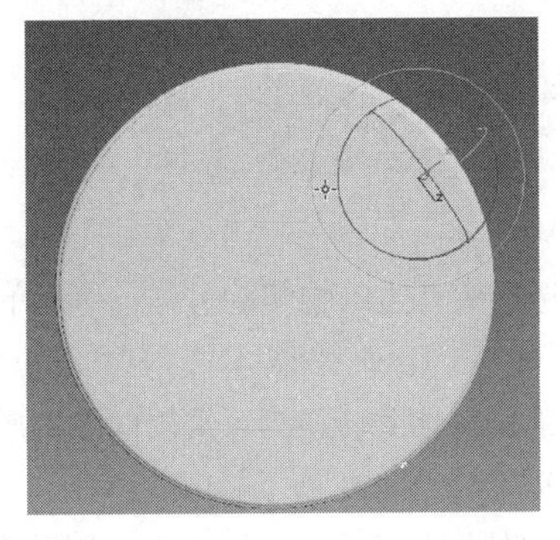

图 2-214

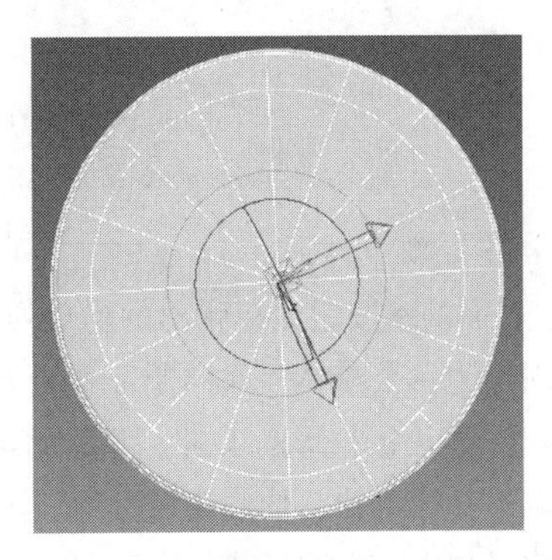

图 2-215

再次选择边缘物体切换到坐标方式时，就会切换到拾取的桌面物体的中心位置，按【Shift】键沿着 Z 轴方向旋转复制，参数和效果如图 2-216 和图 2-217 所示。但是这种方式复制的数量和角度不能得到精确地控制。

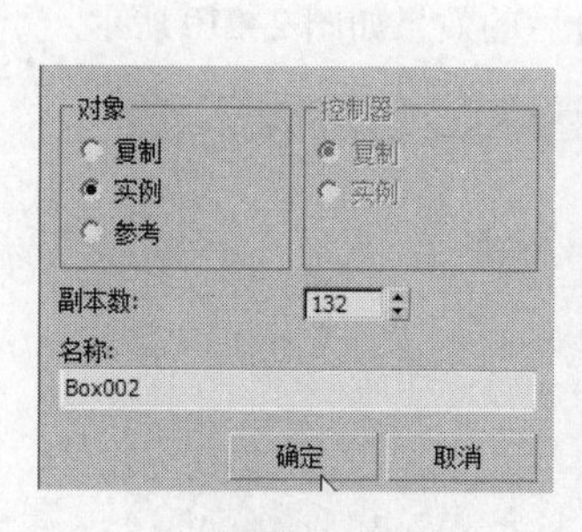

图 2-216

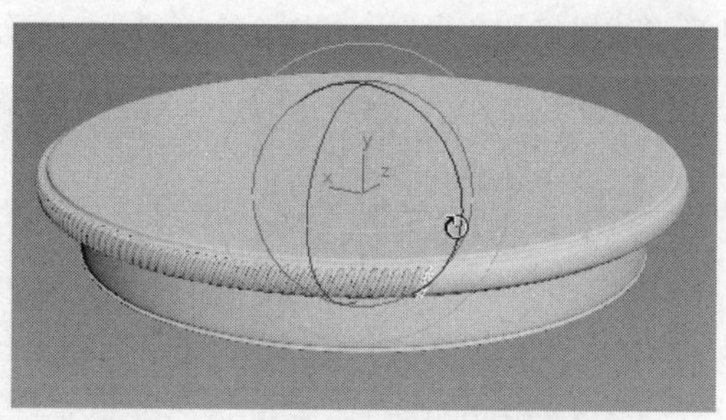

图 2-217

按快捷键【Ctrl+Z】撤销操作，单击工具菜单，选择阵列命令，在弹出的阵列工具面板中设置参数，如图 2-218 所示（此处的参数并不是一下就能得到的，可以先设置 Y 轴旋转角度，随便输入一个值，然后单击预览按钮，通过视图中预览的效果进一步调整角度和数量，直到达到满意位置）。阵列后的效果如图 2-219 所示。

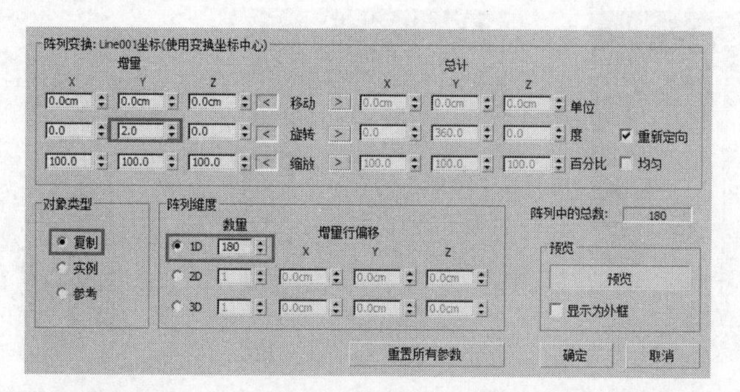

图 2-218

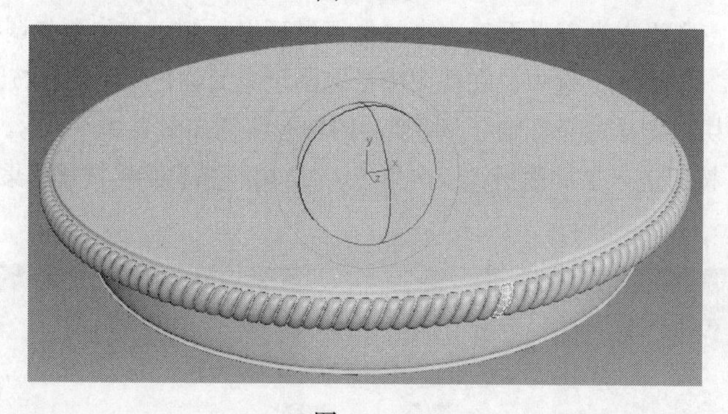

图 2-219

单击 附加 后面的按钮，在弹出的附加列表中选择所有边缘物体的名称，然后单击附加按钮，将阵列的物体附加为一个整体，这样便于方便选择。

步骤 03 创建一个半径为 4cm、高度为 45cm 的圆柱体并转换为可编辑的多边形物体，在高度上加线并细致调整物体形状，加线调整过程如图 2-220 和图 2-221 所示。

在加线调整过程中，根据形状的需要，将部分面向外倒角挤出，如图 2-222 所示。

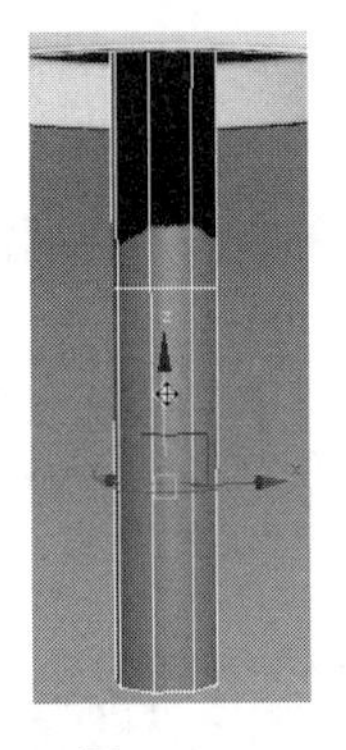
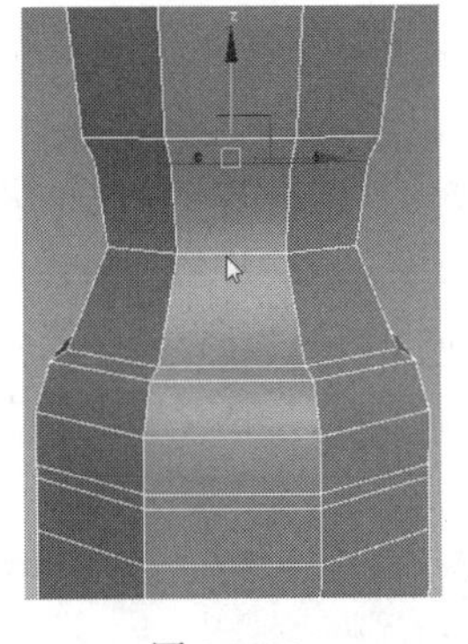
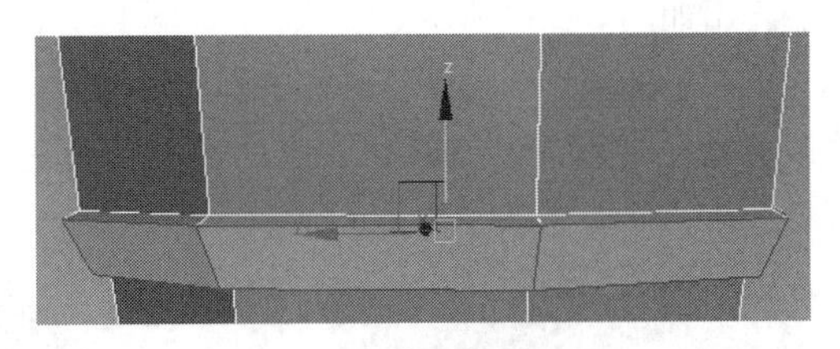

图 2-220　　图 2-221　　图 2-222

删除底部面，选择底部边界线，按住【Shift】键先向下再向内挤出面调整，如图 2-223 所示。单击 塌陷 按钮，将开口边界线塌陷为一个点，如图 2-224 所示。

分别将拐角线段切角处理后，用旋转工具将中间部位旋转调整，如图 2-225 所示，按快捷键【Ctrl+Q】细分该模型，设置迭代次数为 2 级，右击，在弹出的快捷菜单中选择“转换为” | “转换为可编辑多边形”命令，将模型转换为可编辑的多边形物体，塌陷后的布线效果如图 2-226 所示。

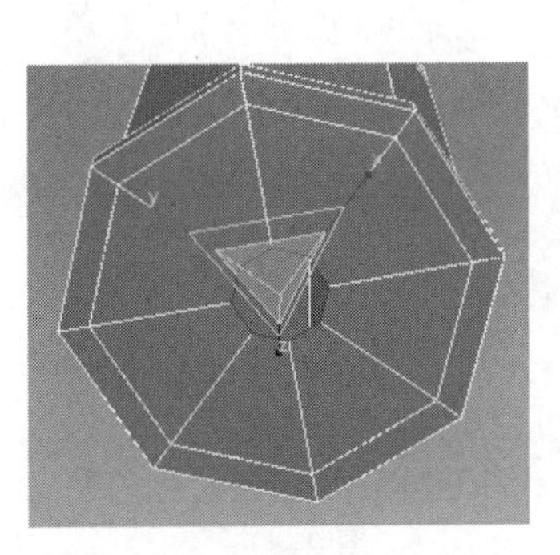
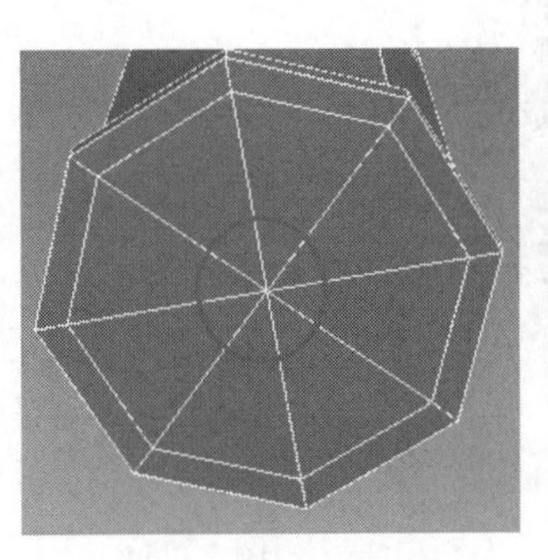
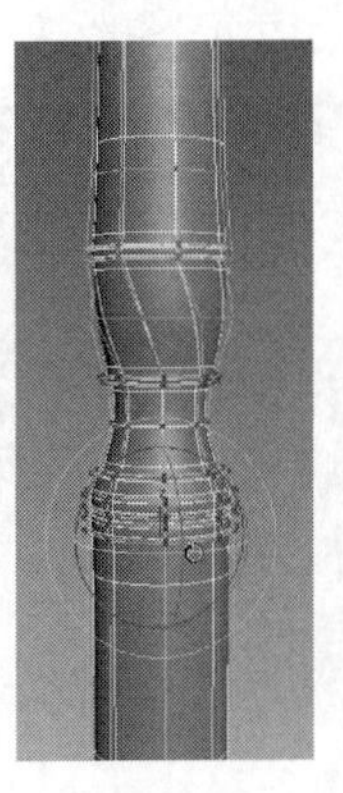
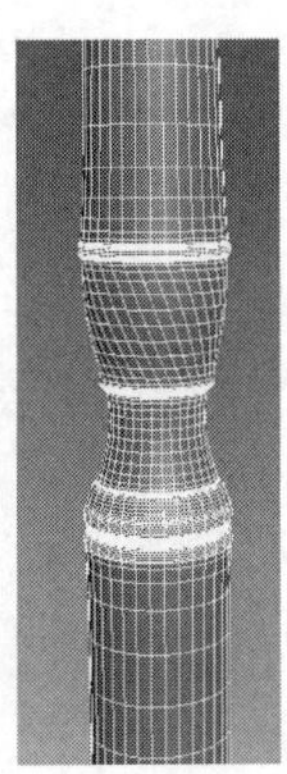

图 2-223　　图 2-224　　图 2-225　　图 2-226

按【4】键进入面级别，选择图 2-227 中所示的面，在选择时可以开启石墨建模工具下的 步模式，这样在选择时先选择起始面，按住【Shift】键再单击最后一个面，这样中间连贯的面均会自动选中。选择好面后，单击 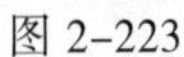 倒角 按钮后面的□图标，在弹出的“倒角”快捷参数面板中设置倒角参数，效果如图 2-228 所示。按快捷键【Ctrl+Q】细分该模型，效果如图 2-229 所示。

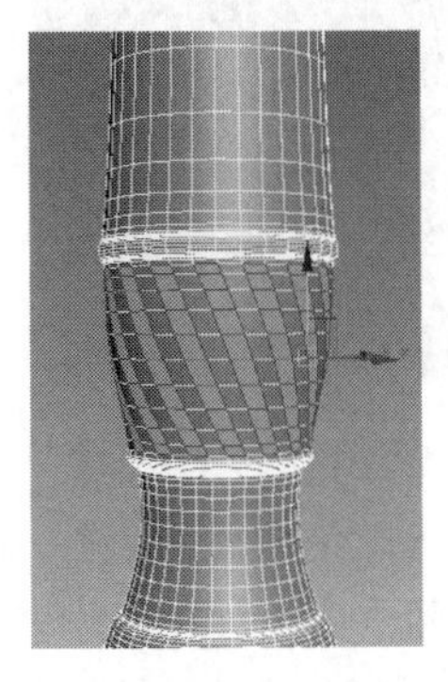
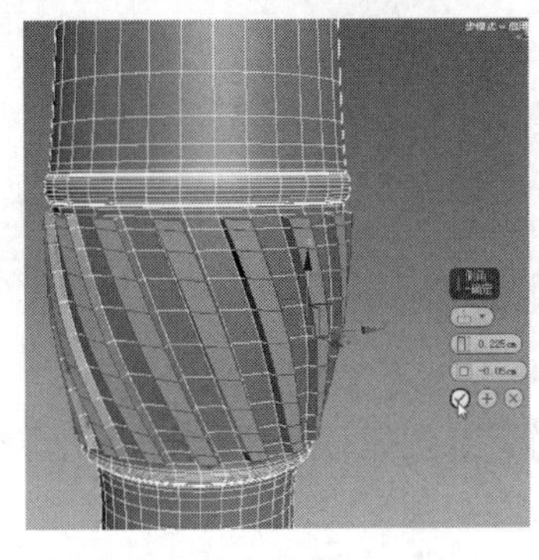
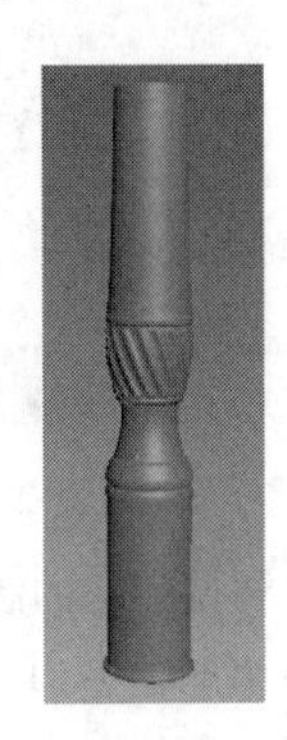

图 2-227　　图 2-228　　图 2-229

步骤 04 在底部创建一个长方体并转换为可编辑多边形物体，加线调整至如图 2–230 所示。继续加线调整形状，如图 2–231 所示。

选择底部圆形面，单击 倒角 按钮后面的图标，在弹出的“倒角”快捷参数面板中设置倒角参数，制作出如图 2–232 所示的形状，用同样的方法将图 2–233 中的面也做倒角设置。

删除另一半的点，同时删除对称中心位置的面，如图 2–234 所示。在修改器下拉列表下添加“对称”修改器时，注意调整“阈值”参数，该值不能过大，过大会将对称中心位置不需要焊接在一起的点也焊接起来，如图 2–235 所示。

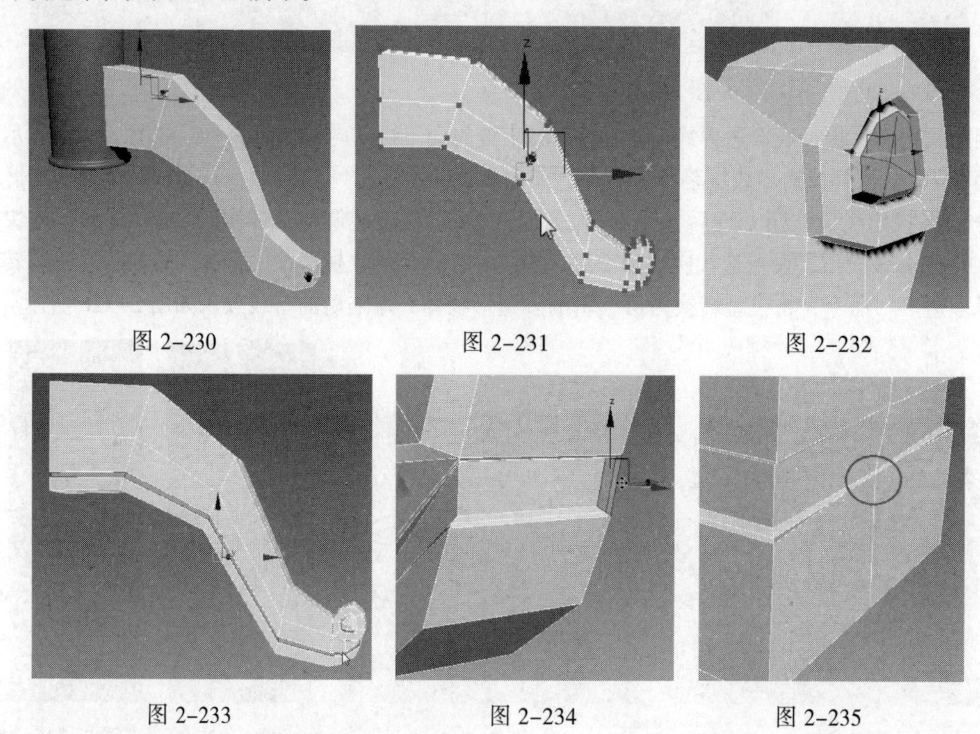

图 2–230　图 2–231　图 2–232

图 2–233　图 2–234　图 2–235

将该模型再次塌陷多边形物体后细分的效果如图 2–236 所示。最后将该物体沿着桌腿中心圆柱体进行旋转复制，效果如图 2–237 所示。

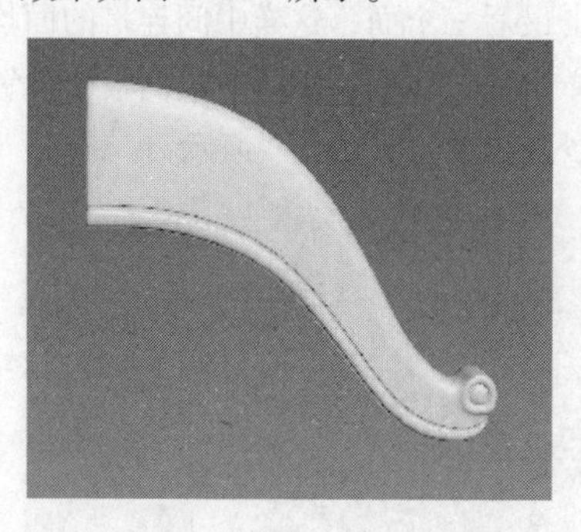

图 2–236

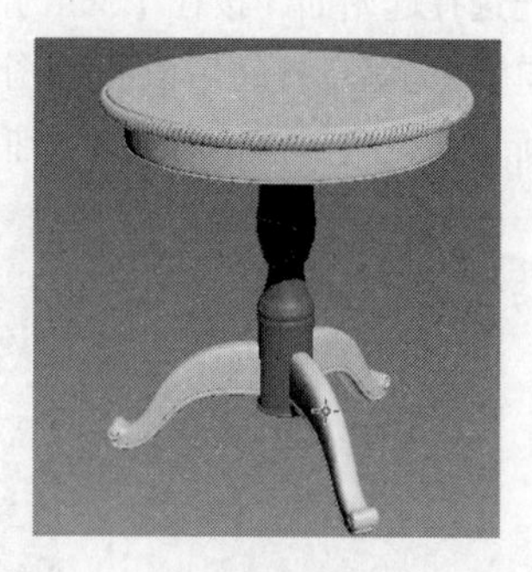

图 2–237

步骤 05 腿部雕花的制作。在创建面板下单击“面片”按钮，在视图中创建一个面片物体，然后将其转换为可编辑的多边形物体，加线调整形状如图 2–238 所示。选择面，用倒角工具向内挤出面倒角设置，效果如图 2–239 所示。按【3】键进入边界级别，选择外部轮廓线，按住【Shift】键缩放挤出面调整，如图 2-240 所示。

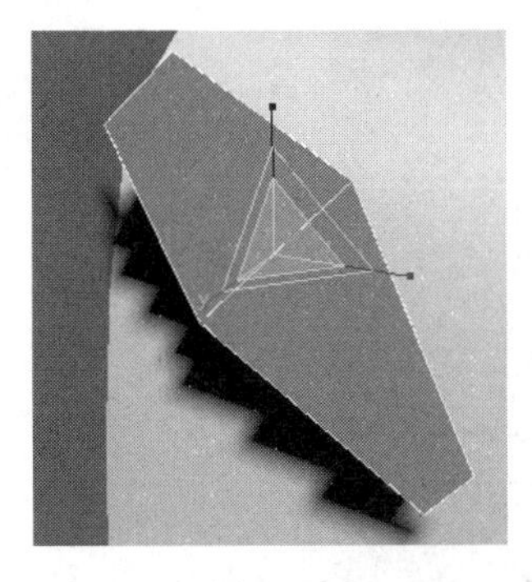

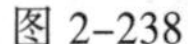

图 2-238

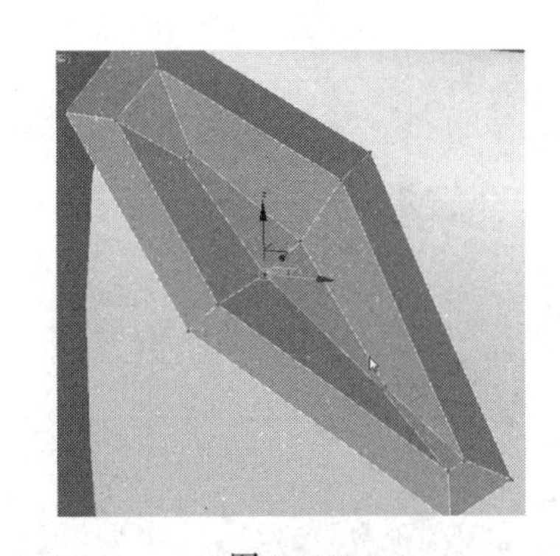

图 2-239

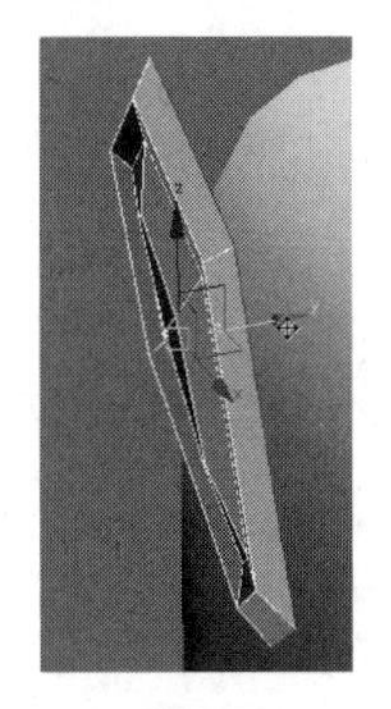

图 2-240

调整后将该物体复制调整，如图 2-241 所示。单击 附加 按钮，依次拾取复制的花瓣模型将其附加起来，单击按钮镜像复制出另一半花瓣，然后选择腿部支撑物体，单击 附加 按钮拾取花瓣模型将腿部支撑杆和花瓣模型附加起来，效果如图 2-242 所示。因为腿部支撑物体在前面复制时选择的“实例”方式复制，所以当其中一个物体发生改变时，另外两个腿部模型也会自动变化，最后的整体效果如图 2-243 所示。

按快捷键【M】打开材质编辑器，在左侧材质类型中单击标准材质并拖放到右侧材质视图区域，选择场景中的所有物体，单击按钮将标准材质赋予所选择物体，单击修改面板右侧的颜色框，在弹出的“对象颜色”面板中选择黑色，指定线框颜色为黑色。最后的线框显示效果如图 2-244 所示。

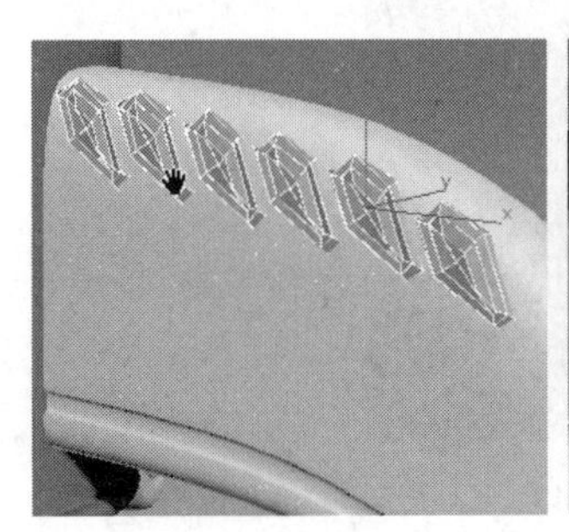

图 2-241

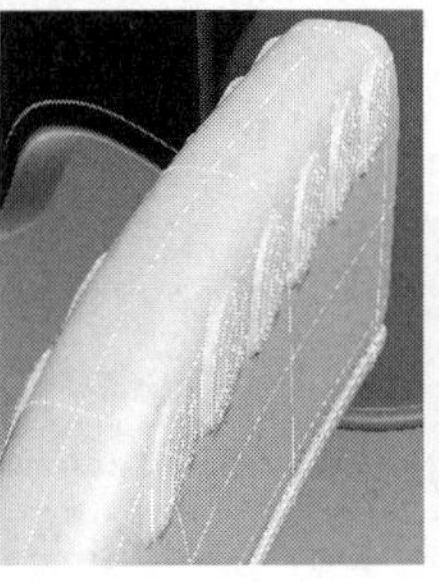

图 2-242

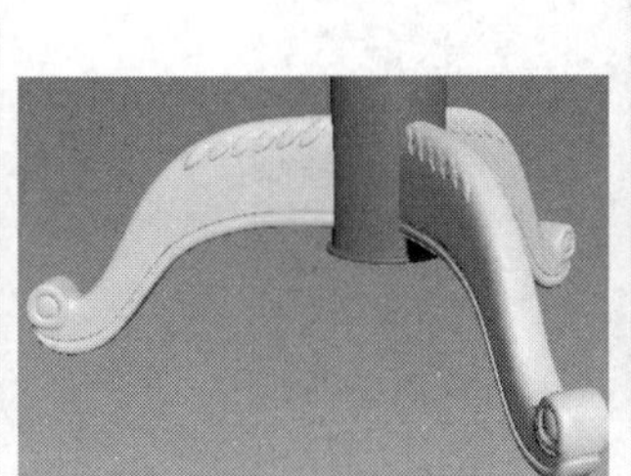

图 2-243

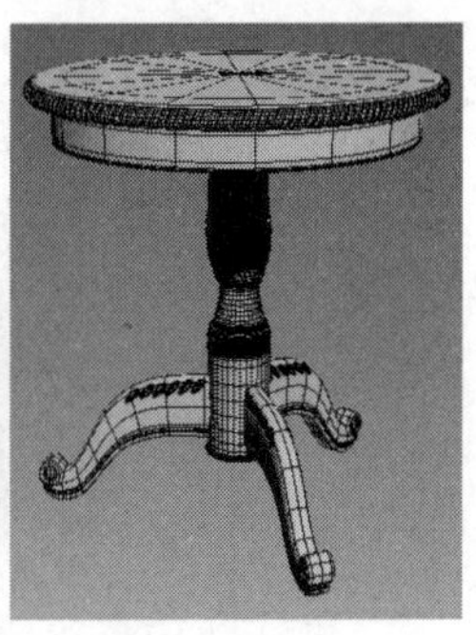

图 2-244

本实例小结：通过本实例学习要重点掌握“车削”修改器命令和“阵列”工具复制物体的方法，“车削”命令适用于类似碗、杯子、瓶子等圆形物体模型的制作，阵列工具在物体的复制上更加直观，容易控制，特别是在二维、三维空间上大量复制时就显得很方便。

2.7　制作欧式餐桌

本节学习欧式餐桌的制作。

步骤 01　首先在顶视图中创建一个如图 2-245 所示的样条线。这个样条线的制作很简单，主要是运用样条线之间的一个布尔运算，然后调整点即可。

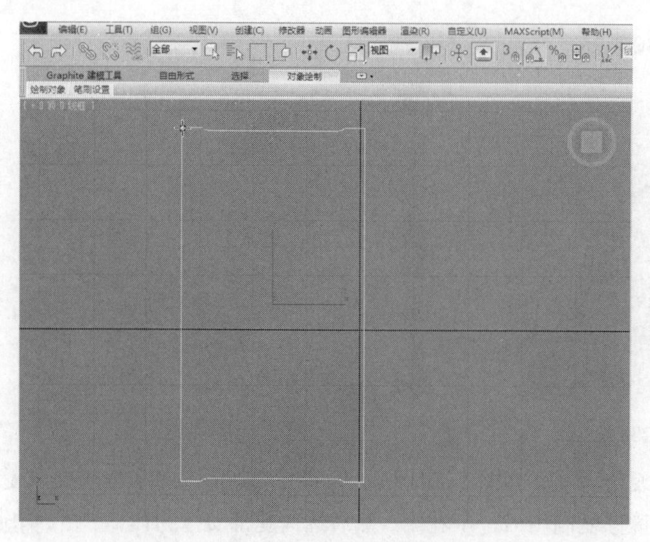

图 2-245

步骤 02 在左视图中再创建一个剖面曲线，如图 2-246 所示。在创建曲线时要注意，在创建的过程中视图的移动。如果按住鼠标中键移动视图，线段的创建就会被终止，此时可以按下【I】键来适配当前视图的中心，然后配合滚轮进行调整。

进入创建面板下的复合面板，单击 放样 工具，在参数面板中单击 获取图形 按钮，然后在视图中拾取剖面曲线，拾取后的模型效果如图 2-247 所示。

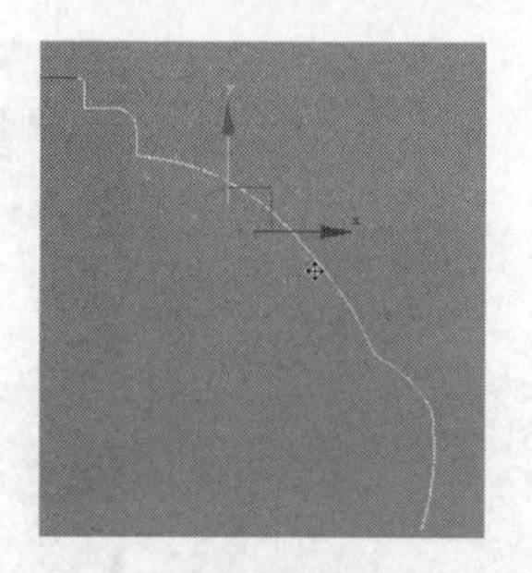

图 2-246

图 2-247

此时法线方向向内，需要将它翻转过来，进入修改面板，选中 翻转法线 复选框，此时的模型效果如图 2-248 所示。同时调整图形步数值为 4，路径步数为 0。

在模型上右击，在弹出的快捷菜单中选择“转换为”|“转换为可编辑多边形”命令，按【3】键进入“边界”级别，选择上部的边界，单击 封口 按钮，此时的模型效果如图 2-249 所示。这样桌面模型就制作好了。

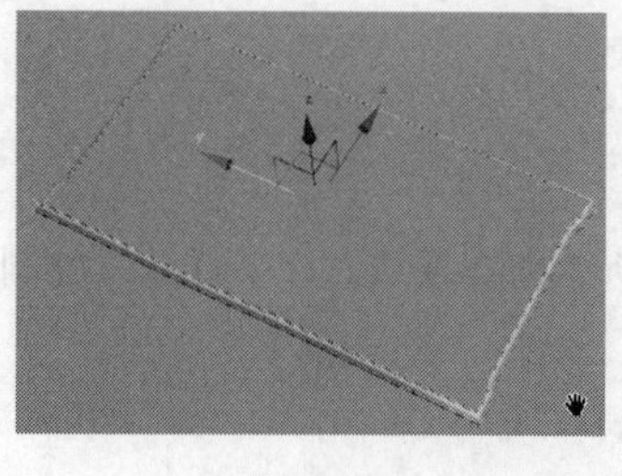

图 2-248

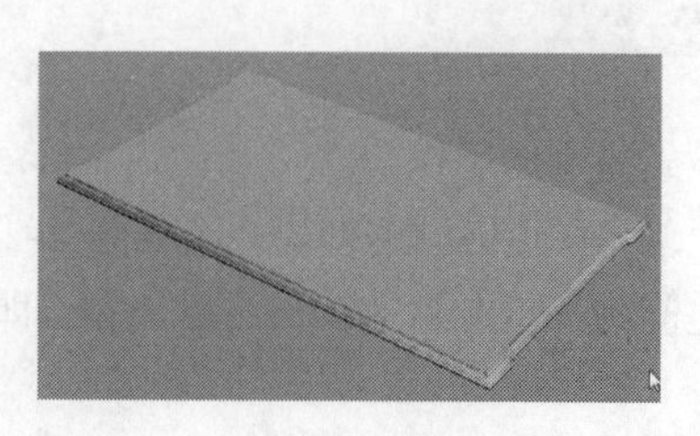

图 2-249

步骤 03 桌面制作好后，接下来是制作桌腿，用同样的方法创建一个桌腿的剖面曲线，如图 2–250 所示。在修改器下拉列表中选择“车削”命令，将当前的模型生成三维模型，单击 最小 按钮，调整它自身的旋转轴心，选中 ☑ 焊接内核 和 ☑ 翻转法线 复选框，并将分段数设置为 4，效果如图 2–251 所示。

将桌腿模型塌陷为可编辑的多边形，我们发现，桌腿的面有些地方比较黑，这是因为当前模型自身的光滑值所致。按【4】键进入“面”级别，选择所有的面，在参数中单击 清除全部 按钮，将当前面的自身光滑值清除掉，清除光滑之后的模型效果如图 2–252 所示。

在桌腿上适当地加线，使模型布线尽量保持均匀，然后在边缘位置加线，细分模型效果如图 2–253 所示。

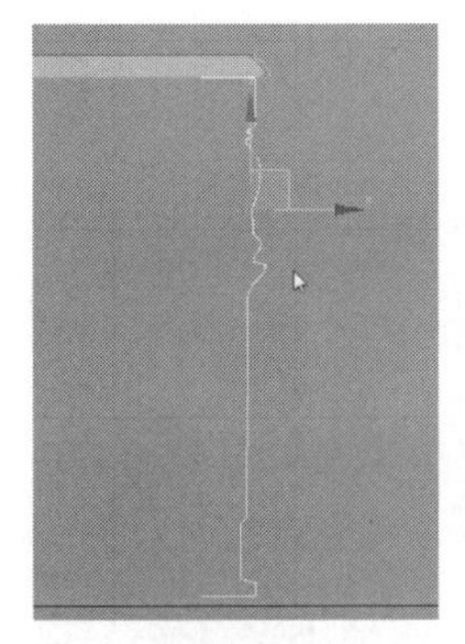

图 2–250

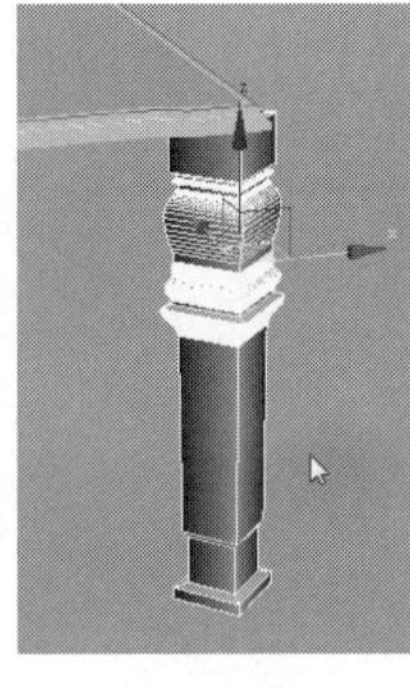

图 2–251

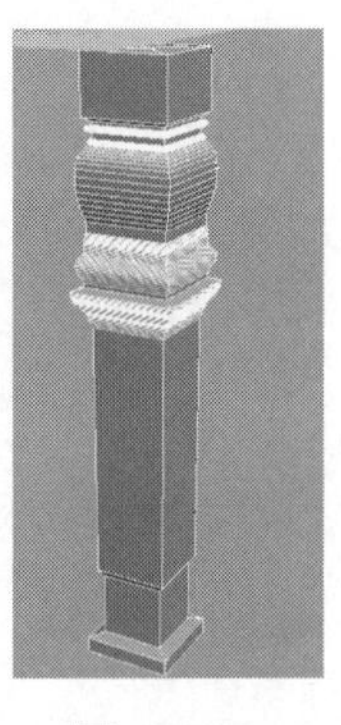

图 2–252

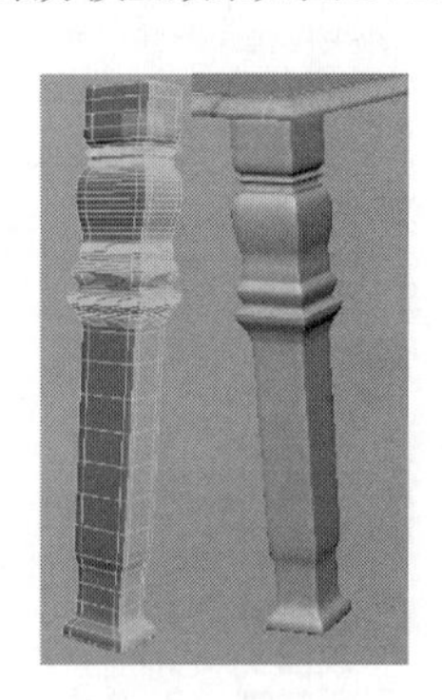

图 2–253

同时选中桌腿下部的点，向内侧移动调整它的造型，同时修改图 2–254 中红色方框内的造型。

在桌腿的地方创建 Box 物体，转换为可编辑的多边形物体，通过加线调整至如图 2–255 所示的形状。

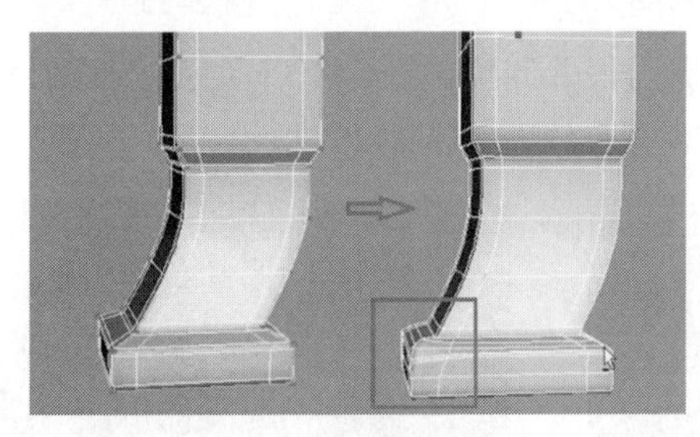

图 2–254

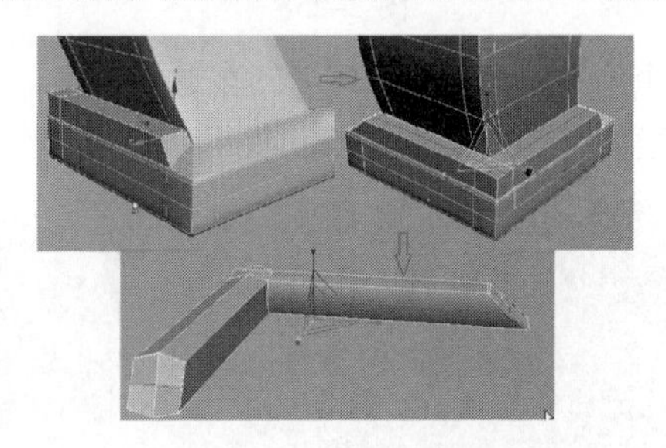

图 2–255

步骤 04 继续在桌腿的位置创建胶囊物体，并将其复制、移动嵌入桌腿的内部，在复合物体面板下单击 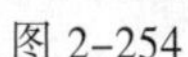 按钮，然后单击 开始拾取 按钮，在视图中依次对胶囊物体进行布尔运算，运算前后的模型对比如图 2–256 所示。

步骤 05 调整好后的模型桌脚如图 2–257 所示。

图 2–256

图 2–257

步骤 06 接下来看一下桌腿上花纹效果的制作。如果场景中的模型面比较多，我们只想令选择的物体显示边框，这里首先要设置快捷键，在“自定义”菜单下选择“自定义用户界面”命令，在弹出的自定义用户界面中的类别下选择 Views，然后在下面找到“以边界模式显示选定对象”，在右侧“热键”中按快捷键【Shift+F4】，单击“指定”按钮，如图 2-258 所示。

切换到视图，按快捷键【Shift+F4】，选择一个物体，此时可以看到只有选择的物体显示边框，没有选择的物体不显示边框，如图 2-259 所示。

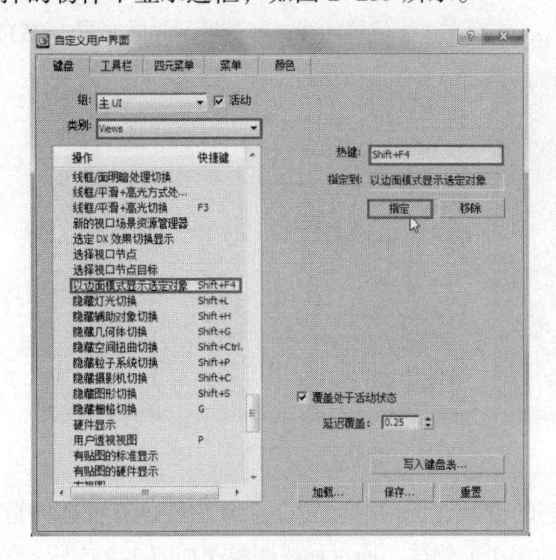

图 2-258

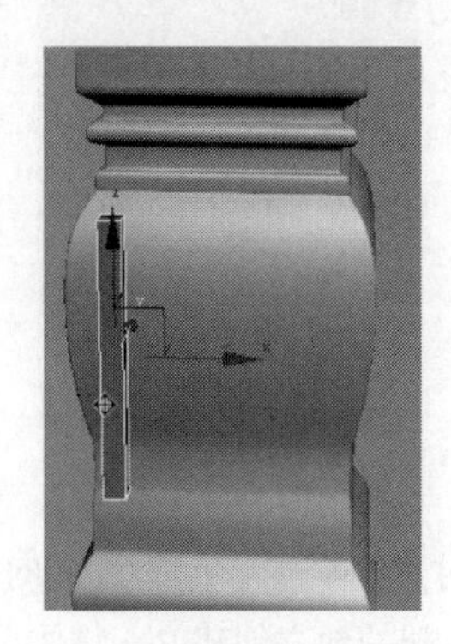

图 2-259

将这个长方体转换为可编辑的多边形物体，添加分段并调整它的形状，同时配合面的挤压工具来制作出想要的模型效果，如图 2-260 所示。调整时注意加线，如图 2-261 所示。

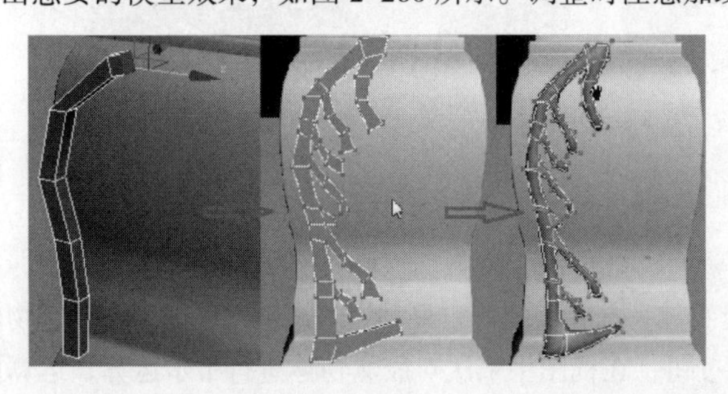

图 2-260

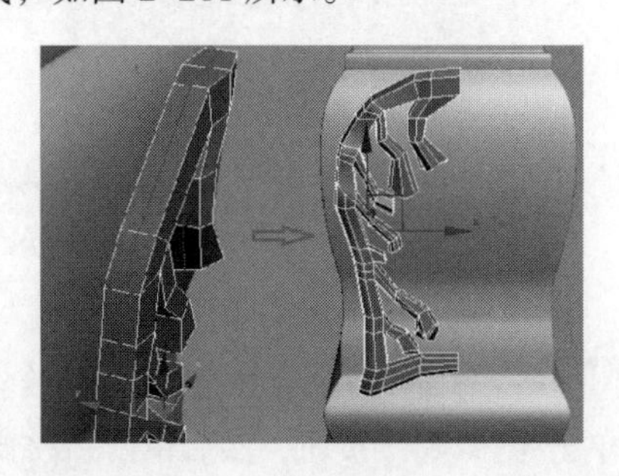

图 2-261

步骤 07 一半制作好后，在修改器下拉列表中添加“对称”修改器，在对称时，适当地调整镜像中心和选中“翻转”复选框来达到想要的结果，对称后的模型效果如图 2-262 所示。

此时该模型过宽，用缩放工具沿着 X 轴方向适当地缩放，如果有不满意的地方，可以进入“点”级别，然后在软选择下选中 使用软选择 复选框，调整衰减值，然后选择点，用移动工具调整，如图 2-263 所示。在调整时，尽量让左右模型随机出现一些变化，不要完全对称，这样看上去会更加自然美观一些。

调整好之后，将该模型沿着 X 轴方向镜像复制一个，如图 2-264 所示。但此时该模型是平的，如图 2-265 所示。而桌腿是有弧度的，这里希望花纹和桌腿的弧度保持一致，有没有什么好的方法来进行调整呢？答案肯定是有的。第一种比较笨的方法就是通过编辑多边形慢慢调整点的位置以达到想要的效果；另一种方法要配合其他三维软件，如 ZBrush 软件。

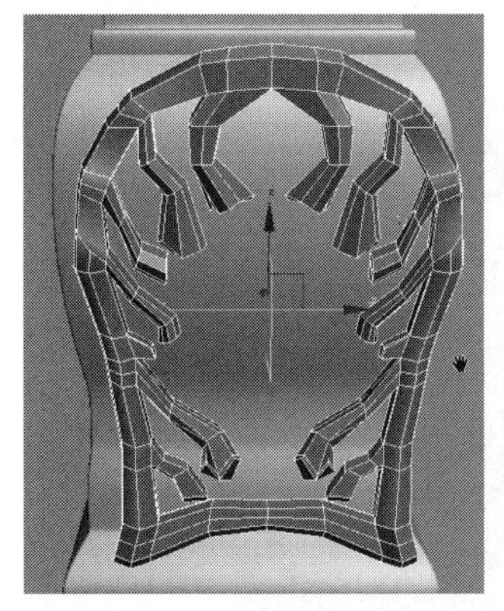

图 2-262

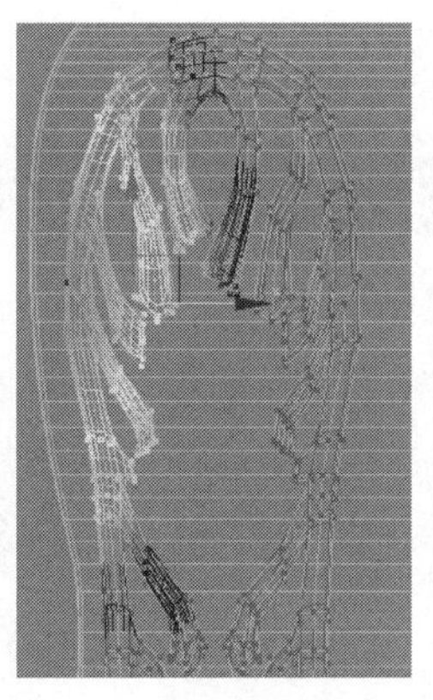

图 2-263

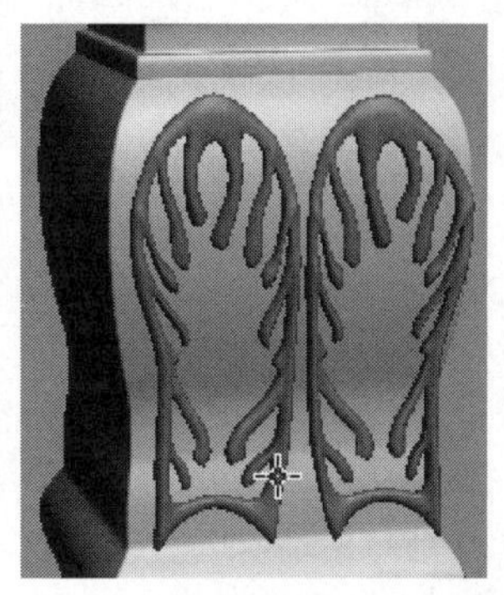

图 2-264

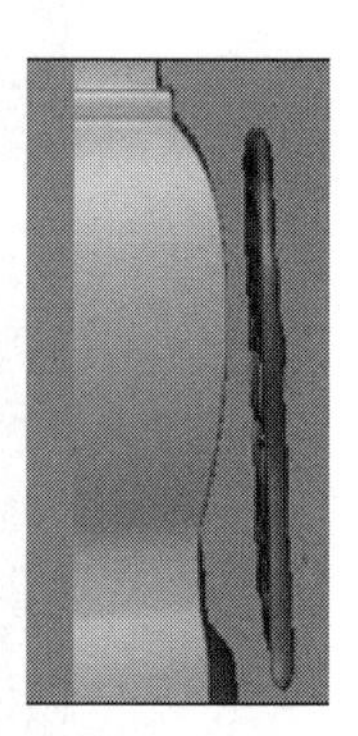

图 2-265

步骤 08　要将该模型导出到 ZBrush 软件，首先要将该模型导出成 obj 格式的文件，单击 3ds Max 图标，选择“导出”|“导出选定对象”命令，如图 2-266 所示。命名模型文件，在弹出的“OBJ 导出选项”对话框中设置参数，如图 2-267 所示。

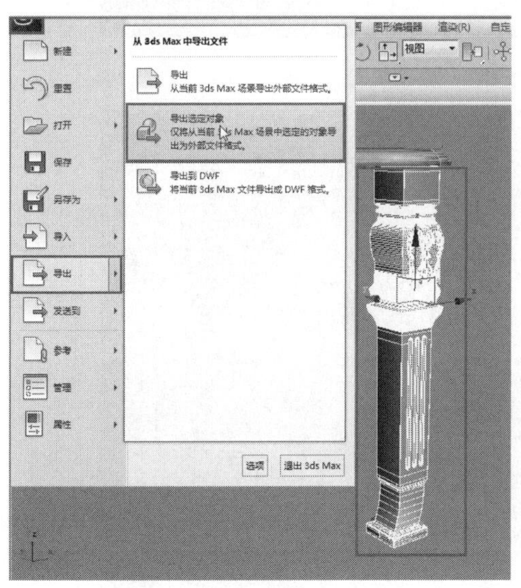

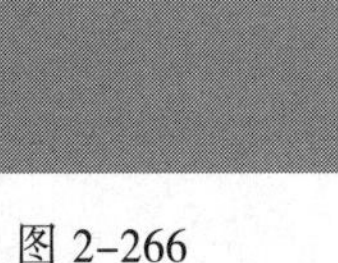

图 2-266

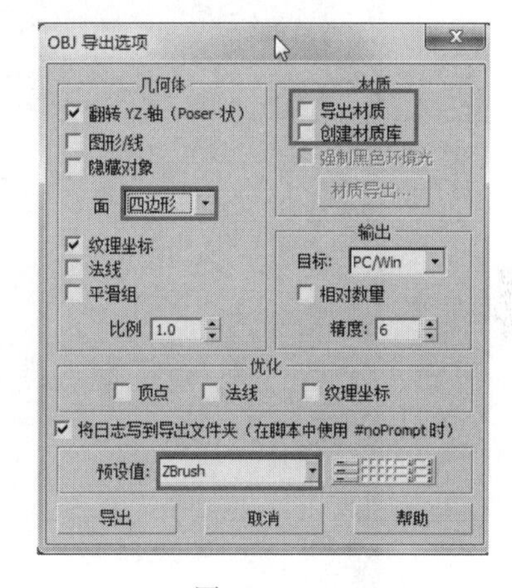

图 2-267

步骤 09　打开 ZBrush 软件，出于录制视频的需要，这里调整一下 ZBrush 软件的背景色，选择 Document 菜单中的 Back 命令，单击拖动到一个比较亮一点的颜色上释放，设置好的 ZBrush 界面如图 2-268 所示。

步骤 10　在右侧的 Tool 参数下单击 Import 按钮，然后打开在 3ds Max 中导出的 obj 模型文件。ZBrush 软件和 3ds Max 软件不同，导入进来的模型并不在场景中显示，需要手动设置，在工作区域中单击并拖动鼠标将导入进来的模型文件拖出来，如图 2-269 所示。

图 2-268

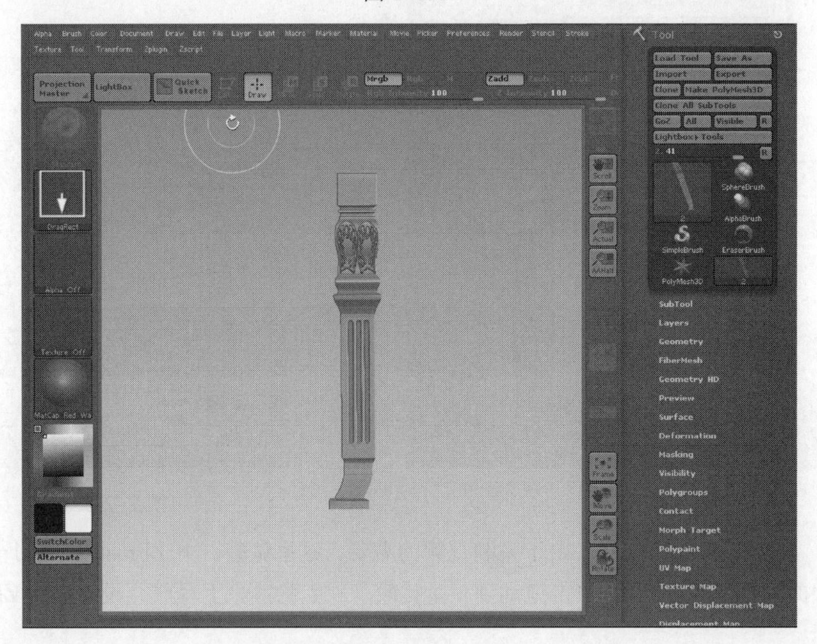

图 2-269

单击Edit按钮进入编辑模式，旋转到侧视图，按住【Ctrl】键框选花纹模型，将该模型遮罩起来，如图 2-270 所示。在右侧打开 SubTool 卷展栏，单击 Groups Split 按钮，在弹出的对话框中直接单击 OK 按钮，按住【Ctrl】键在工作区域的空白区域框选取消遮罩。此时花纹和桌腿模型就被设置在两个层中，如图 2-271 所示。

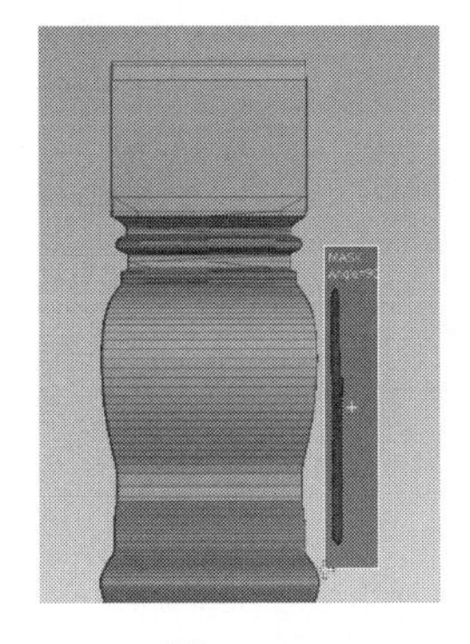

图 2-270

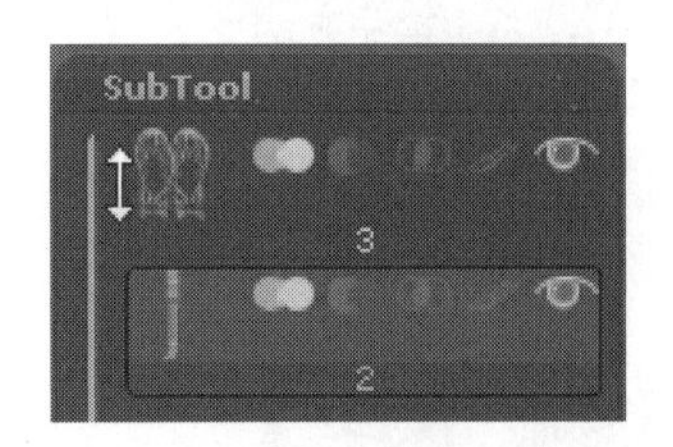

图 2-271

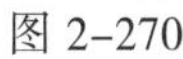 选择上面的花纹层，单击左侧的笔刷工具，在弹出的笔刷选择面板中选择 MatchMaker（投影）笔刷，如图 2-272 所示。

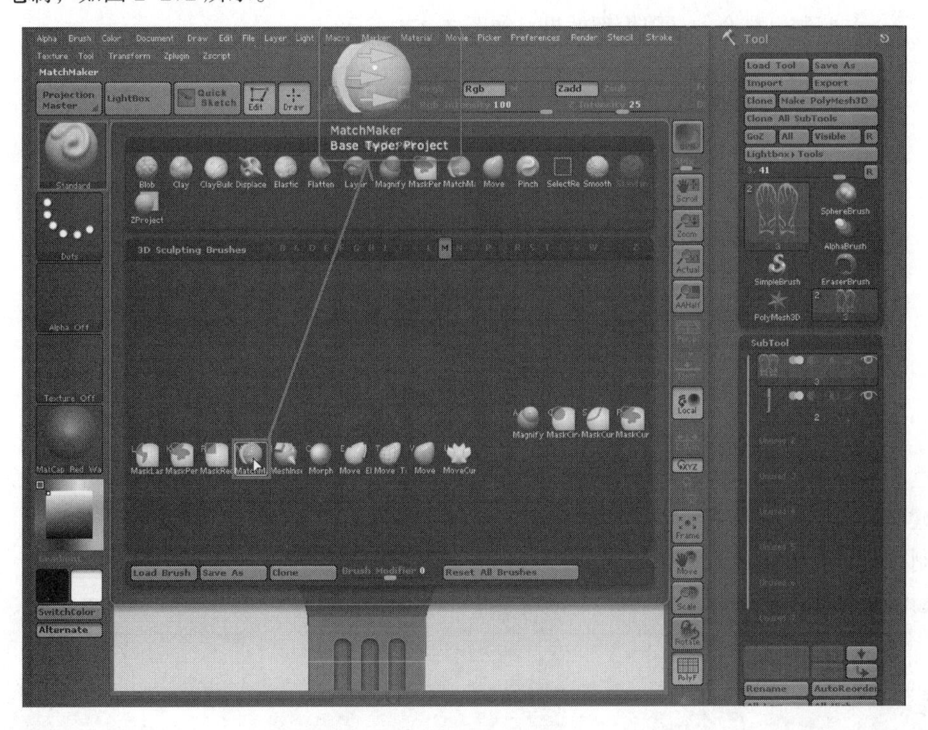

图 2-272

调整笔刷大小，然后在花纹上拖动鼠标进行绘制，绘制时在正交视图中可以看到有变化，但不明显，旋转视图可以看到花纹已经和桌腿的曲线保持一致了，如图 2-273 所示。

此时即可将该模型导入 3ds Max 中，在导出之前，先将这两个层合并，单击 MergeVisible 合并按钮，并选择合并之后的模型，单击 Export 按钮导出模型。返回 3ds Max 软件，单击图标，选择“导入”命令，如图 2-274 所示。在“OBJ 导入选项”对话框中选中 Guoup23888 和 Guoup33626 文件，单击“导入”按钮完成导入，模型导入进来后，删除不需要的模型，并将花纹复制调整移动到合适的位置，如图 2-275 所示。

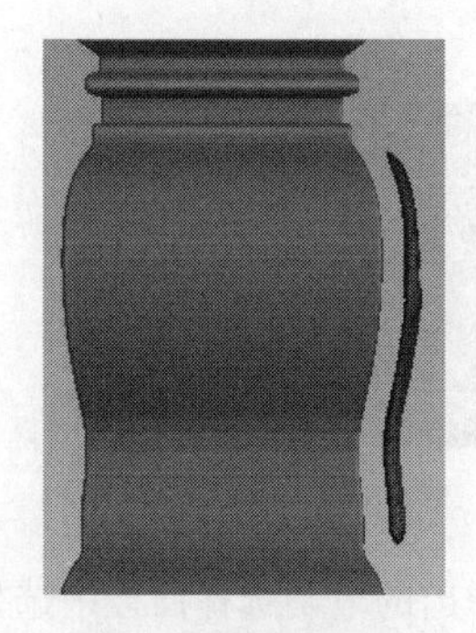

图 2-273

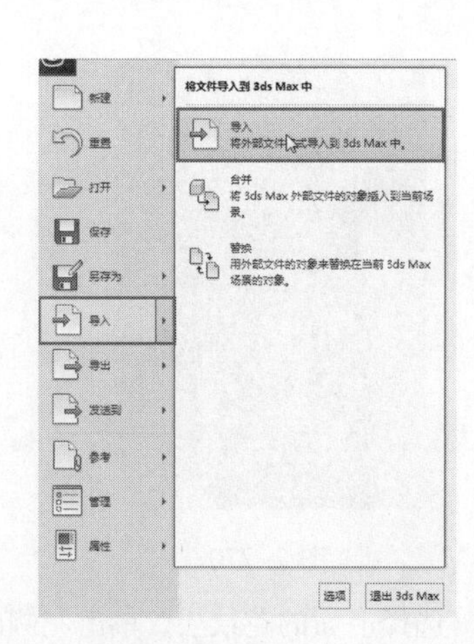

图 2-274

步骤 12 复制出剩余的桌腿模型效果，如图 2-275 所示。

图 2-275

图 2-276

步骤 13 在桌腿上部的位置创建一个如图 2-276 所示的样条曲线，样条线的制作利用布尔运算，这里不再详细介绍。然后给样条曲线添加一个“挤出”修改器，调整参数和位置，最后在边缘继续创建花纹模型，效果如图 2-277 所示。

复制并调整出剩余的花纹效果，如图 2-278 所示。

图 2-277

图 2-278

步骤 14 赋予场景中的模型一个默认的材质，最终的效果如图 2-279 所示。

图 2-279

本实例小结：本节要掌握的知识点是选择物体的一个边框显示的快捷键设置，以及利用 ZBrush 软件快速调整模型的方法，在学习的过程中要灵活配合其他软件，从而给我们的工作带来便利。

2.8　制作明清写字桌

本节通过一个明清写字桌的实例制作来重点学习多边形建模中的命令，多边形建模是 3ds Max 2016 中最重要和最强大的建模技术，其中最重要的一点被称为“拖动复制”。拖动复制可以应用于所有的元素（包括点、线、边缘线、面以及元素），它们之间会有一个适当的衔接。

1. 边的拖动复制

首先，在创建面板中单击 Plane 按钮，在视图中创建一个面片模型，并设置其长度和宽度，如图 2-280 所示。

右击，在弹出的快捷菜单中选择“可编辑多边形”命令，将面片模型塌陷成可编辑的多边形。在边编辑级别下，选择一条边或者一组边。这时可以看到，选择的边变成了红色。利用移动工具，按住【Shift】键并拖动选择的边，在这个拖动的过程中我们就复制了所选择的边，如图 2-281 所示。

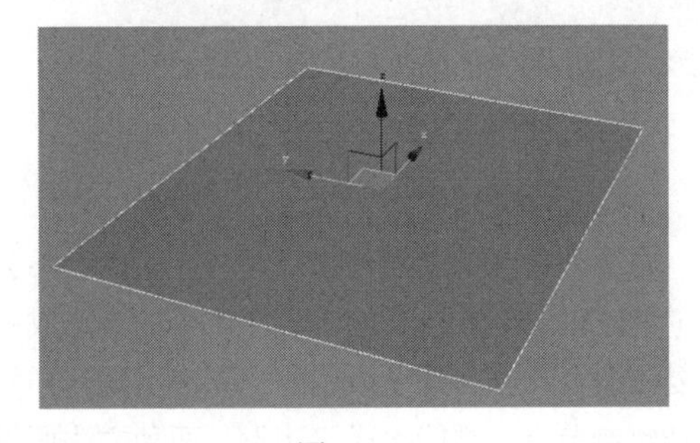

图 2-280

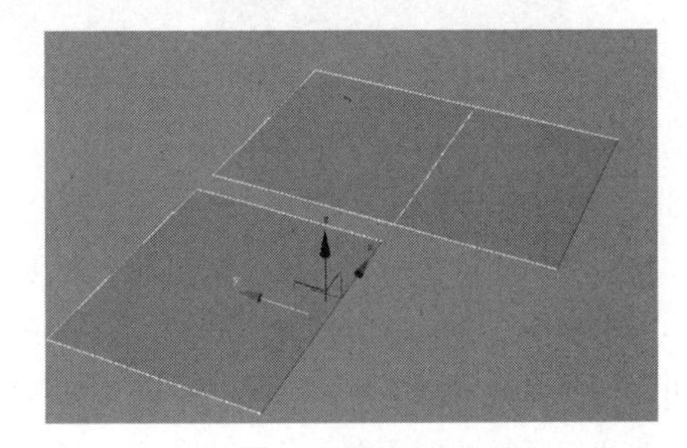

图 2-281

现在即可快速移动、旋转以及缩放多边形的边到三维空间的任何位置，并通过拖动复制命令创造出更多具有创造作用的面。

最后，逐渐形成了一种快速简捷的添加面的方式。因此必须记住，无论任何时候，都可以从边切换到顶点、边缘线、面以及元素，并且可以操作任何级别的命令，这样可以更好地进行建模的编辑。

2．边缘线的拖动复制

单击 插入 按钮，在面片模型的两个面中插入一个新的面，然后按【Delete】键，删除新创造的面，这样就形成了一个开放的洞或者一个边缘，如图 2-282 所示。

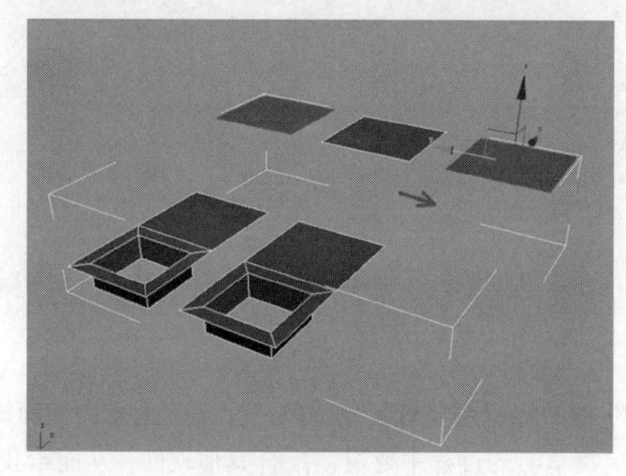

图 2-282

随着新的边缘的产生，可以选择一组或多组边缘曲线，对其进行拖动复制，方法与边的拖动复制相同，你会发现它们有相似的效果。这种方法是一个很优越的建模方法，在细节的编辑上非常有用。值得注意的是，可以对边缘曲线进行缩放复制和旋转复制（使用各自的工具来执行）。这两种方法对除了边缘曲线以外的级别不适用。图 2-283 是对边缘曲线进行拖动复制的前后对照。通过这种方式配合其他命令能快速制作出想要的效果，如图 2-284 所示。

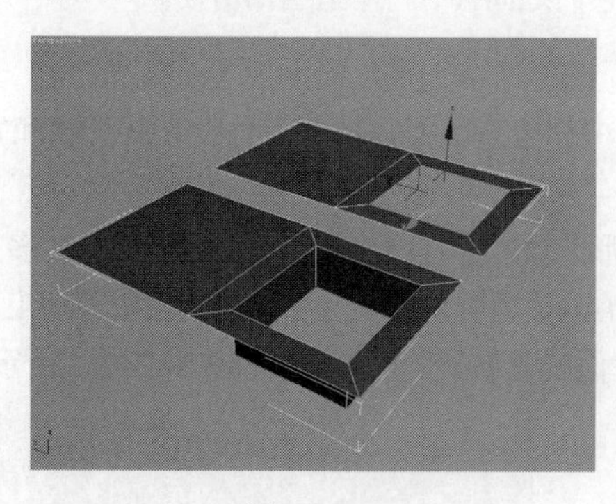

图 2-283

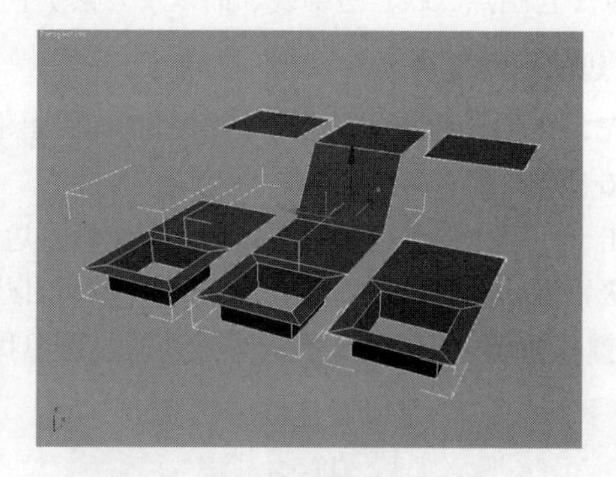

图 2-284

3．点的拖动复制

最后，切换到点级别，拖动复制一个点或一组点，将会产生点的复制效果。这些产生的点不会形成一个多边形，除非使用其他工具进行手动操作。通过 3ds Max 2016 自身的工具使产生的点形成一个多边形，这样做不是很有效，所以建议大家使用拖动复制命令结合其他子级别的选择来实现这样的结果。在我们所举的例子中，通过克隆一个多边形和拖动复制节点，都能生成多边形，两种方法所得到的结果相同。可以使用一步生成多边形，效率更高而且更快速（在以后的章节中会涉及一些脚本命令，使拖动复制顶点更具有可行性）。图 2–285 所示是拖动复制顶点的结果，空间的 4 个节点就是先产生的点。

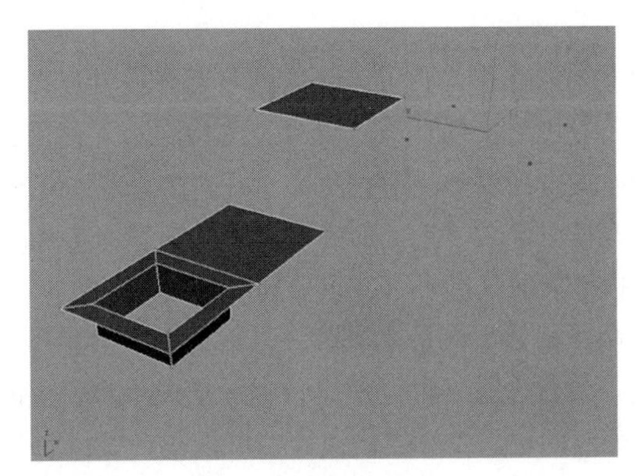

图 2–285

接下来我们看一下多边形建模中的常用命令。

- 插入：在面级别下，通过插入命令可以在一个既定的面上产生一个孔洞或者一个开放区域，也适合于创建更多的循环曲线，这对于制作胳膊、树枝以及从面上产生分支网会起到很有效的作用。在后面的章节中，将要制作一些高级模型，在其中使用到了插入命令，届时即可感受到插入命令的强大力量。插入命令在使面发生变化方面具有很强大的作用。
- 倒角：该命令被激活时是一个很有用的建模工具。倒角命令也可以用来制作酒窝、凹陷以及具有缩减性效果的模型。
- 切角：这是建模时最常用到的命令之一。在制作一些模型时，如车等人造物或者一些硬边，都会广泛地用到切角命令。为什么呢？因为它可以很有效地使模型在一定区域产生几何形态。这个命令能够很方便地使得硬边柔和化。
- 桥：这是 3ds Max 2016 中的一个连接工具，可以在边、边缘线以及面之间进行空间填充。可以使用设置参数进行桥接，或者直接使用桥接命令进行连接。最显著的作用是在连接的边上可以进行自由地分段。单击“桥”按钮，按住【Ctrl】键单击两条边，即可进行桥接，这种方法可以无限次地使用，并可以在多个方向上使用。进行桥接时，起始边和终点边之间会以虚线进行连接。这是一个强大的编辑工具，并且简单。

一些其他的编辑工具在下面的讲解中将会进行详细介绍。一些是老版本中已经有的，另一些是现在的新版本中添加进来的。

- 切割：顾名思义，一个简单而有效的在面上进行切割的工具。虽然在多边形建模时不经常使用此命令，但是使用切割命令可以快速切割边以确定面的总体方向。
- 加点：这个命令对于边级别有着非常大的作用。允许在边上快速地添加节点来进行连接，以便在面上创造出新的循环曲线或者环形线。在面级别，笔者打算更多地使用此命令。使用加点命令，可以在多边形的任何面上的任何部位准确地添加节点。不过这样做也有其不当之处，会在面上产生四个三角面，一般来说，这在多边形建模中是不允许的。为了消除三角面，可以对添加的点进行切角操作来生成四边面。笔者的理解是，这种操作与在面上使用插入命令有些类似，只不过是步骤比较多而已，其结果都是产生了五个面。如果在与边缘线相邻的面上使用此命令，会迅速地产生一些有用的集合形状。

- 快速切割：此命令可以在面上进行相互的线性切割。笔者个人不太喜欢此命令，因为它给人的感觉是比较落后。但笔者还是鼓励大家去尝试使用此命令，然后对此有一个全新的理解。
- 塌陷：这是一个很有用的命令，它可以快速地将两个或者更多的节点合并为一个。这与焊接命令很相似，只不过没有阈的调节。笔者也喜欢在边上使用此命令，它让人感觉到很直观。也可以在面上或者边缘线上使用此命令，不过在大多数情况下笔者不建议大家这样做。
- 焊接：这是笔者在建模时经常使用的命令。指定快捷键为【Shift+W】，以方便使用。此命令可以焊接同一个模型上的任意多个节点。同时焊接命令也可以在边级别下使用。
- 目标焊接：与焊接命令相似，但是在边级别下却是一个很有用的多边形建模工具。当使用拖动复制命令创造一条新边时，可以使用目标焊接命令将产生的新边和其他边相焊接，以便快速地连接两条分离的边。目标焊接命令也可以在点级别下有效地使用。
- 连接：可以为其指定其他的热键。此项操作是多边形建模中经常使用的命令，快捷键为【Ctrl+Shift+E】，但是读者可以指定任何快捷键，只要操作起来方便就行。使用连接命令在面上添加细分曲线以及连接节点很方便，同时也可以很方便地在面上添加循环曲线和定向曲线。
- 分裂：分裂命令适用于边级别。此命令没有任何实际有用的功能，只不过使用此命令似乎能快速地产生一个比较混乱的面。
- 沿边进行旋转生长：这个工具笔者觉得应该得到大范围的作用，角度参数的输入对笔者来说似乎不能完全满足操作要求。读者可以亲自进行尝试，形成自己的理解。
- 沿样条线进行挤压：笔者认为此命令是建模中一个非常强大且十分方便的工具。为了得到极佳的效果，需要对该命令的所有参数进行合理的设置。在建模中笔者经常使用此操作，而且每次都能得到理想的效果。如果想制作一个藤蔓，使用此命令是一个不错的选择。

接下来我们开始学习制作明清写字桌。

步骤 01 创建一个 Box 物体，设置长、宽、高分别为 80cm、150cm 和 4cm，将 Box 物体转换为可编辑的多边形物体，另一种转换多边形的方法是可以在修改器下拉列表中添加“编辑多边形”修改器，如图 2-286 所示。这种方法保留了物体本身的属性。如果想塌陷物体，可以在“编辑多边形”修改器上右击，在弹出的快捷菜单中选择 塌陷到 ，然后在弹出的“警告”对话框中单击“是”按钮。

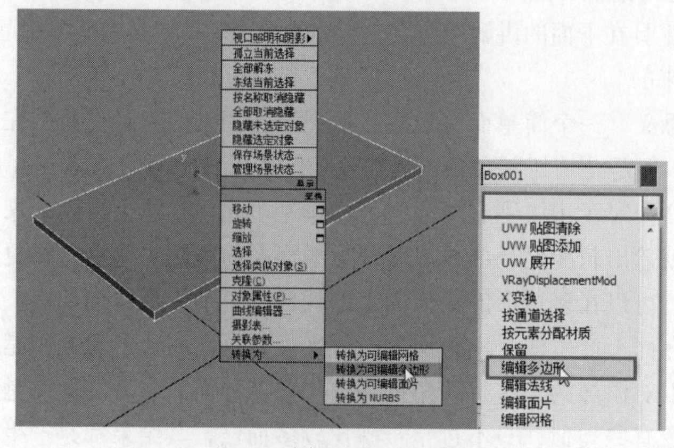

图 2-286

编辑多边形有五个级别，分别是点、线、边界、面和元素级别，级别之间切换的快捷键分别为【1】、【2】、【3】、【4】、【5】。每一个级别下的参数不尽相同。首先来看常用的工具，选择一个面，单击 挤出 按钮，在面上拖动鼠标即可挤出新的面，如图 2-287 所示。当单击“挤出”按钮右侧的按钮时，会弹出一个挤出的参数设置面板，可以设置挤出的方式，下面的数值可以精确设置挤出的高度，为确定，为增加，为取消。单击的小三角，弹出下拉列表，如图 2-288 所示。

图 2-287

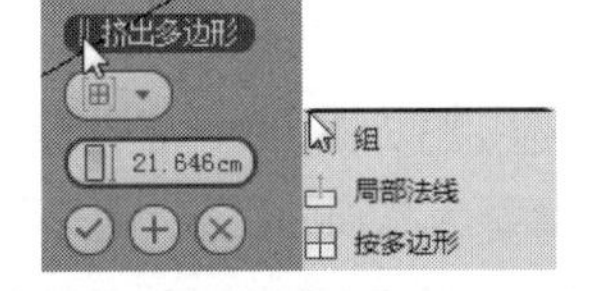

图 2-288

同样，倒角工具也有两种挤出方式，可以单击 倒角 按钮在视图中直接操作，也可以单击按钮，进行参数的精确挤出倒角设置。倒角的效果如图 2-289 所示。

插入工具的效果如图 2-290 所示。这种效果完全可以用倒角工具制作出来，只需调整缩放值并将挤出的高度值设置为 0 即可。

图 2-289

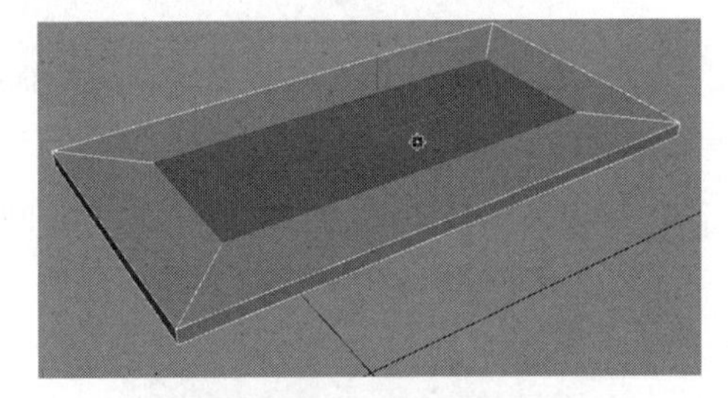

图 2-290

步骤 02 用倒角工具将顶部的面向下挤压并倒角出新的面，如图 2-291 所示。

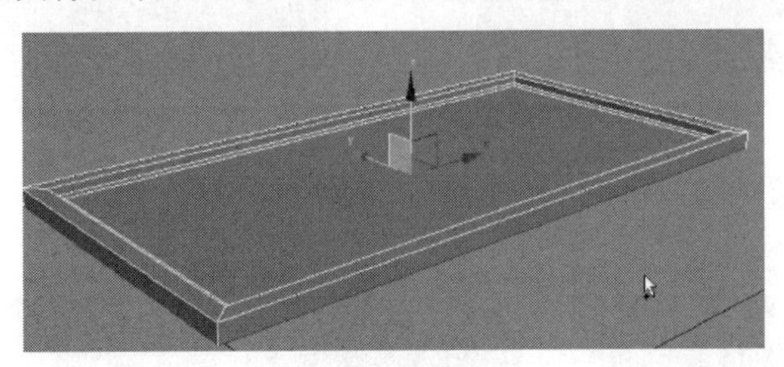

图 2-291

除了利用挤出工具添加面之外，还可以利用边界线来快速拖动复制。首先选择下部的面，按【Delete】键删除该面，按【3】键进入“边界”级别，选择下边界，配合移动缩放功能，按住【Shift】键拖动复制出新的面，过程如图 2-292 所示。

然后在边界级别下单击“封口”按钮，在封口处添加一个面，此时，选择如图 2-293 所示的点，按快捷键【Ctrl+Shift+E】或单击 切割 按钮，依次单击两个点使其中间连接出新的线段。

图 2-292

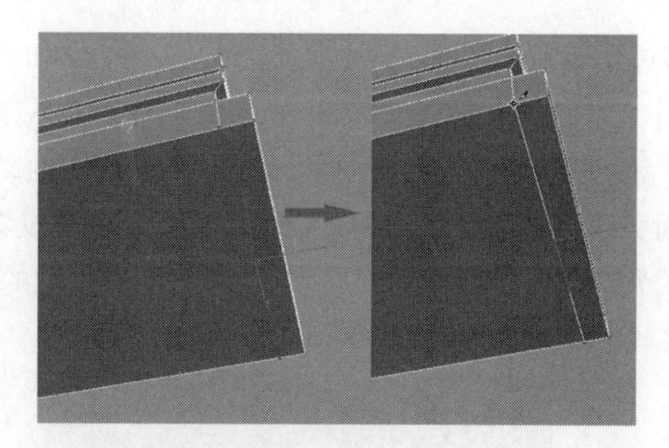

图 2-293

步骤 03 框选如图 2-294 所示的线段，单击 连接 □处的□按钮，在弹出的参数面板中按图 2-295 所示进行设置，2 为添加的段数，83 为向边缘移动的距离，设置好之后单击☑按钮。

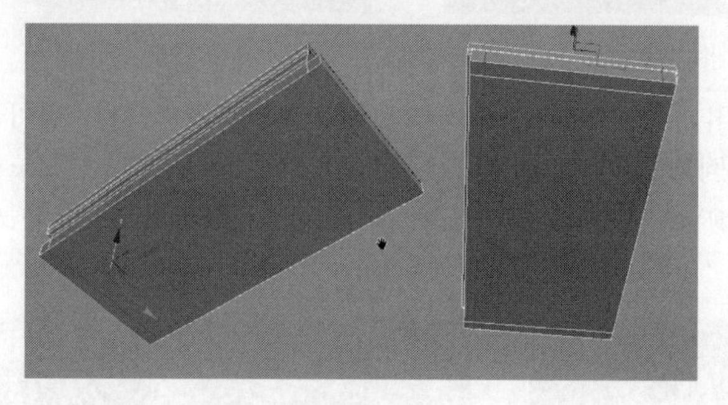

图 2-294

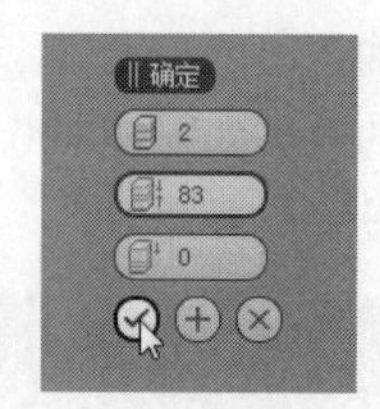

图 2-295

步骤 04 选择如图 2-296 所示的 4 个面，运用刚才讲到的面的挤出工具挤出新的面，如图 2-297 所示。

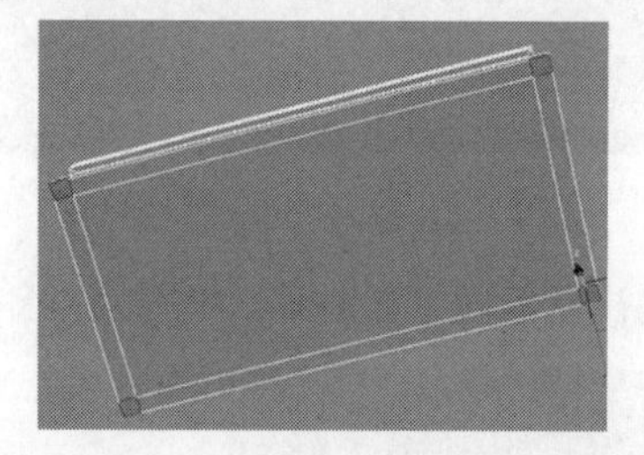

图 2-296

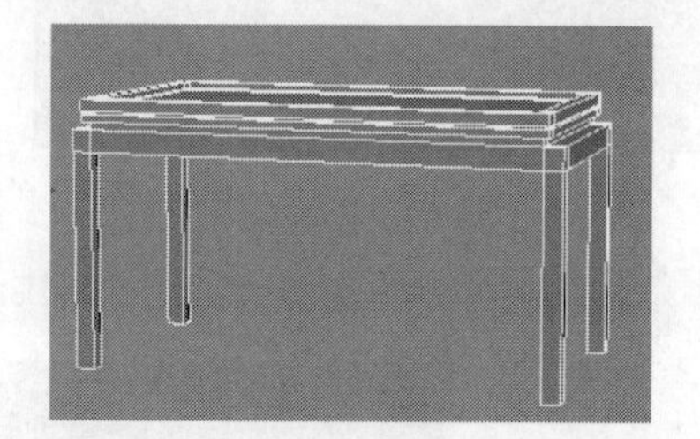

图 2-297

步骤 05 在桌腿底部添加新的线段，拖动复制或者挤压出新的面并调整它们的形状，如图 2-298~图 2-300 所示。

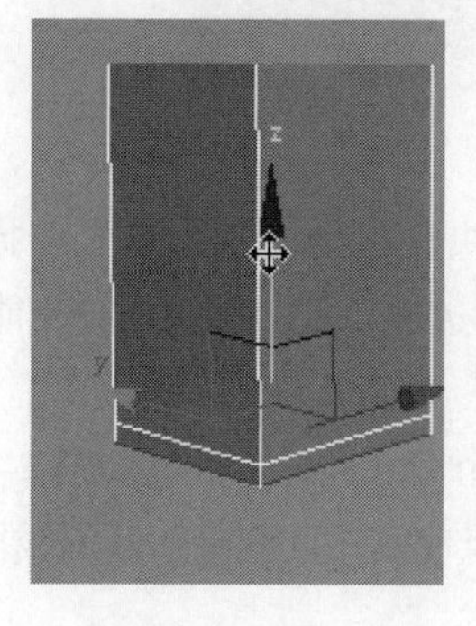

图 2-298

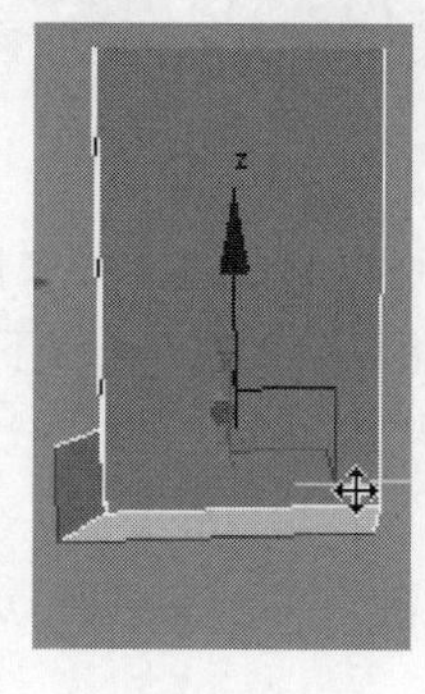

图 2-299

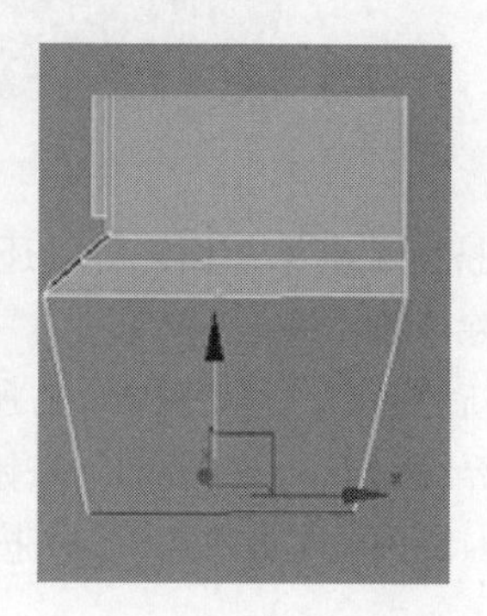

图 2-300

步骤 06 制作好一个桌腿之后，剩余的 3 个桌腿可以删掉，框选制作好的桌腿的面，按住【Shift】键拖动复制出新的元素，此时会弹出一个对话框，如图 2–301 所示。如果选择“克隆到元素”选项，那么复制出来的新的面和原有的物体是附加在一起的；如果选择“克隆到对象”选项，复制出来的对象和原有的物体是分开的。此处选择克隆到元素，并将桌腿模型调整到精确位置，如图 2–302 所示，用点的目标焊接工具将对应的点进行焊接调整。

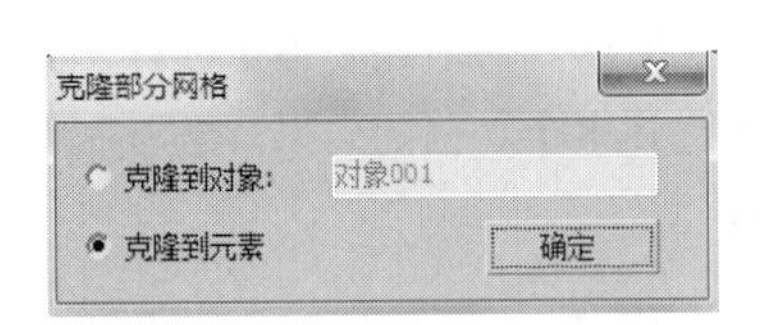

图 2–301

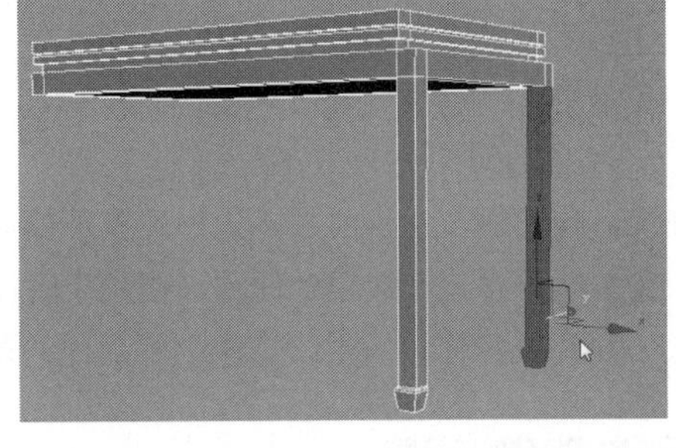

图 2–302

用同样的方法复制出剩余的面，并调整好它们的位置，效果如图 2–303 所示。最后创建一些倒角的 Box 物体作为各桌腿之间的一个支撑杆，如图 2–304 所示。

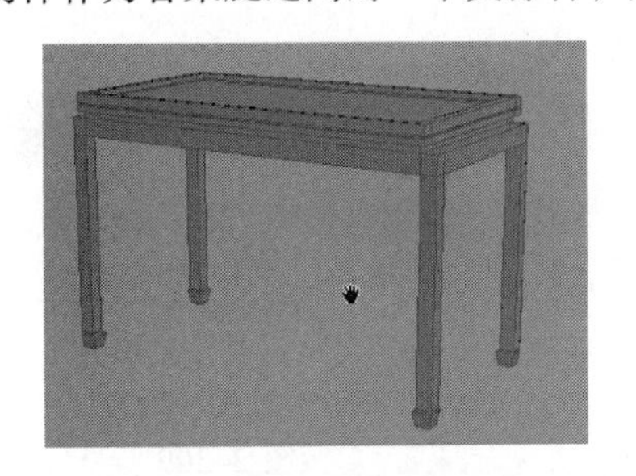

图 2–303

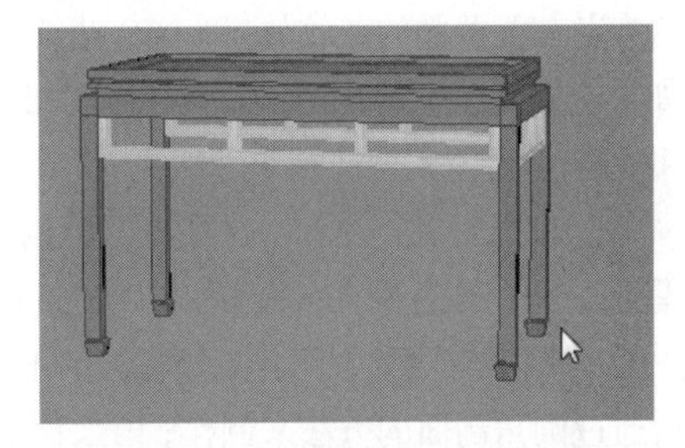

图 2–304

步骤 07 在视图中创建出如图 2–305 所示的曲线和倒角矩形框，在创建面板下的“复合对象”中单击 放样 按钮，然后单击 获取图形 按钮，最后拾取矩形框，此时效果如图 2–306 所示。

调整放样蒙皮参数中的图形步数为 5、路径步数为 7。将放样后的模型复制调整好位置，效果如图 2–307 所示。

步骤 08 打开材质编辑器，选中场景中的所有模型，将一个默认的材质球赋予场景的物体，最后的效果如图 2–308 所示。

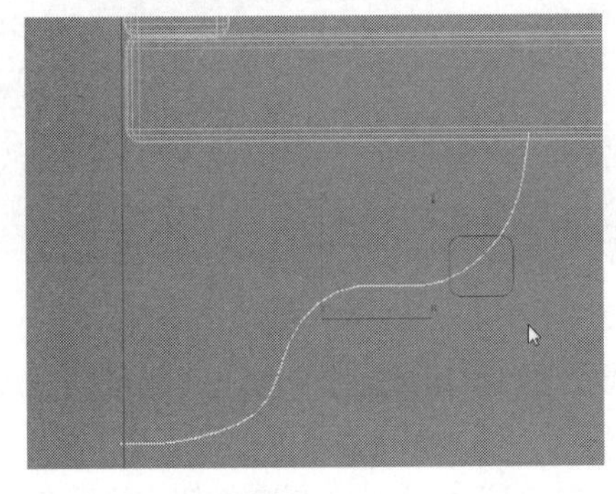

图 2–305

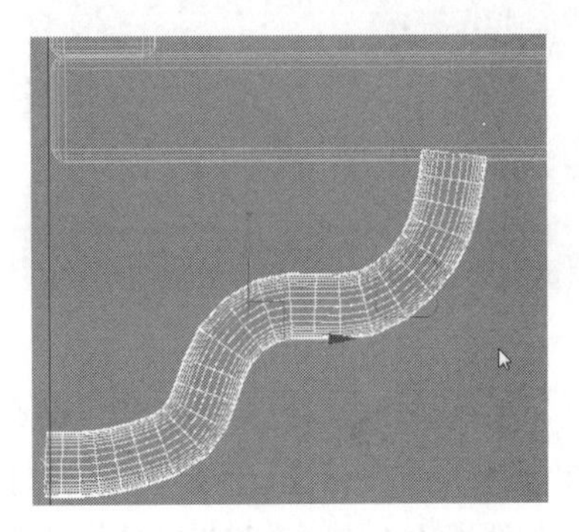

图 2–306

图 2-307

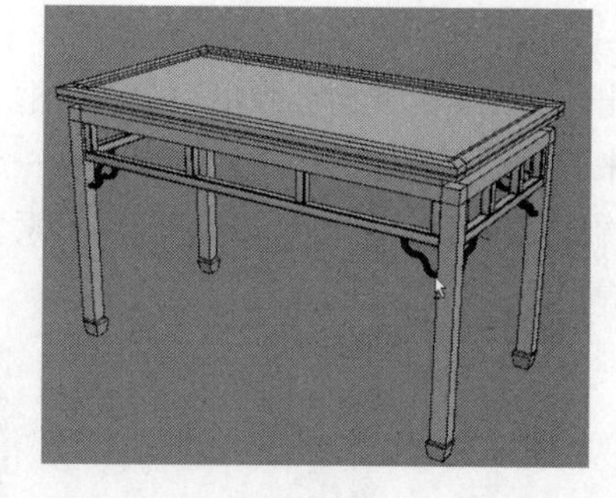
图 2-308

本实例小结：本实例重点讲解了多边形建模下的原理和方法，同时还复习了放样工具的使用。需要说明的是，要先了解多边形建模的原理，在建模时才能达到事半功倍的效果。学习制作模型时千万不能生搬硬套，我讲一步你做一步，这样学不到任何东西。

2.9 制作明清课桌

首先来看一下要制作的最终效果。从图 2-309 中可以看到，模型的难点在于两侧的花纹效果，这个花纹效果看似复杂，但是如果能找到正确的方法，它的制作就相当简单。接下来就让我们来学习该模型的制作方法。

图 2-309

步骤 01 首先来制作桌面。在顶视图中创建一个 Box 物体，设置长、宽、高分别为 600mm、1 800mm 和 40mm。桌面曲面物体的制作有两种方法：第一种是绘制它的横截面曲线，然后通过倒角剖面的方法来制作；第二种就是我们经常用到的多边形编辑的方法。这里选择多边形建模方法，将创建好的 Box 物体转换为可编辑的多边形物体，框选宽度上的线段，按快捷键【Ctrl+Shift+E】加线（一定要熟练掌握该加线的快捷键），然后在边缘的位置加线，按【4】键进入“面”级别，选择上方的面，单击 挤出 按钮向上多次挤出面并做移动调整，如图 2-310 所示。

选择侧面的面，用同样的方法挤出调整面，如图 2-311 所示。

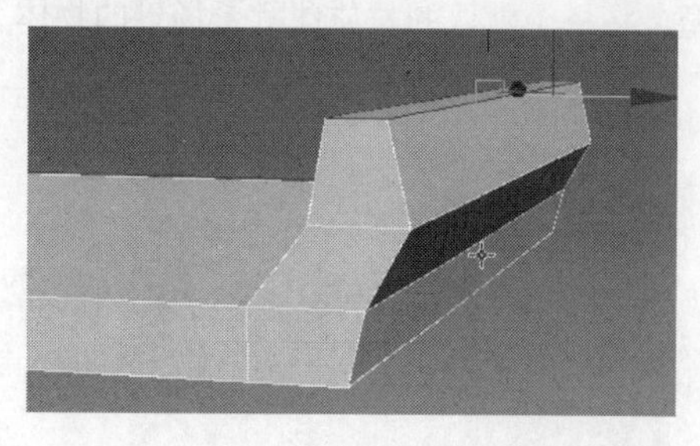
图 2-310

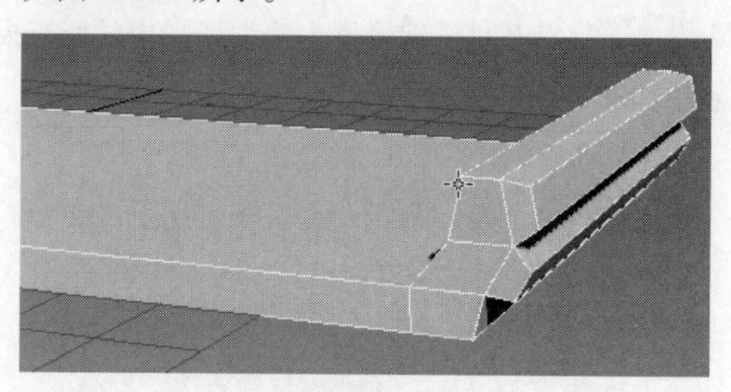
图 2-311

步骤 02 选择图 2-312 中的线段，注意选择线段时可以用鼠标全部框选，也可以先选择一条线段，然后单击 环形 按钮进行环形线段的选择。

在选中的线段上右击，在弹出的快捷菜单中选择“连接”命令，单击□按钮，然后在弹出的面板中设置加线的个数和线段偏移的位置，如图 2–313 所示。

图 2–312

图 2–313

为了使其布线均匀，在中间的位置继续加线，如图 2–314 和图 2–315 所示。

图 2–314

图 2–315

按快捷键【Ctrl+Q】细分显示，从图 2–316 中可以发现物体的底部边缘位置角度过于圆滑，所以需要在底部边缘加线来约束边缘角度，如图 2–317 所示。

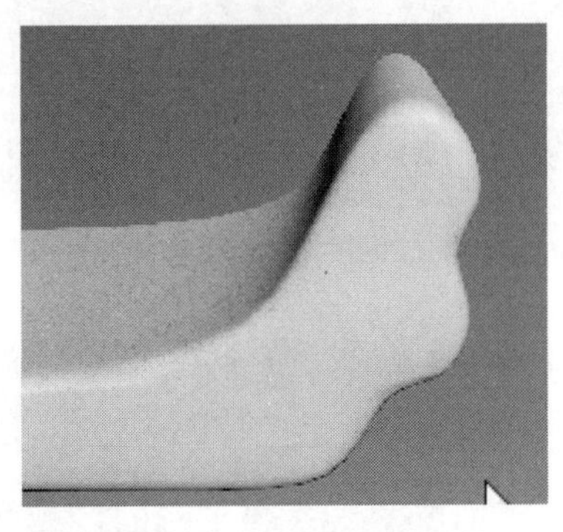

图 2–316

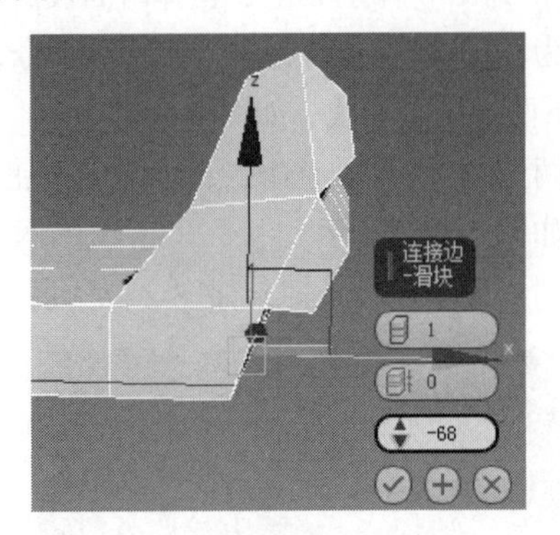

图 2–317

步骤 03　删除另外一半模型，在修改器下拉列表中添加“对称”修改器，使左侧模型在对称的同时，中间的点可以自动焊接，如图 2–318 所示。

单击对称前面的“+”可以进入它的子级别，从而可以手动调整模型对称中心的位置和角度。在对称参数面板中要特别注意“阈值”这个参数，这个参数用来控制对称中心处自动焊接点的距离，如果参数过大，模型中心处相邻的点可能会焊接在一起，如图 2–319 所示；反之，如果值过小，左右对称的模型中心的点不会自动焊接起来。

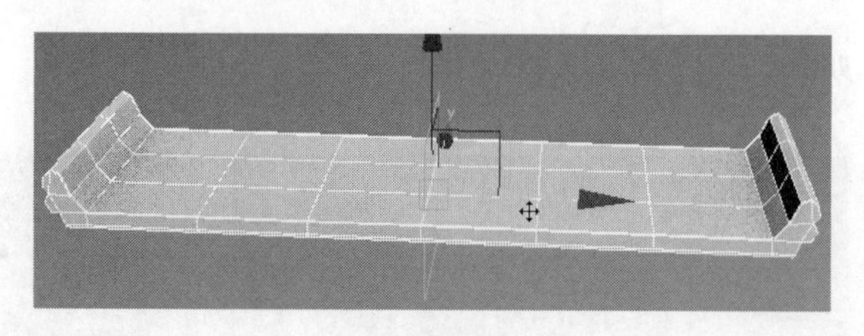

图 2-318

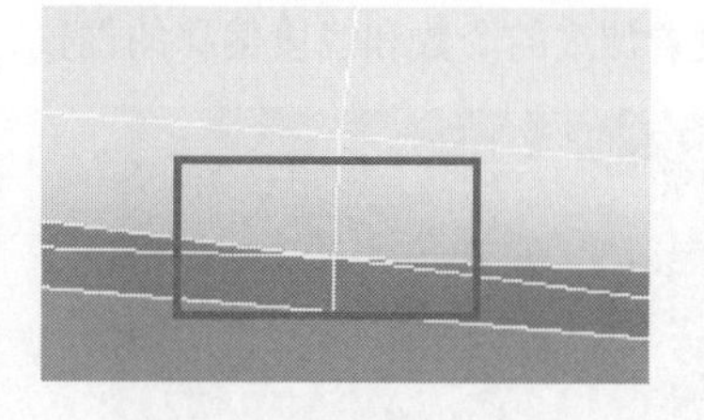

图 2-319

设置好参数之后，在选中的物体上右击，在弹出的快捷菜单中选择“转换为”|“转换为可编辑多边形”命令，将模型塌陷为一个物体，按快捷键【Ctrl+Q】细分，桌面物体就制作完成了。

步骤 04 在视图中创建一个长 40mm，宽 68mm，高 700mm 的 Box 物体，右击，在弹出的快捷菜单中选择“转换为”|“转换为可编辑多边形”命令，在底部加线调整，然后在模型的宽度和厚度的边缘位置加线，细分之后效果如图 2-320 所示。

步骤 05 复制调整出剩余的 3 个桌腿模型，如图 2-321 所示。

图 2-320

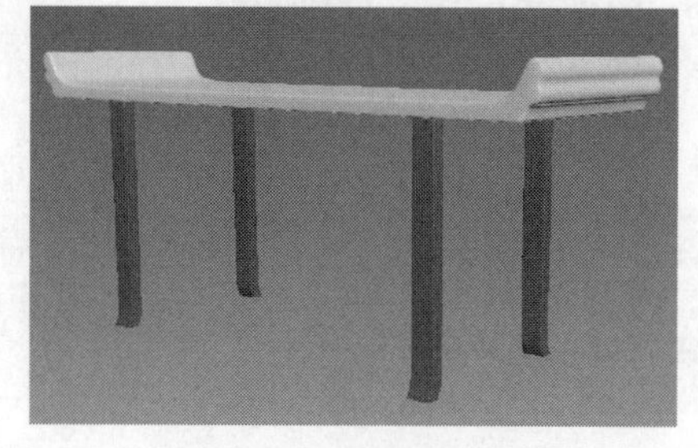

图 2-321

步骤 06 在桌腿之间创建 Box 物体作为它们之间的固定杆，在 Box 物体上右击，在弹出的快捷菜单中选择“转换为”|“转换为可编辑多边形”命令，在 Box 物体的上下两端位置加线，如图 2-322 所示。

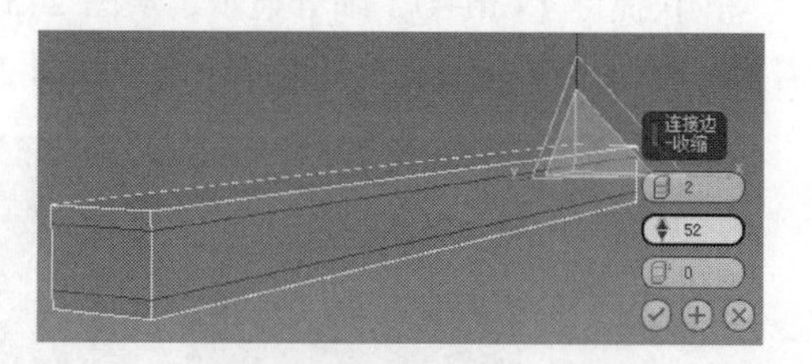

图 2-322

选择左右两侧的面，单击 挤出 后面的按钮，将面向外挤出，如图 2-323 所示。

在挤出面的线段上加线处理，如图 2-324 所示。

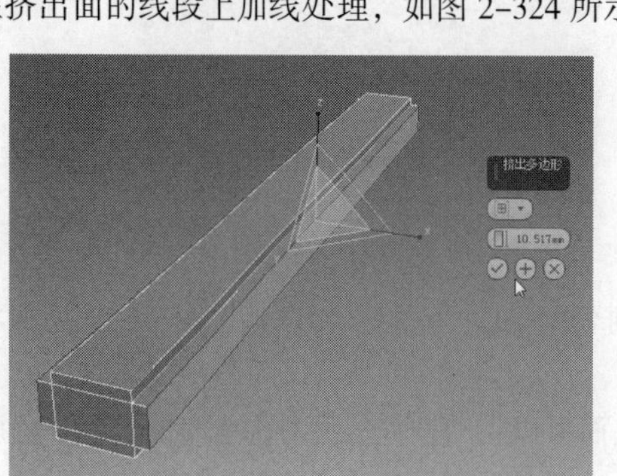

图 2-323

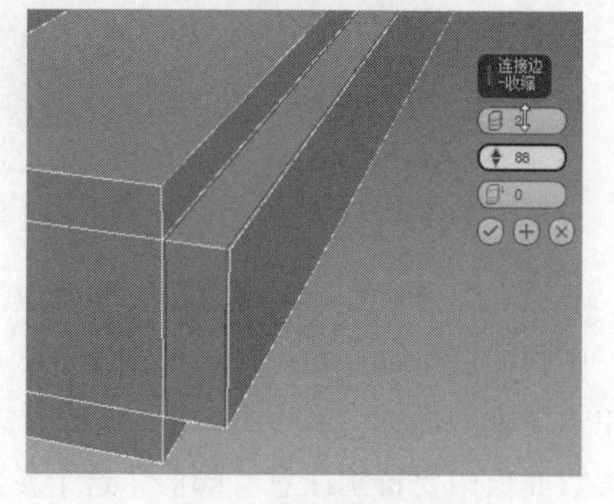

图 2-324

继续在两侧边缘和顶部底部边缘做加线处理，按快捷键【Ctrl+Q】细分显示该模型。

步骤 07　在面板下单击线按钮在左视图中创建并调整为图 2-325 所示的样条线。

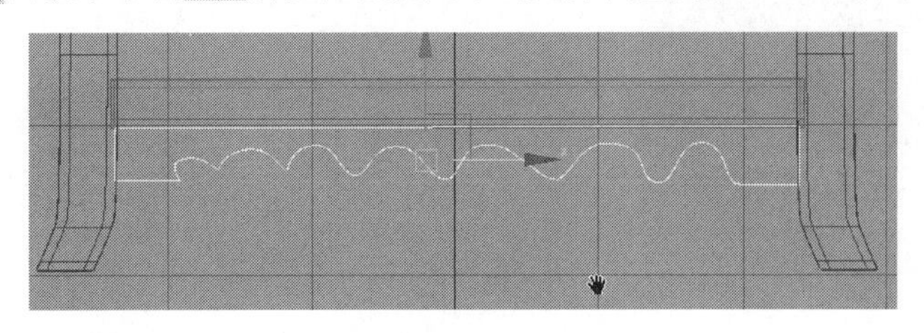

图 2-325

在修改器下拉列表中添加“挤出”修改器，设置挤出的数量值为 40mm，在添加修改器之后，如果发现样条线需要进行调整，这时可以返回样条线级别继续进行样条线的编辑，如图 2-326 所示。

修改完成之后回到挤出级别即可，效果如图 2-327 所示。

图 2-326

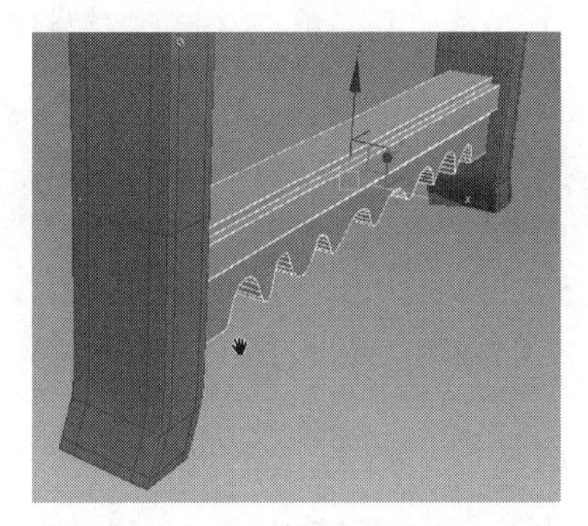

图 2-327

步骤 08　在前视图中单击面板下的线按钮创建曲线，在创建时不可能一步就能达到希望的效果，所以在创建完样条线之后可以进入修改面板下的子级别，对点、线等进行编辑，需要添加点时可以右击样条线，在弹出的快捷菜单中选择“细化”工具在线段上添加点，同时注意点的几种模式的转换，最终调整的效果如图 2-328 所示。

在修改器下拉列表中添加“挤出”修改器，设置挤出数量值为 20mm，然后将该物体复制一个，删除“挤出”修改器，将样条线缩放调整至如图 2-329 所示。

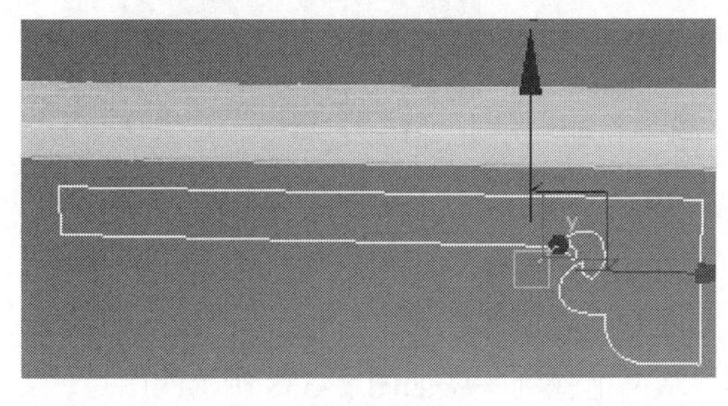

图 2-328

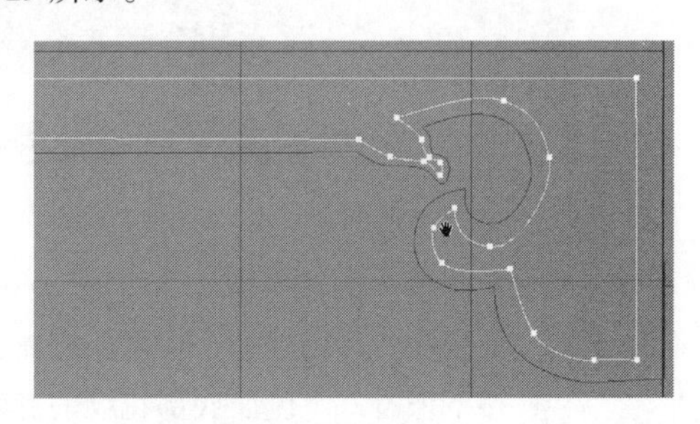

图 2-329

按【2】键进入“线段”级别，删除最左侧的线段，单击按钮将样条线镜像复制，然后单击附加按钮拾取复制的样条线进行整合，选择对称中心的点并单击焊接按钮进行点的焊接，然后添加“挤出”修改器，将该物体移动嵌入如图 2-330 所示的模型内部。

在面板下的复合对象面板中，单击 ProBoolean 按钮然后单击开始拾取按钮拾取绿色模型，完成布尔运算，效果如图 2-331 所示。

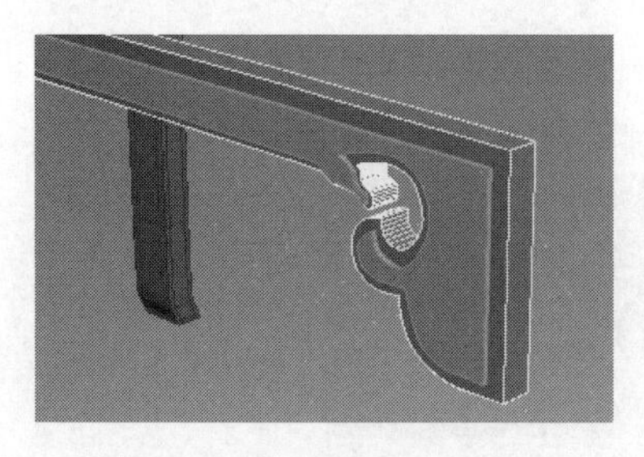

图 2-330

图 2-331

步骤 09 继续在桌腿的位置创建如图 2-332 所示的样条线。

按【1】键进入“点”级别，选择中间的所有点并右击，在弹出的快捷菜单中选择 Bezier 命令，拖动手柄重新调整每个点的形状，如图 2-333 所示。

按【3】键进入样条线级别，单击 轮廓 按钮将该样条线向外挤出轮廓线，如图 2-334 所示。

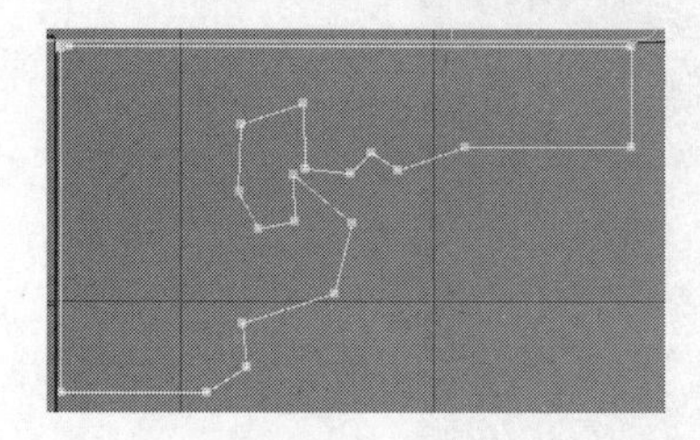

图 2-332

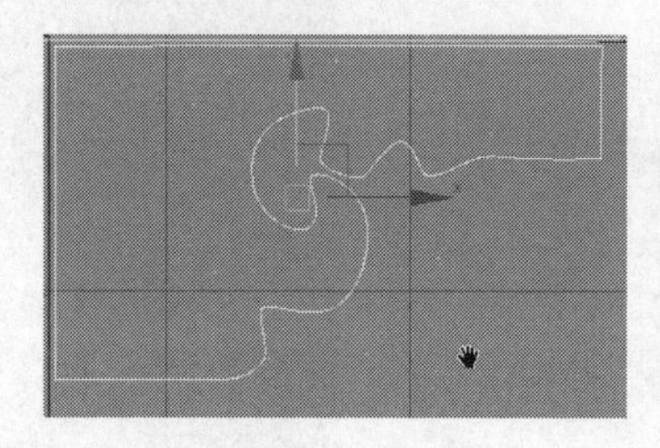

图 2-333

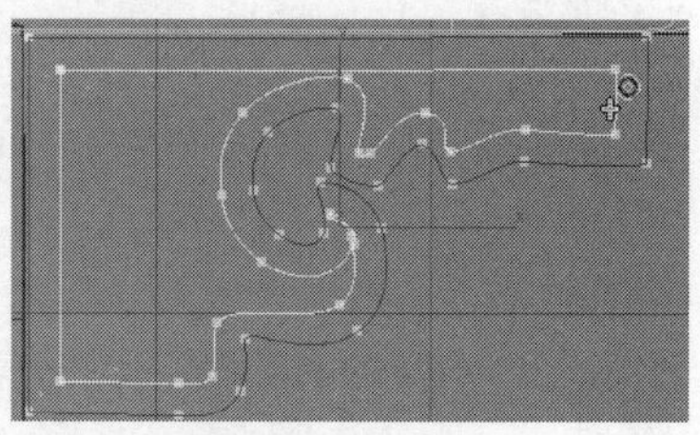

图 2-334

选择内环的样条线，单击 分离 按钮，在弹出的分离面板中单击“确定”按钮。

分别对这两个样条线添加“挤出”修改器，然后移动调整到如图 2-335 所示的位置。

用前面介绍的超级布尔运算完成两者之间的布尔运算，如图 2-336 所示。

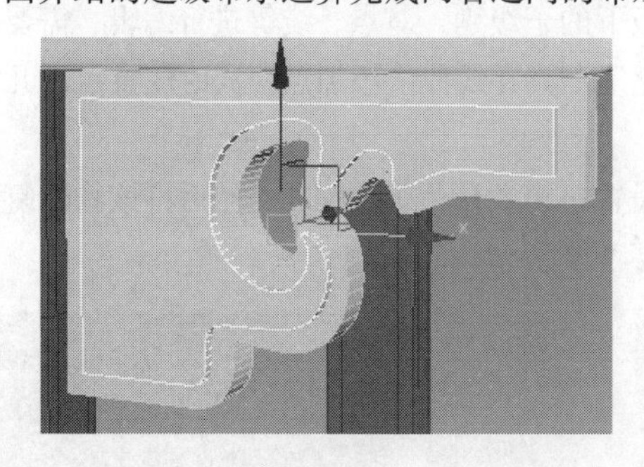

图 2-335

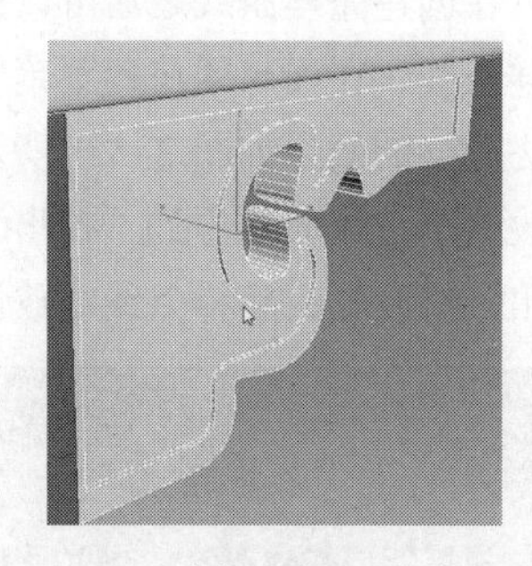

图 2-336

对称复制调整另外一侧的模型。

步骤 10 分别在两侧创建一个切角长方体，如图 2-337 所示。

步骤 11 接下来看一下侧面底部花纹的制作。从网上找到一张如图 2-338 所示的图片。

打开 Photoshop 软件，将该图片打开，进入任何一个通道，按住【Ctrl】键在该通道上单击，这样可以快速选择白色区域的选取，按快捷键【Ctrl+Shift+I】反选选取，进入路径面板，单击 按钮将选区转换为工作路径，单击“文件”菜单，选择“导出”|“路径到 Illustrator”命令，单击“确定”按钮，选择一个要保存的位置并命名，单击“保存”按钮来完成路径的保存。回到 3ds Max 2016 软件中，单击图标选择“导入”|“导入”命令，然后找到刚刚保存的路径文件导入 3ds Max 2016 软件中，此时会弹出一个导入对话框，如图 2-339 所示。这里选择“合并对象到当前场景”选项，单击“确定”

按钮，然后选择单个对象单击“确定”按钮，这样就把在 Photoshop 中设置的路径导入了 3ds Max 2016 软件当中，如图 2-340 所示。

在修改器下拉列表中添加“挤出”修改器，设置挤出数量值为 5mm，移动并旋转缩放调整到合适位置，如图 2-341 所示。

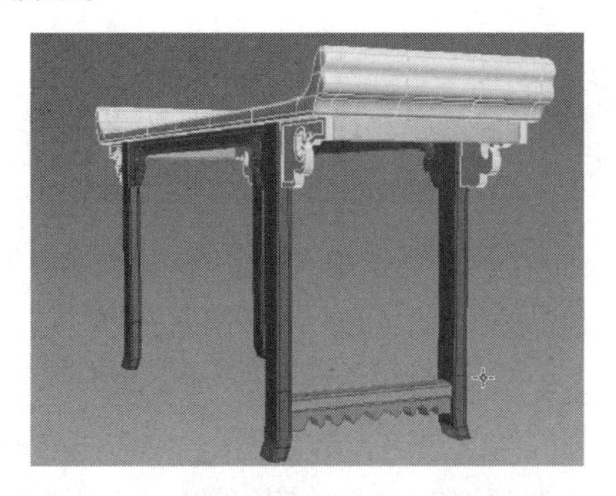

图 2-337

图 2-338

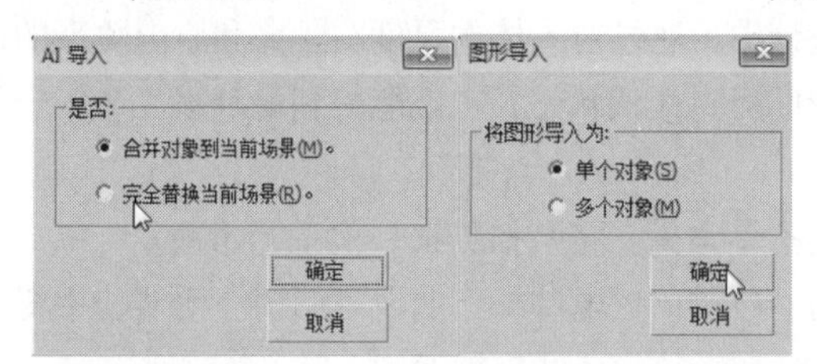

图 2-339

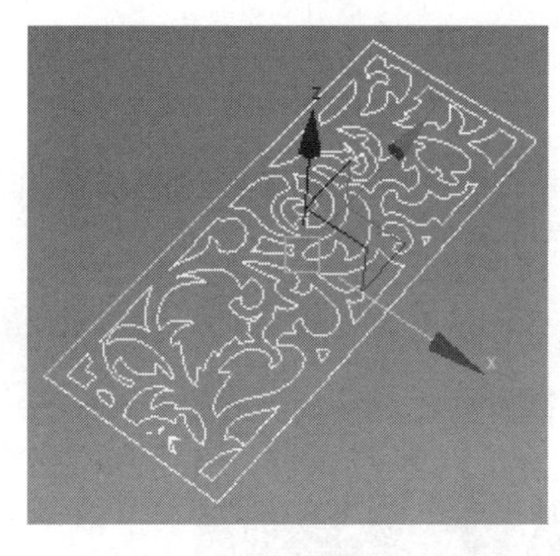

图 2-340

图 2-341

步骤 12 将右侧制作好的模型复制调整到左侧，框选场景中所有模型，按【M】键打开材质编辑器，选择任意一个材质球，单击按钮将默认材质赋予场景中的模型，然后单击右侧面板中的颜色框，在对象颜色面板中选择黑色“确定”按钮，按【F2】键打开场景线框显示，最终效果如图 2-342 所示。

图 2-342

第 3 章 坐具类家具设计

坐与卧是人们日常生活中最多的姿态，如工作、学习、用餐、休息等都是在坐卧状态下进行的。坐卧类家具的基本功能是满足人们坐得舒服、睡得安宁、减少疲劳和提高工作效率。其中，最关键的是减少疲劳。如果在家具设计中，通过对人体的尺度、骨骼和肌肉关系的研究，使设计的家具在支承人体动作时，将人体的疲劳度降到最低状态，也就能得到最舒服、最安宁的感觉，同时也可保持最高的工作效率。

本章将重点学习坐具类家具建模。将从摇摇椅、南瓜艺术沙发、欧式餐椅、休闲椅、皮质沙发、公共座椅、现代转椅、藤椅、沙滩椅、电脑椅、明清官帽椅、明清扶手椅、欧式凳子、欧式贵族椅和贵妃椅来逐一学习。

3.1 制作摇摇椅

首先来看一下要制作的最终效果图，如图 3-1 所示。从图中可以观察到该模型的制作方法主要运用了样条线的编辑和放样命令。接下我们就来学习一下它的制作方法。

图 3-1

步骤 01 在创建面板下的面板中单击“矩形”按钮，在视图中创建一个长宽分别为 50cm 的矩形（该矩形只是作为一个高度和宽度的参考，不作为制作编辑对象），单击 线 按钮，参考矩形的宽度，在视图中创建一个如图 3-2 所示的样条线，按【1】键进入顶点级别，分别选择线段上的点，拖动手柄调整曲线形状，尽量使曲线过渡自然美观，调整好的效果如图 3–3 所示。

继续创建一个如图 3–4 所示的样条线，单击 附加 按钮拾取第一条样条线，然后选择两条样条线衔接处的点，单击 焊接 按钮将两个点焊接在一起，效果如图 3–5 所示。用同样的方法再创建一个如图 3–6 所示的样条线，单击 圆 按钮创建复制出如图 3–7 所示的 3 个圆。

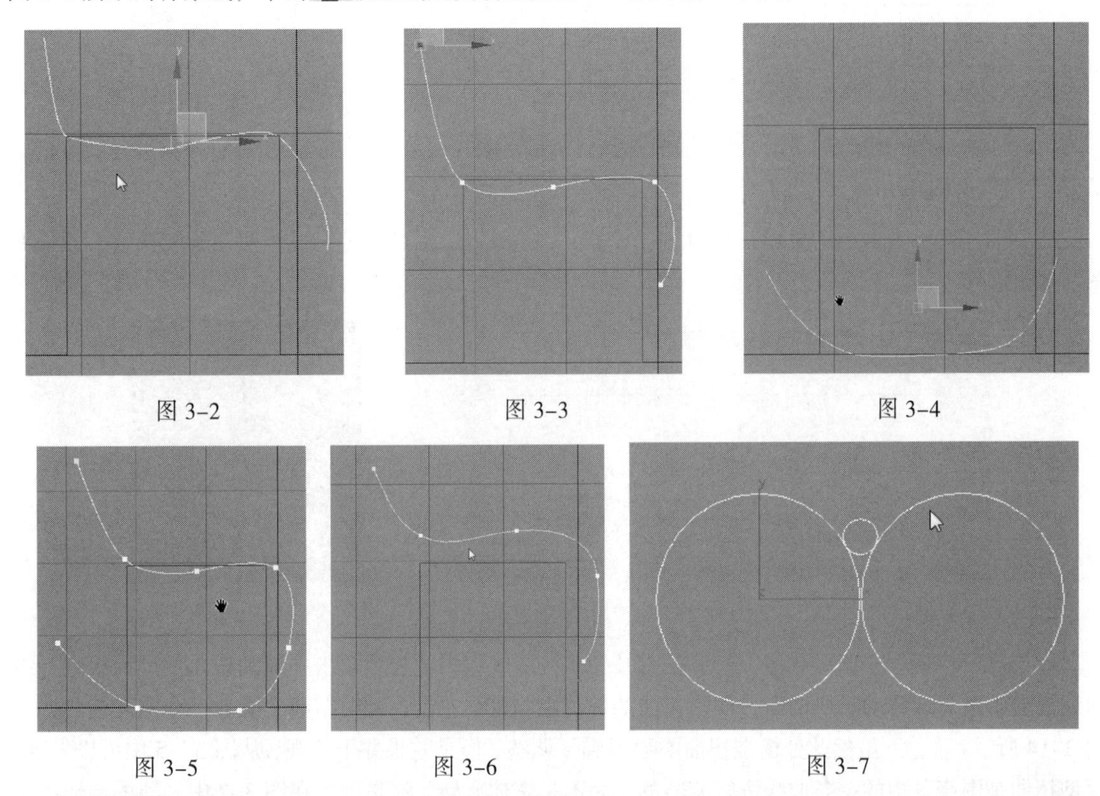

图 3–2　图 3–3　图 3–4

图 3–5　图 3–6　图 3–7

步骤 02 选择样条曲线，在创建面板下的下拉列表中选择“复合对象”面板，单击 放样 按钮，然后单击 获取图形，在视图中拾取圆形的剖面线，效果如图 3–8 所示。在参数面板中修改图形步数并设置为 2，路径步数设置为 10，如图 3–9 所示。通过修改这两个参数，可以调节放样后模型的分段数，不需要太精细的地方降低分段数，需要细节的地方可以增加分段数从而达到理想的布线效果。

单击参数面板下的扭曲按钮，如图 3–10 所示，此时会弹出一个扭曲变形的曲面面板，如图 3–11 所示。

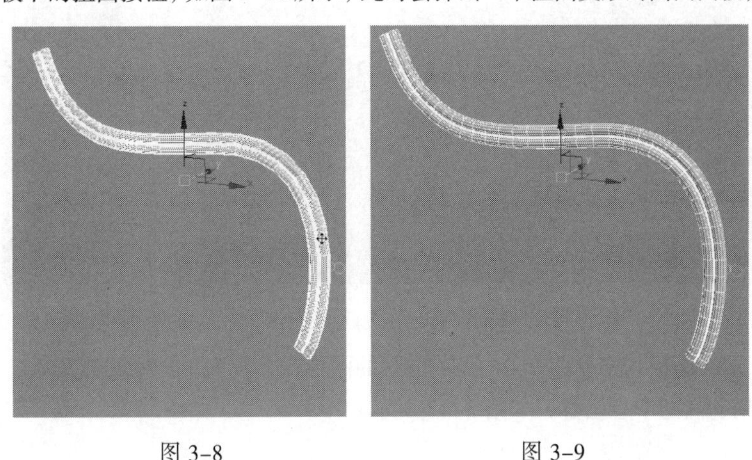

图 3–8　图 3–9

图 3-10

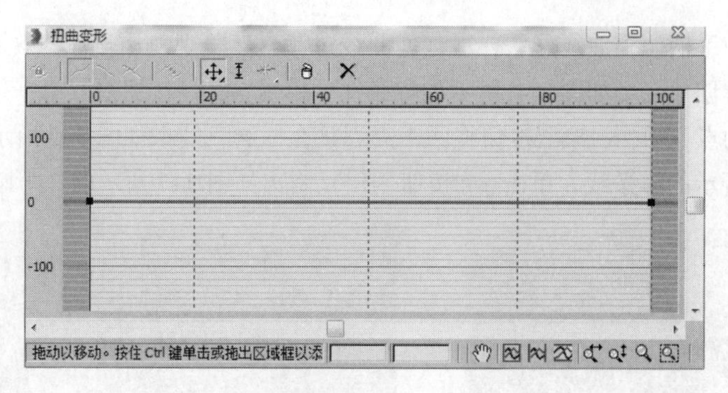

图 3-11

调整曲线右侧点的上下位置，如图 3-12 所示。“放样”后的模型会发生扭曲旋转调整，效果如图 3-13 所示。

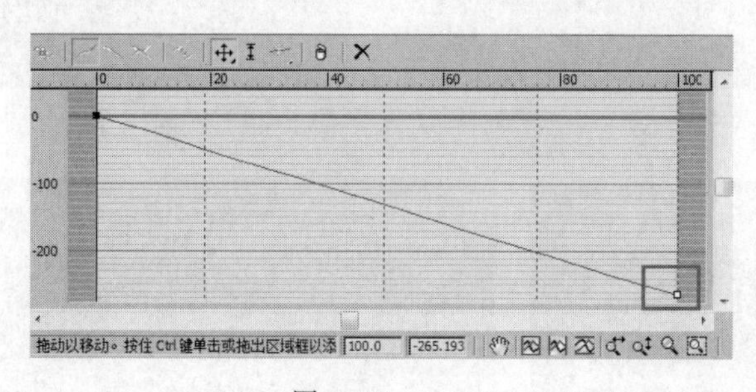

图 3-12

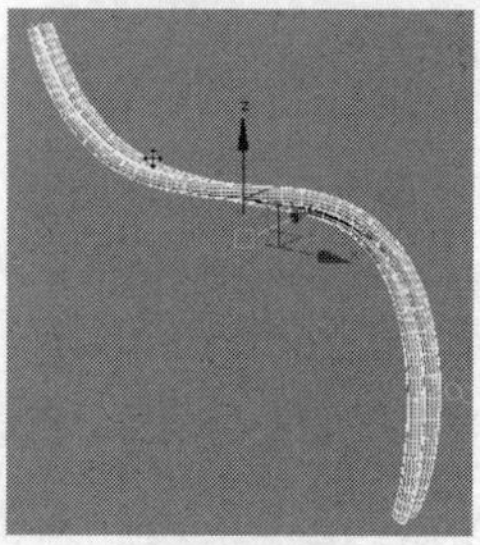

图 3-13

此处需要将模型扭曲圈数增大，单击按钮，在曲线编辑面板中单击并拖动扭曲变形面板进行纵向缩放调整，再次移动右侧的点，调整扭曲的数值在-1000 左右，此时扭曲的圈数也会随之变化，如图 3-14 所示。注意：虽然此处模型扭曲圈数得到了调整，但是效果并不美观，从图 3-15 中可以发现，模型扭曲是围绕其中的一条曲线进行旋转的，而不是整体旋转。这是因为在图 3-7 中创建的圆形线轴心有问题。

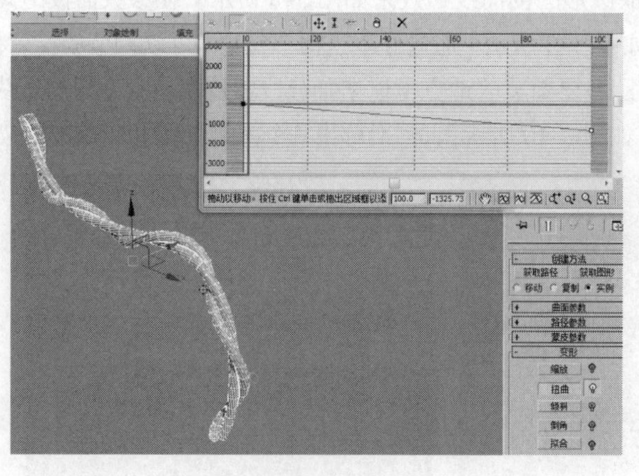

图 3-14

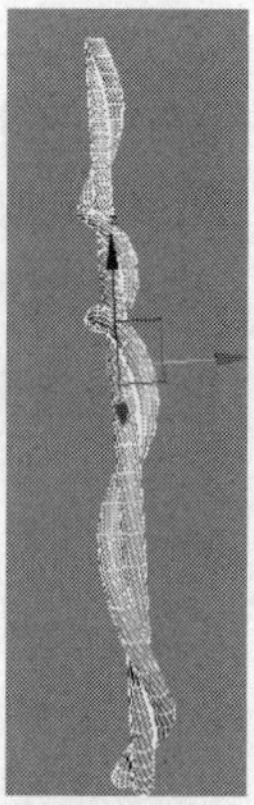

图 3-15

单击进入层次面板，选择图 3-16 所示形状的圆形线，依次单击 仅影响轴 和 居中到对象 按钮，将轴心设置到它们的中心位置，如图 3-17 所示。

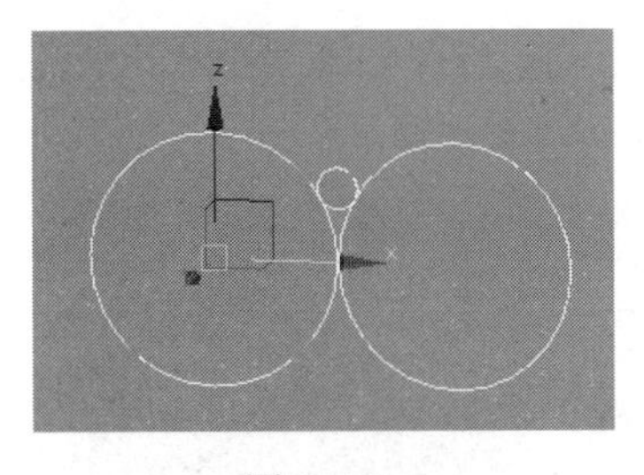

图 3-16

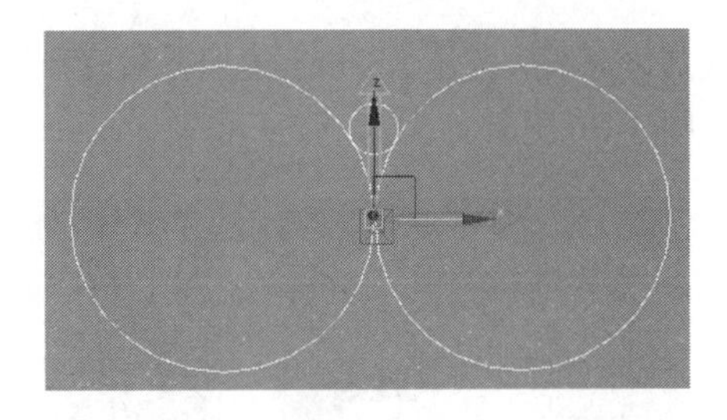

图 3-17

将该物体复制后重新放样并调整扭曲值，对比效果如图 3-18 所示。此处将扭曲曲线右侧的点向下拖动至-900 左右，效果如图 3-19 所示。如果觉得此处物体太细，可以选择拾取的圆形曲线，进入点级别，选择所有点放大调整后再重新放样即可。

图 3-18

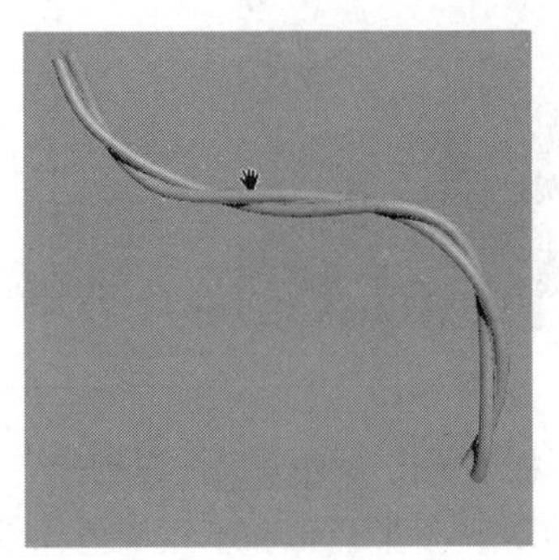

图 3-19

步骤 03 选择图 3-20 中的样条线，在参数面板中选中“渲染”卷展栏中的☑在渲染中启用和☑在视口中启用，这样样条线在视图中即可以三维形状显示并可以被渲染出来。调整厚度值为 4.5cm，边数为 12，效果如图 3-21 所示。

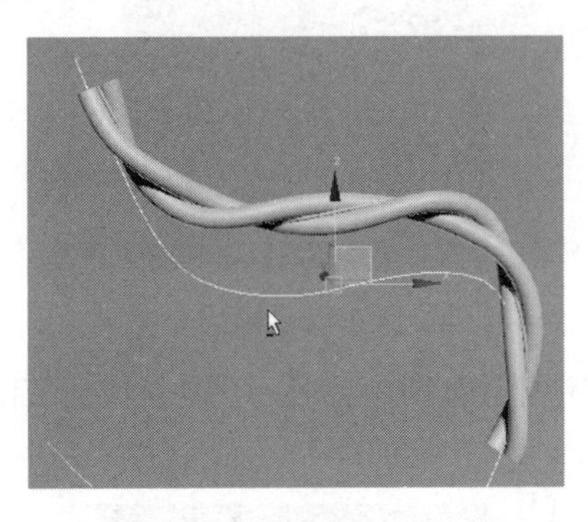

图 3-20

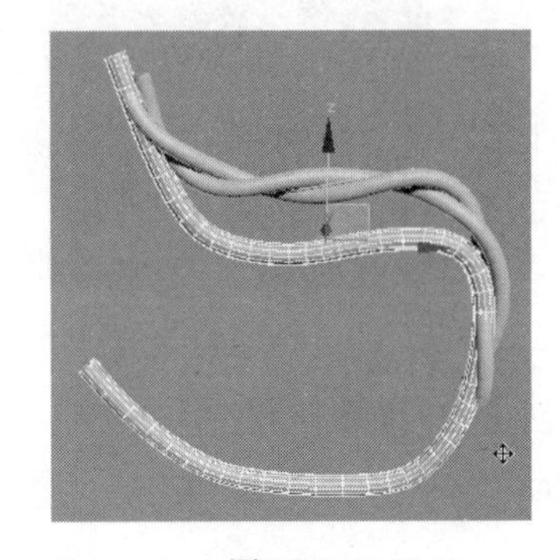

图 3-21

步骤 04 创建一个长方体模型，右击，在弹出的快捷菜单中选择“转换为” | “转换为可编辑多边形”命令，将模型转换为可编辑的多边形物体。删除顶部和底部的面并简单调整形状至如图 3-22 所示。按【3】键进入“边界”级别，选择顶部开口边界线，按住【Shift】键用缩放和移动工具复制出面并进行调整，如图 3-23 所示。

用同样的方法将底部开口位置也做同样的处理，按快捷键【Ctrl+Q】细分该模型，效果如图 3-24 所示。然后在该物体上方创建一个球体，再转为多边形物体后删除底部部分面，如图 3-25 所示。

选择底部边界线后按住【Shift】键配合缩放和移动工具，拖动复制出面并制作出所需形状，细分后的效果如图 3–26 所示。

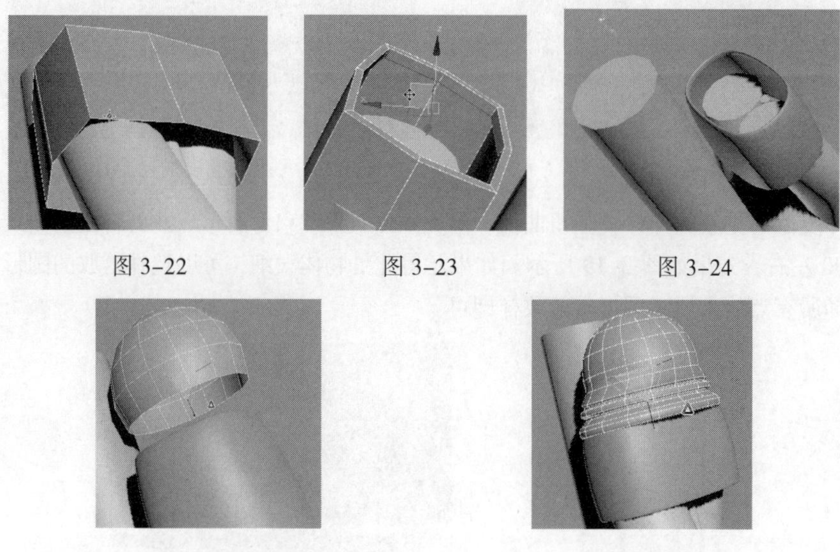

图 3–22　图 3–23　图 3–24

图 3–25　图 3–26

步骤 05 在面板下单击 螺旋线 按钮创建一个螺旋线，进入修改面板，调整螺旋线参数，设置圈数为 2，高度为 0，调整半径 1 和半径 2 值，效果如图 3–27 所示。单击 附加 按钮拾取相邻的绿色样条线将其附加在一起，然后进入点级别，将螺旋线根部和样条线顶部的点焊接起来，开启 ☑ 在视口中启用 效果，如图 3–28 所示。

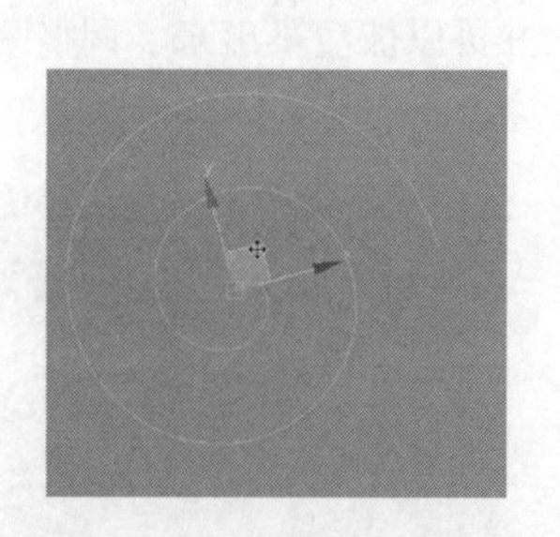

图 3–27

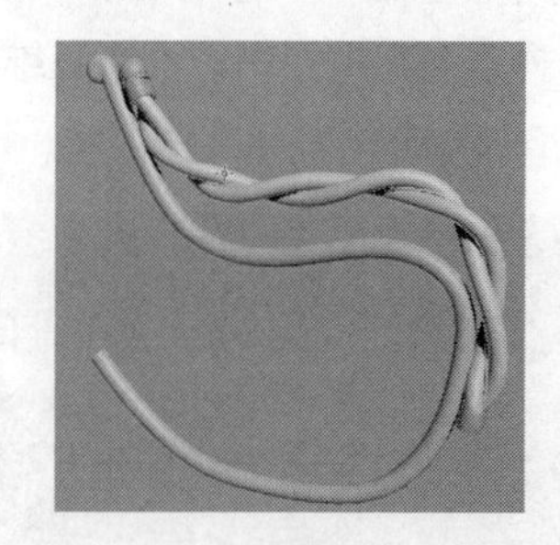

图 3–28

单击（创建）|（图形）| 线 按钮，在视图中创建如图 3–29 所示的样条线，开启 ☑ 在视口中启用，设置半径为 3cm，效果如图 3–30 所示。

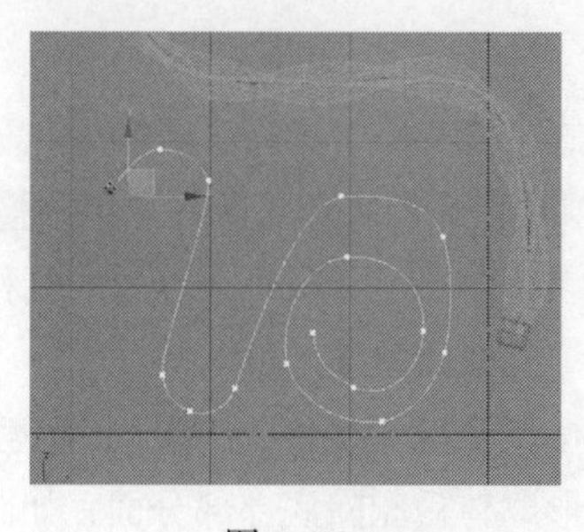

图 3–29

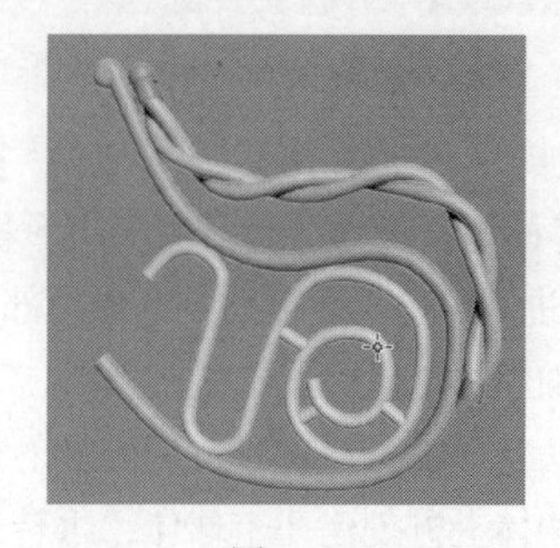

图 3–30

单击 螺旋线 按钮再次创建一个螺旋线，调整好参数后复制，如图 3–31 所示。将两个螺旋线附加后，右击，选择“细化”命令，在两端的位置加点并移动调整点使两个线连接起来，然后用焊接工具将点焊接起来，如图 3–32 所示。设置厚度为 2cm，效果如图 3–33 所示。

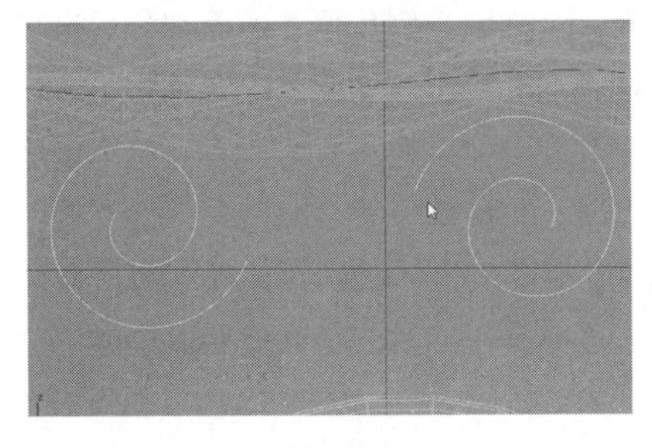

图 3–31

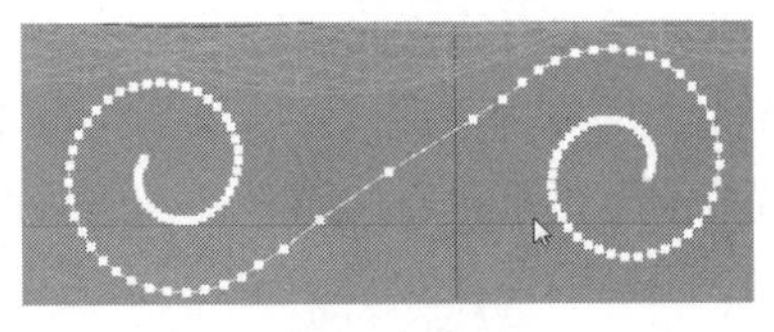

图 3–32

图 3–33

步骤 06 选择创建个一侧模型，按快捷键【Ctrl+V】复制后，在底部 Y 轴方向输入 60，将复制的模型向右移动 60cm，如图 3–34 所示。然后在背部上方位置创建一个长、宽分别为 80cm、60cm 左右的矩形，设置圆角半径为 25cm 左右，如图 3–35 所示。

将该圆角矩形向内连续缩放，复制并调整长宽参数和圆角参数，最后转换为可编辑的样条曲线，并将这三个矩形线附加起来，效果如图 3–36 所示。在内部创建一个样条线，然后复制调整选择至如图 3–37 所示。将这些样条线附加起来之后再进行镜像复制，效果如图 3–38 所示。

步骤 07 创建一个长方体并转换为可编辑的多边形物体，加线调整模型形状，删除另一半，通过工具实例镜像复制，这样便于整体观察效果。调整好形状后的细分效果如图 3–39 所示。

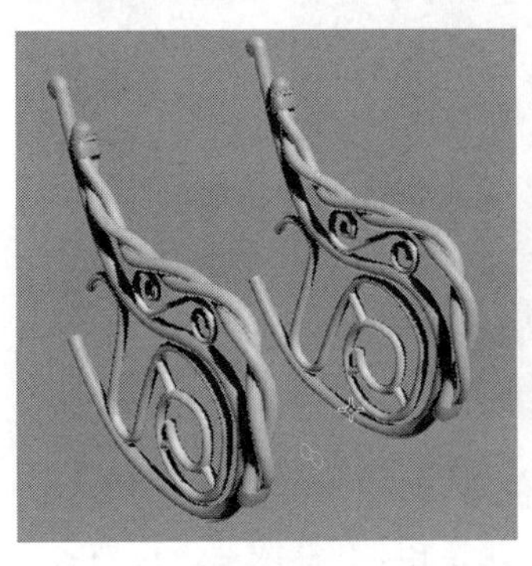

图 3–34

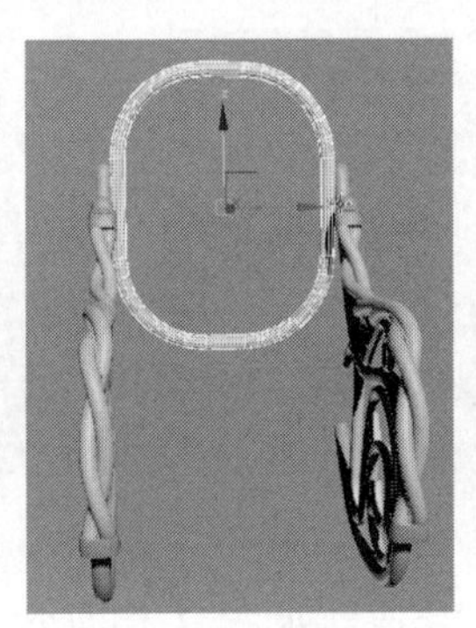

图 3–35

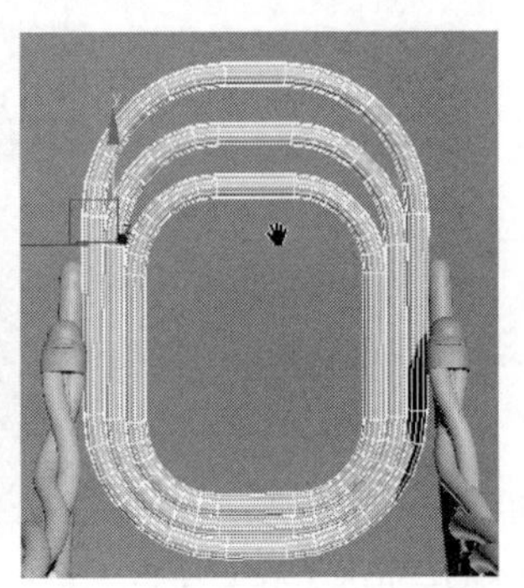

图 3–36

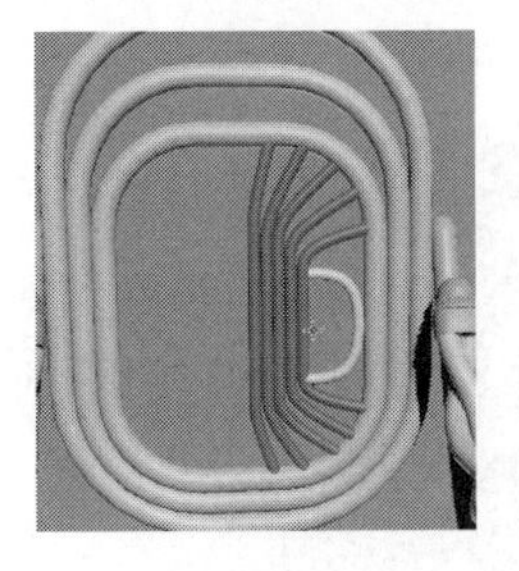

图 3–37

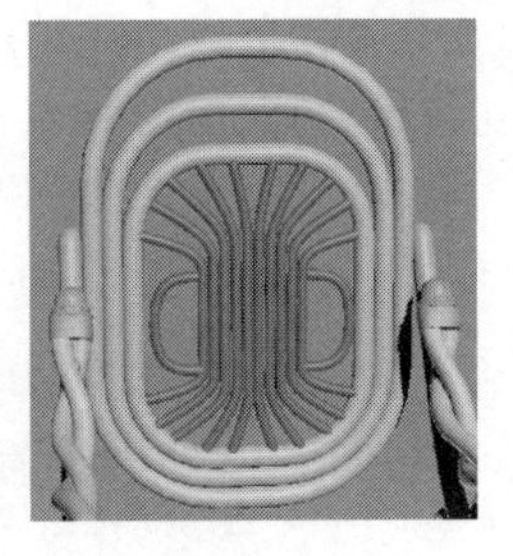

图 3–38

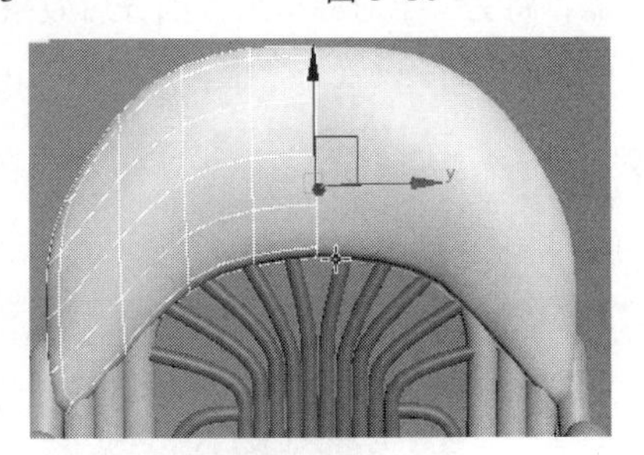

图 3–39

进入线段级别，选择左下角的线段，单击 切角 按钮后面的图标，在弹出的“切角”快捷参数面板中设置切角的值，如图 3–40 所示。然后用同样的方法将图 3–41 中的线段也做切角设置。

按【4】键进入面级别，选择切角位置的所有面，单击 倒角 按钮后面的□图标，在弹出的“倒角”快捷参数面板中设置倒角参数将面向外倒角挤出，如图 3-42 所示。按快捷键【Ctrl+Q】细分该模型，效果如图 3-43 所示。

从图 3-43 中观察可以发现，模型细分后拐角位置圆角过大，对称中心倒角位置的面细分后出现问题。接下来就要去解决这些问题。首先在拐角位置加线，如图 3-44 所示。然后删除对称中心位置如图 3-45 中多余的面（此步很重要），因为后面要通过对称修改器对称模型。有时读者会忘记删除对称中心位置挤出的面，以至在添加对称修改器后再次细分模型时，相应的位置会出现一个坑。这就是没有删除对称中心位置多余面的原因。删除多余面后，按【3】键进入边界级别，选择中心位置边界线，用缩放工具将中心线缩放至笔直状态，如图 3-46 所示。这样操作的目的是方便后面添加“对称”修改器。

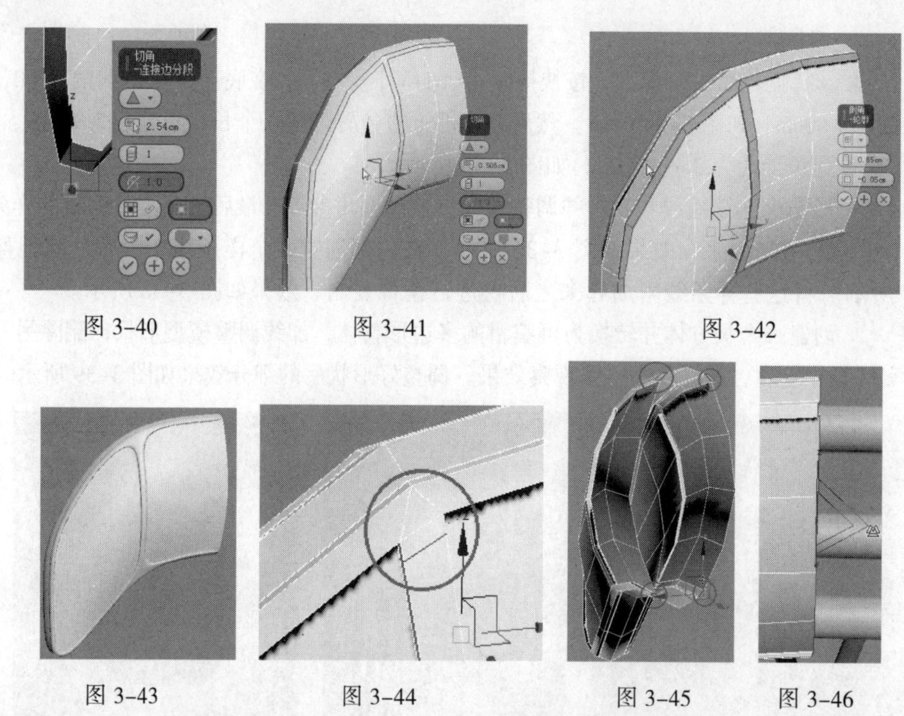

图 3-40　　图 3-41　　图 3-42

图 3-43　　图 3-44　　图 3-45　　图 3-46

单击修改按钮进入修改面板，单击“修改器列表”右侧的小三角按钮，在修改器下拉列表中添加“对称”修改器，将另一半对称出来，细分后效果如图 3-47 所示。选择靠背所有模型，单击组菜单，选择“组（G）...”命令设置一个组，用旋转工具调整靠背角度，如图 3-48 所示。

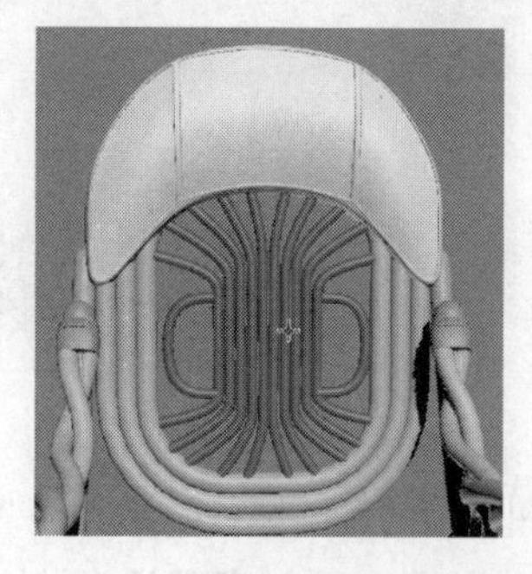

图 3-47

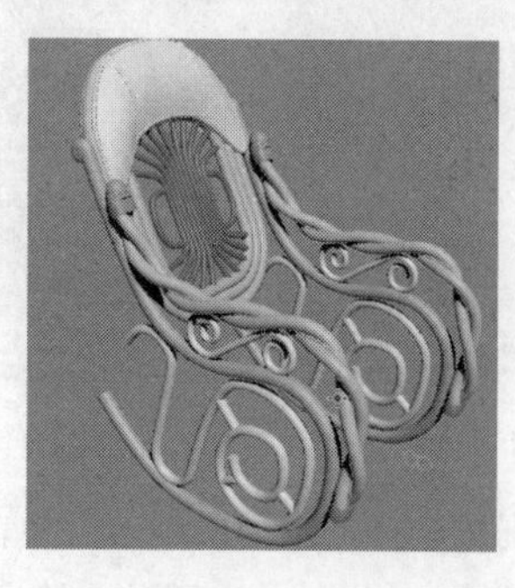

图 3-48

步骤 08　单击 线 按钮创建一个如图 3-49 所示的样条线，然后将该样条线向右复制，如图 3-50 所示。在图 3-51 中的位置创建一个直线（也可以用圆柱体代替），复制调整出剩余部分，如图 3-52 所示。创建一个矩形将其转换为可编辑的样条线，删除背部一条线段，然后将前方的两个直角处理为圆角，如图 3-53 所示。然后再创建并复制出脚踏板位置的线段，如图 3-54 所示。

图 3-49

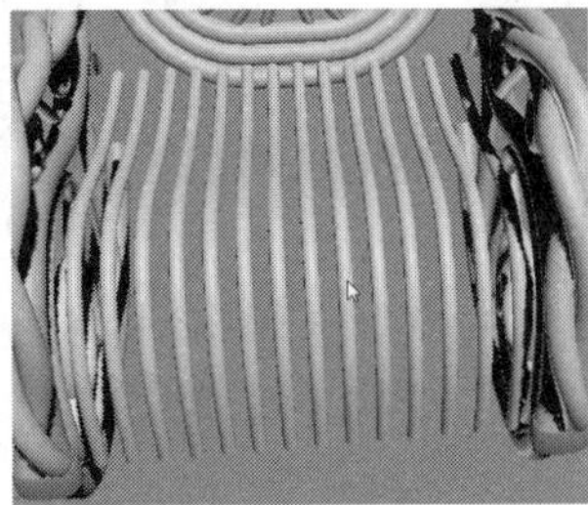

图 3-50

图 3-51

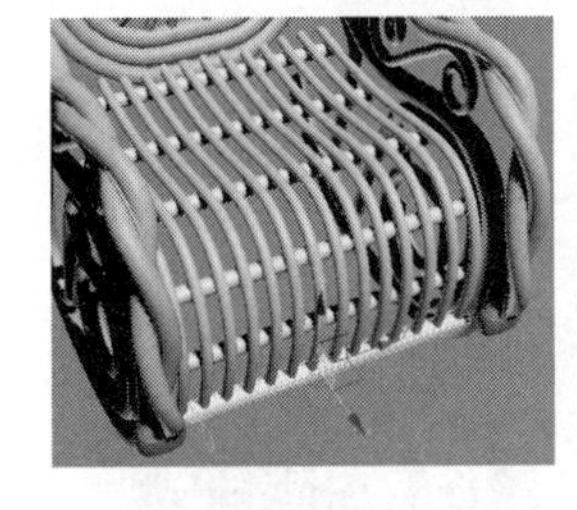

图 3-52

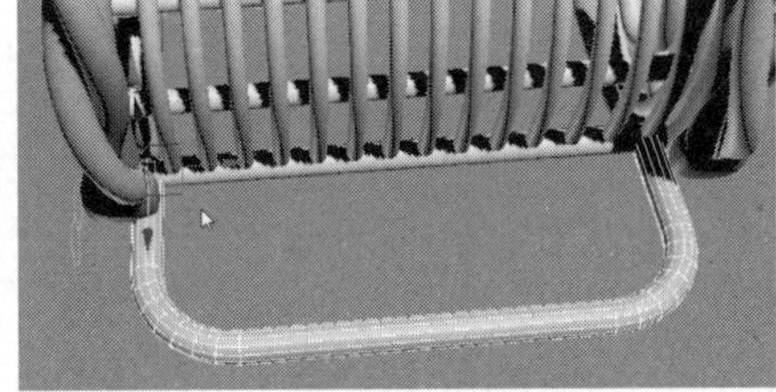

图 3-53

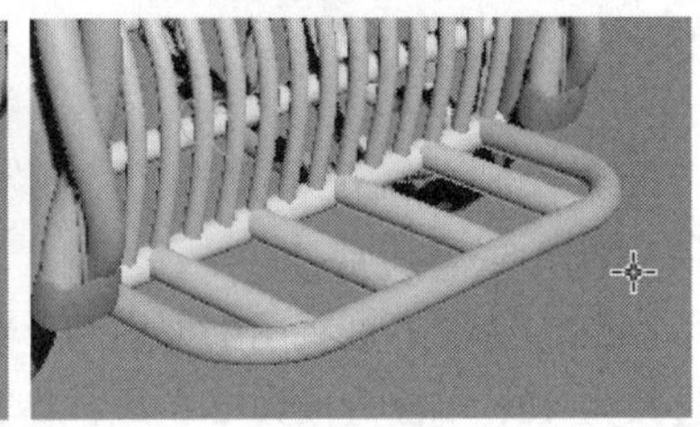

图 3-54

创建一个如图 3-55 所示的样条线后，在修改器下拉列表下添加“挤出”修改器，设置挤出的数量值后的效果，如图 3-56 所示。

用同样的方法创建出椅子底部的连接杆，如图 3-57 所示。当按快捷键【Ctrl+Q】渲染时，有些模型没有渲染出来，这样因为创建的物体均是由样条线来代替的，在样条线参数中并没有选中 ☑ 在渲染中启用，所以这些样条线不能被渲染出来，如图 3-58 所示。

如果需要将所有样条线都渲染出来，逐步选中 ☑ 在渲染中启用 即可，更加快捷的方法就是全选所有物体并右击，在弹出的快捷菜单中选择“转换为” | “转换为可编辑多边形”命令，将模型转换为可编辑的多边形物体即可。这样样条线即可转换为实体模型，也就可以被渲染出来了。最终模型效果如图 3-59 所示。

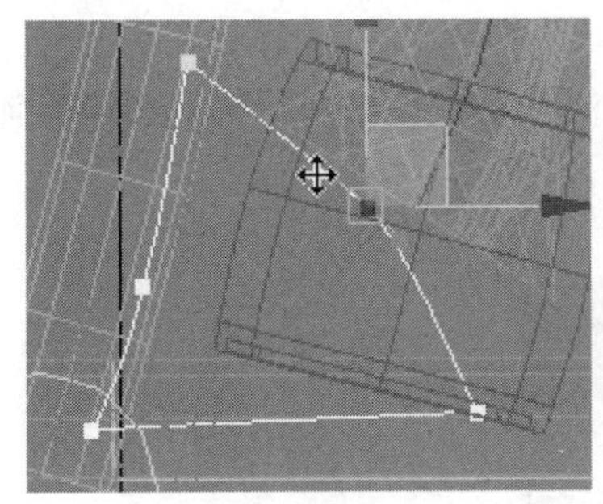

图 3-55

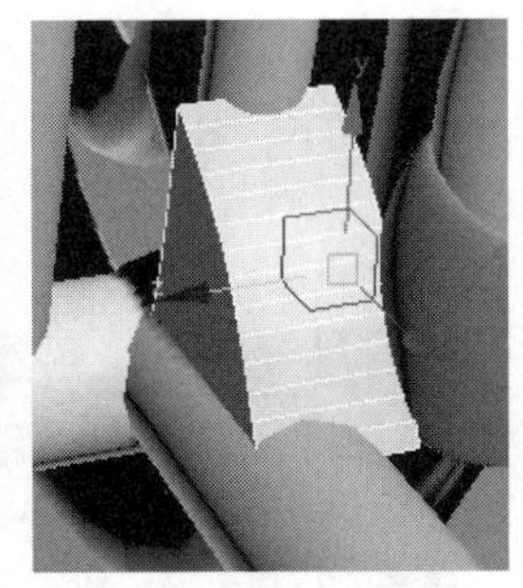

图 3-56

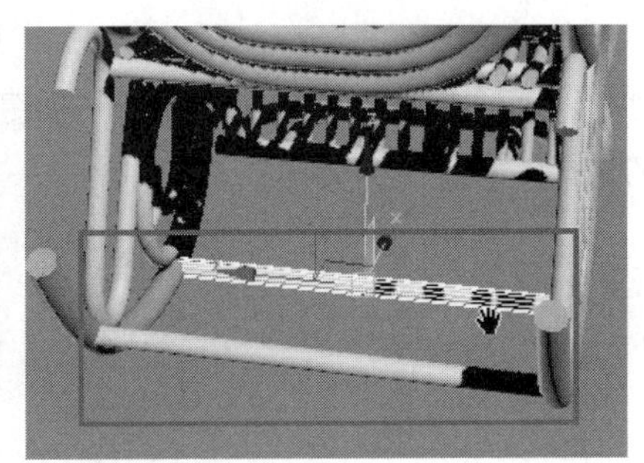

图 3-57

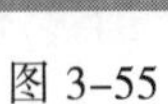

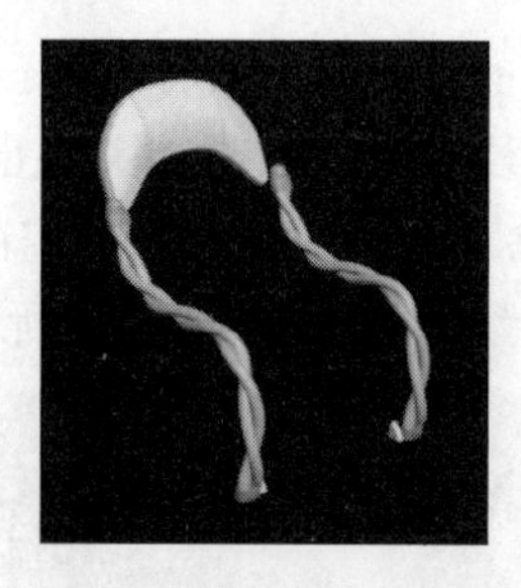

图 3-58

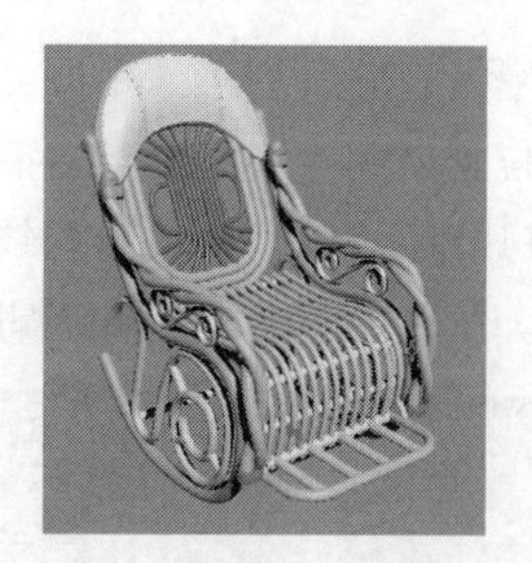

图 3-59

本实例小结：本实例中制作的模型主要运用样条线的制作方法，通过开启“在视口中启用”和设置厚度值可以将样条线设置为带有厚度的实体模型。同时还学习了“放样”后通过曲线编辑面板调整物体扭曲的方法。

3.2 制作艺术沙发

本实例来学习一下南瓜艺术沙发的制作方法，先来看一下最终效果，如图 3-60 所示。

图 3-60

步骤 01 在视图中创建一个半径为 80cm，高度为 37cm 左右，边数为 12，端面分段为 2 的圆柱体，右击，在弹出的快捷菜单中选择“转换为” | “转换为可编辑多边形”命令，将模型转换为可编辑的多边形物体。按【2】键进入线段级别，选择如图 3-61 中的一条线段（当然也可以选择环形线段上的其他任意一条线段），单击 环形 按钮快速转换到环形选择如图 3-62 所示。

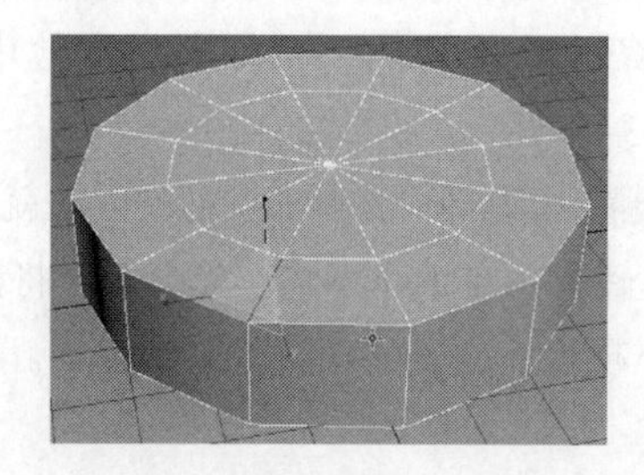

图 3-61

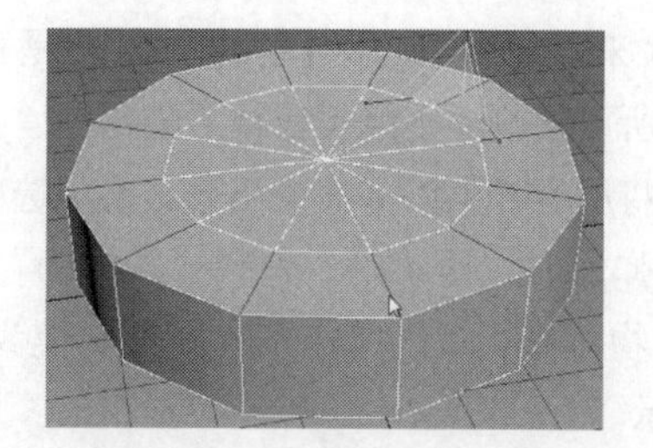

图 3-62

右击，选择“转换到面”命令，如图 3-63 所示。通过这种方法可以快速将选择的线段转换为面的选择，如图 3-64 所示。

图 3-63

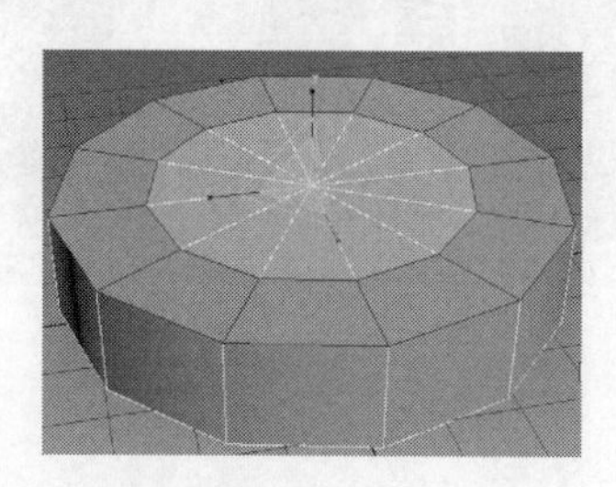

图 3-64

单击 挤出 按钮后面的■图标，在弹出的“挤出”快捷参数面板中设置挤出值为 60cm 左右，挤出效果如图 3-65 所示。接下来希望顶部面给它一个倾斜角度调整，如果选择顶部所有点用旋转工具进行调整，模型会发生一定的扭曲，也就是在垂直位置上整体会改变角度，如图 3-66 所示。

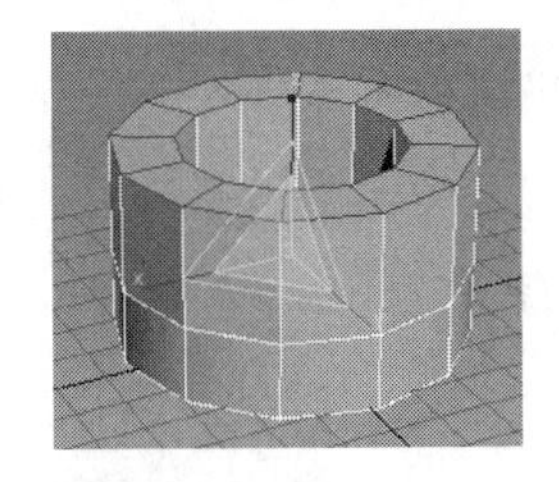
图 3-65

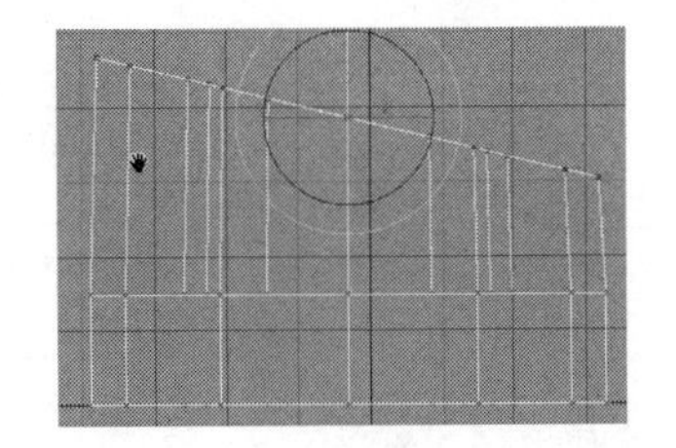
图 3-66

如果希望在保持垂直状态下更改顶部面的角度，可以单击 快速切片 按钮，在前视图中先确定起始点位置单击，拖动鼠标，此时会出现一条切线显示，如图 3-67 所示。确定好角度后再次单击完成切片操作，选择顶部的点删除即可，如图 3-68 所示。

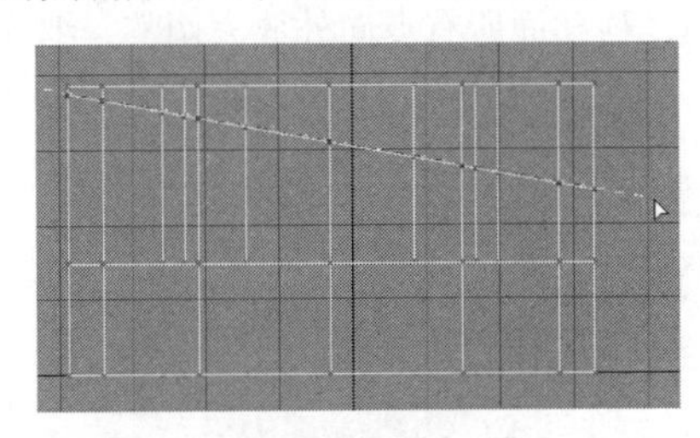
图 3-67

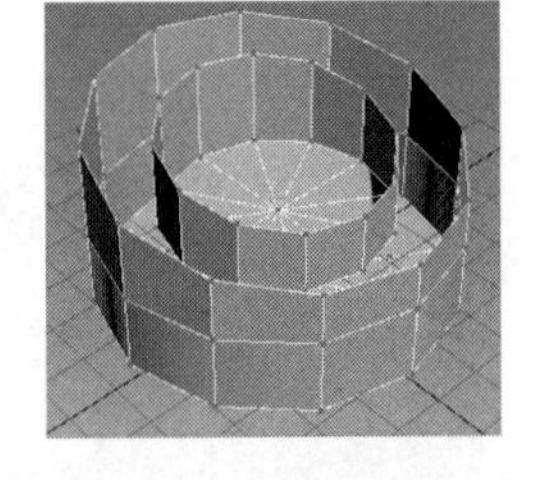
图 3-68

按【3】键进入边界级别，选择顶部图 3-69 中的两条边界线，单击 桥 按钮快速生成中间的面，如图 3-70 所示。

图 3-69

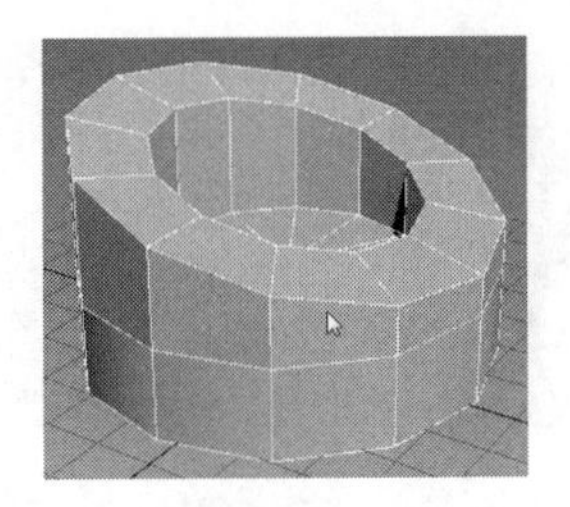
图 3-70

步骤 02 在底部边缘位置加线，如图 3-71 所示。并将中间的线段用缩放工具向外缩放调整，然后选择图 3-72 中的线段。单击 挤出 按钮后面的■图标，在弹出的“挤出”快捷参数面板中设置挤出值，效果和参数如图 3-73 和图 3-74 所示。

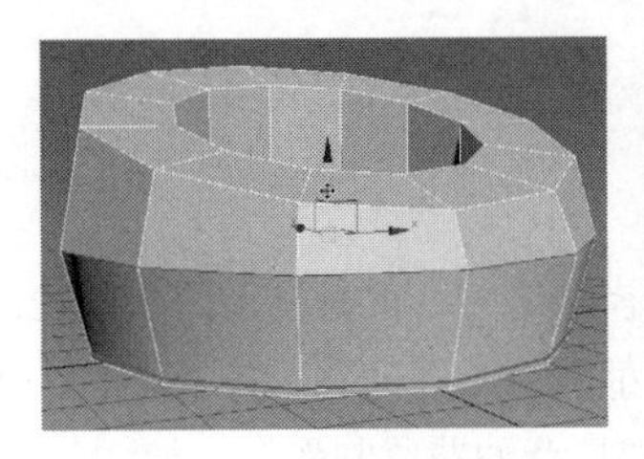
图 3-71

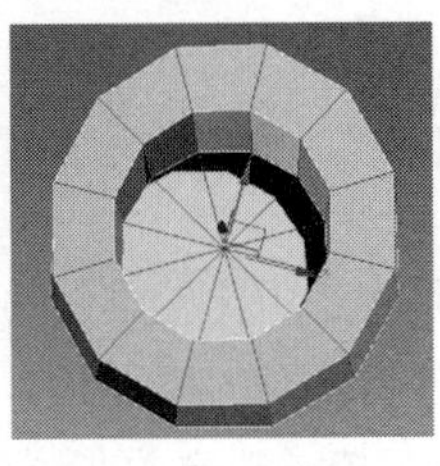
图 3-72

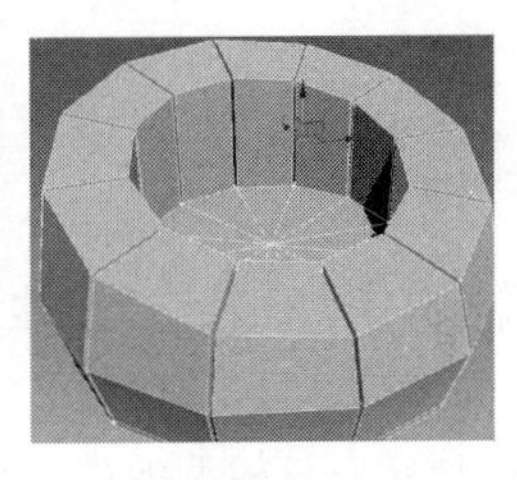
图 3-73

图 3-74

按快捷键【Ctrl+Q】细分该模型，效果如图 3–75 所示。细分后内部边缘位置效果不太美观，依次选择内部边缘的点，按快捷键【Ctrl+Shift+E】加线调整布线，如图 3–76 所示。用同样的方法将内部所有的点与点之间加线调整，再次细分后效果如图 3–77 所示。

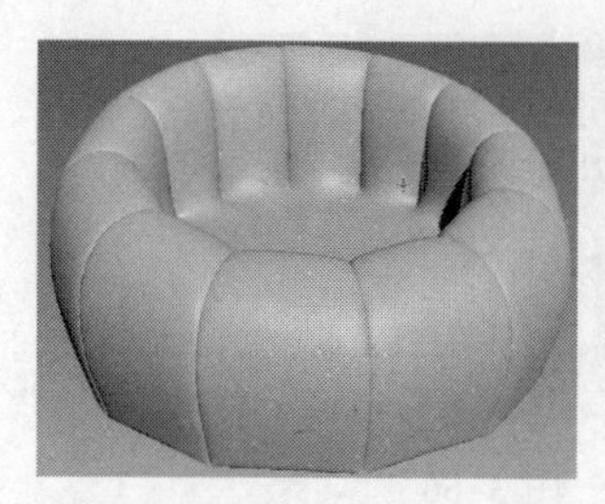

图 3–75

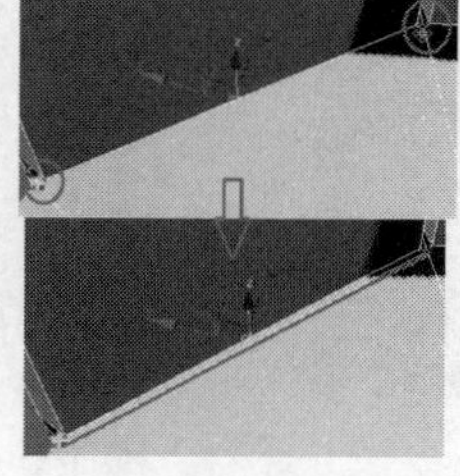

图 3–76

图 3–77

步骤 03 分别在图 3–78 和图 3–79 中的位置加线并调整位置形状。为了使沙发顶部有一定的凹凸起伏变化，在图 3–80 中的位置加线，然后选择顶部的线段向上移动调整，如图 3–81 所示。

步骤 04 将内圈底部的点整体向内缩小，顶部面所有点向外放大调整，细分之后的最终效果如图 3–82 所示。

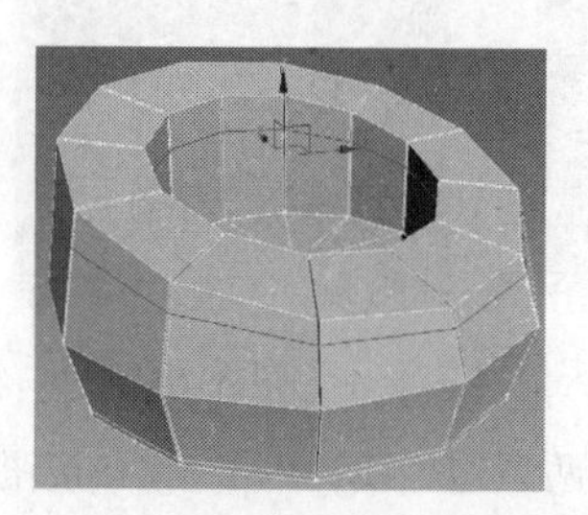

图 3–78

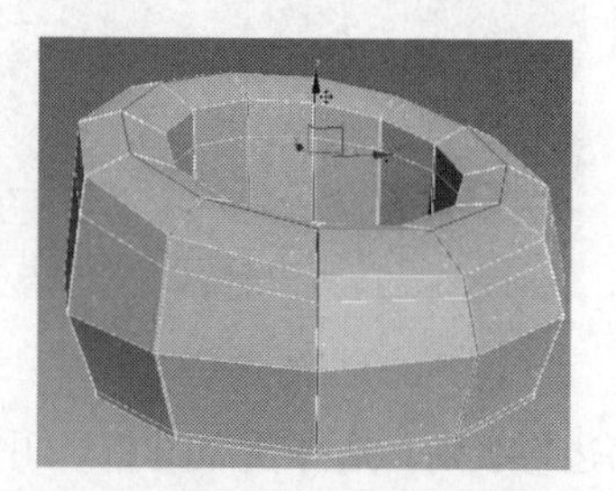

图 3–79

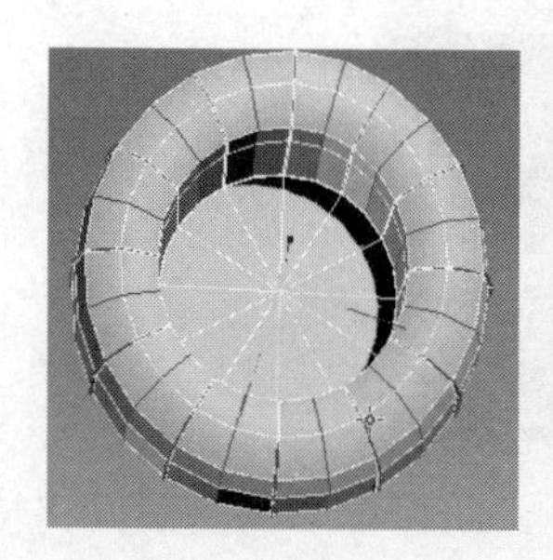

图 3–80

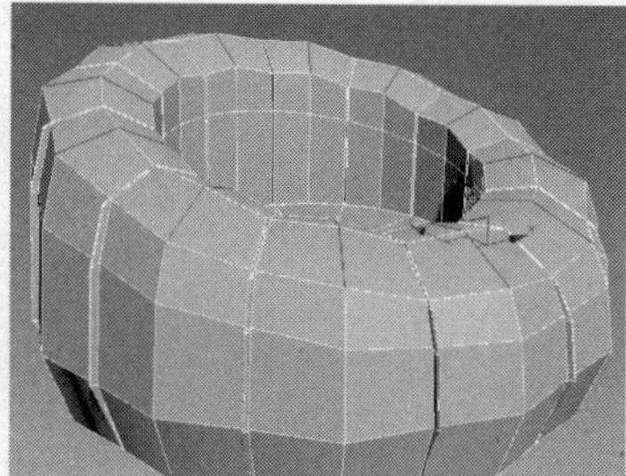

图 3–81

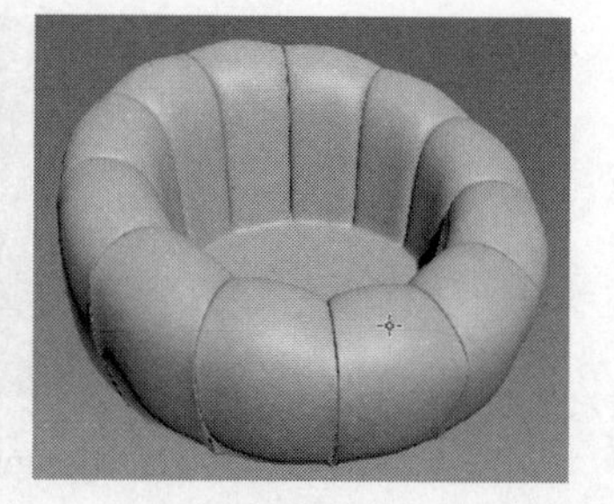

图 3–82

本实例小结：本实例制作并不是太复杂，主要是掌握多边形的加线方法、线段的挤出调整方法等。同时注意模型的形状变化和比例控制即可。

3.3 制作欧式餐椅

本节制作的欧式餐椅模型比较复杂，也是本章中比较难做的模型之一，但是复杂的模型也是由一个个独立的模型拼接完成的，只要有耐心，任何复杂的模型制作都只是时间问题。接下来看一下要制作的效果，如图 3–83 所示。该模型的难点在于椅子腿部的花纹和靠背的花纹制作。

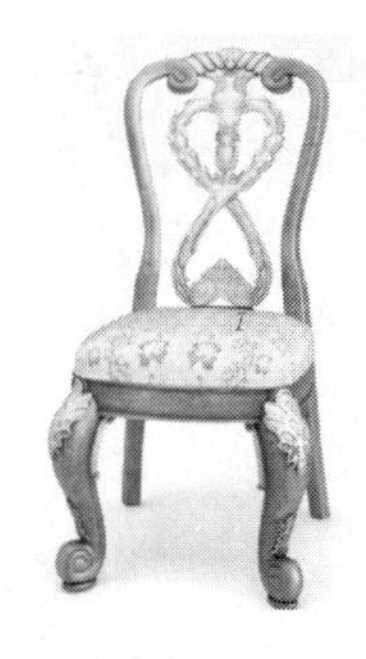

图 3-83

3.3.1　制作坐垫及椅子腿模型

步骤 01　首先在透视图中创建一个长、宽、高分别为 460mm、460mm、90mm 的长方体，长、宽分段均设置为 3。然后右击长方体，在弹出的快捷菜单中选择“转换为” | “转换为可编辑多边形”命令，将四角的点向下移动调整，中间的面向上调整，在底部边缘位置添加分段，按快捷键【Ctrl+Q】细分显示该模型，效果如图 3-84 所示。

步骤 02　选择底部侧边面，单击“倒角”后面的 ■ 按钮，将面向外倒角挤出面，如图 3-85 所示。

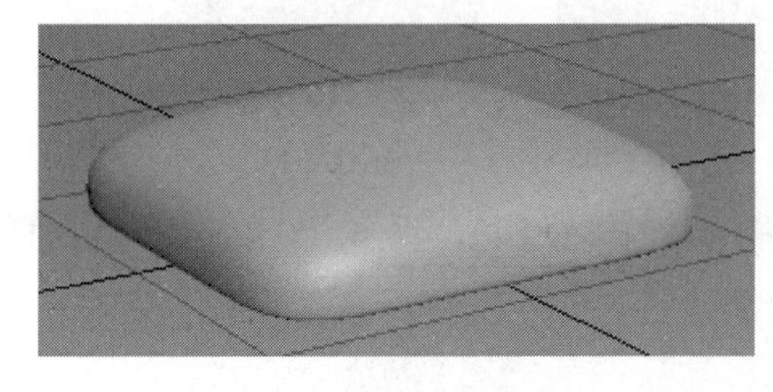

图 3-84

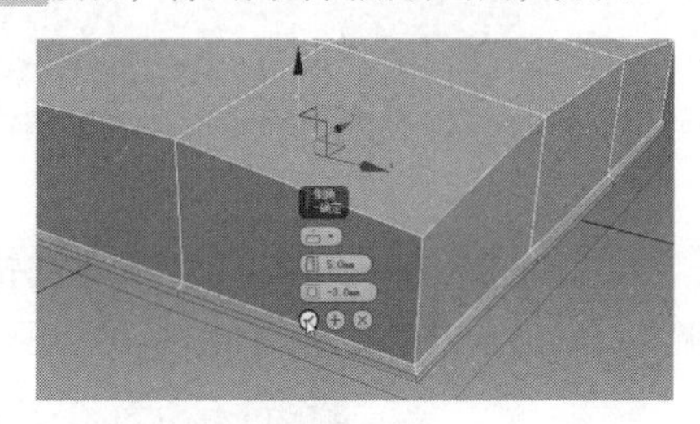

图 3-85

将挤出面的边缘线段进行切角处理，如图 3-86 所示。细分之后的效果如图 3-87 所示。继续加线，将模型布线调整均匀，如图 3-88 所示。

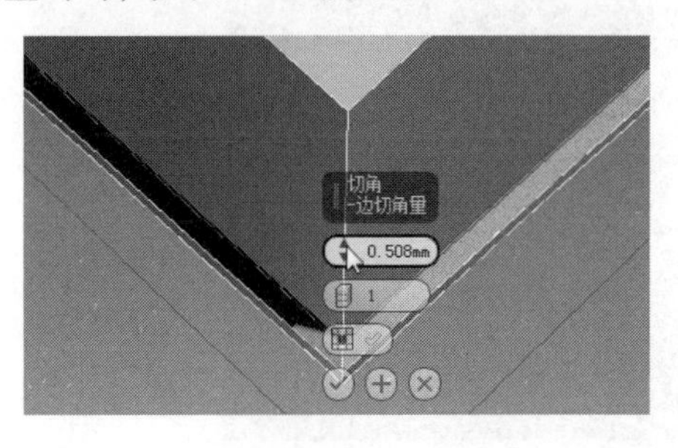

图 3-86

图 3-87

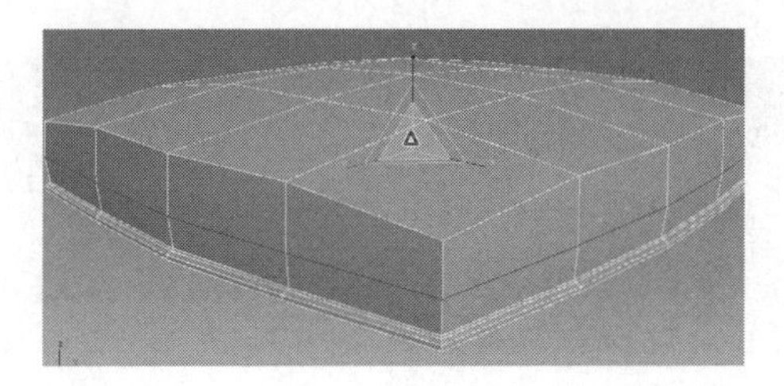

图 3-88

步骤 03 在透视图中创建一个 Box 物体并右击，在弹出的快捷菜单中选择“转换为” | “转换为可编辑多边形”命令，移动调整点，在该 Box 物体的上下位置加线，然后选择图 3–89 中的面，向外挤出倒角。

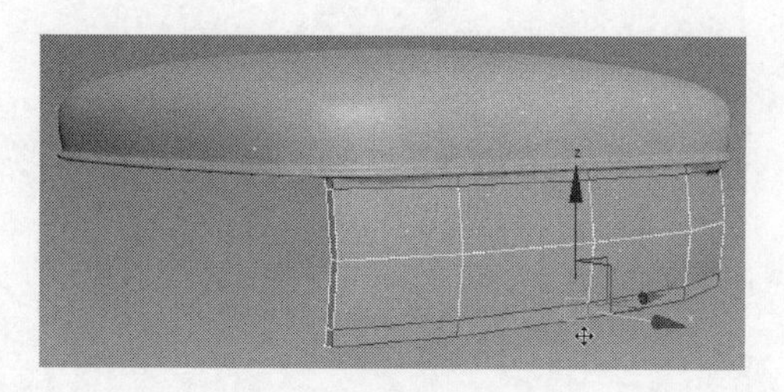

图 3–89

将当前模型的颜色更改为绿色，并在模型左右两端的边缘加线，细分之后的效果如图 3–90 所示。

步骤 04 复制并调整出剩余的 3 个面模型，如图 3–91 所示。

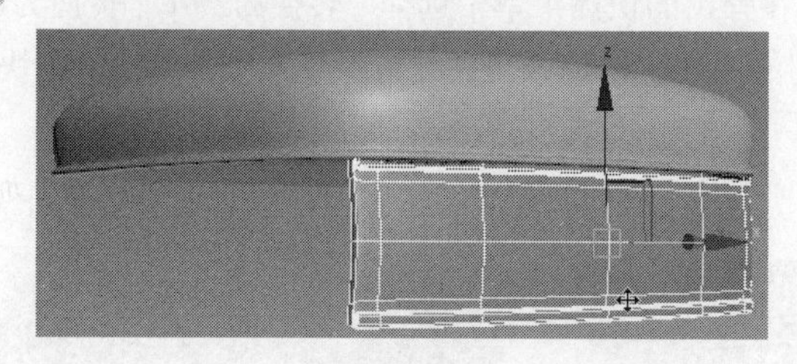

图 3–90

图 3–91

步骤 05 继续创建一个 Box 物体并将其转换为可编辑的多边形物体，配合加线、面的挤出或倒角工具调整模型形状，调整过程如图 3–92 ~ 图 3–94 所示。

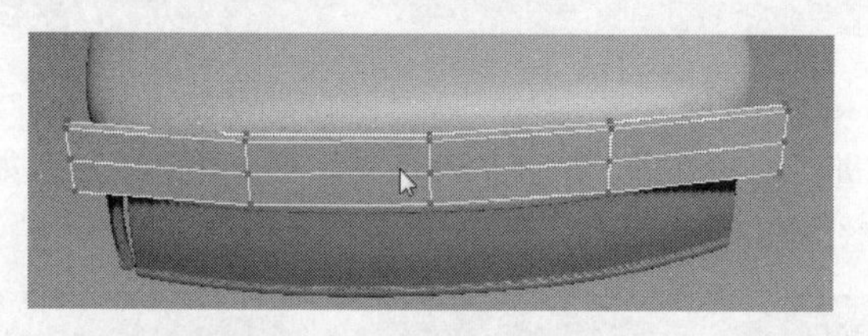

图 3–92

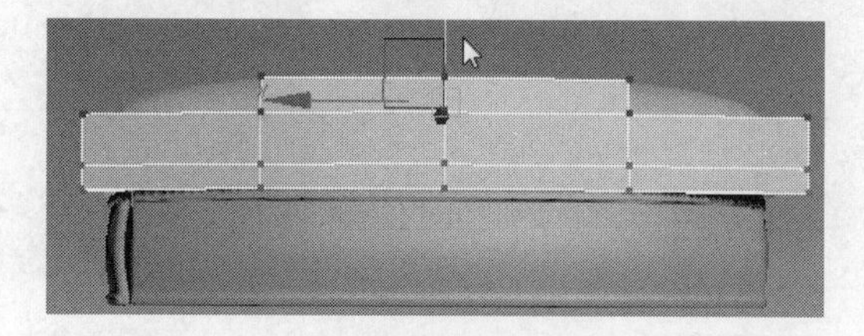

图 3–93

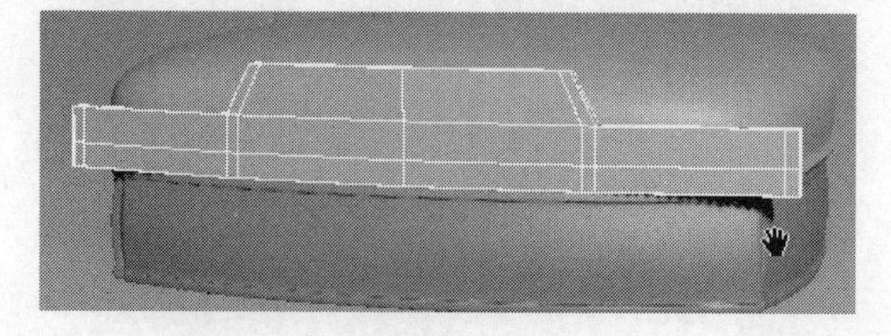

图 3–94

步骤 06 接下来制作椅子腿。创建一个长、宽均为 40mm、高度为 410mm 的 Box 物体并将其转换为可编辑的多边形物体，删除顶部面，然后按【3】键进入边界级别。选择边界，按住【Shift】键配合移动工具挤出面并调整，如图 3-95 和图 3-96 所示。在调整时不能只调整某一个轴向上的形状，还要注意其他轴向上模型形状的调整。

选择图中的面并单击“挤出”按钮，将面挤出后调整形状，如图 3-97 和图 3-98 所示。

在椅子腿前后的边缘加线，如图 3-99 所示。同时在高度上加线并调整细节，细分后效果如图 3-100 所示。

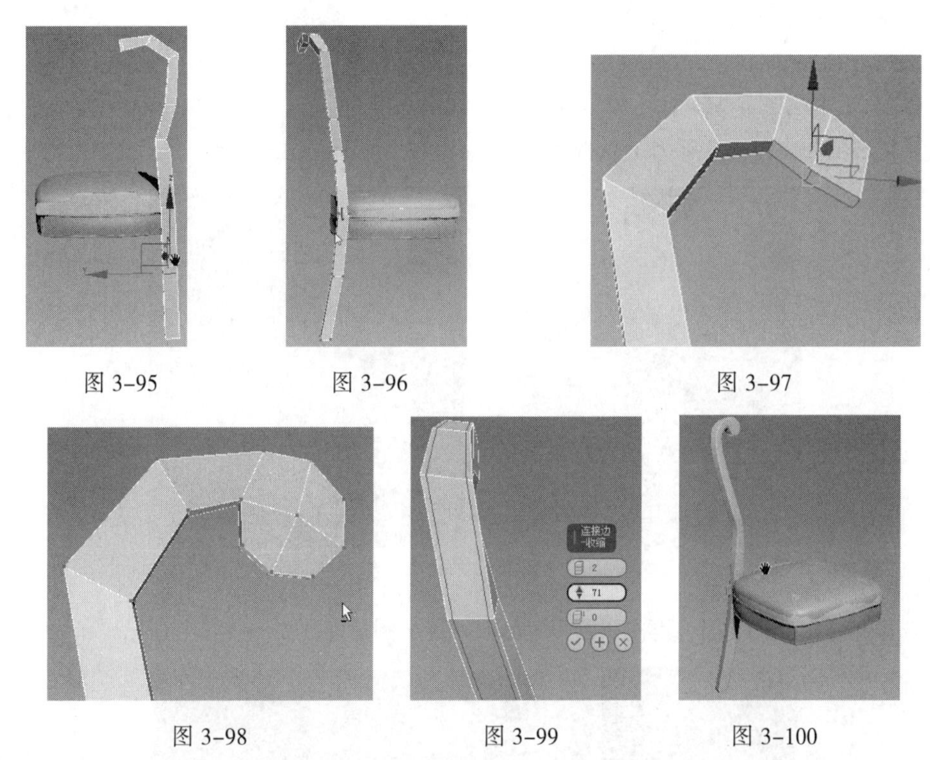

图 3-95　图 3-96　图 3-97

图 3-98　图 3-99　图 3-100

步骤 07 椅子前腿的制作。创建一个 Box 物体并右击，在弹出的快捷菜单中选择“转换为”|“转换为可编辑多边形”命令，在高度的位置上分别进行加线调整操作，如图 3-101 所示。

选择底部前方的面，单击“挤出”按钮将面挤出，然后加线并调整至如图 3-102 所示的形状。

在宽度上的中心位置加线，分别将中间的点做凸起形状的调整，细分后的效果如图 3-103 所示。

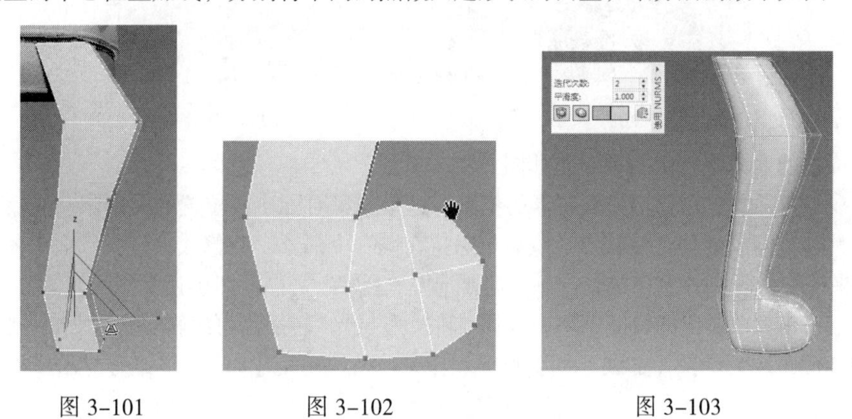

图 3-101　图 3-102　图 3-103

步骤 08 在物体上右击，在弹出的快捷菜单中选择“剪切”工具，然后在底部位置手动切线，过程如图 3-104 和图 3-105 所示。移除多余的线段，如图 3-106 所示。

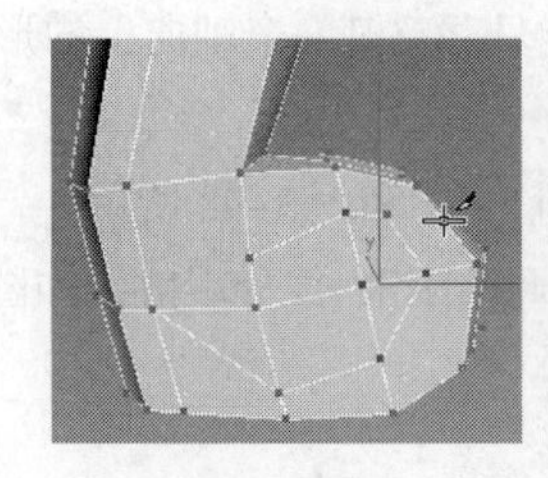
图 3-104

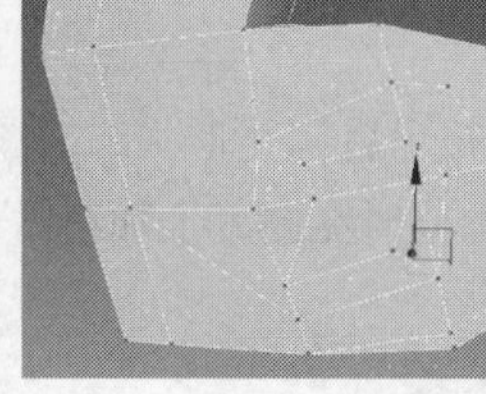
图 3-105

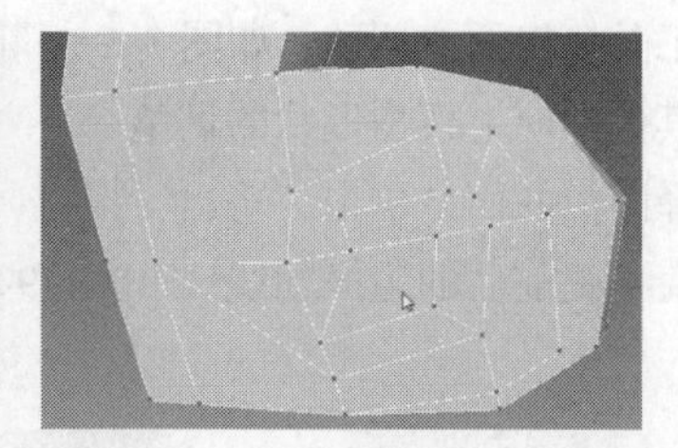
图 3-106

步骤 09 删除模型的另一半，然后选择如图 3-107 所示的面，单击“倒角”后面的□按钮，在参数中设置挤出值和倒角值分别为 1.3mm 和-1.3mm 左右，如图 3-108 所示。

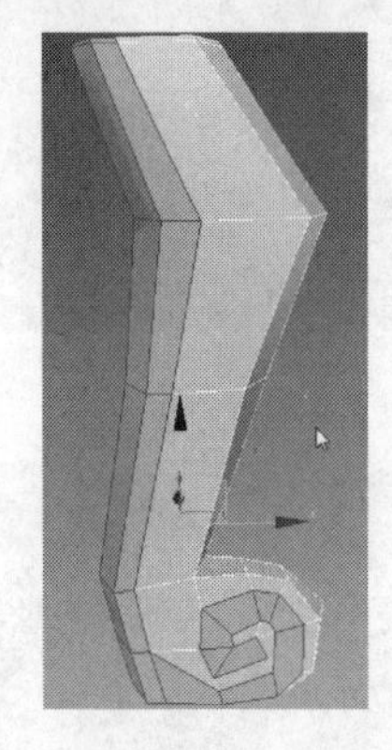
图 3-107

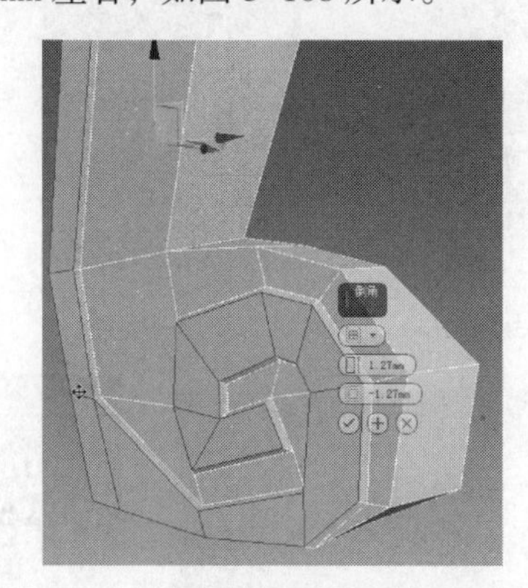
图 3-108

然后选择图 3-109 中的面，再次用倒角工具向外挤出倒角面，如图 3-110 所示。

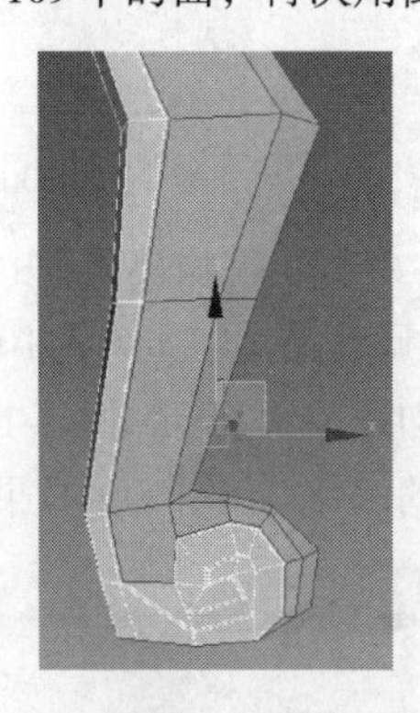
图 3-109

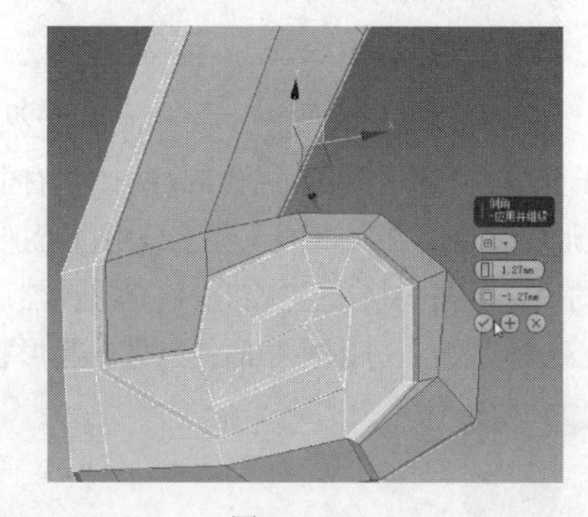
图 3-110

将底部位置的面向下挤出并调整至如图 3-111 所示。

步骤 10 为了便于对称出另外一半的模型，这里先将对称中心位置的面删除，然后选择边界线并用缩放工具进行缩放处理，使其点、线尽量保持在同一个面上。在修改器下拉列表中添加“对称”修改器，如果模型出现一片空白的情况，只需要选中“翻转”复选框即可正常显示，如图 3-112 所示。

在物体上右击，在弹出的快捷菜单中选择“转换为”|“转换为可编辑多边形”命令将模型塌陷，再次对模型进行布线的调整（加线、调整点等操作），按快捷键【Ctrl+Q】细分显示该模型，效果如图 3-113 所示。

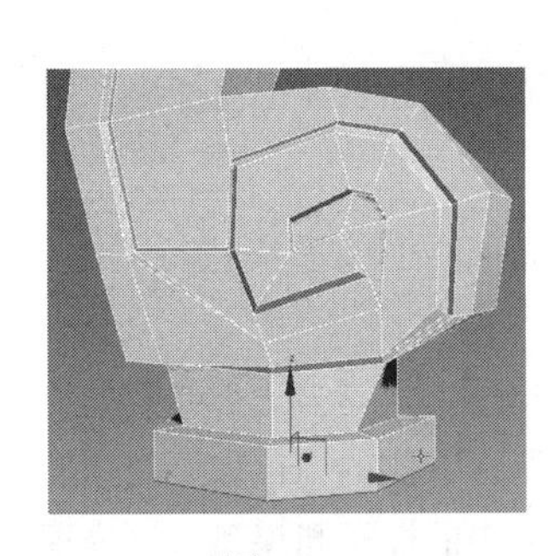
图 3-111

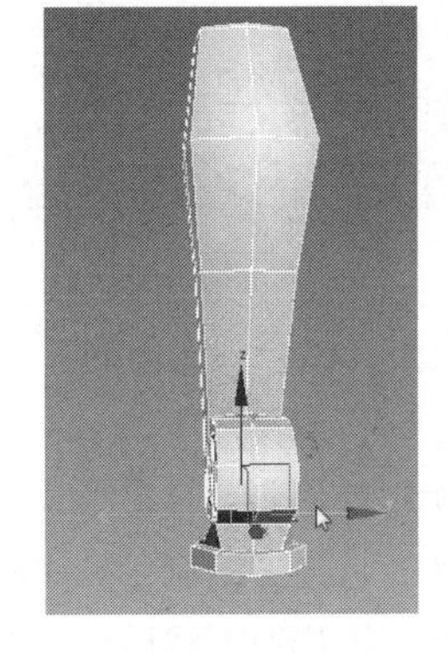
图 3-112

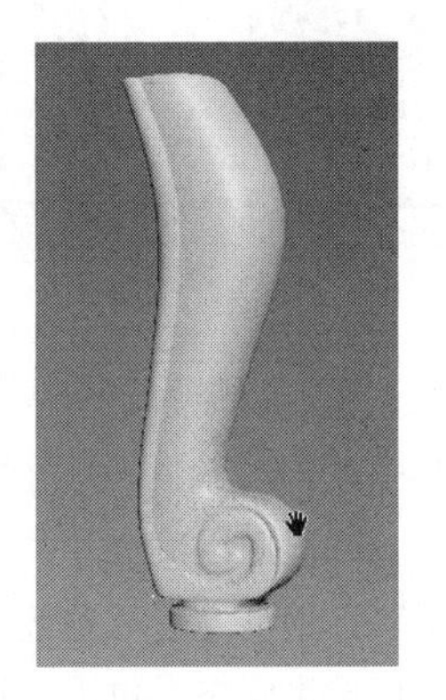
图 3-113

步骤 11 创建一个 Box 物体并将其转换为可编辑的多边形物体，对其进行模型的多边形编辑修改操作，调整至如图 3-114 所示的形状。

选择侧边的面，选择“倒角”工具，向内进行倒角缩放，挤出新的面，如图 3-115 所示。

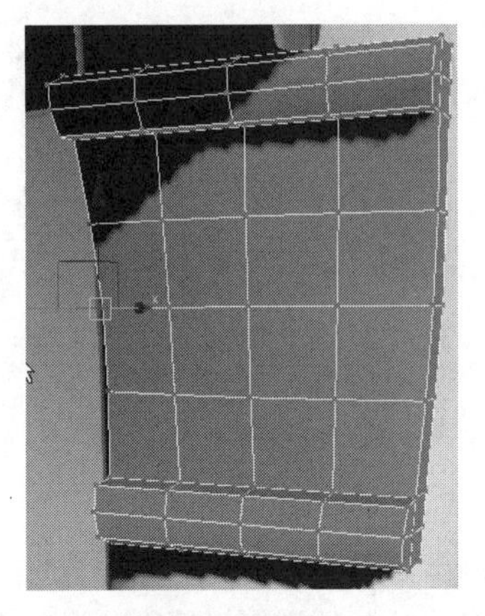
图 3-114

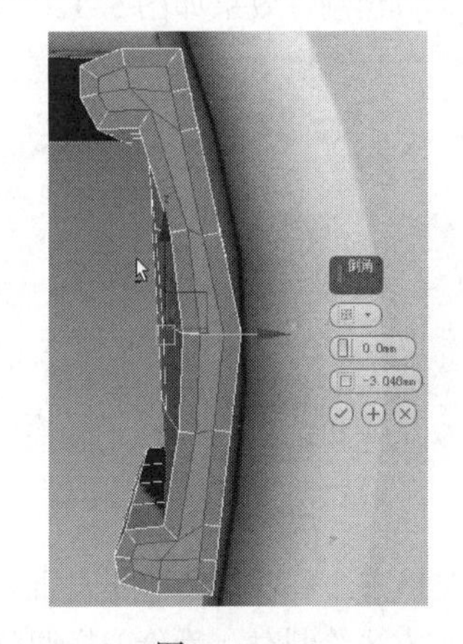
图 3-115

调整点的位置，然后选择外部的轮廓面，向外挤出倒角，如图 3-116 所示。

删除另外一半，将修改好的一半进行镜像对称操作，细分效果如图 3-117 所示。

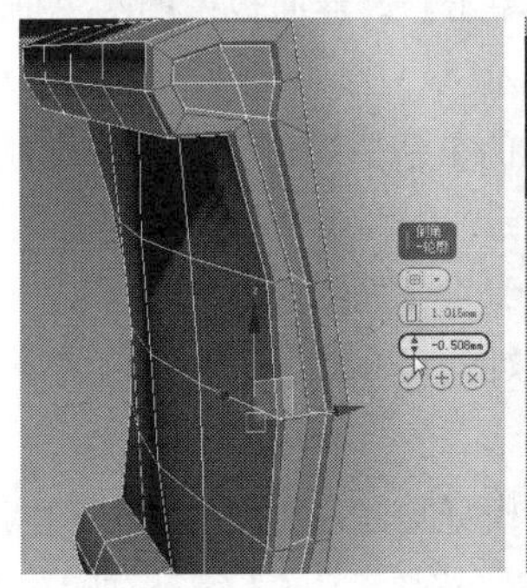
图 3-116

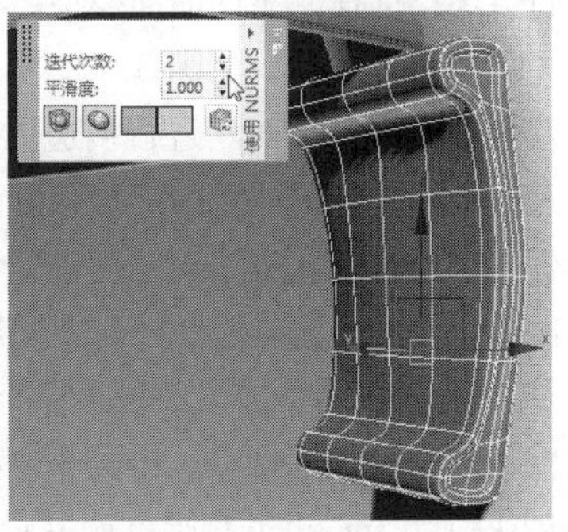

图 3-117

步骤 12 接下来看一下花纹的制作。这里花纹的制作要用到石墨建模工具，石墨建模工具位于工具栏下方，包含建模、自由形式、选择、对象绘制、填充，如图 3-118 所示。

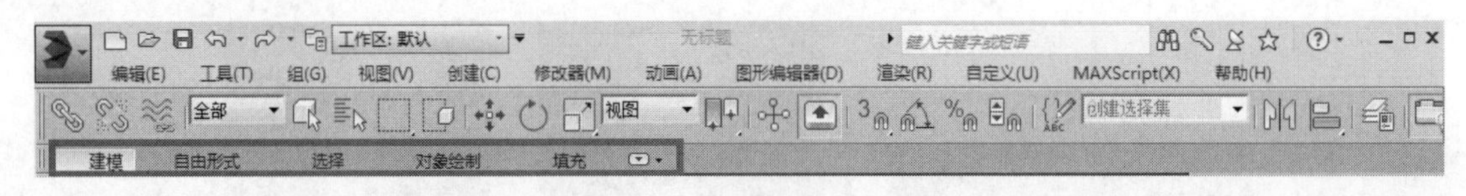

图 3-118

石墨建模工具非常强大，该建模工具整合了之前的 PolyBoost 插件并重新进行了优化。接下来简单地学习一下其中的常用工具。

要在椅子腿的表面绘制面片，所以要用到“自由形式”选项卡下“多边形绘制”组的工具。首先单击“绘制于”选项下的下三角按钮，选择“绘制于：曲面”，右侧的“拾取”按钮便会由灰色不可单击状态变为可单击状态。单击“拾取”按钮，然后拾取模型中的椅子腿模型，这样即可用条带工具或者拓扑工具在椅子腿模型表面上创建模型。

单击“条带”按钮，可以快速在模型表面创建出所需的面，如图 3-119 所示。

所创建面的大小可以通过“偏移”和“最小距离”的值来调整。将“最小距离”的值调整为 16，再次在模型表面上进行绘制，效果如图 3-120 所示。

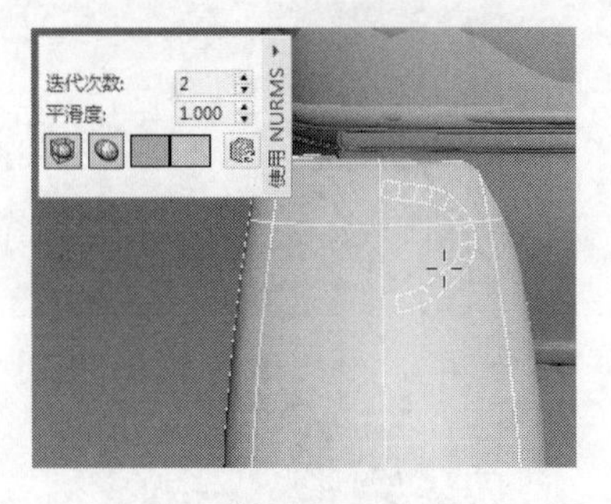

图 3-119

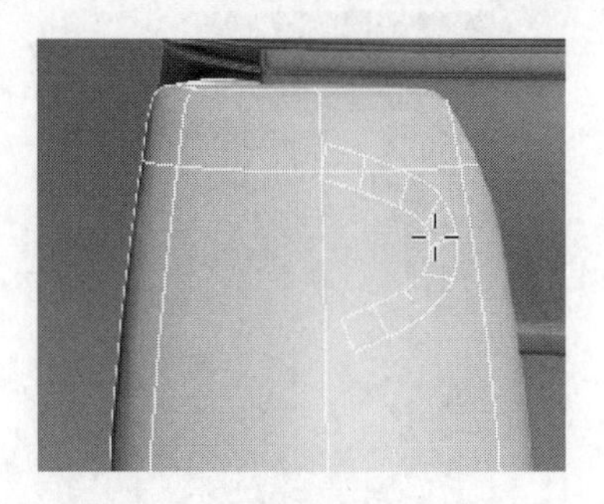

图 3-120

步骤 13 通过该方法可以在模型的表面上绘制出如图 3-121 所示形状的曲面，绘制时同样只绘制一半模型。通过该方法绘制时，无论怎样调整视角，绘制的模型面始终贴附于椅子腿的表面之上，这使得后期可以节省大量调整模型的时间。

绘制完成之后，按【5】键进入元素级别，选择椅子腿模型，单击“分离”按钮，将椅子腿模型和绘制的曲面模型进行分离。选择绘制的曲面模型，单击修改器面板中的颜色框，然后随便给它换一种颜色以便于和椅子模型进行区分，如图 3-122 所示。

步骤 14 选择蓝色曲面模型，对其进行多边形的重新修改调整，可以利用 桥 工具快速将两个线段之间生成面。进入点级别，单击“目标焊接”按钮，先在一个点上单击，然后在另外一个点上单击，可以将两点进行焊接。通过这些方法对曲面进行编辑，如图 3-123 所示。

单击面板，依次单击“仅影响轴”和“居中到对象”按钮，将该模型的坐标轴心归位到自身物体的中心位置。

单击“绘制变形”下的“偏移”按钮，可以将该模型整体进行位置的移动调整，按住【Shift】键拖动鼠标可以调整内圈笔刷的大小也就是强度的调整，按住【Ctrl】键拖动鼠标为外圈笔刷的大小调整，按住快捷键【Ctrl+Shift】拖动鼠标为笔刷大小和强度值进行同时调整。在调整之后，面片就脱离了椅子腿模型的表面，单击“一致”按钮，将笔刷放大，在模型表面进行拖动即可快速将面束缚于椅子腿模型的表面。

在修改器下拉列表中添加“对称”修改器，如图 3–124 所示。

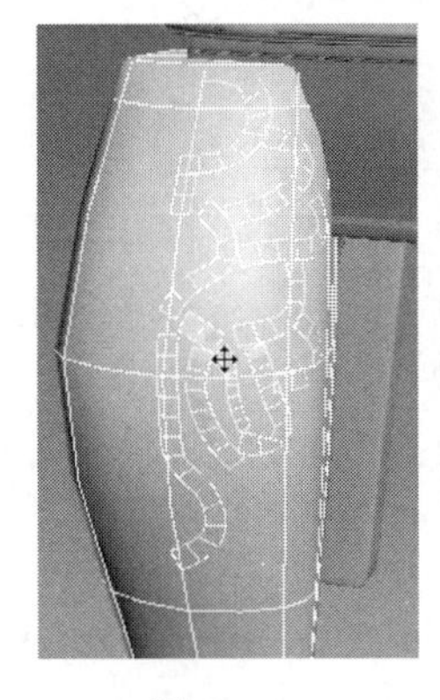
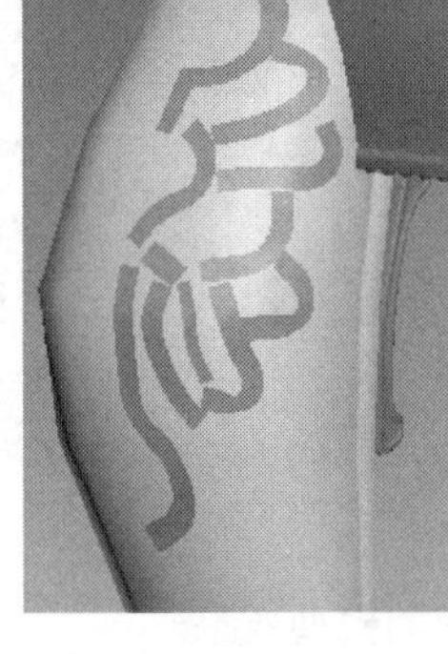
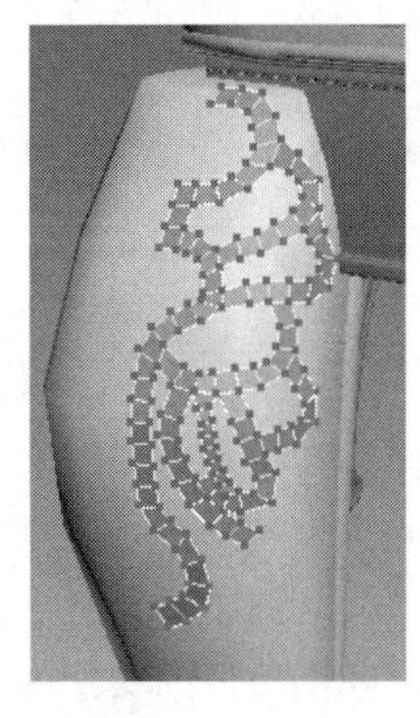
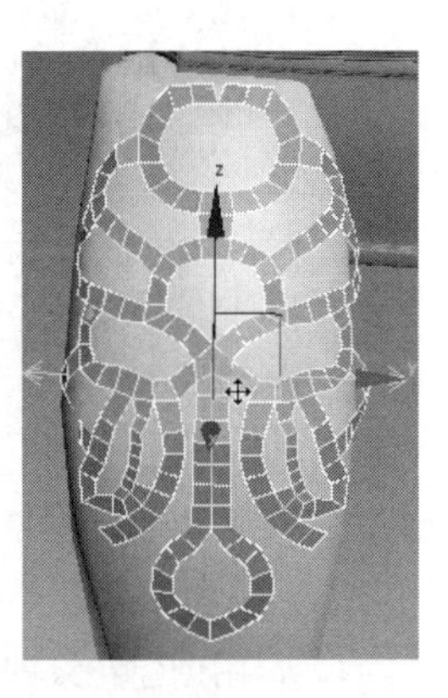

图 3–121　　图 3–122　　图 3–123　　图 3–124

步骤 15 右击，在弹出的快捷菜单中选择“转换为” | “转换为可编辑多边形”命令。进入点级别，选择中间没有进行焊接的点并单击“焊接”工具将点进行焊接调整。按【4】键进入面级别，框选所有的面，单击“倒角”后面的▭按钮，设置挤出高度为 1.3mm，收缩值为-1.3mm，效果如图 3–125 所示。

按【3】键进入边界级别，框选所有的边界线，单击“封口”按钮进行开口的封闭，如图 3–126 所示。从图 3–126 中可以观察到里面的面肯定需要进行布线调整。通过前面介绍的方法，比如加线，两点之间的线段连接，以及通过剪切工具手动剪切出线段等来调整模型布线并对点进行位置的移动调整。在调整时为了节省时间，可以先把对称中心处的线连接起来，然后删除另一半模型，只编辑一半模型，如图 3–127 所示。加线调整时，尽量保证模型的面为四边面。加线并调整至如图 3–128 所示。

调整好之后，按快捷键【Ctrl+Q】细分显示该模型，效果如图 3–129 所示。

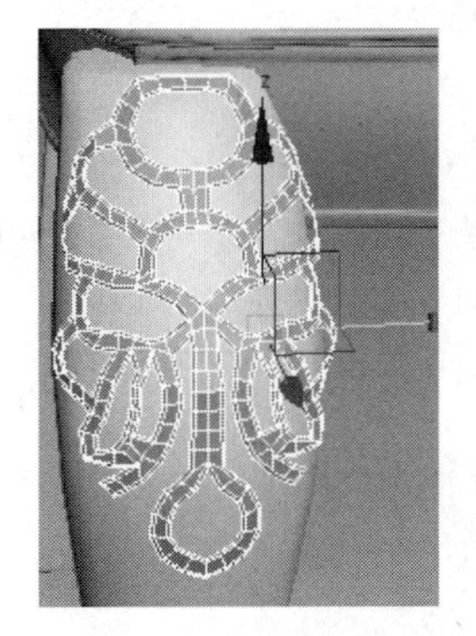
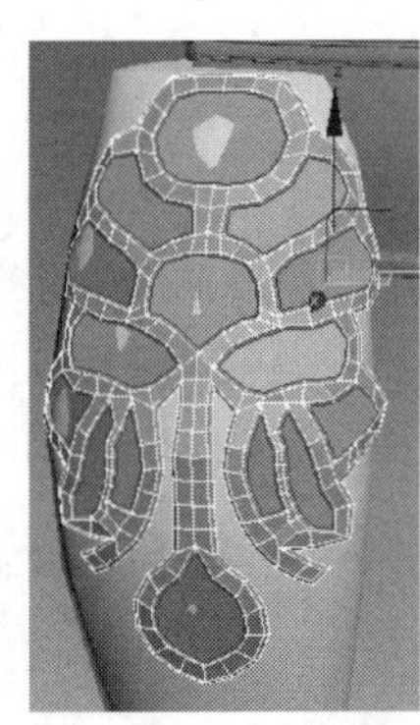
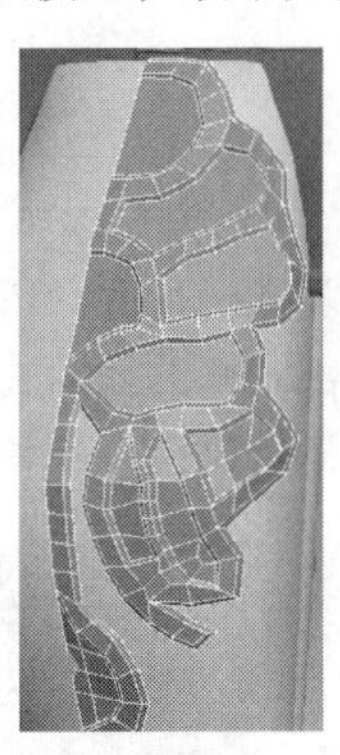
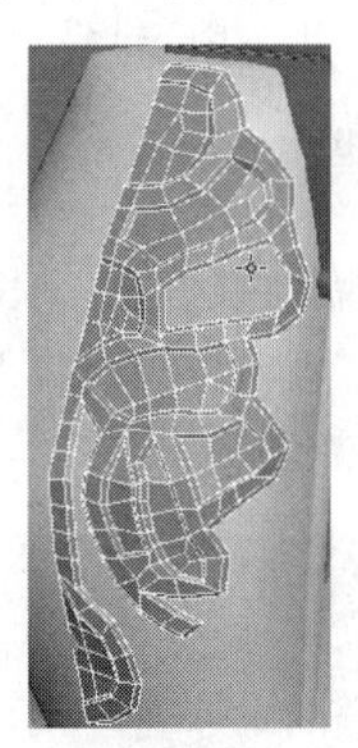
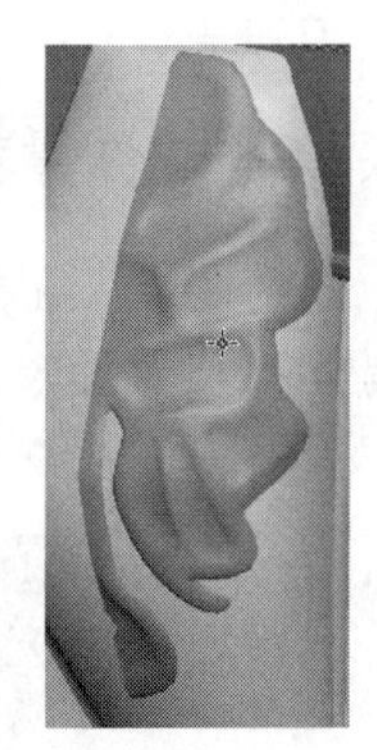
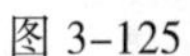

图 3–125　　图 3–126　　图 3–127　　图 3–128　　图 3–129

从图 3–129 中可以观察到，凸起部分的棱角不是很明显，所以要对棱角的面进行处理。选择凸起的面，如图 3–130 所示。选择时可以开启“建模”下“修改选择”中的“步模式”，开始后，在选择面时可以节省大量时间。选择好面之后将选择的面沿着 X 轴方向向外移动。细分之后效果如图 3–131 所示。

在修改器下拉列表中添加“对称”修改器，然后将模型塌陷并再次细分，效果如图 3–132 所示。

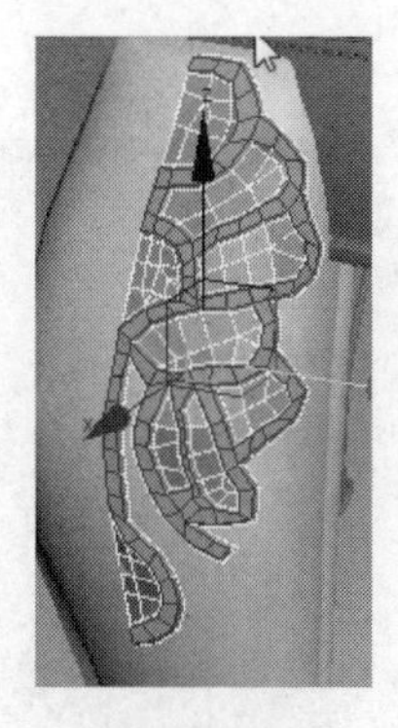

图 3-130

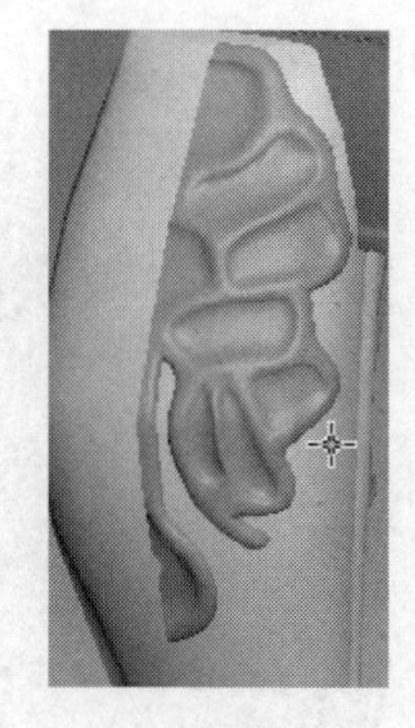

图 3-131

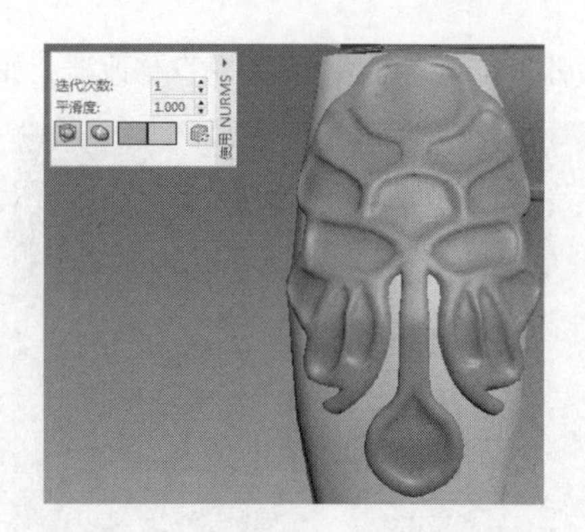

图 3-132

步骤 16 用创建花纹的方法创建出图 3-133 中的模型效果。

步骤 17 将椅子腿模型全部选中，旋转 45° 并移动调整位置，如图 3-134 所示。将左侧的椅子腿对称复制到右侧，如图 3-135 所示。

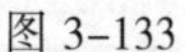

图 3-133

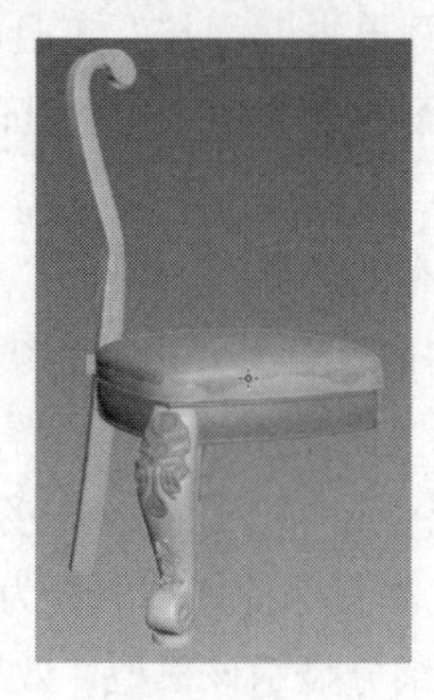

图 3-134

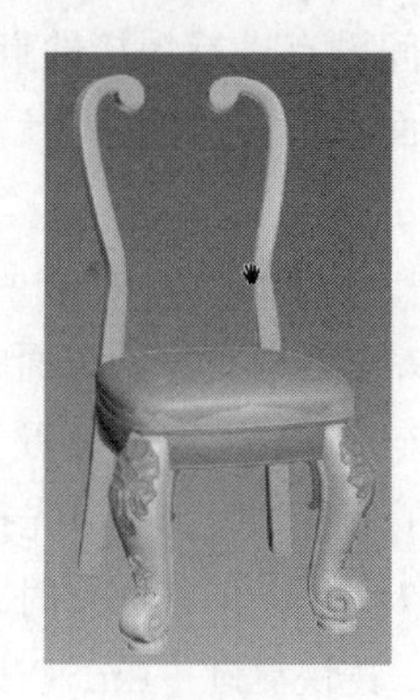

图 3-135

3.3.2 制作靠背

步骤 01 在视图中创建一个长方体并右击，在弹出的快捷菜单中选择“转换为” | “转换为可编辑多边形”命令，加线。然后将上部右侧的面向右挤出并调整。过程如图 3-136 所示。

在中间位置继续加线，选择面，使用挤出工具挤出面并调整形状，如图 3-137 和图 3-138 所示。

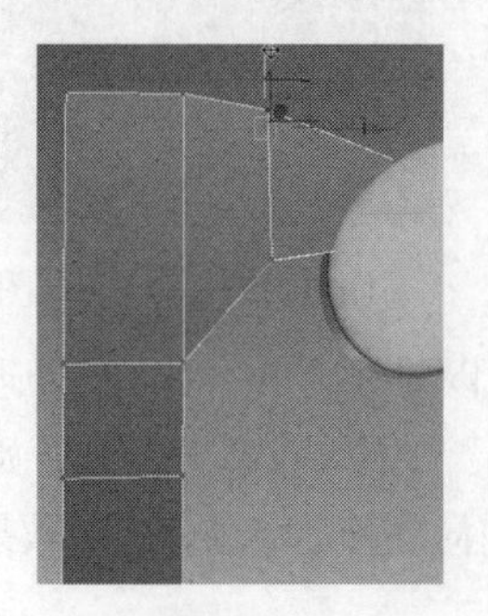

图 3-136

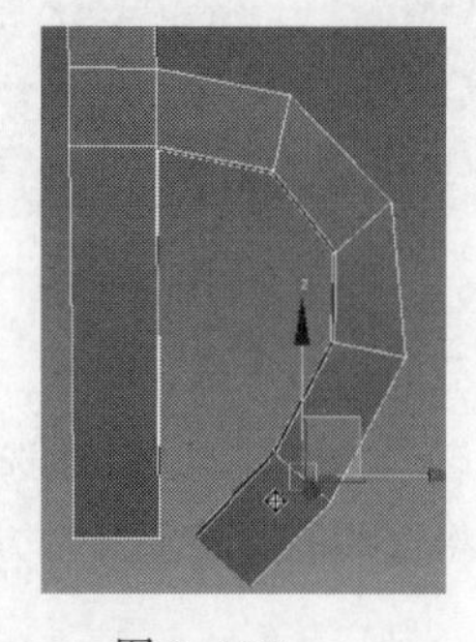

图 3-137

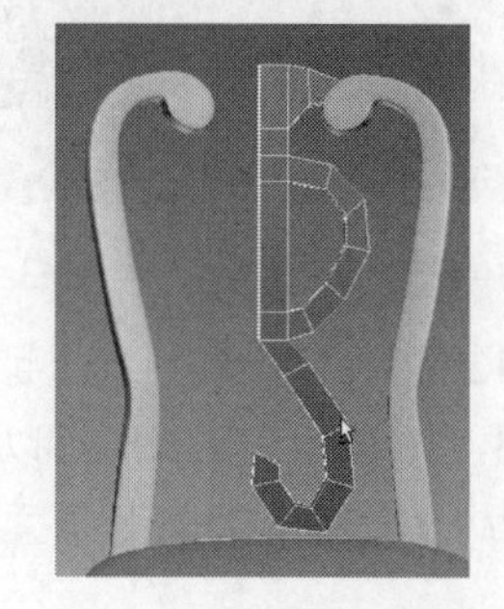

图 3-138

步骤 02 删除对称中心位置的面，然后在厚度的边缘位置加线，如图 3-139 所示。

步骤 03 在面板中单击“线”按钮创建样条线，如图 3-140 所示。

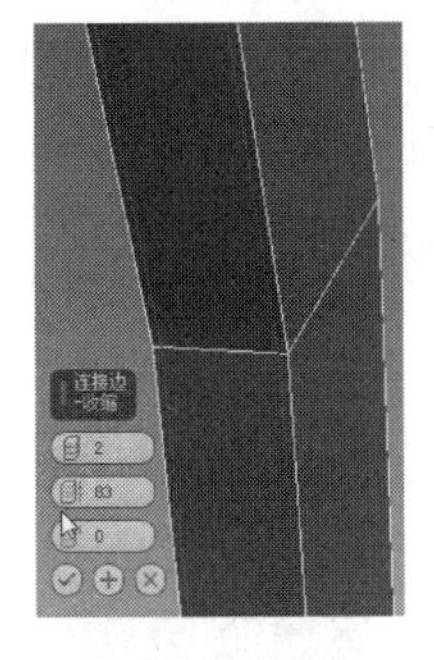

图 3-139

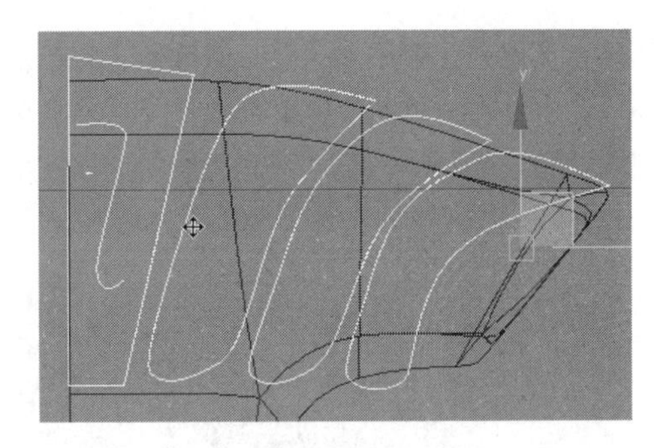

图 3-140

选择所有样条线，进入修改面板单击“轮廓”按钮，单击并拖拉鼠标向内挤出轮廓，如图 3-141 所示。

在修改器下拉列表中添加“倒角”修改器。在修改面板中分别设置级别 1 下的高度值为 2mm，轮廓值为 1mm；选中级别 2，设置高度值为 15mm，轮廓值为 0；选中级别 3，设置高度值为 2，轮廓值为-1。效果如图 3-142 所示。

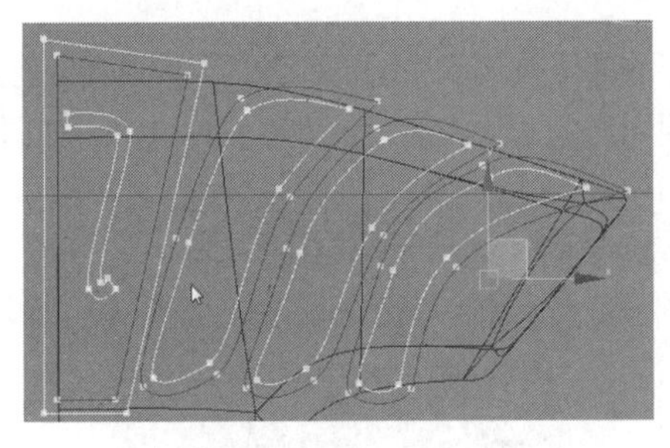

图 3-141

图 3-142

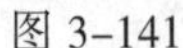

在视图中创建一个面片，设置长度分段和宽度分段均为 1，右击，在弹出的快捷菜单中选择“转换为” | “转换为可编辑多边形”命令，按【2】键进入边级别，选择一个边，按住【Shift】键配合移动工具挤出面的同时调整它的形状，调整过程如图 3-143 和图 3-144 所示。

通过挤出边调整的方法得到挤出的最终纹路效果如图 3-145 所示。

此处虽然写得简单，但是在制作过程中需要大量的时间和耐心，方法很简单，过程很重要。在底部中心位置再创建一些面片物体，单击“附加”按钮依次拾取模型将它们焊接为一个物体，如图 3-146 所示。

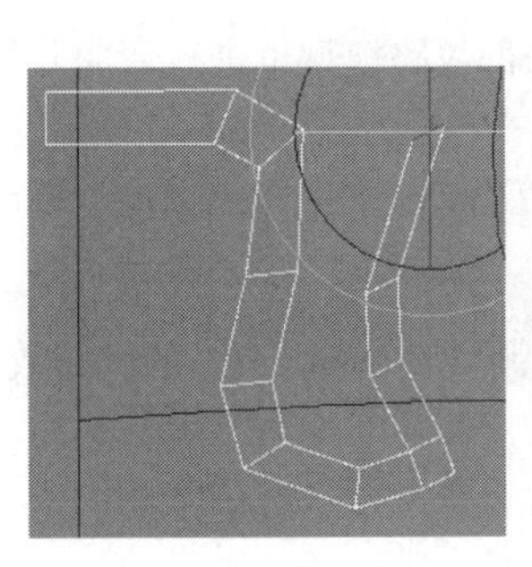

图 3-143

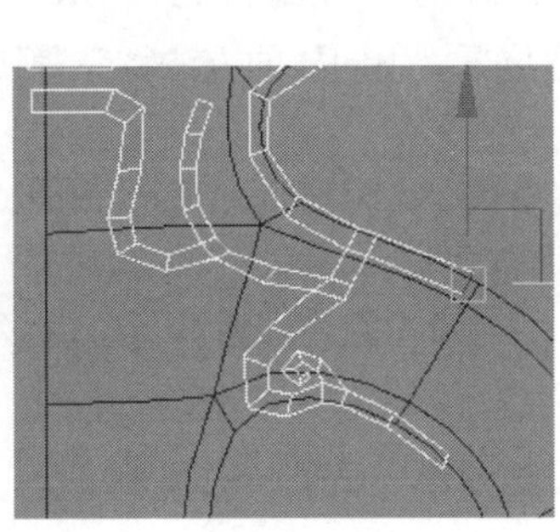

图 3-144

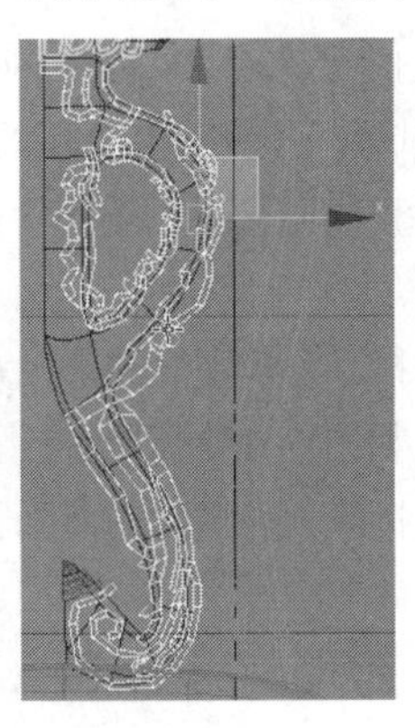

图 3-145

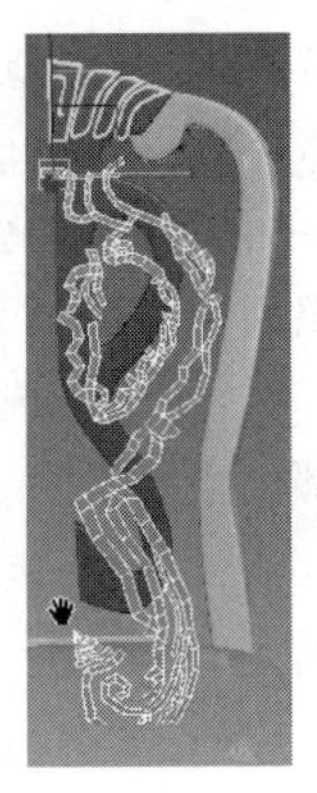

图 3-146

步骤 05 在修改下拉列表中添加“壳”修改器，将单面物体转换为带有厚度的三维模型，设置外部量值为 23mm，右击，在弹出的快捷菜单中选择“转换为” | “转换为可编辑多边形”命令，依次选择厚度上的所有线段，单击“连接”后面的□按钮，在边缘位置进行加线处理，如图 3–147 所示。按快捷键【Ctrl+Q】细分显示该模型，效果如图 3–148 所示。

图 3–147

图 3–148

步骤 06 删除对称中心处的面，然后在修改器下拉列表中添加“对称”修改器，将另一半模型对称过来，然后将模型塌陷，如图 3–149 所示。用同样的方法将靠背模型也对称过来，如图 3–150 所示。

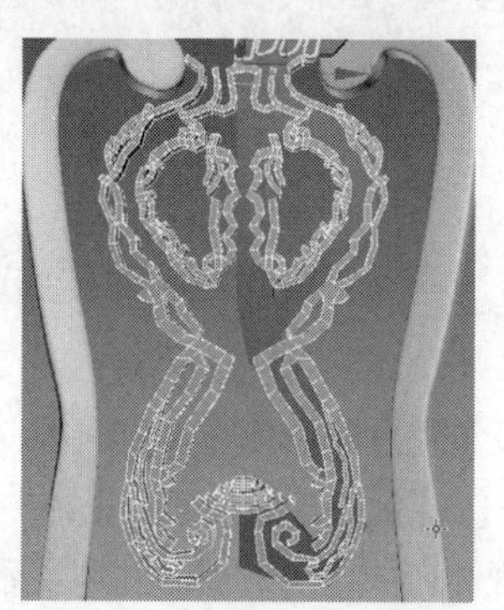
图 3–149

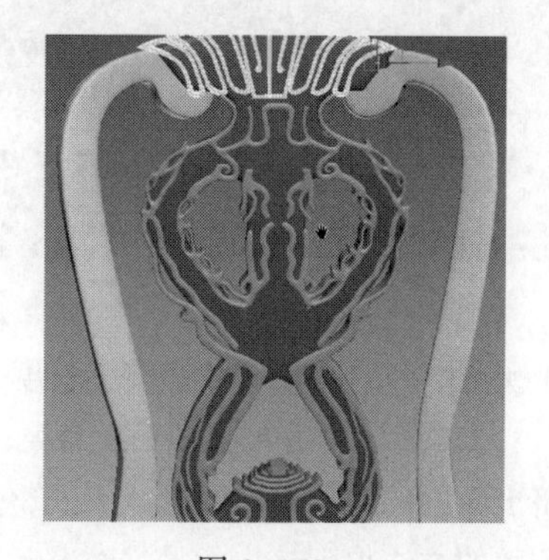
图 3–150

步骤 07 单击“附加”按钮将靠背和纹路模型附加在一起，目前的模型是一个片面，而椅子靠背模型是带有弧度的弯曲模型，所以这里要对模型进行弯曲设置。在修改器下拉列表中添加“弯曲”修改器，设置角度值为 70° 左右，弯曲轴为 X 轴（在不同的视图中弯曲轴可能会有所改变，这里可以 X、Y、Z 轴都试验一下，找到合适的轴即可），如图 3–151 所示。

用旋转工具将该模型旋转调整到合适位置，用同样的方法将靠背顶部纹路模型也进行弯曲并将其调整到合适位置。

步骤 08 选择靠背模型，进入元素级别，选择主框架模型，按快捷键【Alt+H】隐藏面，然后修改部分位置模型，如图 3–152 所示。

步骤 09 选择椅子腿模型的背面，用倒角工具分别向内挤出面并调整，制作出边缘的纹路效果，如图 3–153 所示。

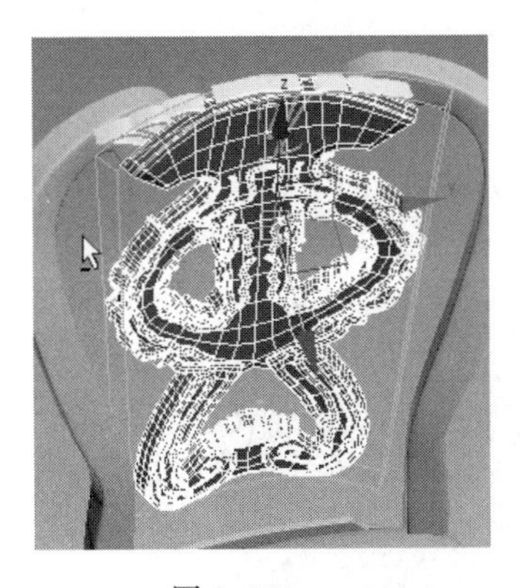

图 3-151

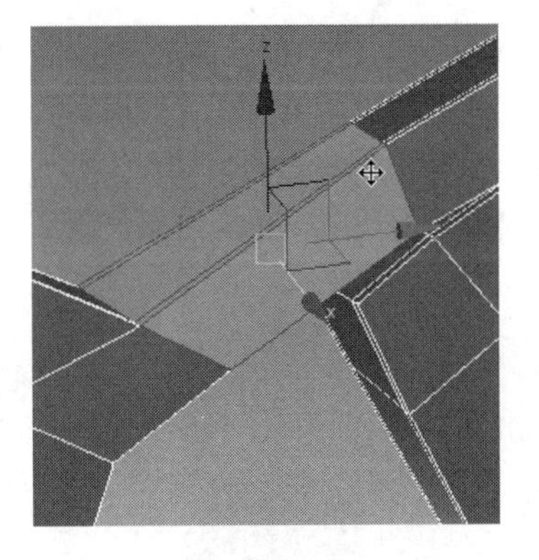

图 3-152

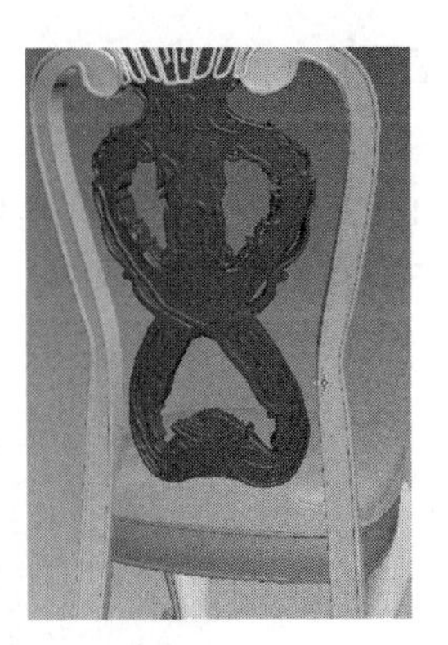

图 3-153

步骤 10 框选场景中的所有模型，按【M】键打开材质编辑器，选择任意一个材质球，单击按钮将默认材质赋予场景中的模型，然后单击右侧面板中的颜色框，在对象颜色面板中选择黑色并按“确定”按钮，按【F2】键打开场景线框显示，最终效果如图 3-154 所示。

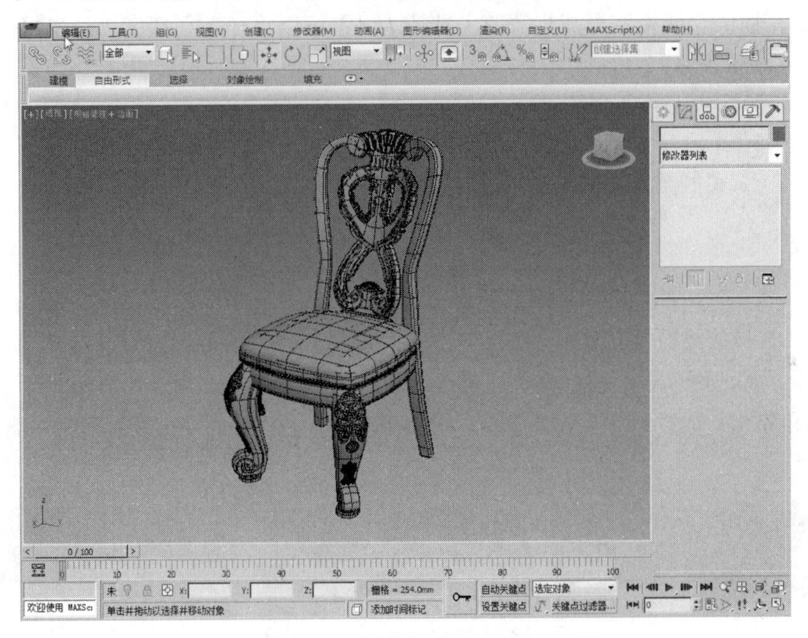

图 3-154

本实例小结：本实例也可以算是一个比较复杂的模型了，难点和重点在于腿部上的雕花制作以及靠背上的雕花制作，虽然制作起来比较复杂，但要找对方法，将复杂的模型分步拆分进行制作。

3.4　制作休闲椅

休闲椅就是人们平常享受闲暇时光用的椅子，这种椅子并不像餐椅和办公椅那样的正式，有一些小个性，能够给你的视觉和身体带来双重舒适感，给您的生活带来无限舒适、时尚的家居生活享受。简洁明快的线条充分发挥人性的内涵。宁静致远，享受时尚，在休闲中让人回味无穷。

步骤 01 单击（创建）|（几何体）| 长方体 按钮，在视图中创建一个长方体，设置

长、宽、高分别为 180cm、80cm、65cm，然后单击（创建）|（图形）| 椭圆 按钮，参考长方体高度和大小，在视图中创建一个如图 3-155 所示的椭圆。右击，在弹出的快捷菜单中选择“转换为”|“转换为可编辑样条线”命令，将矩形转换为可编辑的样条线，按【2】键进入线段级别，选择底部线段删除，然后向右复制一个，如图 3-156 所示。

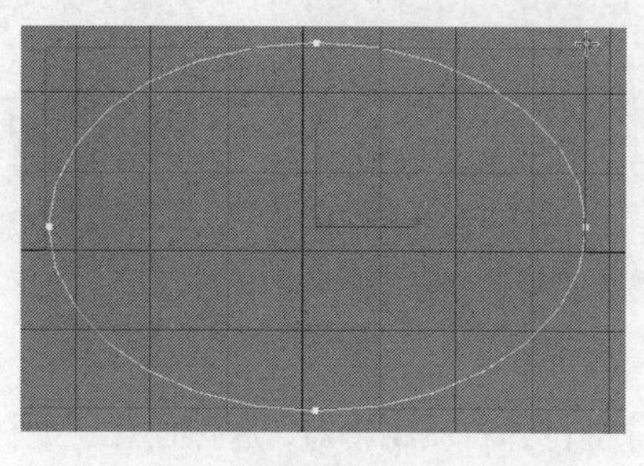

图 3-155

图 3-156

在渲染卷展栏下选中 ☑在渲染中启用 ☑在视口中启用 复选框，设置厚度为 3~5cm，边数为 12，效果如图 3-157 所示。插值卷展栏下提高步数值（默认为 6）可以将样条线精度进一步提高。设置为 12 后的效果如图 3-158 所示。

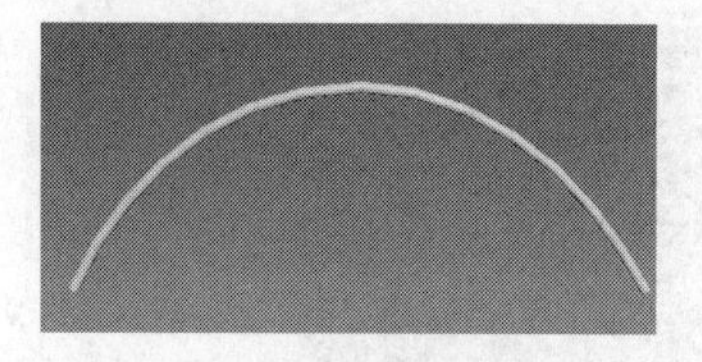

图 3-157

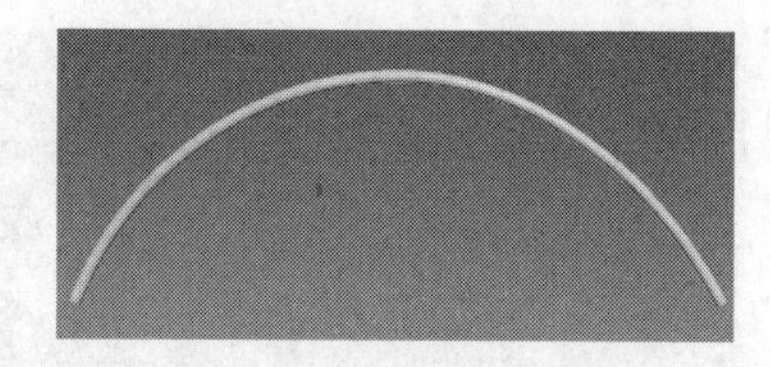

图 3-158

步骤 02 在样条线根部创建一个圆柱体模型，如图 3-159 所示，将该圆柱体转换为可编辑的多边形物体，选中顶部的面单击 倒角 按钮，将选择的面向上倒角挤出，如图 3-160 所示。选择图 3-161 中的面向上倒角挤出，加线细分后效果如图 3-162 所示。将制作好的底座复制到另一侧，整体效果如图 3-163 所示。

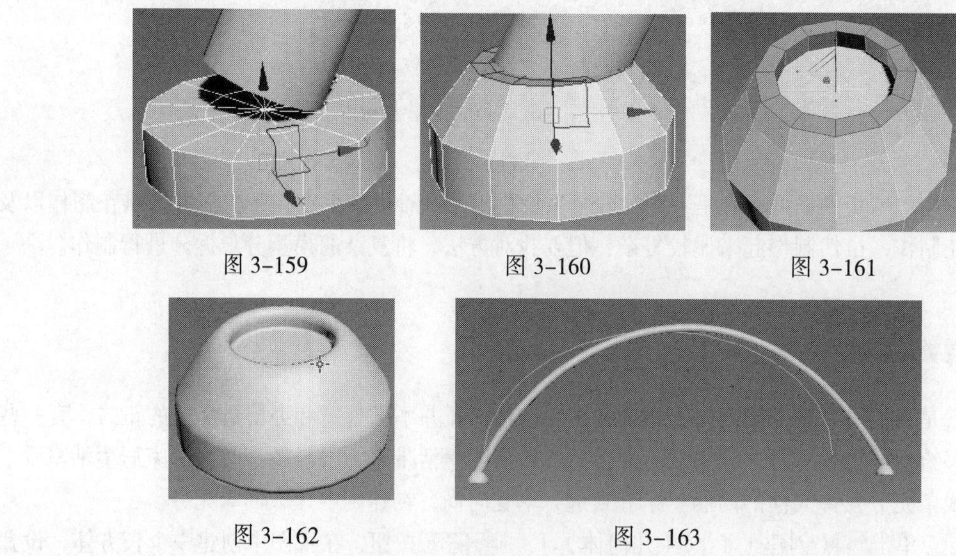

图 3-159

图 3-160

图 3-161

图 3-162

图 3-163

步骤 03　创建一个弧线开启☑ 在视口中启用并复制调整至如图 3-164 所示。

步骤 04　用同样的方法创建一个弧线，如图 3-165 所示，开启☑ 在视口中启用设置好厚度后复制出另一侧模型，如图 3-166 所示。

步骤 05　在顶视图中创建一条直线，选中☑ 在视口中启用，设置厚度值为 2.8cm，复制调整出连接杆物体，如图 3-167 所示。

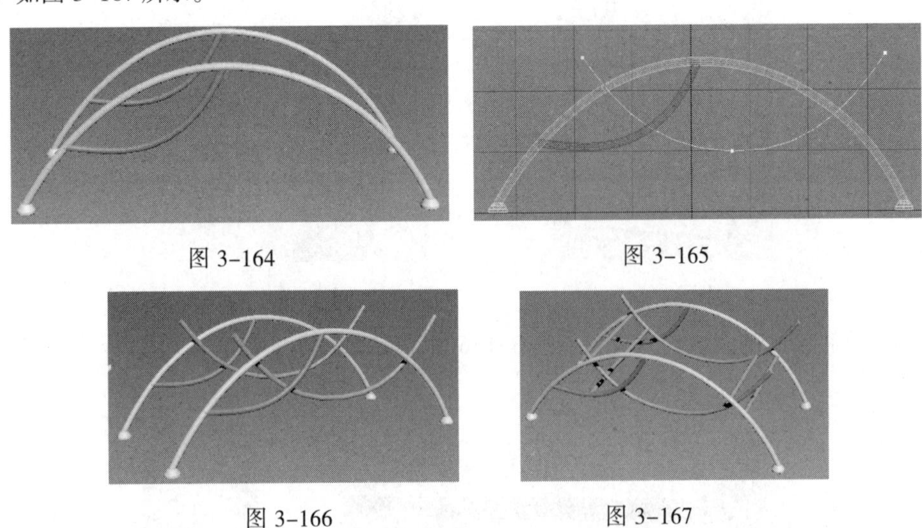

图 3-164　图 3-165

图 3-166　图 3-167

步骤 06　在顶部创建一个长方体模型，调整角度和大小后将该模型塌陷为多边形物体，选择底部面删除，如图 3-168 所示。然后按【3】键进入边界级别，选择底部边界，按住【Shift】键拖动复制调整出所需形状，如图 3-169 所示。选择图 3-170 中的边界线单击 封口 按钮将开口封闭，然后选择靠枕位置的面倒角挤出，调整出靠枕部分模型形状，如图 3-171 所示。

分别在躺椅宽度位置的两边缘位置加线，如图 3-172 所示。同时在中间位置加线后将中间的点向下进行适当调整，使靠垫中间部位有一定的凹陷效果，如图 3-173 所示。

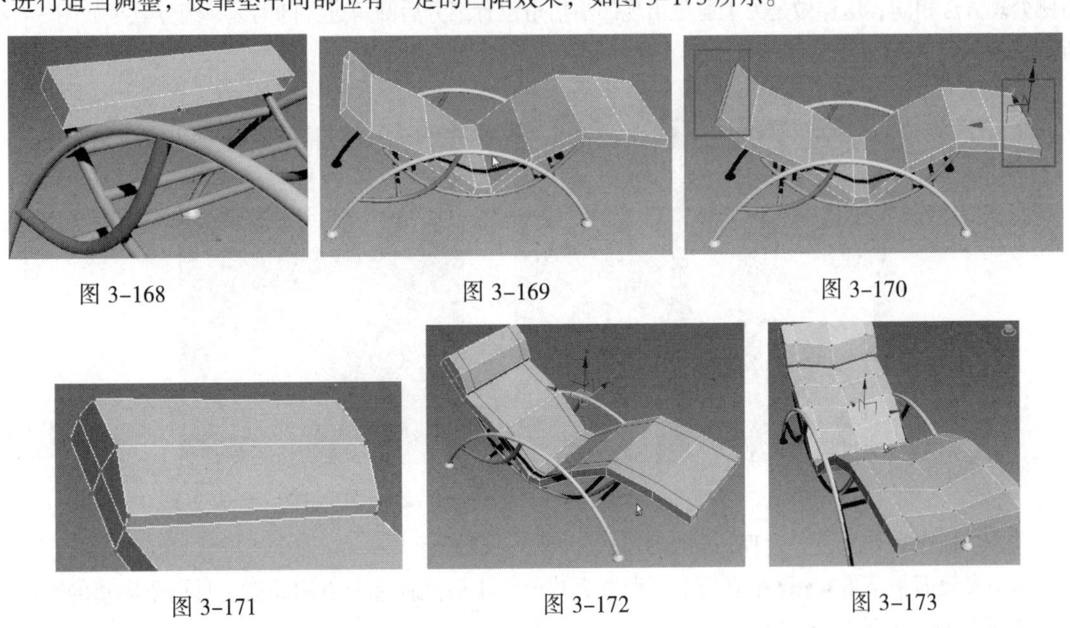

图 3-168　图 3-169　图 3-170

图 3-171　图 3-172　图 3-173

选择图 3–174 中所示线段（背部也是一样），单击 挤出 按钮后面的□图标，在弹出的“挤出”快捷参数面板中设置挤出参数，挤出的放大细节和参数如图 3–175 所示。

图 3–174

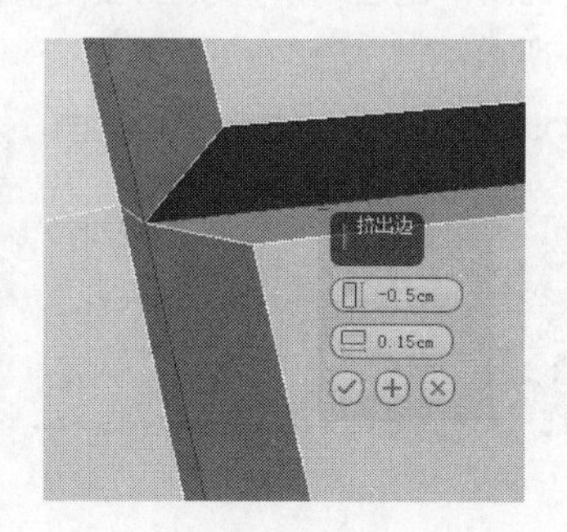

图 3–175

用切角工具将挤出的线段切角设置如图 3–176 所示。按快捷键【Ctrl+Q】细分该模型，效果如图 3–177 所示。

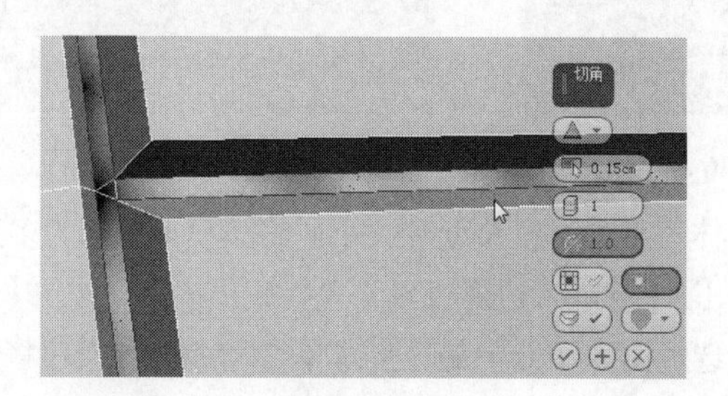

图 3–176

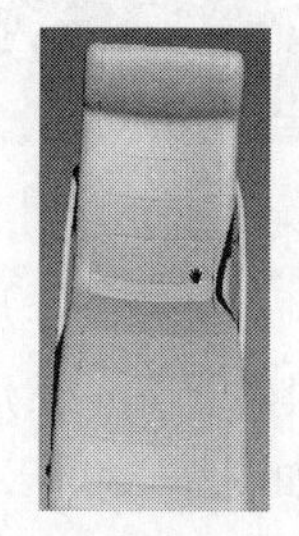

图 3–177

整体选择图 3–178 中的线段，按快捷键【Ctrl+Shift+E】加线并移动到边缘位置，如图 3–179 所示。右侧处理方法相同，这样做是为了避免出现凹陷拐角位置细分后圆角过大的问题，细分效果如图 3–180 所示。

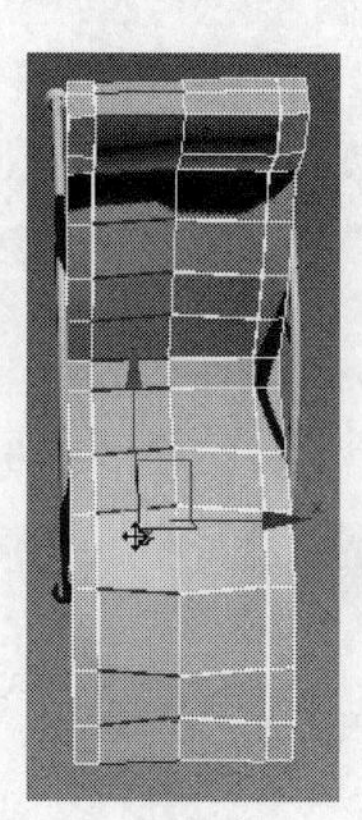

图 3–178

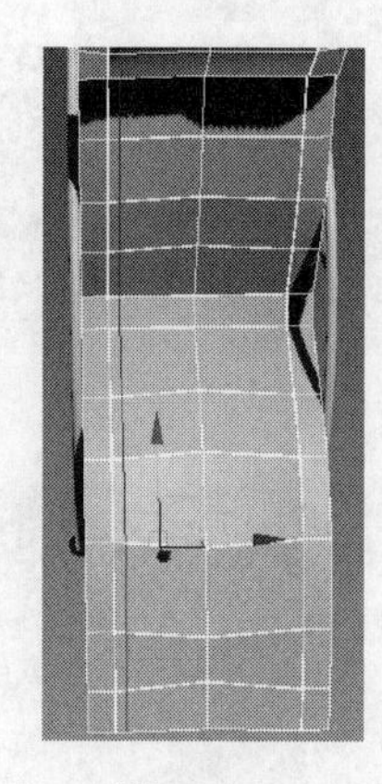

图 3–179

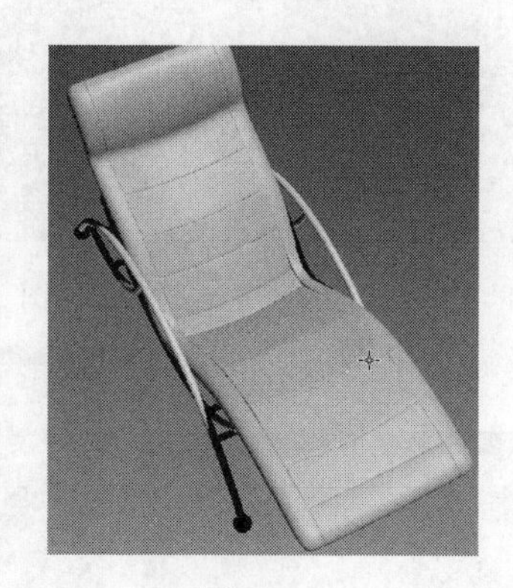

图 3–180

进一步加线和切角设置过程，如图 3–181 和图 3–182 所示。

选中参数面板下的☑使用软选择复选框，设置衰减值大小后选择部分点用缩放工具调整靠垫的宽度变化，如图 3–183 和图 3–184 所示。

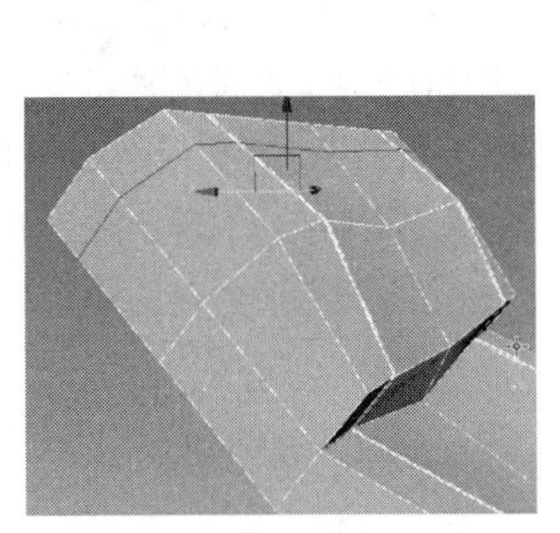

图 3-181

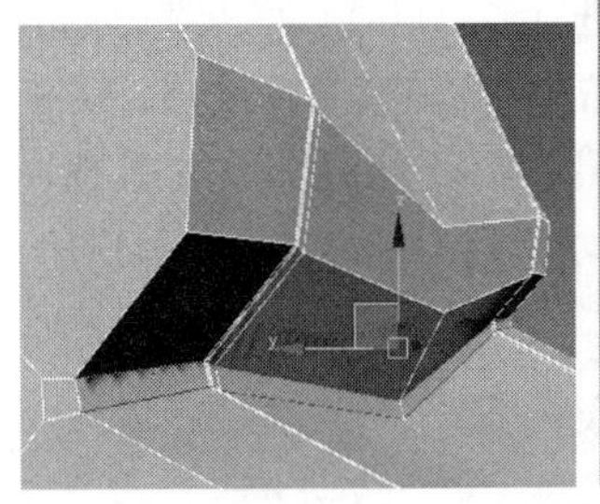

图 3-182

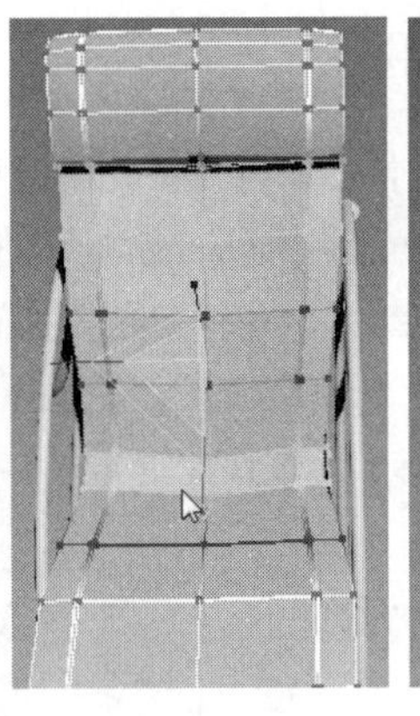

图 3-183

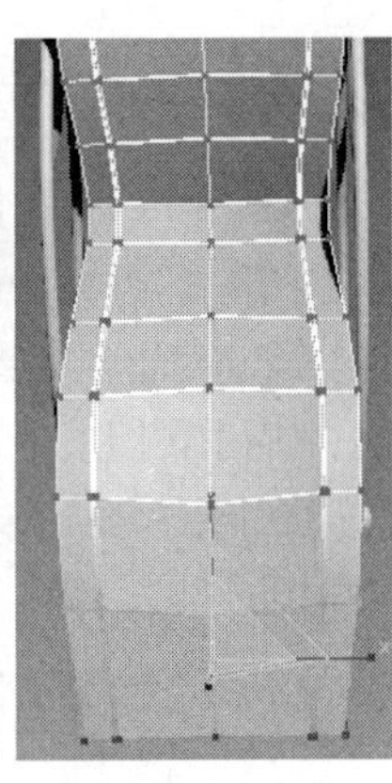

图 3-184

步骤 07 褶皱处理。选择横线部分线段按快捷键【Ctrl+Shift+E】加线或者右击选择“剪切”工具加线调整，然后选择所加线段，用“挤出”工具将线段向上挤出设置，右击选择“剪切”工具调整布线，如图 3-185 所示。线段挤出后，用“剪切”工具手动加线调整该部分布线，效果如图 3-186 所示。细分后效果如图 3-187 所示。

步骤 08 在靠垫模型厚度边缘位置上加线进一步调整整体形状后的整体效果，如图 3-188 所示。

图 3-185　图 3-186

图 3-187　图 3-188

本实例小结：本实例休闲椅的腿部和支撑部分用样条线创建，坐垫靠垫部分用多边形建模方法来制作，需要重点学习的地方是加线的方法和加线位置的控制以及类似于褶皱效果的简单处理。

3.5　制作皮质沙发

皮质沙发的制作相对来说比较复杂，因为要很好地表现沙发上的褶皱纹理效果，而这种褶皱纹理效果在 3ds Max 2016 中制作时是一件需要耗时耗力的事情。所以，如果能配合其他雕刻软件来完成，则可以达到事半功倍的效果。

3.5.1 设置参考图

步骤 01 在制作前，首先要先来搜集一些参考图。如果有参考图作为参考，在制作时会方便很多。搜集好的参考图需要在 Photoshop 中进行简单设置。首先在 Photoshop 中打开两张参考图片，按快捷键【Ctrl+J】复制图层，在背景层上双击将其转换为普通层，将前景色设置为灰白色，按快捷键【Ctrl+Del】在图层 0 上填充前景色。选择图层 1，用羽化工具选择白色，按【Delete】键删除，此时效果如图 3–189 所示。按快捷键【Ctrl+R】打开标尺，在顶部标尺上单击并向下拖动出辅助线，如图 3–190 所示。

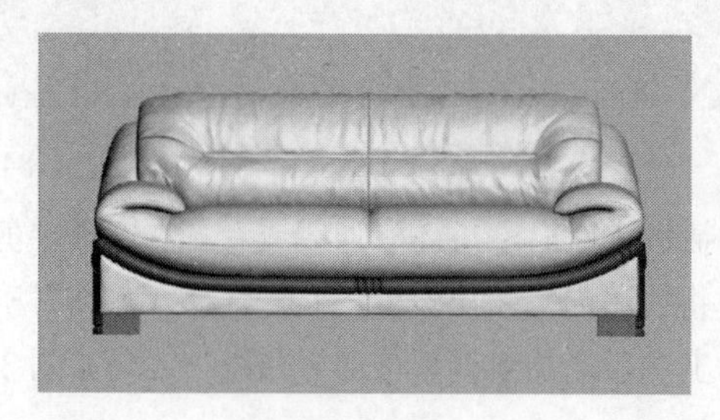

图 3–189

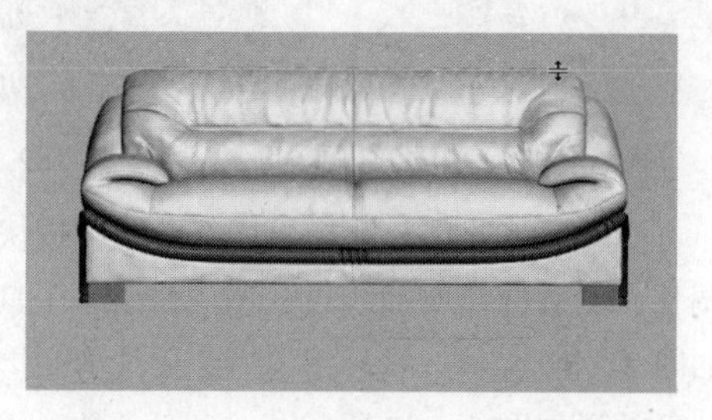

图 3–190

步骤 02 打开侧视图参考图，用同样的方法将背景层转换为普通层，用羽化工具选择白色，按快捷键【Ctrl+Shift+I】反选选取，按快捷键【Ctrl+C】复制图片，返回前视图参考图中，按快捷键【Ctrl+V】将侧视图参考图复制进来。取消前视图图层前面的"眼睛"，然后根据参考图辅助线的位置，选择侧视图图层，按快捷键【Ctrl+T】等比例缩放调整图片大小，使图片大小高度和辅助线相等，如图 3–191 所示。调整大小后以双击确定，分别将调整后的图片再次保存即可。

步骤 03 打开 3ds Max 2016 软件，根据参考图的大小创建出等比例大小的面片（比如当前参考图大小为 800mm × 600mm，可以创建一个 80cm × 60cm 的面片物体，也可以创建 180cm × 240cm 的面片），然后将该面片物体旋转 90° 复制调整，如图 3–192 所示。

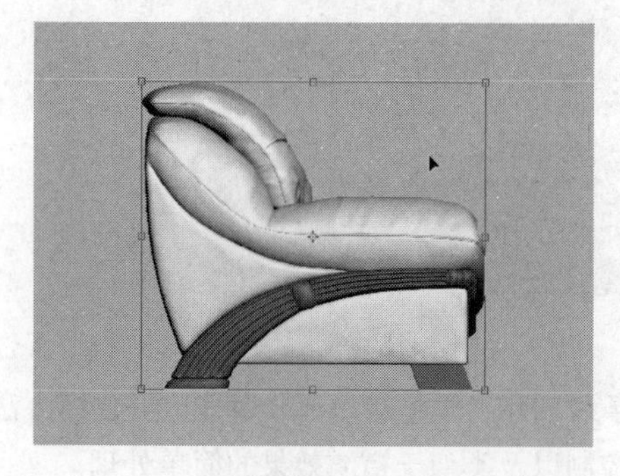

图 3–191

图 3–192

按下【M】键打开材质编辑器，选择标准材质拖放到右侧空白区域，然后在漫反射通道上单击左侧的圆圈并拖动，此时会拖拉出一条红线，如图 3–193 所示。释放左键会弹出选项，依次选择"标准" | "位图"，选择设置好的参考图片，如图 3–194 所示。设置好位图的材质效果如图 3–195 所示。单击按钮将设置好的贴图赋予面片物体，单击按钮显示最终贴图效果。用同样的方法设置侧视图赋予另一个面片物体，贴图效果如图 3–196 所示。

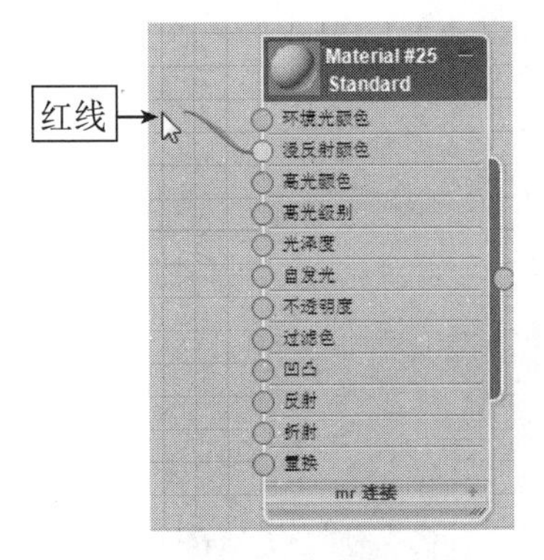

图 3-193

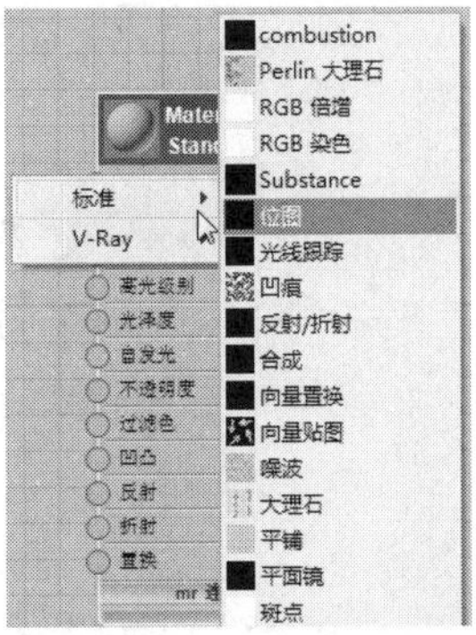

图 3-194

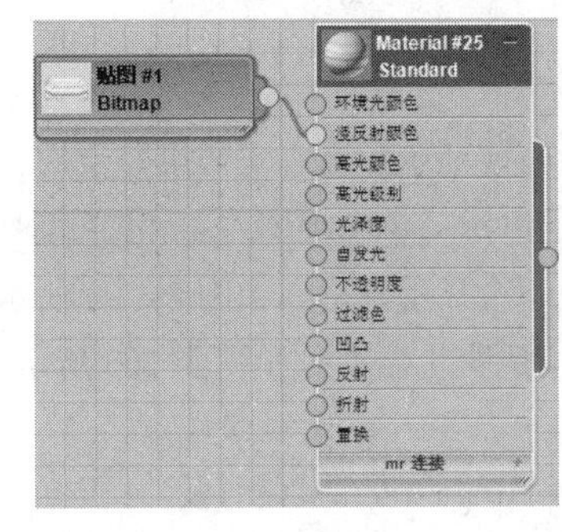

图 3-195

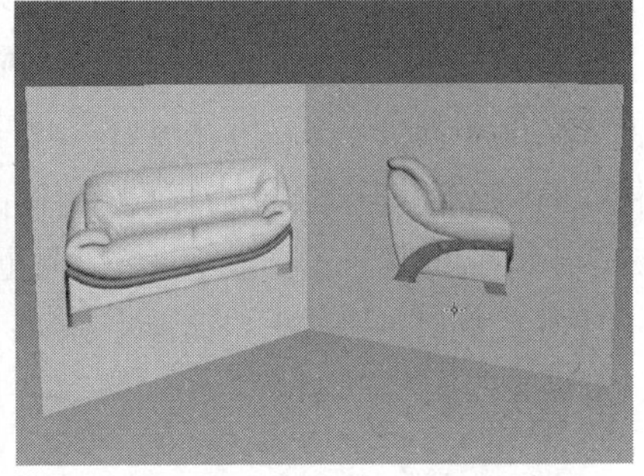

图 3-196

步骤 04 为了制作时不误选面片物体，需要将贴图面片物体冻结起来。右击，选择“冻结当前选择”，物体会变成灰色显示，如图 3-197 所示。这肯定不是所希望的效果，那么该如何解决呢？右击，选择“对象属性”，取消选中“以灰色显示冻结对象”，如图 3-198 所示。当再次将面片物体冻结后就能正常显示贴图信息了。

图 3-197

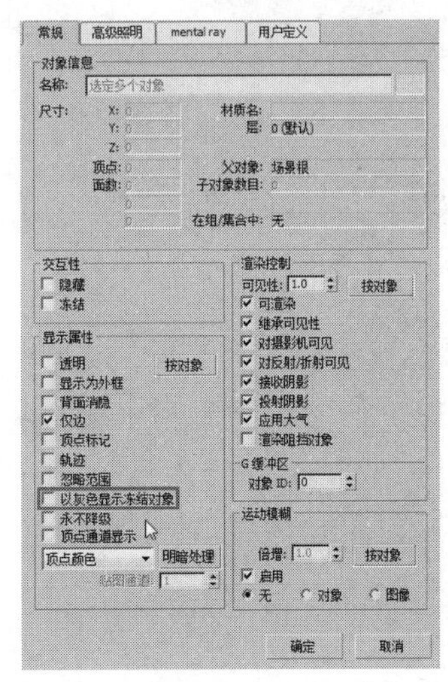

图 3-198

分别切换到前视图和左视图，按【G】键取消网格显示后即可清楚地看到贴图信息，在制作模型时即可在视图中参考图片信息来对模型进行调整对位了，如图 3-199 所示。

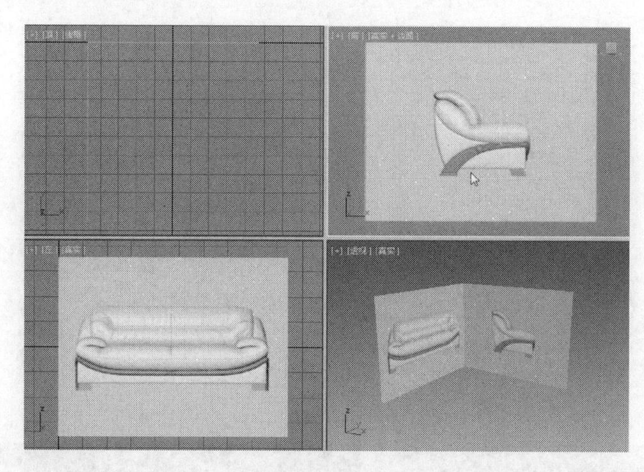

图 3-199

步骤 05 在前视图中创建一个长方体模型，因为当前场景是以真实效果显示的，创建的物体会显示阴影，如图 3-200 所示。当前状态会影响参考图的显示，单击视图左上角[真实 + 边面]，选择明暗处理，如图 3-201 所示。此时场景不会显示真实效果也不会显示阴影，如图 3-202 所示。但是物体还是会遮挡参考图的显示，此时可以按下快捷键【Alt+X】透明化显示，如图 3-203 所示。

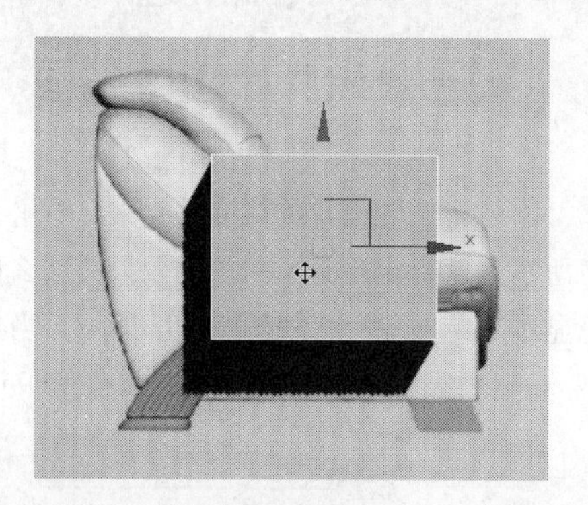

图 3-200

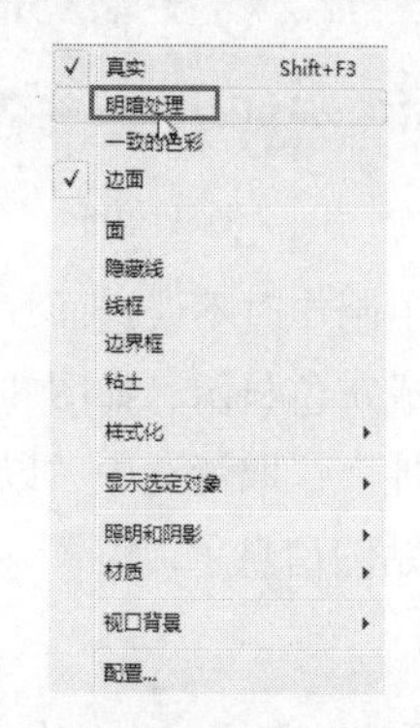

图 3-201

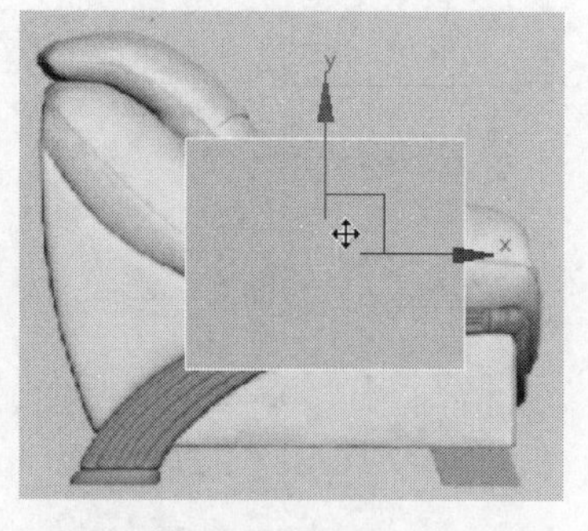

图 3-202

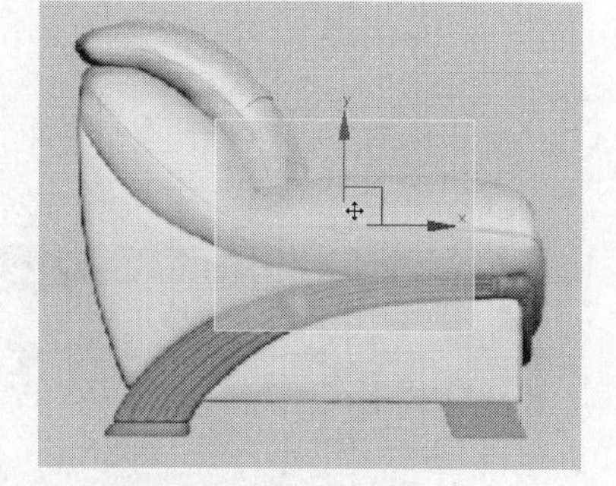

图 3-203

3.5.2 制作腿部模型

步骤 01 以上是一些制作前的基本准备工作。接下来正式开始制作。创建一个长方体模型并转换为可编辑的多边形物体，删除顶部面，如图 3-204 所示。选择顶部边界线按住【Shift】键配合移动旋转缩放工具拖动复制面调整，如图 3-205~图 3-207 所示。

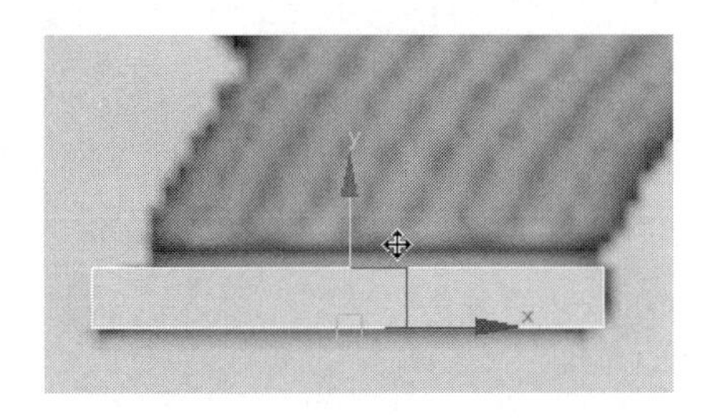

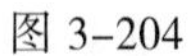

图 3-204

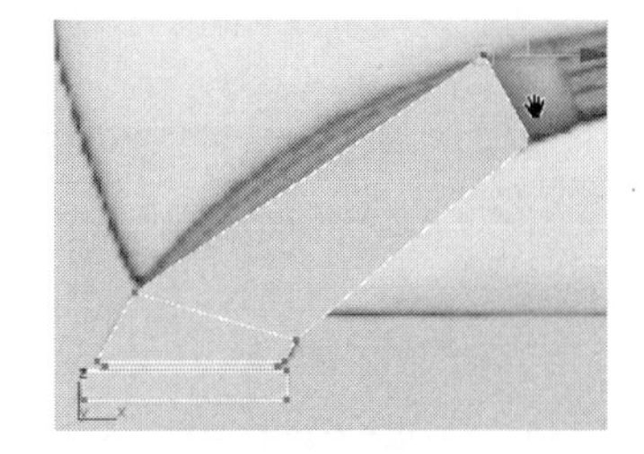

图 3-205

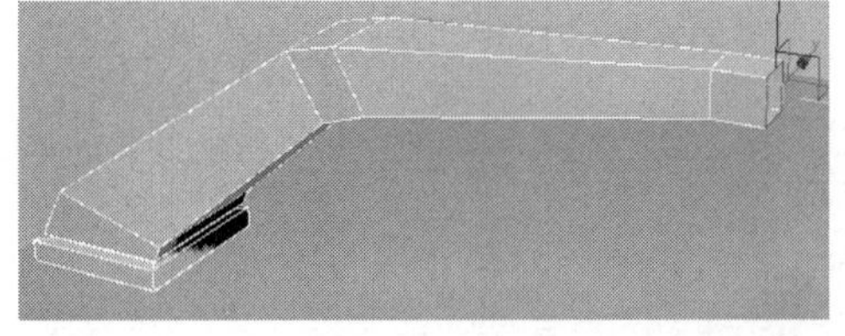

图 3-206

图 3-207

步骤 02 在拐角位置加线调整，如图 3-208 所示。分别选择部分面以局部法线方向向下挤出倒角，如图 3-209 所示。

图 3-208

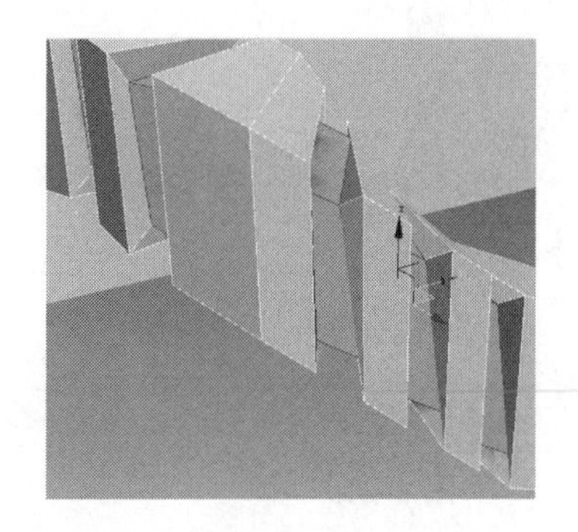

图 3-209

细致调整挤压在一起的点后，用同样的方法将中心位置加线后选择部分面向下倒角挤出，如图 3-210 所示。在腿部中间部位加线后，将面向外倒角挤出，如图 3-211 所示。

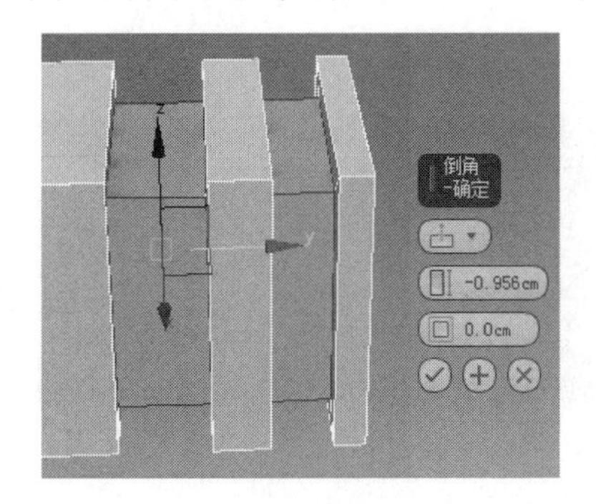

图 3-210

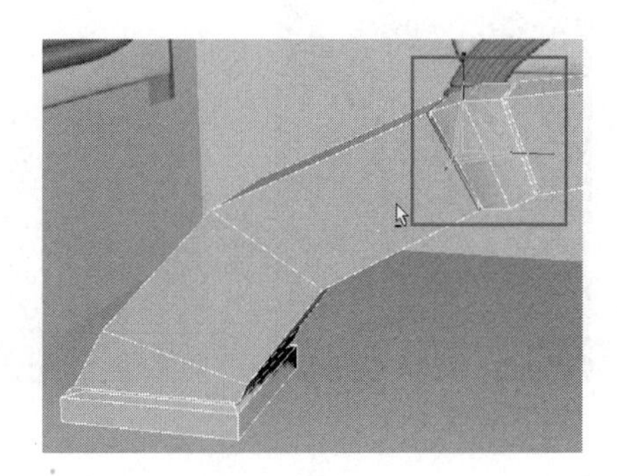

图 3-211

步骤 03 在侧面位置加线至如图 3-212 所示。选择图 3-213 中的面向内倒角挤出，制作出纹理变化效果。

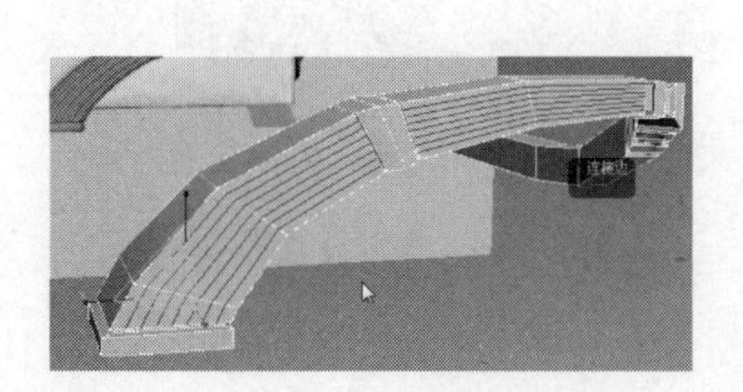
图 3-212

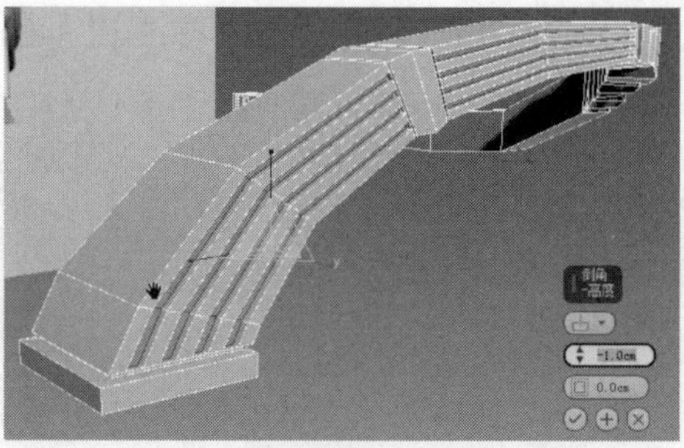

图 3-213

细分后的效果如图 3-214 所示。效果非常不满意，需要在凹陷纹理两端位置加线调整约束。

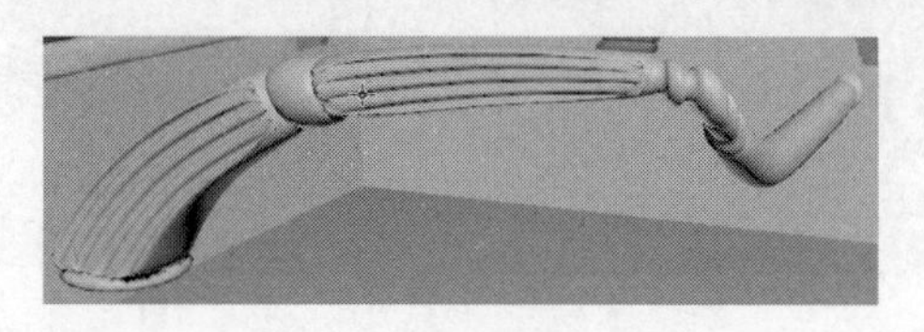
图 3-214

步骤 04 在凹陷位置两端加线，如图 3-215 和图 3-216 所示。

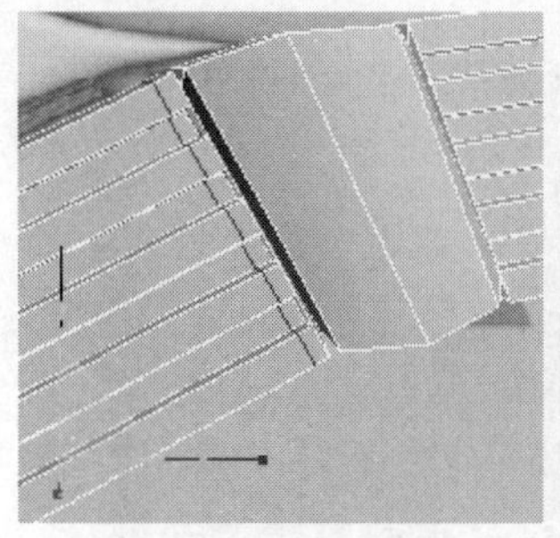
图 3-215

图 3-216

同时在腿部模型两侧位置加线约束，如图 3-217 所示。按快捷键【Ctrl+Q】细分该模型，效果如图 3-218 所示。

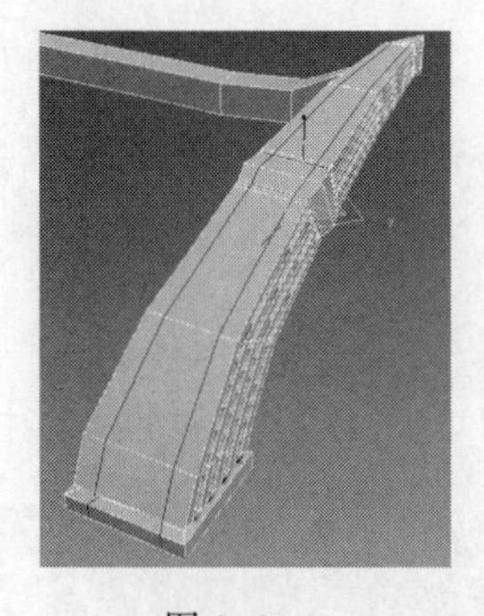
图 3-217

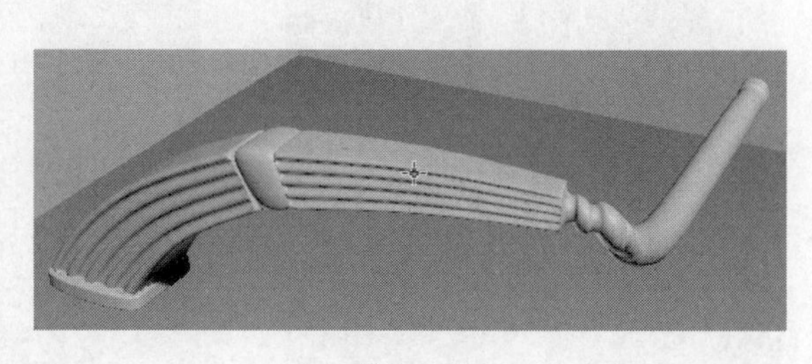
图 3-218

步骤 05 单击按钮进入修改面板，单击“修改器列表”右侧的小三角按钮，在修改器下拉列表中添加“对称”修改器，单击 对称 前面的“+”，然后单击 镜像 进入镜像子级别，在视图中移动对称中心的位置，如果模型出现空白的情况，可以选中“翻转”参数。对称效果如图 3-219

所示。调整完成后右击，在弹出的快捷菜单中选择“转换为”|“转换为可编辑多边形”命令，将模型转换为可编辑的多边形物体。细分后效果如图 3-220 所示。

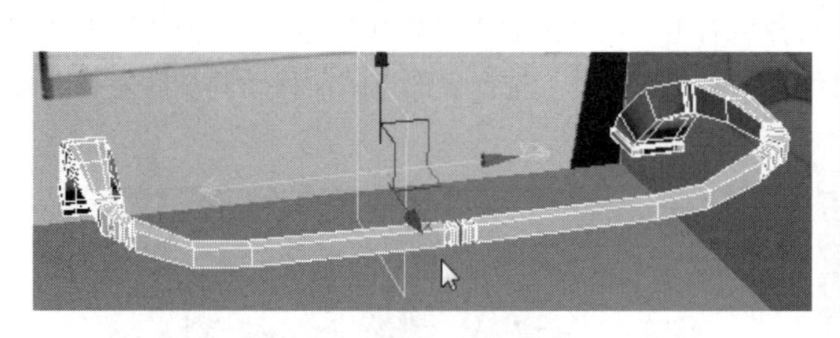

图 3-219

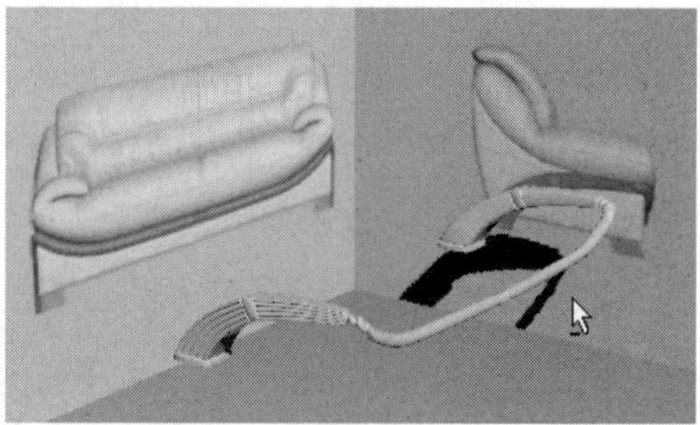

图 3-220

3.5.3　制作沙发底座

步骤 01　创建一个和参考图长度一致的长方体模型并转换为可编辑的多边形物体，在中间的位置加线，删除右侧一半模型，然后分别在 XY 轴方向加线，通过调整点的位置来调整形状，如图 3-221 和图 3-222 所示。

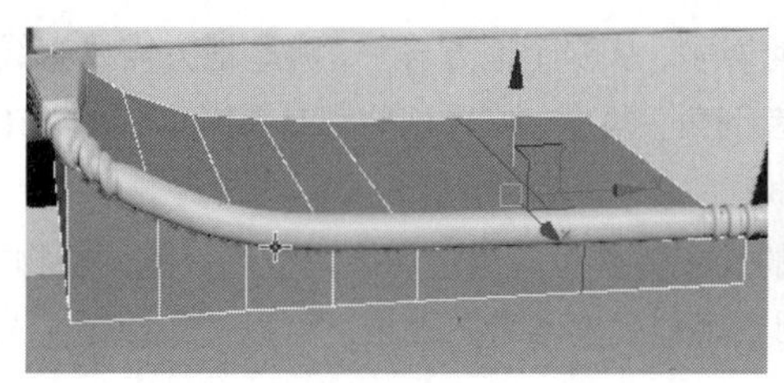

图 3-221

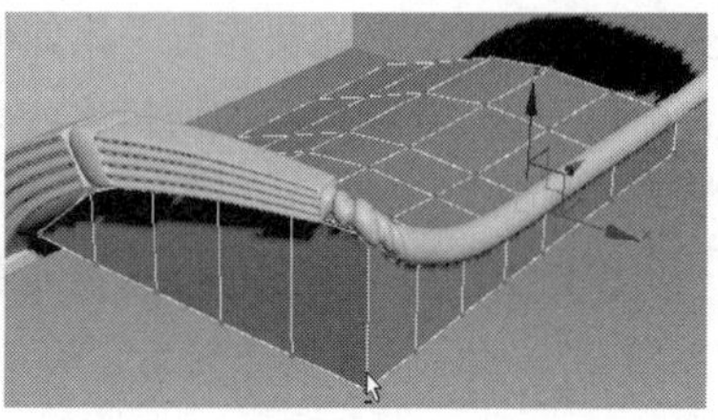

图 3-222

步骤 02　在边缘位置继续加线，如图 3-223~图 3-225 所示（此处加线是因为拐角位置和底部以及边缘位置细分后圆角过大的问题）。

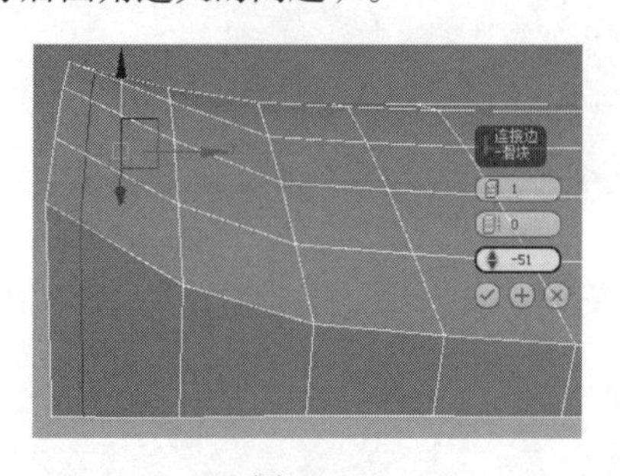

图 3-223

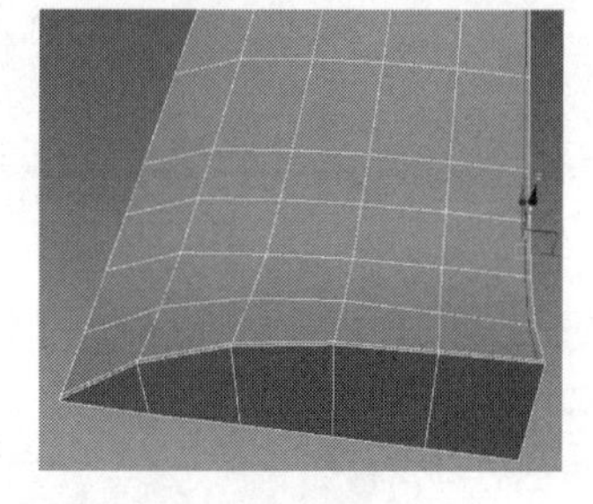

图 3-224

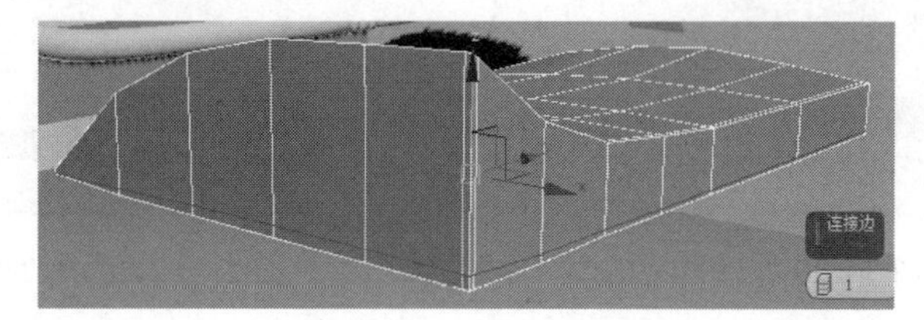

图 3-225

步骤 03 单击 按钮进入修改面板，单击“修改器列表”右侧的小三角按钮，在修改器下拉列表中添加“对称”修改器，再次将模型塌陷为多边形物体细分后的效果，如图 3-226 所示。

步骤 04 创建出底座腿部支撑：单击创建面板下的扩展基本体面板，在该面板中单击 切角长方体，在视图中创建一个切角长方体模型，设置好参数后右击，在弹出的快捷菜单中选择“转换为” | “转换为可编辑多边形”命令，将模型转换为可编辑的多边形物体。选择底部点向前移动调整后复制出另一个腿部支撑物体，效果如图 3-227 所示。

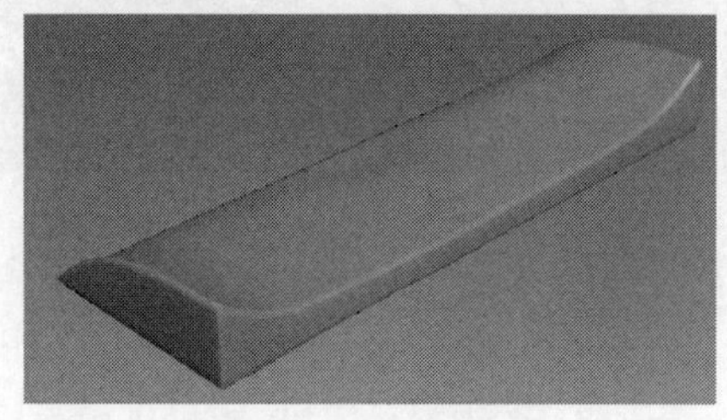

图 3-226

图 3-227

3.5.4 制作坐垫和沙发主体

在利用多边形建模时，首先要先思考该如何着手，从哪个地方着手，哪些地方需要布线密集一些，哪些地方需要稀疏一些，还有面该如何挤出或者倒角，角度、位置这些都是要考虑到的。在制作之前，脑海中要有整体的思路。

步骤 01 首先创建一个如图 3-228 所示的长方体模型，通过加线调整点位置调整物体形状，如图 3-229 和图 3-230 所示。在调整时为了更加直观地观察参考图效果，可以按快捷键【Alt+X】透明化显示该物体。

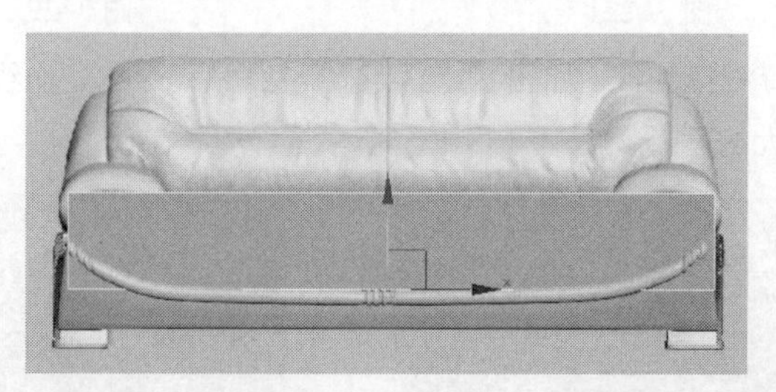

图 3-228

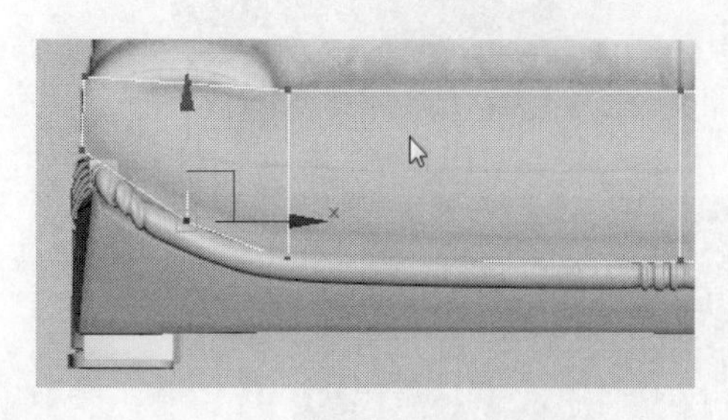

图 3-229

图 3-230

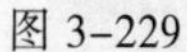

步骤 02 继续加线调整形状如图 3-231 所示，在图 3-232 中的位置加线后，调整左上角形状，使其过渡得自然一些，效果如图 3-233 所示。

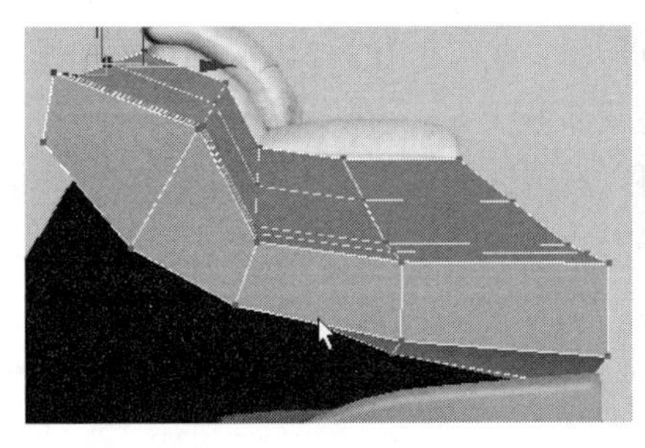

图 3-231

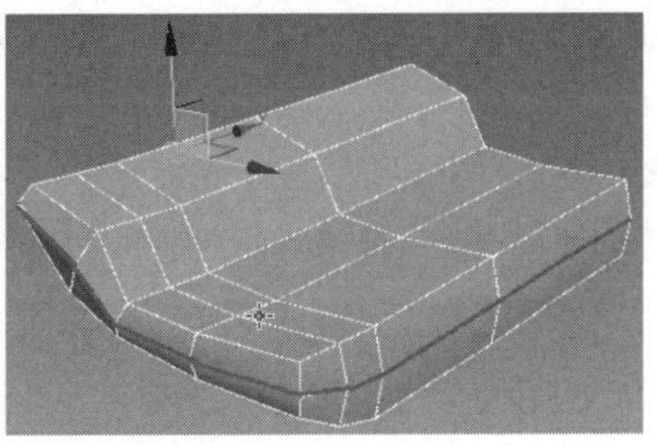

图 3-232

图 3-233

步骤 03 选择扶手位置的面再删除（也就是图 3-234 中红色圈内的面），按【3】键进入边界级别，选择开口边界线，按住【Shift】键拖动复制出面并调整出扶手位置模型，效果如图 3-235 所示的红色方框内部分。在沙发中间部分继续加线后将坐垫部分的点向上调整，使其坐垫部分有起伏变化，效果如图 3-236 所示。

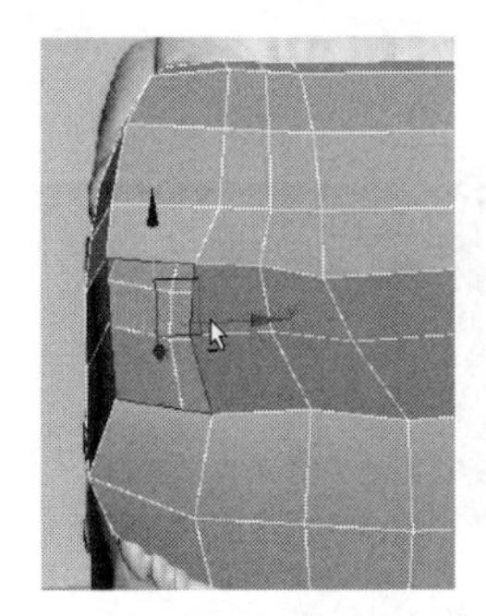

图 3-234

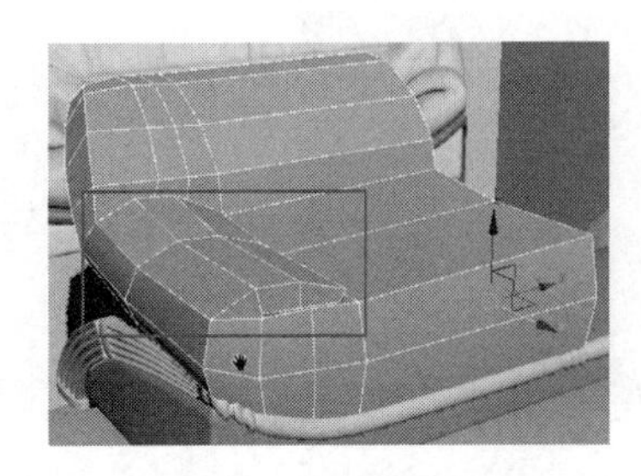

图 3-235

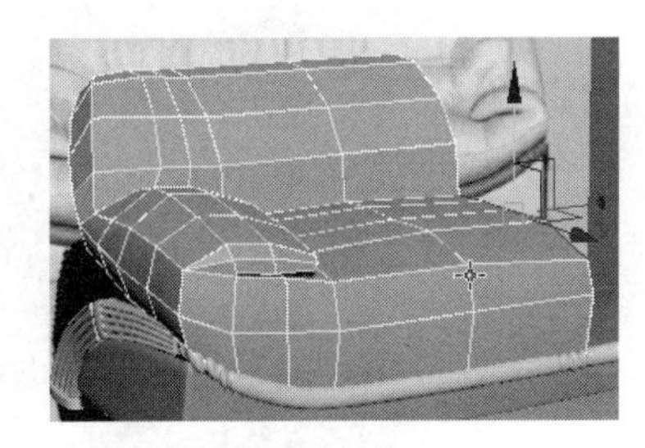

图 3-236

步骤 04 选择图 3-237 中的面，单击 倒角 按钮后面的□图标，在弹出的“倒角”快捷参数面板中设置倒角参数将面向下倒角挤出，然后调整形状至如图 3-238 所示。

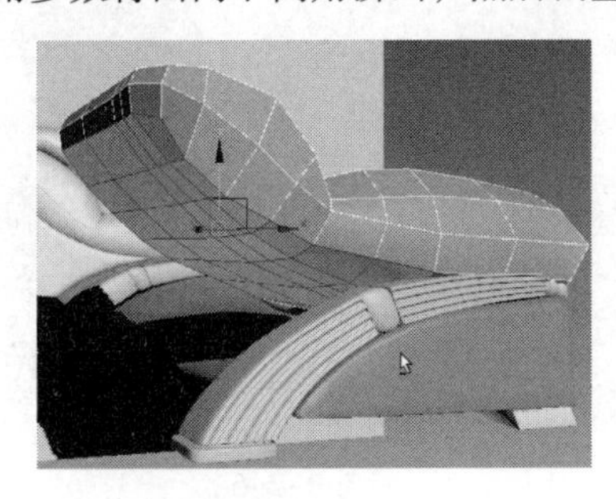

图 3-237

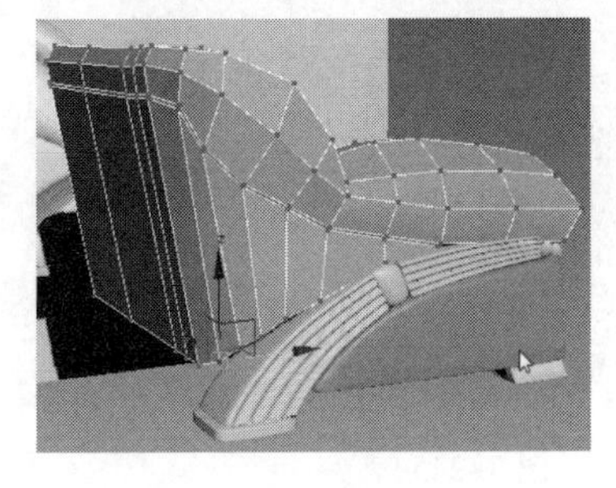

图 3-238

加线移动点调整形状后的细分效果如图 3-239 所示，继续在图 3-240 中的位置加线（因为高度上分段太少，加线尽量使模型布线均匀同时利于调整背部形状）。

在该位置加线后，有些面就成了 5 边面了，可以右击选择剪切工具，在图 3-241 中的位置加线，将三角面位置的线段移除（移除的快捷键为【Ctrl+Backspace】），移除后，选择图 3-242 中的面，单击松弛按钮将面松弛。

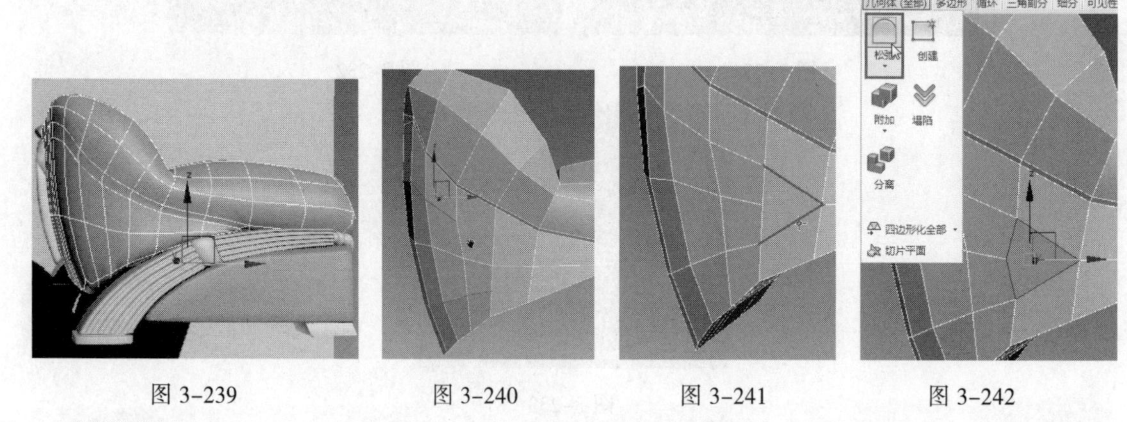

图 3-239　图 3-240　图 3-241　图 3-242

步骤 05　选择图 3-243 中的线，单击 挤出 按钮后面的▫图标，在弹出的“挤出”快捷参数面板中设置挤出参数，将线段向下凹陷挤出，如图 3-244 所示。细分后的效果如图 3-245 所示。用这种方法能快速制作出凹痕纹理。

除了该方法外，还可以先将图 3-243 中的线段切角设置为如图 3-246 所示，简单调整布线后，选择切角位置的面，如图 3-247 所示。先向内再向外倒角挤出，如图 3-248 所示。

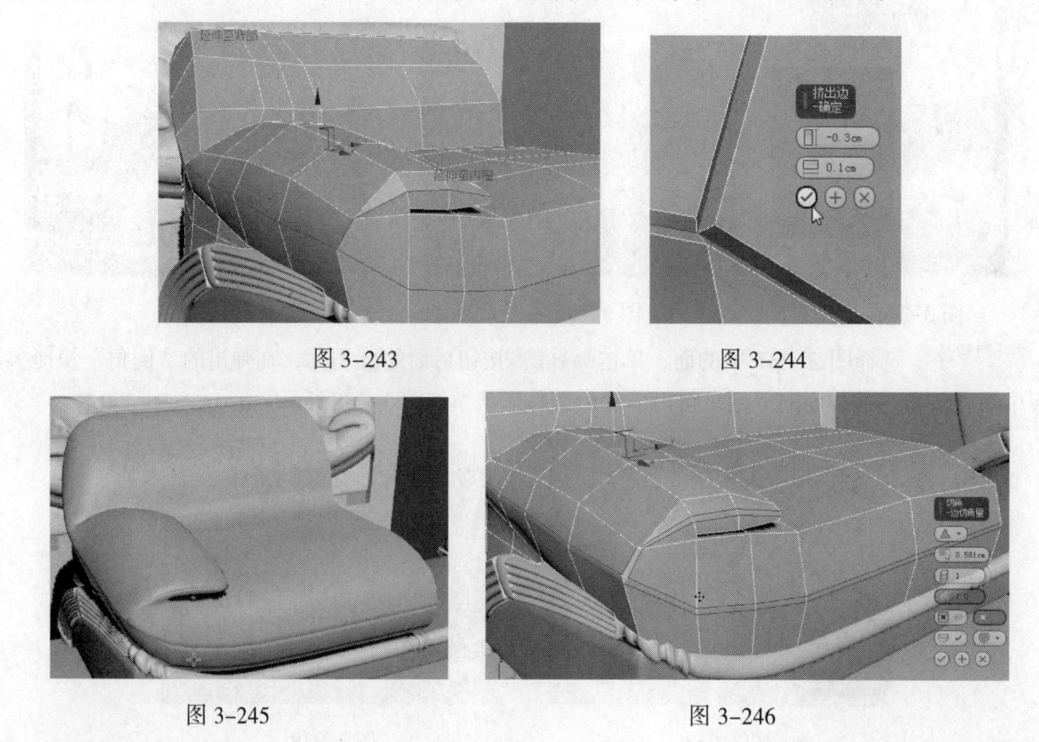

图 3-243　图 3-244

图 3-245　图 3-246

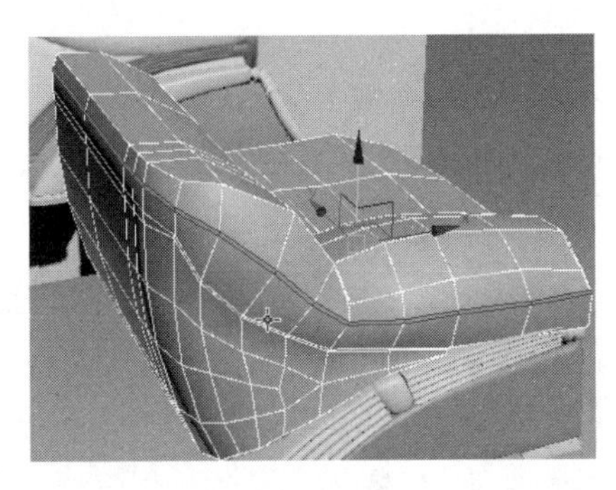

图 3-247

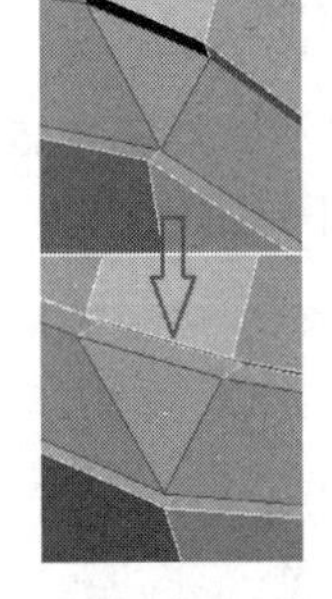

图 3-248

步骤 06 用同样的方法将扶手位置凹痕纹理制作出来，如图 3-249 所示。单击按钮进入修改面板，单击“修改器列表”右侧的小三角按钮，在修改器下拉列表中添加“对称”修改器，将另一半模型对称出来，如图 3-250 所示。

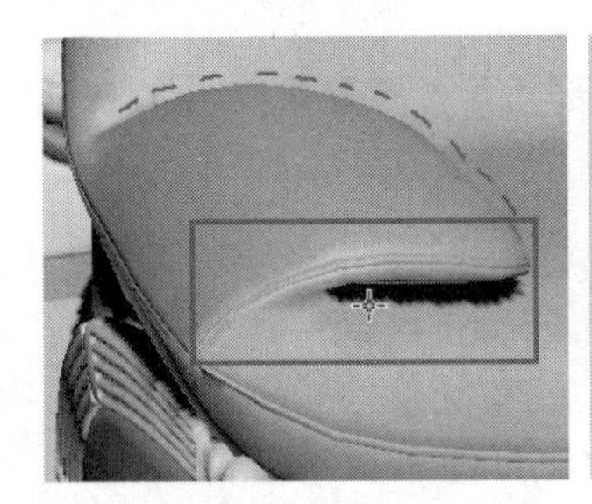

图 3-249

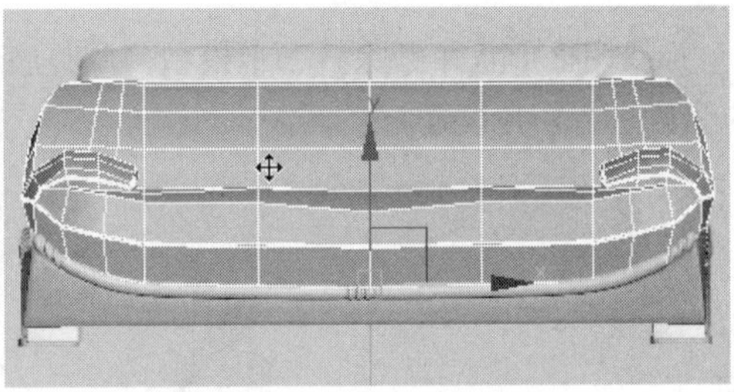

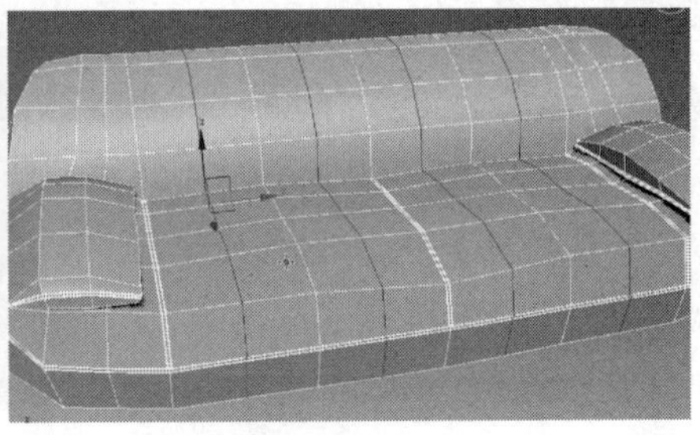

图 3-250

步骤 07 将图 3-251 中的线段用挤出工具将线段向下挤出，然后在图 3-252 中的位置加线调整形状。

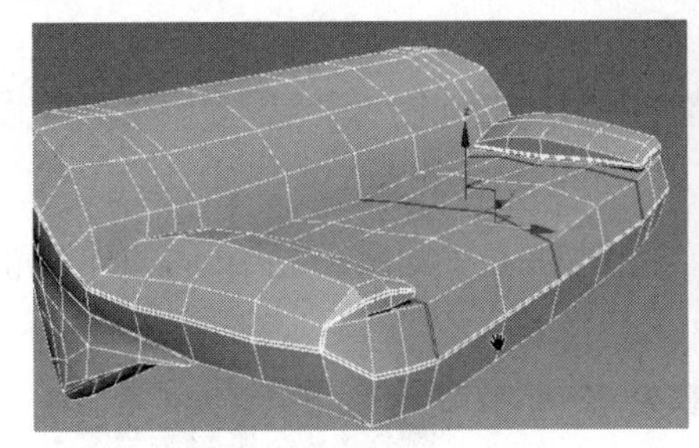

图 3-251

图 3-252

按快捷键【Ctrl+Q】细分该模型，效果如图 3-253 所示。

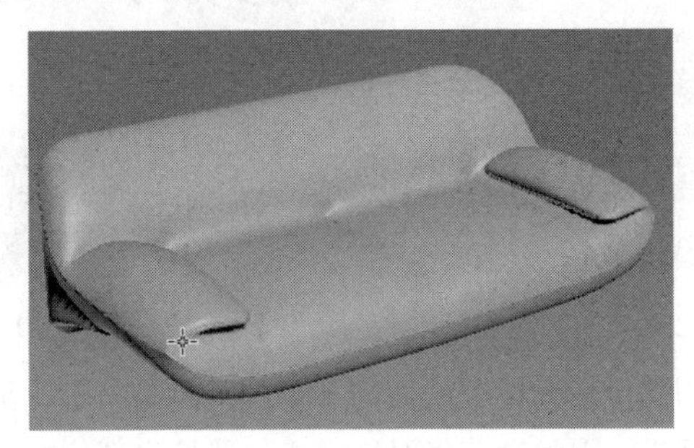

图 3-253

3.5.5 制作靠背模型

步骤 01 创建一个如图 3–254 所示的长方体模型，然后在修改器下拉列表下添加“弯曲”修改器，效果和参数如图 3–255 所示。

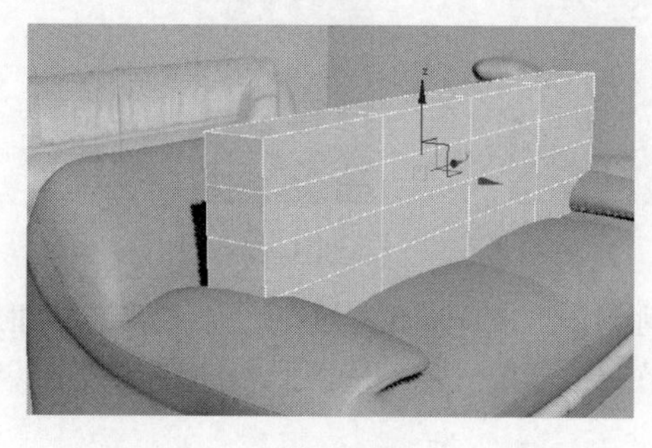

图 3–254

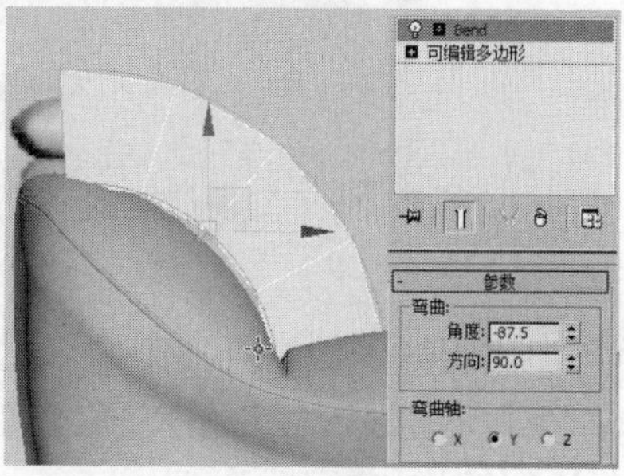

图 3–255

步骤 02 加线调整形状并删除另一半模型，调整底部角落位置形状如图 3–256 所示。然后将图 3–257 中的线段进行切角设置。

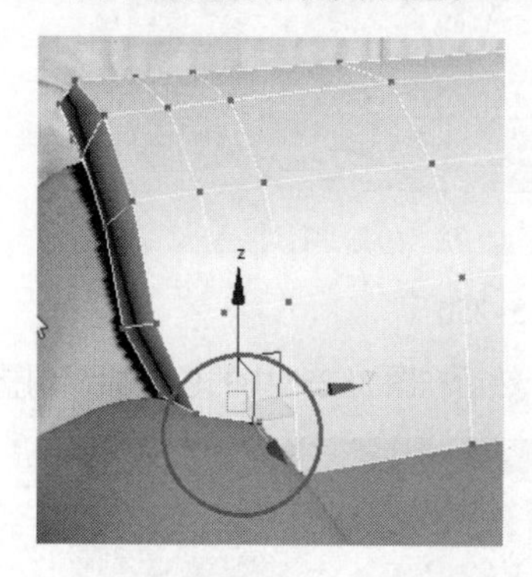

图 3–256

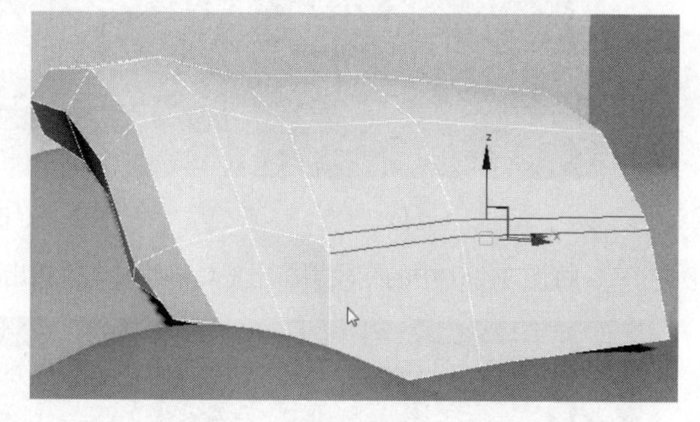

图 3–257

步骤 03 选择图 3–258 中的线段切角设置后，选择切角位置的面，先向内再向外倒角挤出面，细分后的效果如图 3–259 所示。

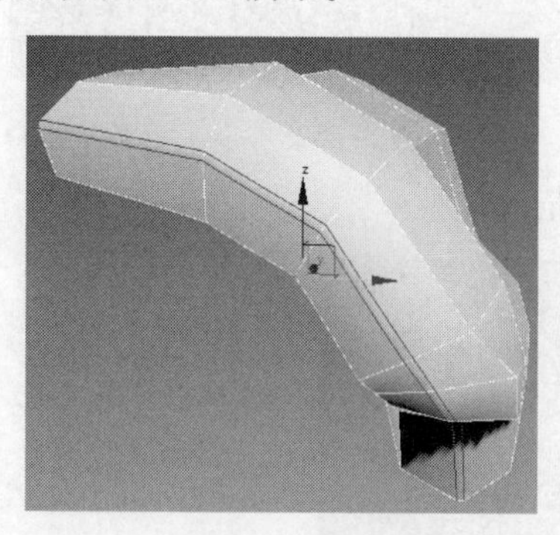

图 3–258

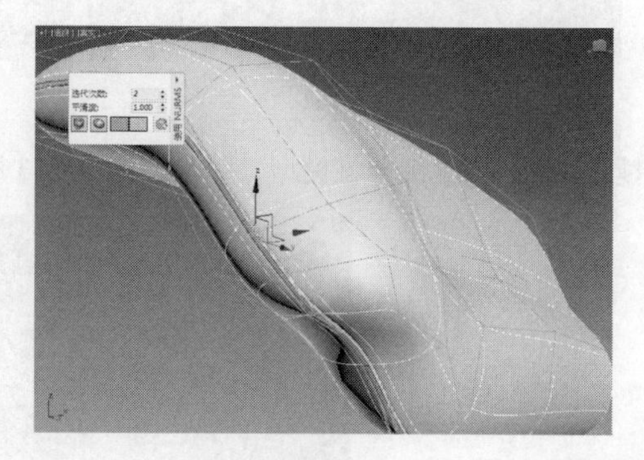

图 3–259

用同样的方法将靠背中间部位切角位置的面向下再向上倒角挤出，细分后效果如图 3–260 所示。细分后右侧中间位置效果不理想，因为没有将对称中心位置挤出部位的面删除，将最右侧挤出的面删除后再次细分，效果如图 3–261 所示。

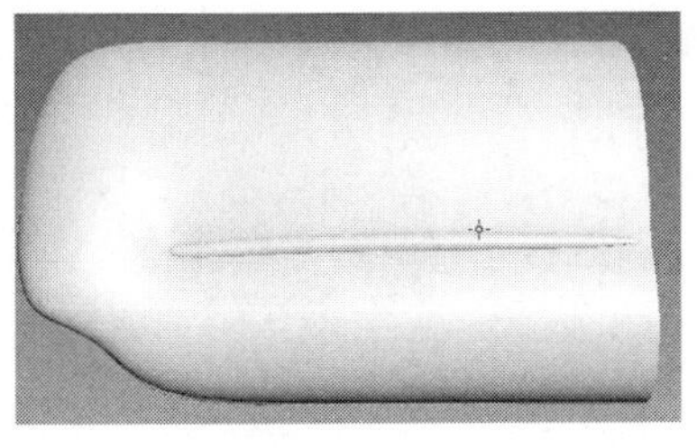

图 3-260

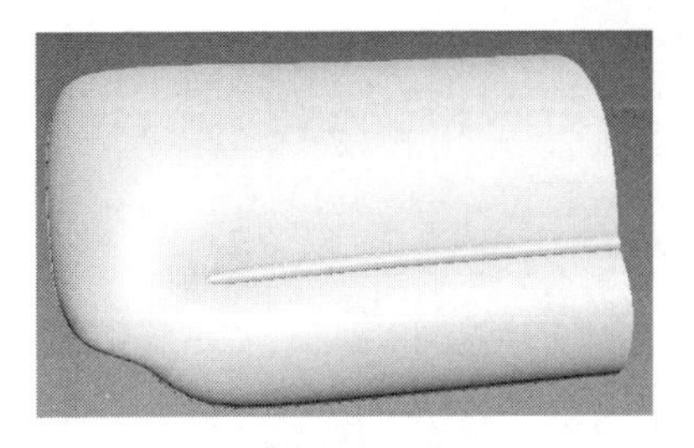

图 3-261

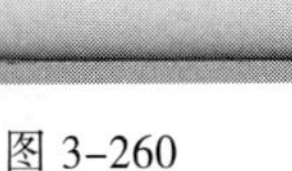

步骤 04 将图 3-262 中的线段切角后在中间位置再添加一条线段，然后移动该线段至如图 3-263 所示。细分后的效果如图 3-264 所示。用这种方法可以制作出皮质的重叠纹理效果。

在靠背左侧边缘位置加线如图 3-265 所示。然后将拐角位置的线段做切角设置，如图 3-266 所示。最后将靠背对称中心位置线段向内挤出设置，细分之后的整体效果如图 3-267 所示。

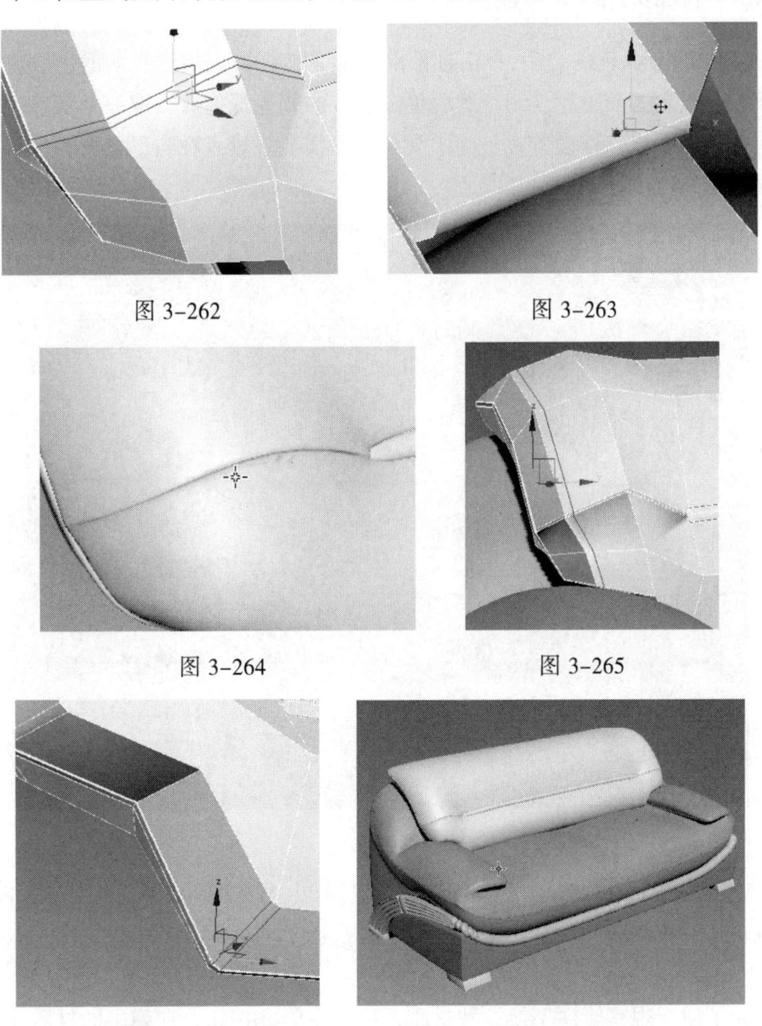

图 3-262

图 3-263

图 3-264

图 3-265

图 3-266

图 3-267

步骤 05 依次单击软件左上角图标并选择“导出”｜“导出”，在弹出的导出面板中进行参数设置，如图 3-268 所示，选择好导出的位置和名称后，单击“导出”按钮，此时会显示模型导出统计信息，如图 3-269 所示。

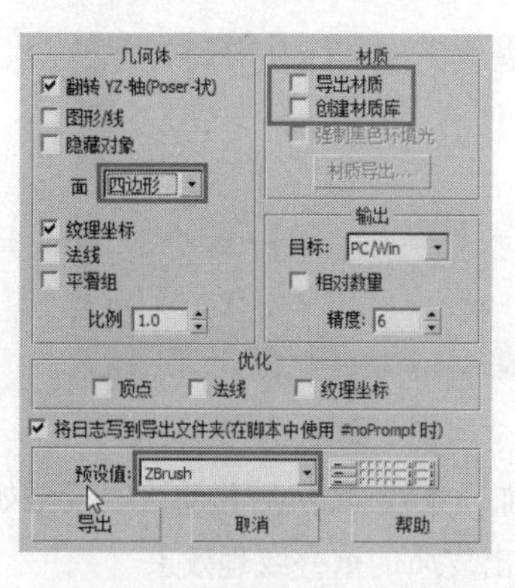

图 3-268

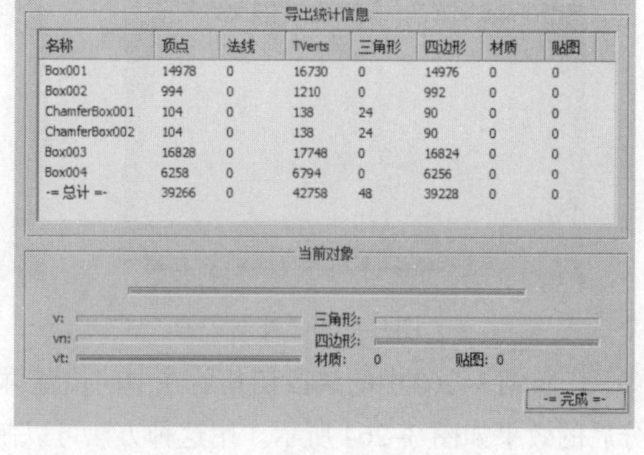

名称	顶点	法线	TVerts	三角形	四边形	材质	贴图
Box001	14978	0	16730	0	14976	0	0
Box002	994	0	1210	0	992	0	0
ChamferBox001	104	0	138	24	90	0	0
ChamferBox002	104	0	138	24	90	0	0
Box003	16828	0	17748	0	16824	0	0
Box004	6258	0	6794	0	6256	0	0
-= 总计 =-	39266	0	42758	48	39228	0	0

图 3-269

3.5.6 ZBrush 中雕刻褶皱纹理

步骤 01 打开 ZBrush 软件之后，单击顶部的按钮可以更改界面颜色，选择一个灰色界面，单击 Docment 菜单，设置 Range 值为 0，然后单击上方的颜色框拖放拾取一个灰色，这样背景视图的颜色就设置为灰色。之所以这样设置，是为了视频录制需要。读者在自己学习中没必要这样调整。设置好的界面效果如图 3-270 所示。

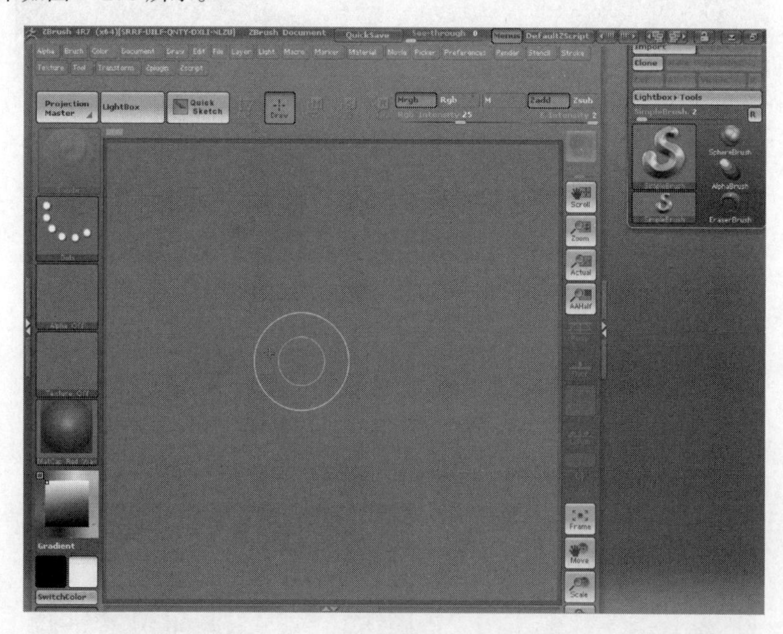

图 3-270

步骤 02 单击右侧 Tool 面板下的 Import 按钮，找到 3ds Max 中导出的 obj 格式文件将其导入进来，在工作视图区域单击并拖动将模型拖出来，然后单击按钮进入编辑模式，这样才能进入模型的雕刻编辑状态。

步骤 03 为了便于观察给模型换一种材质，单击左侧按钮，在弹出的材质面板中选择一个比较亮一点的材质球（BasicMaterial），效果如图 3-271 所示。

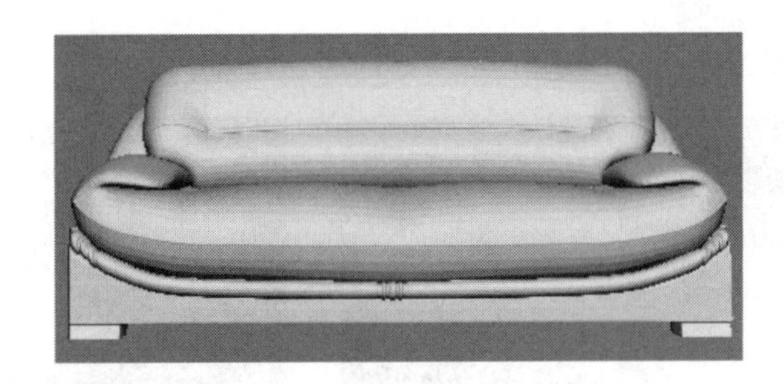

图 3-271

步骤 04 单击右侧Geometry按钮展开卷展栏，单击Divide按钮细分模型，单击依次增加一级细分，细分级别可以在SDiv 3中观察，此处的细分和电脑配置有很大的关系，电脑配置如果比较高能细分到7~8 级，当然这里也并不是细分越高越好，要根据需要给到合适的细分级别即可，一般细分 4 级左右即可。

单击Standard 笔刷，在弹出的笔刷面板中可以选择合适的笔刷在模型上进行雕刻，注意雕刻是要调整笔刷的深度Z Intensity以及笔刷大小（可以按快捷键“【”和“】”快速调整大小）。

在雕刻时可以开启对称雕刻功能，单击Transform Activate Symmetry（激活镜像）按钮，默认开启X 轴对称，此处可根据场景模型需要自行选择对称轴，这里选择 Z 轴对称，开始 Z 轴对称后的效果如图 3-272 所示。

单击笔刷图标，在弹出的笔刷面板中按下【D】键，此时系统会只显示以 D 开头的笔刷便于快速筛选，选择 Dam-Standard 笔刷，调整笔刷深度和大小在模型表面进行雕刻绘制，效果如图 3-273 所示。该笔刷默认的绘制效果是向下凹陷的，如果希望凸起雕刻，可以按住【Alt】键进行雕刻，如图 3-274 所示。

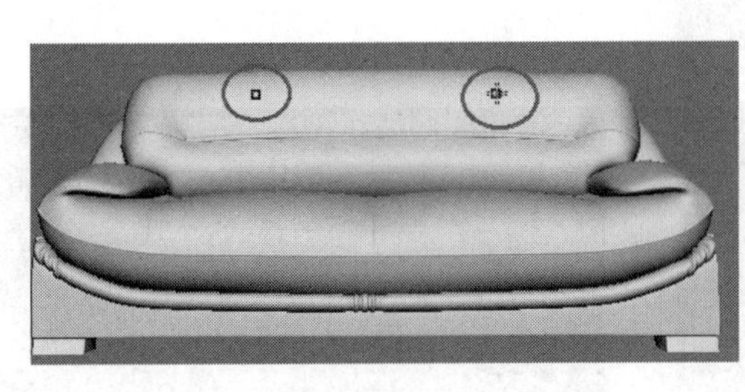

图 3-272

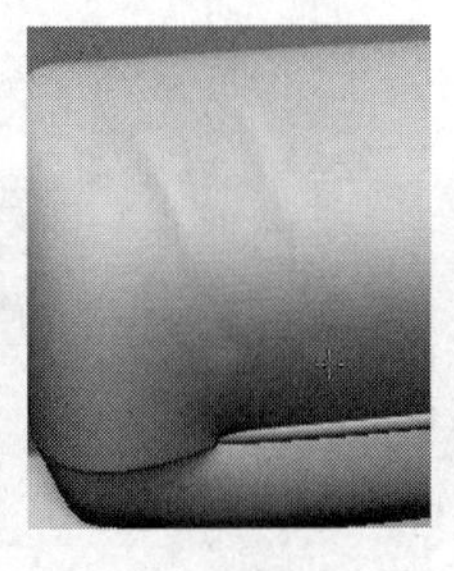

图 3-273

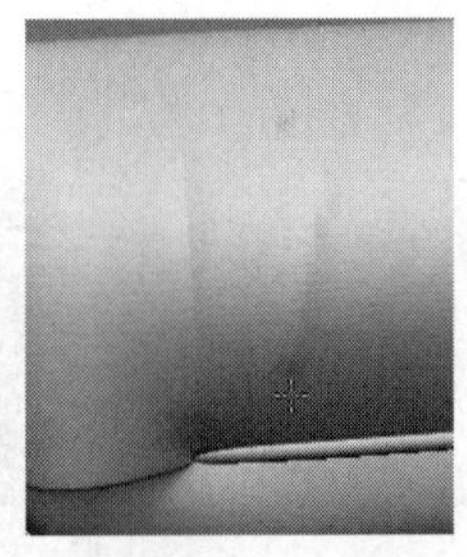

图 3-274

通过该笔刷以及凹陷和凸起雕刻的配合使用，快速在模型表面绘制出褶皱效果，过程如图 3-275 和图 3-276 所示。

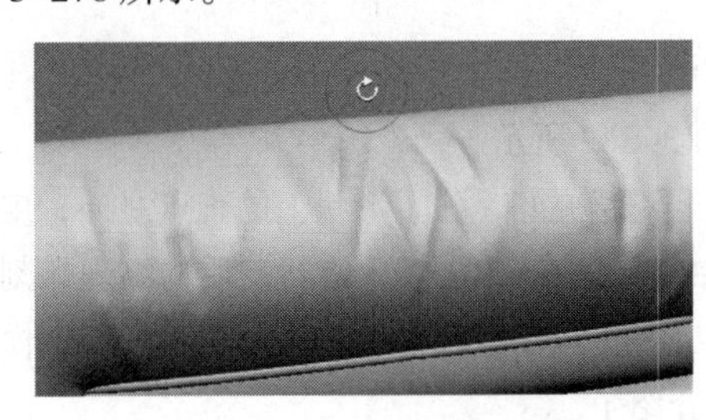

图 3-275

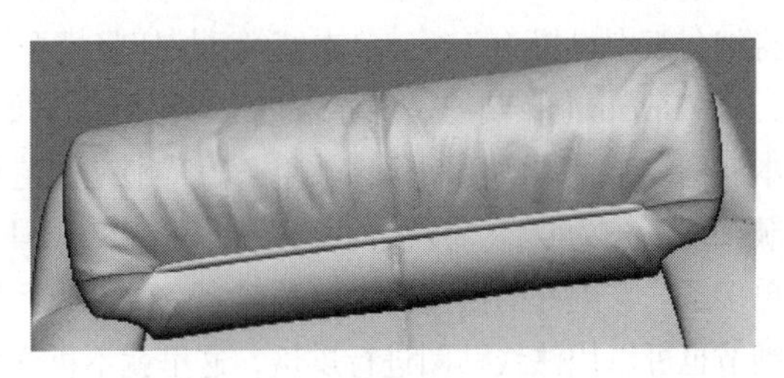

图 3-276

步骤 05 用同样的方法绘制扶手垫和坐垫的褶皱纹理，如图 3-277 和图 3-278 所示。继续细化细节，绘制后的整体效果如图 3-279 所示。

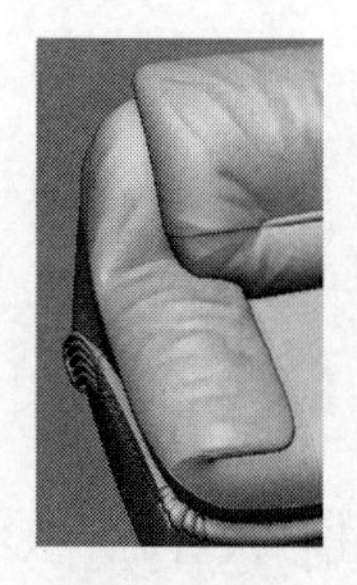
图 3-277

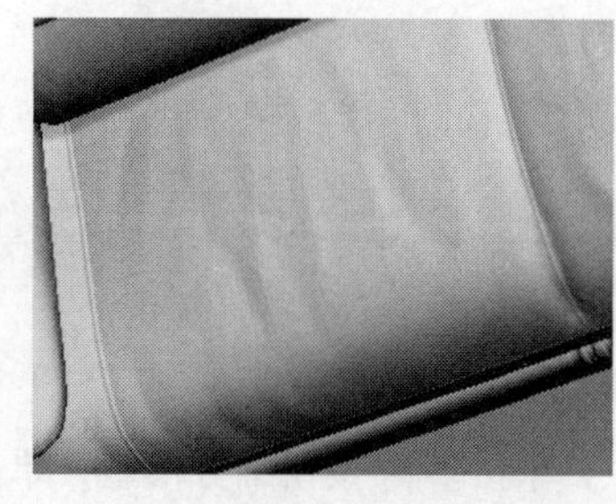
图 3-278

图 3-279

在绘制过程中，可以随时按住【Shift】键进行光滑处理，按住【Shift】键后记得也要调整光滑的强度值以避免光滑强度值过高时，会将绘制的褶皱细节磨平。

选择 Move 笔刷，整体调整沙发造型。Move 笔刷和 3ds Max 软件中多边形建模下的“偏移”工具很类似。

当鼠标放置在如图 3-280 所示位置时，左侧会显示出当前细分级别下模型的面数等信息。

可以看到当前 4 级细分下的面数有 250 万左右的面，单击滑块向左滑动降低细分级别为 3，当前的面数为 62 万多。当再次降低细分级别为 2 级时，面数会大幅降低，模型表面上的雕刻细节也随之降低，如图 3-281 所示。所以在导出模型之前要在细节和面数之间做一下权衡。

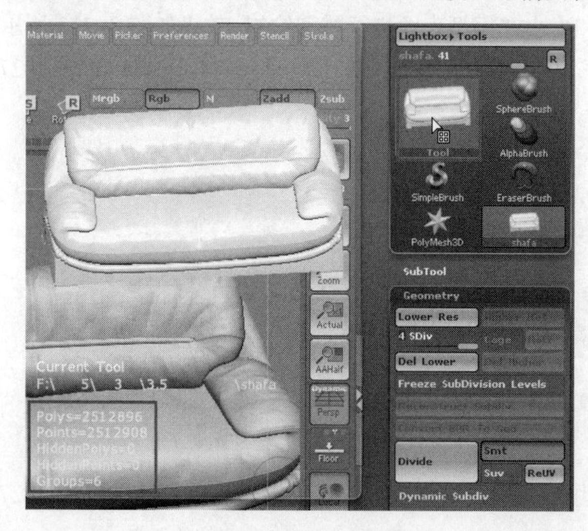

图 3-280

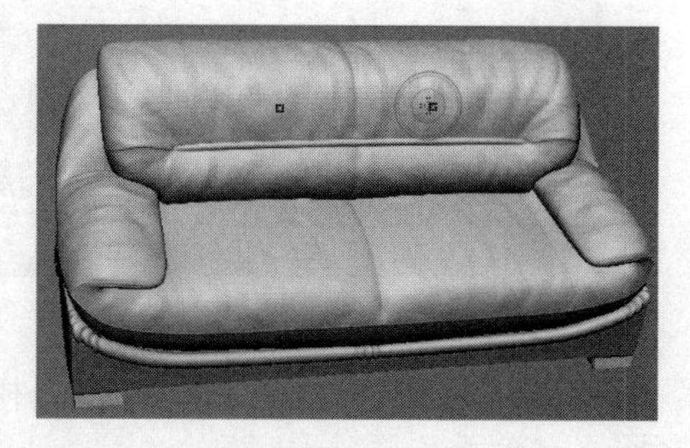
图 3-281

将细分级别设置为 3 级，单击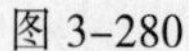按钮将模型导出，返回 3ds Max 软件中，选择“导入”|“导入”，将 ZBrush 中雕刻的模型导入进来，最终效果如图 3-282 所示。

本实例小结：本实例制作比较复杂，特别是在造型上要把握好，除了形状上的难点之外，皮质上的褶皱纹理也较为复杂，皮质的纹理制作可在 ZBrush 中完成，在 ZBrush 中进行皮质的纹理雕刻就变得简单多了。雕刻好的模型因为面数较多，所以最后导出时要在细节和面数之间做一下权衡。模型表面的细节也可以用法线贴图进行烘焙，这里就不再详细介绍了。

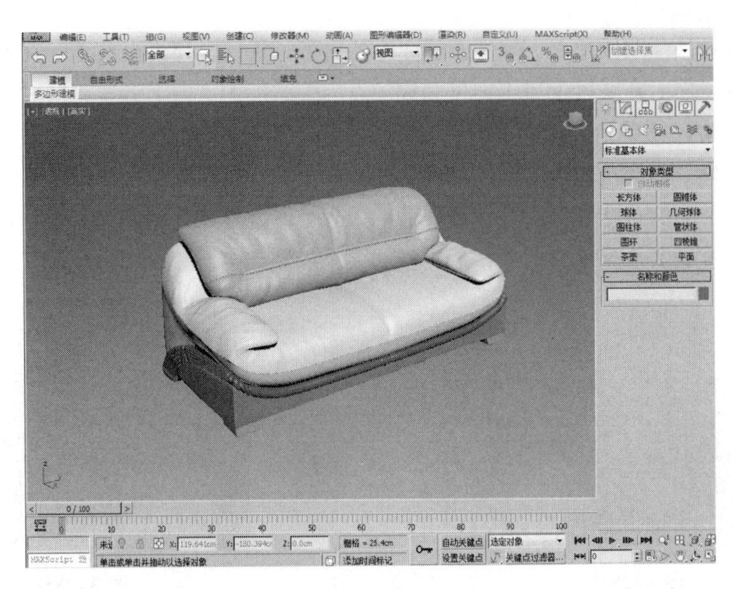

图 3-282

3.6　制作公共座椅

在城市的居住区、商业区、公共活动区、旅游区等公共场所为人们提供一些小憩的空间是十分重要的。它可以让人们拥有一些比较私密的空间来进行一些特殊活动，如休息、小吃、阅读、打盹、编织、下棋、晒太阳、交谈等。

公共座椅的形态大致有两种，即长凳和椅子。长凳不仅可供坐、躺，还可供人们下棋等。可以认为凳是可移动的板面，强调造型的水平面，减弱视觉的压抑感，可随意变动坐的方向，当人们共同坐在一条长凳上时，其心理状态也不一样。椅子来源于古代存取物的器具，以“座”这一单一机能为主要目的，附设靠背和扶手。椅有单座型和连座型两种。单座型椅多见于公园、广场等场所。

普通一人使用椅的长度为 40 ~ 45cm，相当于一人的肩宽，宽度为 44 ~ 45cm（臀部至膝关节的距离），座面高为 38 ~ 40cm，靠背为 35 ~ 40cm，与座面倾斜保持在 5° 以内。这是最小尺寸，作为公共场所的座椅应考虑使用者的需要并按一定比例放大。

步骤 01　在视图中创建一个长度为 120cm、宽度为 60cm 的矩形，转换为可编辑的样条曲线，删除一条长度上的线段，然后框选两条宽度上的线段，单击“拆分”按钮，将线段拆分成两段，注意“拆分”后面的数值即是将线段平均拆分几段的意思。选择所有的点，右击，在弹出的快捷菜单中将所有的点设置为角点，并调整点的位置。单击“圆角”按钮，将拐点位置处理成圆角，如图 3-283 所示。

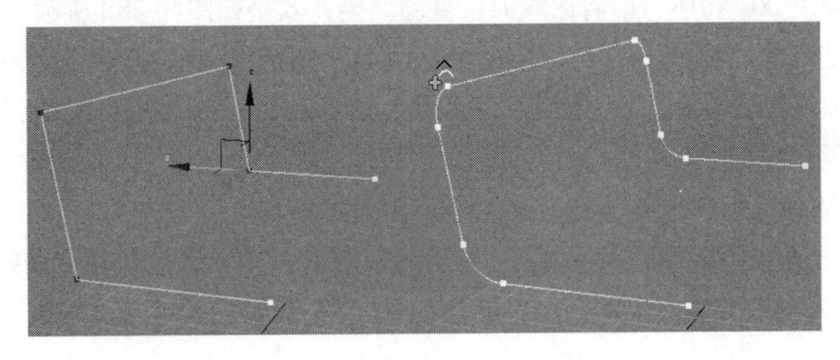

图 3-283

步骤 02 选择顶部线段加点。除了上述介绍的拆分方法外，还可以右击，在弹出的快捷菜单中选择“细化”命令，然后在线段上单击即可完成加点。将添加的点向上调整，同时配合调整两边的手柄，使线段自然光滑，如图 3–284 所示。

步骤 03 创建一个倒角的矩形框，单击“放样”工具，在视图中拾取矩形框完成放样，适当地降低“图形步数”和“路径步数”的值，放样后的效果如图 3–285 所示。如果放样后觉得宽度太窄，可以随时调整矩形框的大小来完成对放样后模型的大小控制。

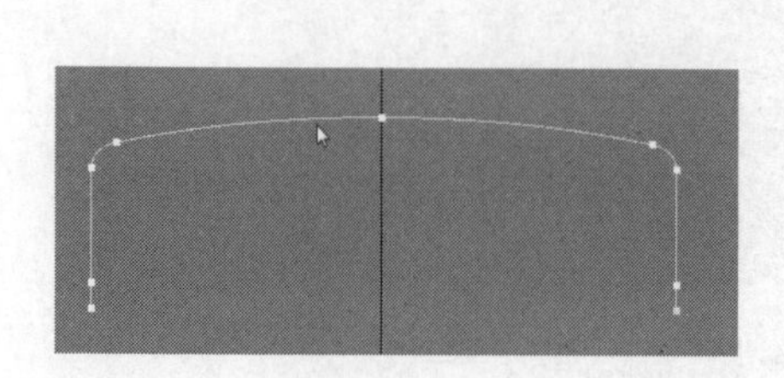

图 3–284

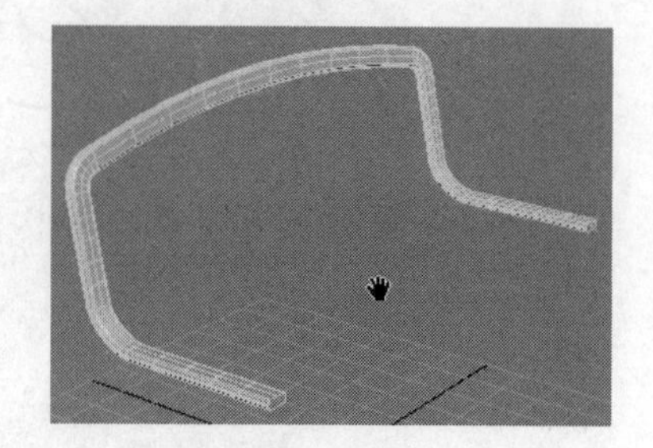

图 3–285

步骤 04 在视图中创建一个倒角的 Box 物体，调整参数和位置，然后再创建一个球体，降低球体的分段数，删除下半部分，转换为可编辑的多边形，适当地对半球体做修改，如图 3–286 所示。

步骤 05 移动调整螺钉的位置，在移动时为了方便观察嵌入物体内部的深度，可以将其他的物体透明化显示，快捷键为【Alt+X】，如图 3–287 所示。

图 3–286

图 3–287

在边缘的位置加线细分显示螺钉物体，然后复制调整到右侧对称位置。此时选择两个螺钉和倒角的 Box 物体，单击组菜单，单击成组，将这三个物体组成一个群组，便于选择。

步骤 06 选择组 001 物体，沿着曲线面板复制调整，效果如图 3–288 所示。

在上部位置创建一个圆柱体，此时发现椅子的上面轮廓需要修改。选择 Loft001 曲线，移动到左侧，然后在上部添加点并调整点，在调整时，注意各个轴向上手柄的控制调整，配合路径数值的调整，让模型更加精细。调整好的效果如图 3–289 所示。

单击按钮，然后选中“图形”复选框，将样条线隐藏起来。

步骤 07 单击样条线面板，然后单击“螺旋线”按钮，在左视图中创建一个螺旋线，如图 3–290 所示。按住【Shift】键向右移动复制出一个，调整大小，然后将这两个螺旋线附加在一起，如图 3–291 所示。

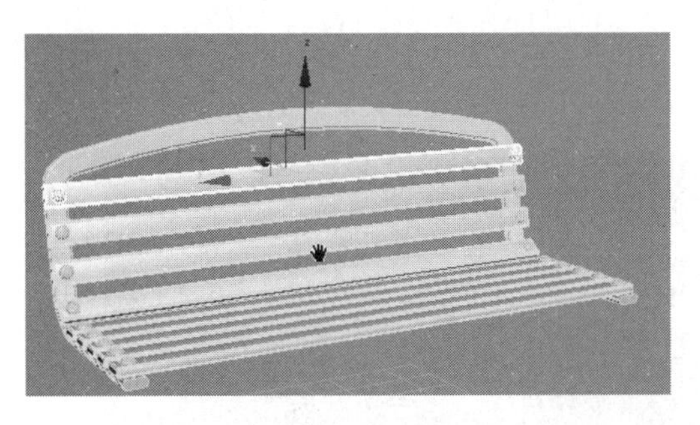

图 3-288

图 3-289

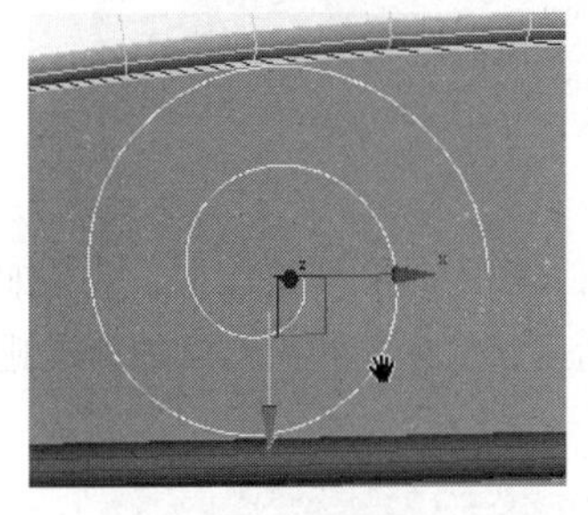

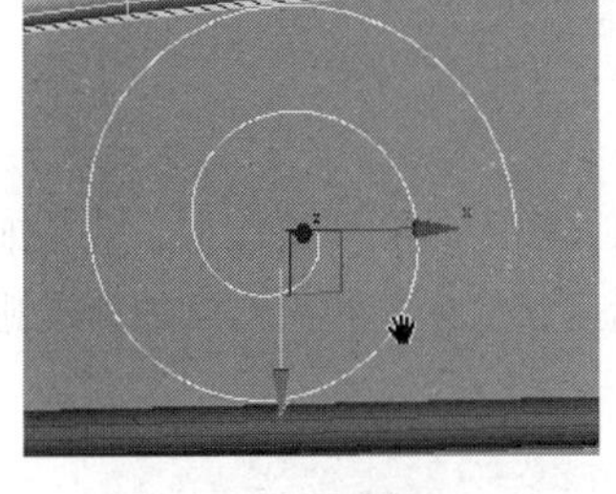

图 3-290

图 3-291

分别在螺旋线的末端位置加点，然后将末端的点移动重合在一起并进行焊接，调整中间的连接线，配合旋转工具适当地旋转螺旋线，调整后的效果如图 3-292 所示。

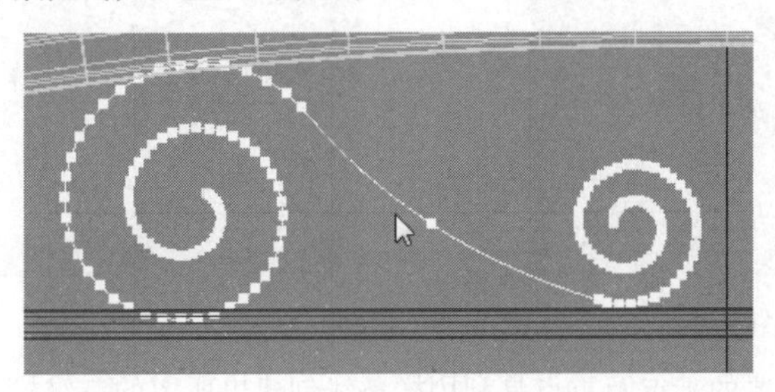

图 3-292

步骤 08　在参数中选中“在渲染中启用”和“在视口中启用”复选框，打开线的粗细显示并复制调整大小位置，其效果如图 3-293 所示。

步骤 09　选中该物体继续复制对称到右侧，继续在中间的部位制作出如图 3-294 所示的样条线，打开半径显示，整体的效果如图 3-295 所示。

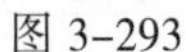

图 3-293

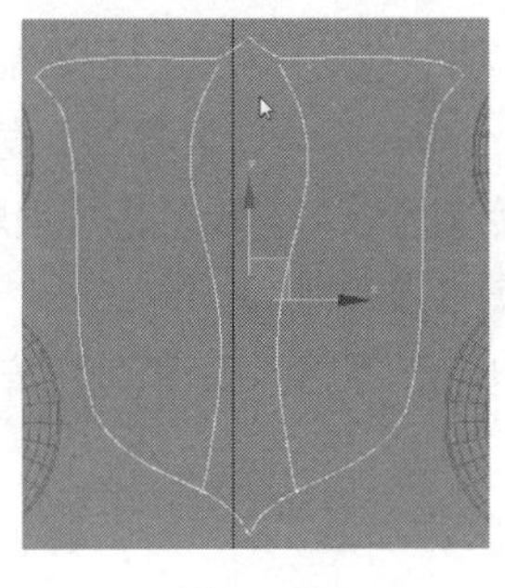

图 3-294

图 3-295

步骤 10 接下来制作出两边的花纹效果。用同样的方法制作出花纹的样条曲线，其制作过程如图 3-296 所示。

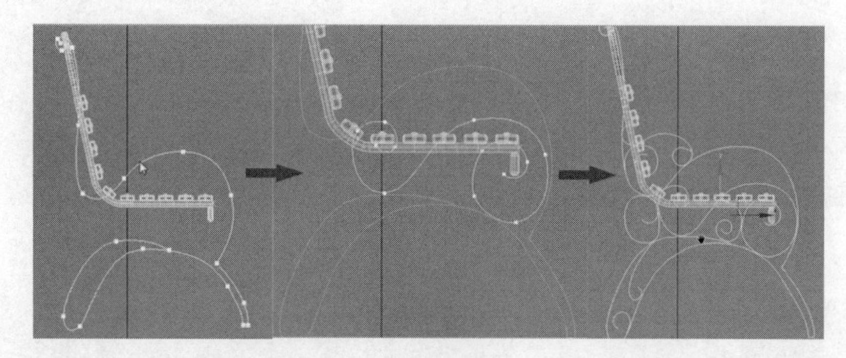

图 3-296

调整样条线的形状和比例，然后创建一个倒角的矩形，用放样工具放样出模型，效果如图 3-297 所示。增加 Line 插值下的步数参数，给模型适当地增加一些精度，然后复制出右侧的椅子腿，其最后的效果如图 3-298 所示。

图 3-297

图 3-298

本实例小结：本节主要的难点及重点是利用样条线创建出所要的三维模型效果，虽然看起来比较简单，但是在制作时需要反复地调整样条线的点，其工作量也是较大的，同时为了让模型看起来更加美观，在调整点时也要尽量做到精细。

3.7 制作现代转椅

转椅是电脑椅、办公椅中的一种，它是一种可以旋转的椅子。

步骤 01 在顶视图中创建一个 Box 物体，设置长、宽、高分别为 600mm、550mm、120mm，右击，在弹出的快捷菜单中选择“转换为” | “转换为可编辑多边形”命令，选择边缘线段并按快捷键【Ctrl+Shift+E】加线调整，如图 3-299 所示。

选择图 3-300 中所示的线段，单击“切角”后面的□按钮，然后设置切角参数，如图 3-301 所示。

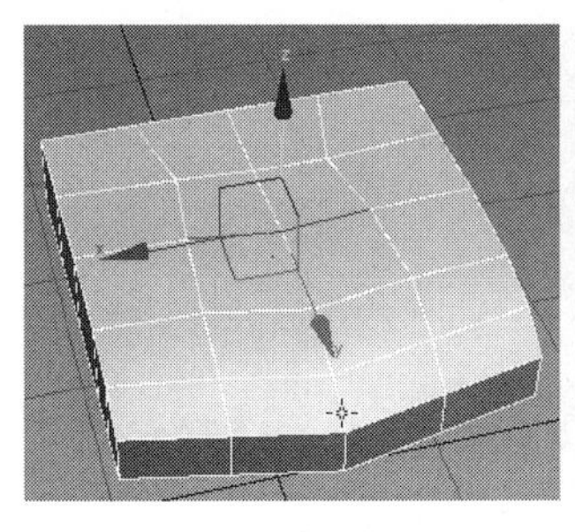

图 3-299

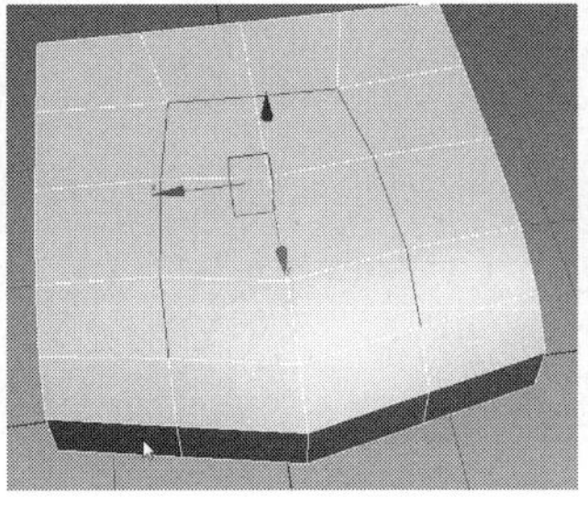

图 3-300

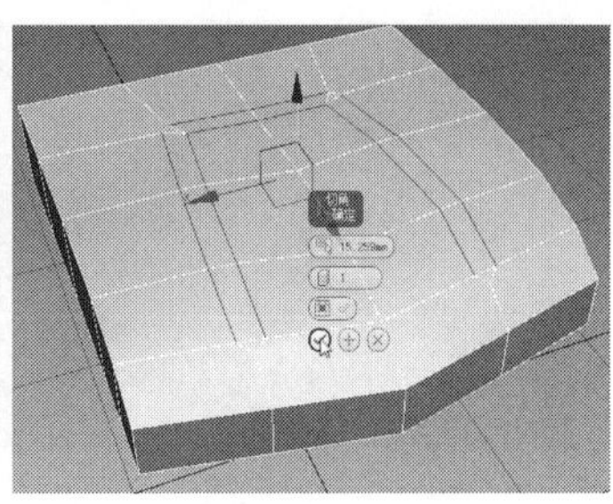

图 3-301

选择图 3-302 中的线段，按快捷键【Ctrl+Shift+E】加线并将添加的线段向下移动调整，如图 3-303 所示。

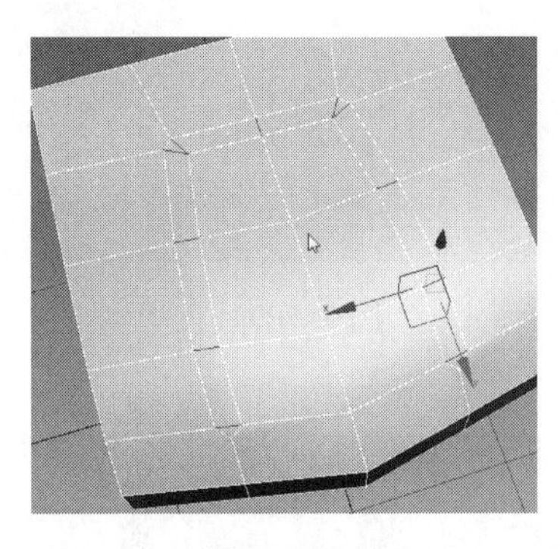

图 3-302

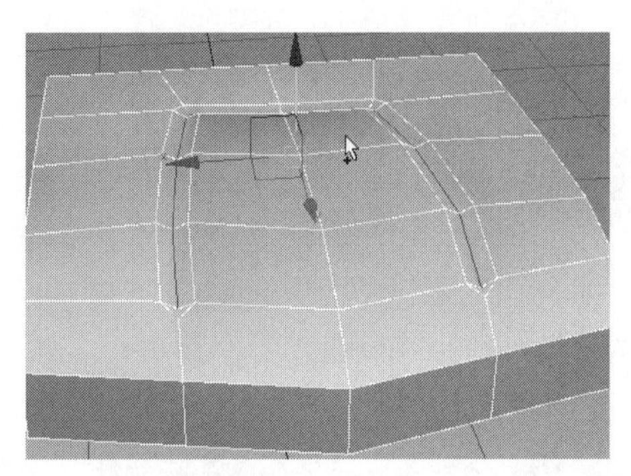

图 3-303

通过这种方法可以制作出表面的褶皱效果，如图 3-304 所示。

步骤 02 继续加线调整，删除 X 轴一半模型，然后单击按钮将另外一半关联对称复制，这样只需要调整一半模型效果，另外一半会自动随之变化。在制作褶皱效果时，可以单击“绘制变形”卷展栏工具下的“松弛”按钮，开启笔刷雕刻功能对面进行松弛处理。效果如图 3-305 所示。

图 3-304

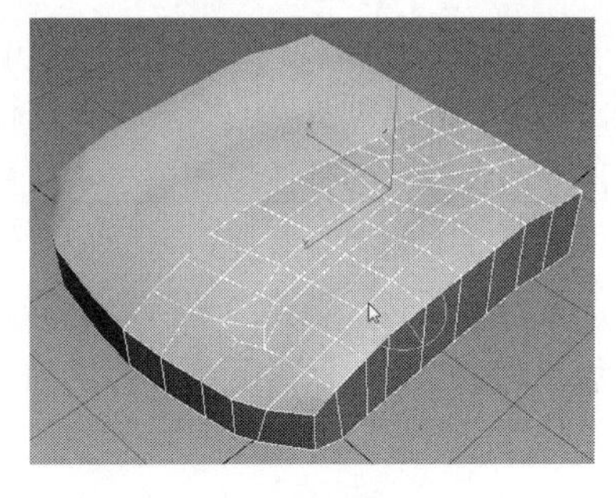

图 3-305

步骤 03 在该物体的高度边缘位置继续加线调整，使其边缘调整得圆润一些，然后对其环形线段进行切角处理，如图 3-306 所示。

选择图 3-307 中的环形面，单击“倒角”后面的按钮，将面向外侧倒角挤出，如图 3-308 所示。用同样的方法将所需的面挤出，效果如图 3-309 所示。

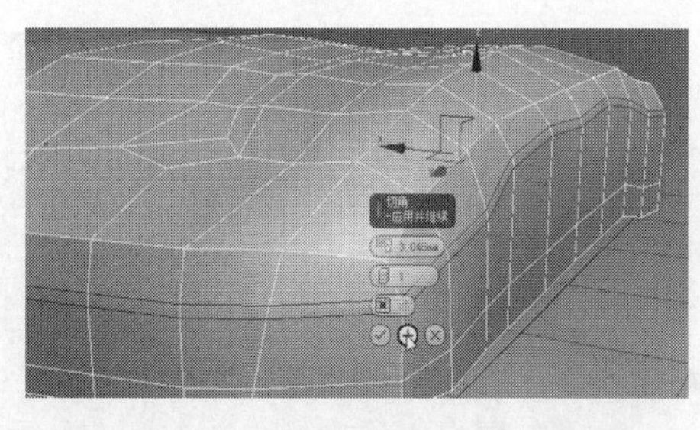

图 3-306

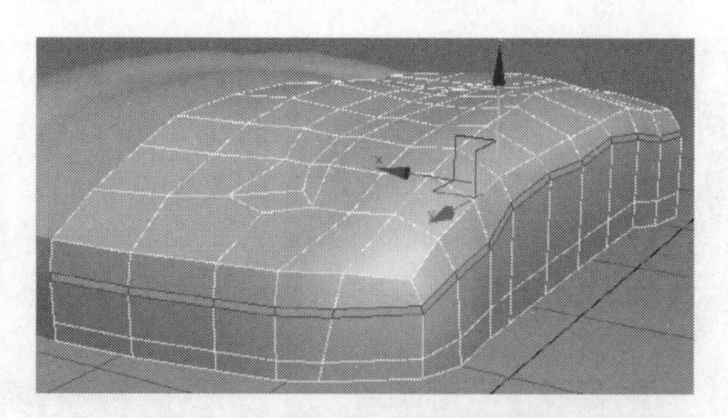

图 3-307

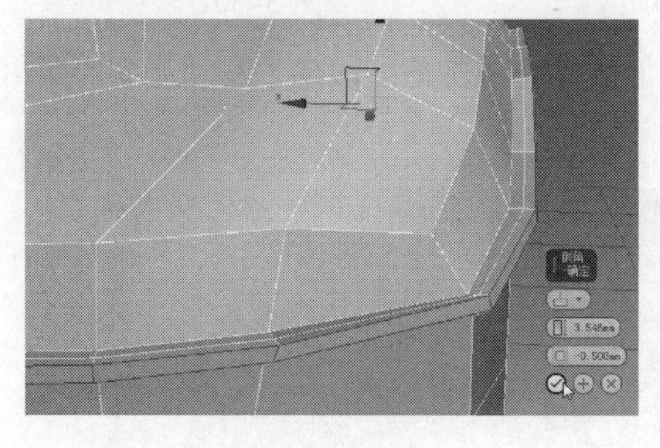

图 3-308

图 3-309

细分后的效果如图 3-310 所示。

步骤 04 选择底部边缘环形线段，单击“挤出”后面的□按钮将线段向内凹陷挤出，如图 3-311 所示。

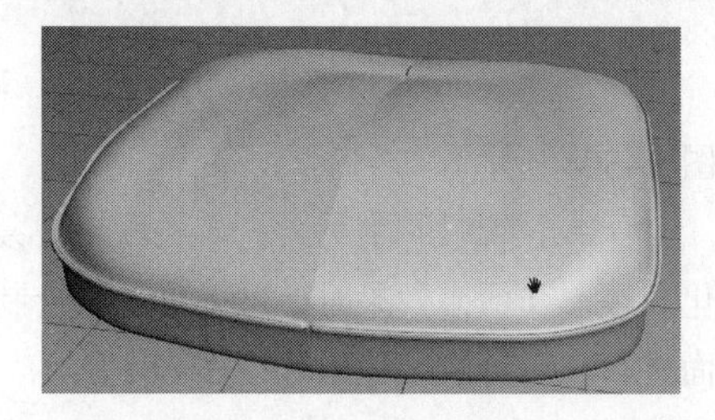

图 3-310

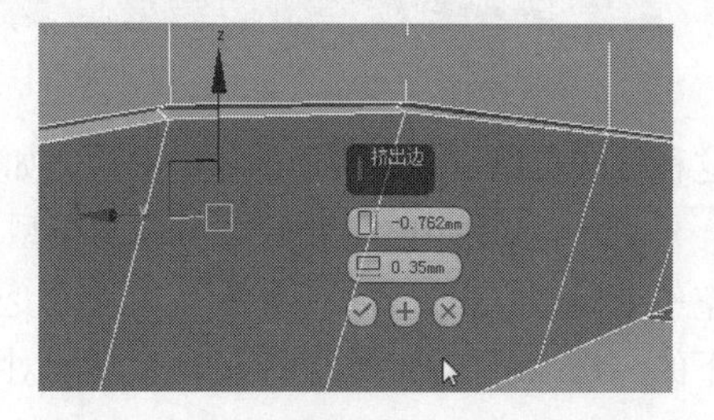

图 3-311

然后单击“切角”按钮对凹陷的线段再次进行一个很小值的切角处理，通过这种方法可以制作出凹陷或者凸出部分的纹理。细分效果如图 3-312 所示。

单击“自由形式”下的“绘制变形”面板，然后单击“偏移”工具，调整笔刷的大小和强度，对模型整体形状进行调整，对达不到细节所需的部分继续加线调整点。最后删除另一半模型，在修改器下拉列表中添加“对称”修改器后塌陷，再次细分效果如图 3-313 所示。

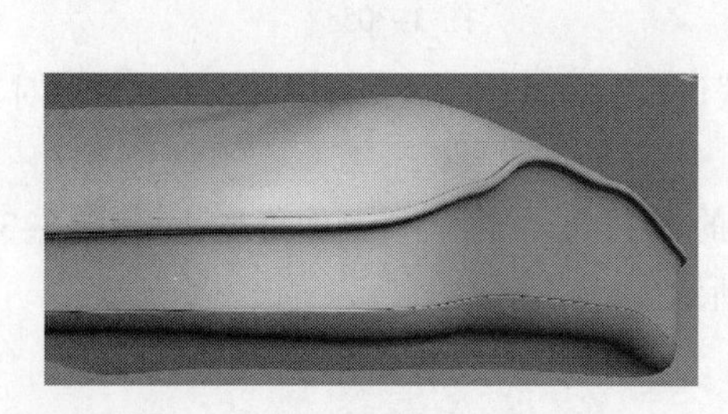

图 3-312

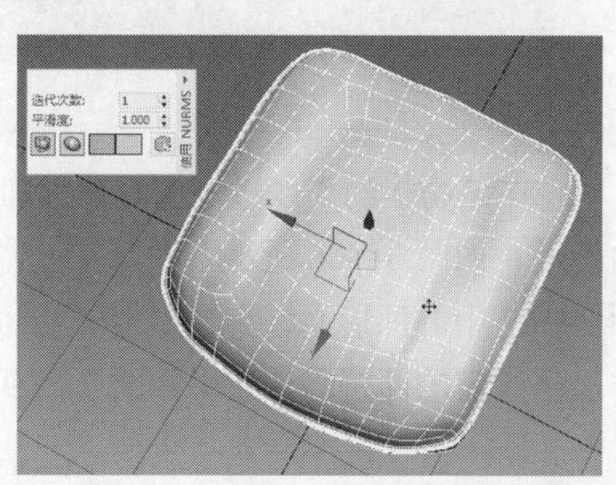

图 3-313

步骤 05 其他部分的制作。在视图中创建一个矩形框，右击，在弹出的快捷菜单中选择“转换为”|“转换为可编辑样条曲线”命令，删除顶部的线段，进入点级别，选择底部两个点，单击“圆角”按钮将直角处理成圆角，如图 3-314 所示。

然后在侧面再次创建一个矩形框并转换为可编辑的样条曲线，用圆角工具将四个直角处理为圆角，如图 3-315 所示。

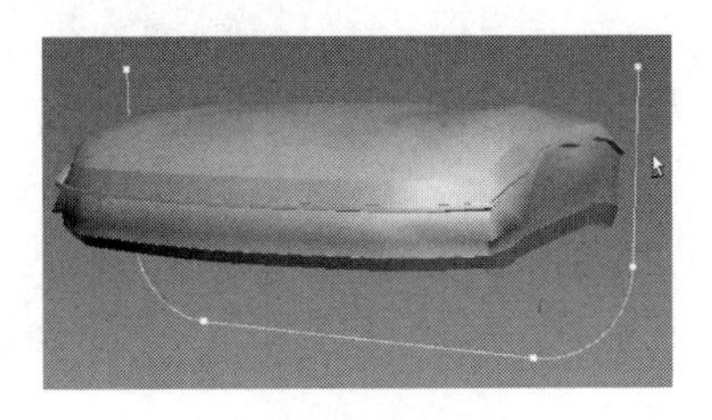

图 3-314

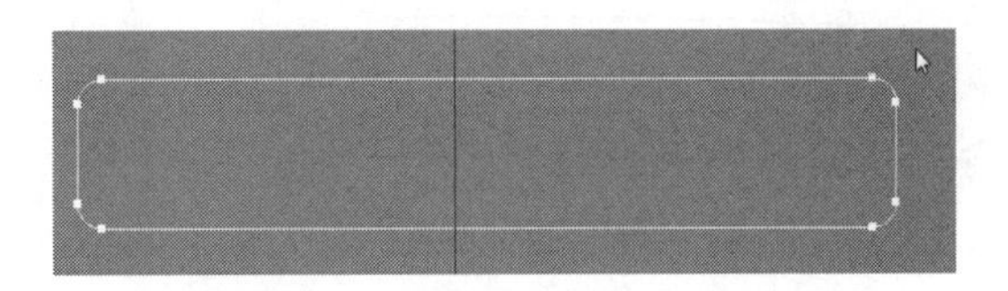

图 3-315

步骤 06 选择路径样条线，在面板下的复合对象面板中单击“放样”按钮，然后单击“获取图形”按钮，在视图中拾取圆角化的矩形，效果如图 3-316 所示。

这里角度放样后出现了问题，进入 Loft 放样的“图形”子级别，在放样的物体上框选，然后旋转 90°，效果如图 3-317 所示。

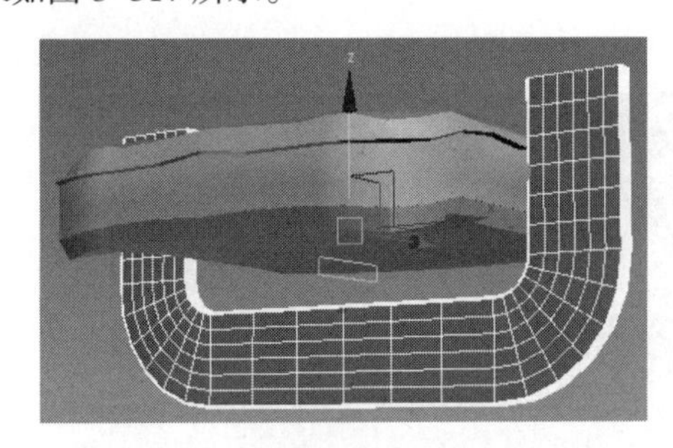

图 3-316

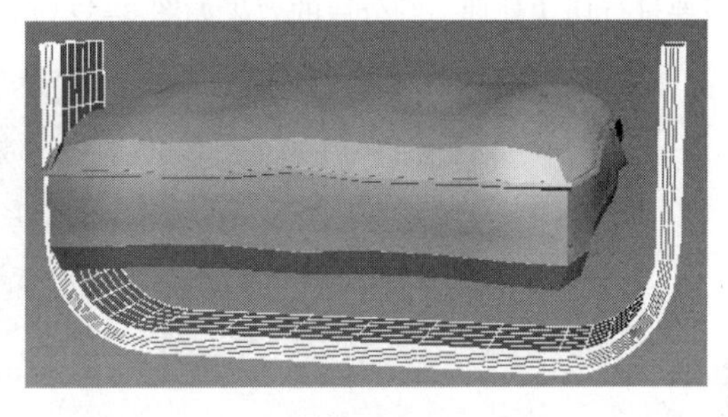

图 3-317

步骤 07 单击“线”按钮在左视图中创建如图 3-318 所示的样条线。

切换到透视图，将底部的点移动到坐垫下方，中间可以通过加点的方式调整，在调整时可以先将点的模式设置为平滑的方式，这样便于调整，调整结果如图 3-319 所示。

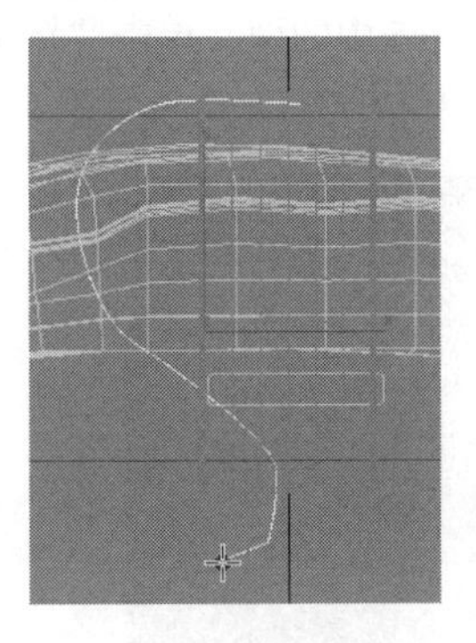

图 3-318

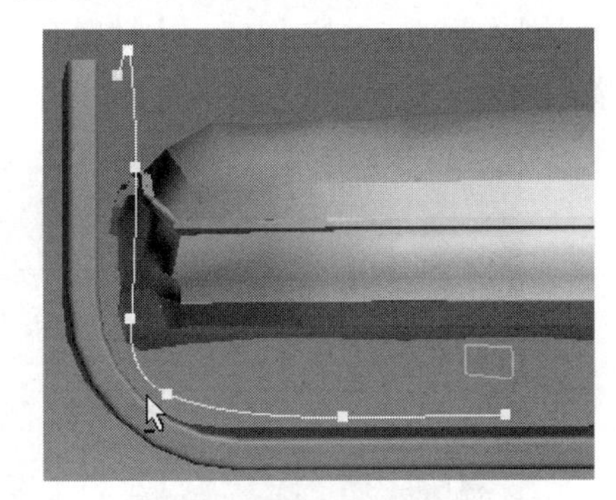

图 3-319

单击按钮对称复制出另一半样条线，然后单击“附加”按钮拾取另一条样条线，将两者附加起来，框选对称中心的点并单击“焊接”按钮进行焊接，在“渲染”卷展栏中选中“在渲染中启用”

和“在视口中启用”复选框，如图 3–320 所示。

步骤 08 底座的制作。在视图中创建一个 Box 物体并右击，在弹出的快捷菜单中选择“转换为”|“转换为可编辑多边形”命令，删除右侧的面，选择边界线并按住【Shift】键配合移动工具挤出面并调整，如图 3–321 所示。

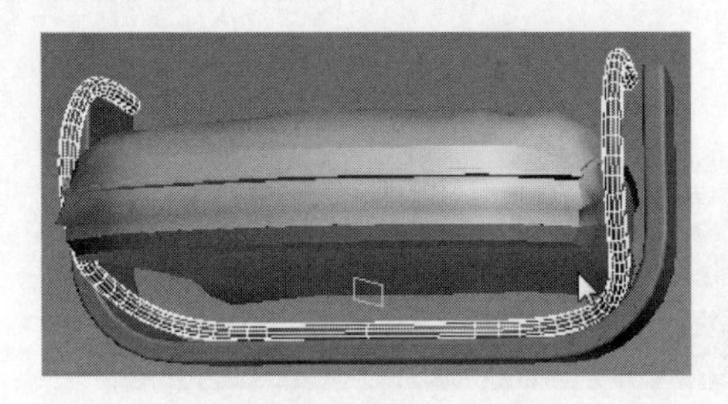

图 3–320

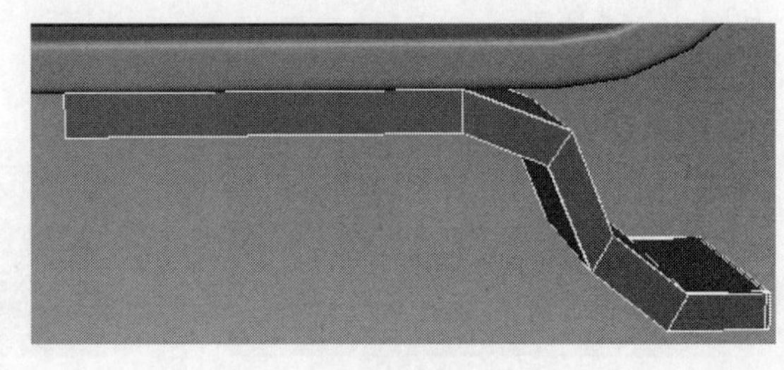

图 3–321

在边缘的位置加线后，在修改器下拉列表中添加“对称”修改器，调整好对称中心位置后塌陷细分，效果如图 3–322 所示。

步骤 09 单击“管状体”按钮在顶视图中创建一个管状体，设置断面分段为 1，然后转换为可编辑的多边形物体，在高度位置上加线。选择底部面，用倒角工具箱选择面，向外挤出调整，直角处的线段要进行切角处理，细分后的效果如图 3–323 所示。

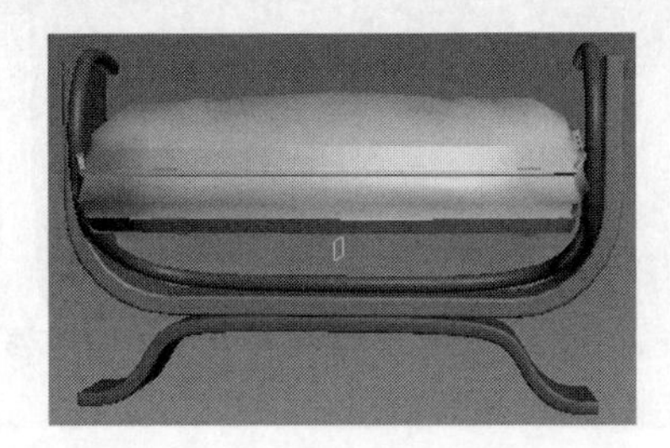

图 3–322

图 3–323

步骤 10 靠背的制作。在视图中创建一个长、宽、高分别为 650mm、650mm、160mm 的长方体物体，右击长方体，在弹出的快捷菜单中选择“转换为”|“转换为可编辑多边形”命令，加线调整至如图 3–324 所示的形状。

选择对称中心处右侧的点并按【Delete】键删除，选择图 3–325 中的面，单击“挤出”后面的按钮，将面沿着局部法线方向向外挤出调整。

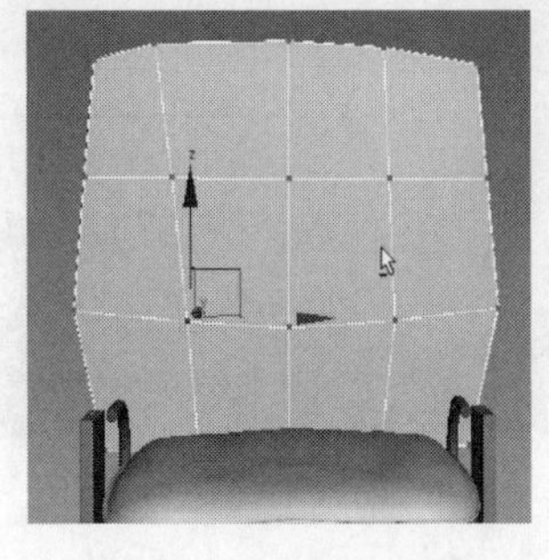

图 3–324

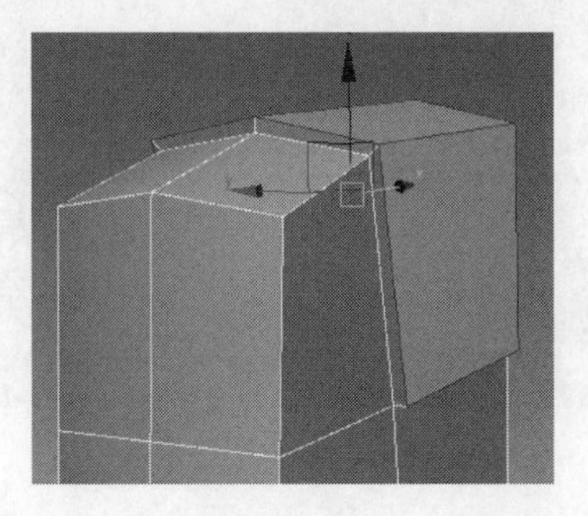

图 3–325

用同样的方法将图 3–326 中的面向外挤出倒角。继续加线调整，细分后的效果如图 3–327 所示。

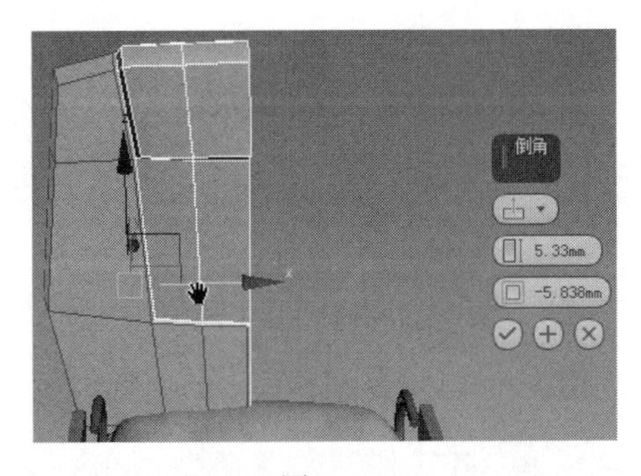

图 3-326

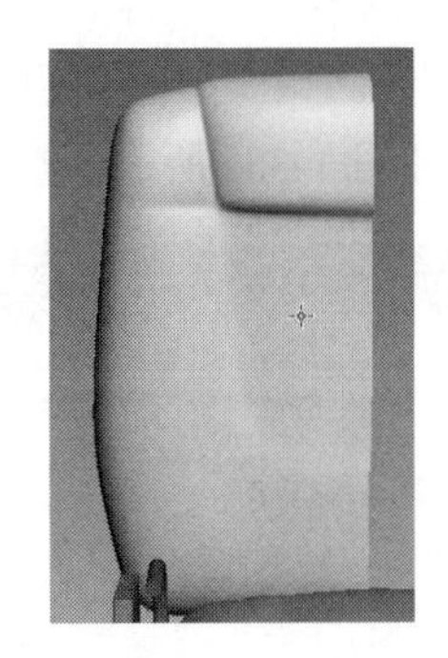

图 3-327

靠背模型有许多不规则的纹路，比如有些地方凹陷，有些地方凸起，这些地方又该如何调整呢？很简单，只需要在凹陷或者凸起的地方将点向内或者向外调整即可，如果相对应的地方点比较少，可以通过加线的方法给它增加点，这也是加线的原则。很多读者可能会问，为什么要在这里或者其他位置加线，原理就在于此。除了上述原因之外就是为了控制约束物体的形状，比如在边缘位置的加线是为了更好地约束它原有的形状又能保证边缘的光滑。比如图 3-328 中位置的加线，就是为了控制棱角形状。

在细分之后，图 3-329 中拐角的地方肯定会出现较大的圆角，如何保证它尽量接近直角而又使其拐角处光滑呢？方法也很简单，只需将线段进行切角处理，这和加线原理相同。

在切角之后，记得使用“目标焊接”工具将多余的点焊接起来，如图 3-330 所示。

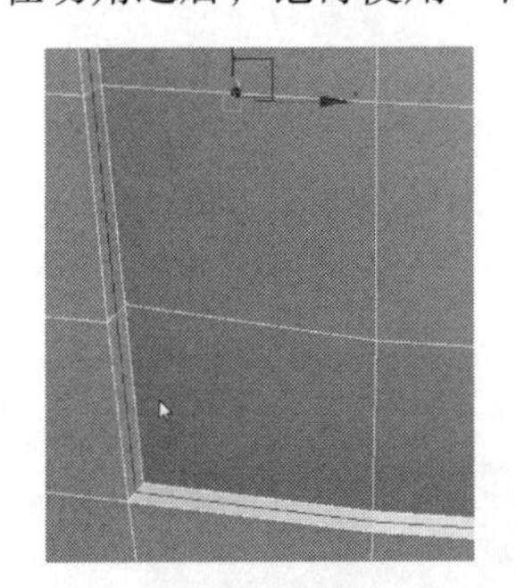

图 3-328

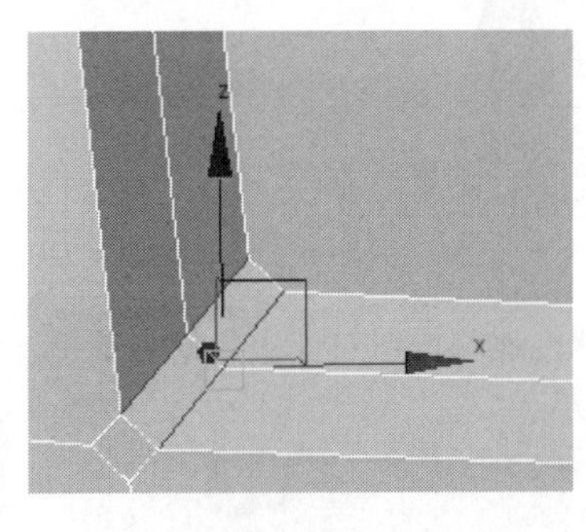

图 3-329

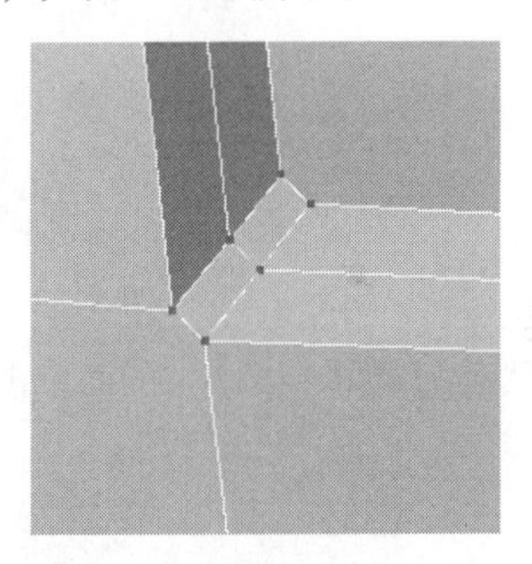

图 3-330

选择图 3-331 中的线段，单击“挤出”按钮将线段向外挤出，这样做的目的是表现它的褶皱效果。如图 3-332 所示。

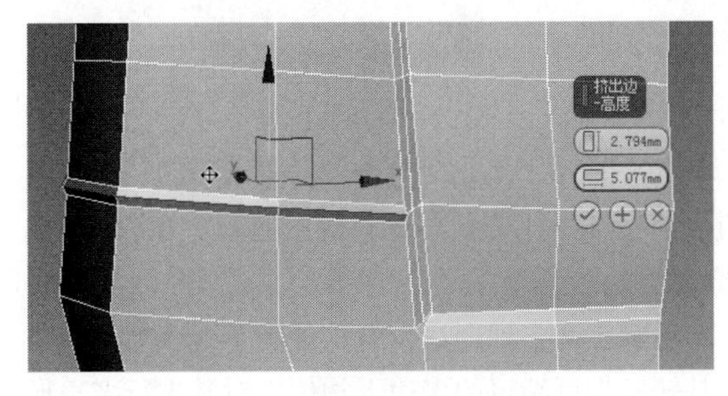

图 3-331

图 3-332

步骤 11 在修改器下拉列表中添加“对称”修改器将右侧模型对称过来，在添加“对称”修改器之前，一定记得把模型对称中心处的面删除，否则在添加“对称”修改器之后，对称中心处的点不能自动焊接。将模型塌陷，重新调整正面的点和面，细分之后的效果如图 3-333 所示。

接下来对如图 3-334 所示位置的线段进行“挤出”处理来给它制作出向内的凹槽效果。

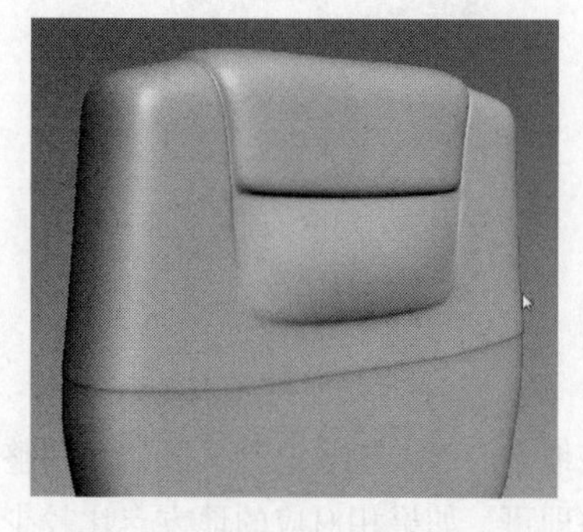

图 3-333

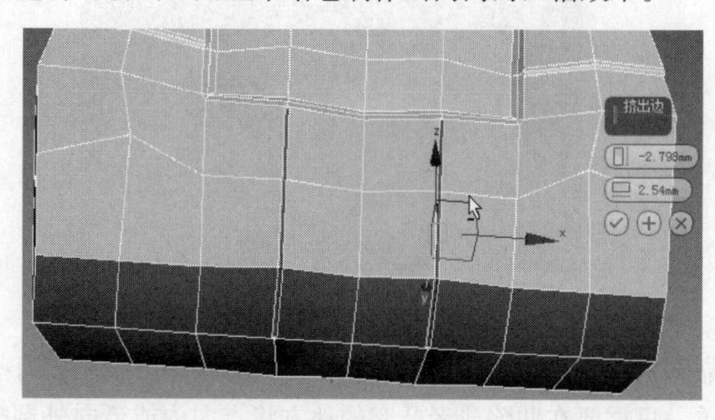

图 3-334

挤出线段之后要随时对点和线进行处理，单击“目标焊接”焊接工具，将多余的点焊接到另外一个点上，如图 3-335 所示。中间出现的三角面问题，可以选择中间的线段并按快捷键【Ctrl+Backspace】移除，如图 3-336 所示。

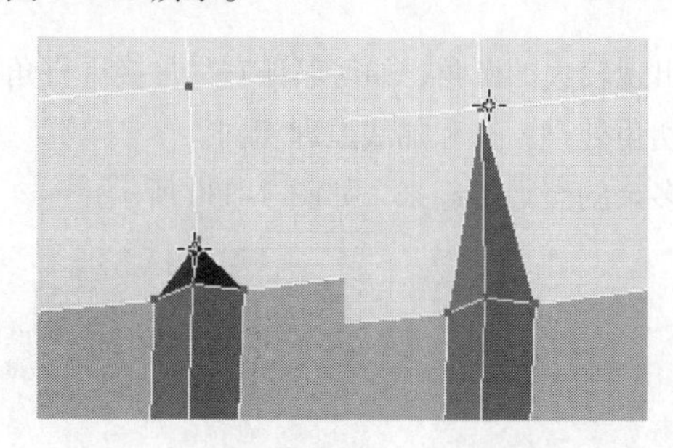

图 3-335

图 3-336

然后选择图 3-337 中的面单击“松弛”按钮对面进行松弛调整。细分后的效果如图 3-338 所示。

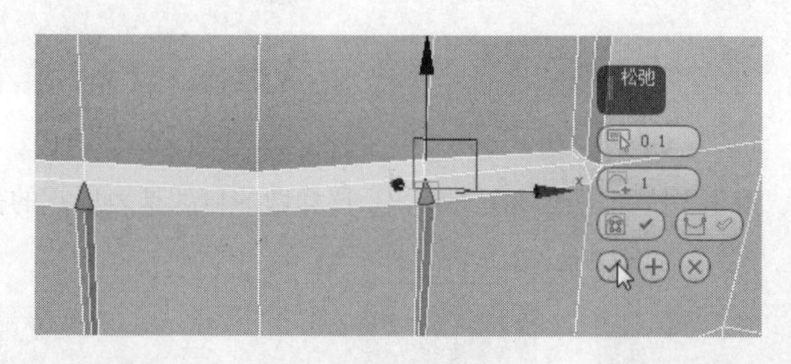

图 3-337

图 3-338

步骤 12 接下来选择如图 3-339 所示的线段。单击“挤出”后面的按钮，对选择的线段做向内挤出调整，如图 3-340 所示。注意，在拐角的地方要将图 3-341 中所示的点焊接起来。在图 3-342 所示的位置继续加线。

步骤 13 对靠背模型适当缩放并调整好比例，然后旋转调整到合适位置，如图 3-343 所示。

步骤 14 在扶手的位置创建一个 Box 物体并将其转换为可编辑的多边形物体，对其进行多边形形状的调整至如图 3-344 所示。

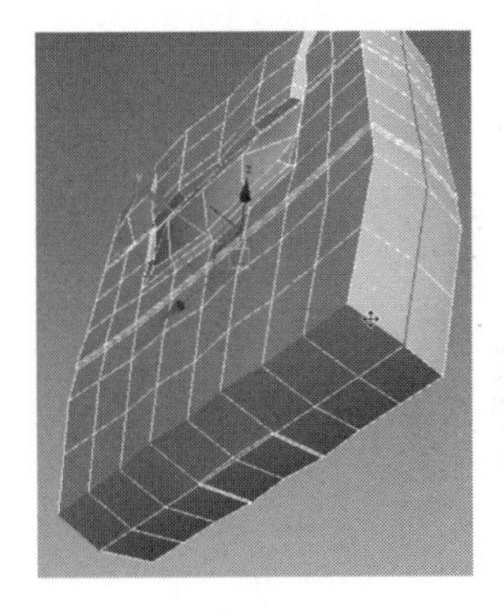
图 3-339

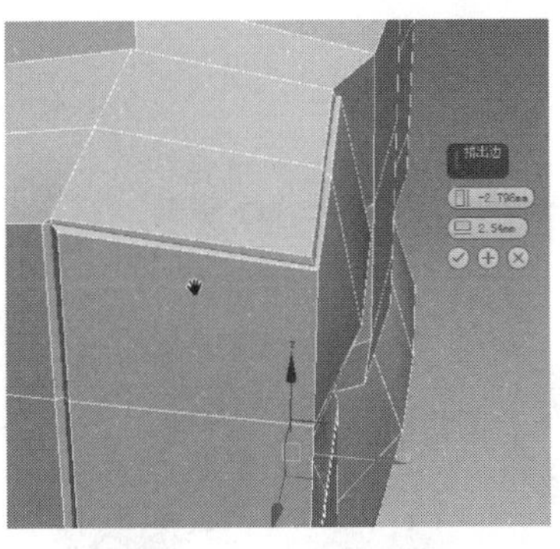
图 3-340

图 3-341

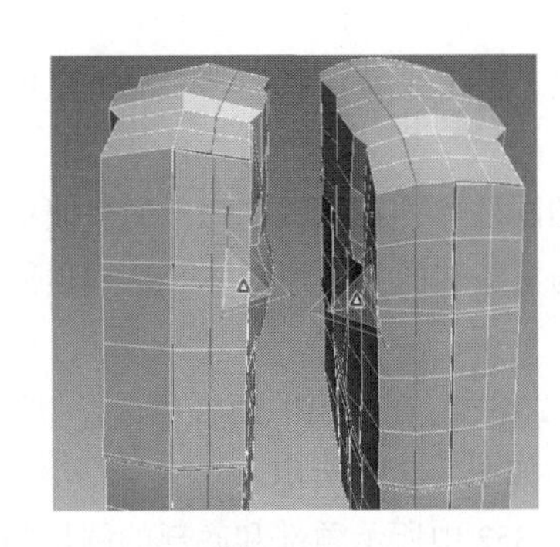
图 3-342

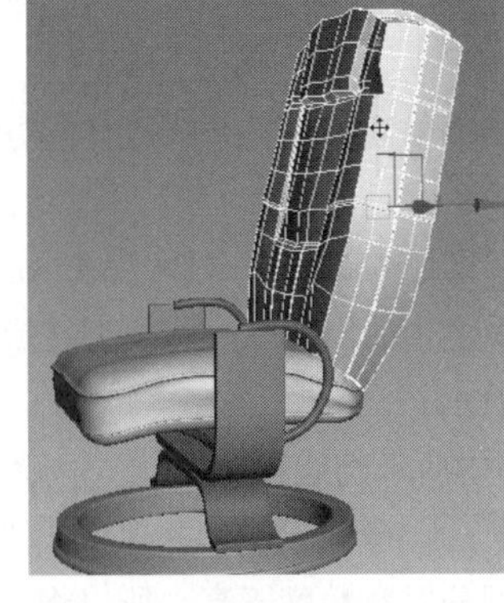
图 3-343

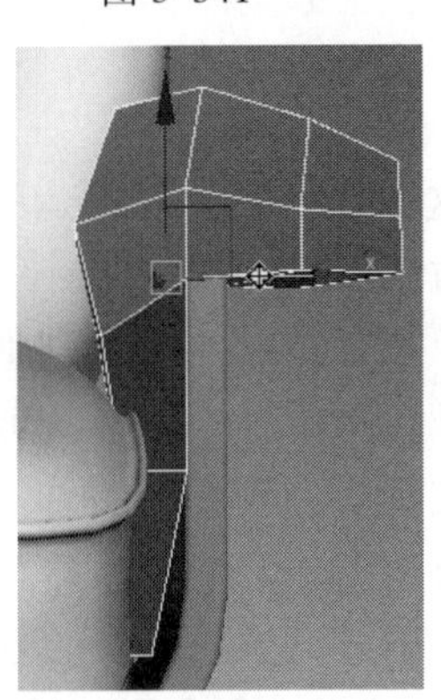
图 3-344

继续细致调整细分后的效果如图 3-345 所示。注意，在调整整体形状时，可以开启“软选择”卷展栏下的“使用软选择”。

步骤 15 调整好之后单击按钮对称复制另一半模型并调整到合适位置，最终效果如图 3-346 所示。

图 3-345

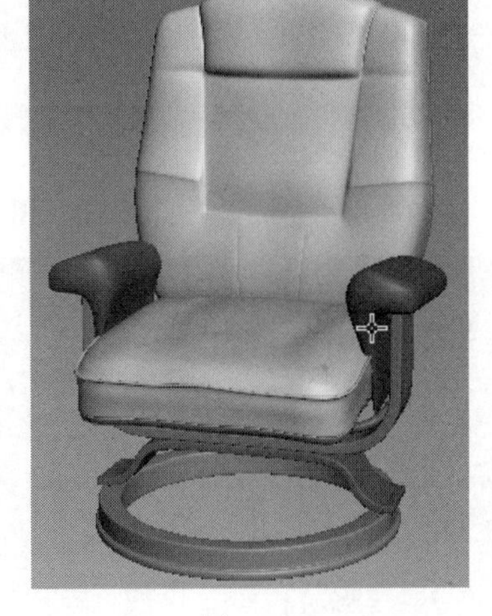
图 3-346

本实例小结：本实例和上一节的皮质沙发在细节纹理处理上有一定的相似之处，当然处理的方法也很类似，所以还是要重点掌握多边形建模的一些技巧。

3.8 制作藤椅

首先来看一下要模拟制作的模型图片效果，如图 3-347 所示。

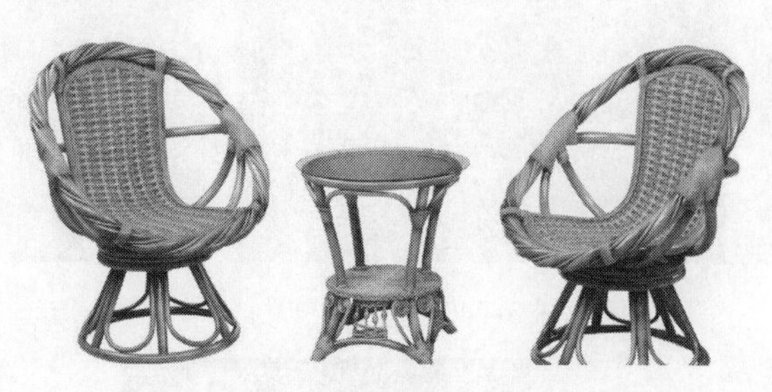

图 3-347

这里的藤椅制作主要运用到了 3ds Max 中样条线放样的方法，接下来就让我们学习一下该模型的制作方法。

步骤 01 在视图中创建一个半径为 25cm、高度为 45cm 的圆柱体，右击，在弹出的快捷菜单中选择“转换为” | “转换为可编辑多边形”命令，将模型转换为可编辑的多边形物体。选择顶部并用缩放工具缩小调整，如图 3-348 所示。

进入线段级别，选择图 3-349 中所示的线段，单击 利用所选内容创建图形，在弹出的面板中选择“线性”，单击“确定”按钮，如图 3-350 所示。删除原物体并保留线段，如图 3-351 所示。

因为分离出来的顶部和底部圆分段数精度不高，所以将图 3-352 中所示顶部和底部的圆形删除，在顶视图中根据样条线大小创建圆形，然后用附加工具将它们附加在一起，如图 3-353 所示。

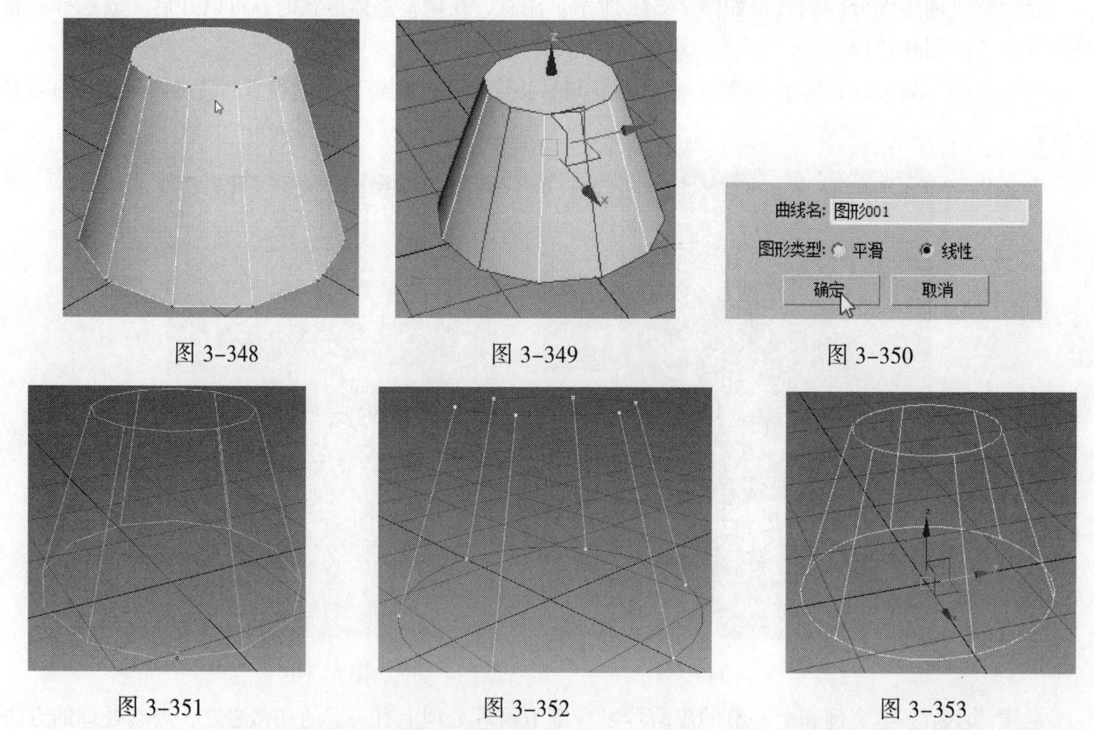

图 3-348　图 3-349　图 3-350

图 3-351　图 3-352　图 3-353

在渲染卷展栏下选中 在渲染中启用 在视口中启用，设置厚度值为 2.5cm 左右，边数为 12。效果如图 3-354 所示。

步骤 02 单击 线 按钮在图 3-355 中创建样条线，因为开启了“在视口中启用”参数，所以创建的样条线直接是以粗线方式显示的。在点级别下单击 圆角 按钮将底部的两个点处理为圆角，如图 3-356 所示。接下来希望该样条线围绕底座轴心圆旋转复制，所以要先调整样条线的轴心。单击视图右侧的小三角选择拾取，如图 3-357 所示；然后拾取底座模型，长按按钮选择，如图 3-358 所示。这样就将当前样条线的轴心设置在了拾取的物体轴心上，如图 3-359 所示。

图 3-354

图 3-355

图 3-356

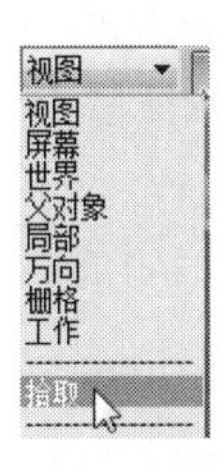

图 3-357

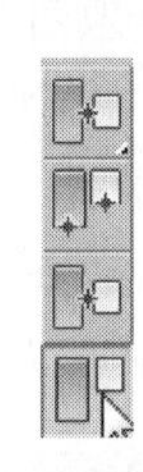

图 3-358

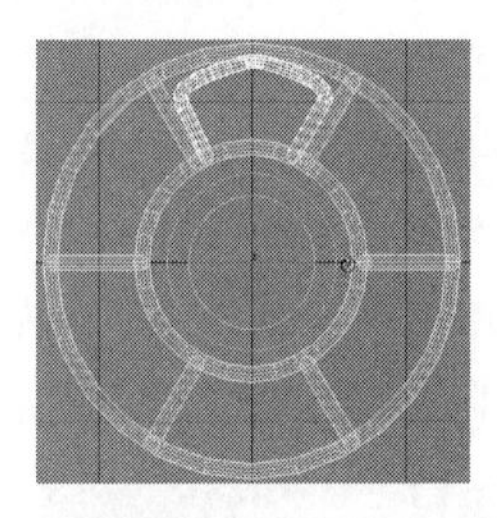

图 3-359

每隔 60° 进行复制，共复制 5 个模型，效果如图 3-360 所示。复制后的整体效果如图 3-361 所示。

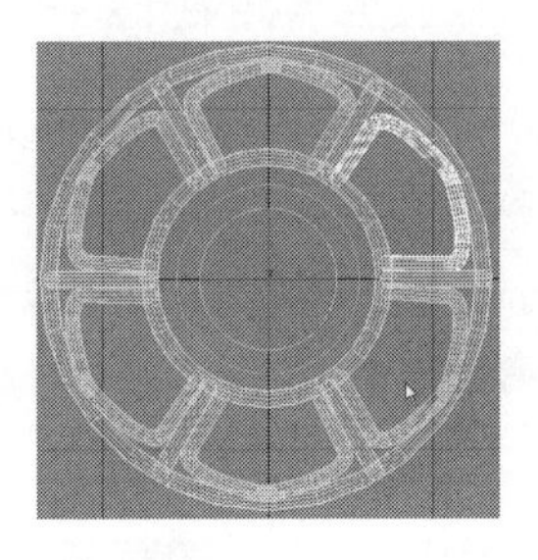

图 3-360

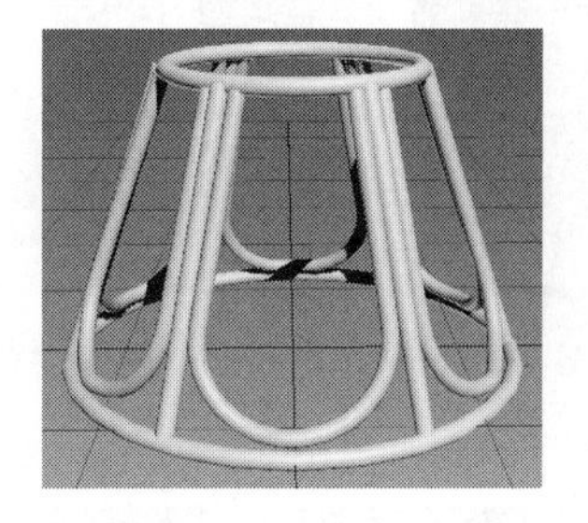

图 3-361

步骤 03 在底座顶端位置创建一个切角圆柱体，设置半径为 20cm，高度为 2.6cm，圆角为 1cm，将圆角分段设置为 3，边数为 24，如图 3-362 所示；然后创建并复制几个圆，如图 3-363 所示。用附加命令将其附加在一起。

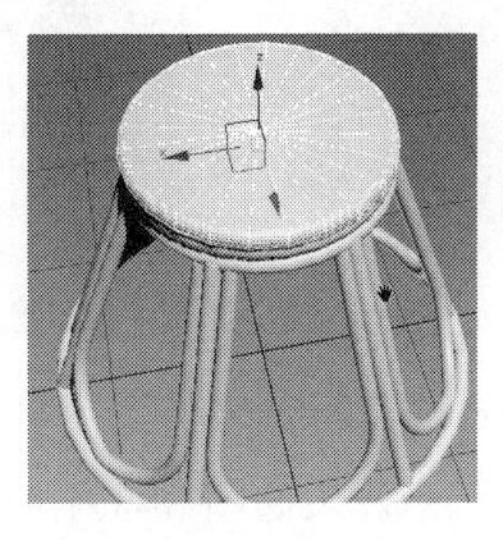

图 3-362

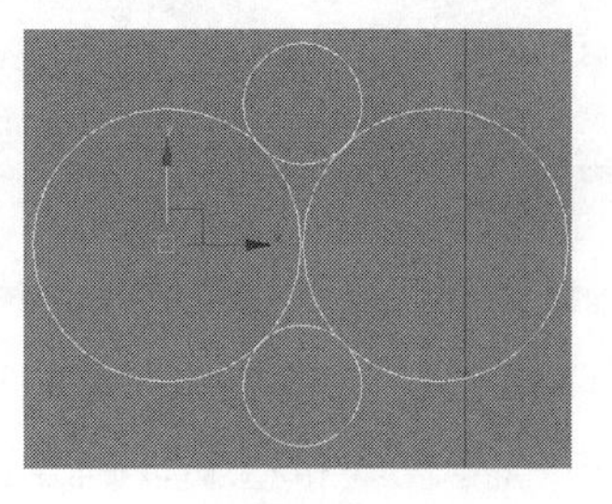

图 3-363

单击品按钮进入层级面板，单击 仅影响轴 和 居中到对象，将附加在一起的圆的轴心设置在它们的中心位置上，如图 3-364 所示。接下来再创建一个大圆，旋转调整角度后转换为可编辑的样条线，选择两边的点用缩放工具向内缩放调整，形状如图 3-365 所示。

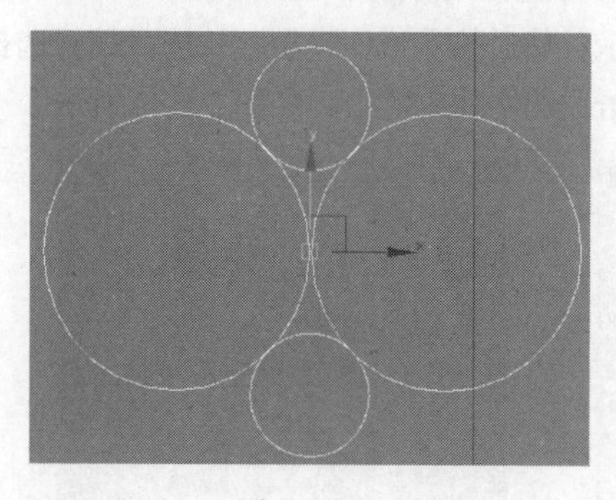
图 3-364

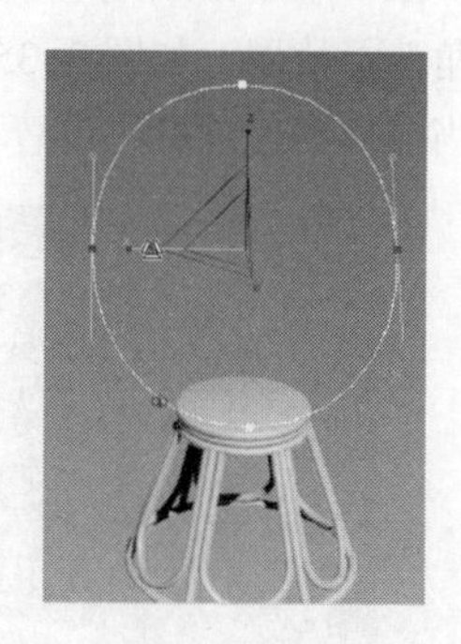
图 3-365

选择图 3-365 中的样条线，在创建面板的下拉列表中选择“复合对象”面板，单击 放样 按钮，然后单击 获取图形，在视图中拾取图 3-364 中形状的线，设置图形步数为 1，路径步数为 20，效果如图 3-366 所示。单击 扭曲 按钮调整右侧线段点到 3500 左右，如图 3-367 所示。此时放样后的模型会发生扭曲效果，如图 3-368 所示。

步骤 04 继续创建一个样条线，如图 3-369 所示。然后将该样条线旋转复制调整至如图 3-370 所示。用附加命令将复制的样条线附加在一起。

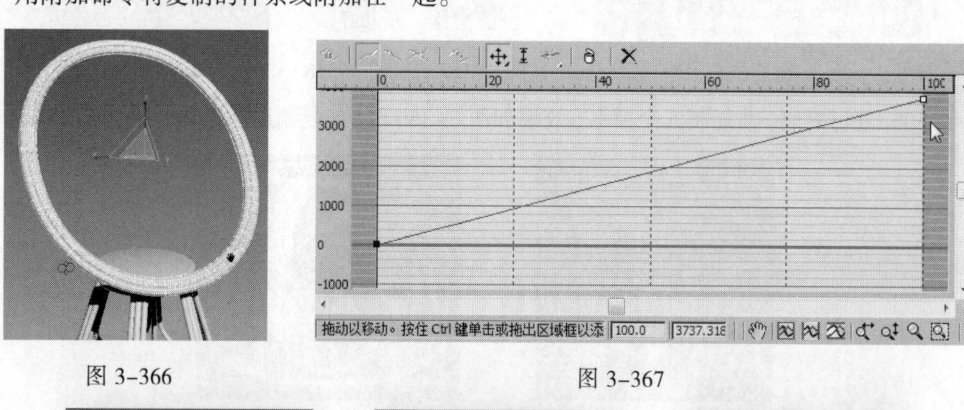

图 3-366　　图 3-367

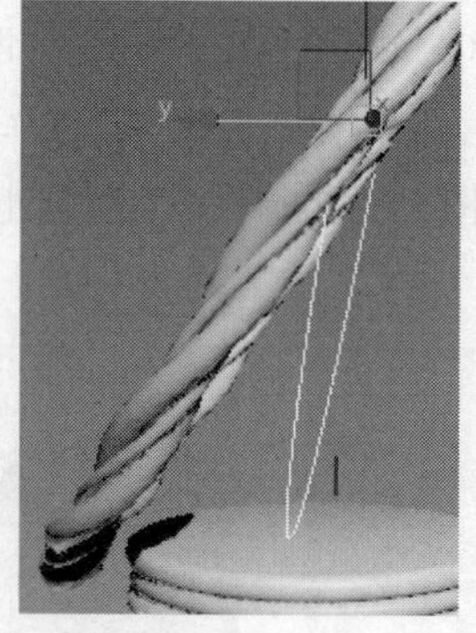
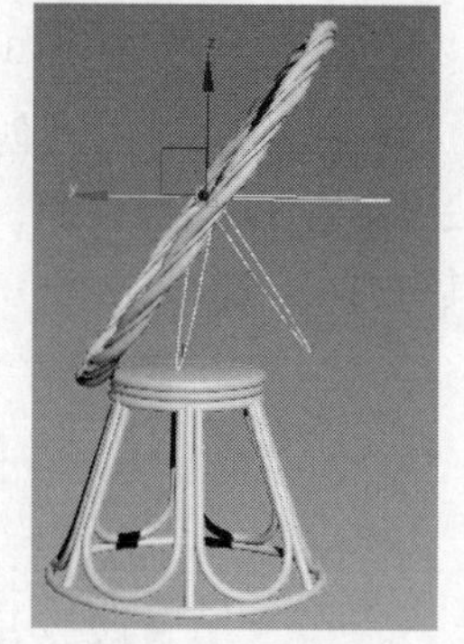
图 3-368　　图 3-369　　图 3-370

在渲染卷展栏下选中☑ 在渲染中启用和☑ 在视口中启用复选框，效果如图 3-371 所示。

步骤 05 接下来制作藤椅靠背位置。该位置可以有两种制作方法。第一种，创建一个面片物体并转换为可编辑的多边形物体，加线调整至如图 3-372 所示，选择底部边缘的线段按住【Shift】键拖动复制调整出图 3-373 中的形状；然后给当前整体模型加线，加线分段可以设置高一些，如图 3-374 所示。此处希望所添加的线段距离都是均等的，那么该如何设置呢？可以用石墨建模工具下的一个命令快速调节，依次打开“循环”|“循环工具”，如图 3-375 所示，然后选择图 3-376 中的线段，单击“间隔”按钮，即可快速把每条线段的距离自动平分，如图 3-377 所示。

在图 3-378 中也做加线处理调整，在修改器下拉列表下添加“晶格”修改器，参数设置如图 3-379 所示。效果如图 3-380 所示。

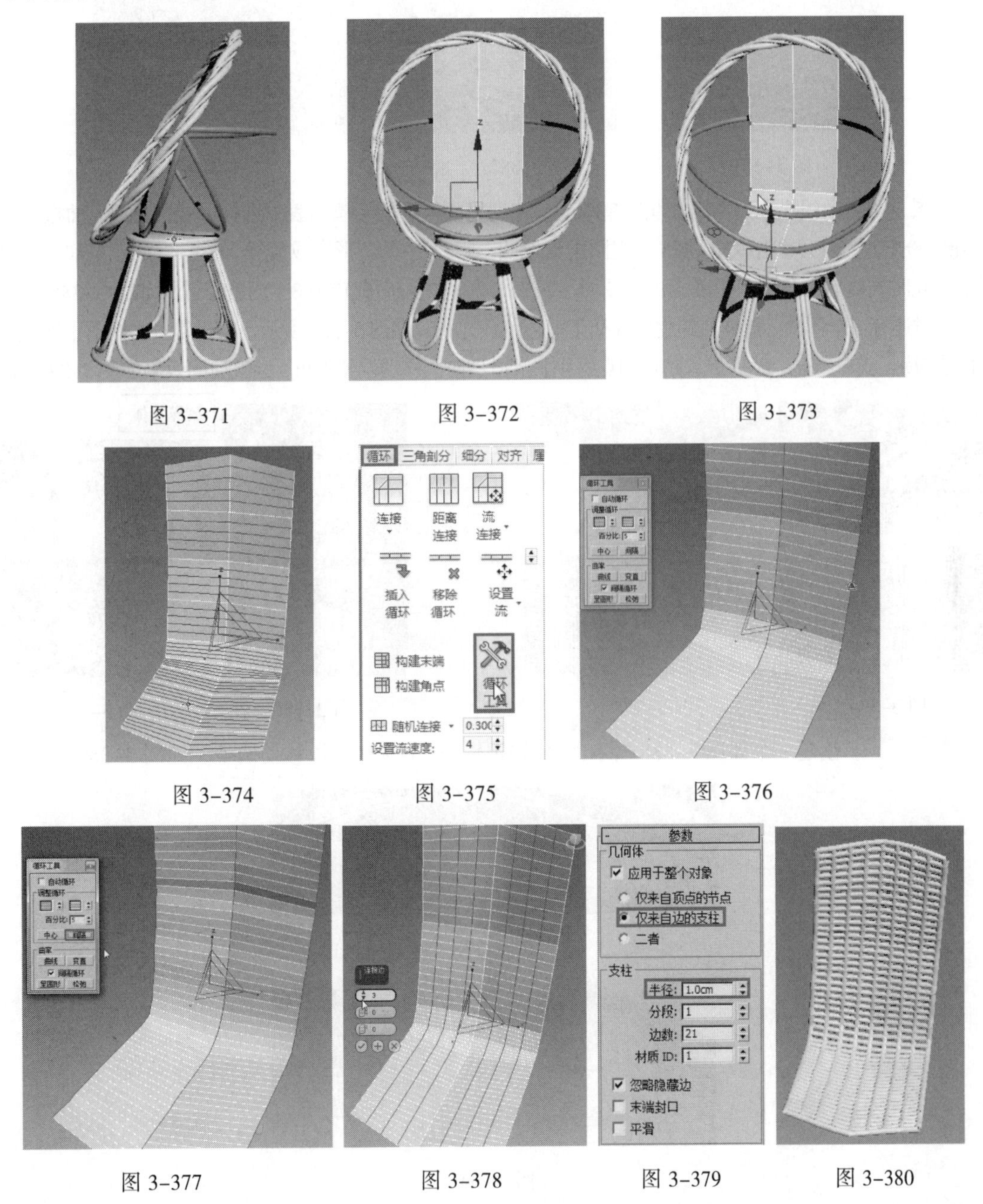

图 3-371　图 3-372　图 3-373

图 3-374　图 3-375　图 3-376

图 3-377　图 3-378　图 3-379　图 3-380

步骤 06 以上是第一种制作方法，虽然该方法比较快捷，但是效果并不是太好。接下来学习第二种制作方法。首先选择面片物体的边缘线段，如图 3-381 所示。单击 利用所选内容创建图形 按钮将线段分离出来，然后删除面片物体，如图 3-382 所示。在前视图中创建 3 个圆，如图 3-383 所示。

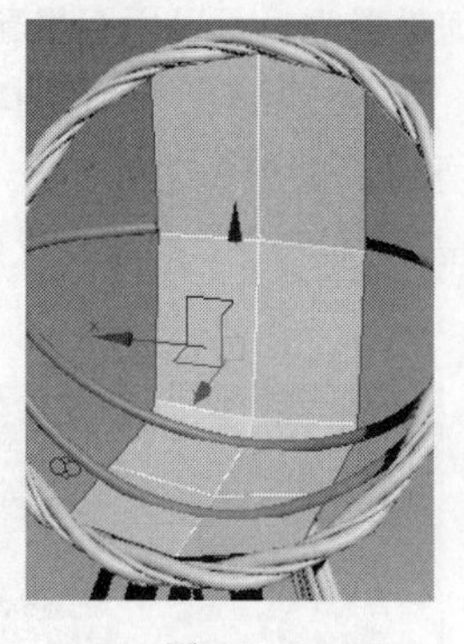

图 3-381

图 3-382

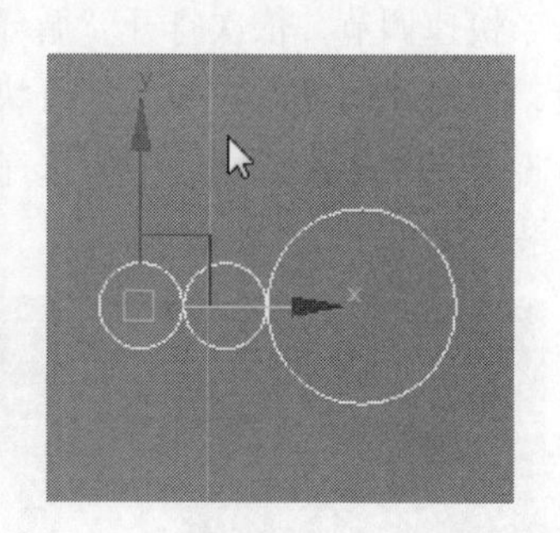

图 3-383

将图 3-382 中的线段加点调整线段精细度，在创建面板下的下拉列表中选择“复合对象”面板，单击 放样 按钮，然后单击 获取图形，在视图中拾取图 3-383 中的圆形完成放样，放样后的效果如图 3-384 所示。此时放样后的角度不正确，进入图形子级别，框选图形后旋转 180° 调整，效果如图 3-385 所示。

此时还有一个问题，放样后的物体穿插于蓝色物体之下，如图 3-386 所示。很显然，这样不正确。进入路径子级别，选择路径，然后进入路径的点级别，选择点向上移动调整即可，调整后的效果如图 3-387 所示。

图 3-384

图 3-385

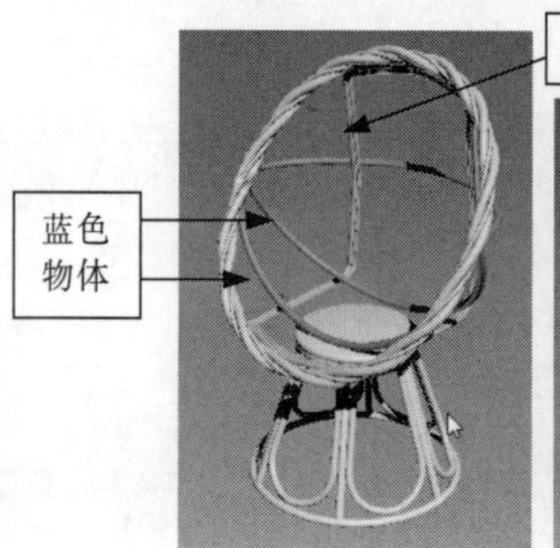

图 3-386

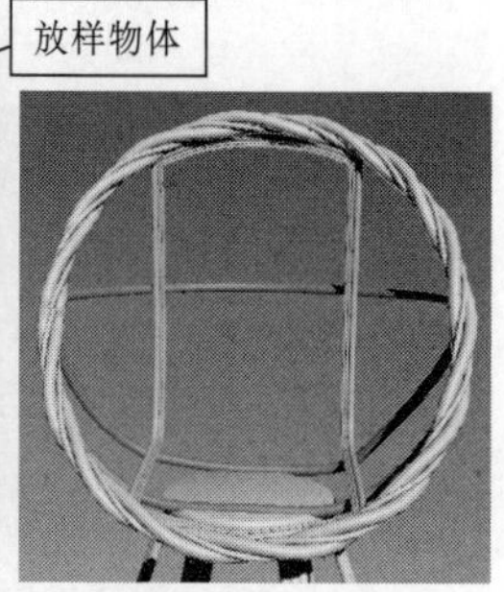

图 3-387

步骤 07 创建一个如图 3-388 所示的面片物体。间隔选择线段移动调整，如图 3-389 所示。

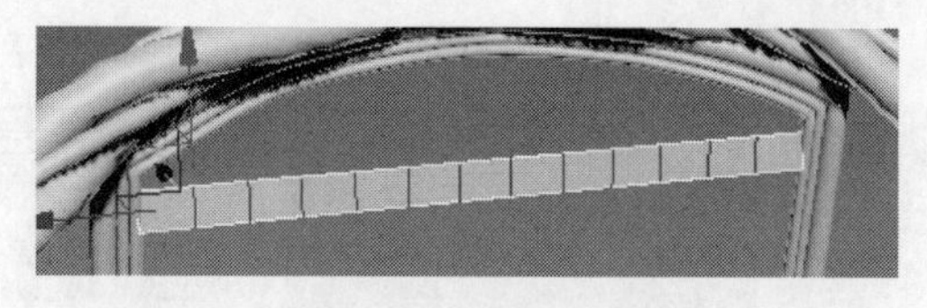

图 3-388

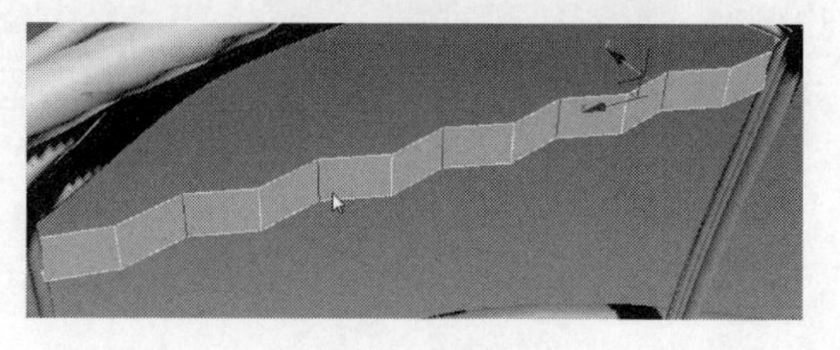

图 3-389

在修改器下拉列表下添加“壳”修改器，效果如图 3–390 所示。

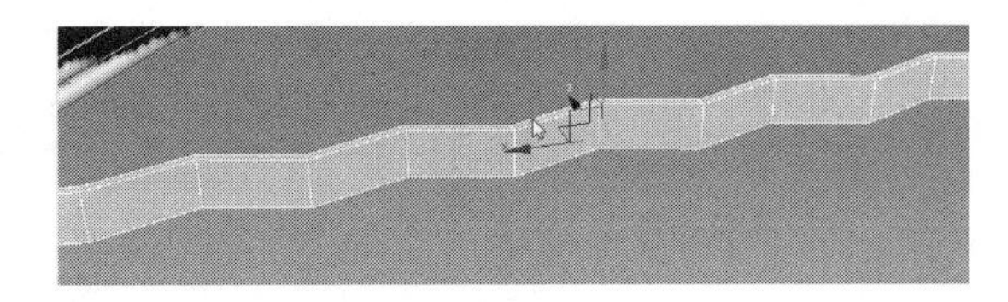

图 3–390

将该物体沿着 Z 轴镜像复制向下移动如图 3–391 和图 3–392 所示。用这种方法也能制作出所需要的编织效果，但该方法显得有些笨重。

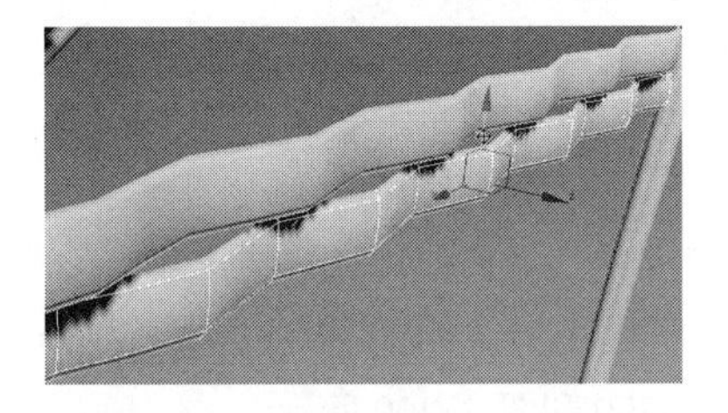

图 3–391

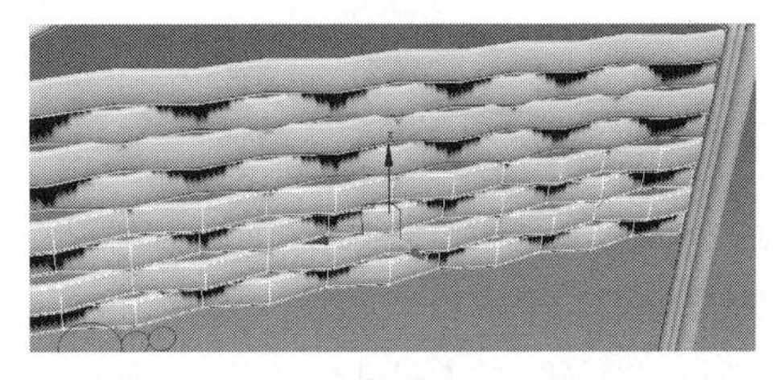

图 3–392

创建一个如图 3–393 所示的样条曲线，将图 3–394 中的物体设置一个组。其他复制的物体先删除。

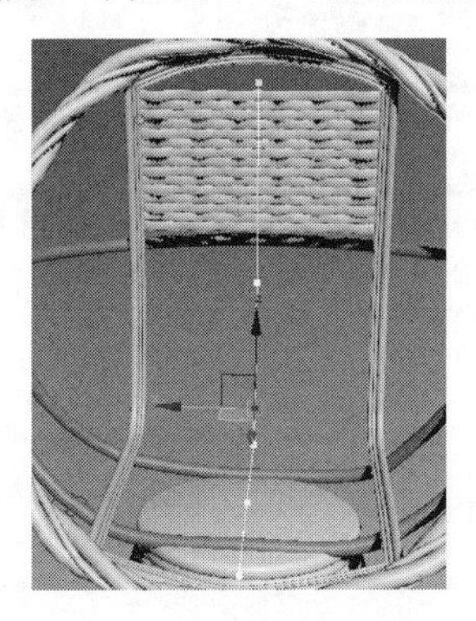

图 3–393

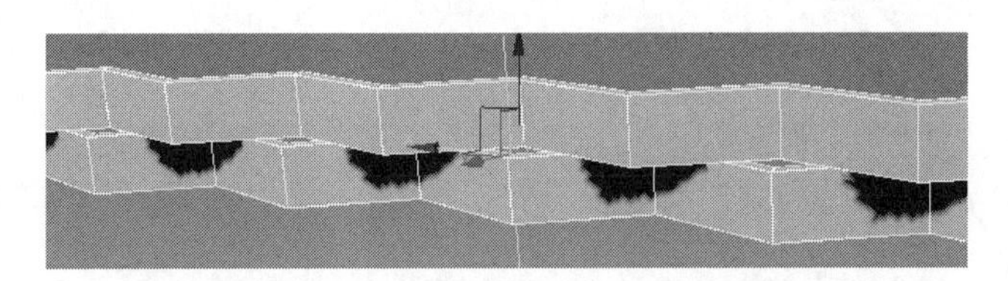

图 3–394

依次单击“动画” | “约束” | “路径约束”命令，然后拾取图 3–393 中的样条线，在运动面板中选中“跟随”参数和“恒定速度”两个参数，如图 3–395 所示。当拖动底部时间滑块时，物体将会沿着样条线的方向移动，如图 3–396 所示。

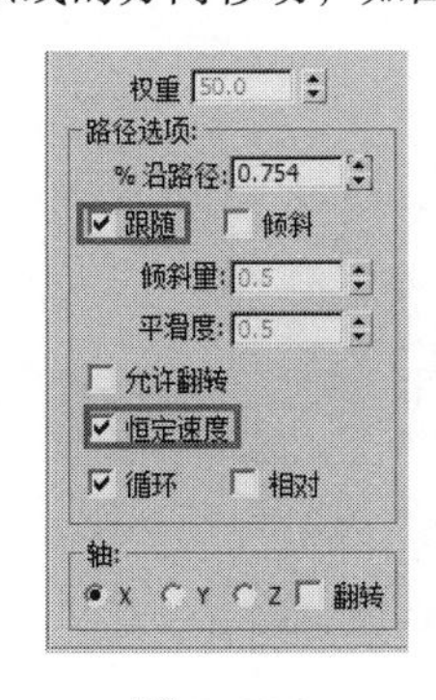

图 3–395

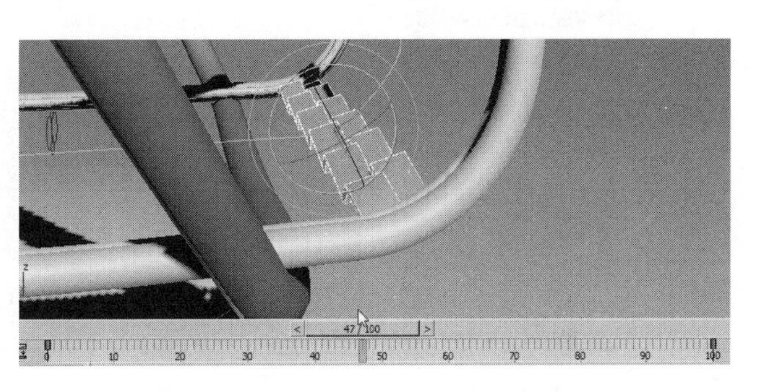

图 3–396

单击“工具” | “快照”命令，打开快照面板，经过不断尝试设置副本数量为 31，克隆方式可以根据需要自行选择参数，如图 3-397 所示。单击“确定”按钮后的快照复制效果如图 3-398 所示。

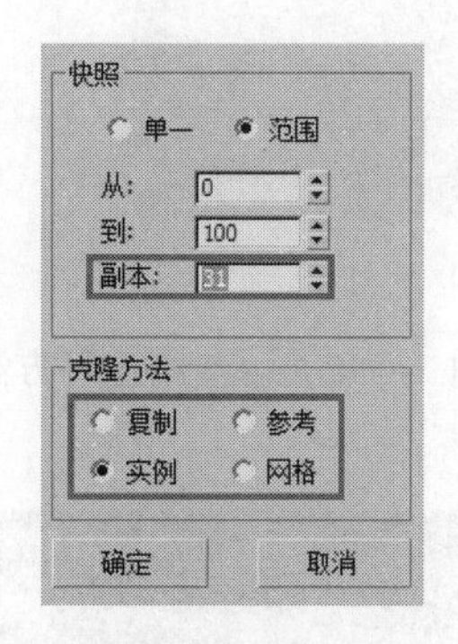

图 3-397

图 3-398

将顶端模型的物体根据椅子的宽度变化适当删除部分面，然后开启使用软选择选项，选择部分点将快照复制的物体适当调整（前提是要将它们全部附加在一起，既然是附加在一起，在快照复制时参数就不能选择“实例”的方式进行复制）。调整过程如图 3-399 和图 3-400 所示。

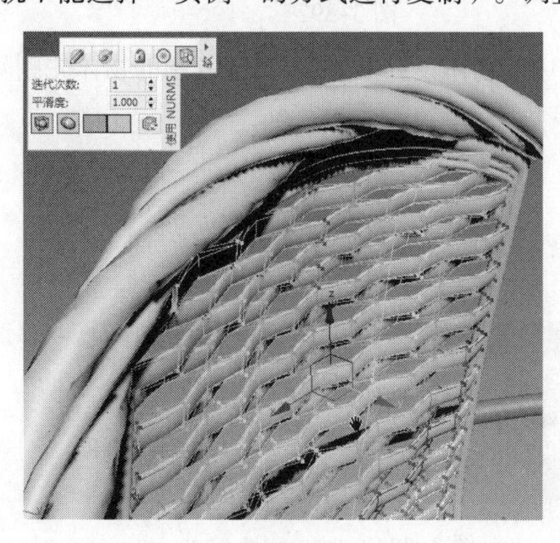

图 3-399

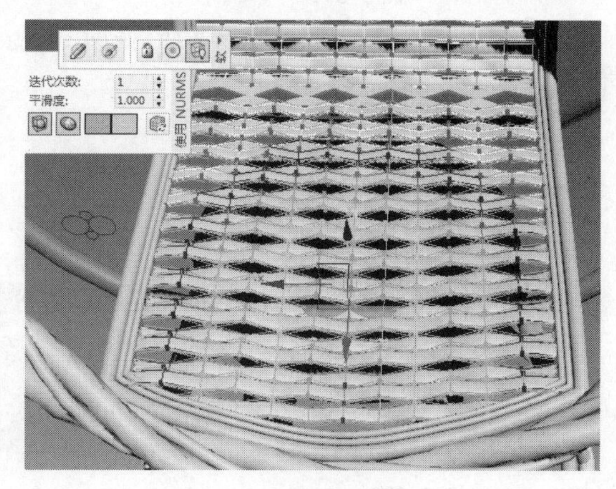

图 3-400

步骤 08 移动调整前面创建的样条线路径，使之穿插到编织物体内部，如图 3-401 所示。然后创建一个矩形并转换为可编辑的样条线，用“切角”命令将四角点进行切角处理，如图 3-402 所示。

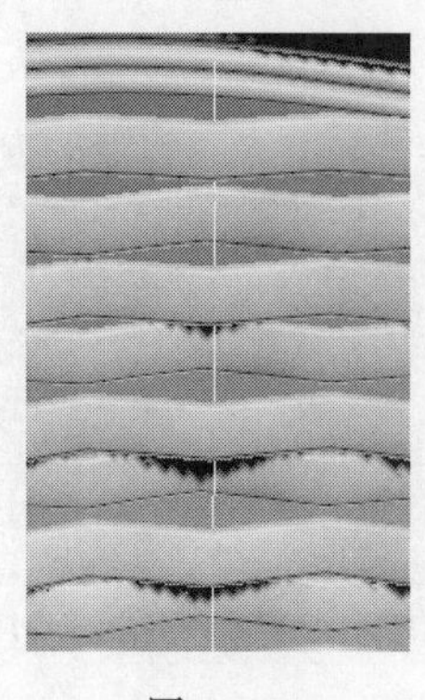

图 3-401

图 3-402

通过放样命令制作出如图 3-403 所示的形状物体，然后转换为多边形物体，加线细致调整它在编织物体内部的穿插效果，然后分别复制出剩余的部分，如图 3-404 所示。

图 3-403

图 3-404

整体效果如图 3-405 所示。

步骤 09 创建一个面片物体并转换为可编辑的多边形物体后，选择边按住【Shift】键拖动复制调整，如图 3-406 所示。复制出一圈的面后，加线调整形状至如图 3-407 所示，然后选择面，用倒角工具挤出至如图 3-408 所示的形状。

分别选择在顶端和底端开口位置边界线，按住【Shift】键向内挤出面调整，如图 3-409 和图 3-410 所示。

图 3-405

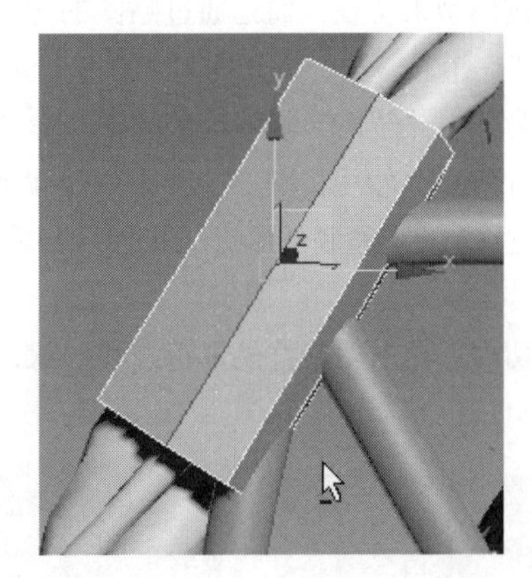

图 3-406

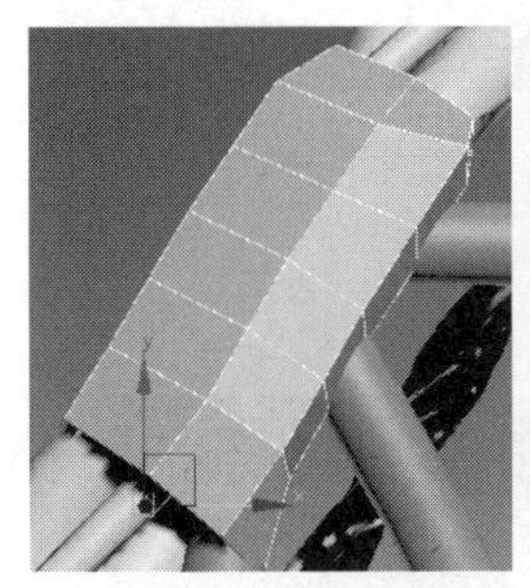

图 3-407

图 3-408

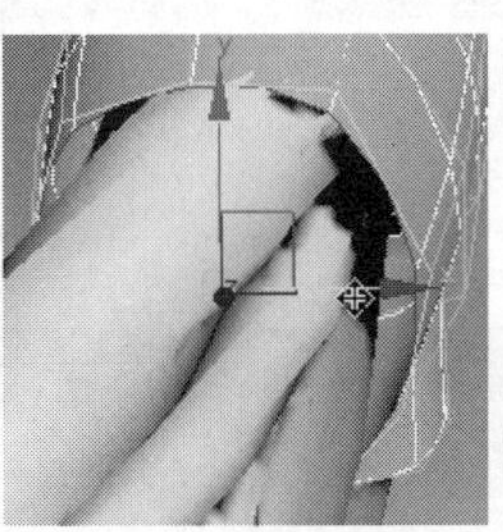

图 3-409

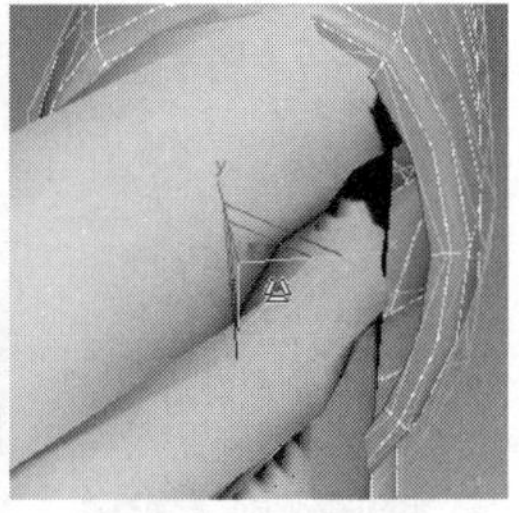

图 3-410

最后将该物体镜像复制到另一侧，如图 3-411 所示。按【M】键打开材质编辑器，在左侧材质类型中单击标准材质并拖拉到右侧材质视图区域，选择场景中的所有物体，单击按钮将标准材质赋予所选物体，最终的整体效果如图 3–412 所示。

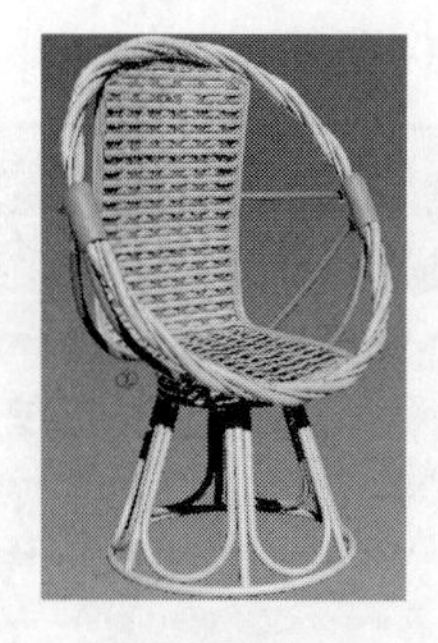
图 3–411

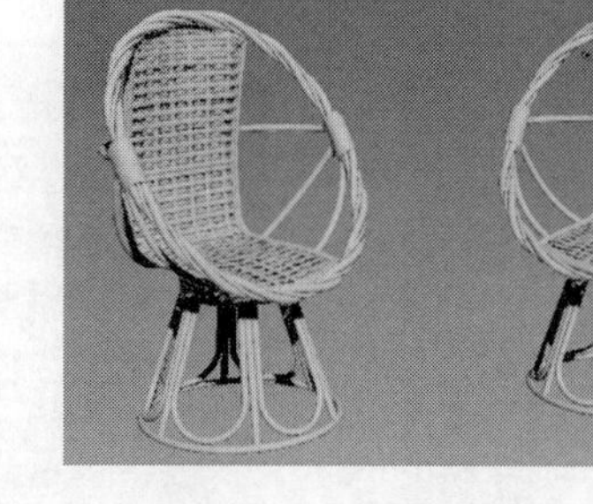
图 3–412

本实例小结：本实例中藤椅的框架部分同样是用样条线和样条线之间的放样来完成的，难点在于靠背位置编织物体的制作，虽然通过“晶格”修改器能大致制作出所需形状，但是不美观也不是很严谨，所以后面运用了手动创建的方法，通过快照工具的复制制作出编织部分。

3.9 制作沙滩椅

沙滩椅是休闲椅中的一类，是户外休闲或室内休息的理想选择。本实例中的沙滩椅也类似于编织效果，但是不是通过模型来实现，而是通过贴图的方法来实现。

步骤 01 创建一个长、宽、高分别为 200cm、90cm、30cm 的长方体模型，右击，在弹出的快捷菜单中选择“转换为” | “转换为可编辑多边形”命令，将模型转换为可编辑的多边形物体。加线调整形状至如图 3–413 所示。然后在图 3–414 中的位置加线。

步骤 02 通过移动点调整底部形状，如图 3–415 所示。然后在背部位置加线并调整形状，如图 3–416 所示。

右击选择“剪切”工具手动调整模型布线和形状，效果如图 3–417 所示。整体的形状调整效果如图 3–418 所示。

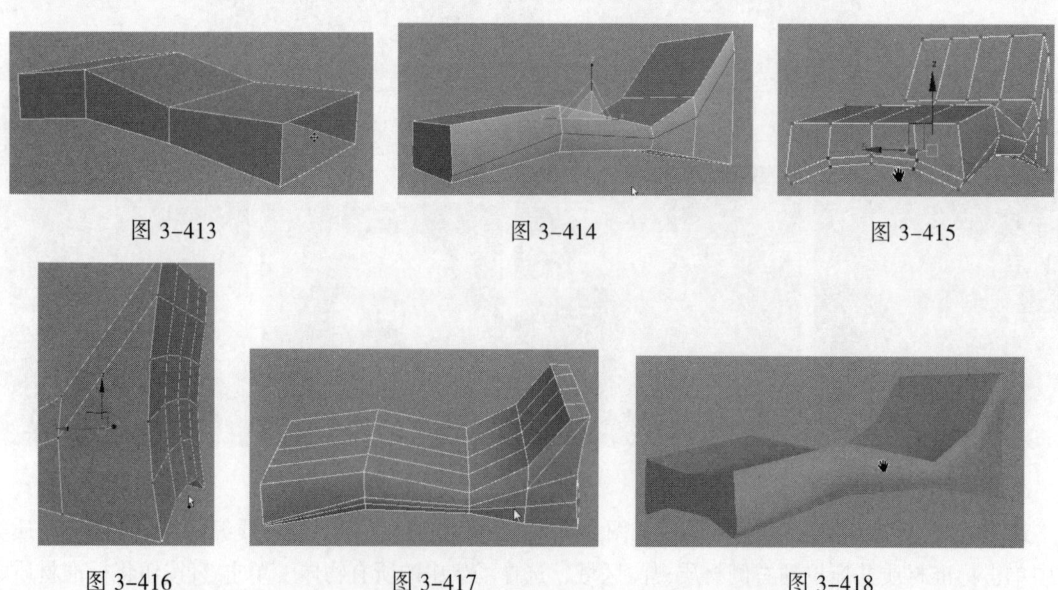
图 3–413　　图 3–414　　图 3–415

图 3–416　　图 3–417　　图 3–418

步骤 03 选择图 3-419 中的线段，单击 切角 按钮后面的□图标，在弹出的“切角”快捷参数面板中设置切角的值，将线段切角设置。切角后，用 目标焊接 工具将图 3-420 中多余的点进行焊接调整。

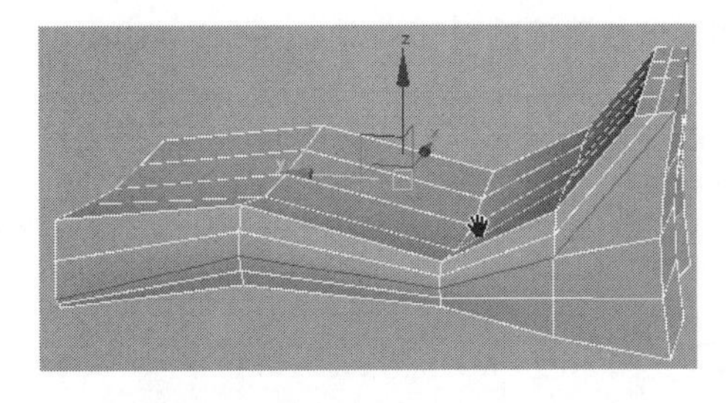

图 3-419

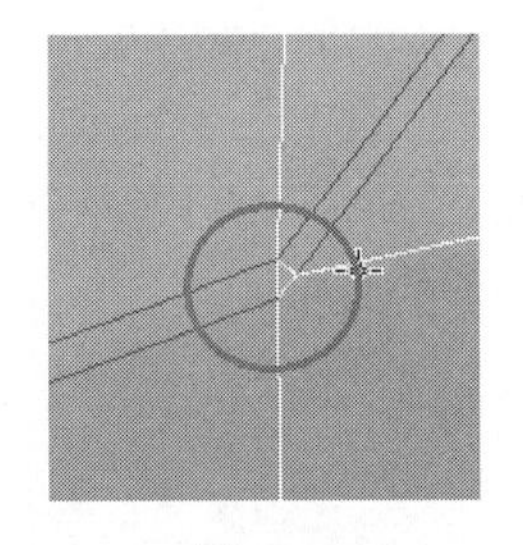

图 3-420

按快捷键【Ctrl+Q】细分该模型，效果如图 3-421 所示。细分后物体边缘圆角过大，所以需要在边缘位置加线如图 3-422 和图 3-423 所示。再次细分后的效果如图 3-424 所示。

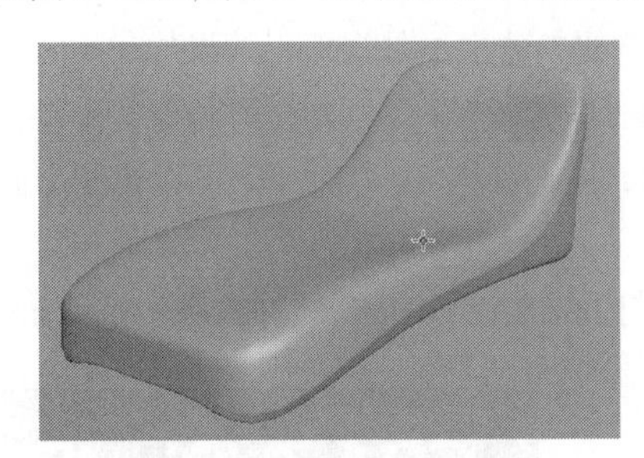

图 3-421

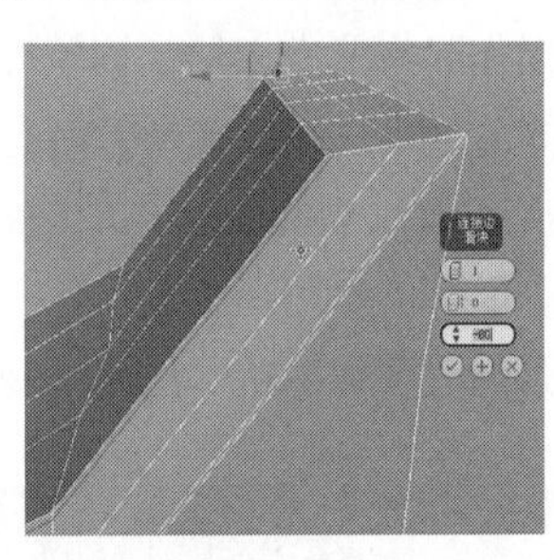

图 3-422

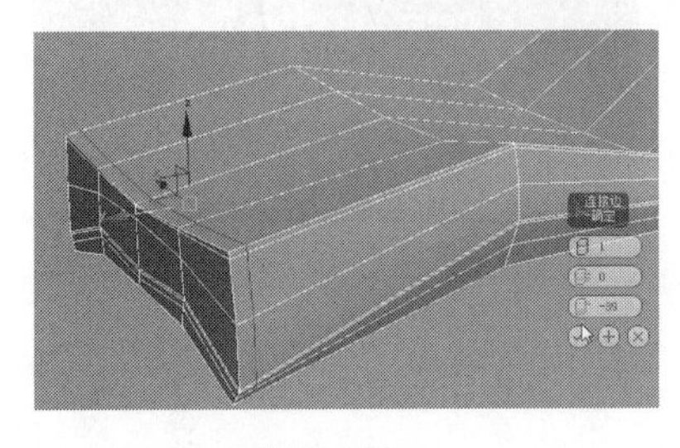

图 3-423

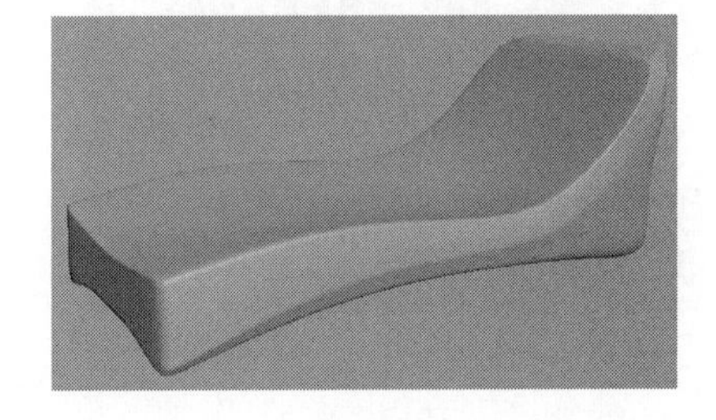

图 3-424

用同样的方法在底部边缘位置和图 3-425 中的位置加线约束。注意，在图 3-426 顶部两个角位置可以设置圆角的过渡效果，所以需要手动调整该位置的点，使其有一定的圆角过渡，调整好后的效果如图 3-427 所示。

图 3-425

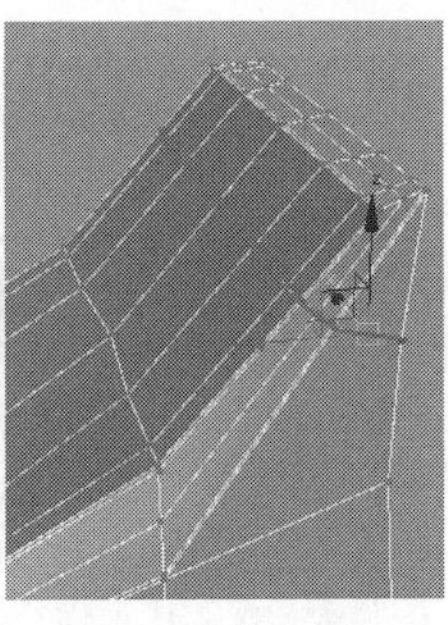

图 3-426

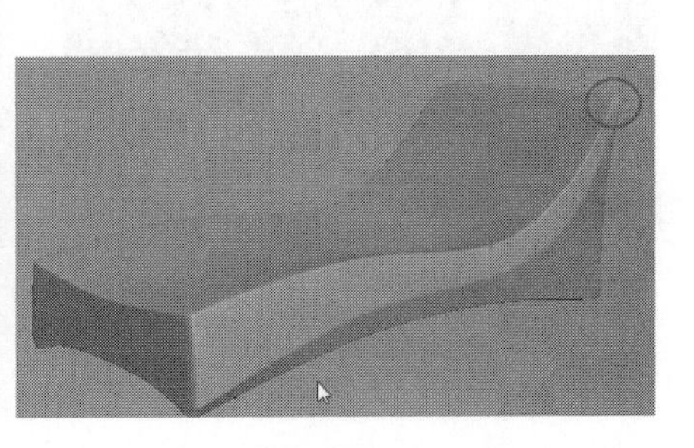

图 3-427

步骤 04 创建一个长方体并转换为多边形物体后，调整形状至如图 3-428 所示，分别加线继续调整形状如图 3-429 所示。分别在顶部、底部边缘位置加线，约束后的细分效果如图 3-430 所示。

步骤 05 在底部创建圆柱体并复制调整出沙滩椅的腿部模型，如图 3-431 所示。

图 3-428

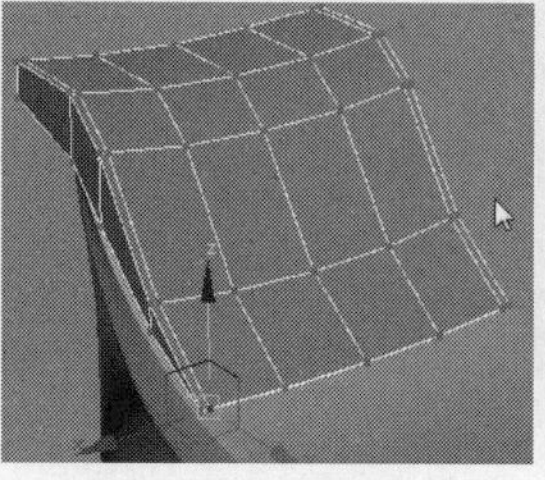
图 3-429

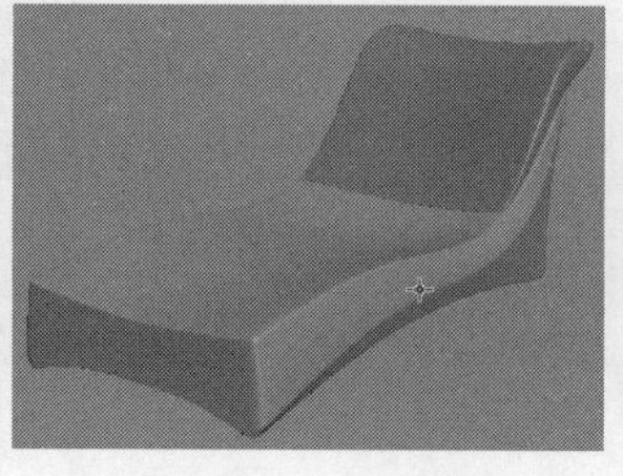
图 3-430

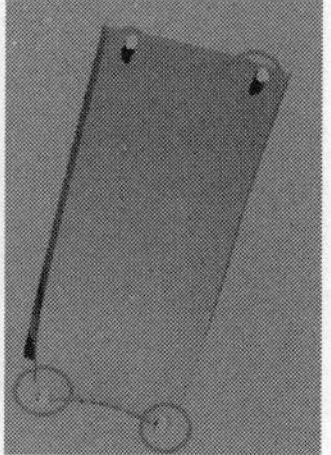
图 3-431

步骤 06 编织纹理的贴图设置。贴图的处理运用 CRAZYBUMP 软件，该软件是一个图片转法线贴图的小工具，操作起来非常方便。该软件可调整的参数也不是很多，效果比 Photoshop 插件的细节要丰富，并且能同时导出法线、置换、高光和全封闭环境光贴图，并有即时浏览窗口；是利用普通的 2D 图像制作出带有 Z 轴（高度）信息的法线图像，用于其他 3D 软件中，可以使一个低精度的模型产生高精度的效果。因此大量用在游戏中。

首先找到一张如图 3-432 所示的图片，然后打开 CRAZYBUMP 软件，启动界面如图 3-433 所示。

图 3-432

图 3-433

单击左下角按钮，选择 Open photograph from file，如图 3-434 所示。找到并打开需要的图片。选择一种生成的方式，如图 3-435 所示。这里选择第二种，软件就会自动生成法线贴图以及 AO 贴图、高光贴图等。生成的法线贴图效果如图 3-436 所示。同时软件也提供了球体的直接显示效果，如图 3-437 所示。

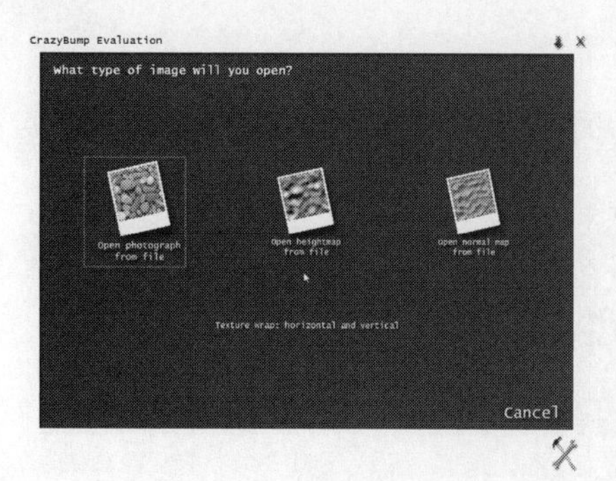

图 3-434

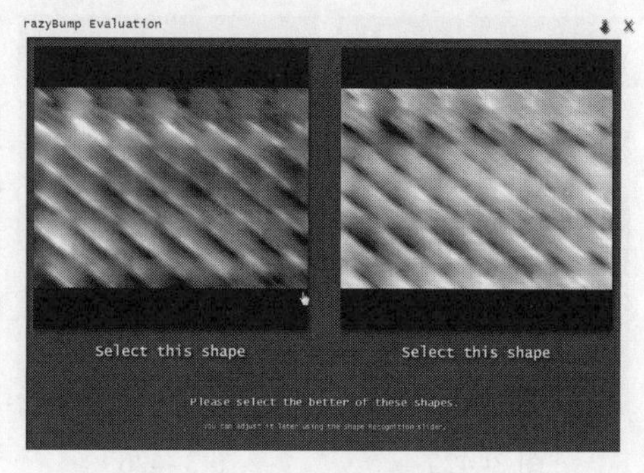

图 3-435

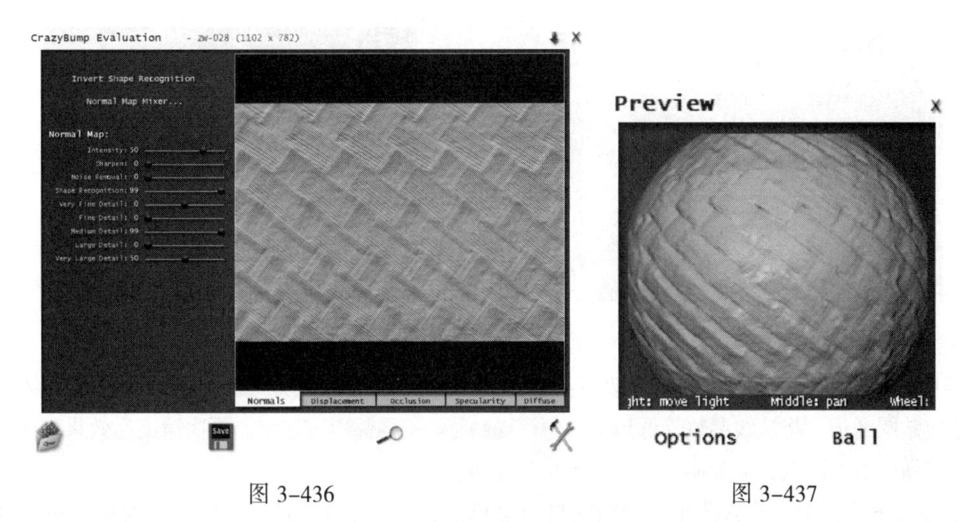

图 3-436　　　　　　　　　　　　图 3-437

在底部可以单击 Displacement Occlusion Specularity Diffuse 切换观察不同的贴图类型，细节可以通过参数调整。调整完成后单击按钮，选择保存的位置和名称即可导出不同的贴图，如图 3-438 所示。

图 3-438

步骤 07 返回 3ds Max 软件中，在修改器下拉列表下添加 UVW 贴图修改器，在参数中选择 长方体 类型，单击 适配 按钮。用同样的方法将靠枕模型也添加 UVW 贴图修改器。

按下【M】键打开材质编辑器，拖出一个标准材质。在漫反射通道上赋予一张竹席的图片贴图，凹凸通道上赋予一个法线贴图类型，然后在法线贴图中的法线通道上赋予一张位图，选择在 CrazyBump 软件中制作的法线贴图文件，如图 3-439 所示。在置换通道上赋予一张在 CrazyBump 软件中制作的置换贴图文件，最后的整体贴图信息如图 3-440 所示。单击按钮将制作好的材质赋予场景中的模型，单击显示效果，如图 3-441 所示。按快捷键【Shift+Q】渲染后的效果如图 3-442 所示。

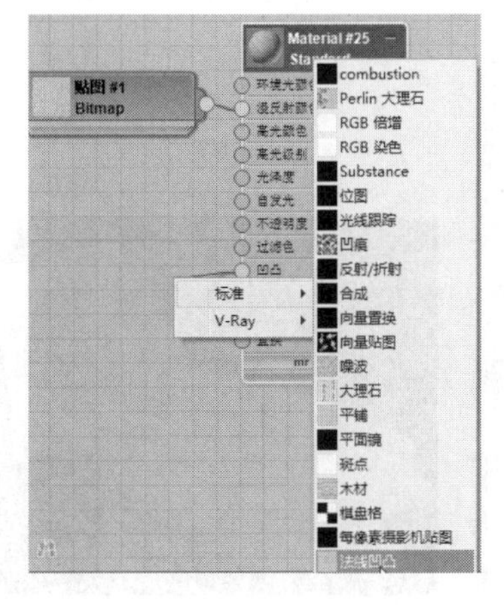

图 3-439

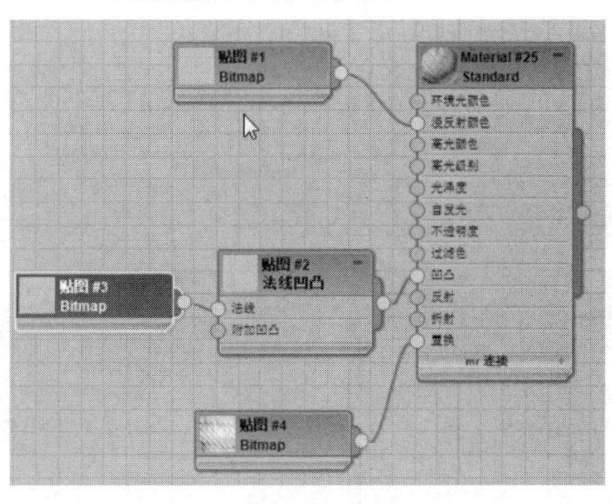

图 3-440

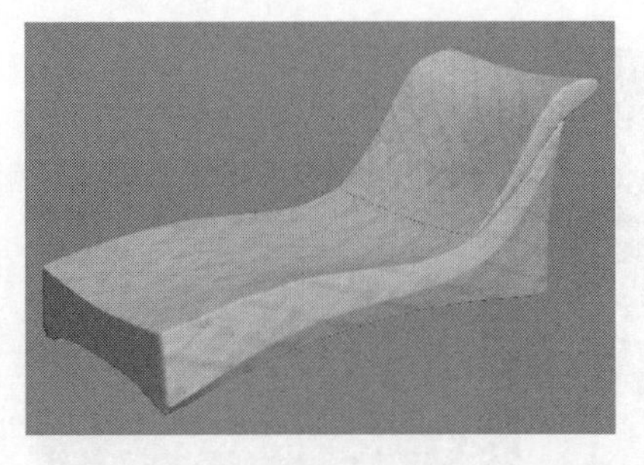

图 3-441

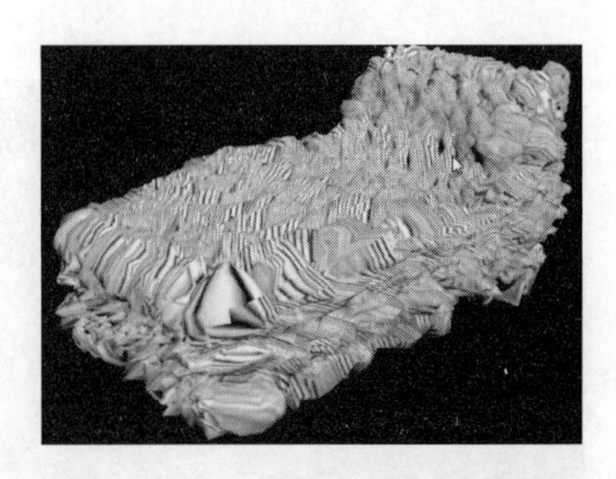

图 3-442

渲染后的置换效果太过于强烈，修改置换数值为 30 ☑ 置换 .... 30 贴图 #4 (ZW-028_DISP.png)，进入凹凸通道中的法线贴图通道，将法线参数降低到 0.5 法线: 贴图 #3 (ZW-028_NRM.png) ☑ 0.5。再次渲染后效果如图 3-443 所示。虽然强度有所降低，但置换贴图效果还是过于强烈。

单击残值编辑器上的模式菜单选择精简材质编辑器，如图 3-444 所示。此时会切换到精简材质面板，单击习惯按钮在模型上吸取材质，如图 3-445 所示。

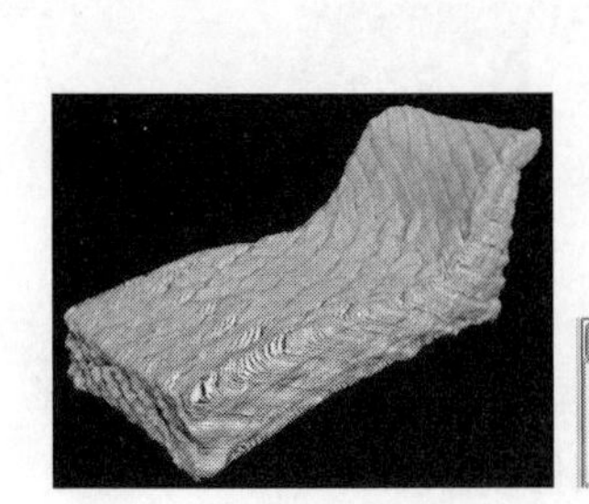

图 3-443

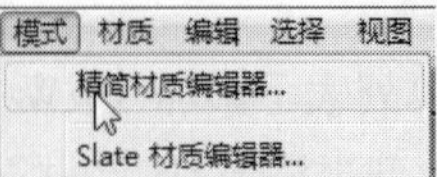

图 3-444

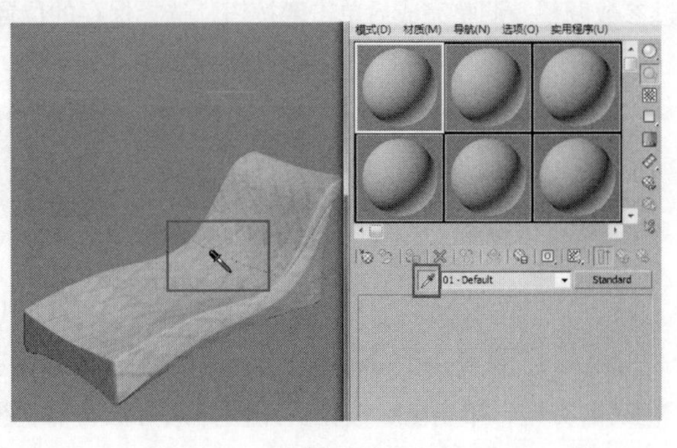

图 3-445

进入漫反射颜色通道，再次单击按钮，设置瓷砖 U、V 瓷砖数量为 5。用同样的方法进入凹凸通道的法线贴图通道和置换通道，将贴图的瓷砖数量均设置为 5，将凹凸通道值再次降低至 5，置换通道数值设置为 1，参数面板如图 3-446 和图 3-447 所示。再次渲染后的效果如图 3-448 所示。除了调整凹凸和置换数值之外，还可以调整 法线: 贴图 #3 (ZW-028_NRM.png) ☑ 1.0 中的值，降低该值后，渲染出的凹凸效果也会降低。

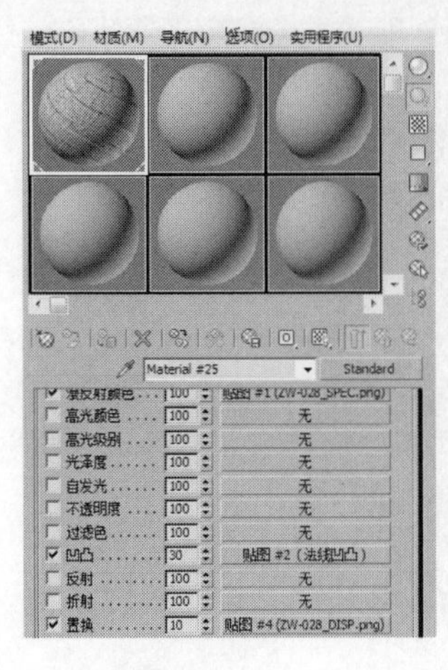

图 3-446

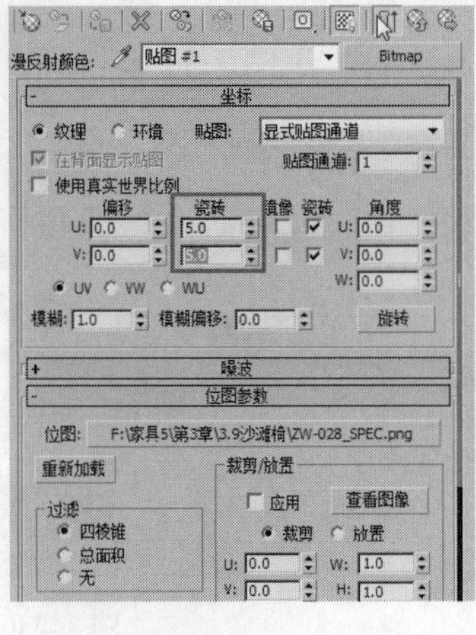

图 3-447

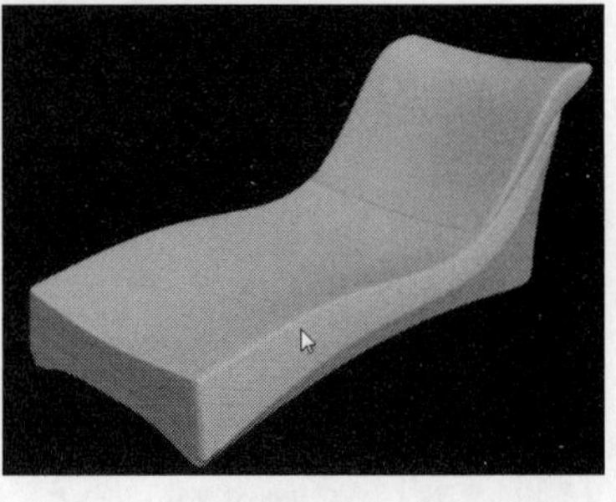

图 3-448

本实例小结：本实例中的编织物体效果不再运用模型制作的方法来实现，而且转用更加方便快捷的贴图方式来实现，贴图的制作运用了 CRAZYBUMP 软件，然后将生成的贴图运用到 3ds Max 中的贴图信息中，即可轻松制作出所需的效果。

3.10　制作电脑椅

目前，“电脑族”在家办公、游戏的时间越来越长，刻板、方程式般套路的办公空间已经无法满足人们的需要。因此，色彩多样、造型别致、使用方便等重视个性发展、关注人性化的办公桌椅也越来越多了，但仅有造型或功能是远远不够的。无论在家里还是在办公室，办公空间的设计必须是理性基础上的感性发挥，即专业化和个性化并重。很多人的办公椅高度都没有达标，这样就无法让身体从腰酸背疼中解脱出来。那么，怎样才能将办公椅调整到“最佳状态”呢？首先要根据工作性质把办公桌或工作台调整到合适的高度。因为不同的办公桌高度对座椅的摆放位置有不同的要求，有时甚至需要换一把座椅。一旦办公桌的高度固定下来，即可把办公桌和身体高度作为“参照物”来调整座椅高度了。一把好的电脑椅不仅应该坐着舒适，而且在垂直方向和水平方向上都应该有较高的自由度，也就是可调节的幅度较大。选择一把舒适的座椅是至关重要的。好的座椅既可以调节椅子高低，又可以调节椅背的俯仰角度。本节就来学习可调节高度的电脑椅的制作。

步骤 01　首先在视图中创建一个 Box 物体，设置长、宽、高的分段分别为 2、2、1，长度、宽度都为 60 cm，然后将该 Box 物体转换为可编辑的多边形物体，在边缘位置加线调整至如图 3-449 所示。

步骤 02　在边缘处选择线段，单击“挤出”按钮向下挤出新的线段，如图 3-450 所示。

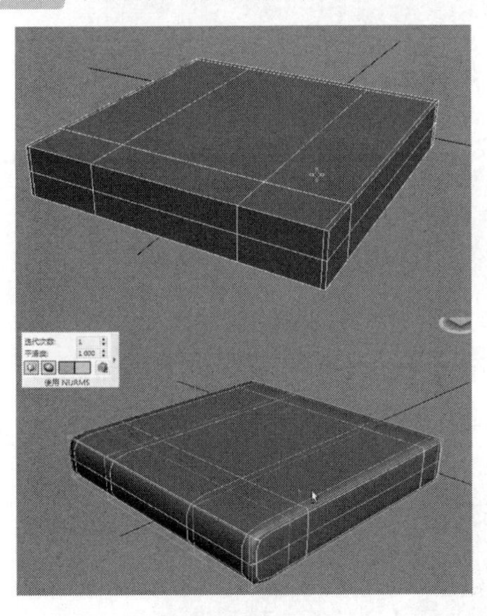

图 3-449

图 3-450

步骤 03　选择图 3-451 所示的线段并向下挤出新的线段，如图 3-452 所示。

注意，在向下挤出线段后，记得把顶点的多余点进行焊接，如图 3-453 所示。

选择图 3-454（左）所示的线段，单击 切角 按钮，把单线的线段切出两条线段，然后单击“目标焊接”按钮，单击外侧的点并拖动到内侧的点上释放，如图 3-454（右）所示。

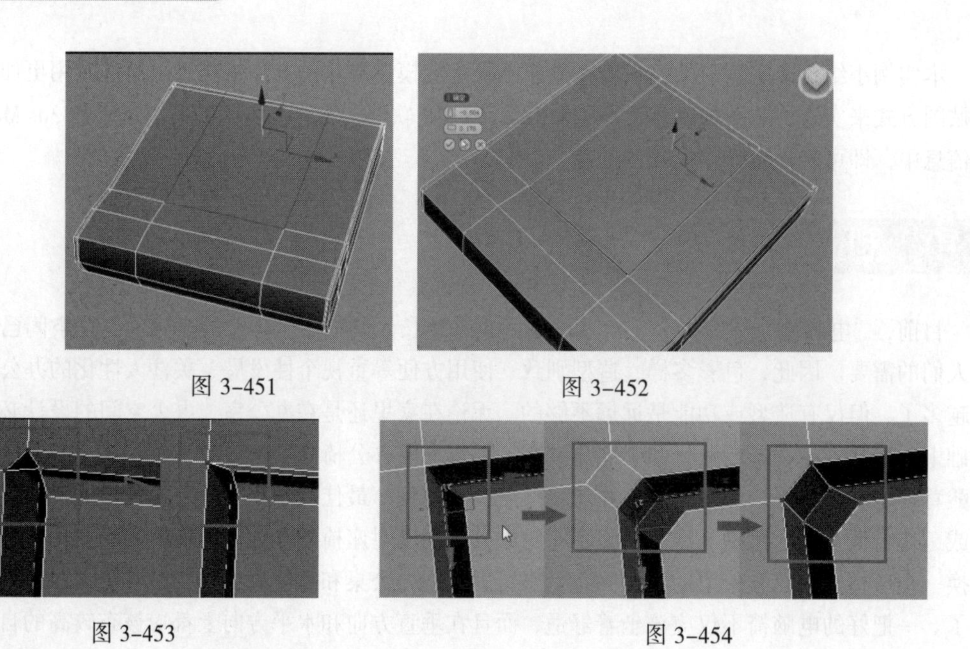

图 3-451　　图 3-452

图 3-453　　图 3-454

细分显示该模型，效果如图 3-455 所示。

步骤 04 继续加线，其过程如图 3-456 所示。然后适当地沿着 Z 轴调整线段的高度使其看上去凹凸一些，细分光滑显示，如图 3-456 左下所示。

图 3-455　　图 3-456

步骤 05 在坐垫的背部创建一个 Box 物体并调整布线，选择图 3-457 所示的线段，然后单击 挤出 □按钮，将该线段向下挤出一定的深度并在各个视图中观察调整。

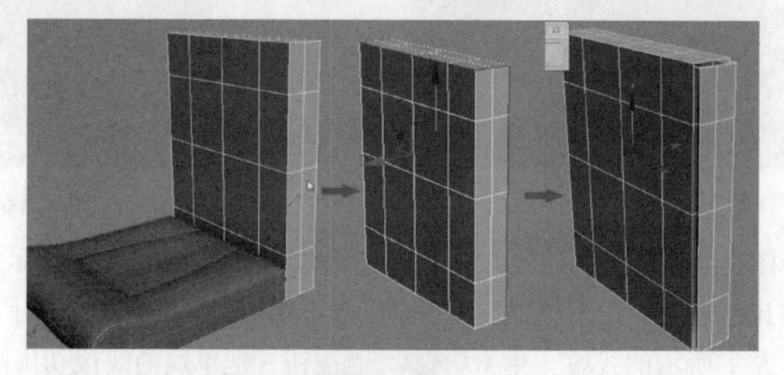

图 3-457

调整好点后，选择向内挤出的线段，用缩放工具适当向外缩放，右击，在弹出的快捷菜单中选择

“转换到面”命令，然后单击 挤出 按钮，将面向外挤出，细分光滑该模型效果，如图 3–458 所示。

步骤 06 选择图 3–459 所示的线段，单击 挤出 按钮向下挤出凹槽的部分，然后调整处理交界处的点，细分后的模型渲染效果如图 3–460 所示。

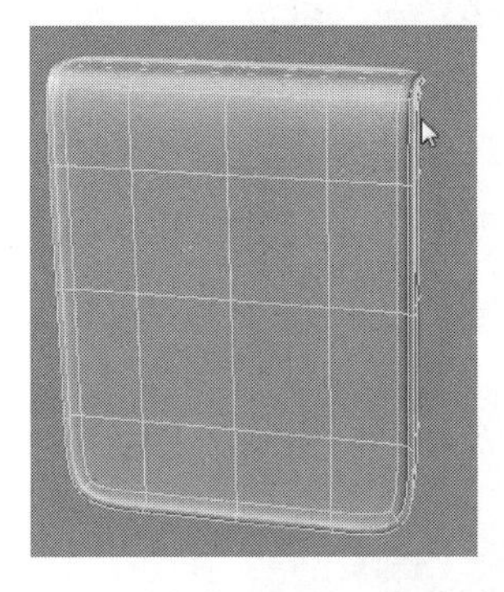

图 3–458

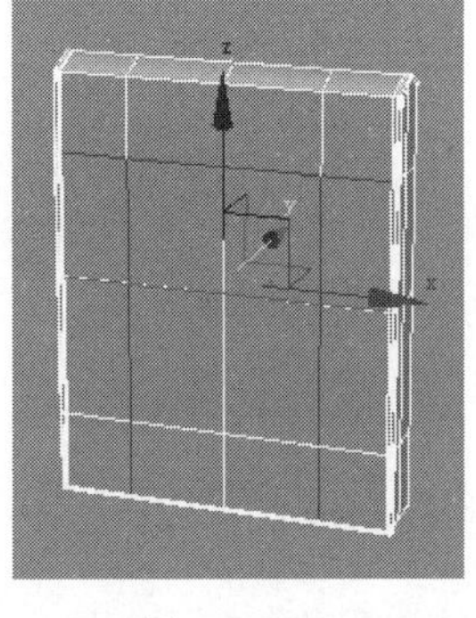

图 3–459

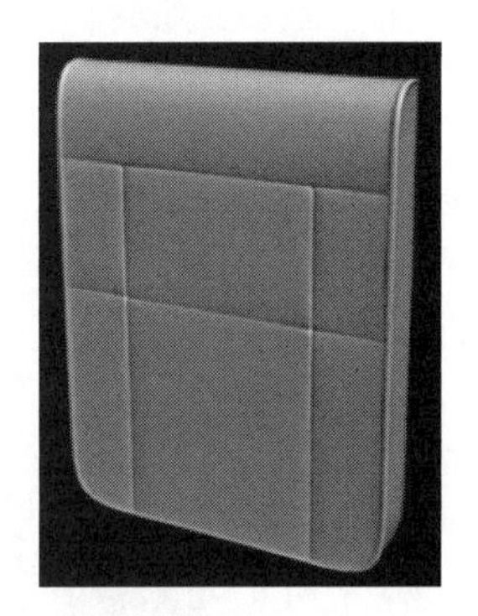

图 3–460

注意　此处的操作虽然用一句话就简单地概括了，但是在实际的制作应用中点线的调整还是比较麻烦的，这里千万不要眼高手低，一定要亲自动手才知道哪些地方该调整，哪些地方不该调整。

步骤 07 将靠垫模型的点由上到下向后调整，使之倾斜自然弯曲，如图 3–461 所示。

步骤 08 在调整靠背模型时，可以删除一半的模型，另一半关联复制即可。单击“绘制变形”工具下的“推/拉”按钮，适当地雕刻出一些纹理和凹凸效果，效果如图 3–462 所示。

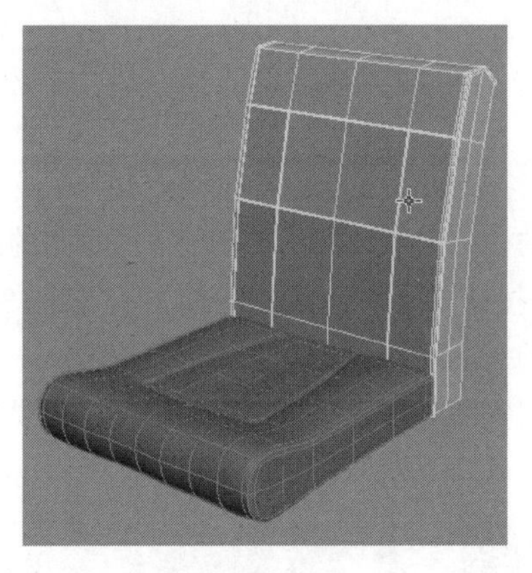

图 3–461

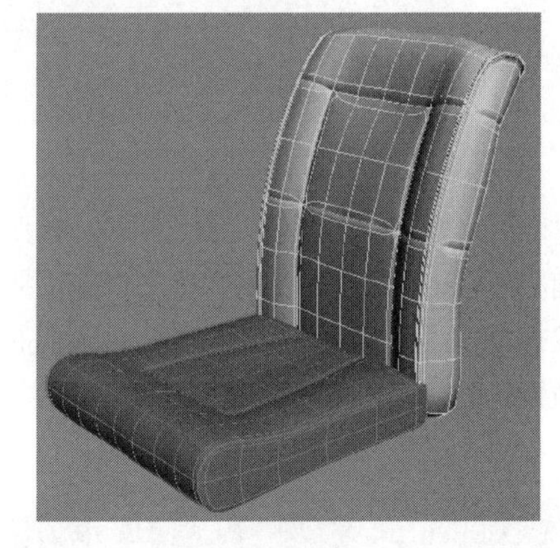

图 3–462

步骤 09 在靠垫的顶部创建一个面片物体并转换为可编辑的多边形物体，选择边并按住【Shift】键移动复制调整至如图 3–463 左上所示，然后选择所有的点，单击 挤出 按钮挤出面的厚度，如图 3–463 右上所示，单击 倒角 按钮，将面先向内挤出面，然后再向下挤出面，如图 3–463 左下所示，最后选择周围的面执行同样的操作，如图 3–463 右下所示。

删除对称位置中间的面，光滑效果如图 3–464 右所示。

步骤 10 在修改器下拉列表中添加“对称”修改器，注意对称轴和翻转工具的使用，对称后的模型如图 3–465 所示。

图 3-463

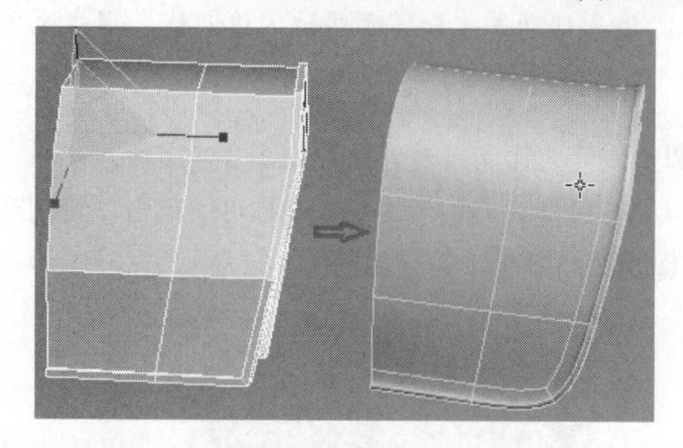

图 3-464

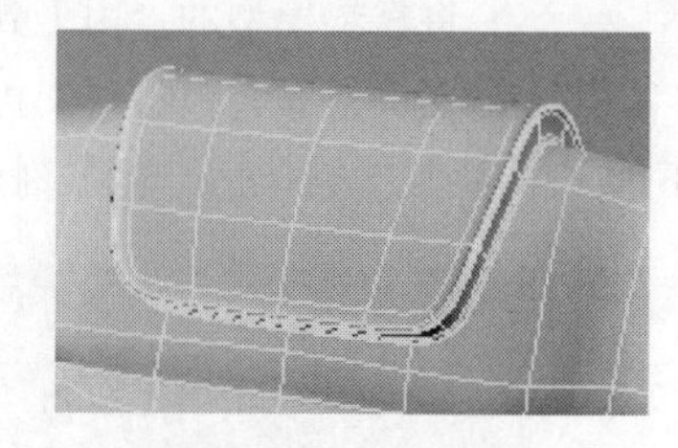

图 3-465

步骤 11 在左视图中创建一个如图 3-466 所示的样条曲线，然后再创建一个倒角的矩形框，在复合物体面板下单击“放样”工具，单击“获取图形”按钮，拾取矩形框完成放样，如图 3-467 所示。

此时发现放样后的模型角度有问题，进入 Loft 下的 图形 级别，框选图形并旋转 90°，将“图形步数”的值设置为 2，“路径步数”的值设置为 6，设置后对称复制另一边的模型，效果如图 3-468 所示。

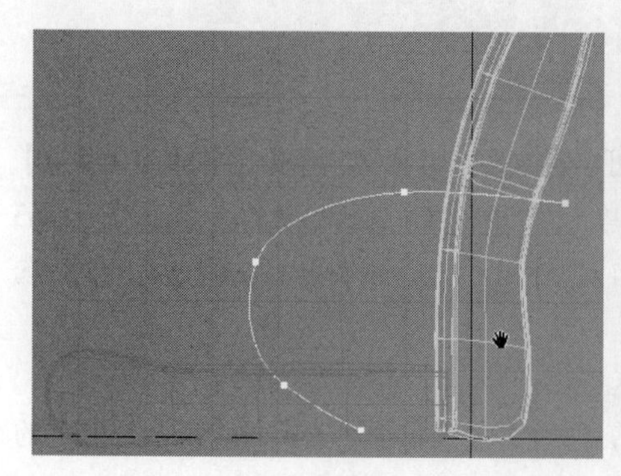

图 3-466

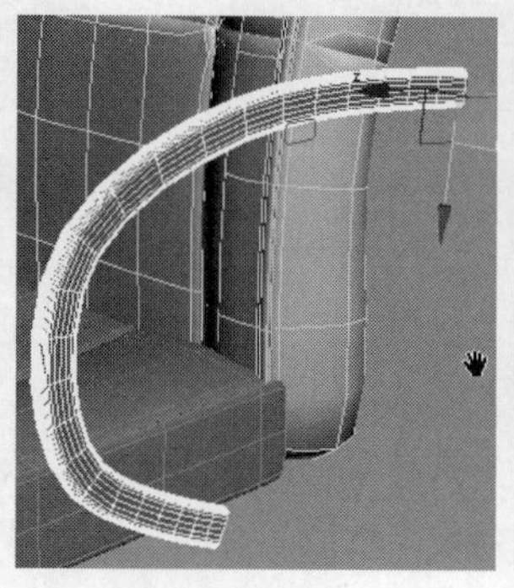

图 3-467

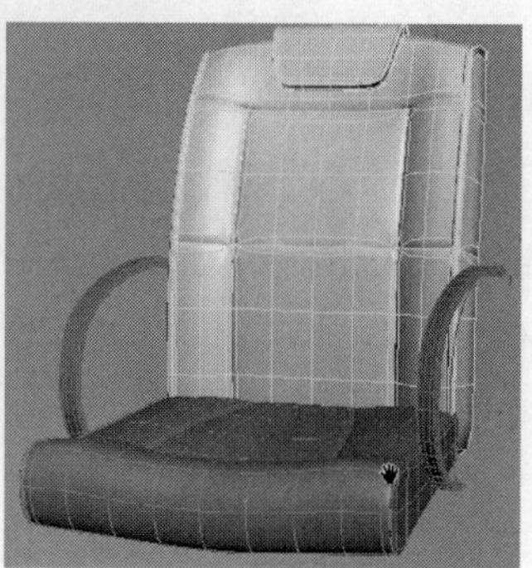

图 3-468

步骤 12 接下来制作转椅的底座部分。在视图中创建一个圆柱体，将该圆柱体的变数设置为 5 即可，然后转换为可编辑的多边形物体，配合各种工具制作出需要的模型，其制作过程如图 3-469 所示。

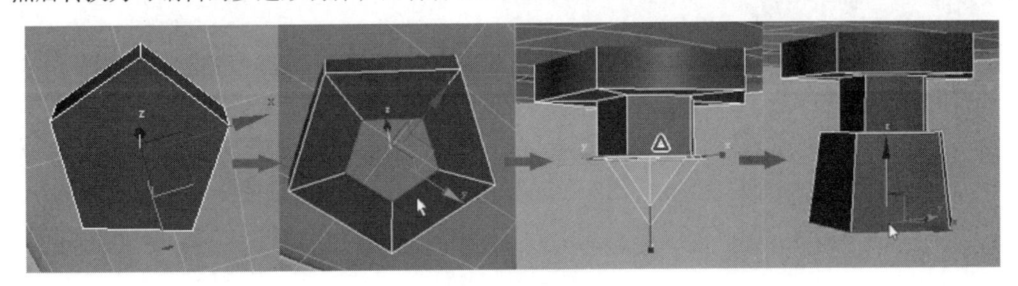

图 3-469

由于制作方法用到的工具前面基本都已经介绍过了，所以这里不再详细讲解，制作过程如图 3-470 所示。

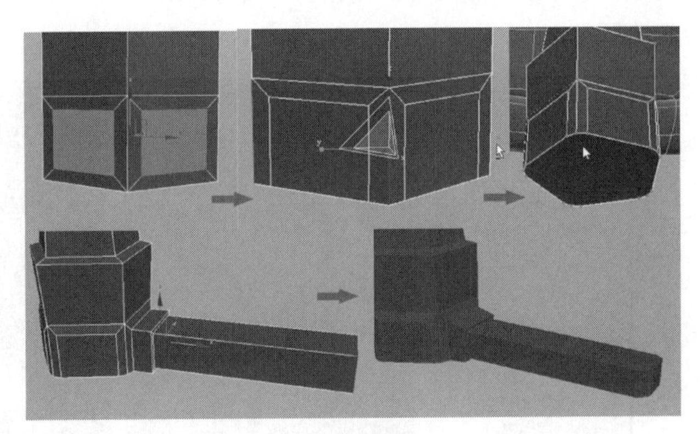

图 3-470

步骤 13 选择腿部支撑杆的面，按住【Shift】键复制并旋转调整好位置，如图 3-471 所示。用同样的方法复制出剩余的部分。

此时复制的支撑杆和底座部分并不是一个整体，单击“附加”按钮，依次拾取支撑杆物体，将它们附加成一个物体，然后添加分段，如图 3-472 所示。

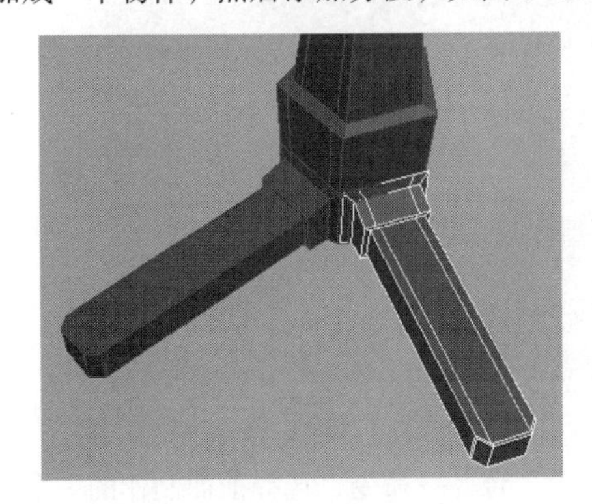

图 3-471

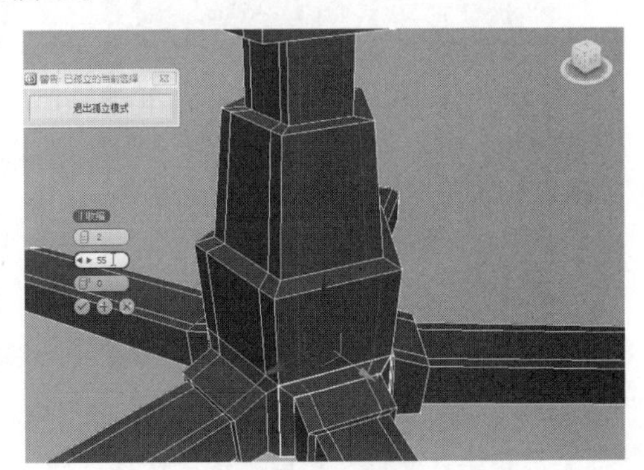

图 3-472

接下来要将椅腿的部分和中心轴进行焊接。先将椅腿移开，删除中心轴相对应的面，将椅腿调整好位置，框选两处对应的点，单击“焊接”按钮将点焊接在一起，如图 3-473 所示。

步骤 14 用同样的方法将剩余的面依次进行焊接，最后细分显示模型的效果如图 3-474 所示。

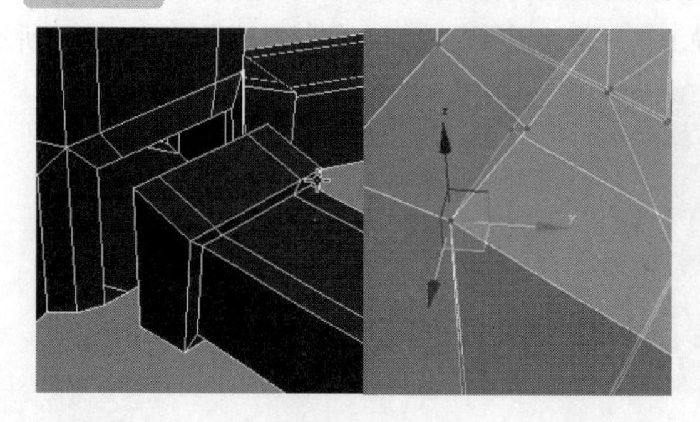

图 3-473

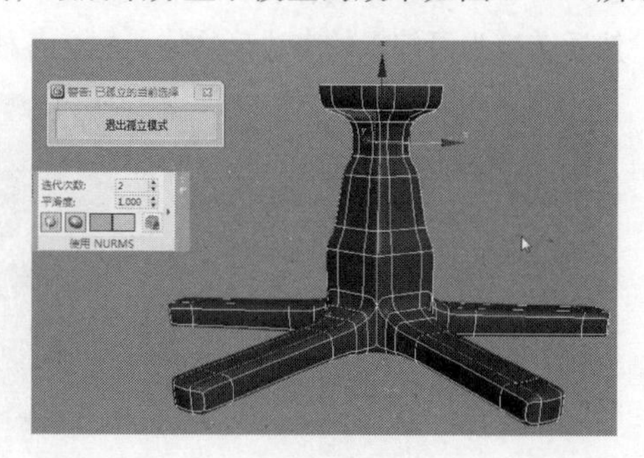

图 3-474

步骤 15 依次单击石墨建模工具下的“循环”|“循环工具”按钮，如图 3-475 所示。

选择图 3-476 所示的线段，单击“呈圆形”按钮，其效果如图 3-477 所示。该按钮的作用可以将不规则的多边面迅速设置成圆形。

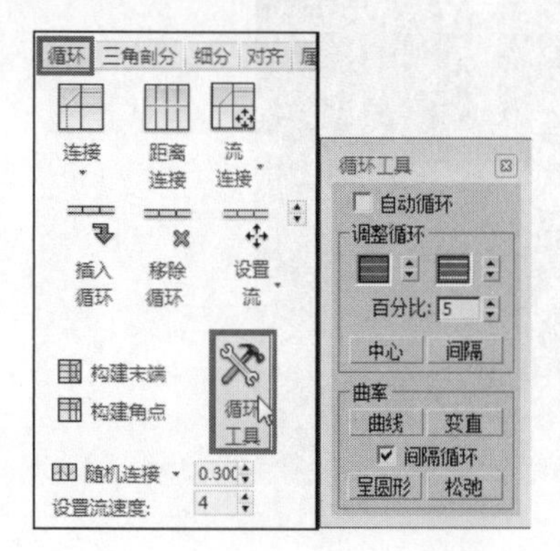

图 3-475

图 3-476

图 3-477

用同样的方法分别对下面的线段进行圆形处理，并旋转调整顶部的线段至如图 3-478 所示。在高度边缘的位置加线来光滑模型，其效果如图 3-479 所示。

图 3-478

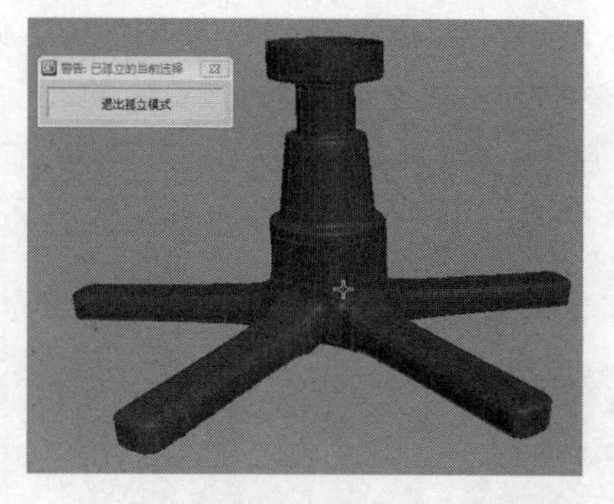

图 3-479

步骤 16 单击“文件”菜单，依次选择“导入”|“合并”命令，选择前面制作的一个办公桌的模型，将其场景文件合并进来，只保留滑轮模型，剩余的全部删除，然后将滑轮做适当的放大和位置的调整并复制调整剩余的滑轮，如图 3-480 所示。可以发现目前电脑椅各个部分的比例很不协调，所以用缩放工具适当地调整各个部分的比例，最后赋予场景中一个默认的材质，最终的效果如图 3-481

所示。该模型制作完毕。

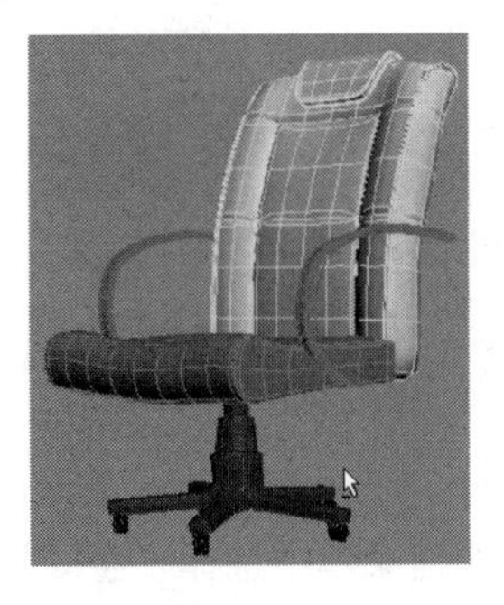

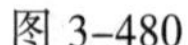

图 3-480

图 3-481

本实例小结：电脑椅坐垫和靠背的制作类似于前面章节中的沙发皮质的处理方法，需要注意和掌握的一点是在制作底部支撑物体的时候，如何快速将多边形形状转换为圆形形状的方法，利用循环工具下的一些命令可以快速实现。

3.11　制作明清官帽椅

官帽椅以其造型酷似古代官员的官帽而得名。官帽椅分为南官帽椅和四出头官帽椅两种。所谓四出头，实质就是靠背椅子的搭脑两端、左右扶手的前端出头，背板多为“S”形，而且多用一块整板制成。南官帽椅的特点是在椅背立柱和搭脑相接处做出软圆角，由立柱作榫头，横梁作榫窝的烟袋锅式做法。椅背可使用一整板做成“S”形，也可采用边框镶板做法，雕有图案，美观大方。古代冠帽式样很多，但为一般人所熟悉的是在书中和舞台上常见的式样，即明代王圻《三才图会》中附有图饰的幞头，如图 3-482 所示。幞头有展脚、交角之分，但不论哪一种，都是前低后高，显然分成两部分。倘用所谓的官帽椅和它相比，尤其是从椅子的侧面来看，那么扶手略如帽子的前部，椅背略如帽子的后部，两者有几分相似。也有人认为椅子的搭脑两端出头，像官帽的展脚（俗称“纱帽翅”），故有此名。 其说似难成立。因官帽椅的进一步区分即有“四出头”（搭脑和扶手都出头）和“南官帽”之别，而所谓“南官帽椅”是四处无一处出头的。可见名为官帽，并不在搭脑出头还是不出头上。

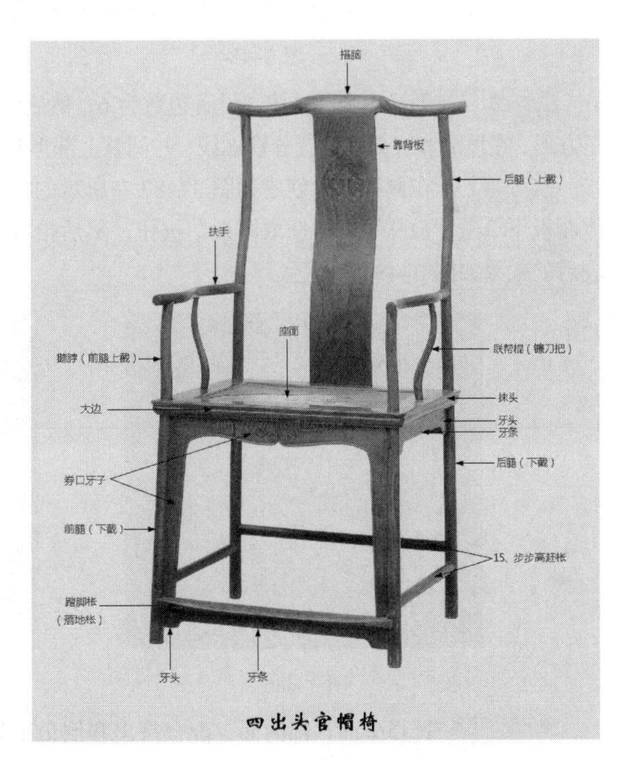

图 3-482

步骤 01 在视图中创建一个 Box 物体并转换为可编辑的多边形物体，选择底部的面并按【Delete】键删除，利用前面讲到的边、面的挤出方法制作出如图 3-483 所示的形状。

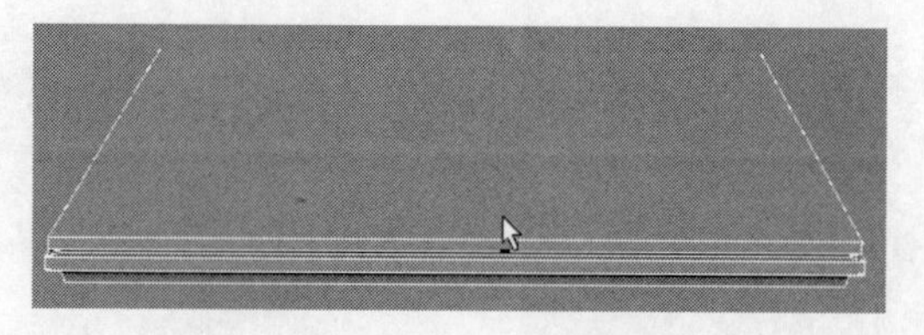

图 3-483

步骤 02 框选长度上的线段，右击，在弹出的快捷菜单中选择“连接”命令，分别在宽度和长度的线段上加线，如图 3-484 所示。细分光滑后的效果如图 3-485 所示。

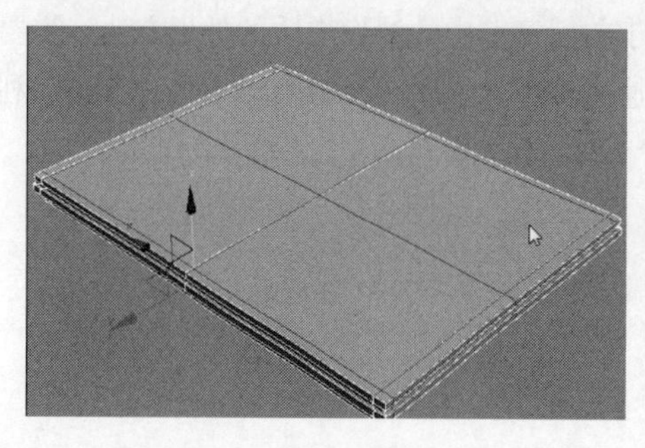

图 3-484

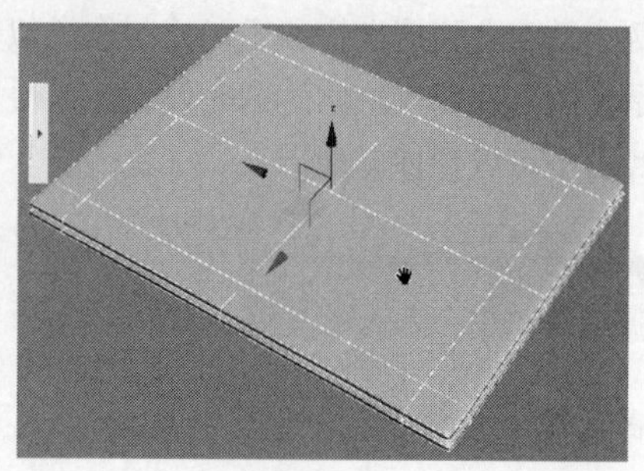

图 3-485

步骤 03 创建一个圆柱体，设置边数为 6，然后转换为多边形物体，同时将底部的面调整成近似正方形，在顶部和底部的位置分别加线，并调整上部形状，然后对称复制出另外一个，如图 3-486 所示。

步骤 04 在侧视图中创建如图 3-487 左所示的样条曲线，再创建一个倒角的矩形框，在复合物体面板下单击“放样”和“获取图形”按钮，然后拾取倒角矩形框完成放样，再复制出另外一边，完成后的效果如图 3-488 右所示。

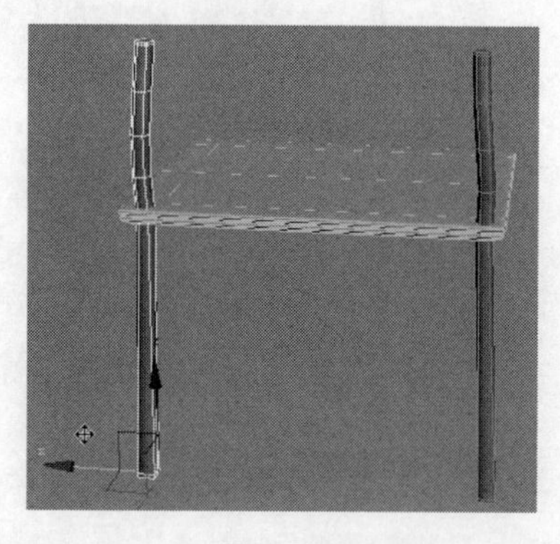

图 3-486

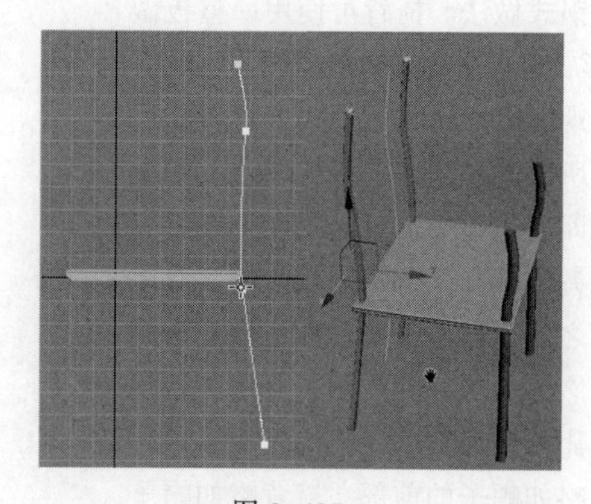

图 3-487

步骤 05 选择坐面顶部的面，配合挤出和倒角工具，制作出如图 3-488 所示的效果，然后选择 4 个角的线段，单击“切角”按钮，将一条线段切出两条线段，这样就保证了模型在光滑后，角的位置不至过于圆滑而失去自身的细节，如图 3-488 右所示。

步骤 06 在视图中创建一个如图 3-489 左所示的样条曲线和一个圆形，用放样工具完成放样，调整放样的路径参数，将调整好的模型复制出一个并调整到另一侧，如图 3-489 右所示。

图 3-488

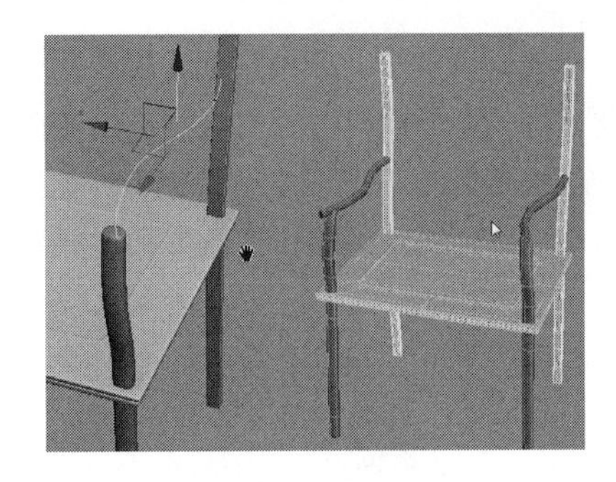

图 3-489

步骤 07 用同样的方法制作“镰刀把”的部分，因为该部分模型上部分细、下部分粗，所以要适当调整一下。在放样参数面板中单击 缩放 按钮，打开如图 3-490 所示的缩放变形面板，该面板可以调整曲线来控制变形模型效果。

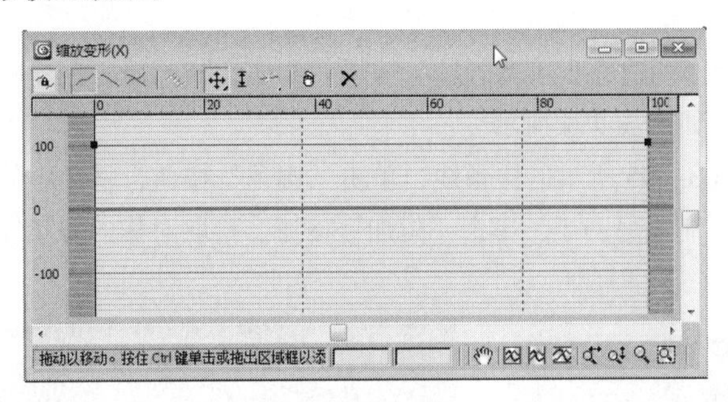

图 3-490

将图 3-490 中红线左侧的点向下调整，对应的模型效果如图 3-491 所示。

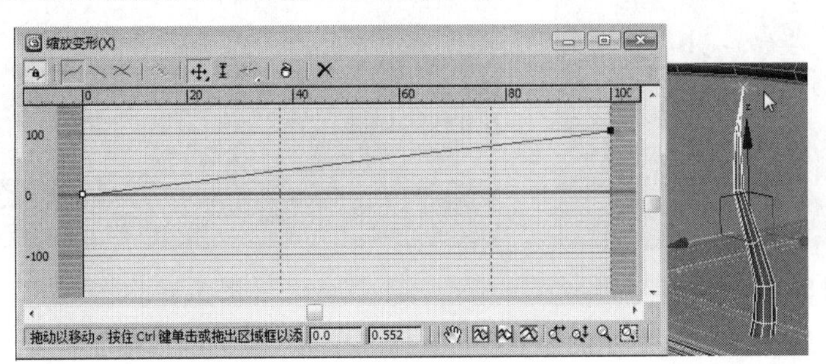

图 3-491

单击按钮插入点并上下调整点的位置，如图 3-492 所示。

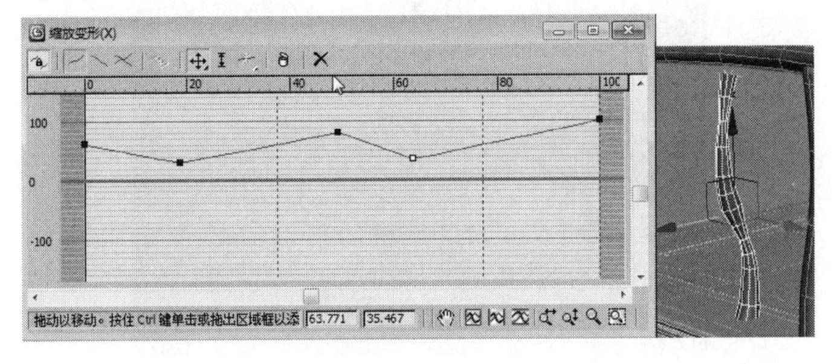

图 3-492

可以看到，通过加点并调整点的位置可以影响模型的粗细变化，其中 0～100 的值代表了模型的粗细变化比例，点的横向位置上的值也代表着在该点位置的模型粗细所占原始比例的大小。当然除了用角点控制模型外，还可以将点设置为贝兹点，使模型可以更好地过渡。这里将左侧的点调整至 60 左右的数值，并适当增加路径步数值和图形步数值，效果如图 3-493 所示。

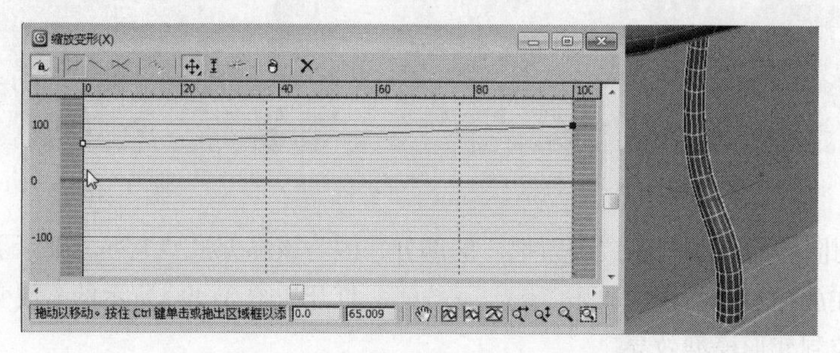

图 3-493

步骤 08 接下来制作两边的步步高赶杖。这里的制作比较简单，创建圆柱体代替即可，然后复制并调整出其余的部分，如图 3-494 所示。

步骤 09 创建如图 3-495 所示的样条线，单击“圆角”按钮，将图中的点处理成带有弧度的光滑线段，沿着 X 轴对称复制出另一半，单击“附加”按钮，拾取对称的样条线，然后将中间的点进行焊接并删除。

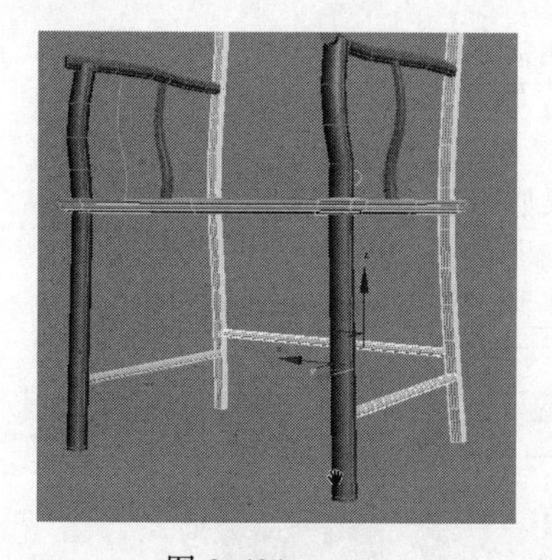

图 3-494

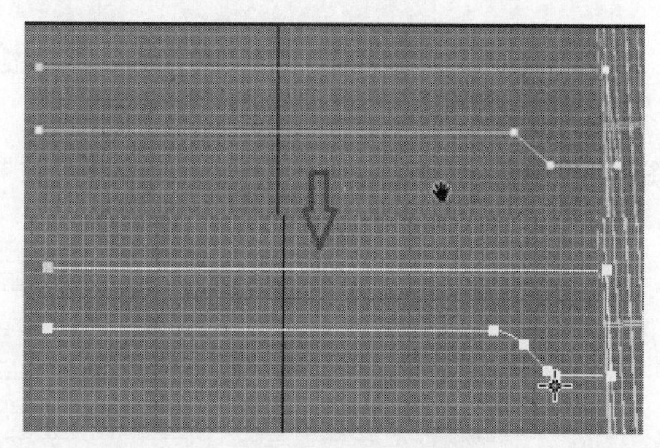

图 3-495

步骤 10 创建如图 3-496 所示的样条线，选择“牙条”部分的横截面曲线，在修改器下拉列表中添加“倒角剖面”，然后拾取刚刚创建的曲线，其倒角剖面后的效果如图 3-496 上所示，此时的效果不尽如人意，进入倒角剖面的 剖面 Gizmo 级别，适当地旋转，效果如图 3-496 下所示。

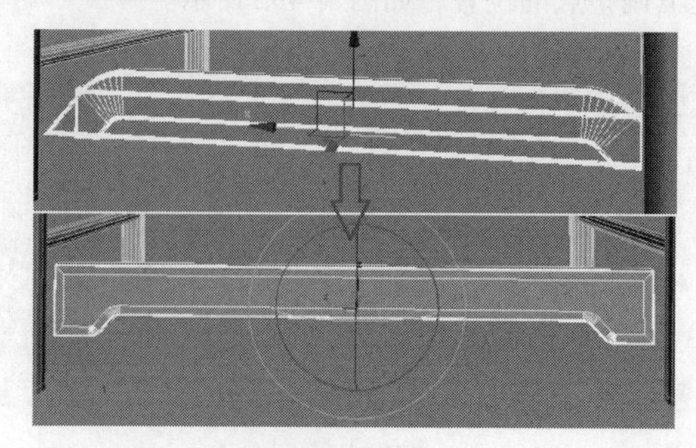

图 3-496

步骤 11 创建出“踏脚枨”部分外出的剖面曲线，在修改器下拉列表中添加“倒角”修改器，其模型效果如图 3-497 所示。

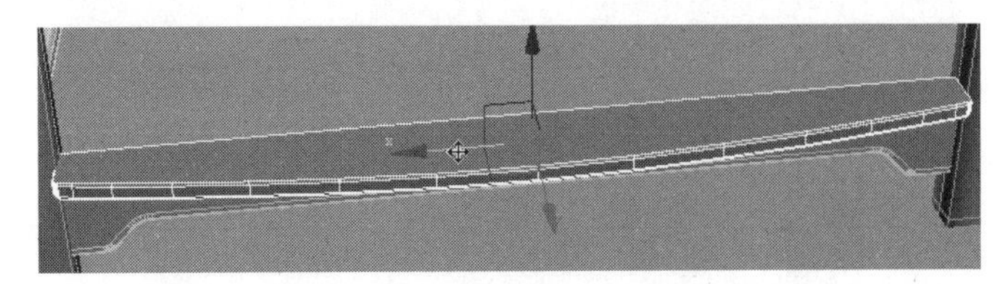

图 3-497

步骤 12 在前视图中创建出“券口牙子”部分一半的曲线，如图 3-498 左上所示，然后镜像出另一半并焊接，在修改器下拉列表中添加“挤出”修改器，其模型如图 3-498 下所示。

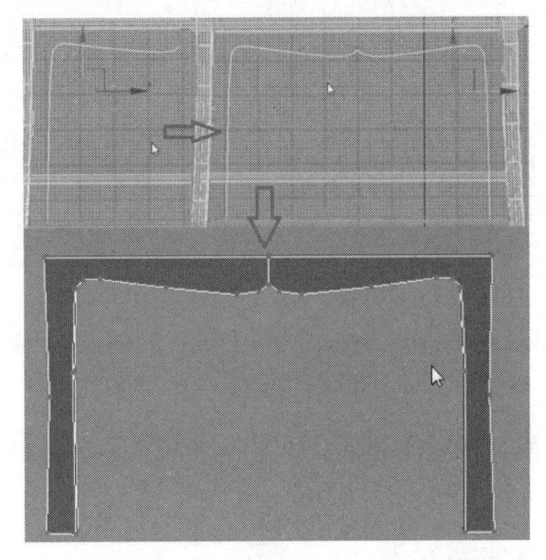

图 3-498

步骤 13 将该模型转换为可编辑的多边形物体，加线调整布线，在内侧面的位置加线，然后利用面的倒角挤压工具向外挤出新的面。注意，在拐角处的线段一定要做加线处理。修改后的模型布线效果如图 3-499 所示。细分光滑效果如图 3-500 所示。

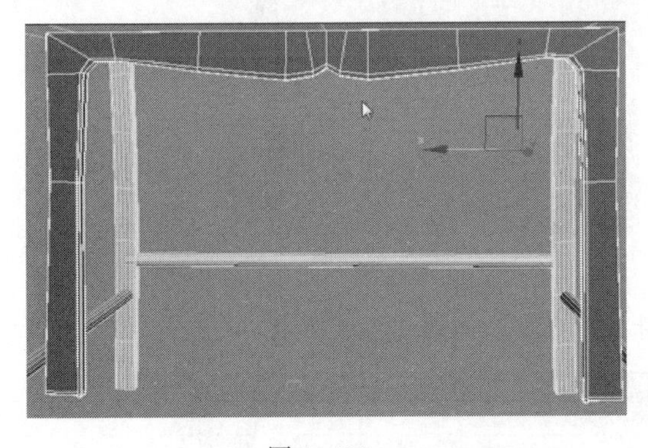

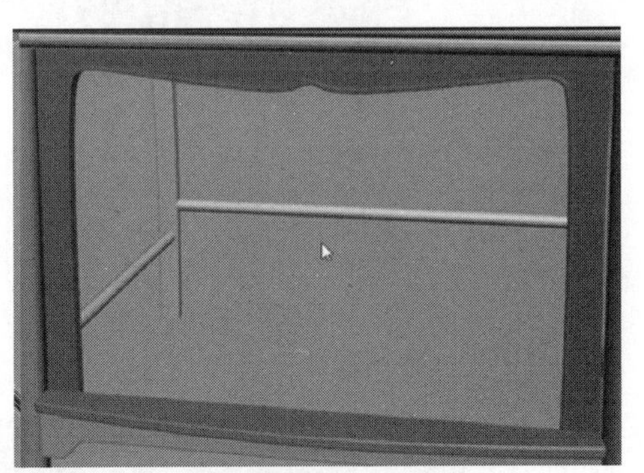

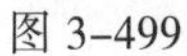

图 3-499　　图 3-500

步骤 14 创建一个 Box 物体，并将其转换为可编辑的多边形物体，然后调整布线并细分，制作过程如图 3-501 所示。

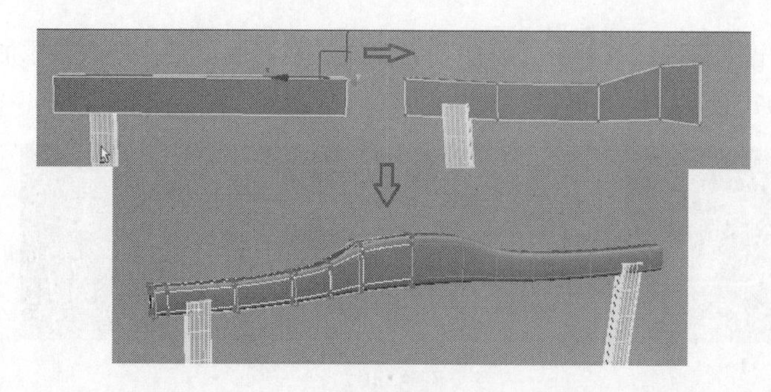

图 3-501

步骤 15 从“搭脑”部分的位置向下挤压出“靠背板”部分，如图 3-502 所示。

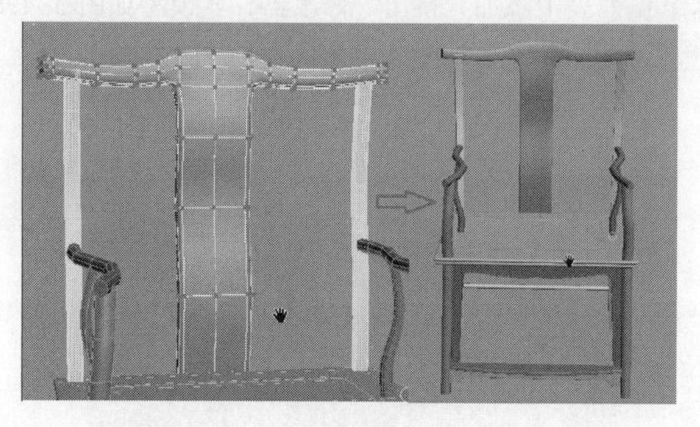

图 3-502

赋予场景中所有物体一个默认的材质效果，如图 3-503 所示，如果发现比例不合适，可以随时调整物体的比例，如图 3-504 所示。

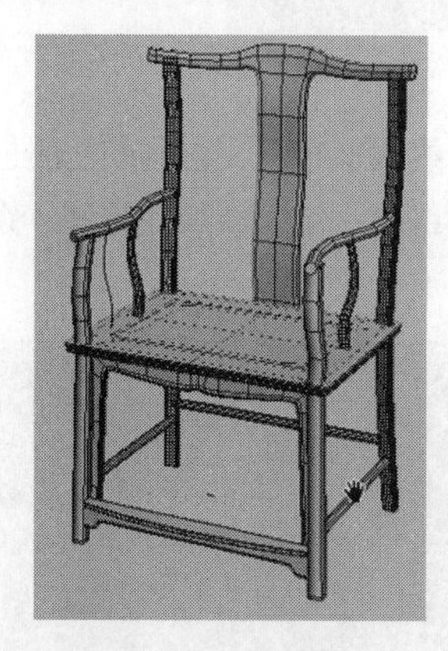

图 3-503

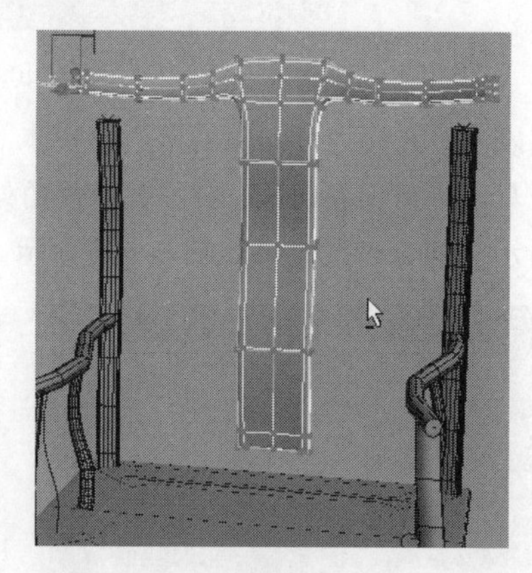

图 3-504

步骤 16 创建出椅子两侧的“牙头”和“牙条”模型，如图 3-505 所示。

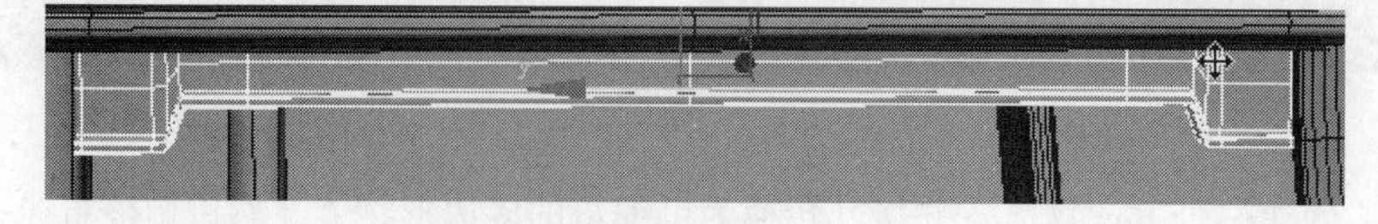

图 3-505

模型最终的效果如图 3-506 所示。

本实例小结：本节主要运用的制作方法是首先创建出模型的剖面曲线，然后利用放样工具和倒角剖面以及倒角工具制作出模型。要注意的一点是，放样工具下面的 缩放 工具的使用，除了缩放工具，还有扭曲工具等，这些都是通过曲线的调整来影响模型的效果。该工具在本书中第一次介绍，所以一定要好好地学习研究。

图 3-506

3.12　制作明清扶手椅

扶手椅是有扶手的背靠椅的统称，除了圈椅、交椅外，其余的都称为扶手椅。其式样和装饰有简单的也有复杂的，常和茶几配合成套，以四椅二几置于厅堂明间的两侧，做对称式陈列。本实例模型的制作顺序是从下到上的顺序。

步骤 01 创建一个 Box 物体，转换为可编辑的多边形物体，高度分段上加线，并将上下的点、面分别做收缩调整，同时宽度以及长度线段上沿着边缘的位置加线，调整好后细分显示模型，其制作过程如图 3-507 所示。

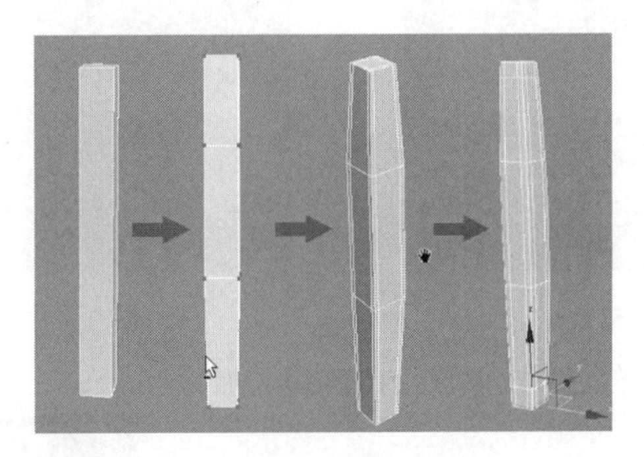

图 3-507

步骤 02 用同样的方法创建出椅子的后腿，如图 3-508 所示。

步骤 03 创建倒角的长方体作为椅子的坐面部分，该模型也可以通过创建 Box 物体进行多边形的修改而得，创建好后沿着 Z 轴复制一个。此时，如果想让上下两个物体的面精确对齐，可以用 3ds Max 的对齐工具。选择上面的物体，单击按钮，然后在视图中单击下面的物体，在弹出的“对齐当前选择”对话框中进行设置，如图 3-509 所示。这样就把上面物体的底部面和下面物体的顶部面进行了精确对齐。

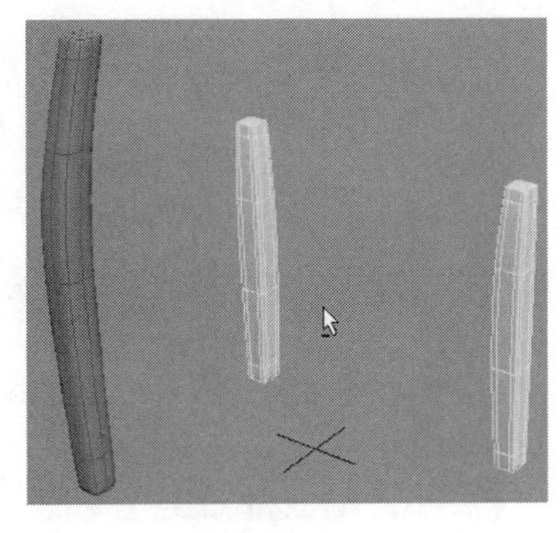

图 3-508

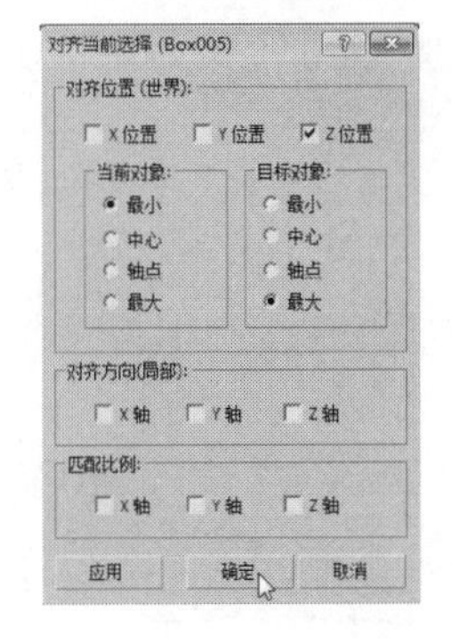

图 3-509

步骤 04 选择顶部的一些面进行面的倒角挤压操作。选择挤出面的 4 个角的边，单击 切角 按钮，切除 2 条线段，如图 3-510 所示。在边缘的位置加线调整布线，如图 3-511 所示。最后选择图 3-512 所示的线段，按快捷键【Ctrl+Backspace】将线段移除，效果如图 3-513 所示。

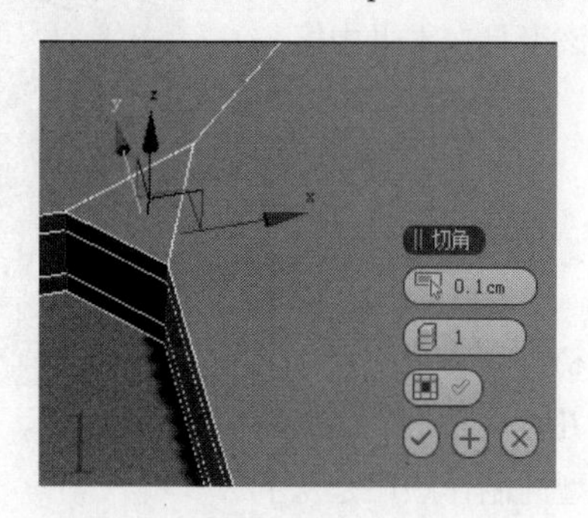

图 3-510

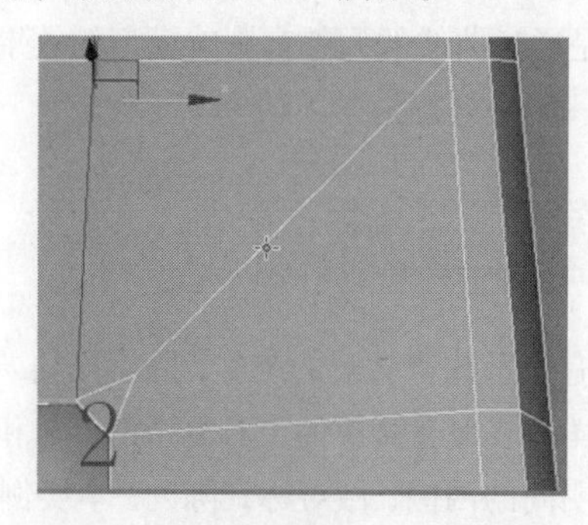

图 3-511

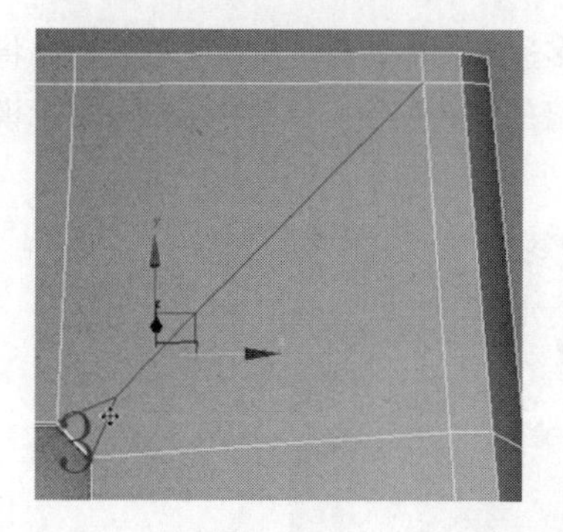

图 3-512

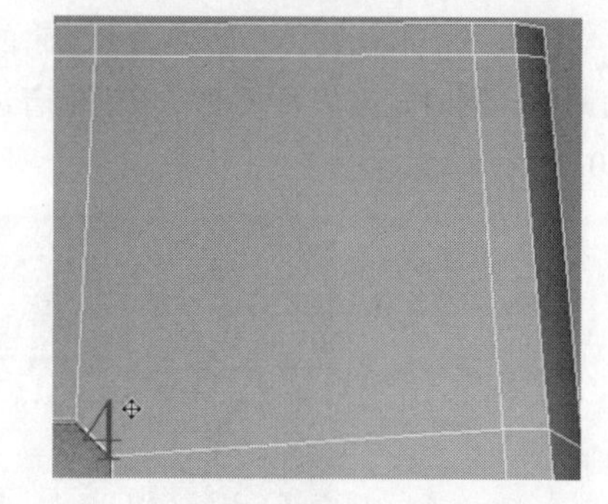

图 3-513

对剩余的 4 个角执行同样的操作，最后的细分效果如图 3-514 所示。

图 3-514

步骤 05 在视图中继续创建一个 Box 物体并将其转换为可编辑的多边形，修改调整布线，如图 3-515 所示。进入面级别，选择中间的面并按【Delete】键删除，如图 3-516 所示。按【3】键进入边界级别，框选图 3-517 中间的边界，单击"桥"按钮使其上下部分自动生成面；然后再选择如图 3-518 所示的面进行面的挤出倒角操作。

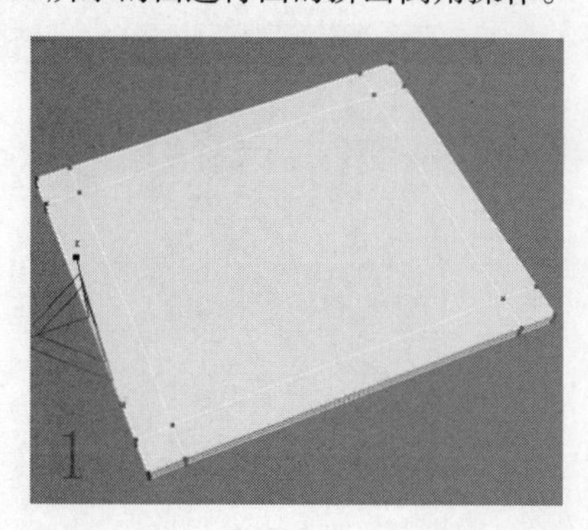

图 3-515

图 3-516

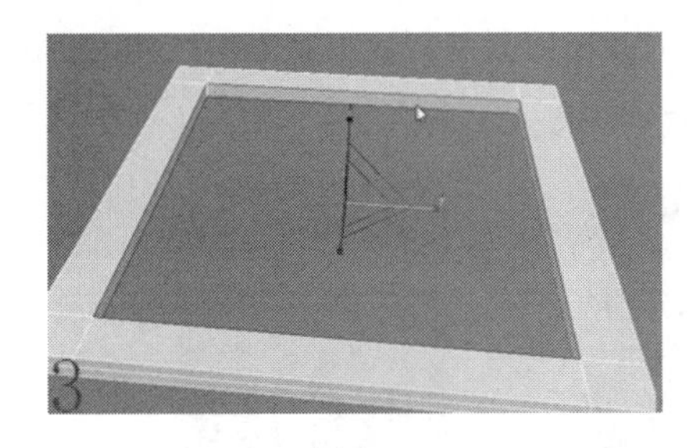
图 3–517

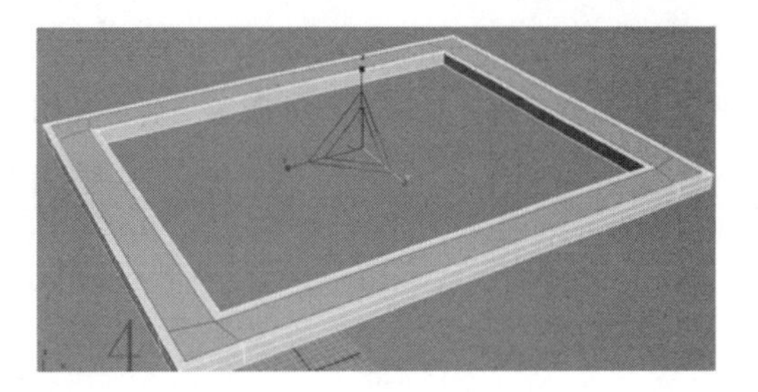
图 3–518

步骤 06 在 4 个角的线段位置上和内侧的线段上分别加线，退出孤立化显示并创建圆柱体作为支撑杆，其效果如图 3–519 所示。

步骤 07 在顶视图中创建图 3–520 所示的样条曲线，同时在侧视图中调整点的高度，如图 3–521 所示。

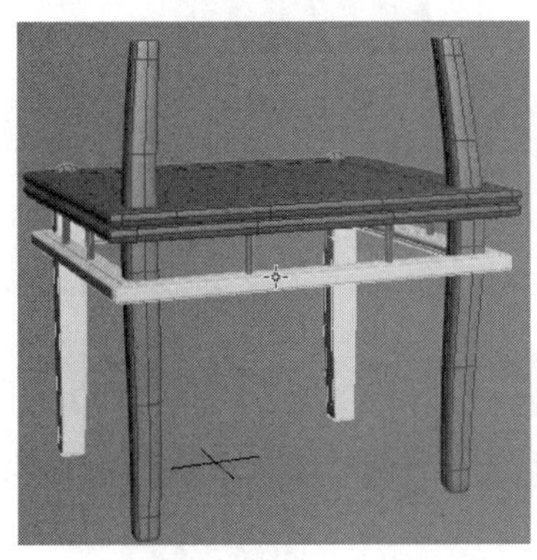
图 3–519

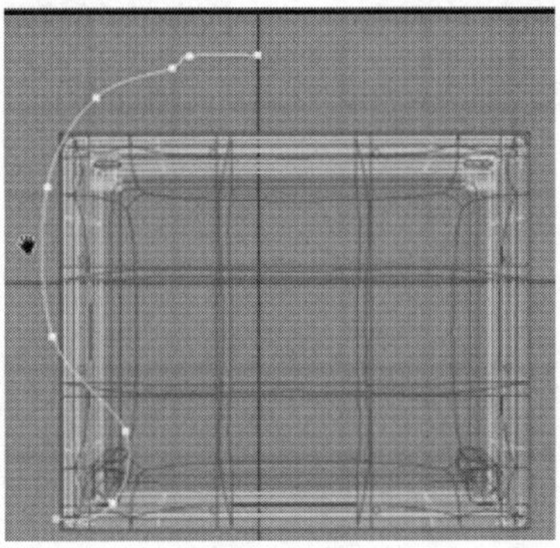

图 3–520

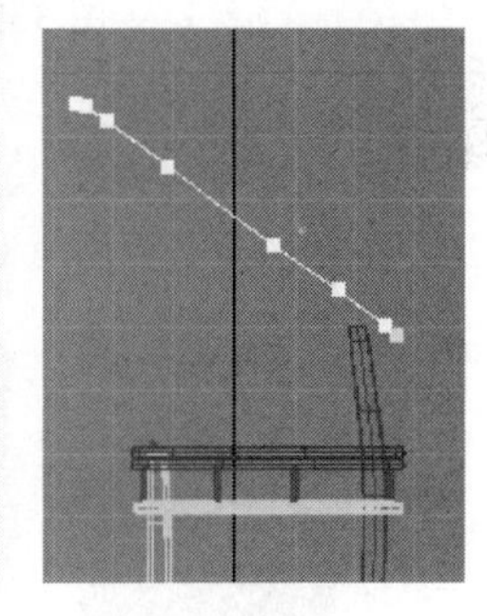
图 3–521

步骤 08 在参数面板中选中“在渲染中启用”和“在视口中启用”复选框，调整边数为 4，插值为 0，调整半径值大小。参数设置好后，将该物体转换为可编辑的多边形，效果如图 3–522 所示。

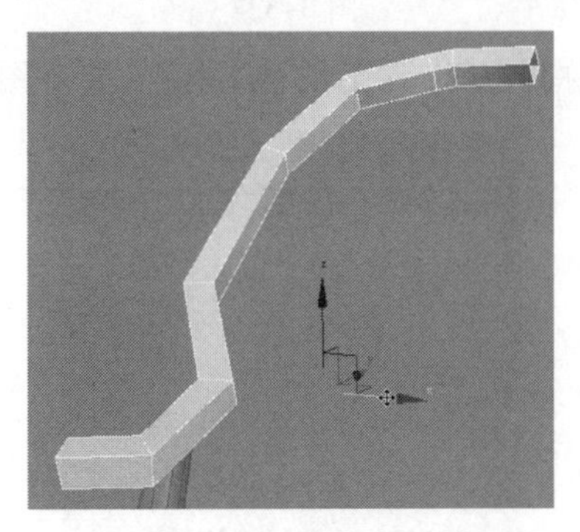
图 3–522

步骤 09 用缩放工具适当地缩放把手的点，然后在修改器下拉列表中添加“对称”修改器，调整好对称中心，再次将模型塌陷，细分显示模型的效果如图 3–523 所示。

步骤 10 继续加线细化调整该模型，在左视图中创建如图 3–524 所示的样条曲线。然后再创建一个圆角的矩形框，单击放样工具，拾取圆角矩形框，放样后再复制 5 个并调整好位置，效果如图 3–525 所示。

步骤 11 用同样的方法完成如图 3-526 所示的模型制作。在“放样参数变形”卷展栏中单击 缩放 按钮调整曲线，如图 3-527 所示，效果如图 3-528 所示。

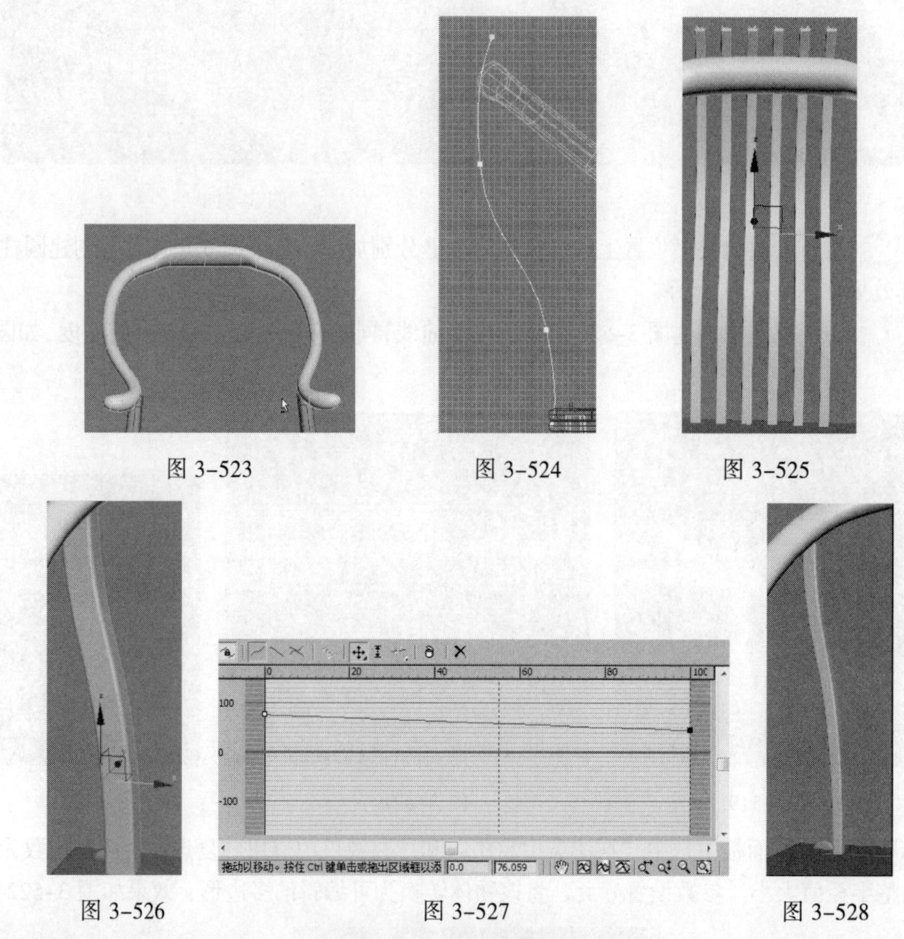

图 3-523　　图 3-524　　图 3-525

图 3-526　　图 3-527　　图 3-528

步骤 12 将该模型复制对称到右侧，最后的整体模型效果如图 3-529 所示。

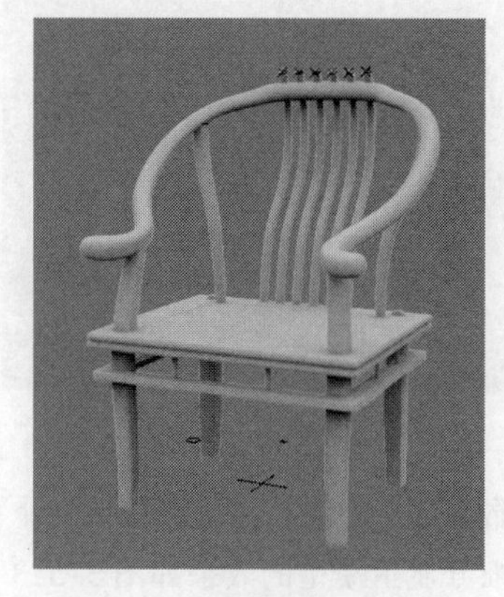

图 3-529

本实例小结：本节重点掌握放样后，通过缩放曲线调整控制物体粗细变化的调整方法。同时继续深化复习多边形建模的方法。

3.13　制作欧式凳子

欧式家具是欧式古典风格装修的重要元素，以意大利、法国和西班牙风格的家具为主要代表。欧式家具延续了 17 ~ 19 世纪皇室贵族家具的特点，讲究手工精细的裁切雕刻，轮廓和转折部分由对称而富有节奏感的曲线或曲面构成，并装饰镀金铜饰，结构简练，线条流畅，色彩富丽，艺术感强，给人以华贵优雅、十分庄重的整体感觉。从营造氛围的角度来讲，欧式家具要么追求庄严宏大，强调理性的和谐宁静，要么追求浪漫主义的装饰性，追求非理性的无穷幻想，富有戏剧性和激情，不管在过去还是现在，它们都是高贵生活的象征。

近几年来，欧式装修风格成为越来越多追求品位生活的人士的选择，即便不能整体装修成欧式，一些家庭也喜欢选购两款带有异域风情的家具摆在家中。不过，由于欧式家具外形特征明显，大到空间布局，小到壁纸、吊灯、装饰画等，对搭配都有较高的要求，掌握不到法门的业主容易陷入“中不中、洋不洋”的尴尬局面。欧式家具又分为古典欧式家具和现代欧式家具（简欧式），古典欧式家具以前为欧洲贵族们专用，产品高档气派、尊贵典雅，融入了浓厚的欧洲古典文化，已经成为一种经典。

步骤 01 在视图中创建一个 Box 物体，设置它的长、宽、高分别为 8cm、8cm、45cm。设置高度分段为 3，将其转换为可编辑的多边形物体，选择底部的面并按【Delete】键删除，然后按【3】键进入边界级别，按住【Shift】键拖动复制新的面并实时调整，其调整过程如图 3-530 所示。

删除图 3-531 中 1 所示的面，单击“目标焊接”按钮，单击需要焊接的点到另一个点上释放，如图 3-531 中 2 所示。按【3】键进入边界级别，选择中间的边界单击“封口”按钮完成补面，如图 3-531 中 3 所示，然后右击，在弹出的快捷菜单中选择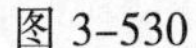命令，切除图 3-531 中 4 所示的线。

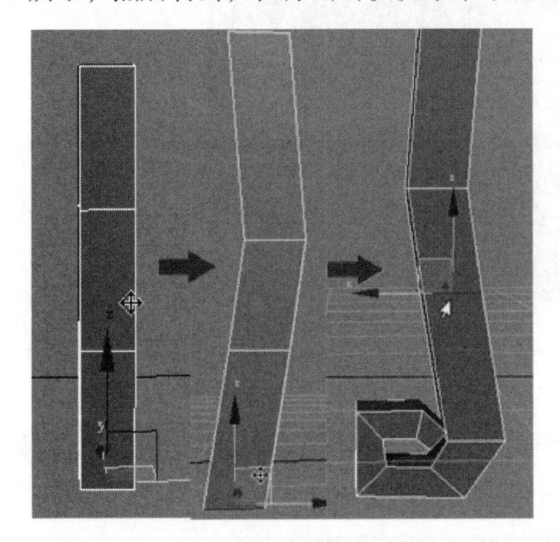

图 3-530

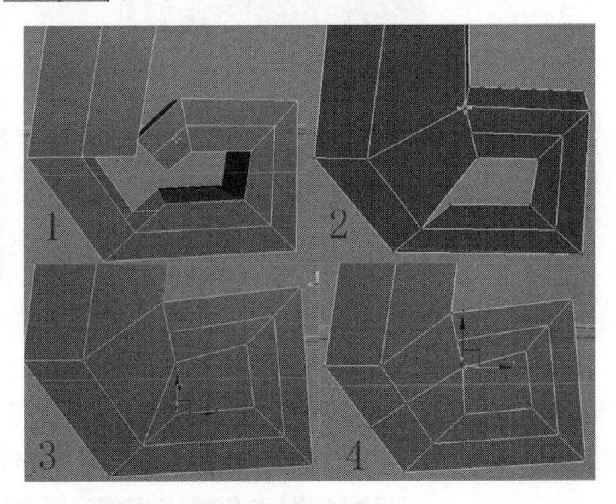

图 3-531

选择图 3-532 中的面并按【Delete】键删除，然后调整点的位置，进入“边界”级别进行封口操作，选择图中的两个点，按快捷键【Ctrl+Shift+E】连接新的线段。

选择图 3-533 所示的线段，单击“切角”按钮切出图 3-534 中所示的线段。

焊接多余的点，手动剪切出新的线段，即图 3-535 中红色所示的线段。

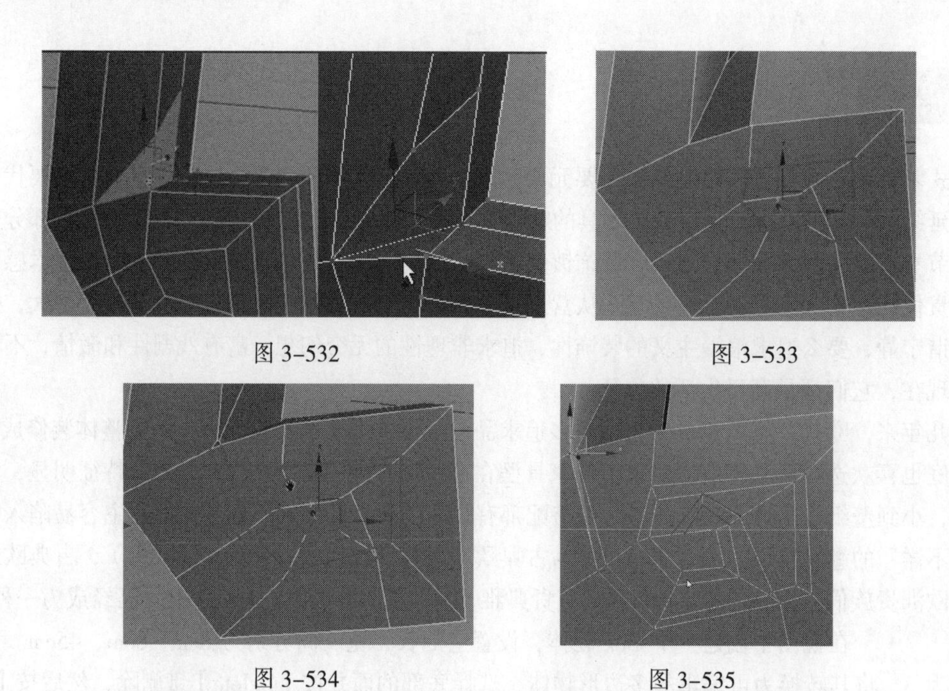

图 3-532　　图 3-533

图 3-534　　图 3-535

选择图 3-536 所示的面，单击“倒角”按钮，将选择的面向内挤出，如图 3-537 所示。

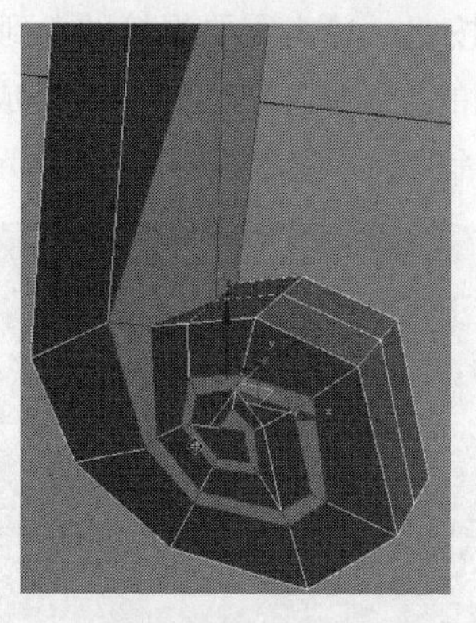

图 3-536

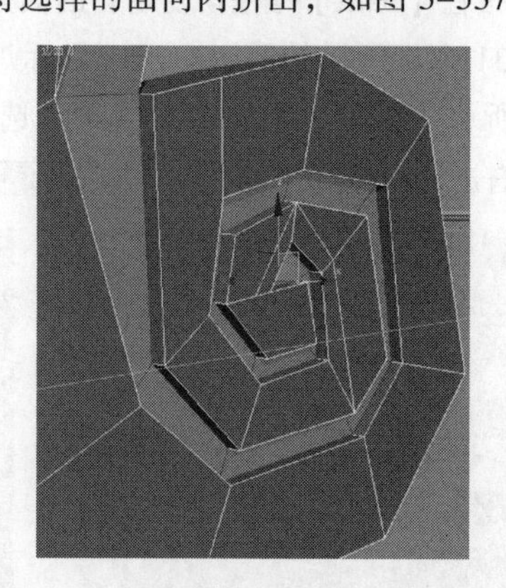

图 3-537

图 3-538 中 1 的红色方框的点需要调整。先删除图 3-538 中 2 的面，右击，在弹出的快捷菜单中选择“插入顶点”命令，然后在图 3-538 中 3 的红色方框处添加一个点，并将这两个点焊接，同时将右侧的面挤压出来，调整后的模型光滑效果如图 3-538 中 5 所示。

图 3-538

继续完善和调整布线，在模型的边缘位置加线，如图 3-539 所示。然后选择如图 3-540 所示的面，沿着局部法线方向向外挤出新的面。

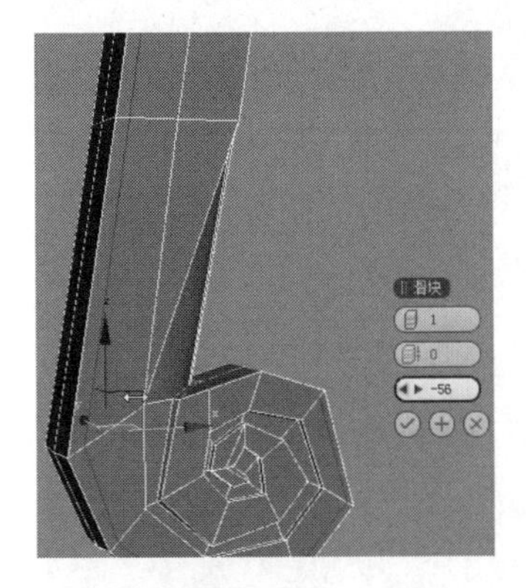

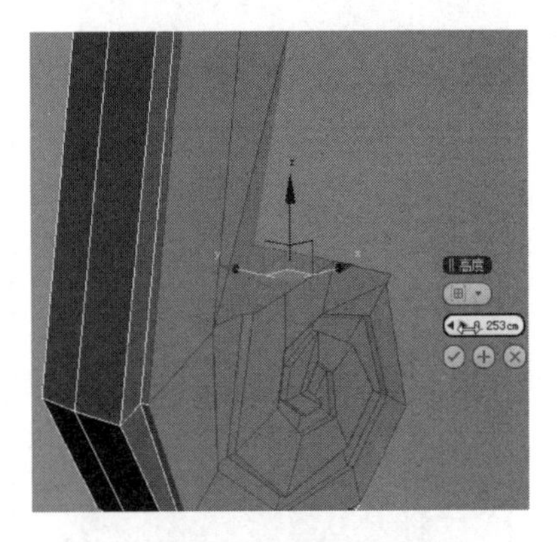

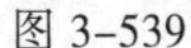

图 3-539　　　图 3-540

继续调整布线，在修改器下拉列表中添加“对称”修改器，在 Y 轴方向对称出另一半，再次将对称之后的模型塌陷为多边形物体并细分，其测试渲染效果如图 3-541 所示。

步骤 02 复制并调整剩余的 3 个椅腿模型，并创建新的 Box 物体制作椅面模型。首先将 Box 物体转换为多边形物体，选择 4 个角的边，单击“切角”按钮进行切边处理，然后手动剪切出新的线段，其制作过程如图 3-542 所示。

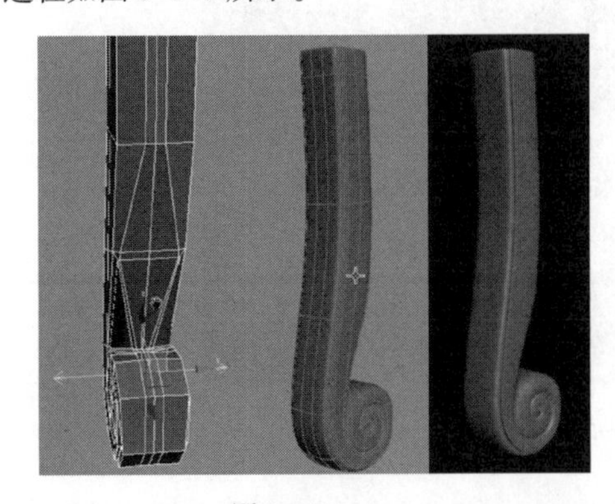

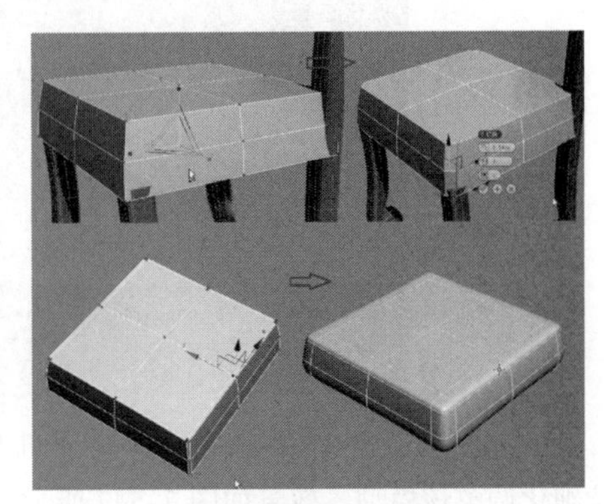

图 3-541　　　图 3-542

继续对坐垫模型加线调整，将中间的面沿着 Z 轴向上调整使其凸起，如图 3-543 所示。

图 3-543

调整后部椅腿的点，然后复制出另一个，如图 3-544 所示。

步骤 03 创建一个 Box 物体并修改调整为靠背模型，制作过程如图 3-545 所示。

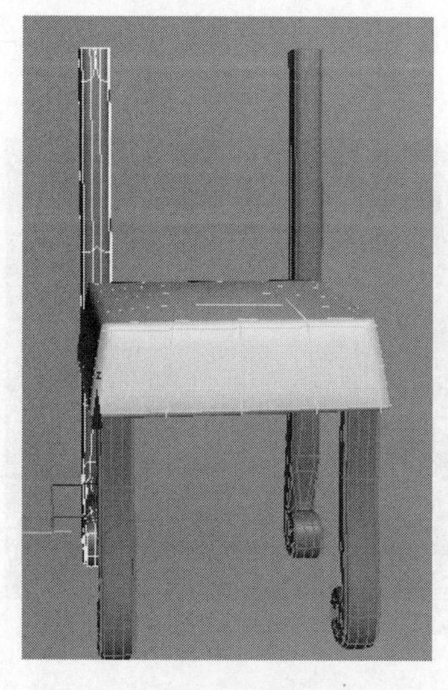

图 3-544

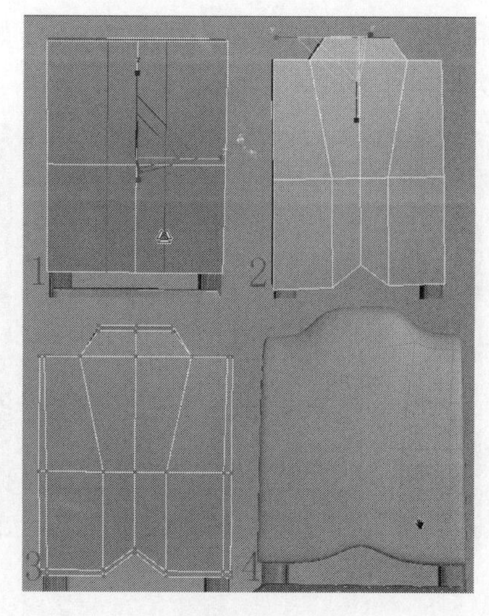

图 3-545

步骤 04 创建长方体并制作出椅腿前后的支撑杆，然后选择一个椅腿的模型，复制并旋转 90° 调整到椅子的两侧，接下来对该模型进行修改调整。首先选中右侧的点并按【Delete】键删除，然后加线调整线段和点，最后将调整好的模型镜像对称复制，其过程如图 3-546 所示。

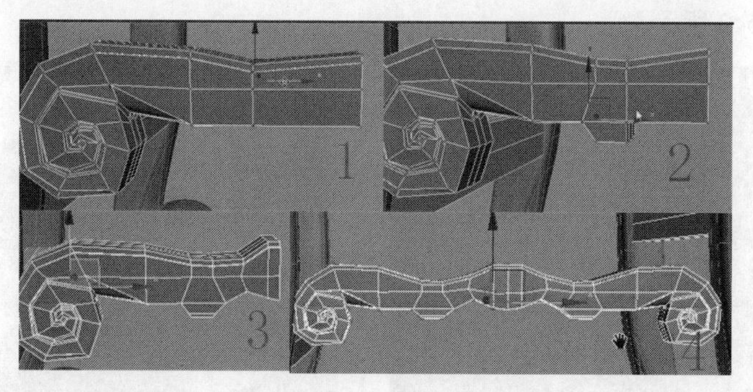

图 3-546

继续细化调整该模型，效果如图 3-547 所示。

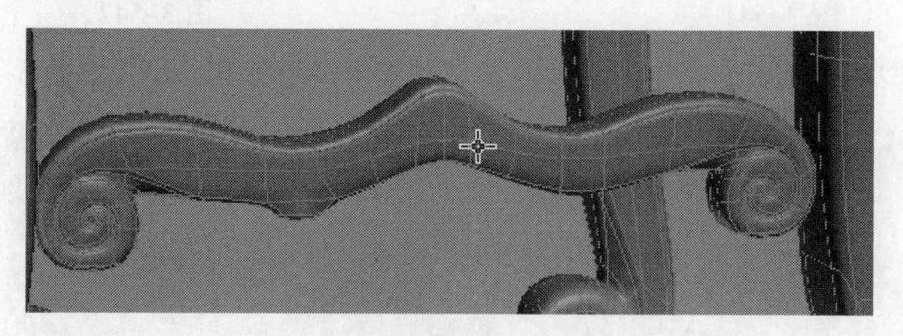

图 3-547

步骤 05 按【M】键打开材质编辑器，选择一个材质球，选择场景中的所有模型，单击按钮赋予一个默认的材质。然后在视图中创建一个球体，删除一半的面，适当将另一半调整移动到坐垫的边缘，然后沿着四周复制，效果如图 3-548 所示。

最终的模型效果如图 3-549 所示。

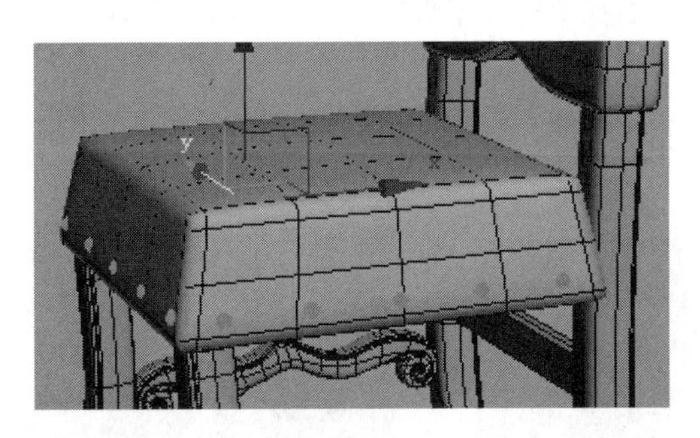

图 3-548

图 3-549

本实例小结：本实例中的难点在于椅子腿部底部的弯曲纹理制作，所以制作的要点在于合理对模型进行加线调节，一个好的模型布线可以大大节省制作时间。

3.14　制作欧式贵族椅

本节来学习一个复杂模型的制作，该贵族椅细节更多，花纹更复杂，所以制作时一定要有耐心。复杂模型的制作最好先将它们分类，将每一个部分单独制作，最后再拼接在一起。

步骤 01　首先来制作椅子腿部。在视图中创建一个如图 3-550 所示的样条曲线和倒角的矩形框，在创建面板下的复合物体下，单击“放样”和“获取图形”按钮，选择样条曲线并拾取矩形框来完成放样，如图 3-551 所示。调整“图形步数”和“路径步数”参数为 0，效果如图 3-552 所示。

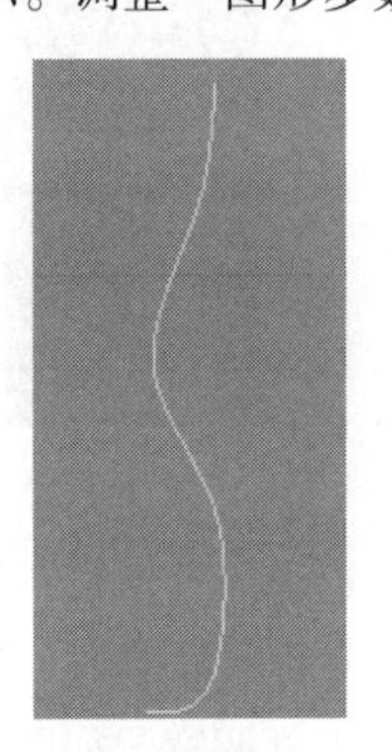

图 3-550

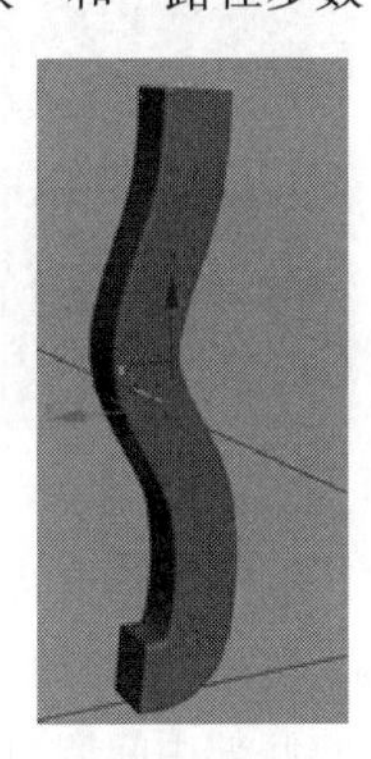

图 3-551

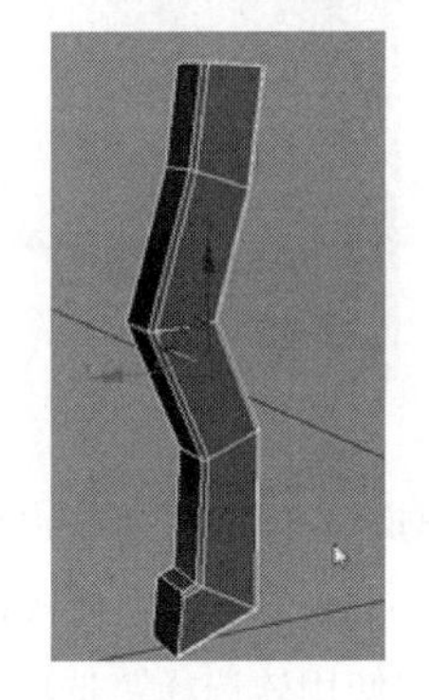

图 3-552

在变形工具下单击 缩放 按钮，然后调整曲线，如图 3-553 所示。这样就将模型的上部分适当放大、下部分适当缩小了。

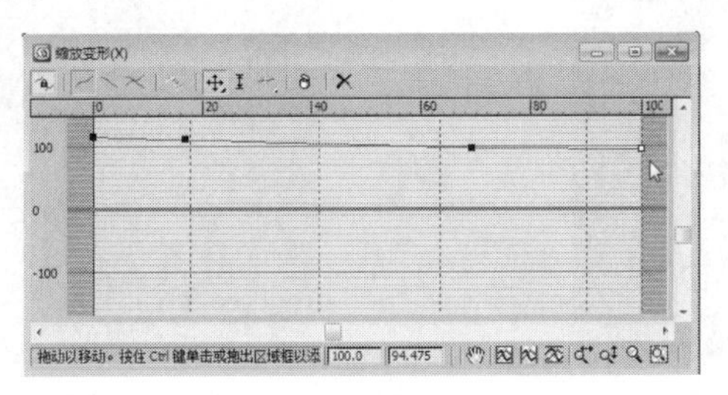

图 3-553

步骤 02 将模型转换为可编辑的多边形物体，选择下部的面并按【Delete】键删除，然后按【3】键进入边界级别，选择边界，按住【Shift】键向右拖动复制出新的面并调整形状，其调整的过程如图 3-554 所示。

步骤 03 细分模型后，再次将物体塌陷，调整点和线段，选择如图 3-555 右所示的面，向外挤出新的面。

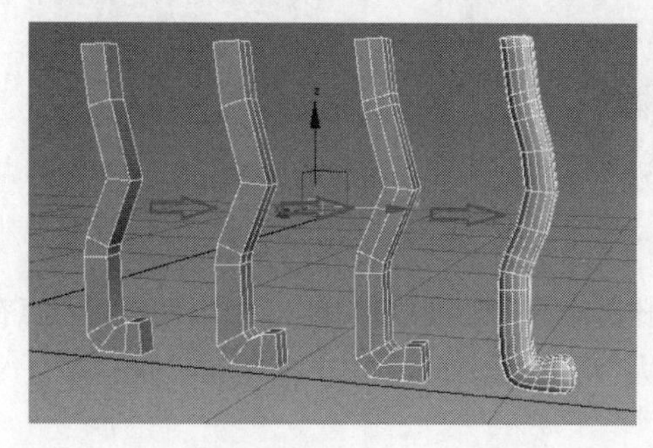

图 3-554

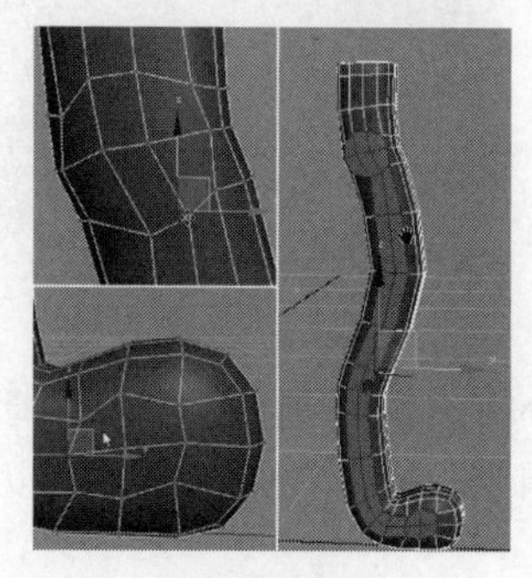

图 3-555

手动剪切调整布线，选择如图 3-556 所示的面继续向外挤出面，挤出效果如图 3-557 所示。细分模型测试渲染后的效果如图 3-558 所示。

图 3-556

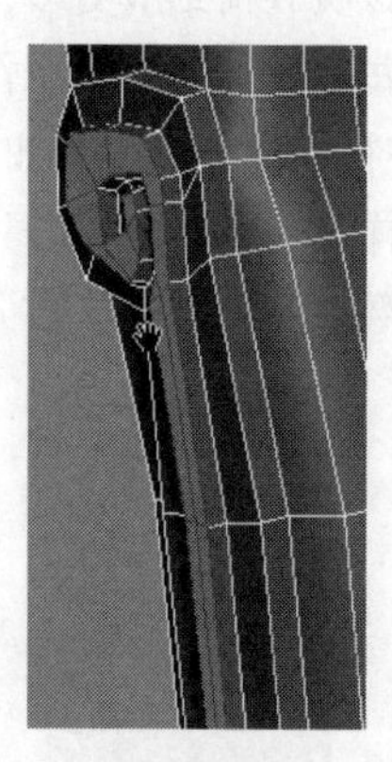

图 3-557

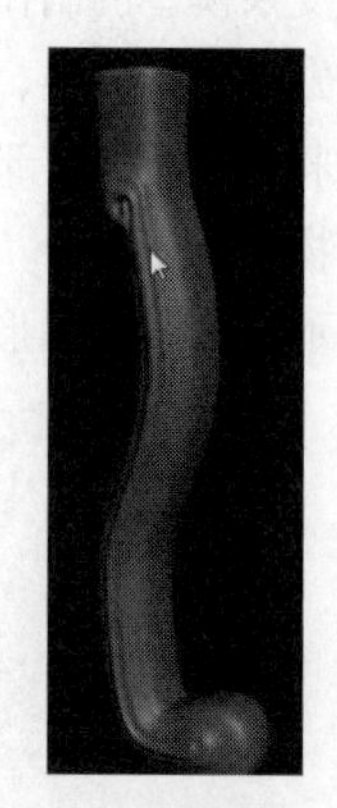

图 3-558

步骤 04 给模型换一种颜色便于观察，在刚才挤出面的边缘部分切线，如图 3-559 所示。

步骤 05 删除一半的模型，在修改器下拉列表中添加“对称”修改器，将另一半对称出来，然后将模型塌陷，打开“使用软选择”选项，将腿部中间调细，上部调宽，如图 3-560 所示。

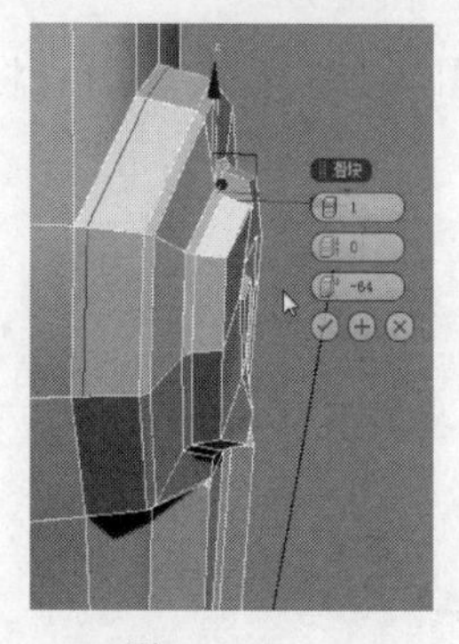

图 3-559

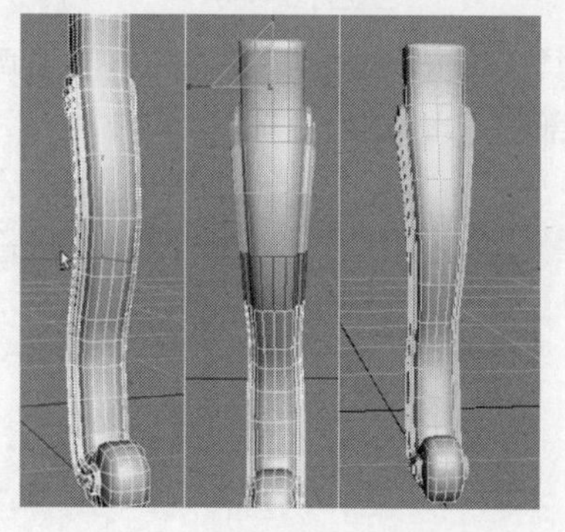

图 3-560

步骤 06 手动剪切出图 3–561 中的线段，选择图 3–562 中的面并向外挤出面，然后加线处理至如图 3–563 所示，在挤出面的上部继续手动剪切出线段，如图 3–564 所示，细分光滑后的效果如图 3–565 所示。

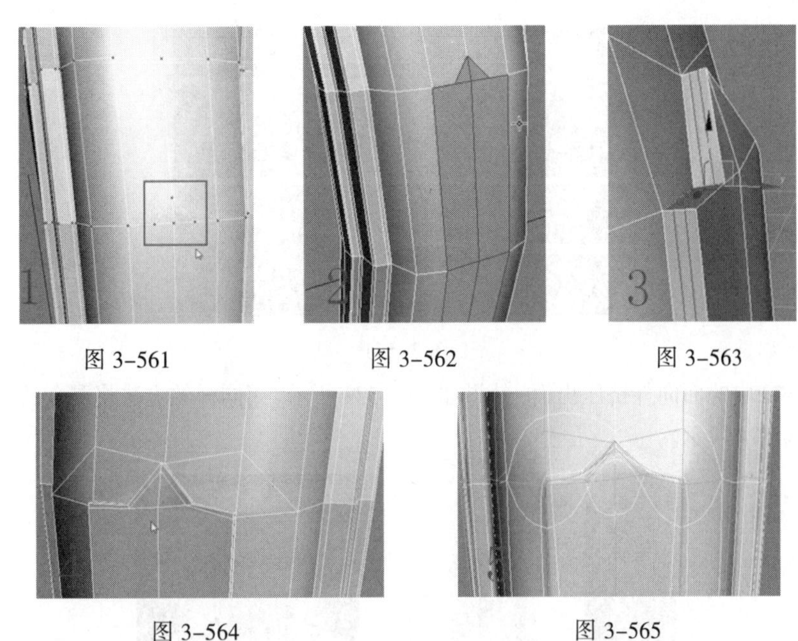

图 3–561　图 3–562　图 3–563

图 3–564　图 3–565

步骤 07 右击，在弹出的快捷菜单中选择剪切工具，手动切除如图 3–566 所示的线段，然后用剪切工具将剪切线段切角处理，如图 3–567 所示。调整布线至如图 3–568 所示。

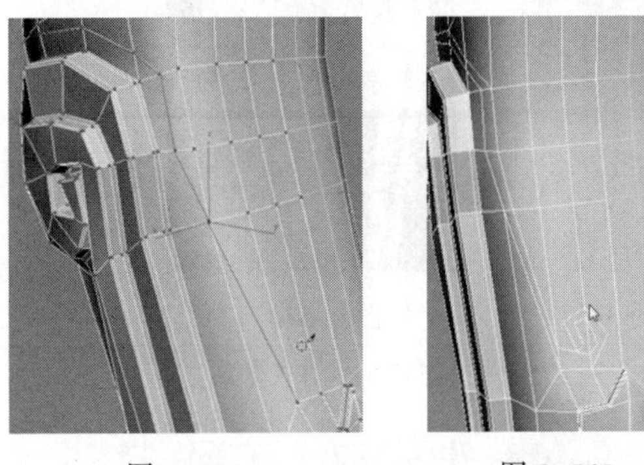

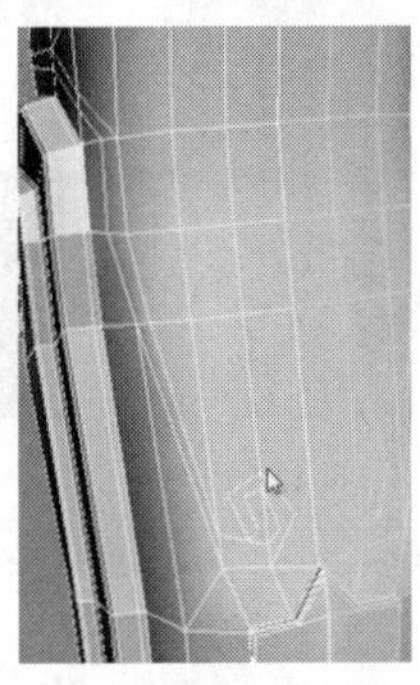

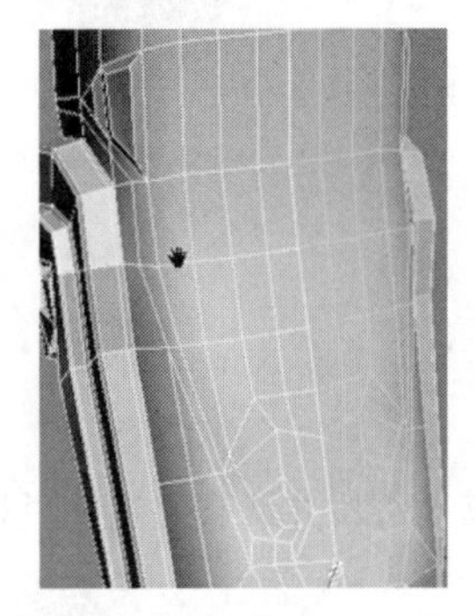

图 3–566　图 3–567　图 3–568

选择面分别向外侧挤出，如图 3–569 所示。

选择图 3–570 中的面，然后向外侧挤出，按快捷键【Ctrl+Q】细分模型后的效果如图 3–570 右所示。

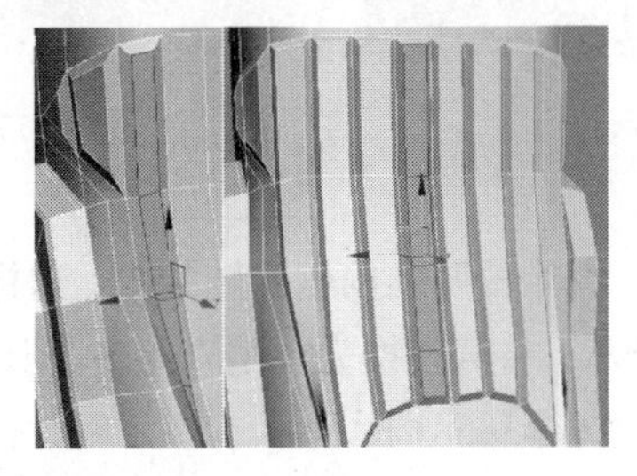

图 3–569

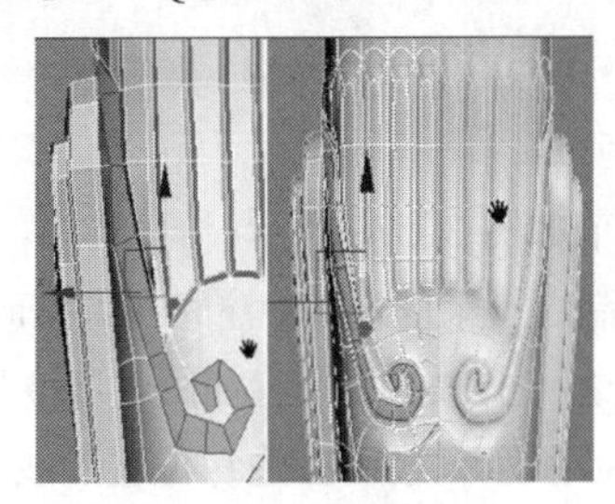

图 3–570

步骤 08 修改调整图 3-571 中红色方框内的布线，这里调整的方法是通过加线来调整。虽然一笔带过，但是调整和加线的过程是一个非常漫长而又细心的过程。还是要强调，一定要亲自动手去做才能体会到其中的艰辛。

图 3-571

选择图 3-572 中的面向外挤压出面，效果如图 3-573 所示。用同样的方法将剩余的面也挤压出来，测试渲染如图 3-574 所示。

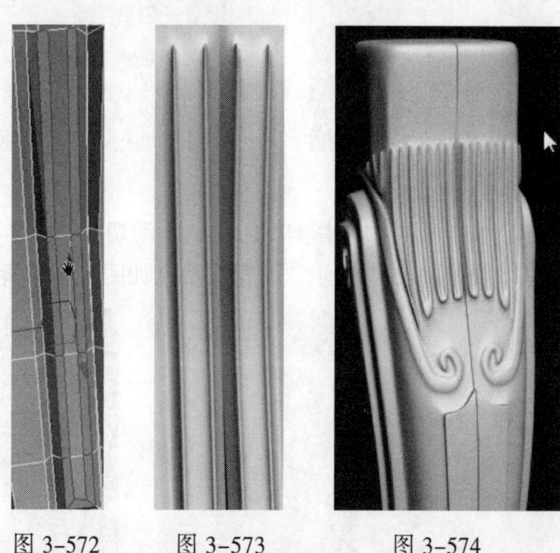

图 3-572　　图 3-573　　图 3-574

用手动剪切线段并调整的制作过程如图 3-575~图 3-577 所示的效果。

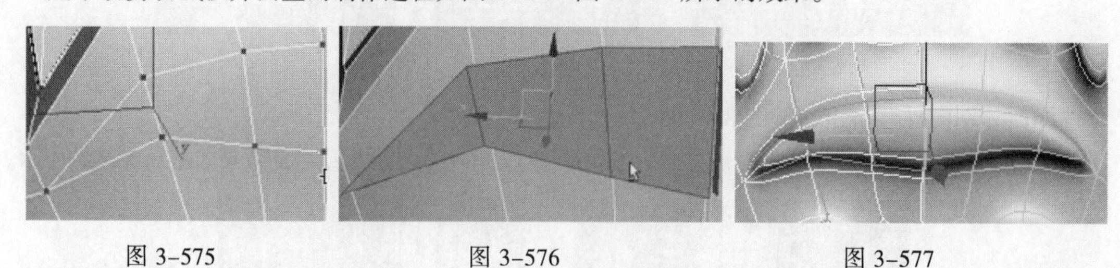

图 3-575　　图 3-576　　图 3-577

最终的椅腿细节如图 3-578 所示。

步骤 09 复制出剩余的椅腿，注意在调整时，每个椅腿向内侧旋转 45°，这样看起来更加美观。在两个椅腿之间创建一个 Box 物体，如图 3-579 所示，将其转换为可编辑的多边形物体后，加一下调整形状至如图 3-580 所示，最后在边缘位置加线，如图 3-581 所示。

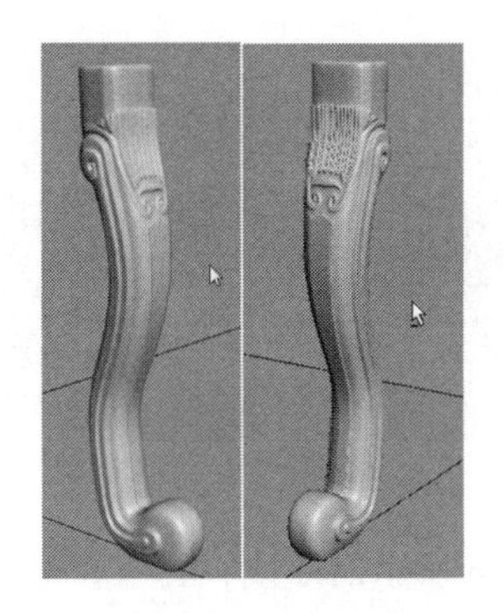

图 3-578

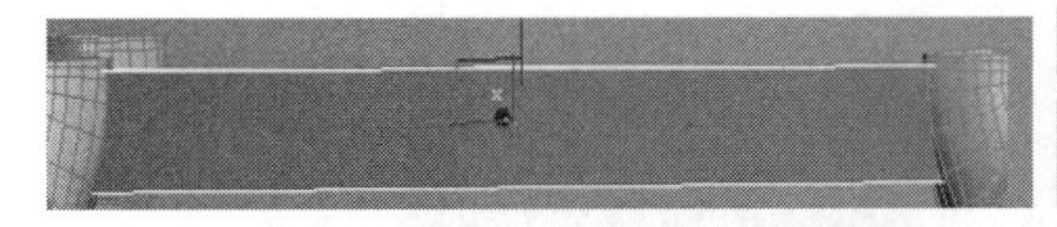

图 3-579

图 3-580

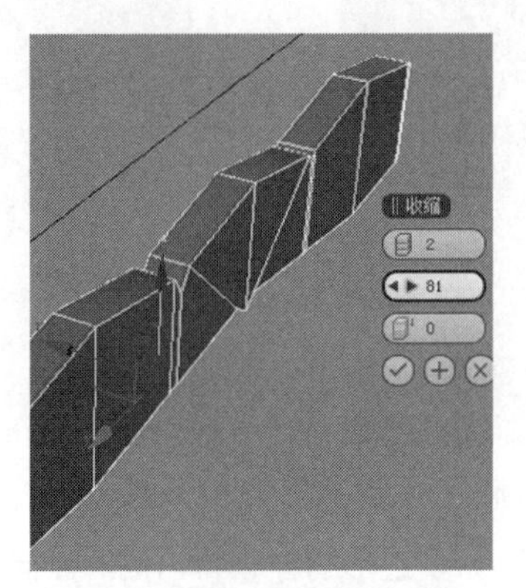

图 3-581

步骤 10　复制出剩余的部分并调整好位置，如图 3-582 所示。

步骤 11　坐垫的制作。坐垫可以直接用刚才制作的两椅腿之间的撑杆来修改或者创建 Box 物体利用多边形建模来修改而得。这里选择重新创建，在视图中创建一个 Box 物体，并将其转换为可编辑的多边形物体，加线调整点的位置，下部的点尽量和两椅腿之间的撑杆纹理相对应，上部的面使其向上凸起，如图 3-583 所示。

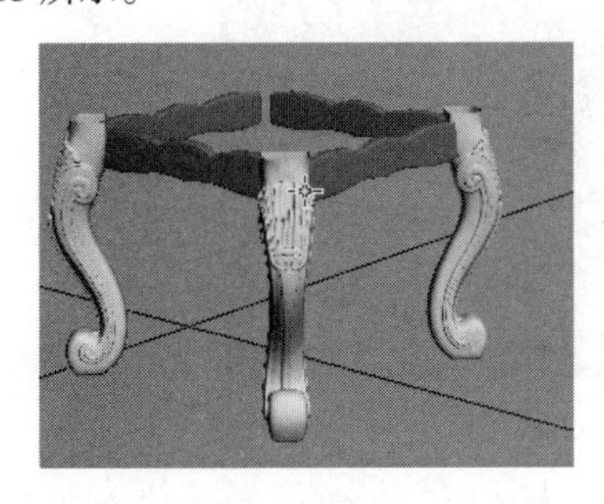

图 3-582

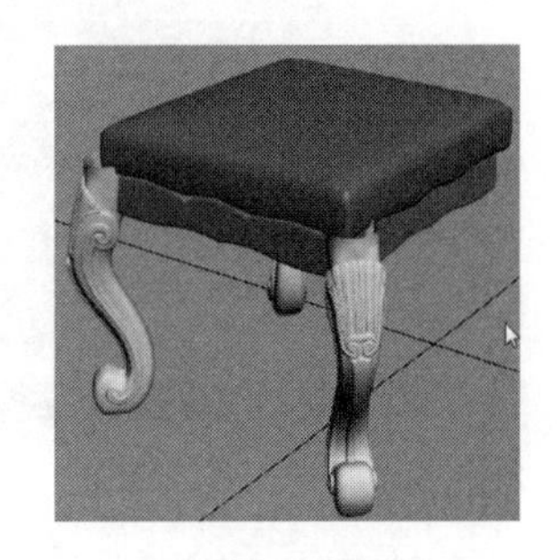

图 3-583

在下侧边缘的位置加线，选择图 3-584 所示的面，单击“挤出”按钮向外挤出新的面。注意，在挤出的边缘上加线来保证模型细分光滑后不至失去一些细节。细分效果如图 3-585 所示。

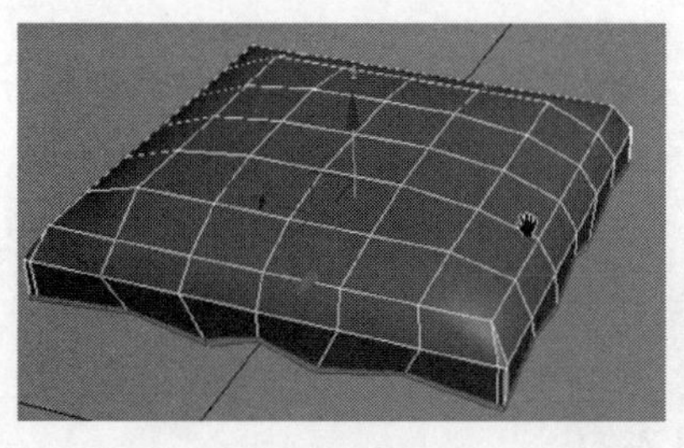

图 3–584

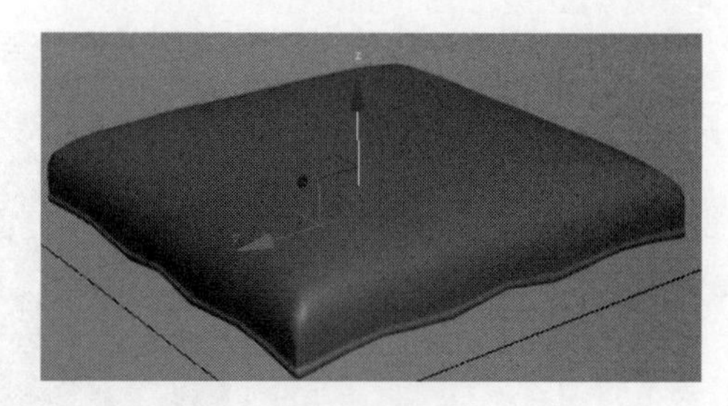

图 3–585

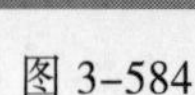
步骤 12 在视图中创建图 3–586 所示的曲线，利用放样工具完成放样，放样后的模型效果如图 3–587 所示。

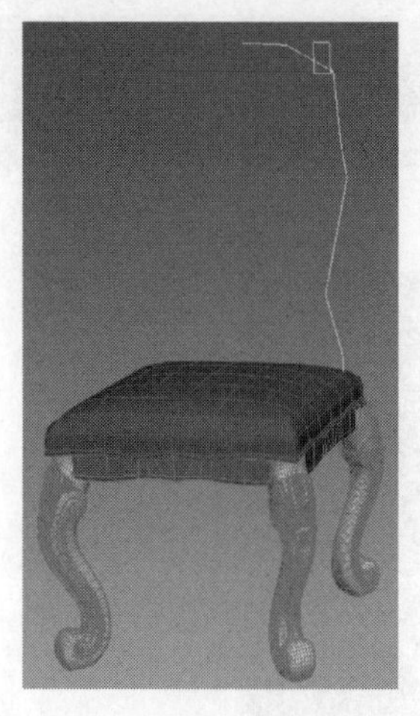

图 3–586

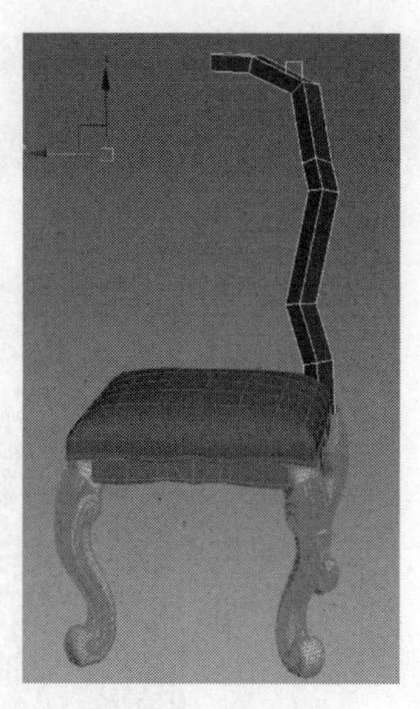

图 3–587

步骤 13 将放样后的模型塌陷为多边形物体，将内侧的点向椅子的后部调整，并配合面的挤出等操作调整模型的形状，调整过程如图 3–588 所示。

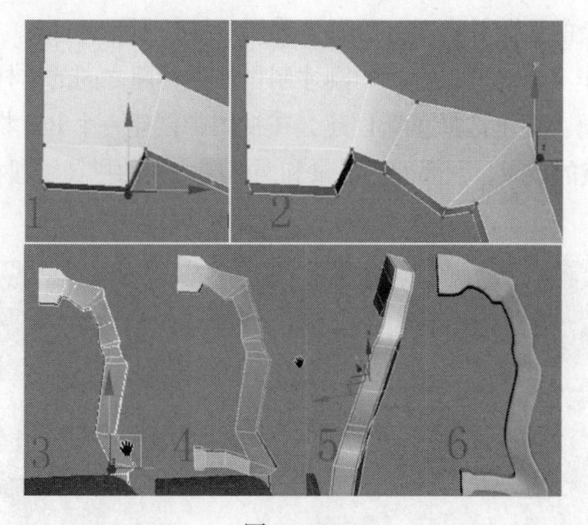

图 3–588

将靠背模型沿着 X 轴方向对称复制出来，继续调整形状，将图 3–589 所示的面单独挤压出来（按局部法线方向倒角挤出），如图 3–590 所示。然后选择图 3–591 所示的面向外挤出面，如图 3–592 所示。这里一定要记得将对称中心的面删除。

细分光滑后的靠背模型效果如图 3-593 所示。

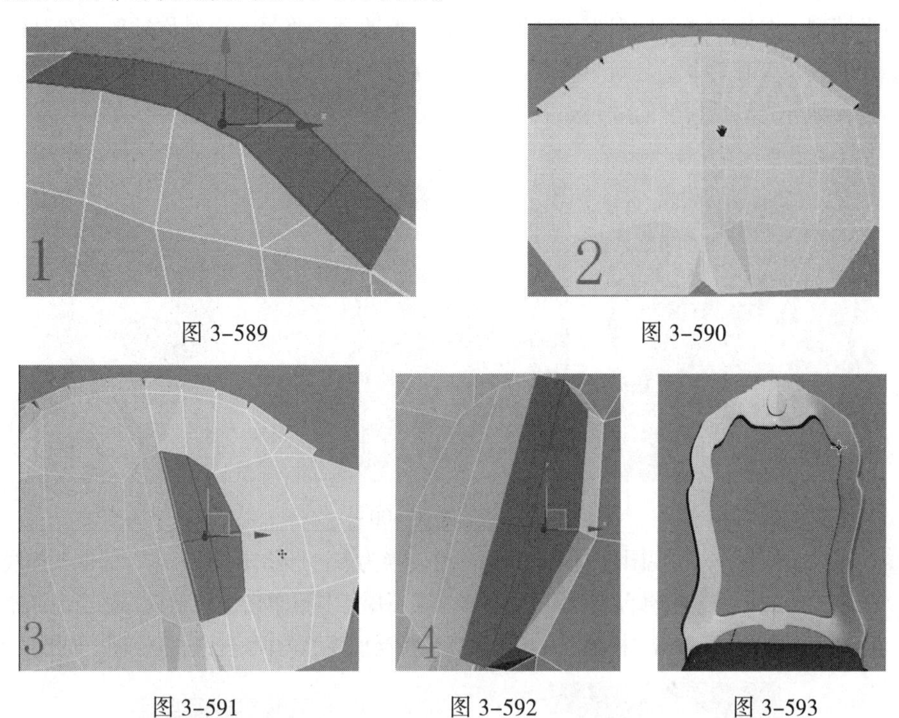

图 3-589　图 3-590

图 3-591　图 3-592　图 3-593

步骤 14 靠背内部细节的制作过程如图 3-594~图 3-598 所示。注意交接处模型的连接，可以将面删除，选择两处的边界用桥接工具将中间的面桥接出来即可。

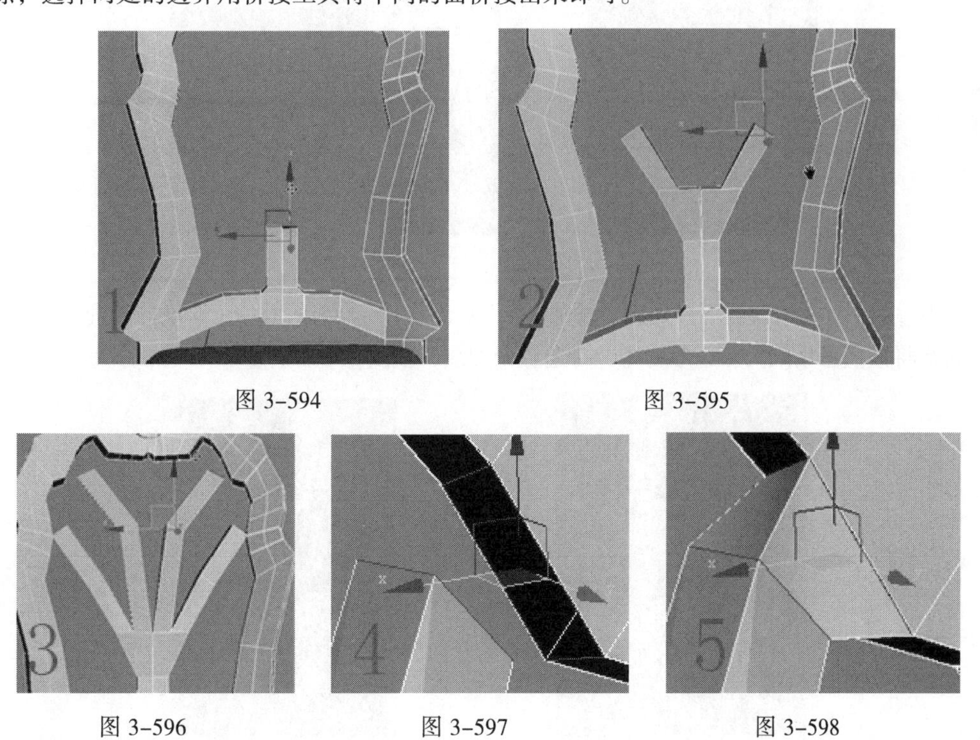

图 3-594　图 3-595

图 3-596　图 3-597　图 3-598

调整好后细分，效果如图 3-599 所示，可以发现，边缘过于圆滑而失去了自身直角的细节，所以选择内侧的线段在两侧加线，如图 3-600 所示。

删除一半模型，在修改器下拉列表中添加“对称”修改器，将另一半对称过来。在对称时注意调整对称中心处的点，有时两个点之间距离太近容易焊接在一起，所以一定要仔细观察。调整好后，将模型再次塌陷，细分光滑后模型的效果如图 3-601 所示。

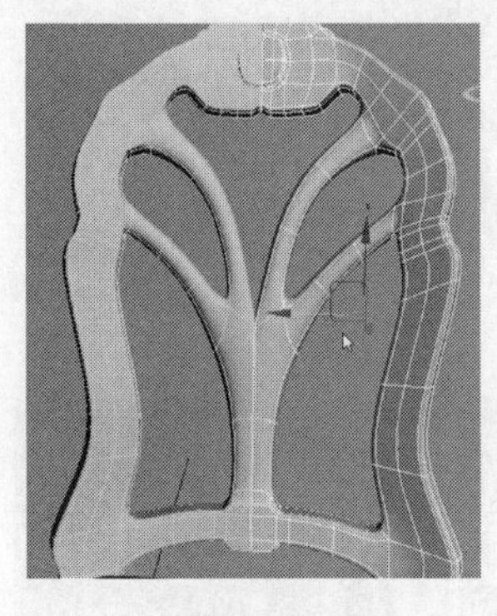

图 3-599

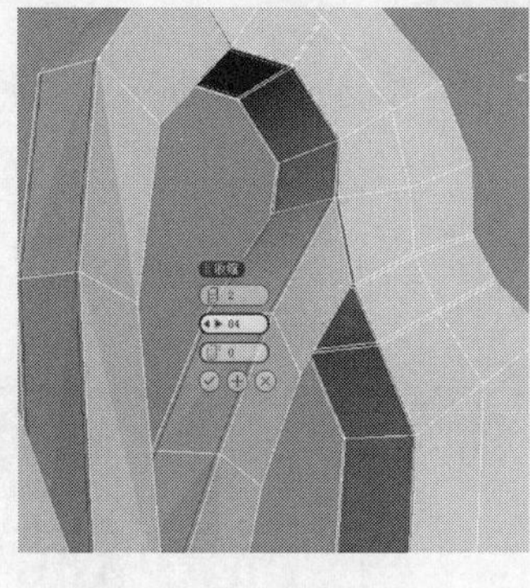

图 3-600

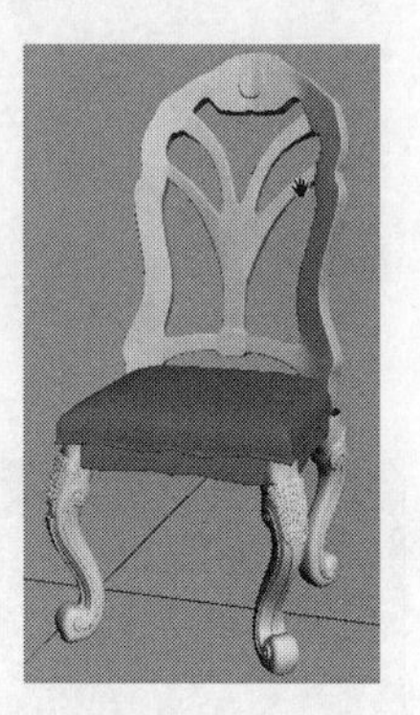

图 3-601

步骤 15 靠垫的制作。在视图中创建一个面片并转换为多边形物体，参考靠背的框架加线来调整边缘的形状，如图 3-602 所示。调整好后对称出另一半，在石墨工具下单击偏移工具，适当地调整靠垫的比例和造型。在绘制变形工具下单击“松弛”按钮，适当地将当前模型的面进行松弛处理，如图 3-603 所示。

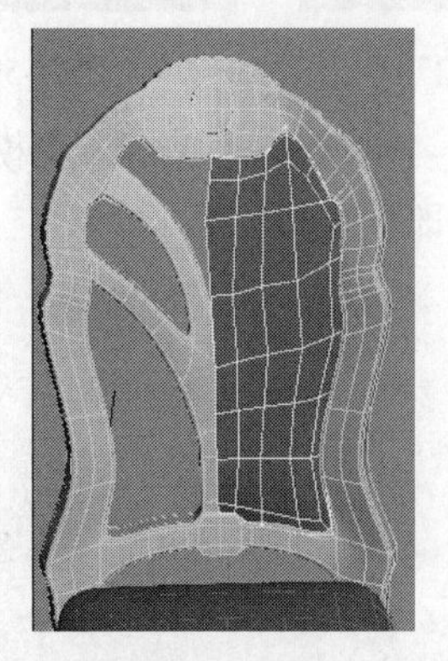

图 3-602

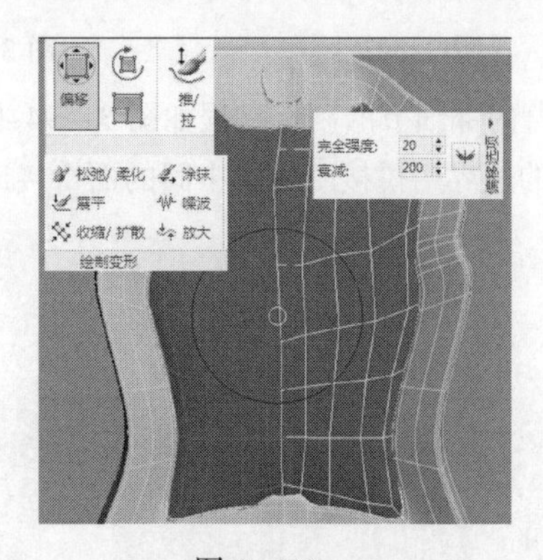

图 3-603

修改调整好后，在修改器下拉列表中添加“壳”修改器，给当前的面一个厚度的处理，如图 3-604 所示。再次将该模型塌陷为多边形物体，在边缘处加线，如图 3-605 所示。

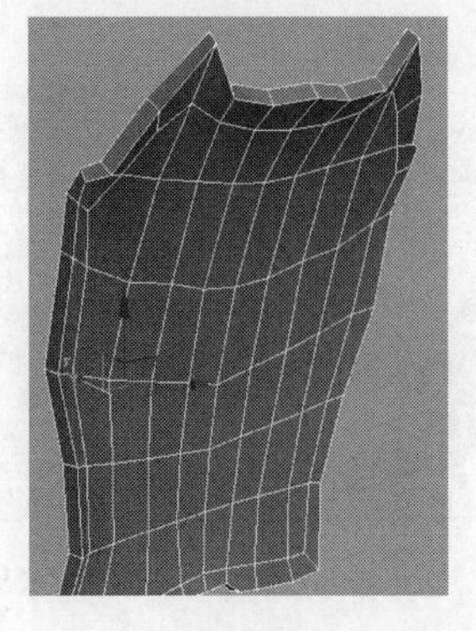

图 3-604

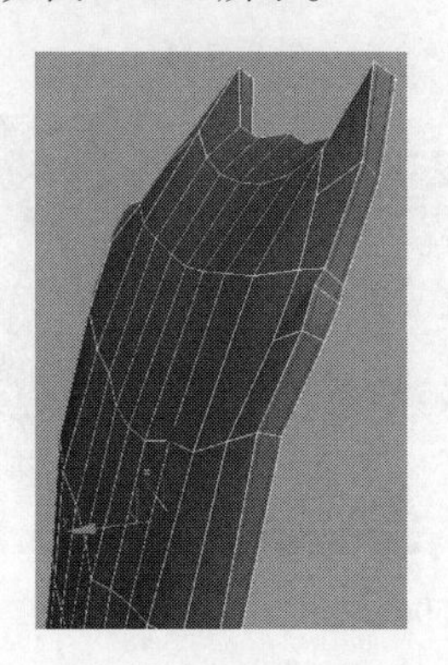

图 3-605

步骤 16 靠背模型与椅腿的对接处理。选择靠背下部的边界，如图 3-606 所示。在石墨工具下的循环选项中单击循环工具，如图 3-607 所示。在弹出的循环工具面板中单击“呈圆形”按钮，如图 3-608 所示。此时该边界被处理成了圆形的边界，如图 3-609 所示。

图 3-606

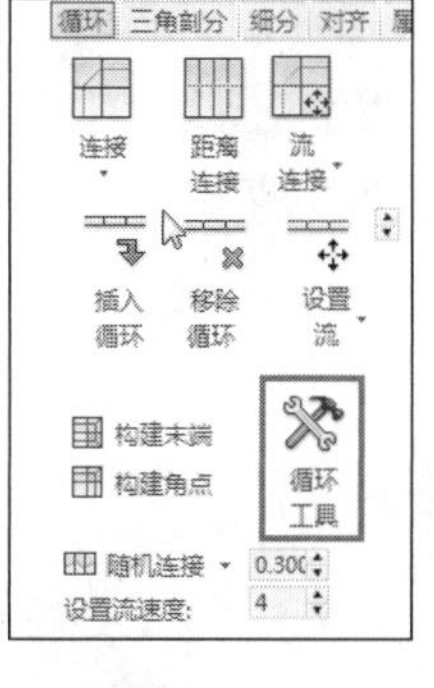

图 3-607

图 3-608

图 3-609

选择图 3-610 中上下的边界，单击“桥”按钮，中间自动生成新的面，如图 3-611 所示。然后用绘制变形工具下的松弛工具对该处的面做松弛处理，过程如图 3-612 所示。

镜像对称出另一半模型，最终的模型效果如图 3-613 所示。

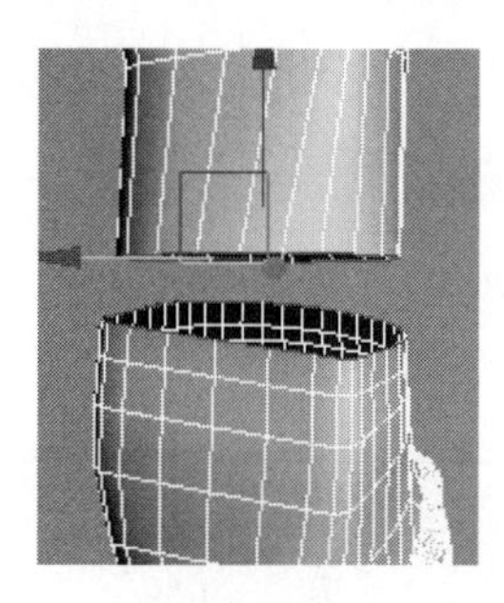
图 3-610

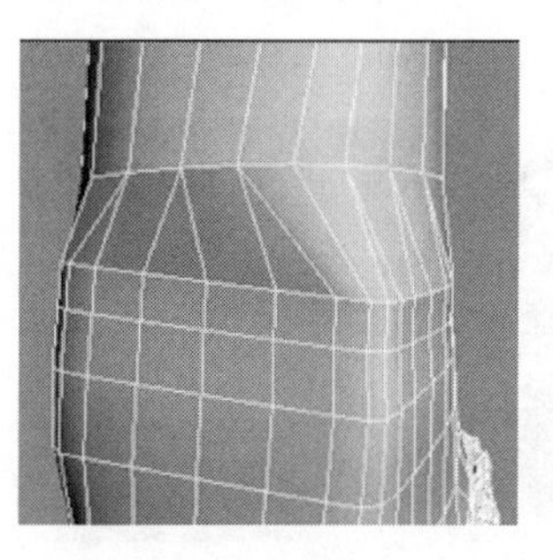
图 3-611

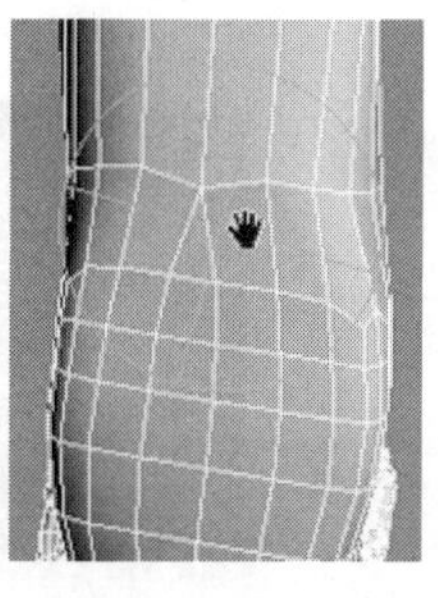
图 3-612

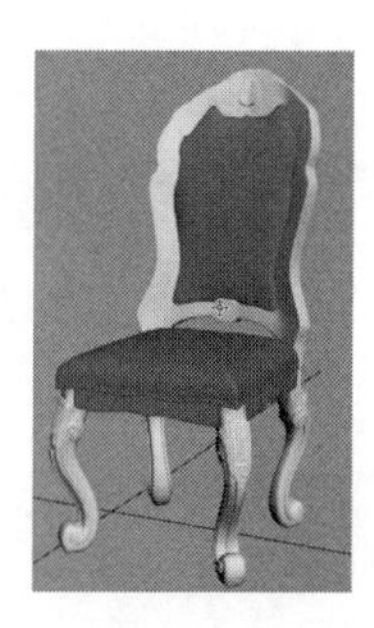
图 3-613

本实例小结：本实例的难点在于椅子腿部纹理的绘制以及靠背造型的把握。纹理的绘制同样是使用多边形建模方法，正确处理好线段的分配和线段布线效果；靠背在制作时需要把握空间上的形状比例关系。

3.15　制作贵妃椅

贵妃椅是女人的专属家具，它有着优美玲珑的曲线，沙发靠背弯曲，靠背和扶手浑然一体，可以用靠垫坐着，也可把脚放上斜躺，沙发与女人的身体线条配合得天衣无缝，所以也称为“美人靠”。

贵妃椅与沙发的坐法有点儿不一样，应该更加慵懒、更加随性。传说杨贵妃懒洋洋地斜躺在椅子上，娇媚横生，唐玄宗从此就被迷得团团转了，贵妃椅真是了不起的发明！自然的妩媚是装不出来的，贵妃椅的设计就是要让人不自觉地享受舒适。慵懒是快意生活的精神之一。回到家就应该随时随地保持慵懒散漫的精神，才不会辜负努力工作的自己。贵妃椅散发着慵懒与轻松，使居家空间显得更加随性、随意，正吻合现代都市人的需求。

图 3-614～图 3-616 为一些比较有代表性的典型贵妃椅。

图 3-614

图 3-615

图 3-616

本实例学习制作的贵妃椅的难度并不亚于前面学习的皮质沙发的制作，甚至比它更为复杂。复杂的模型在制作时要学会分类分步走，一项一项地逐步完成。本实例建模的方法主要是多边形建模。

3.15.1 制作坐垫和扶手

步骤 01 首先在视图中创建一个长、宽、高分别为 65cm、185cm、25cm 的长方体。逐步加线调整形状，如图 3-617 所示。

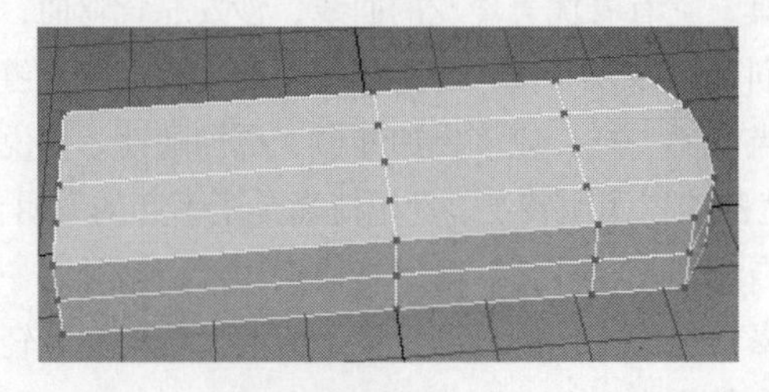

图 3-617

步骤 02 希望沿着图中心线位置将其分为上下两部分，可以将底部的点移动到红色中心线的位置，然后将红色线移除（注意，快捷键【Ctrl+Backspace】是移除键，而不是删除），然后按住【Shift】键向下移动复制该模型，如图 3-618 和图 3-619 所示。

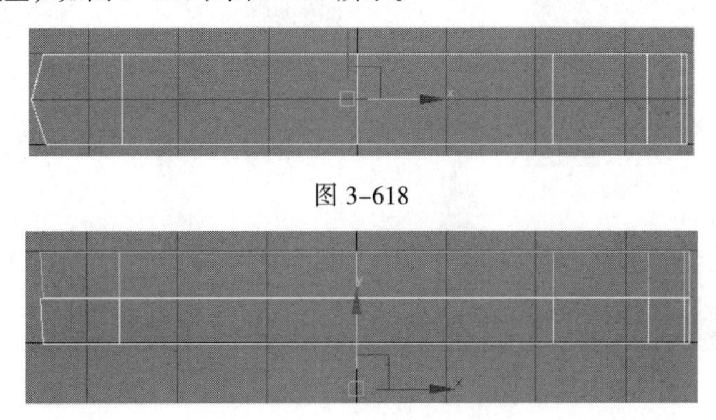

图 3-618

图 3-619

分别在两个物体上加线调整中间位置形状，使中间的面向内凹陷调整，如图 3-620 和图 3-621 所示。

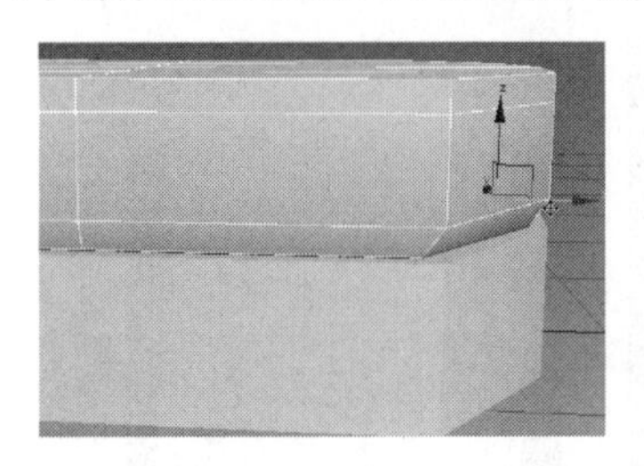

图 3-620

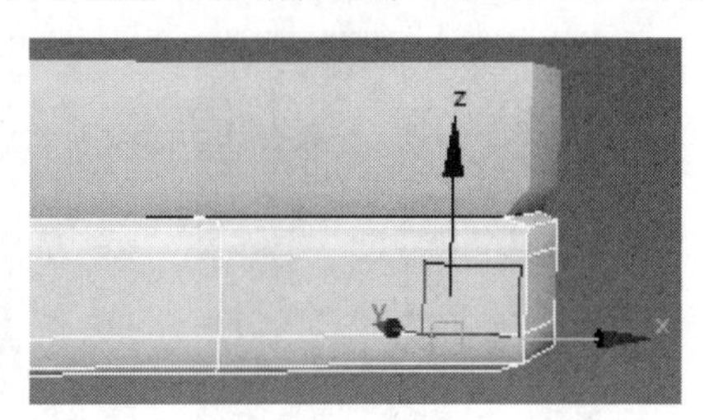

图 3-621

步骤 03 将底部物体中间部分的面以局部法线方向向内挤出倒角，如图 3-622 所示。

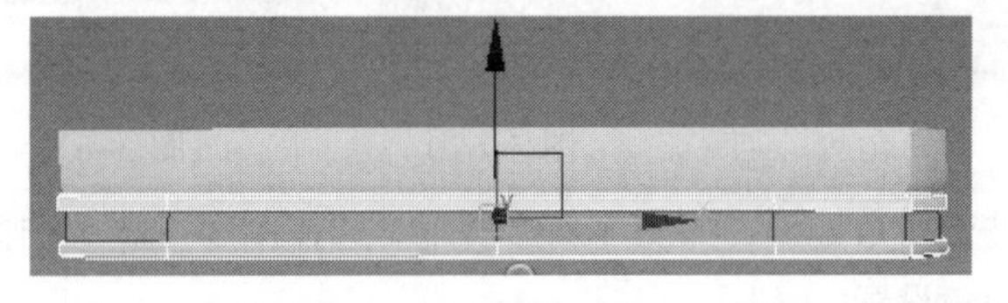

图 3-622

步骤 04 在左侧位置创建一个长方体，如图 3-623 所示。加线调整至如图 3-624 所示的形状，然后在 Z 轴方向加线，效果如图 3-625 所示。

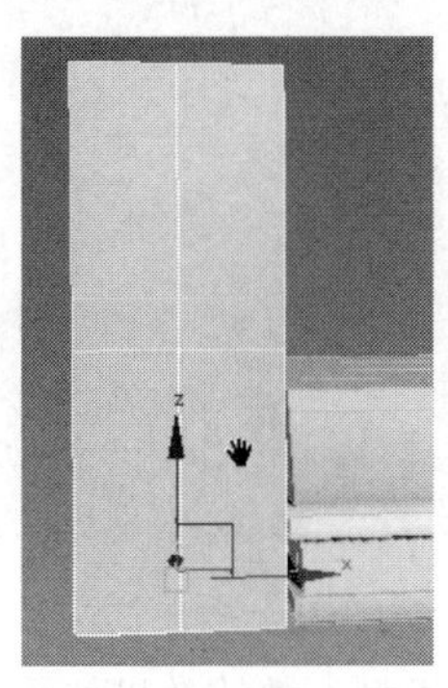

图 3-623

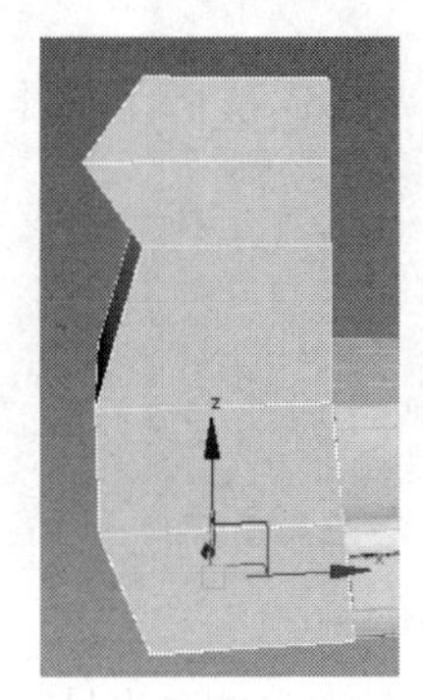

图 3-624

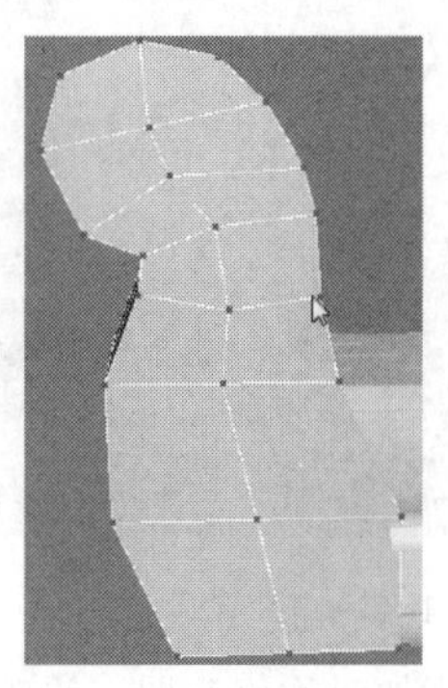

图 3-625

右击，选择剪切工具，手动剪切加线，如图 3-626 所示。同时调整右下角位置形状至如图 3-627 所示。选择图 3-628 中的虚线线段后，用挤出工具向内挤出。

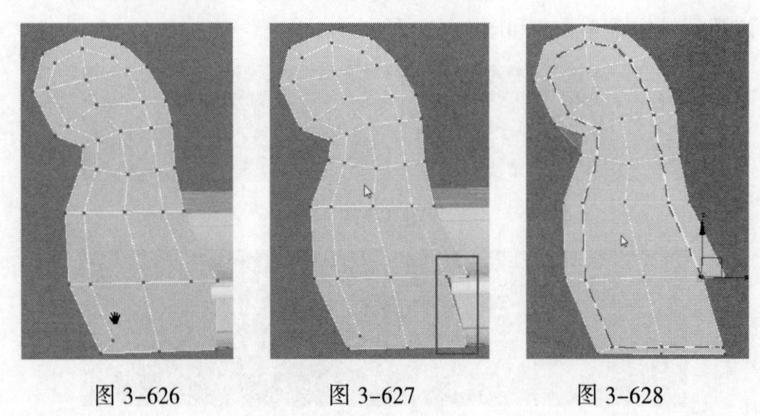

图 3-626　　图 3-627　　图 3-628

在图 3-629 中加一圈的线，用移动工具向外适当移动一定距离，如图 3-630 所示。然后在边缘位置加线，如图 3-631 所示。

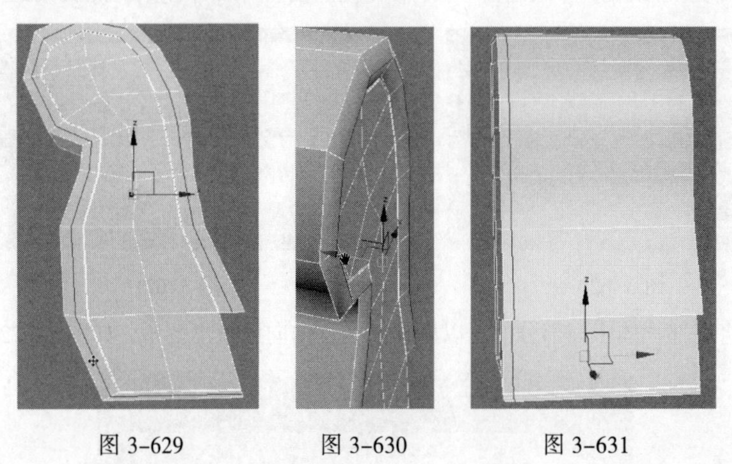

图 3-629　　图 3-630　　图 3-631

将拐角位置的线段进行切角处理，如图 3-632 所示。选择图 3-633 中的面向外倒角挤出，然后将图 3-634 中的线段进行切角设置。

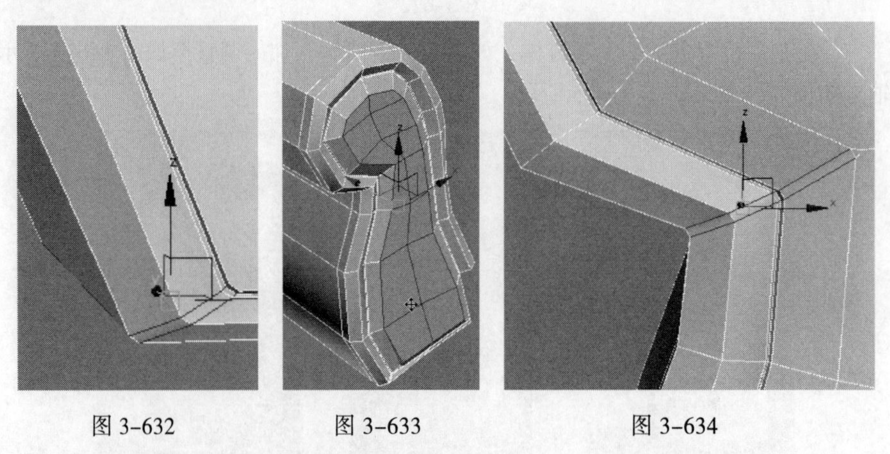

图 3-632　　图 3-633　　图 3-634

给扶手模型添加对称修改器，沿着 Y 轴对称调整出另一半模型，整体效果如图 3-635 所示。

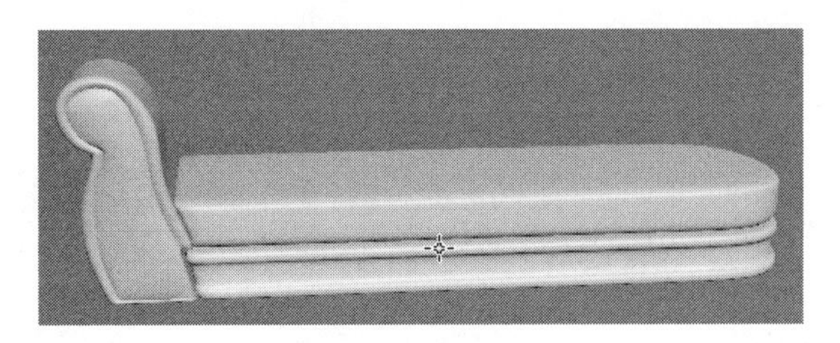

图 3-635

3.15.2 制作腿部模型

步骤 01 接下来是制作腿部模型，腿部模型的大致形状如图 3-636 所示。

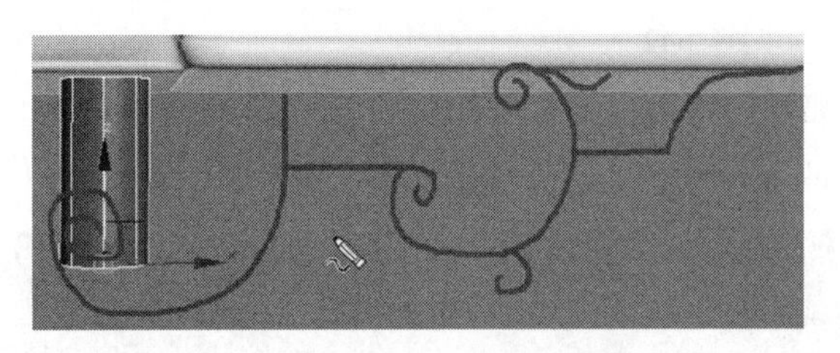

图 3-636

单击 螺旋线 按钮创建一个螺旋线，效果和参数如图 3-637 所示。右击，在弹出的快捷菜单中选择“转换为” | “转换为可编辑样条线”命令，将矩形转换为可编辑的样条线，进入点级别后，将顶部的点向上移动调整，如图 3-638 所示。

然后在线段上加点（右击选择细化命令），将添加的点转化为贝兹点并调整为弯曲效果，如图 3-639 所示。

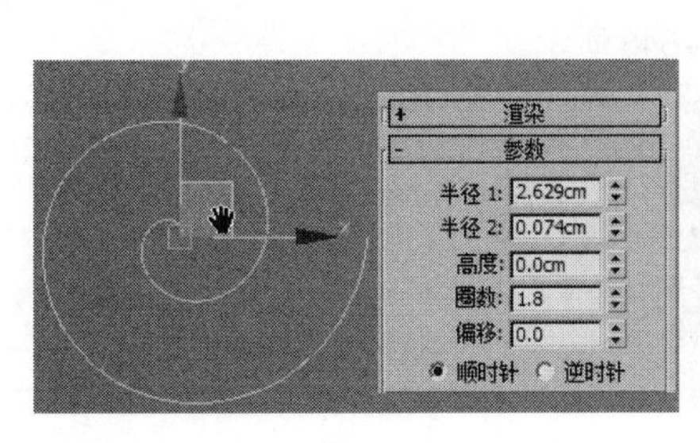

图 3-637

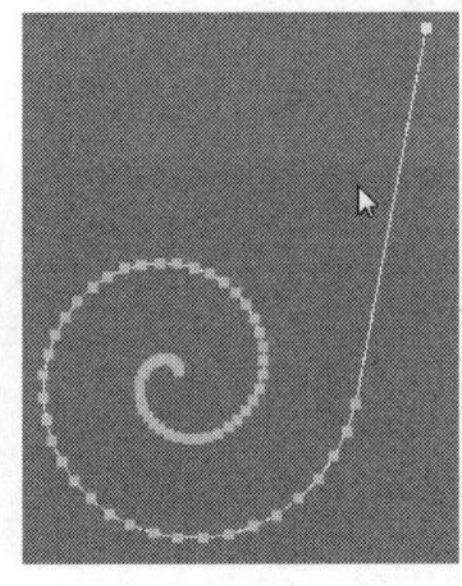

图 3-638

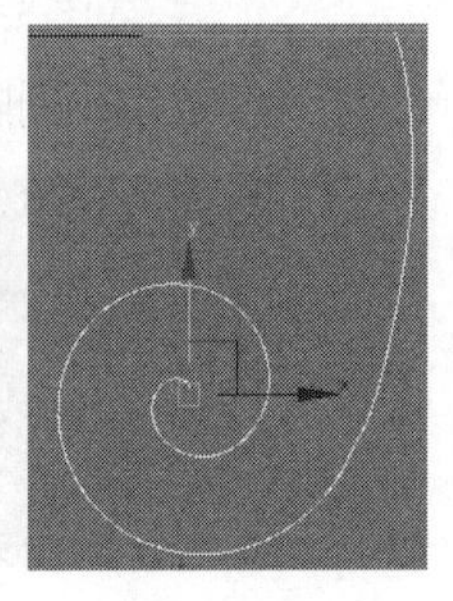

图 3-639

步骤 02 创建一个圆形，在创建面板的下拉列表中选择“复合对象”面板，单击 放样 按钮，然后单击获取图形，在视图中拾取圆形，如图 3-640 所示。放样后的效果如图 3-641 所示。

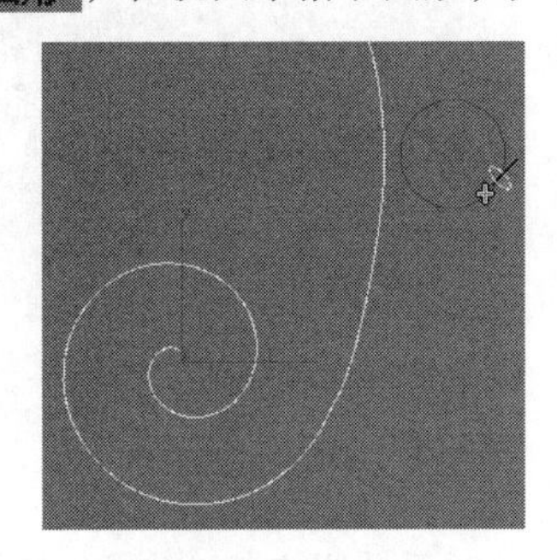

图 3-640

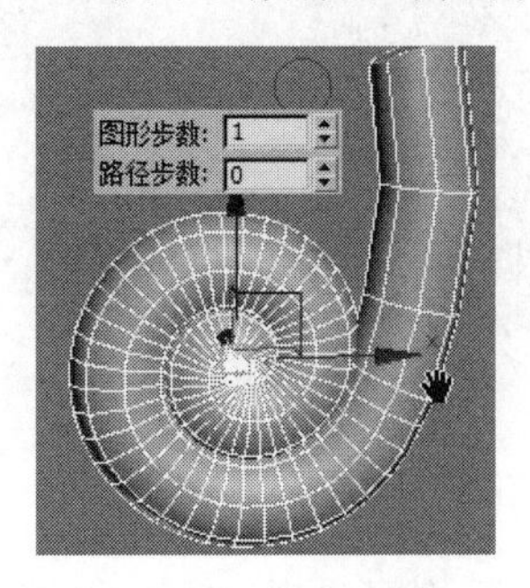

图 3-641

单击参数面板下的 缩放 按钮，打开缩放曲线编辑面板，选中右侧的点向下调整，如图 3-642 所示。调整曲线后的放样效果如图 3-643 所示。

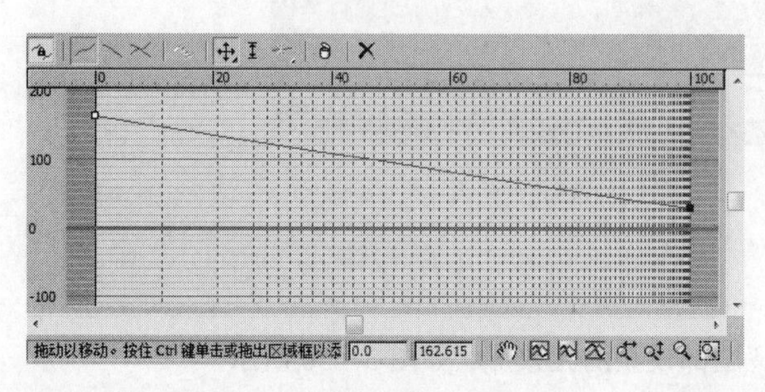

图 3-642

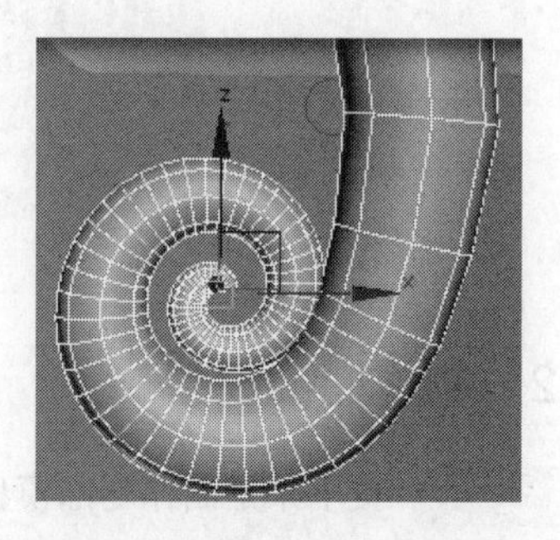

图 3-643

将该物体转化为可编辑的多边形物体后，螺旋线位置太密需要精简一下线段，选择图 3-644 中的线段，按快捷键【Ctrl+Backspace】将选择的线段移除，如图 3-645 所示。

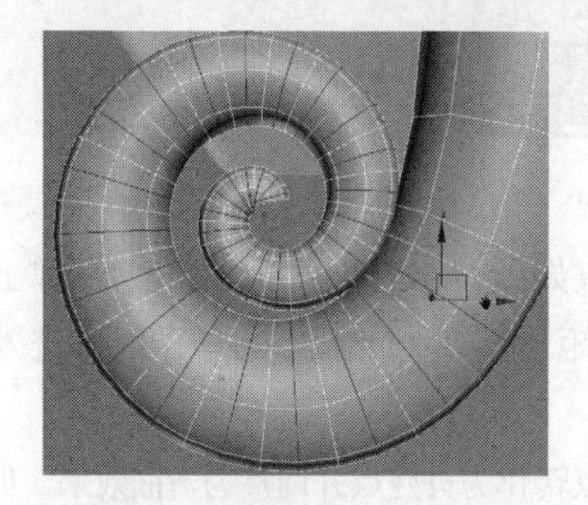

图 3-644

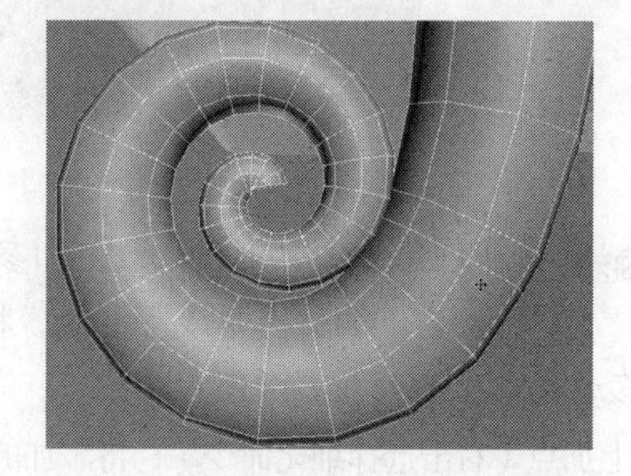

图 3-645

步骤 03 在顶视图中删除模型的一半，如图 3-646 所示。

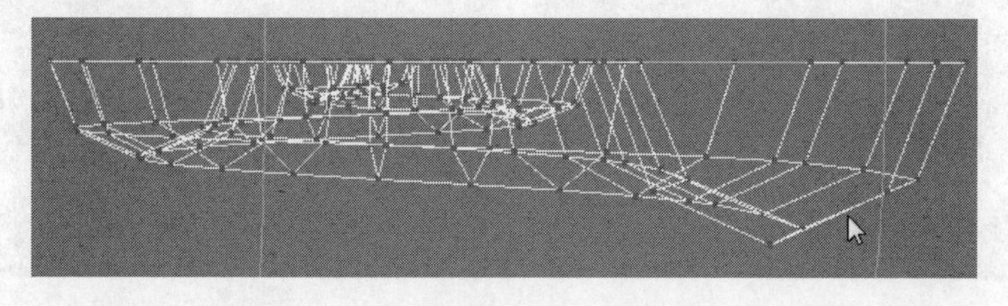

图 3-646

选择图 3-647 中的面单击 桥 按钮，生成中间相对应的面，如图 3-648 所示。

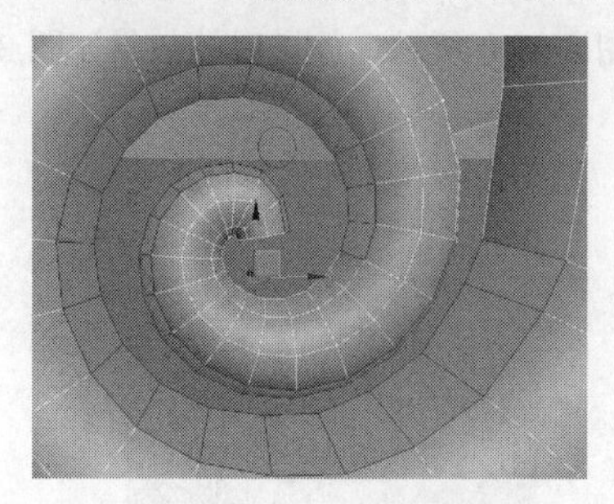

图 3-647

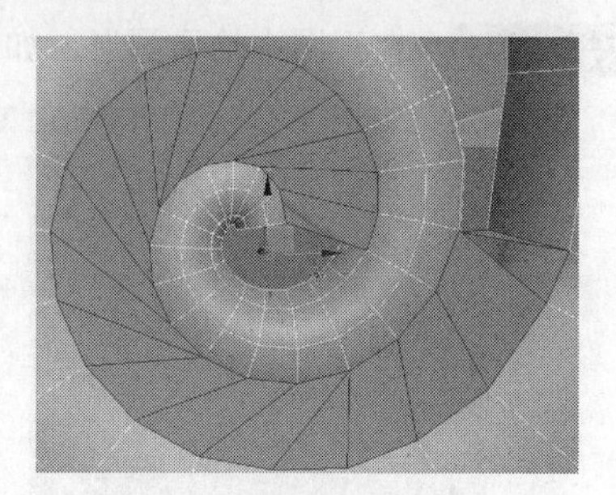

图 3-648

桥接出中间的面后，线段出现一些扭曲的现象，这时手动调整布线效果，如图 3-649 所示。然后按【3】键选择开口位置边界线单击“封口”按钮将开口封闭起来，如图 3–650 所示。

图 3–649

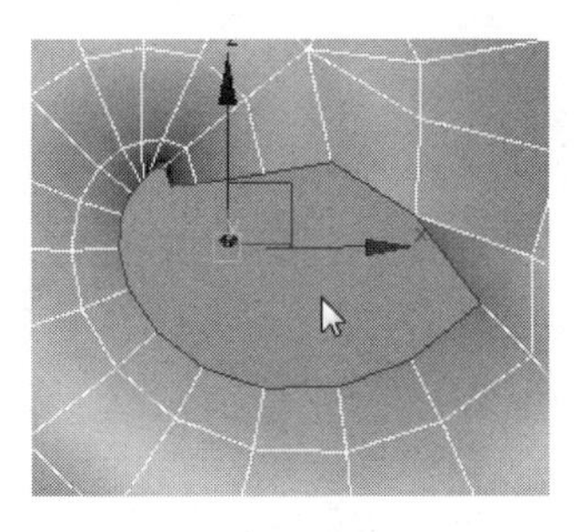

图 3–650

右击选择“剪切”命令将封口位置的面调整布线，效果如图 3–651 所示。细分效果如图 3–652 所示。

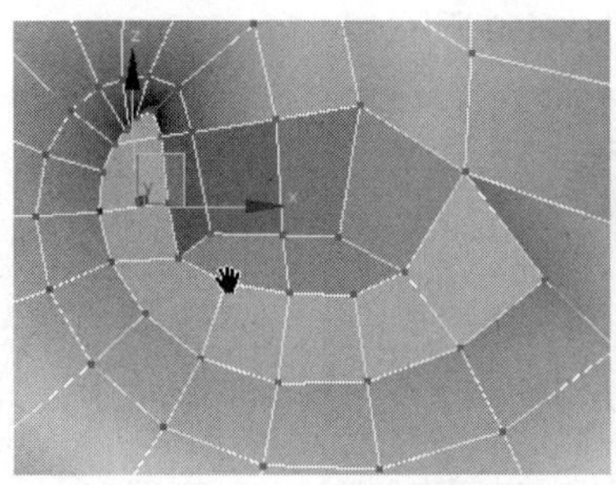

图 3–651

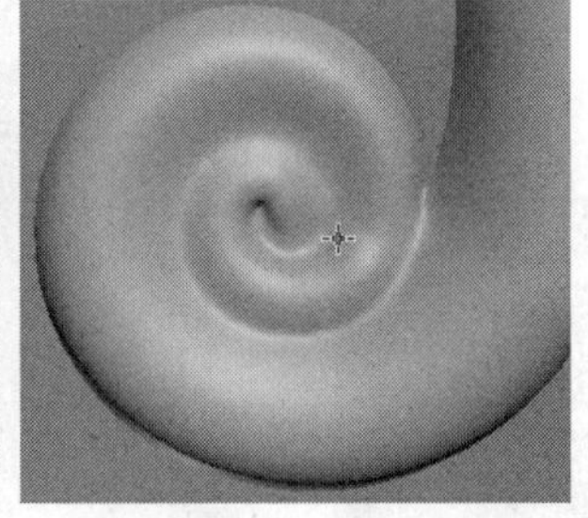

图 3–652

复制该物体后，在修改器下拉列表下添加对称修改器，进入子级别旋转调整对称轴心后效果，如图 3–653 所示。

步骤 04 在点级别下选择一个点，单击 切角 “切角”按钮后面的■图标，在弹出的“切角”快捷参数面板中设置切角的值将点切角，如图 3–654 所示。删除切角位置面，按【3】键进入边界级别，选择开口边界线，按住【Shift】键拖动复制出如图 3–655 所示的形状。

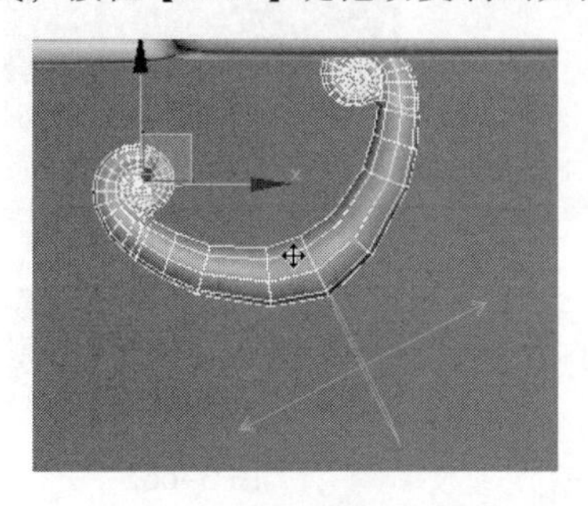

图 3–653

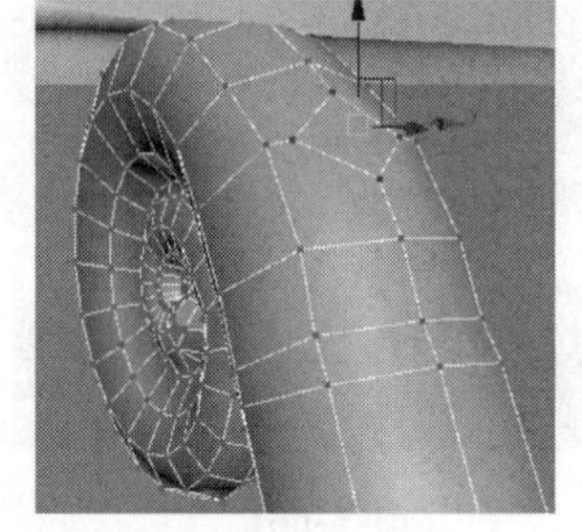

图 3–654

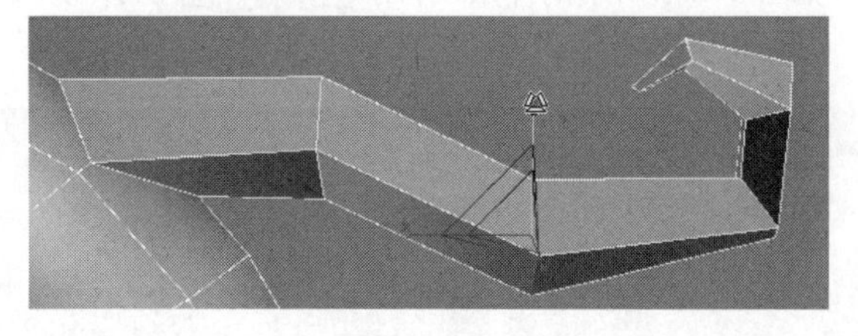

图 3–655

用同样的方法将图 3-656 中的点切角，然后创建一个如图 3-657 所示的样条线。

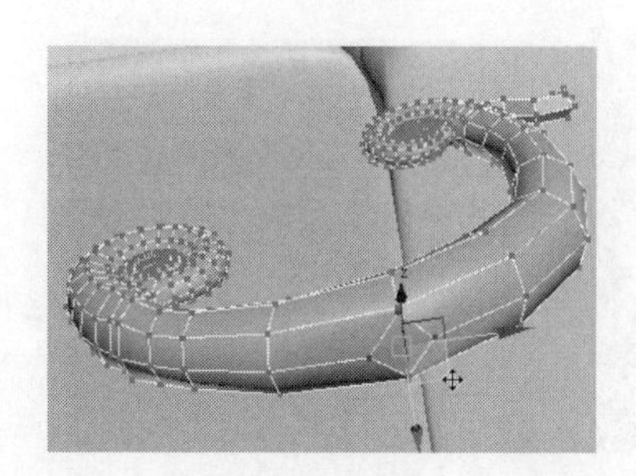

图 3-656

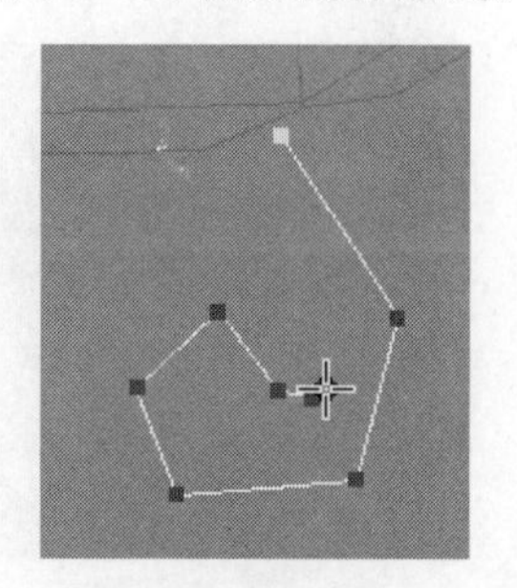

图 3-657

选择切角位置的面，单击 沿样条线挤出 按钮拾取如图 3-658 中所示的样条线，效果如图 3-659 所示。用缩放工具缩放调整一端大小后的效果如图 3-660 所示。

图 3-658

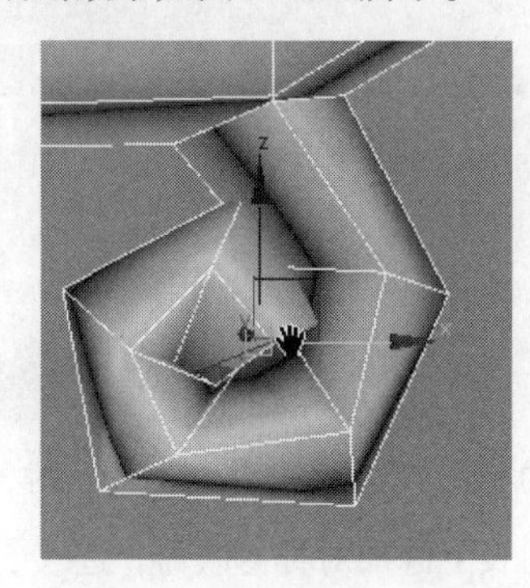

图 3-659

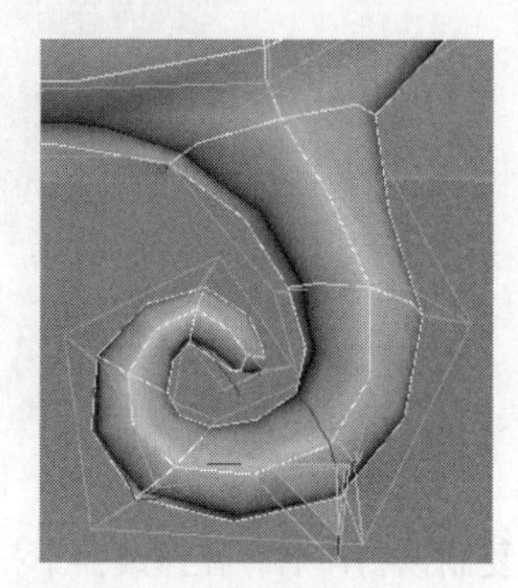

图 3-660

步骤 05 用倒角工具倒角挤出底部的面，如图 3-661 所示。然后通过加线调整的方法调整出图 3-662 中的形状模型。

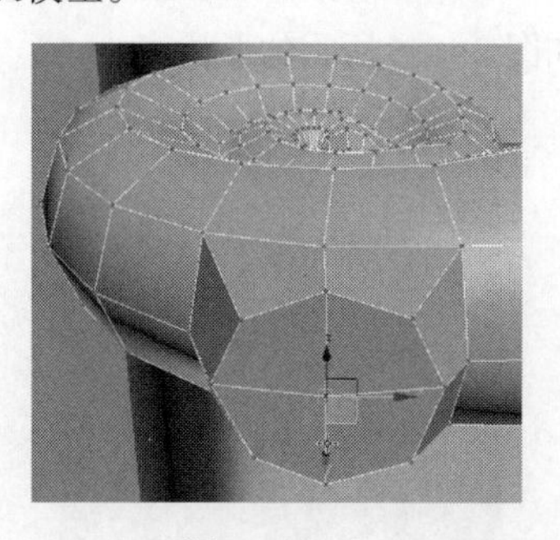

图 3-661

图 3-662

用同样的方法创建一个如图 3-663 所示的样条线，用 沿样条线挤出 工具挤出该部分的形状，如图 3-664 所示。

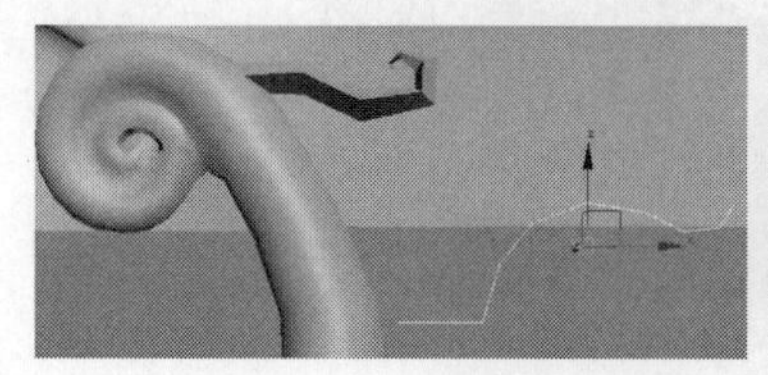

图 3-663

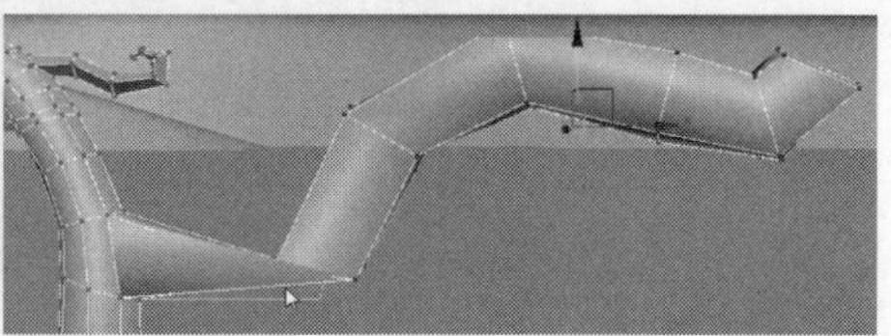

图 3-664

根据需要分别选择线段切角，如图 3-665 所示。细分后的整体效果如图 3-666 所示。

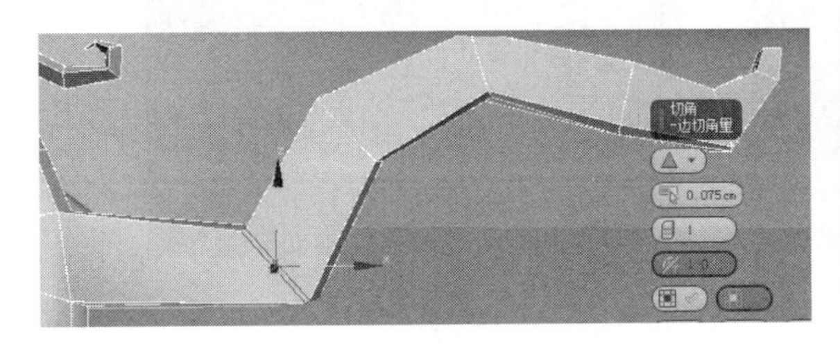

图 3-665

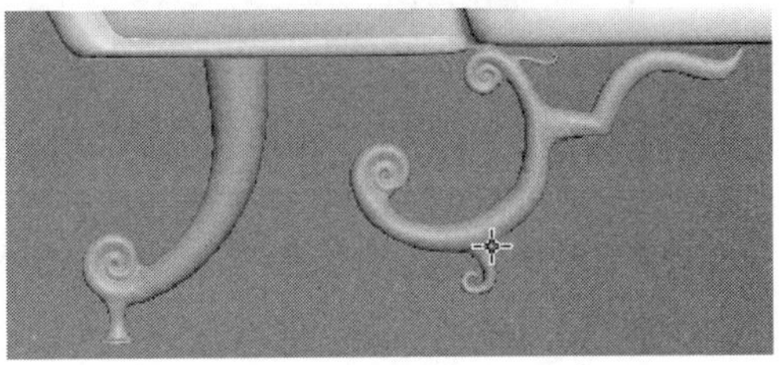

图 3-666

步骤 06　将这两个物体附加在一起，选择图 3-667 中的面，单击“桥”按钮生成中间的面，如图 3-668 所示。

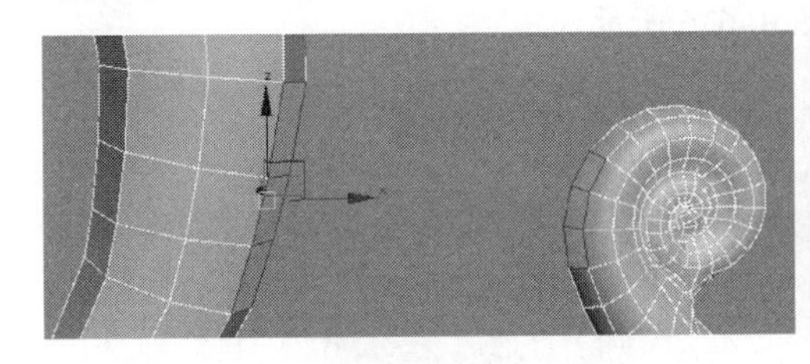

图 3-667

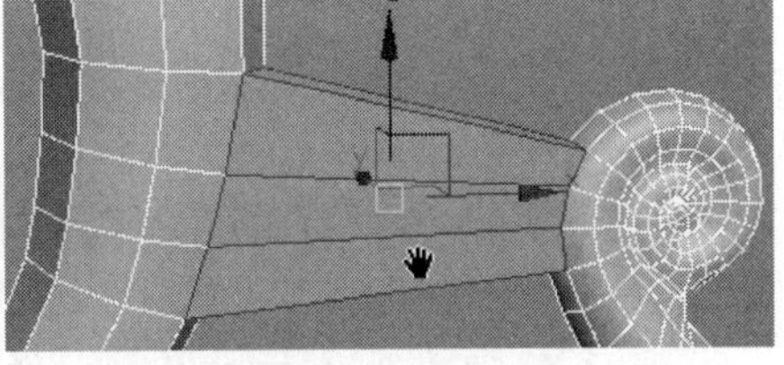

图 3-668

调整形状或在两端位置加线，如图 3-669 所示。然后选择图 3-670 中的面向外倒角挤出。用同样的方法将图 3-671 中的面和图 3-672 中的面向内倒角挤出。

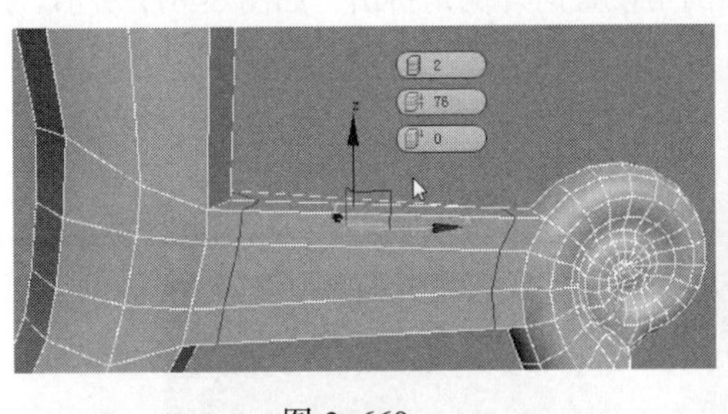

图 3-669

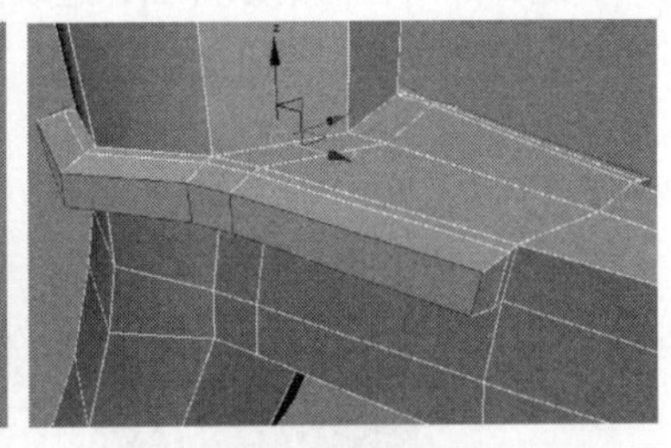

图 3-670

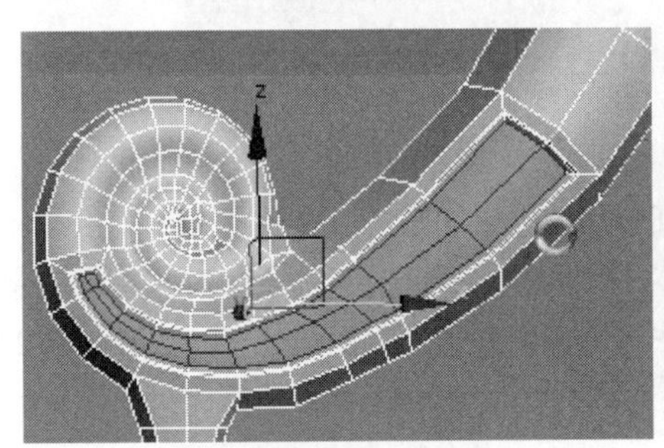

图 3-671

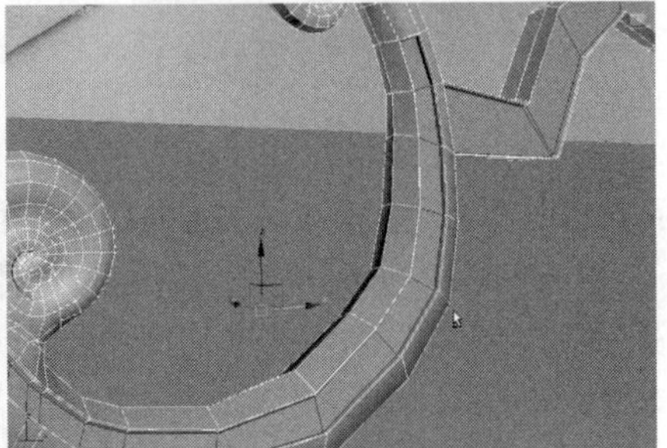

图 3-672

细分后的整体效果如图 3-673 所示。接下来复制调整出其他部分的腿部模型，如图 3-674 所示。

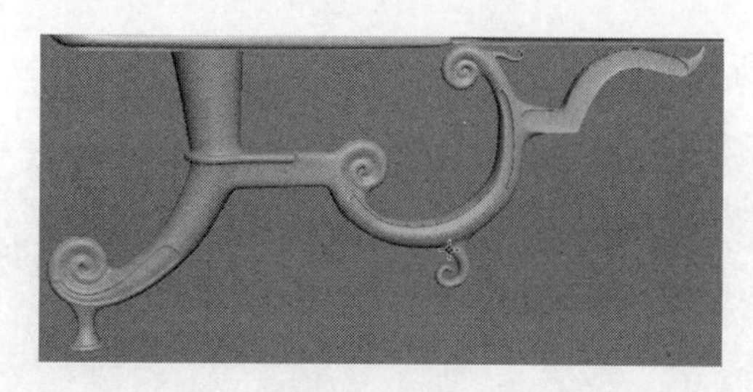

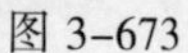

图 3-673

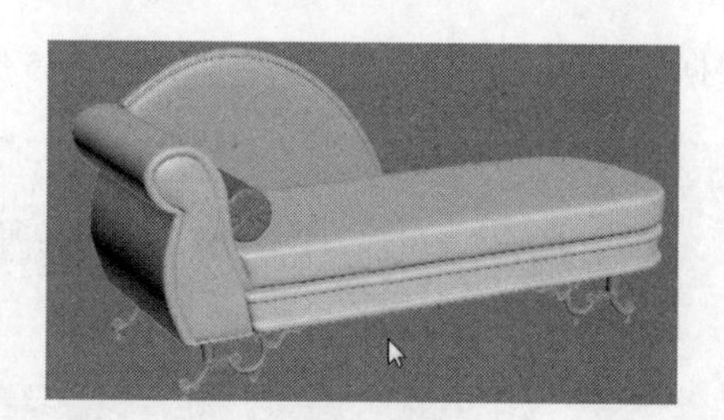

图 3-674

3.15.3 制作靠背和枕头

步骤 01 在靠背位置创建一个长方体模型并将其转换为可编辑的多边形物体，加线调整出如图 3-675 所示的形状。然后在模型厚度环形位置加线，如图 3-676 所示。

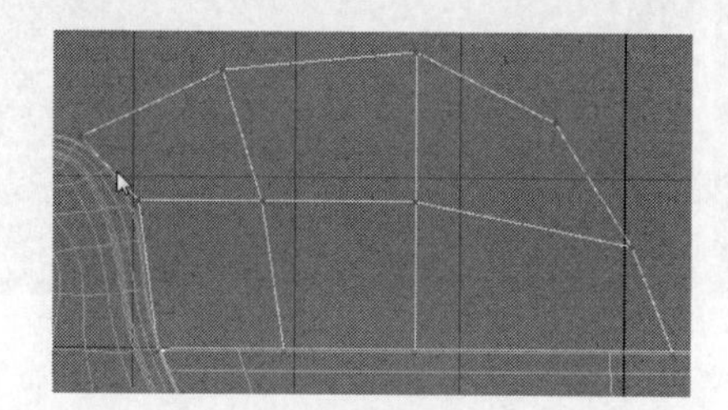

图 3-675

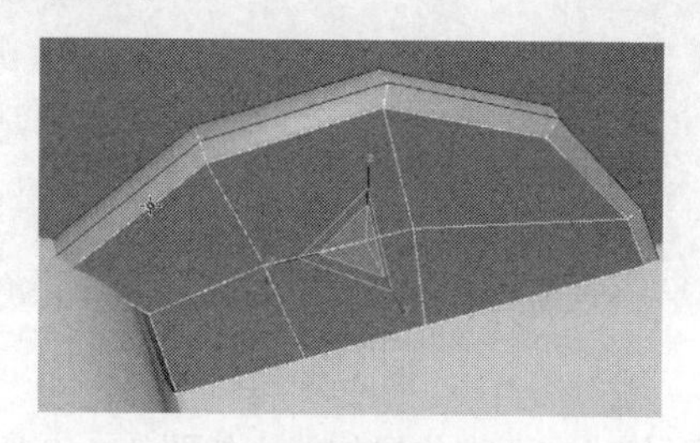

图 3-676

步骤 02 选择加线位置的顶部面，连续倒角设置向外倒角挤出，如图 3-677 所示。用同样的方法将图 3-678 中的面再次向外倒角设置。

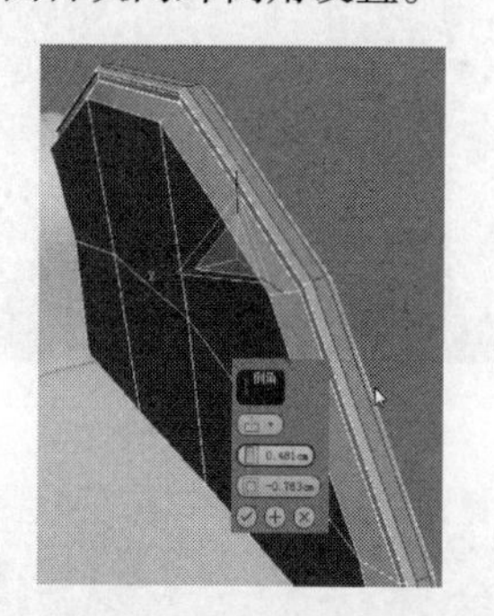

图 3-677

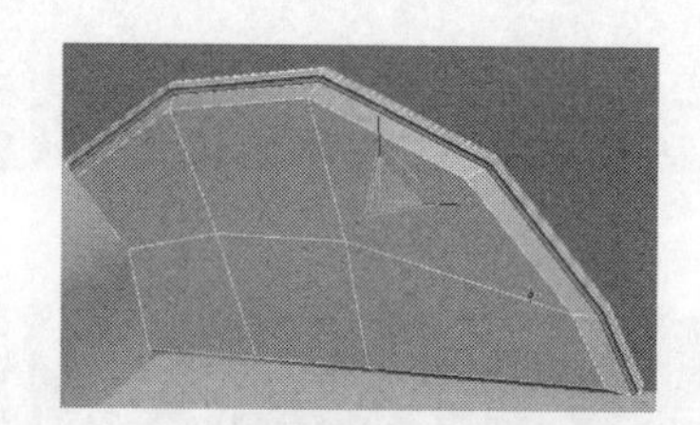

图 3-678

在底部边缘位置和左侧边缘位置加线约束，细分后的效果如图 3-679 所示。

步骤 03 创建一个如图 3-680 所示的圆柱体并转换为可编辑的多边形物体，选择顶端的面用倒角工具向外倒角，如图 3-681 所示。用同样的方法将内部的面也进行倒角处理，如图 3-682 所示。

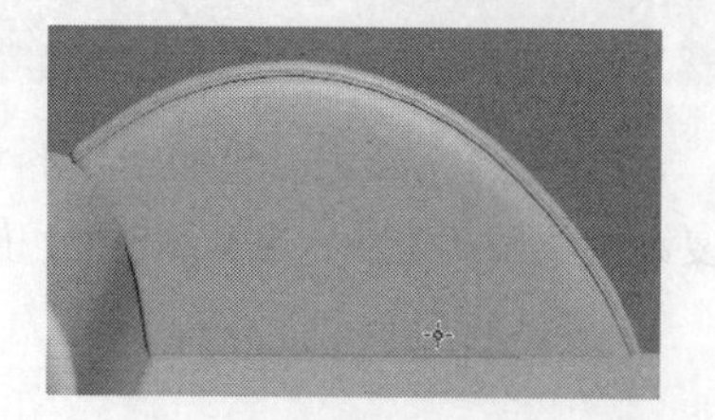

图 3-679

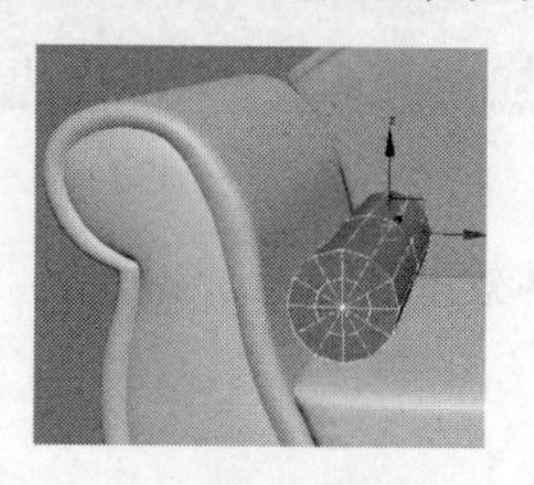

图 3-680

为了制作出端面部分凹痕效果，选择图 3–683 中的面，用挤出工具将线段向下挤出，然后将图 3–684 中的点与点之间连接出线段。

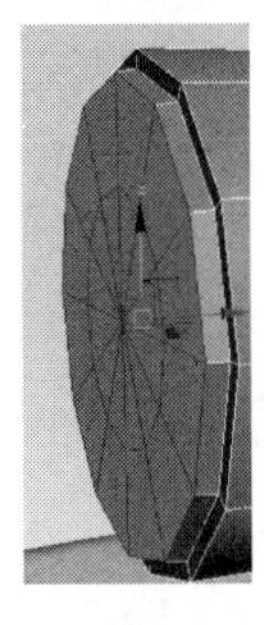

图 3–681

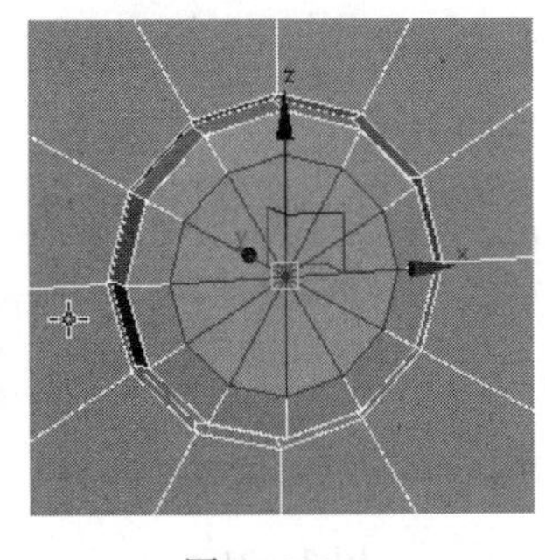

图 3–682

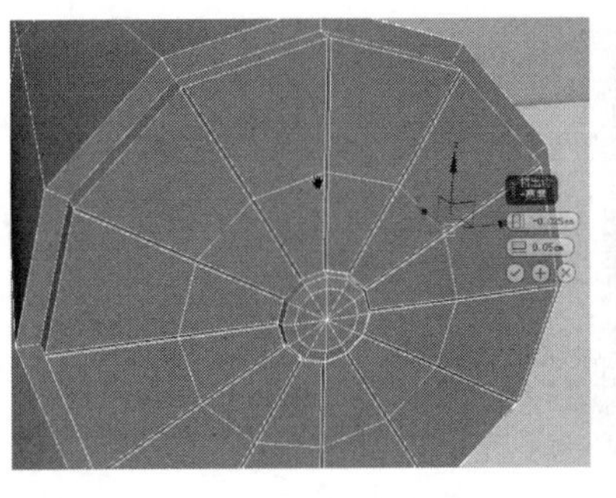

图 3–683

图 3–684

步骤 04 在图 3–685 中的位置加线并用缩放工具向外缩放调整并尽可能地使外圈保持圆形，调整后的效果如图 3–686 所示。

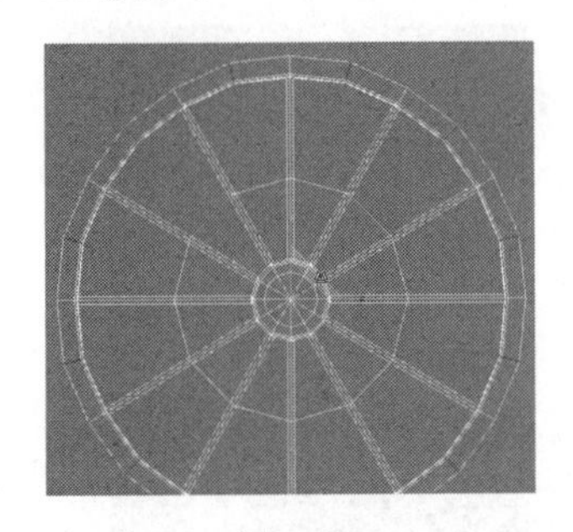

图 3–685

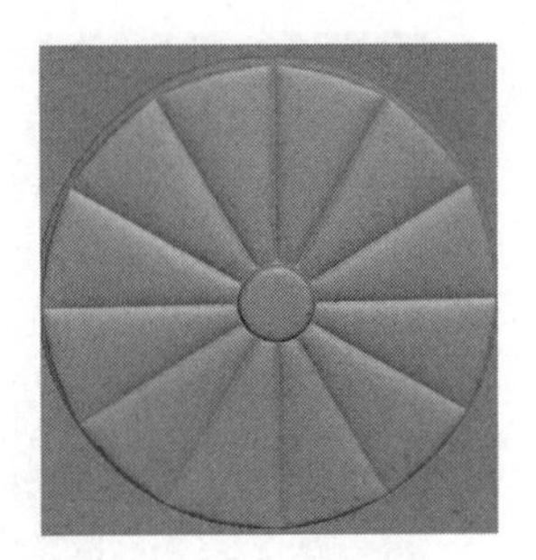

图 3–686

删除另一半，然后通过“对称”修改器将制作好的一半模型对称出来。整体效果如图 3–687 所示。

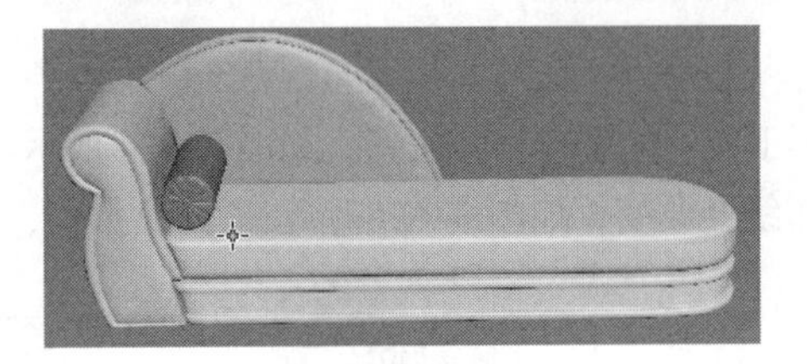

图 3–687

步骤 05 制作天鹅细节。利用长方体物体先调整出如图 3–688 所示的形状，然后将顶端的部分面挤出后，调整出嘴部细分，如图 3–689 所示。

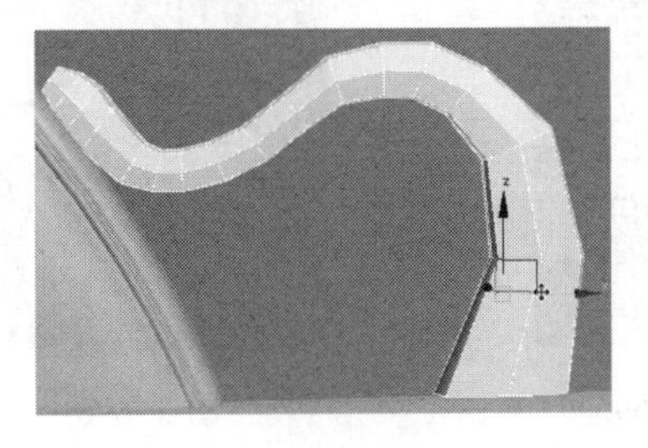

图 3–688

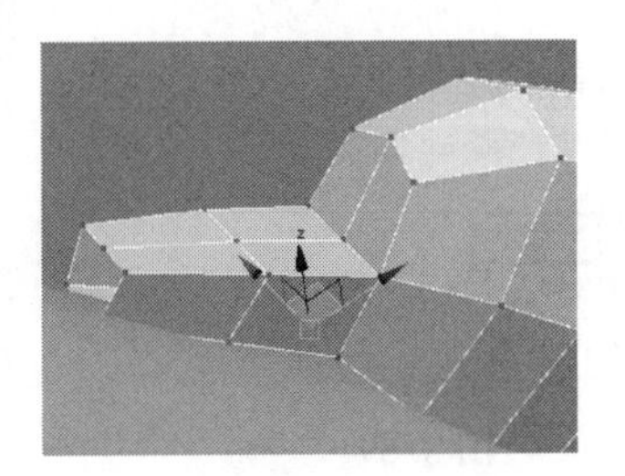

图 3–689

选择好眼睛位置的点，用切角工具切出眼睛位置的面，如图 3-690 所示。然后选择眼睛位置的面，用倒角工具连续倒角制作出眼睛细节，如图 3-691 所示。

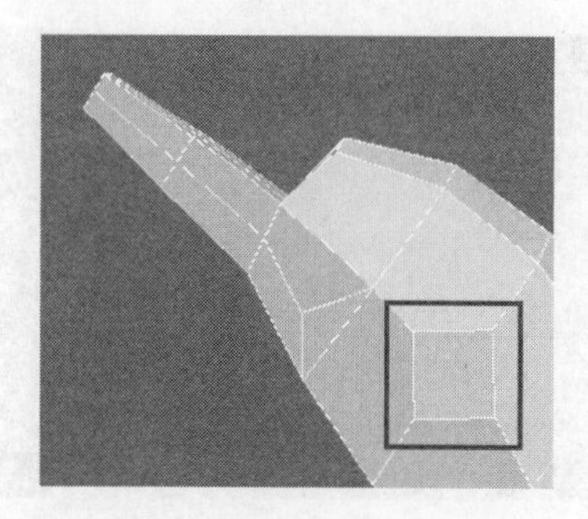

图 3-690

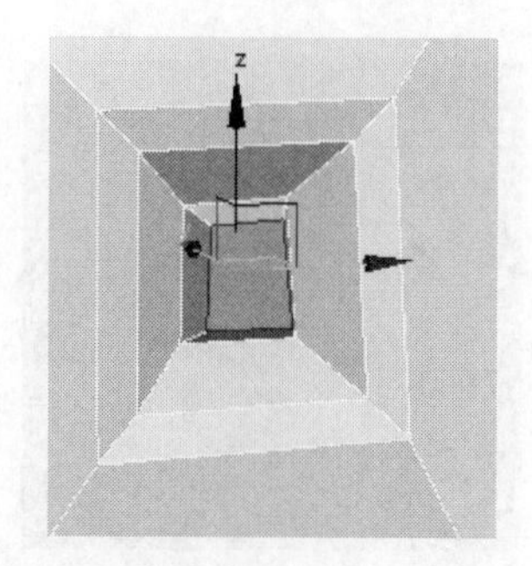

图 3-691

步骤 06 加线调整布线至如图 3-692 所示。选择底部的面单击“分离”按钮将底部分离出来，为了细节的表现，将底部物体的布线增加，如图 3-693 所示。

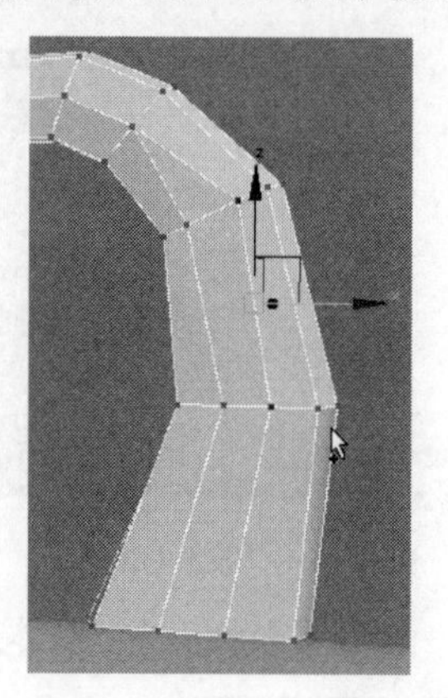

图 3-692

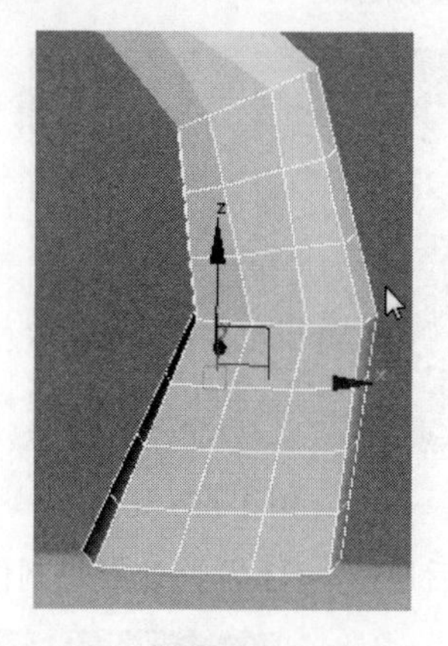

图 3-693

步骤 07 单击石墨建模工具下的生成拓扑按钮，如图 3-694 所示。然后单击图 3-695 中拓扑面板中的红色方框，此时物体布线会改变，如图 3-696 所示。

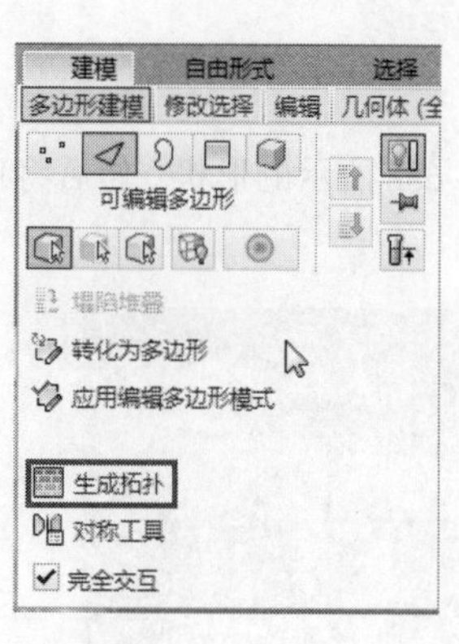

图 3-694

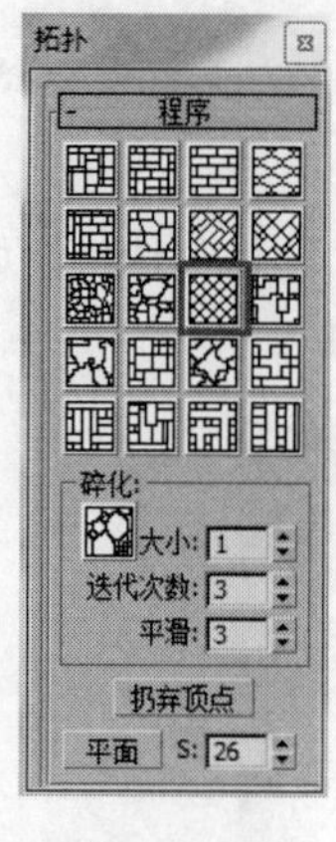

图 3-695

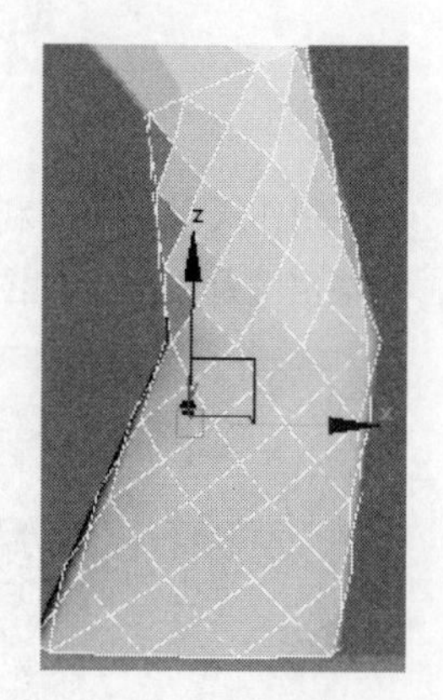

图 3-696

该物体正面需要斜线的布线方式，但是侧面还希望它是水平笔直的布线，所以两边侧面的布线需要手动调整一下，调整的方法也很简单，先将点与点之间连接线段，然后选择斜线的线段按快捷键【Ctrl+Backspace】移除，再通过加线的方法调整即可，如图 3-697 和图 3-698 所示。

步骤 08 选择左侧的面，用挤出命令挤出面调整并将挤出的面分离出来，如图 3-699 所示。用拓扑工具将布线调整为斜线方式，如图 3-700 所示。然后手动细致调整布线至如图 3-701 所示。调整好布线后，将这两个部分附加在一起，框选中间部分的点，单击焊接按钮将分离的部位点焊接起来，如图 3-702 所示。

选择左侧开口边界线，按住【Shift】键拖动复制出面调整形状，如图 3-703 和图 3-704 所示。

继续调整后的效果如图 3-705 所示。注意，天鹅的翅膀要有一定的高低变化，如图 3-706 所示。

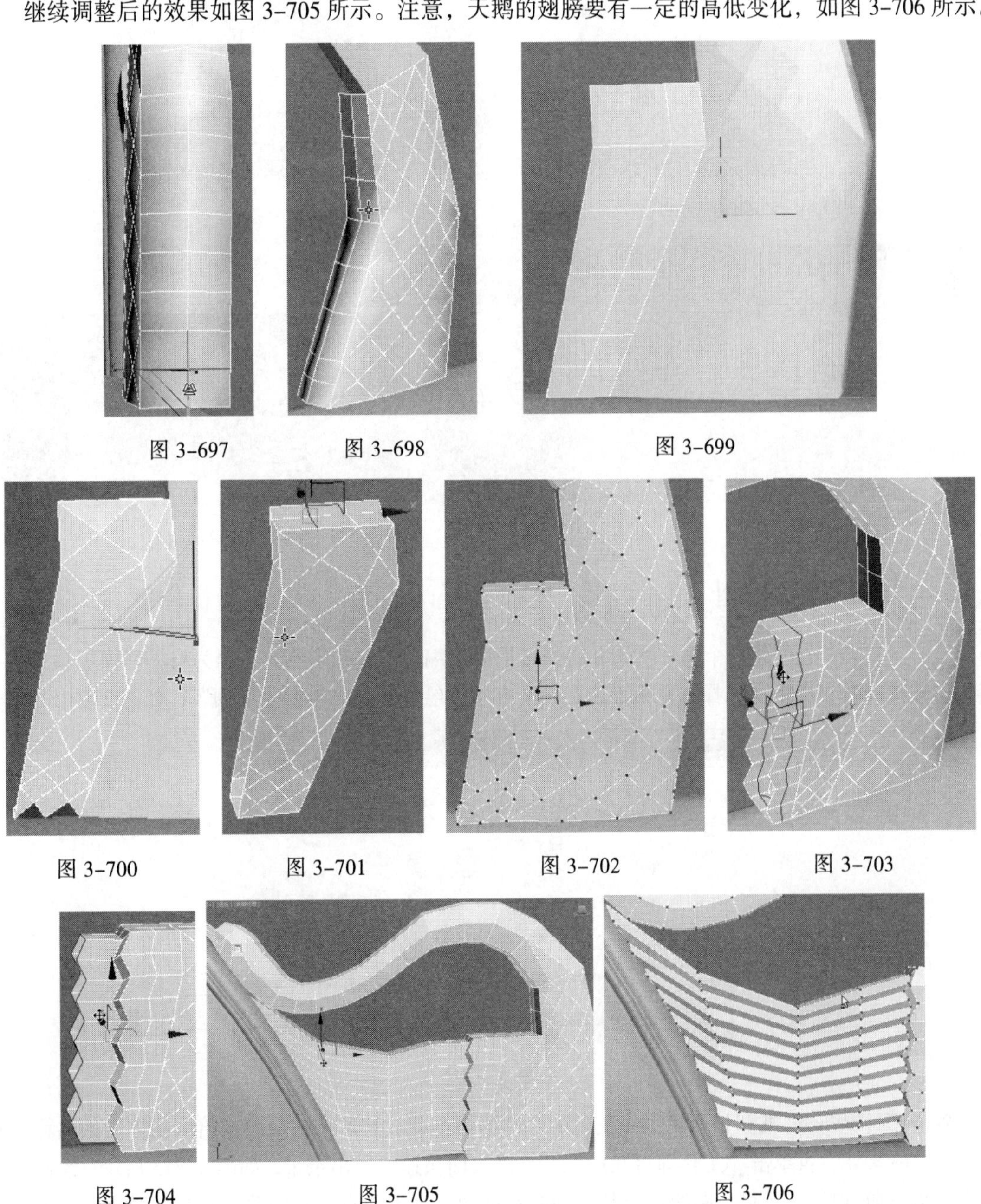

图 3-697　图 3-698　图 3-699

图 3-700　图 3-701　图 3-702　图 3-703

图 3-704　图 3-705　图 3-706

步骤 09 用同样的方法将右侧面挤压出来，调整过程如图 3-707 和图 3-708 所示。根据需要选择翅膀上的部分线段，用挤出命令向内挤出，如图 3-709 所示。

步骤 10 将图 3-710 中的面以“局部法线”方式向外倒角挤出，如果觉得左侧翅膀布线太密，可以移除部分线段，再调整出凹凸效果即可显示整体效果，如图 3-711 所示。

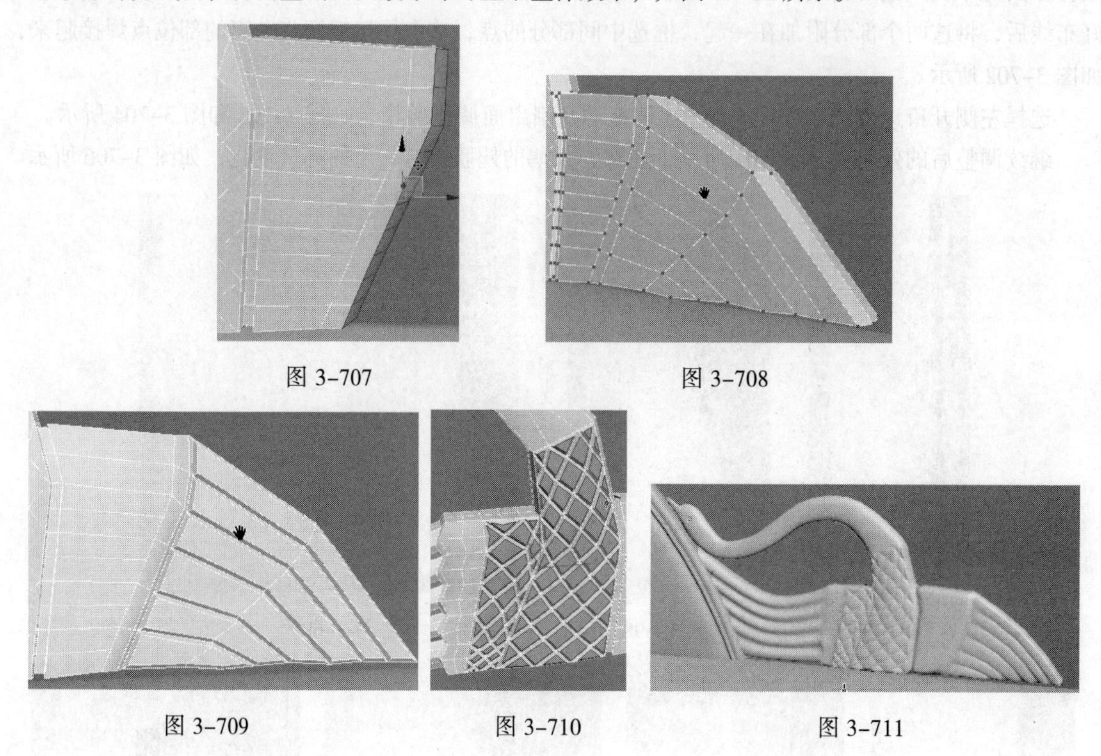

图 3-707　　图 3-708

图 3-709　　图 3-710　　图 3-711

3.15.4 制作雕花模型

步骤 01 首先创建一个面片物体并将其转换为可编辑的多边形物体（因为石墨建模工具只针对多边形建模有效），依次选择“自由形式”|“多边形绘制”|“绘制于曲面”，如图 3-712 所示。

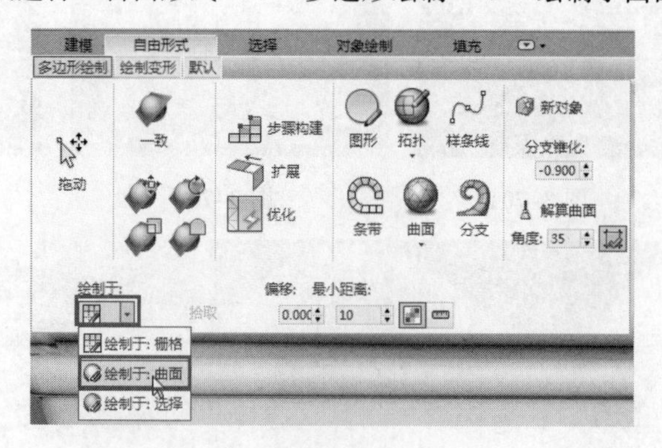

图 3-712

单击 拾取 按钮拾取场景中黄色的底部物体，此时拾取按钮会变成拾取物体后的名称显示（Box002），再单击 条带 工具即可在拾取的物体表面快速绘制出条带，如图 3-713 所示。绘制的条带大小可以通过 偏移: 0.000 最小距离: 20 最小距离值调整，同时和视图的远近也有一定的关系，更改最小距离值后的绘制大小如图 3-714 所示。

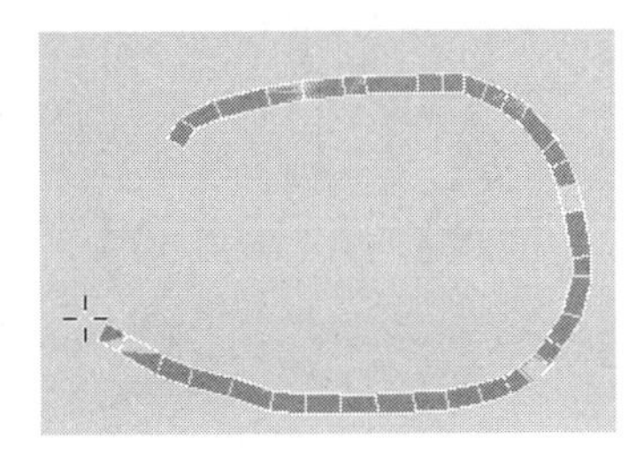
图 3-713

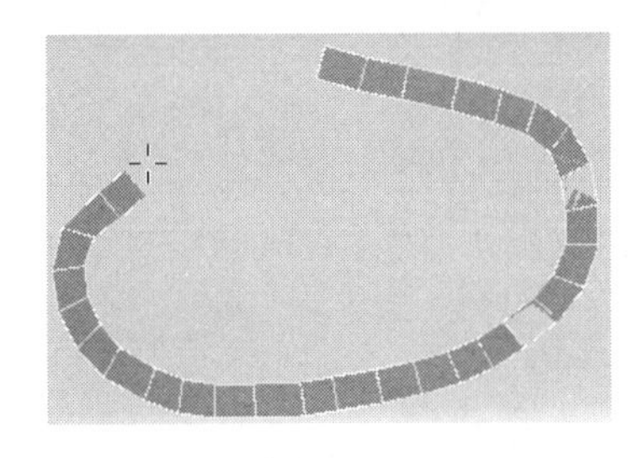
图 3-714

绘制出如图 3-715 所示的形状面片。依次单击石墨工具下的 自由形式 | 绘制变形 | 按钮，该"偏移"工具可以针对模型进行整体的比例形状调整，有点类似于"软选择"工具的使用，但是它使用起来会更加快捷灵活。当开启"偏移"工具时，鼠标的位置会出现两个圈，外圈为黑色，内圈为白色。外圈控制笔刷的衰减值，内圈控制前度。按快捷键【Ctrl+Shift+鼠标左键】拖动可以同时快速调整内圈和外圈的大小，按快捷键【Ctrl+鼠标左键】调整外圈衰减值大小，按快捷键【Shift+左键】拖动控制调整内圈强度值。用偏移工具调整绘制出条带的宽细变化，如图 3-716 所示。

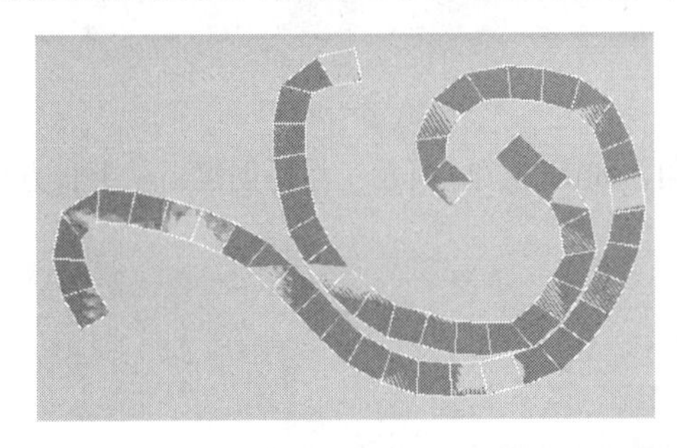
图 3-715

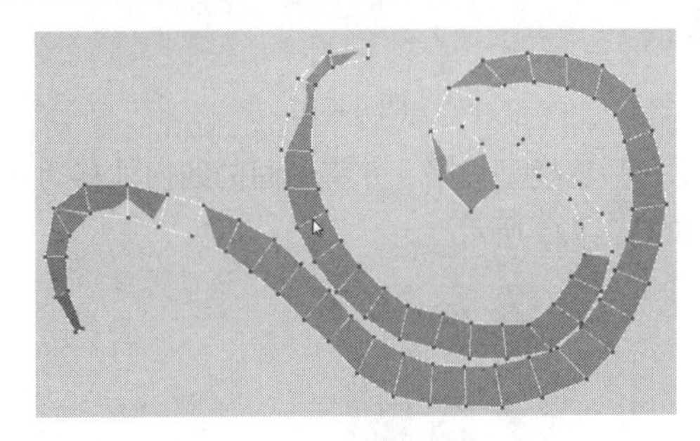
图 3-716

用偏移笔刷调整面片大小后，会有一些点脱离物体的表面，此时可以单击笔刷在模型上拖动即可快速将所有点吸附在物体表面。之后在中间部位加线，并将线段向外移动调整，如图 3-717 所示。用切角工具将所添加线段切角，如图 3-718 所示。

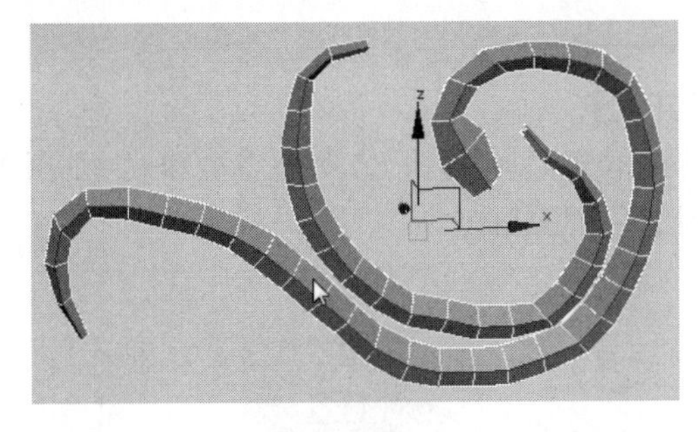
图 3-717

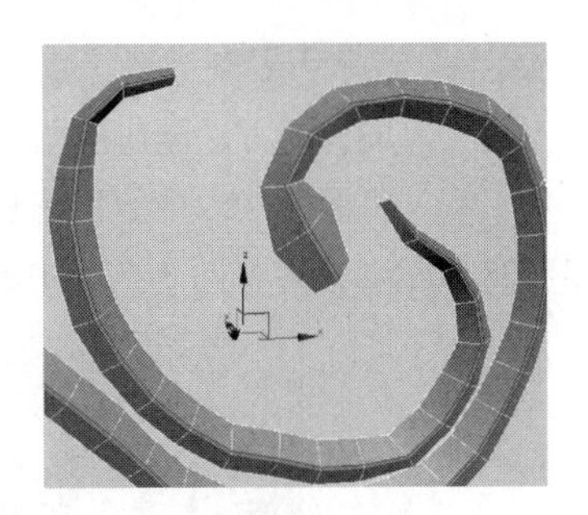
图 3-718

步骤 02 用同样的方法绘制出如图 3-719 所示的面片，在修改器下拉列表下添加"对称"修改器，调整对称的角度效果，如图 3-720 所示。将该物体塌陷为多边形物体后，选择所有面用倒角工具向外倒角挤出，如图 3-721 所示。

图 3-719

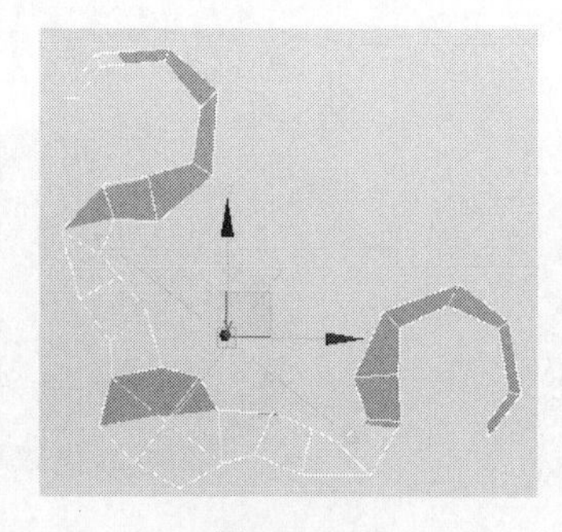
图 3-720

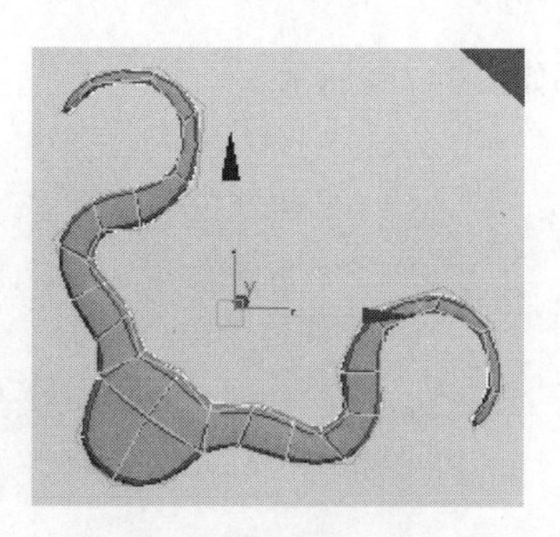
图 3-721

步骤 03 继续制作出 3-722 中的物体，然后在右侧绘制面片并添加对称修改，如图 3-723 所示。

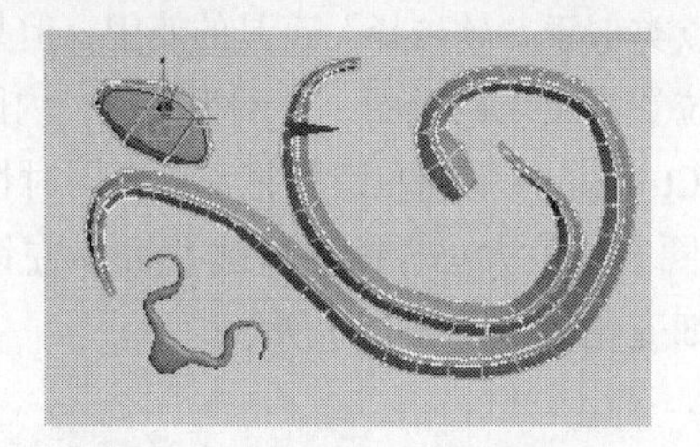
图 3-722

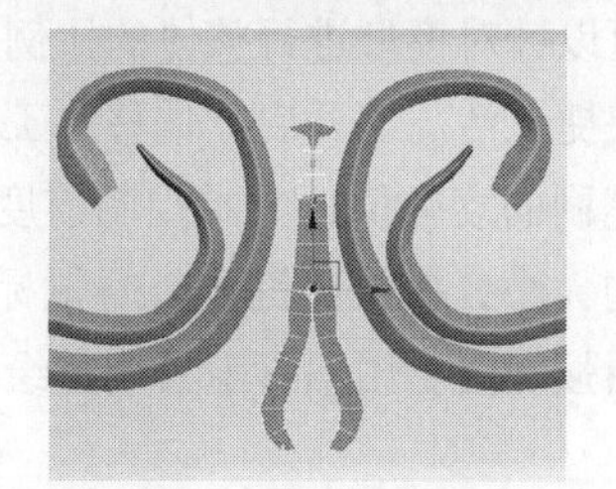
图 3-723

对称后将模型塌陷，并将中间的线向外移动后切角，如图 3-724 所示。然后创建出一个长方体细分，如图 3-725 所示。

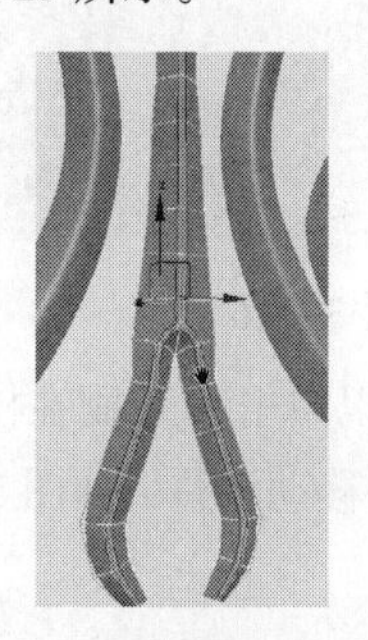
图 3-724

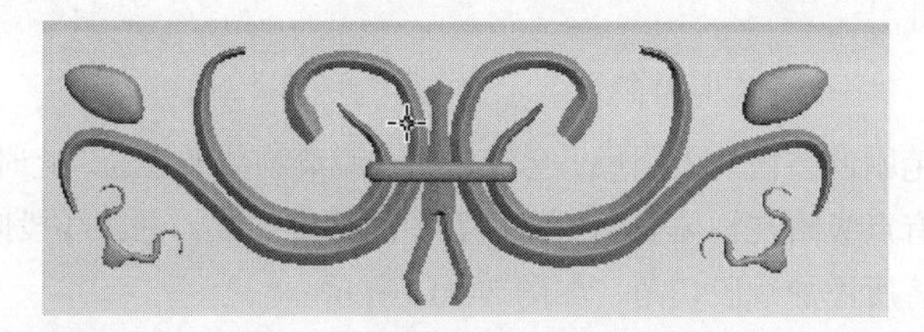
图 3-725

步骤 04 同样的方法制作出图 3-726 中的雕花效果。

步骤 05 将图 3-725 中的雕花复制，注意在拐角位置添加“弯曲”修改器，参数和效果如图 3-727 和图 3-728 所示。最后在图 3-729 中的顶部位置创建一个管状体。

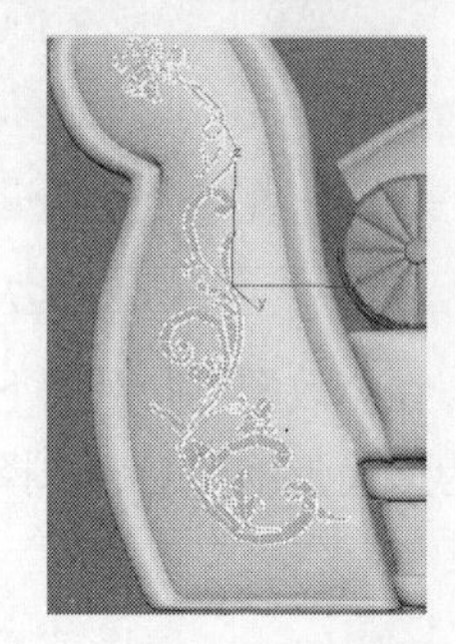
图 3-726

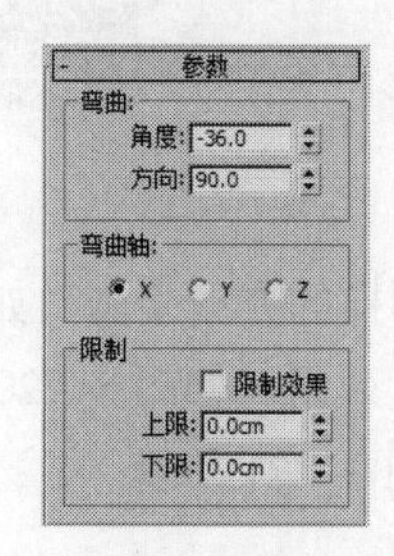

图 3-727

图 3-728

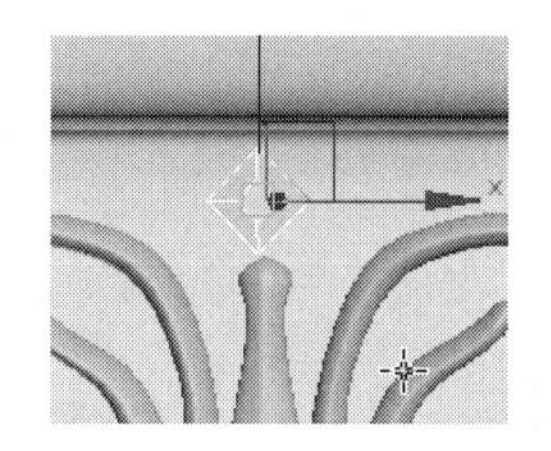

图 3-729

步骤 06 在管状体的位置分离出一条线段，先将其约束在路径上，然后用快照工具进行快照复制调整出图 3-730 中的模型。对于快照的使用，前面已介绍很多次了，这里不再详细阐述。

图 3-730

将复制的这些物体向下复制调整，如图 3-731 所示。

图 3-731

最后的整体效果如图 3-732 所示。

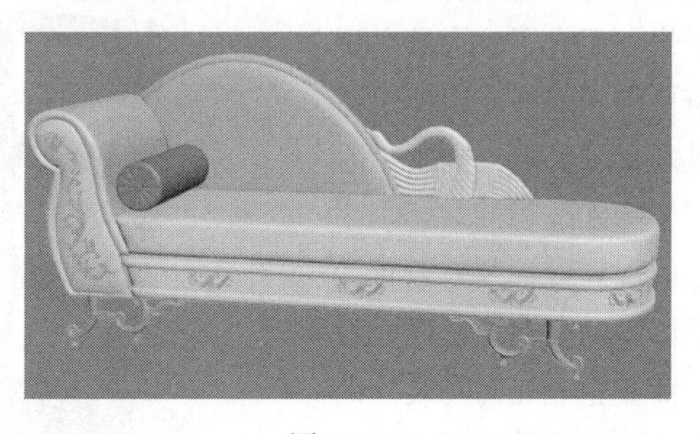

图 3-732

本实例小结：本实例模型也是一个比较复杂的模型之一，难在贵妃椅腿部的制作、背部天鹅形状的制作以及雕花的制作。这些形状虽然复杂，但要学会利用 3ds Max 内置的石墨建模工具配合使用，它可以大大提高工作效率并节省大量时间。

第 4 章　柜类家具设计

柜类家具主要是指以木材、人造板或金属等材料制成的各种用途不同的柜子。本章主要通过展示柜、陈设柜、吊柜、床头柜、电视柜、仿古衣柜、明清小衣柜、明清桌柜、明清橱柜、床边柜、书柜、梳妆台、储物柜、食品柜、餐边柜、欧式橱柜、艺术柜来进行学习柜类家具的制作。

4.1　制作展示柜

展示柜是用于展示物品的货柜。展示柜外观精美、结构牢固、拆装容易、运输方便，广泛用于公司展厅、展览会、百货商场、广告等，在工艺品、礼品、珠宝、手机、眼镜、钟表、烟酒、化妆品等行业得到广泛运用。

展示柜是商业中表现商品的主要载体，也是构成商业空间视觉的主要框架。不同的商品对展示柜的形式与功能的要求不同。商场展示柜设计与制作的优劣将直接影响商品的销售和企业的品牌形象。近几年，展示柜在设计、制作方面有了较大的发展与进步，这主要是市场竞争更趋于成熟，企业更注重塑造品牌形象的结果。纵观百货商场或购物中心的展示柜设计及制作，都与国际水准相差甚远。主要原因是展示柜设计缺乏整体规划设计及专业化的标准要求。这一问题主要是由于我国专业的商业设计公司和人才的匮乏所致，商业企业在商场装修的设计规划缺乏专业公司的具体指导也是原因之一。在商场装饰规划与展柜设计上模仿成分较多，而设计公司对商场的经营、管理、营销的内在需求更是缺少系统的专业理解与研究。由此，导致许多商场的视觉空间趋于同质化，展示柜无法满足实用性、艺术性、经济性、安全性及人性化的功能性要求。

图 4-1

首先来看一下这节要制作的展示柜效果，如图 4-1 所示。

该模型制作起来非常简单，但是在制作时要注意它的尺寸。

步骤 01　单击（创建）|（图形）| 矩形 按钮，在视图中创建一个 30cm×40cm 的

矩形，设置角半径值为 3 cm，将该矩形复制一个，然后在两矩形之间再创建一个长度为 40 cm，宽度为 0.3 cm 的矩形，右击，在弹出的快捷菜单中选择“转换为” | “转换为可编辑样条线”命令，将矩形转换为可编辑的样条线，单击 附加 按钮拾取另外两个矩形线将其附加在一起，如图 4–2 所示。

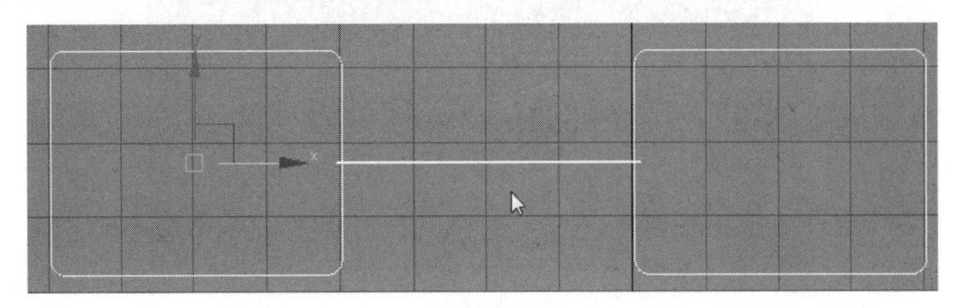

图 4–2

按【3】键进入样条线级别，选择任意一条样条线，单击 布尔 按钮选择 并集，拾取其他样条线，布尔运算后的效果如图 4–3 所示。

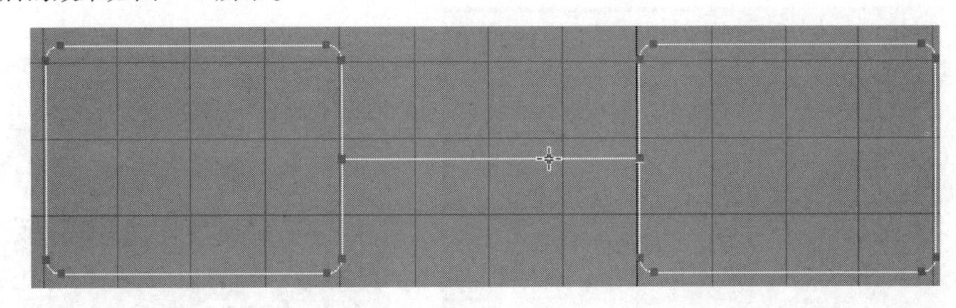

图 4–3

虽然看起来和图 4–2 没什么区别，但是放大后看中间的部分即可发现，中间不是一条直线，而且有一定的间隙，如图 4–4 所示。然后选择中间 4 个顶角的点，单击 圆角 按钮将直角处理为圆角，如图 4–5 所示。

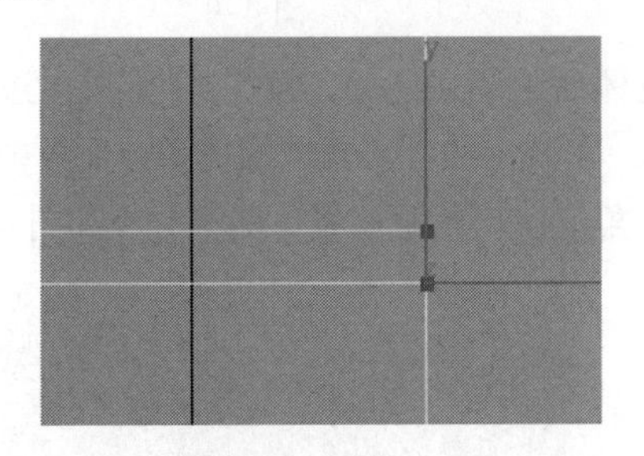

图 4–4

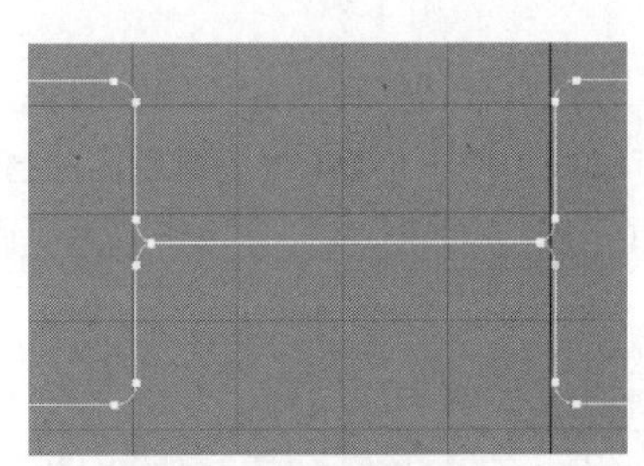

图 4–5

步骤 02 单击 轮廓 按钮，在视图中单击并拖动鼠标向内拖动挤出轮廓，如图 4–6 所示。

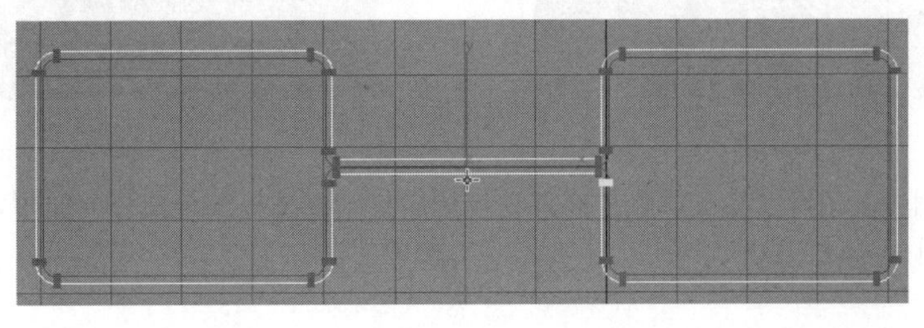

图 4–6

步骤 03 在修改器下拉列表下添加“挤出”修改器，设置挤出数量值后的效果如图 4-7 所示。

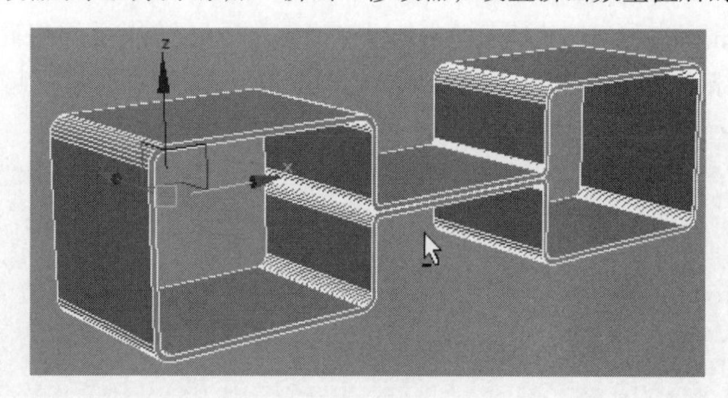

图 4-7

步骤 04 将该模型向下复制，单击对齐按钮拾取要对齐的模型，在弹出的对齐面板中设置参数，如图 4-8 所示。用同样的方法再向下复制一个并对齐，如图 4-9 所示。

图 4-8

图 4-9

步骤 05 将所有物体转换为可编辑的多边形物体后附加在一起，按【2】键进入边级别，选择前后边缘所有线段，单击 切角 按钮后面的图标，在弹出的“切角”快捷参数面板中设置切角的值，如图 4-10 所示，单击“+”号按钮，再次调整切角值使切角距离尽可能平分，如图 4-11 所示。

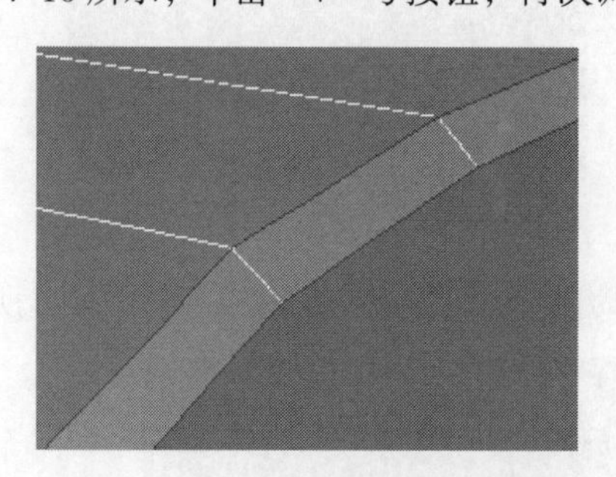

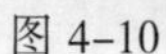

图 4-10

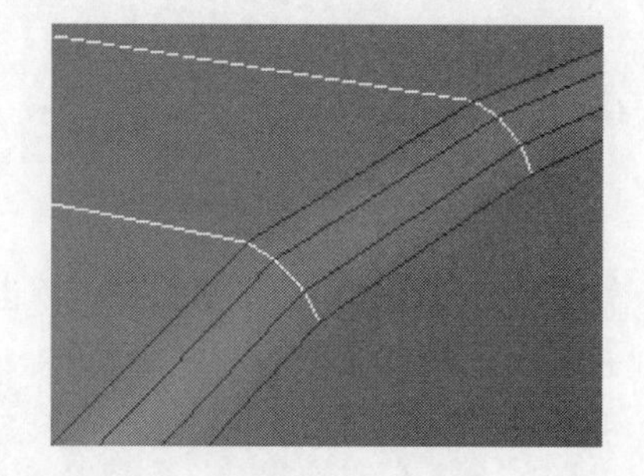

图 4-11

步骤 06 创建倒角圆柱体，制作出底部支腿然后复制调整出剩余部分，如图 4-12 所示。最后的整体效果如图 4-13 所示。

图 4-12

图 4-13

本实例小结：本实例非常简单，要掌握的知识点是样条线之间的布尔运算方法以及由样条线生成三维模型的方法。

4.2　制作陈设柜

步骤 01 在视图中创建一个 Box 物体，设置长、宽、高分别为 30cm、80cm、175cm，在创建面板的“扩展基本体”下单击“切角长方体”，在按钮上右击，在弹出的“栅格和捕捉设置”窗口中，取消选中“栅格点”复选框，选中“顶点”复选框，如图 4-14 所示。再次单击按钮打开捕捉开关，在顶视图中创建一个倒角的 Box，将圆角分段设置为 3，然后按住【Shift】键向下复制，如图 4-14 右所示。

步骤 02 选择 Box 物体将其删除，在左视图中的挡板位置创建一个倒角的圆柱体，移动该物体嵌入挡板中，为了便于观察，可以选择挡板物体后按快捷键【Alt+X】，使物体透明化显示，如图 4-15 所示。

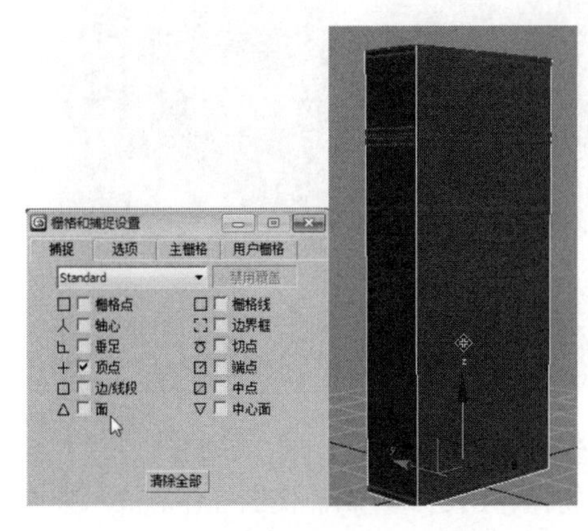

图 4-14

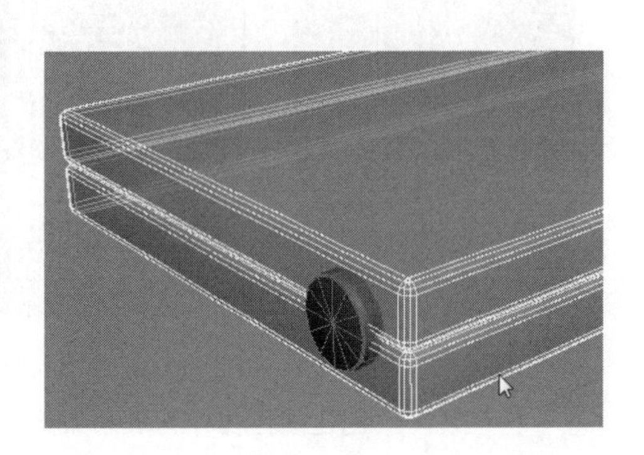

图 4-15

在复合面板下单击  按钮，选择 复制 单选按钮（该方式在超级布尔运算后，会将参与布尔运算的物体进行复制），然后单击 开始拾取 按钮，在视图中拾取倒角圆柱体来完成布尔运算。将圆柱体移开，可以看到在布尔运算的同时又复制了一个倒角圆柱体，如图 4-16 所示。

将该圆柱体移回原始位置，增加分段数并调小半径值，然后将该物体复制到另一边。选择这两个倒角圆柱体，移动复制到另一侧，用同样的方法进行超级布尔运算。运算完成后，单独调整圆柱体的高度和半径值，使其高度不超过凹槽的深度，半径小于凹槽的半径即可，如图 4–17 所示。

图 4–16

图 4–17

步骤 03 将挡板物体复合成组以便于选择，向下复制出剩余的隔板，然后选择顶部的挡板物体进行复制并旋转 90°，调整长度，移动到边缘位置。用同样的方法复制出另一侧的挡板物体，如图 4–18 所示。

图 4–18

步骤 04 调整中间挡板的长、宽、高，然后继续复制调整出小隔板模型，如图 4–19 所示。将中间的挡板物体转换为可编辑的多边形物体并在高度上分段，调整点、线，选择如图 4–20 所示的面，将其删除。进入边界级别，框选边界，单击“桥”按钮使中间自动生成面，如图 4–21 所示。

图 4–19

图 4–20

图 4–21

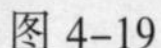

步骤 05 在视图中创建圆柱体作为展示架边缘物体，创建 Box 物体使圆柱体和展示架连接在一起，最后复制出其他部分，如图 4–22 所示。

步骤 06 在底部创建如图 4–23 所示的样条线，在修改器下拉列表中添加“挤出”修改器，设置好挤出值，如图 4–24 所示。

步骤 07 创建一个球体，删除上半部分，调整好比例和位置。再创建一个圆柱体，设置高度分段和端面分段均为 2，变数为 10，将圆柱体转换为可编辑的多边形物体，将中间的面适当进行缩放并向内挤压，如图 4–25 所示。

图 4-22

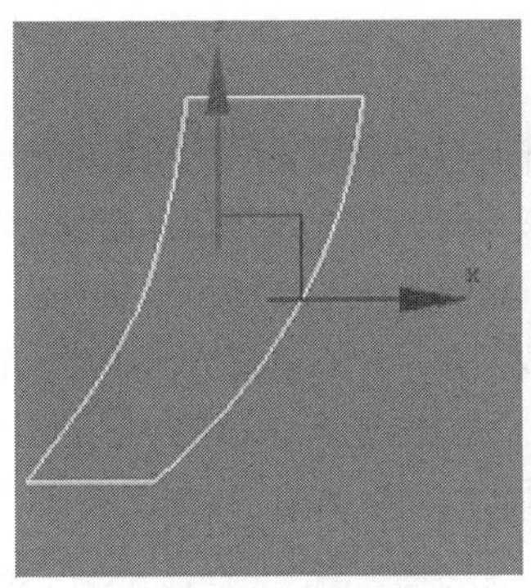

图 4-23

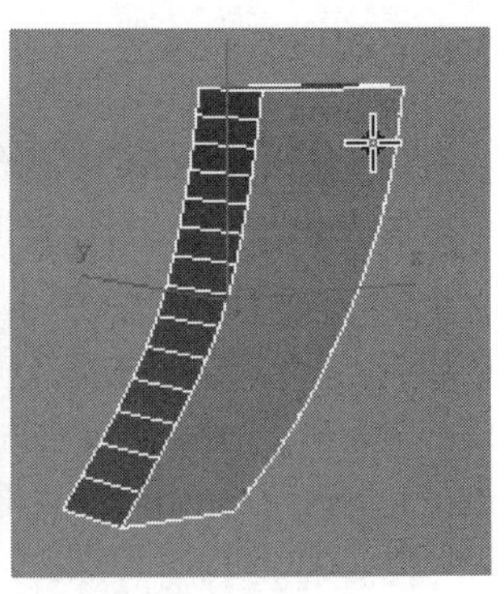

图 4-24

步骤 08 修改轮子两侧的固定物体的形状，如图 4-26 所示。然后在两侧位置创建球体来模拟轮子与两侧固定物体之间的固定部分，如图 4-27 所示。

步骤 09 复制出剩余的轮子物体并给场景中的模型赋予一个默认的材质，最终的效果如图 4-28 所示。

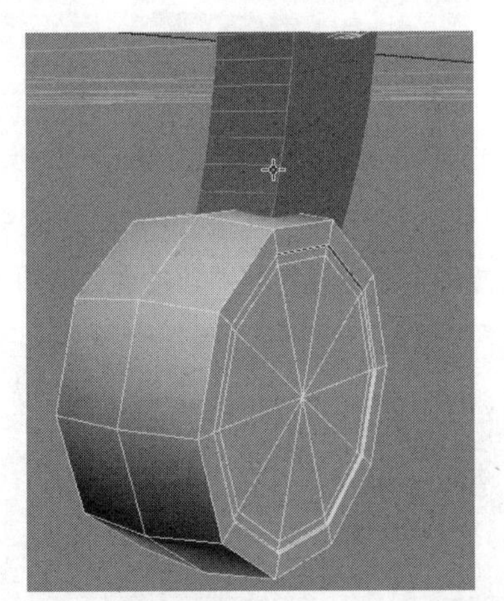

图 4-25

图 4-26

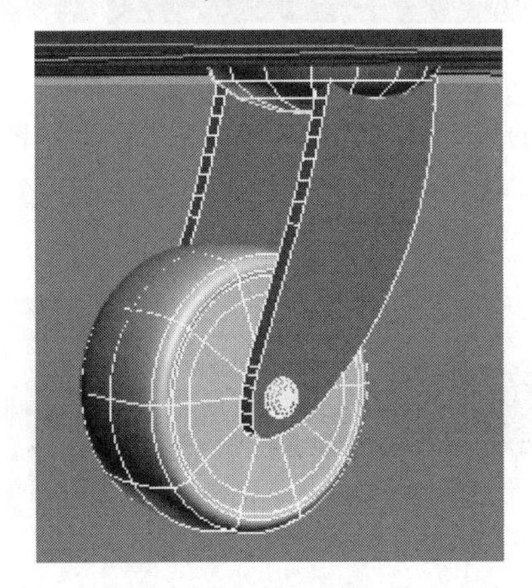

图 4-27

图 4-28

4.3 制作吊柜

制作吊柜并不复杂，制作时可以用简单的倒角长方体或者长方体物体直接拼接而成，但是还有一个更加快捷的方法，可以直接由长方体通过多边形修改并一次性将所有柜子的面制作出来。

步骤 01 创建一个长、宽、高分别为 100cm、80cm、28cm 的长方体模型并转换为可编辑的多边形物体，将水平方向上的线段切角后，在垂直方向中心位置加线，如图 4-29 所示。然后选择图 4-30 中的面，单击 倒角 按钮后面的□图标，在弹出的“挤出”快捷参数面板中设置倒角值，将选择的面按先向内缩放出面，然后再向后挤出面调整，如图 4-31 所示。接下来在图 4-32 中所示的位置加线。

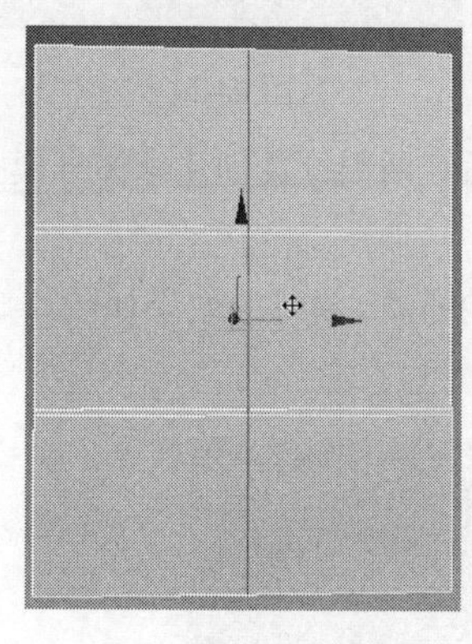

图 4-29

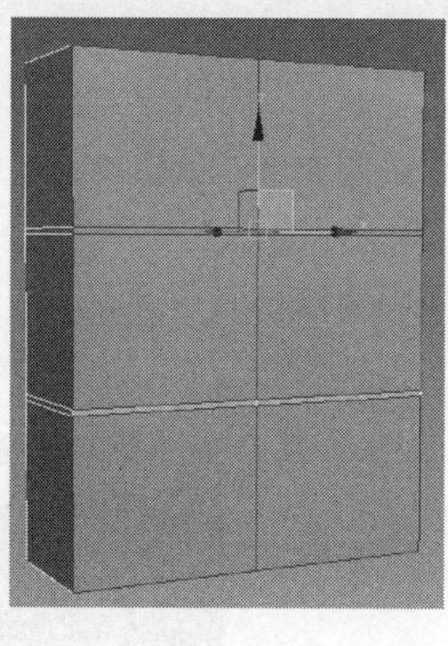

图 4-30

图 4-31

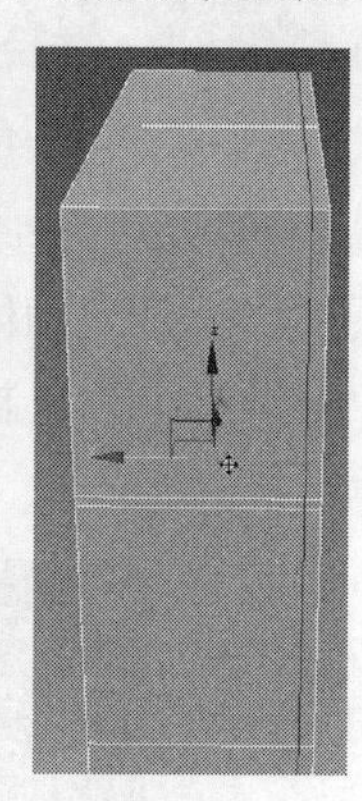

图 4-32

步骤 02 选择图 4-33 中内部相对应的面，单击 桥 按钮生成中间对应的面，如图 4-34 所示。

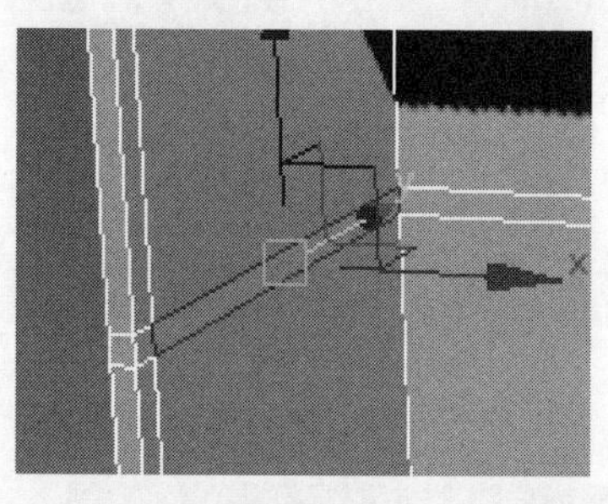

图 4-33

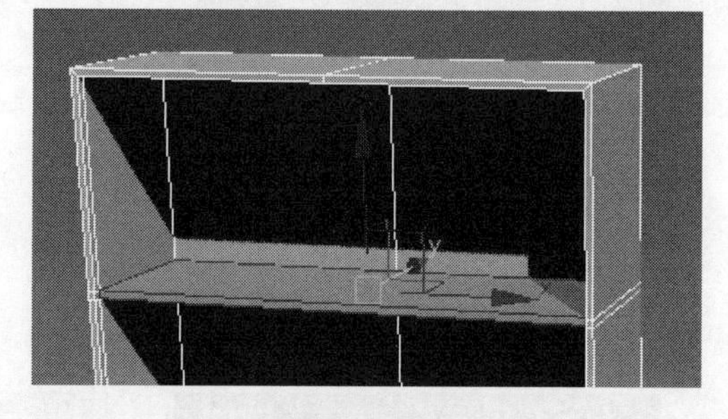

图 4-34

步骤 03 选择顶部面，用“倒角”命令多次倒角挤出面至如图 4-35 所示。然后在图 4-36 中的位置加线。用“切角”工具将添加的线段切角，如图 4-37 所示。最后分别选择切角位置上下对应的面，单击“桥”命令桥接出中间的面，如图 4-38 所示。

图 4-35

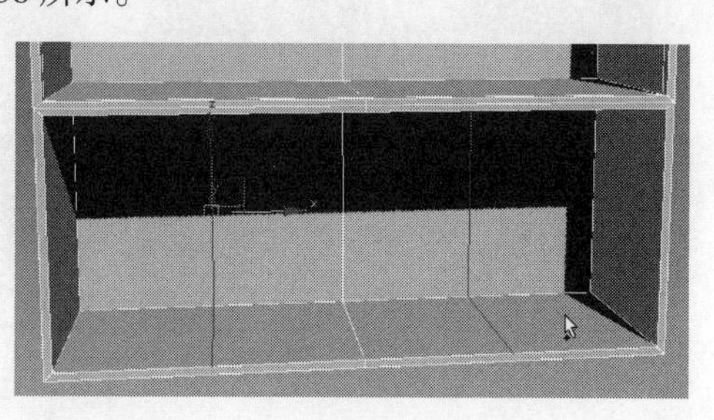

图 4-36

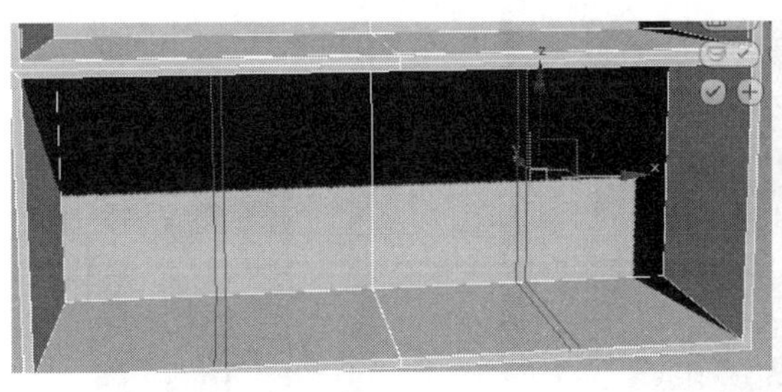

图 4-37

图 4-38

用同样的方法在图 4-39 中的位置加线、切角、桥接出面，效果如图 4-39 和图 4-40 所示。

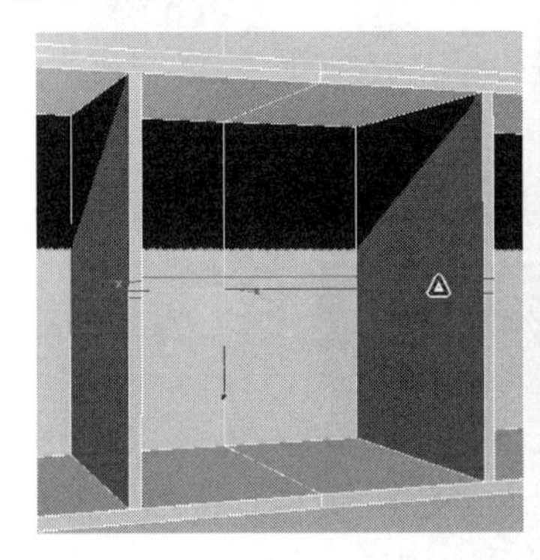

图 4-39

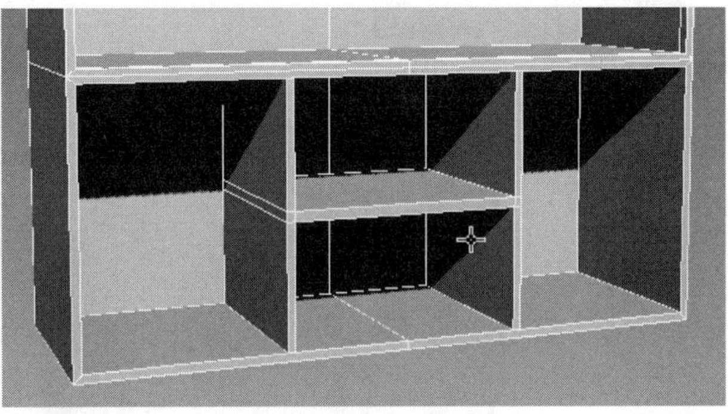

图 4-40

步骤 04　右击3按钮打开捕捉面板，选中“顶点”，如图 4-41 所示。然后按【S】键打开三维捕捉开关，在图 4-42 中的位置创建出一个长方体物体。

右击，在弹出的快捷菜单中选择“转换为” | “转换为可编辑多边形”命令，将模型转换为可编辑的多边形物体。加线至如图 4-43 所示形状，选择中间位置的面并删除，如图 4-44 所示。

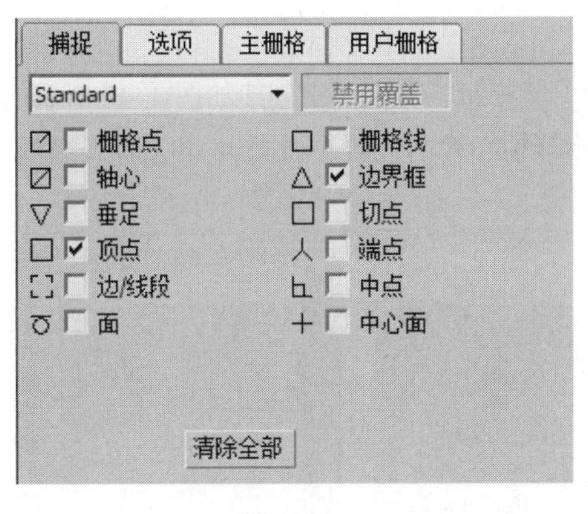

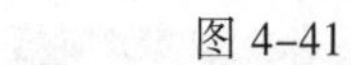

图 4-41

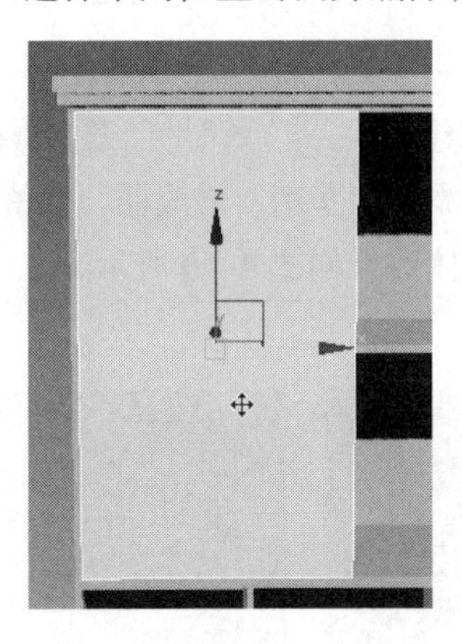

图 4-42

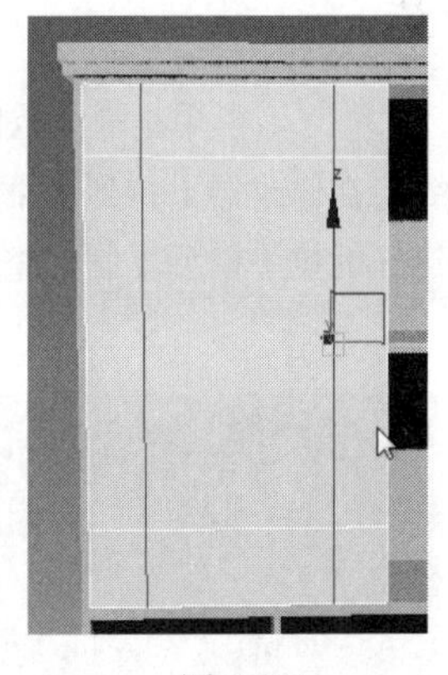

图 4-43

进入“边界”级别，框选图 4-45 中的边界线，单击“桥”按钮生成中间的面，如图 4-46 中红色区域内的面所示。

步骤 05　在门框内创建一个长方体物体，按快捷键【M】打开材质编辑器，在“不透明度”参数中设置不透明度的值为 20，如图 4-47 左所示。选择场景中门框内的长方体物体，单击按钮将标准材质赋予所选择物体，用这种方法来模拟玻璃物体，显示效果如图 4-47 右所示。

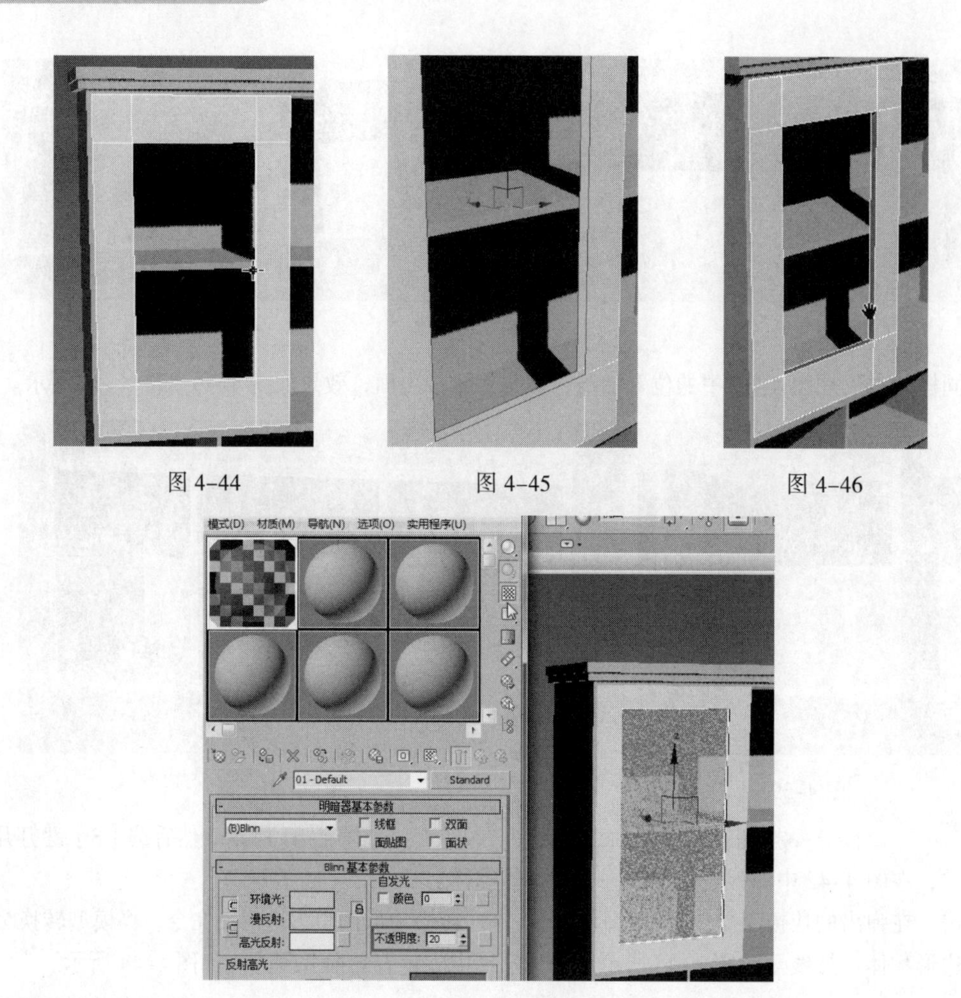

图 4-44　　图 4-45　　图 4-46

图 4-47

步骤 06 单击（创建）|（图形）| 线 按钮，在视图中创建如图 4-48 所示的样条线，在修改器下拉列表下添加“车削”修改器，调整旋转轴心和参数效果如图 4-49 所示。然后将创建好的拉手模型复制，整体效果如图 4-50 所示。

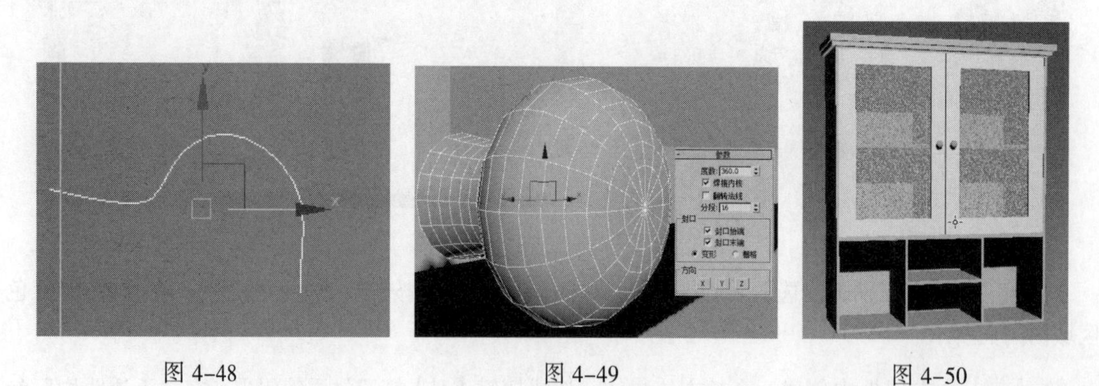

图 4-48　　图 4-49　　图 4-50

步骤 07 制作抽屉。首先创建一个长方体模型并将其转换为可编辑的多边形物体，选择顶部面用倒角工具先向内再向下挤出面，如图 4-51 所示。用这种方法可以一次制作出抽屉的所有面，比较方便快捷。然后将制作好的抽屉和拉手模型复制并调整出来。最终效果如图 4–52 所示。

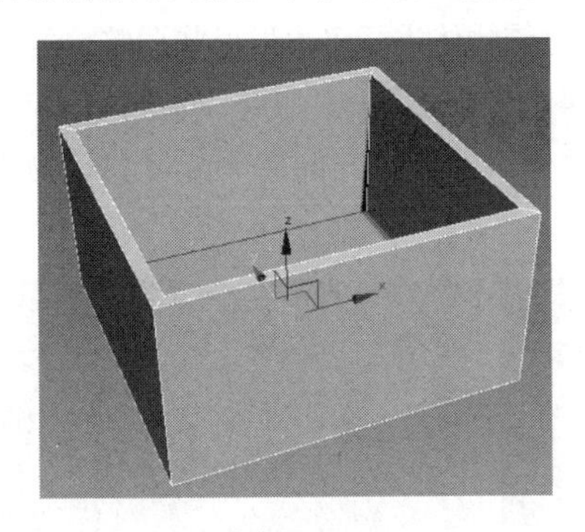

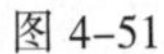

图 4–51

图 4–52

本实例小结：本实例重点掌握透明材质的表现方法即可。

4.4　制作床头柜

步骤 01　单击（创建）|（图形）| 矩形 按钮，创建一个长、宽分别为 40cm、55cm 的矩形，然后在矩形两个角的位置创建两个圆，如图 4–53 所示。单击 布尔 按钮选择并集按“3”键进入线段级别，选择中间的矩形线段拾取另外的两个圆形完成布尔运算，效果如图 4–54 所示。

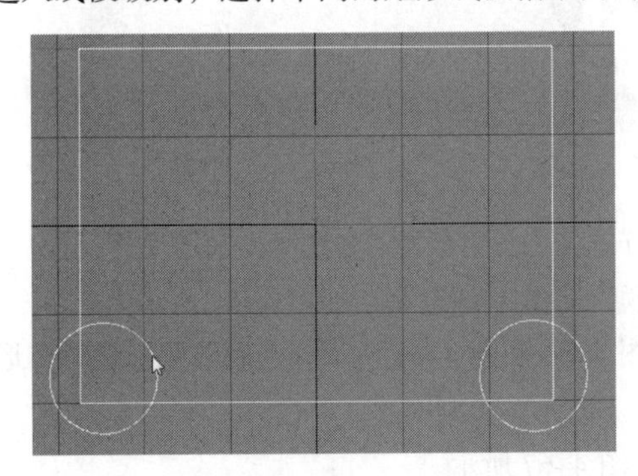

图 4–53

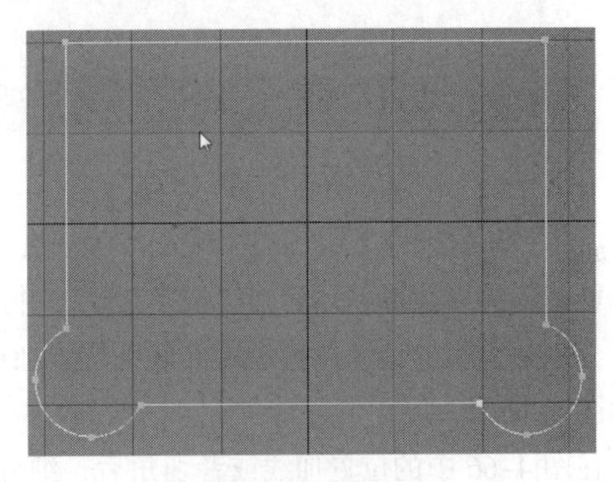

图 4–54

单击 圆角 按钮将图 4–55 中的点处理为圆角，然后再创建一个如图 4–56 中所示形状的样条线。

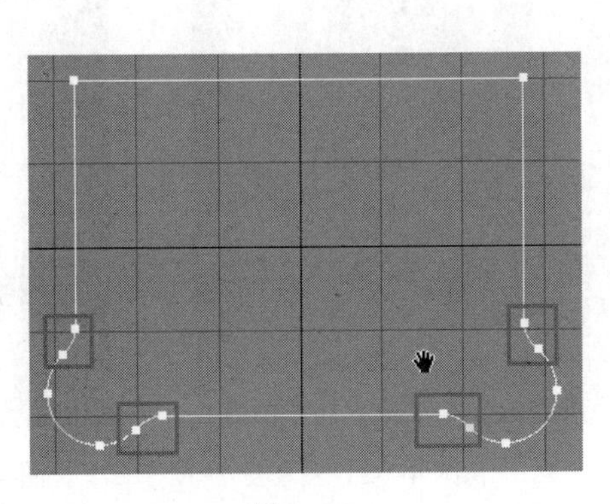

图 4–55

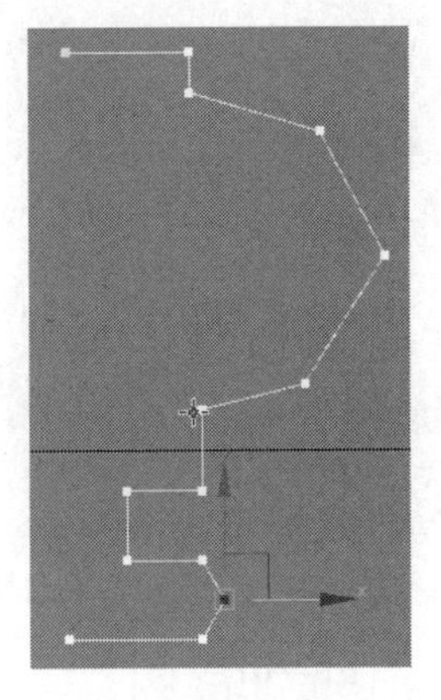

图 4–56

步骤 02 在修改器下拉列表线添加“倒角剖面”修改器，单击获取图形，拾取图 4–56 中的线段，倒角剖面效果如图 4–57 所示。因为后面还要对该物体进行多边形形状调整，所以这里的布线不需要太密，可以先删除“倒角剖面”修改器，在图 4–55 中的线段上加点，选择所有点，右击选择“角点”模式，效果如图 4–58 所示。再次执行倒角剖面修改效果如图 4–59 所示。将该物体塌陷后，重新加线调整布线至如图 4–60 所示。

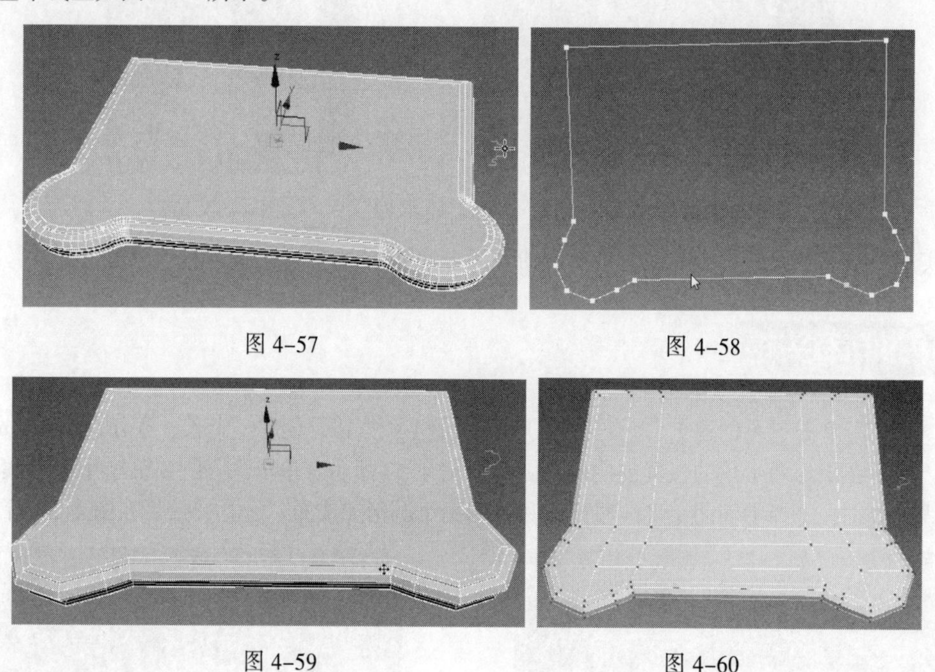

图 4–57　图 4–58

图 4–59　图 4–60

步骤 03 创建一个 5cm × 5cm × 50cm 大小的长方体作为腿部模型，如图 4–61 所示。然后将其转换为可编辑的多边形物体后加线调整形状，并以“实例”方式对称复制，如图 4–62 所示。

分别在模型的边缘位置和顶部底部位置加线，如图 4–63 和图 4–64 所示。然后继续加线调整形状至如图 4–65 所示。

在图 4–66 中的位置加线或者切角后，细分效果如图 4–67 所示。

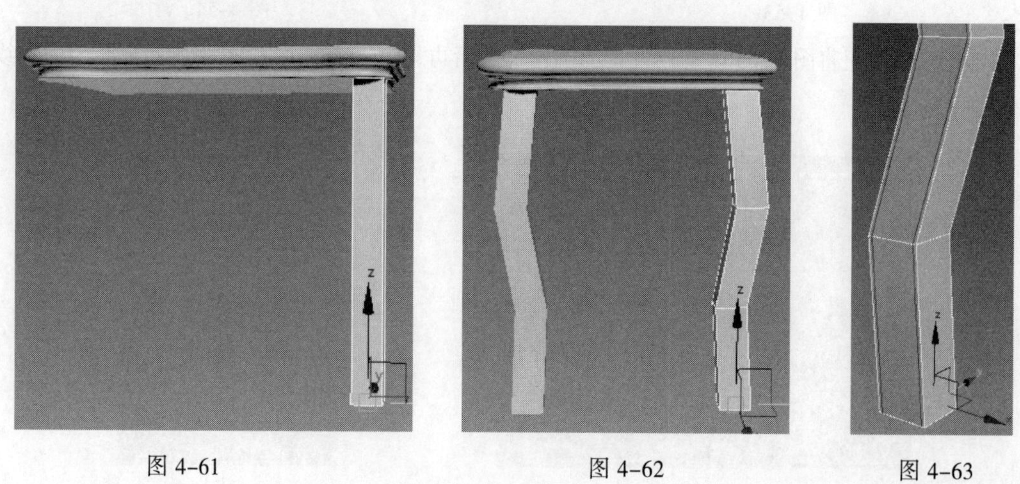

图 4–61　图 4–62　图 4–63

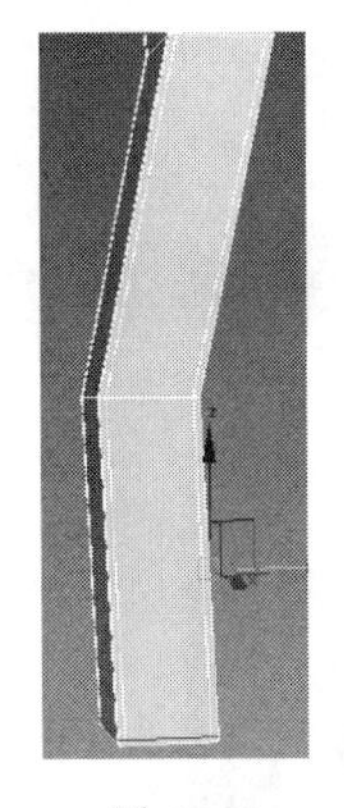

图 4-64

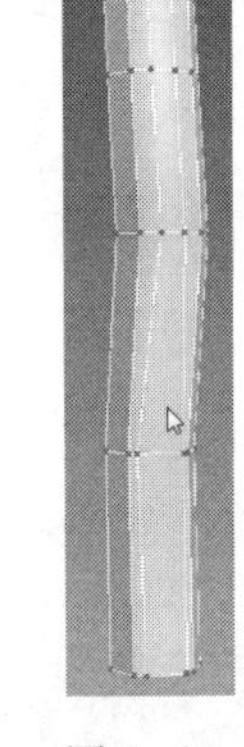

图 4-65

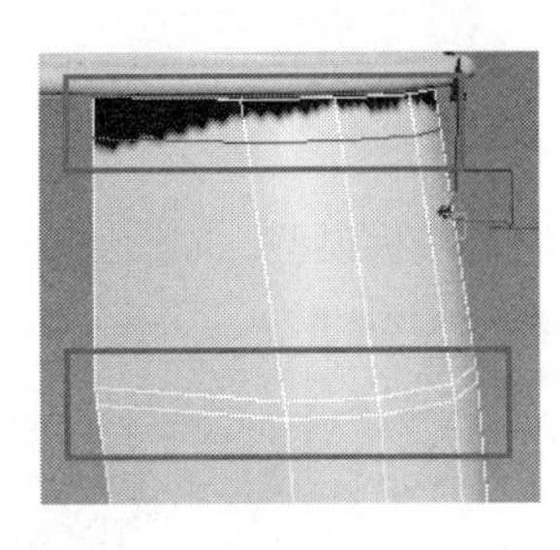

图 4-66

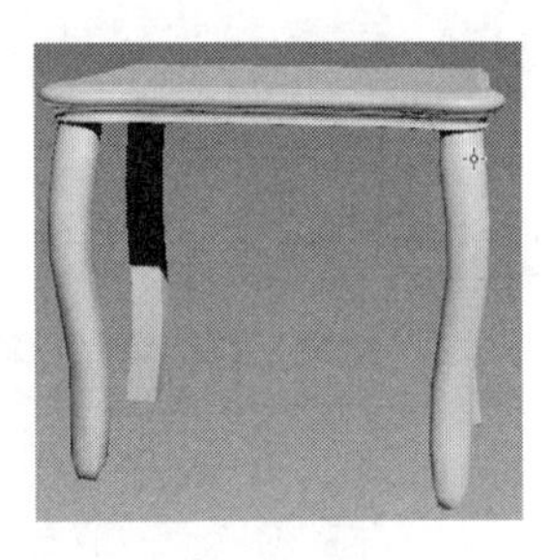

图 4-67

步骤 04　在桌面底部边缘创建一个长方体，如图 4-68 所示。复制调整出其他侧面挡板，如图 4-69 所示。

图 4-68

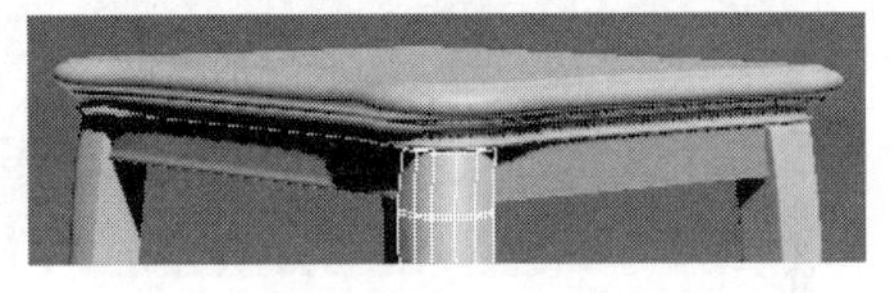

图 4-69

在挡板底部再创建一个长方体并转换为多边形物体后，加线调整形状至如图 4-70 所示。删除一半的面，继续加线后选择面倒角挤出至如图 4-71 所示的形状（注意删除对称中心位置挤出的面，如图 4-72 所示）。

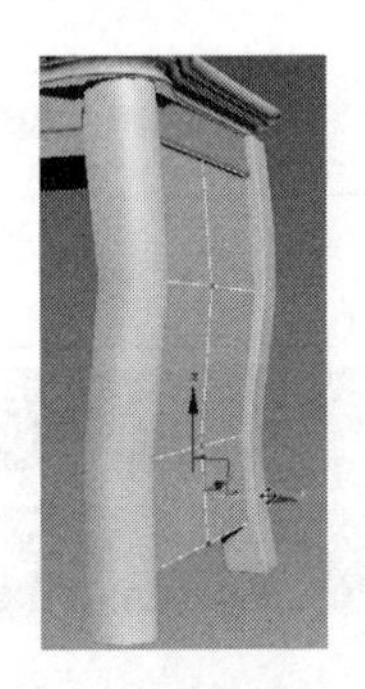

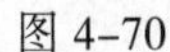

图 4-70

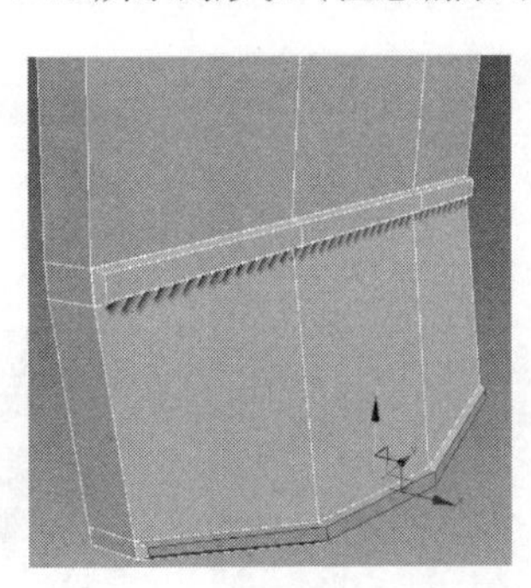

图 4-71

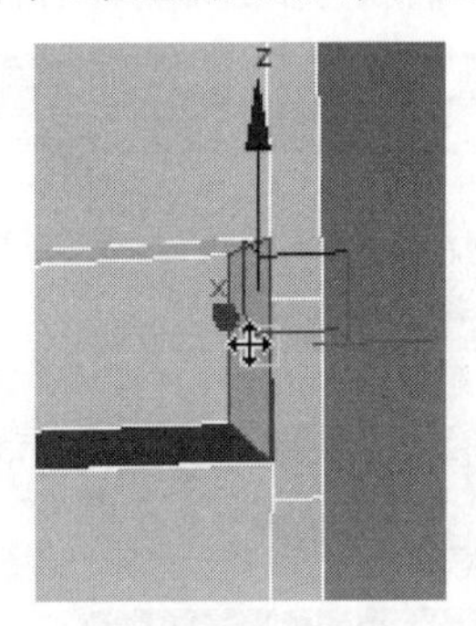

图 4-72

调整好细节后，通过添加“对称”修改器方法对称出另一半模型并塌陷，细分后的效果如图 4-73 所示。注意该模型弧度的调整控制。

步骤 05　在前方底部位置创建一个长方体模型并转换为多边形物体，如图 4-74 所示。加线调整形状删除一半的面，如图 4-75 所示。分别在顶部和底部位置加线，如图 4-76 所示。

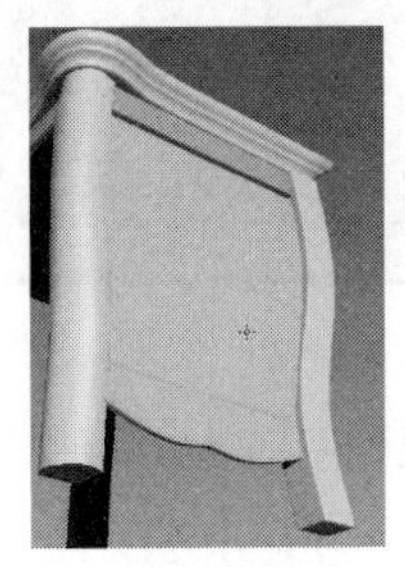

图 4-73

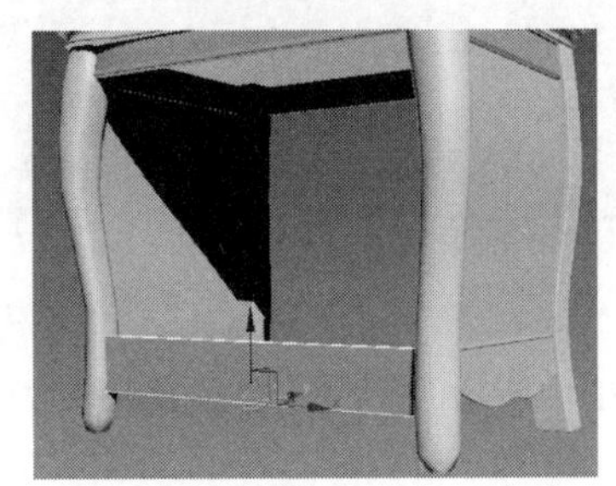

图 4-74

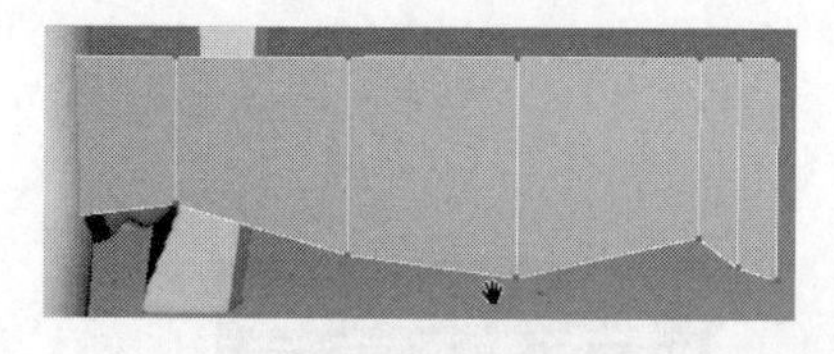

图 4–75

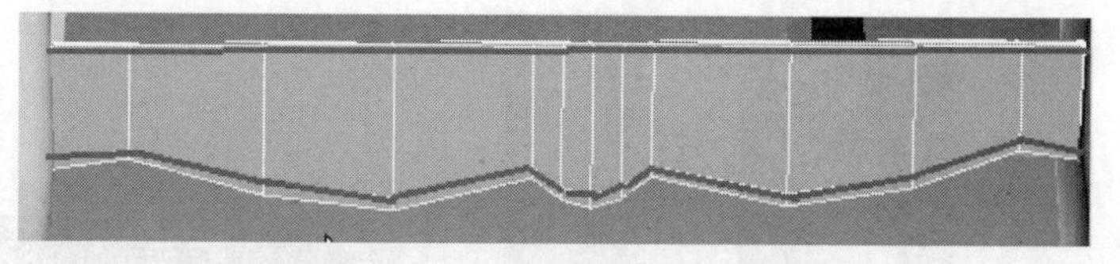

图 4–76

步骤 06 创建出背部挡板和中间的隔板模型，如图 4–77 和图 4–78 所示。

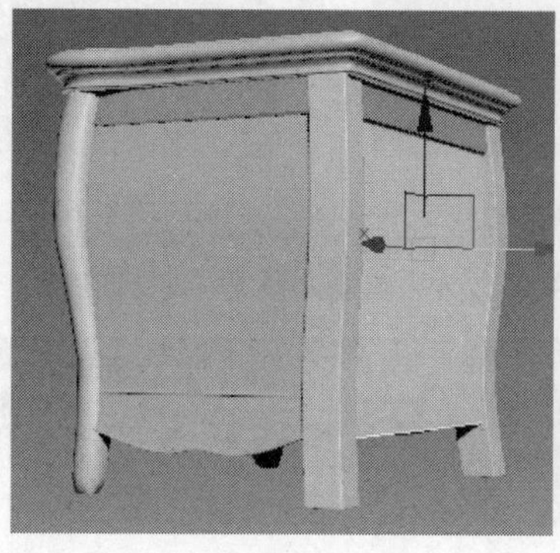

图 4–77

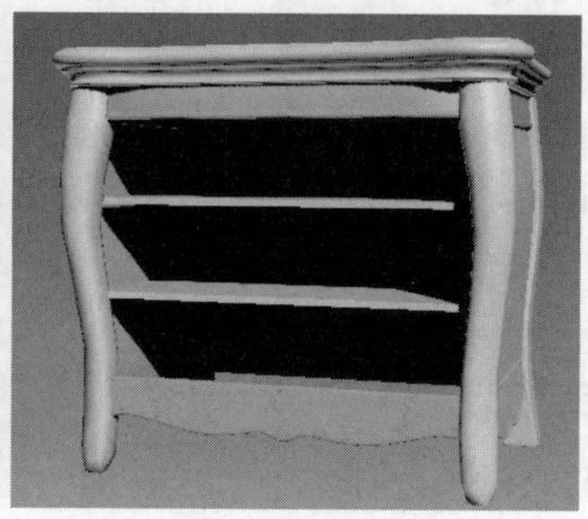

图 4–78

步骤 07 在隔板上方再次创建一个长方体，用对齐工具和隔板物体进行对齐调整，如图 4–79 所示。将该物体转换为多边形物体后，加线调整形状至如图 4–80 所示。

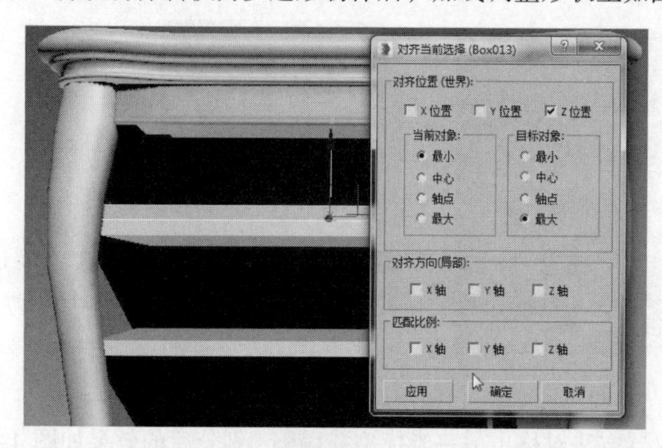

图 4–79

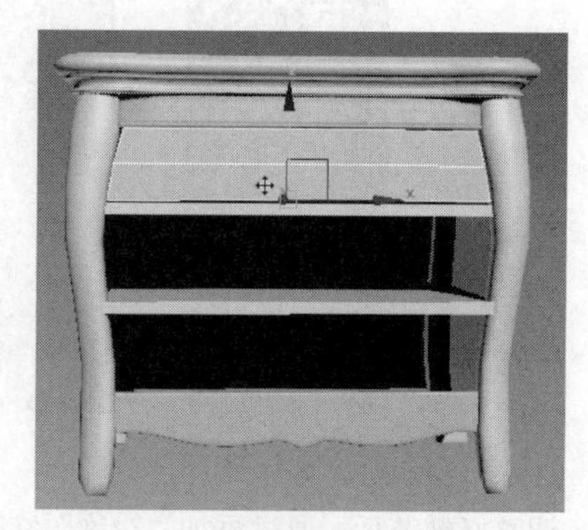

图 4–80

选择前方的面，用倒角工具向内倒角，如图 4–81 所示。

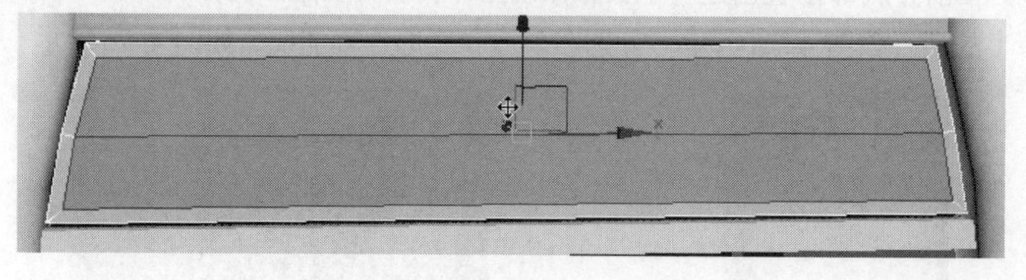

图 4–81

选择如图 4–82 中所示的面向外多次倒角挤出。细分后的效果如图 4–83 所示。

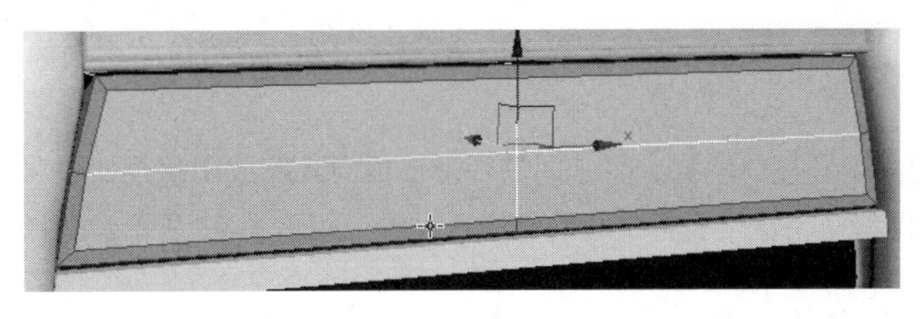

图 4-82

图 4-83

分别在上下左右位置加线，如图 4-84 所示。然后选择图 4-85 中的面向内倒角。

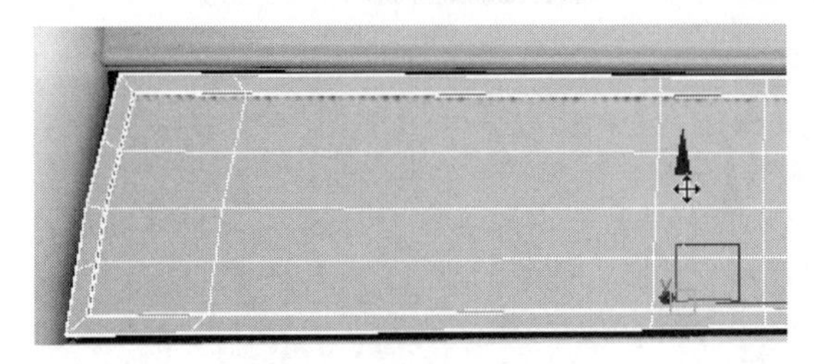

图 4-84

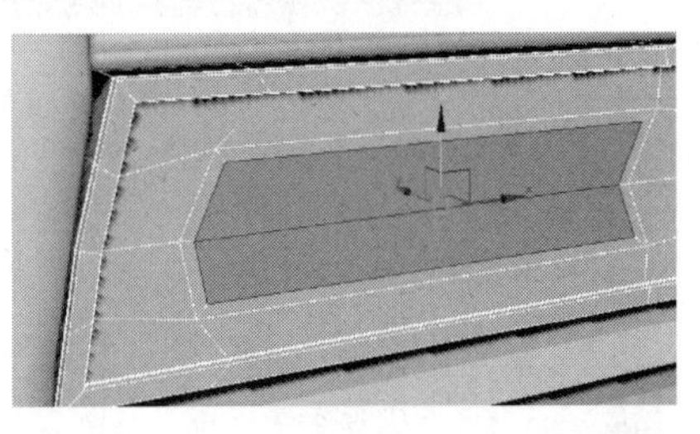

图 4-85

选择图 4-86 中的一圈的面向外倒角挤出后，分别在模型的拐角位置加线，如图 4-87 和图 4-88 所示。

图 4-86

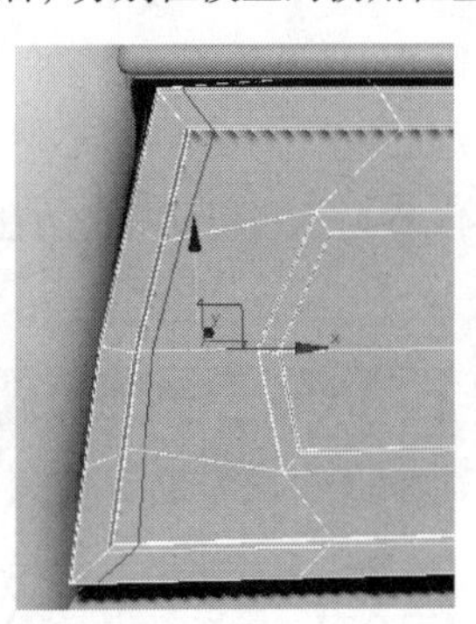

图 4-87

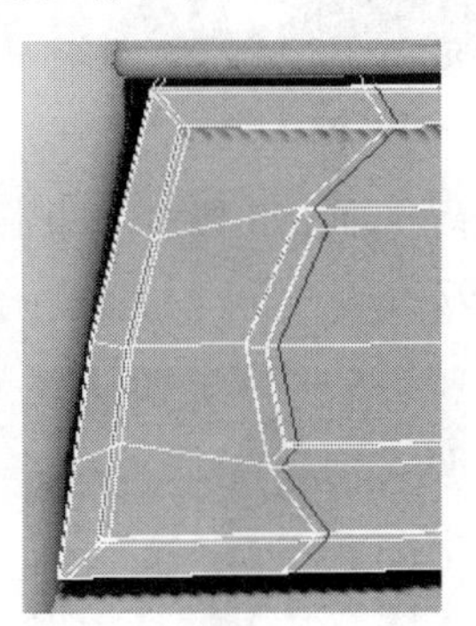

图 4-88

加线调整之后对称出另一半的细节，如图 4-89 所示。

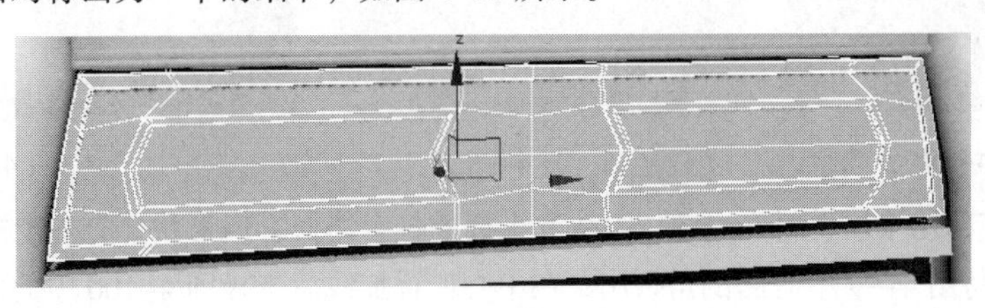

图 4-89

将该物体向下复制，由于底部抽屉物体表面不需要太多细节，可以将多余的线段移除，如图 4–90 所示。

步骤 08 创建一个圆柱体模型，将中间的环形线段向外缩放调整至如图 4–91 所示。分别选择图 4–92 中的面向外倒角挤出，然后将中间的点切角设置，如图 4–93 所示。选择中间的面，用同样的方法倒角挤出，如图 4–94 所示。

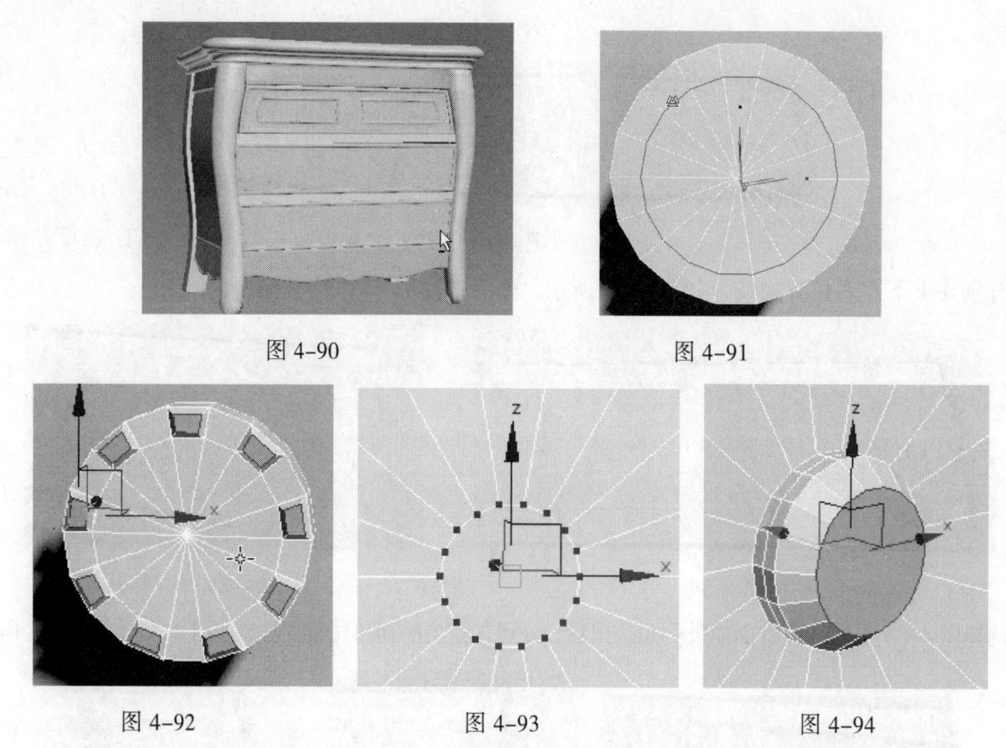

图 4–90　　图 4–91

图 4–92　　图 4–93　　图 4–94

选择背部面挤出调整，如图 4–95 所示。用同样的方法将图 4–96 中的面倒角挤出，细分后的效果如图 4–97 所示。

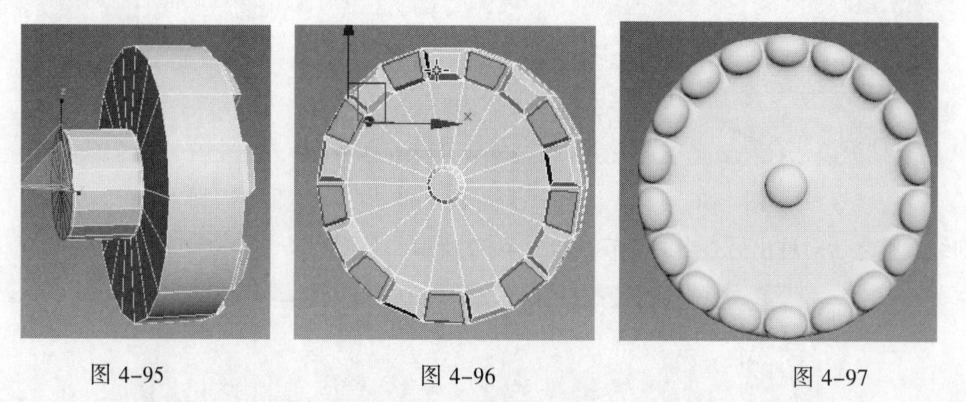

图 4–95　　图 4–96　　图 4–97

步骤 09 底部抽屉拉手制作。制作方法和上面的拉手相似，但形状上有一定的区别，首先加线如图 4–98 所示。将图 4–99 中的面倒角挤出，在中心位置加线后选择图 4–100 中的面挤出，用同样的方法将图 4–101 中的面也进行倒角挤出设置，细分后效果如图 4–102 所示。

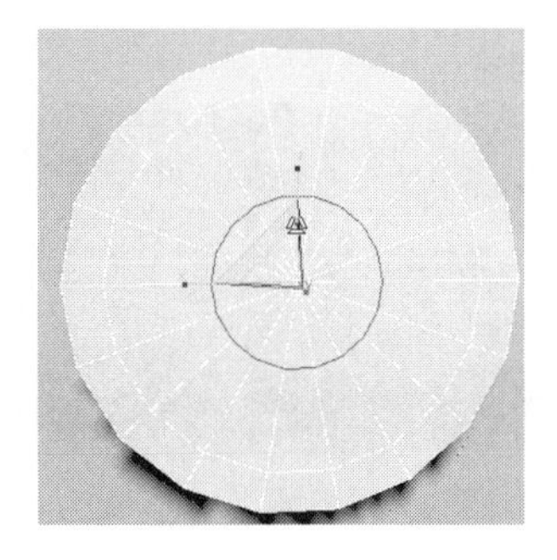

图 4–98

图 4–99

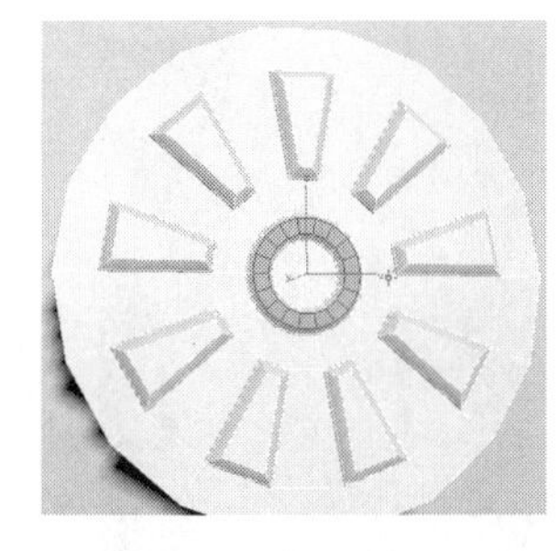

图 4–100

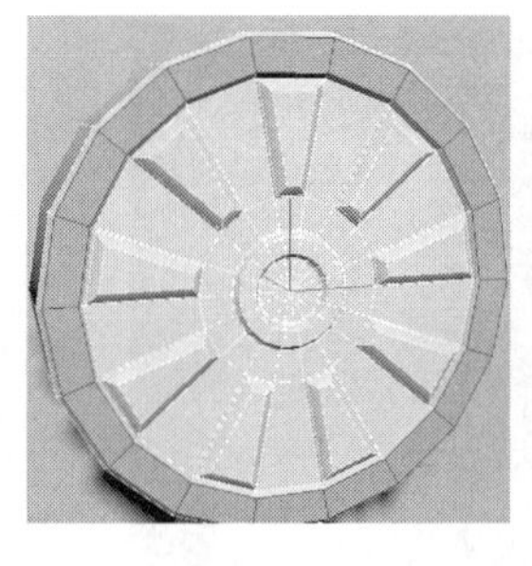

图 4–101

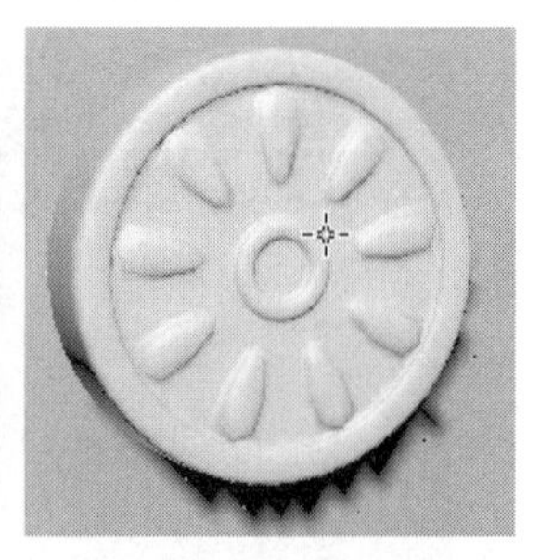

图 4–102

创建一个如图 4–103 所示的样条线，选中“渲染”卷展栏中的☑ 在渲染中启用和☑ 在视口中启用复选框，然后将该物体塌陷为多边形物体，在中心位置加线后删除另一半的面，如图 4–104 所示。

图 4–103

图 4–104

加线后缩放调整大小，如图 4–105 所示。将图 4–106 顶端的面倒角设置，细分后的效果如图 4–107 所示，最后添加“对称”修改器，效果如图 4–108 所示。

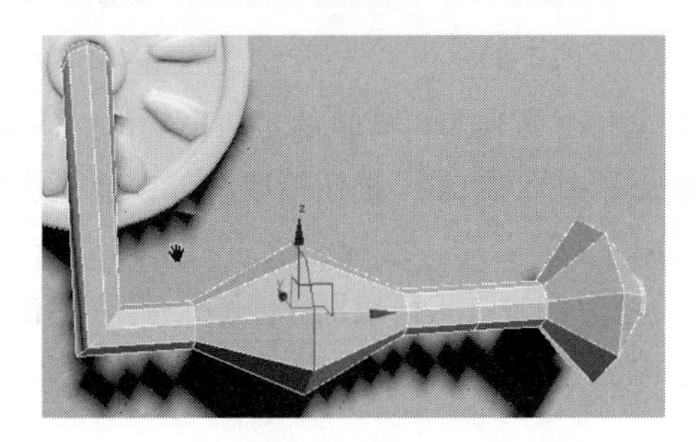

图 4–105

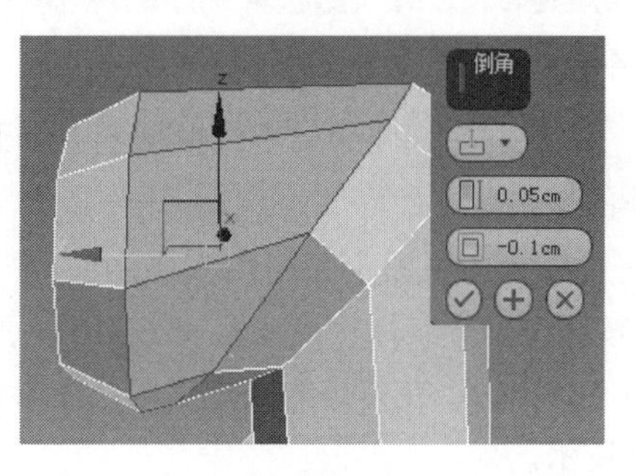

图 4–106

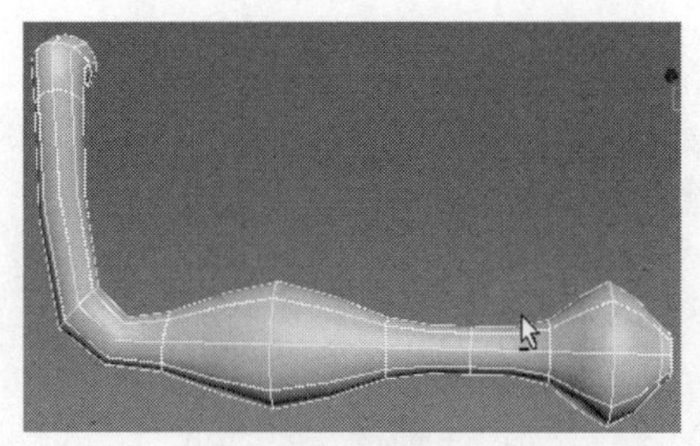

图 4-107

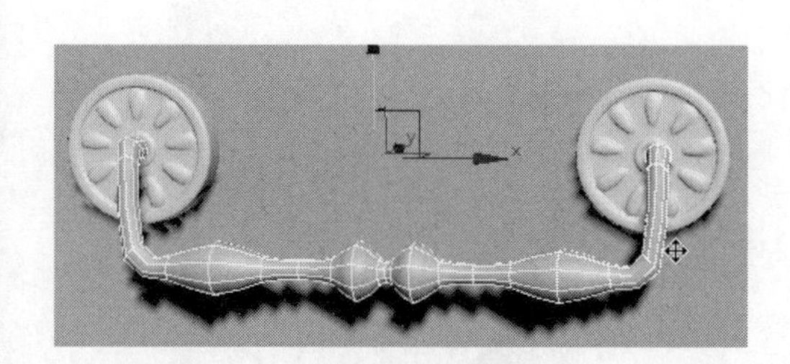

图 4-108

将制作好的拉手进行复制调整，如图 4-109 所示。

图 4-109

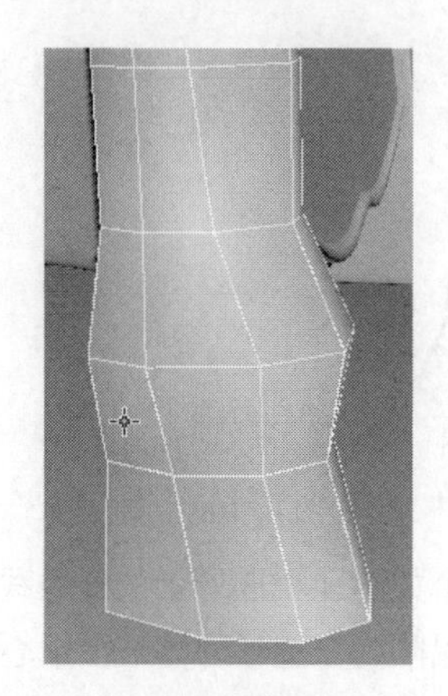

图 4-110

步骤 10 调整腿部底部形状至如图 4-110 所示。分别选择面，用倒角工具向外倒角挤出过程如图 4-111 和图 4-112 所示。再次添加线调整形状至如图 4-113 所示，细分后的效果如图 4-114 所示。

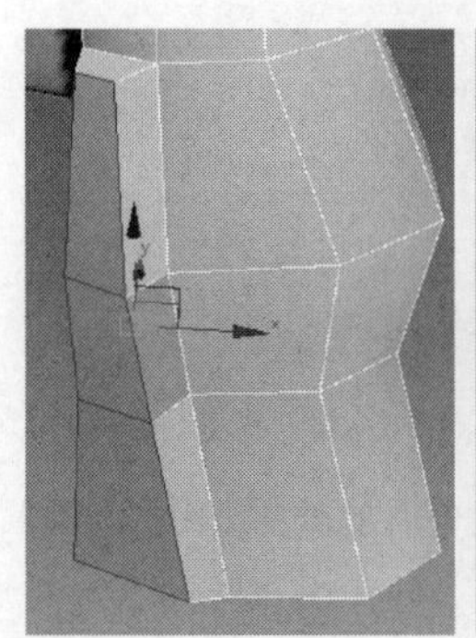

图 4-111

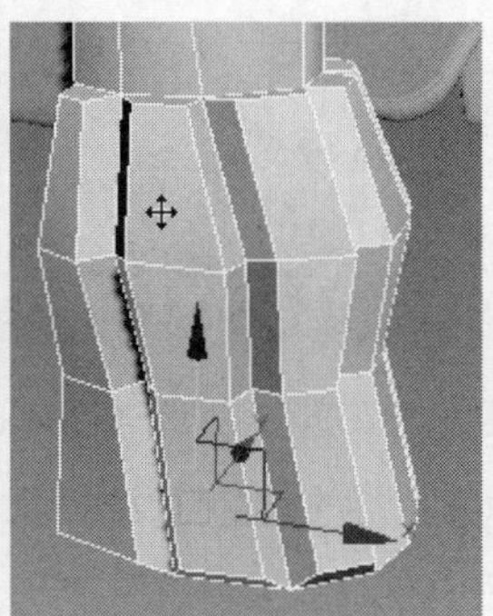

图 4-112

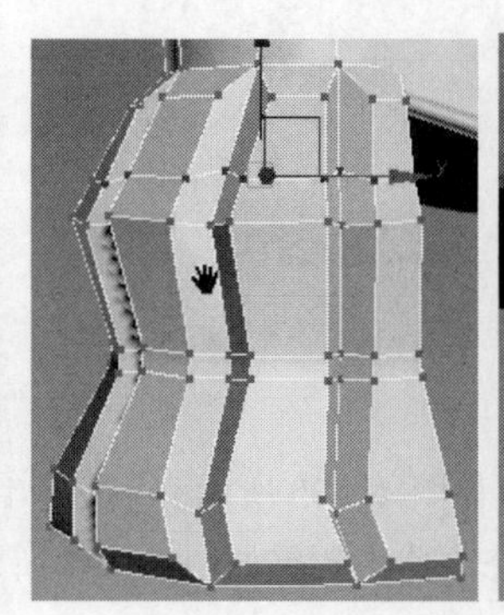

图 4-113

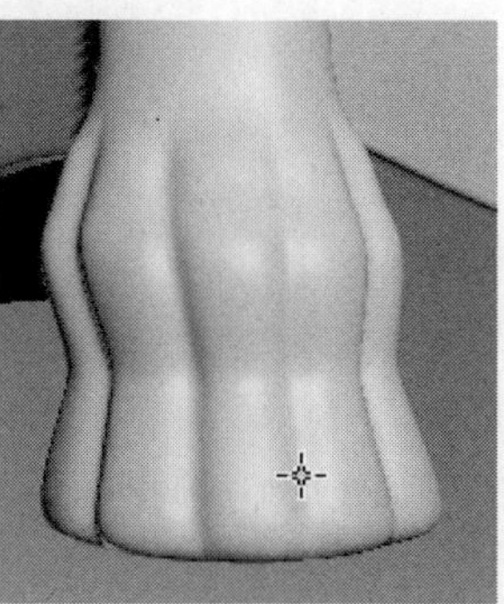

图 4-114

步骤 11 在底部腿部模型位置创建一个面片物体并转换为可编辑的多边形物体，依次单击石墨工具下的 自由形式 | 多边形绘制 | 绘制于: | 绘制于:曲面 | 拾取 按钮拾取腿部模型，然后单击条带工具，在物体表面上绘制出如图 4-115 所示的条带面片，绘制完成后右击结束绘制，单击 目标焊接 按钮将部分点焊接调整至如图 4-116 所示。按【4】键进入面级别，框选所有面，单击 倒角 按钮后面的图标，在弹出的“倒角”快捷参数面板中设置倒角参数，将选择面向外倒角挤出，如图 4-117 所示。

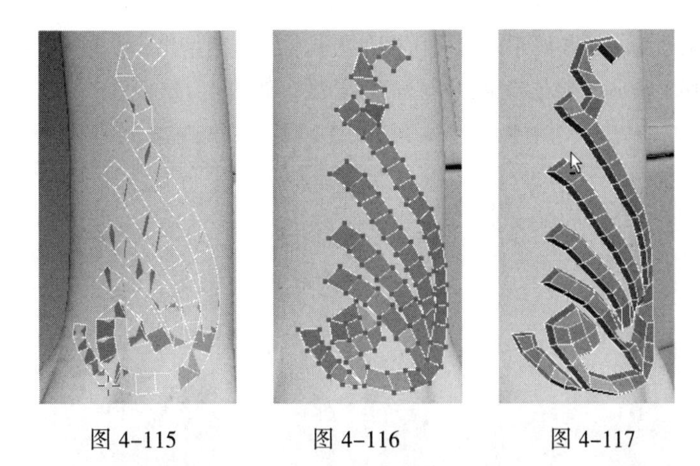

图 4-115　　图 4-116　　图 4-117

分别选择图 4-118 中的线段，单击 桥 按钮生成中间对应的面，如图 4-119 所示。

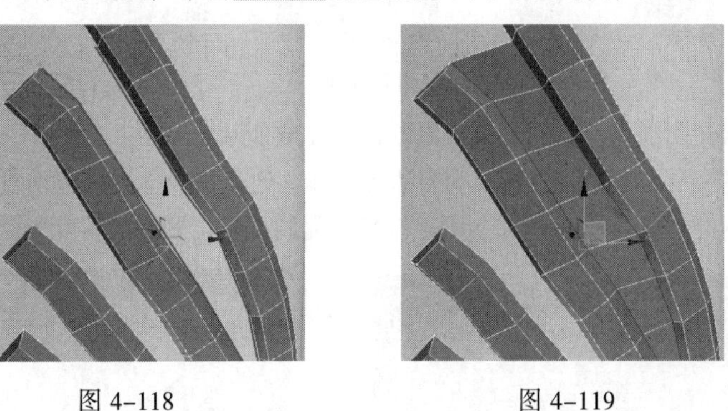

图 4-118　　图 4-119

用同样的方法依次桥接出其他部位面，配合加线、封口、目标焊接等命令调整至如图 4-120 所示的形状。单击按钮进入修改面板，单击“修改器列表”右侧的小三角按钮，在修改器下拉列表中添加“对称”修改器，单击 对称 前面的“+”然后单击 镜像 进入镜像子级别，用旋转工具调整镜像轴效果，如图 4-121 所示。细分后的效果如图 4-122 所示。最后选择腿部模型用“附加”工具将雕花附加起来，因为其他腿部模型在复制时是以“实例”方式复制的，所以其他腿部模型的形状会自动关联调整。

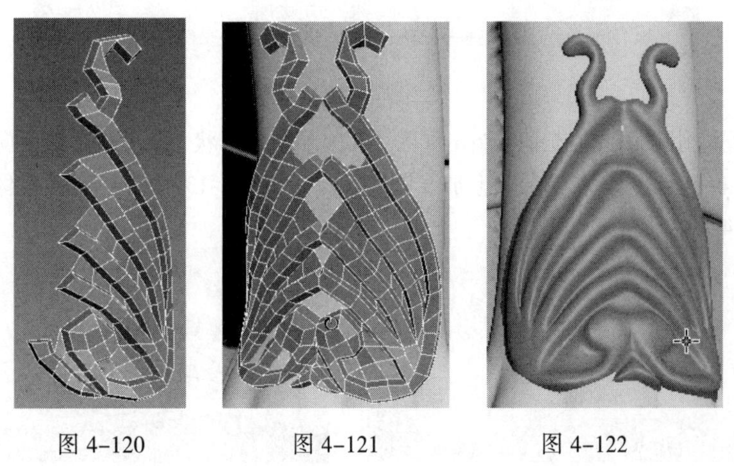

图 4-120　　图 4-121　　图 4-122

步骤 12 继续用“条带”工具在腿部模型表面绘制，绘制时按住【Shift】键可以自动连接边上进行绘制，绘制效果如图 4–123 所示。然后用倒角工具将面倒角挤出，如图 4–124 所示。最后使用软选择性工具或者偏移工具调整雕花与桌腿模型的贴合度，如图 4–125 所示。

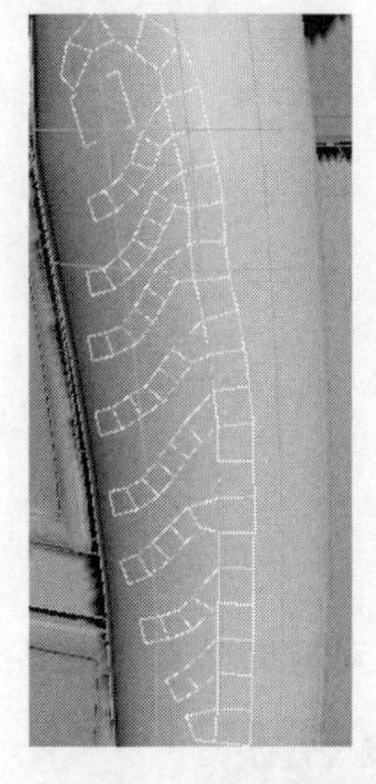
图 4–123

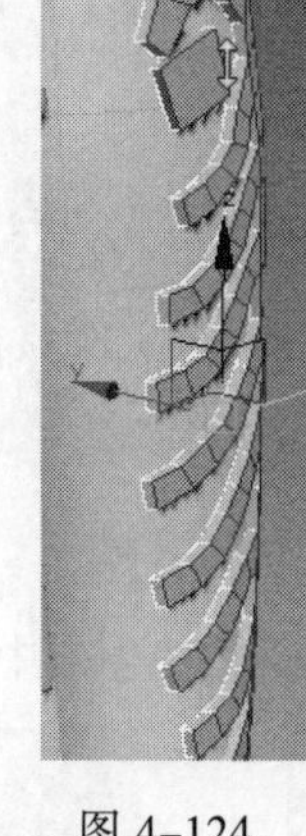
图 4–124

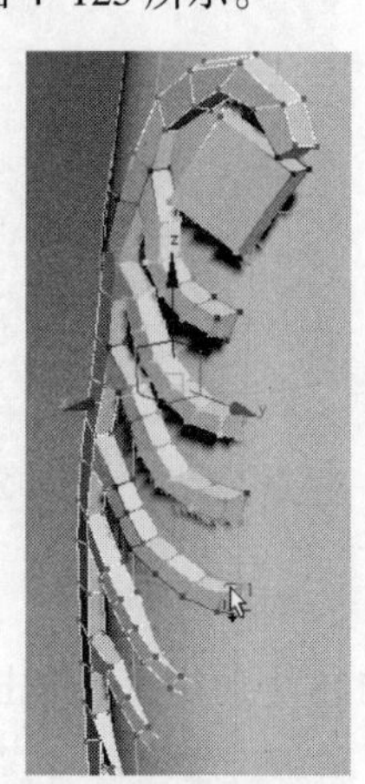
图 4–125

将桌腿模型和雕花附加在一起的整体效果如图 4–126 所示。

步骤 13 创建一个面片物体并转换为多边形物体，通过加线、边的拖动复制、面的倒角挤出等操作，制作出一个树叶形状，如图 4–127 所示。然后复制调整出剩余的树叶效果，如图 4–128 所示。

图 4–126

图 4–127

图 4–128

步骤 14 继续用“条带”工具绘制出如图 4–129 所示的形状，然后将所有面向外倒角挤出，细分后的效果如图 4–130 所示。在部分面上加线调整形状，如图 4–131 所示，最后镜像出另外一半，制作好的效果如图 4–132 所示。

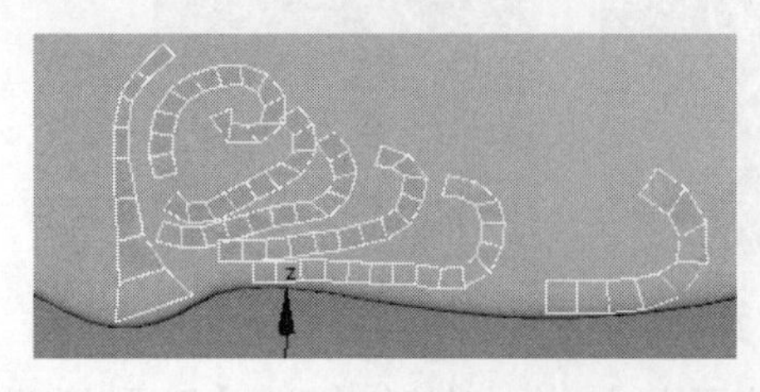
图 4–129

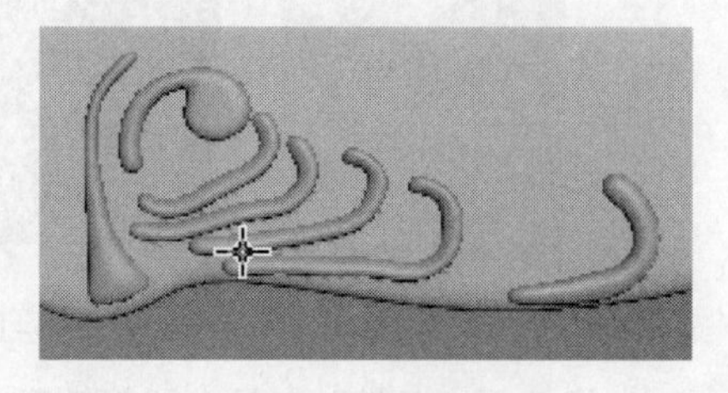
图 4–130

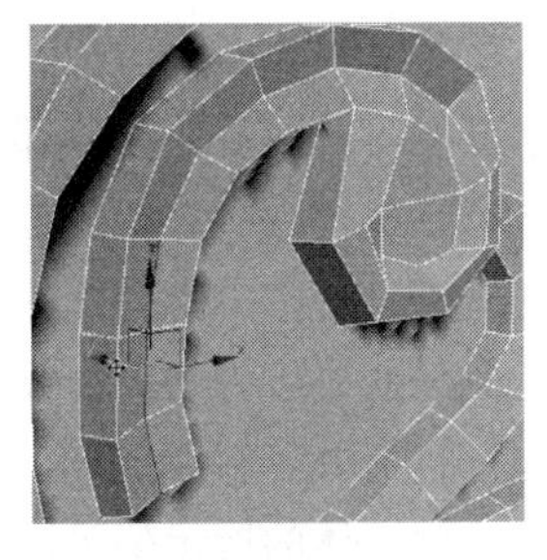

图 4-131

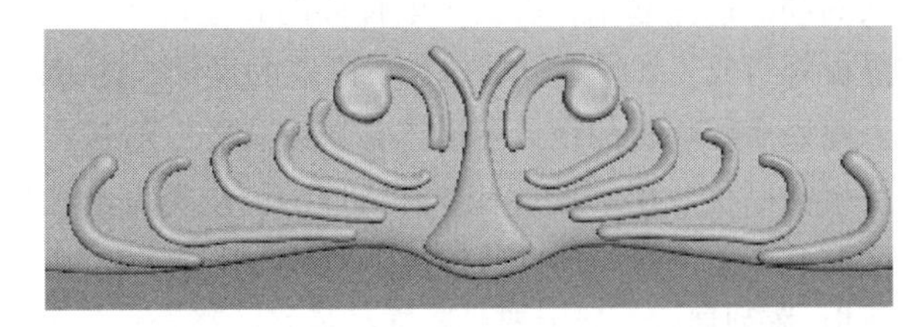

图 4-132

将上面创建的树叶模型复制到侧面底部位置，效果如图 4-133 所示。另一侧镜像对称复制调整出来即可。

按快捷键【M】打开材质编辑器，在左侧材质类型中单击标准材质并拖拉到右侧材质视图区域，选择场景中的所有物体，单击按钮将标准材质赋予所选择物体，单击修改面板右侧的颜色框，在弹出的“对象颜色”面板中选择黑色，指定线框颜色为黑色，最终的线框显示效果如图 4-134 所示。

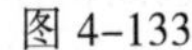

图 4-133

图 4-134

本实例小结：本实例中的难点在于桌腿模型上的雕花细节制作，复杂一点的模型可以配合“条带”工具进行快速绘制，然后再配合多边形编辑调整出所需雕花形状。与此同时，本实例还要重点掌握桌腿底部模型的形状控制方法。

4.5　制作电视柜

电视柜是家具中的一个种类，可以满足人们随意摆放电视机的需要，也称为视听柜。其主要用来摆放电视。随着人们生活水平的提高，与电视相配套的电气设备相应出现，导致电视柜的用途从单一向多元化发展，不再是单一的摆放电视用途，而是集电视、机顶盒、DVD、音响设备、碟片等产品收纳和摆放功能于一体，更兼顾展示的用途。电视柜按结构一般分为地柜式、组合式、板架结构等几种类型。按材质可分为钢木结构、玻璃/钢管结构及板式结构。随着时代的发展，越来越多的新材料、新工艺用在了电视柜的制造设计上，体现出其在家具装饰和实用性上的重要性。

电视柜的搭配有以下几种。

- 电视柜+储物收纳：日常生活中，大量的物品摆放多少会让家中呈现出零散、杂乱的感觉，所以一个收纳功能强大的电视柜就显得尤为重要。这种电视柜一般带有多个抽屉与多层隔板，可以收纳从家电到碟片等杂物，这种看似线条简洁的电视柜轻而易举地把电视、音响、

DVD、书籍等集中收纳在一起，在空间的储物收纳方面发挥着很大的作用。宽大的柜门把零散的物品遮掩起来，省去了电视墙的其他设计细节。电视柜的储纳设计一般都是由抽屉或隔板等组成，如果选择抽屉为下翻盖的设计，便可以把 DVD 机等视听设备轻松地置入其中。此外多层隔板的设计可以丰富墙壁背景，通过收纳电视墙也能展示出主人的兴趣爱好以及生活品位。用一只带有岁月痕迹的旧皮箱做电视柜也是一个不错的选择，收纳功能强大又具有个性色彩。选择一款与书架尺寸匹配的电视，能提升书房的整体品质。

- 电视柜+陈列展示：展示架是装饰品最好的舞台，与电视柜连为一体的展示架可以让陈列品一目了然，同时也充当主题墙的角色。其实不同材质的展示架会带给我们不一样的视觉效果，只要巧妙地搭配好，这面墙就会成为空间的焦点。为了避免视觉上出现凌乱感，也可以选择一些由抽屉或柜门与展示架相结合的电视展示柜。选用金属与原木的组合搭配，会营造出线条简洁的视觉感；如果是金属与玻璃的组合，突出的是一种现代前卫的时尚气息，同时也可以让陈列品显得更加精致；将实木隔板作为整个展示架的材质，再摆放上一排具有收纳功能以及装饰效果的藤制储物筐，古朴清新的田园韵味同样会让整个空间熠熠生辉。除了放置相关的视听设备，还可以摆放书籍或者碟片，增加空间的整洁感。市面上有很多本身就带有个性装饰色彩的电视展示柜，挑选这类家具更能为整个居室锦上添花，比如旧的长凳或复古的条案。还有一种电视展示柜是把电视柜与展示柜完全等分为两个部分，一边是错落有致的展示架，另一边是安放了一个超大屏幕的等离子电视，一扇门左右推拉，会带给我们不一样的精彩画面。
- 电视柜+组合移动：有时我们望着墙面上的电视组合柜不禁会想，要是可以随意组合搭配、随意挪动，是不是会有一种常换常新的感觉呢？其实现在的拼装概念已经取代了过去相对蠢笨的高大组合柜，随意地组合搭配以及变换位置和角度已经不再是奢望。可以根据空间的大小来选择不同的组合方式。如果房间宽敞，可以采用整面柜体墙的电视柜，突出整体感又不会占用太多空间；如果空间过于狭长，建议采用“山”字形或“品”字形的组合电视柜，这样可以让空间错落有致，弱化狭长的视觉感官。选择一个高架柜配一个矮几，可以形成不对称的视觉效果；一个矮几搭配若干组高架柜组成一面背景墙，可以丰富空间的设计元素，打造出多层次的视觉效果。如果选择带有脚轮的电视柜，移动便显得轻而易举。这样既可以把电视柜摆放在不同的空间与角落，也可以随意改变电视柜的角度，让家具显得更加灵活轻盈。还有一种带有脚轮装置的简易电视柜，将夹层隔板水平推移进去可以用作储物架，如果水平推移出来也可以当席地而坐的饭桌或工作台使用，是单身朋友的最佳选择。
- 电视柜+完美视听：对于爱好影音的人而言，一个完美的视听区域是十分必要的，因此电视柜与音响设备的巧妙搭配就显得尤为重要。怎样搭配才能营造出一种舒适的视听区域呢？打造一处完美的视听区域，首选是地柜式的电视柜，这种电视柜可以承载安置多种视听器材，让整个视听区呈现出整齐、统一的装饰效果。当然选购具有一定承载力的电视柜可以用来摆放 DVD 机、音响等设备的搁架，也是一种不错的搭配方式，如果再有一处收藏影碟的设计，更能为电视柜乃至整个居室增加一处亮点。具有视听功能的电视柜适合放在客厅或者影音室里，无论是独自欣赏还是与朋友共享，都是件极为惬意的事情。一般情况下，应根据电视机的大小以及音响组合的多少来选择电视柜的尺寸。如果选择了落地音箱，建议电视柜不宜过长，这样把音箱对称地摆放在电视柜两边，显得既紧凑又和谐，让整个视听区看起来协调舒适。

- 电视柜+背景墙面：大面积的背景墙已经逐渐被功能强大的电视柜取代，电视柜也一反承载电器的单一功能，注重突出设计感。根据空间的大小先确定电视柜，再根据其款式、大小来装饰背景墙，这样便可以让客厅的整体风格更加和谐，也避免了电视柜的突兀。选购电视柜与背景墙为一体的组合式装饰柜，意味着省去了设计背景墙的诸多烦恼，可谓一举两得。

本节简单学习电视柜的制作，有兴趣的读者可以根据需要自由组合一些其他家具。

步骤 01 在视图中创建一个长、宽、高分别为 35 cm、150 cm、43 cm 的长方体，高度上分为 3 段，该长方体只是作为一个参考物体，如图 4-135 所示。

步骤 02 根据上方长方体的长度创建一个如图 4-136 所示的长方体模型并转换为可编辑的多边形物体，在厚度方向边缘位置加线并向外缩放，然后分别在前后、左右边缘位置加线约束，按快捷键【Ctrl+Q】细分该模型。

在该长方体边缘底部再创建一个切角长方体，如图 4-137 所示。

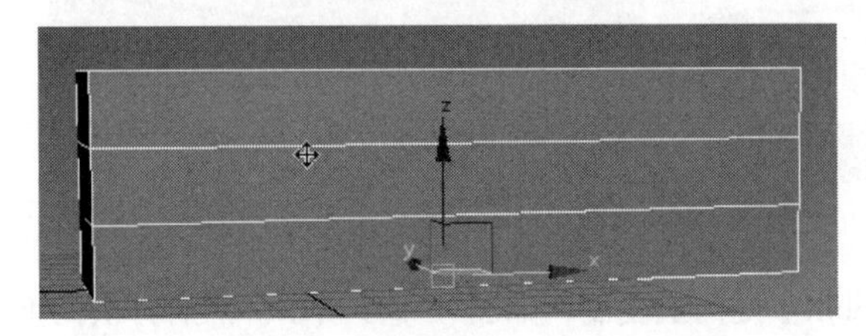

图 4-135

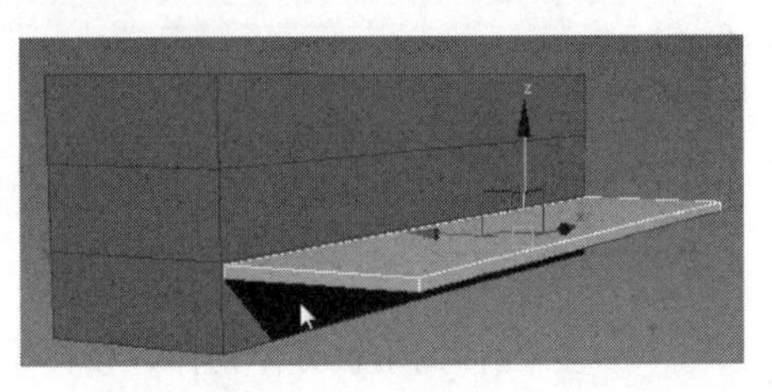

图 4-136

步骤 03 在前方位置创建一个长方体模型并转换为可编辑的多边形物体，分别加线调整至如图 4-138 所示的形状。为了使部分拐角在细分后更加尖锐，需要针对该部位的线段将其切角进行设置，如图 4-139 所示。用同样的方法将图 4-140 中的线段也进行切角设置。

图 4-137

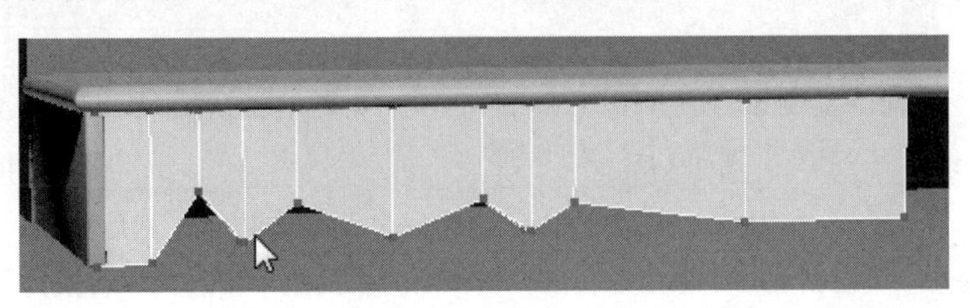

图 4-138

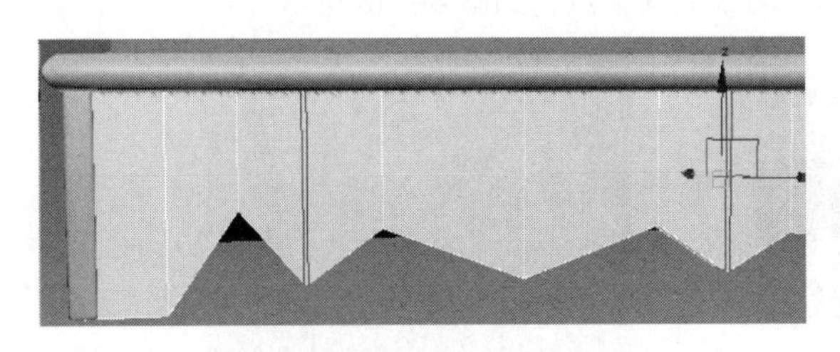

图 4-139

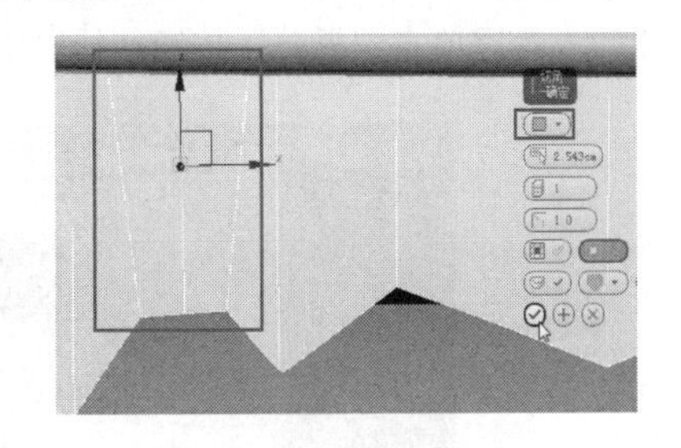

图 4-140

在模型边缘为限制分别加线，如图 4-141 和图 4-142 所示。细分后的效果如图 4-143 所示。调整好形状后单击按钮进入修改面板，单击“修改器列表”右侧的小三角按钮，在修改器下拉列表中添加“对称”修改器，然后将其再次塌陷为多边形物体后细分，整体效果如图 4-144 所示。

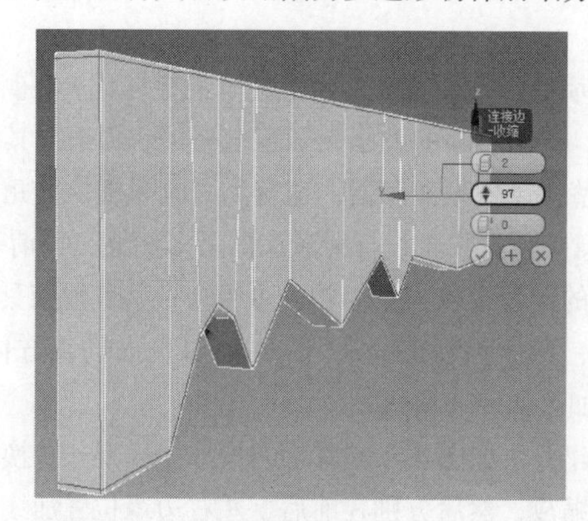

图 4-141

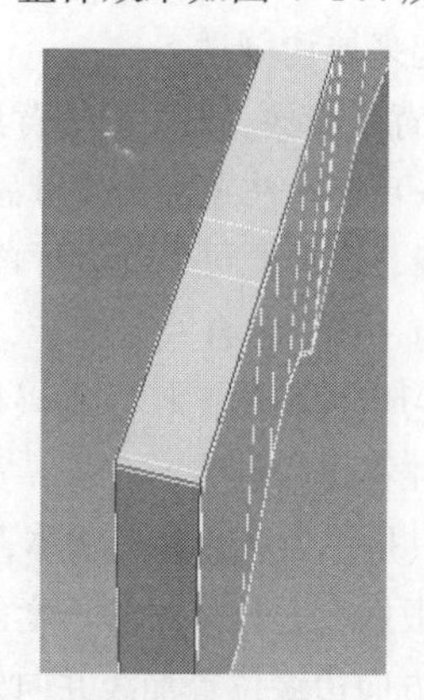

图 4-142

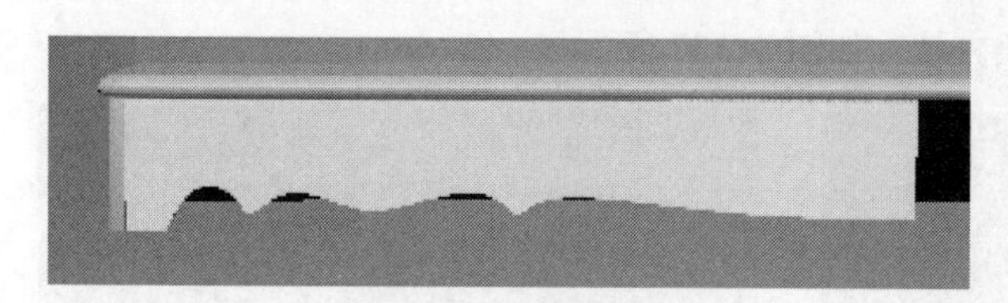

图 4-143

图 4-144

步骤 04 选择倒角长方体物体，按住【Shift】键向上复制，如图 4-145 所示。然后再次向下复制一个并缩放调整大小，如图 4-146 所示。

图 4-145

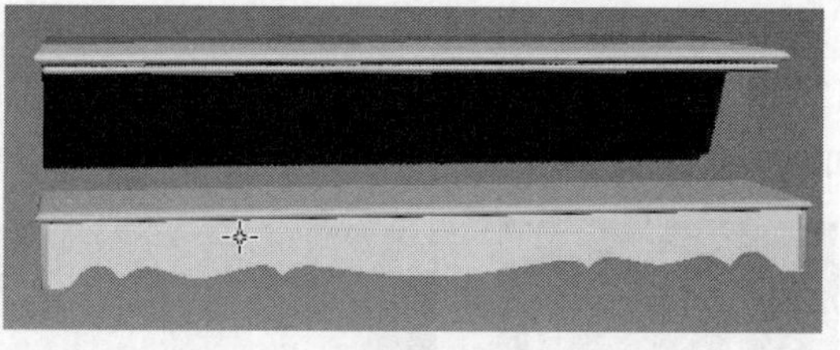

图 4-146

步骤 05 在图 4-147 中的位置创建一个长方体物体，然后单击（创建）|（图形）| 矩形 按钮创建一个矩形，右击，在弹出的快捷菜单中选择“转换为” | “转换为可编辑样条线”命令，将矩形转换为可编辑的样条线，按“2”键进入线段级别，选择顶部的线段，设置拆分后面的数值为 3，然后单击“拆分”按钮在线段中间平均添加 3 个点，如图 4-148 所示。

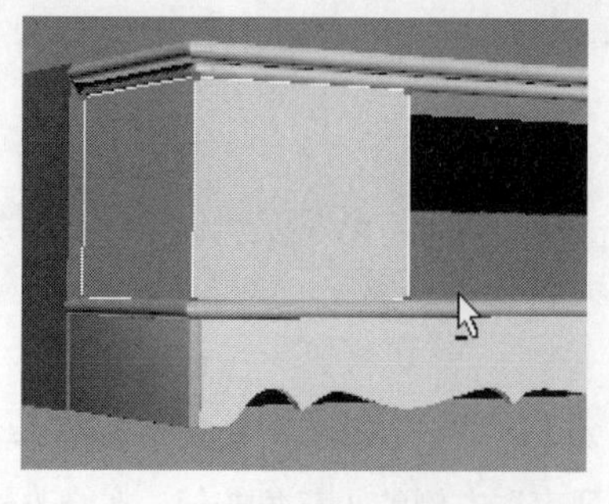

图 4-147

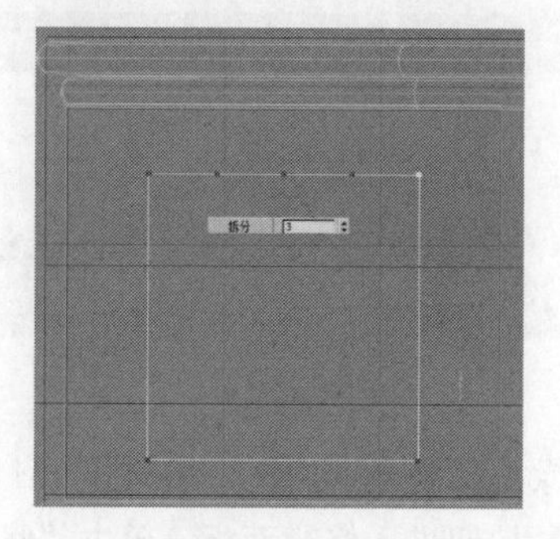

图 4-148

调整点的位置调整曲线形状至如图 4–149 所示，再创建一个矩形，用附加工具将这两个线段附加在一起，如图 4–150 所示，在修改器下拉列表中添加“挤出”修改器，设置挤出的值，效果如图 4–151 所示。

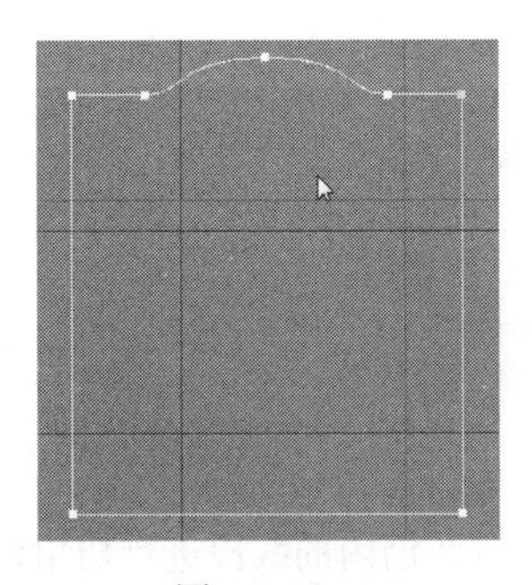
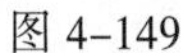
图 4–149

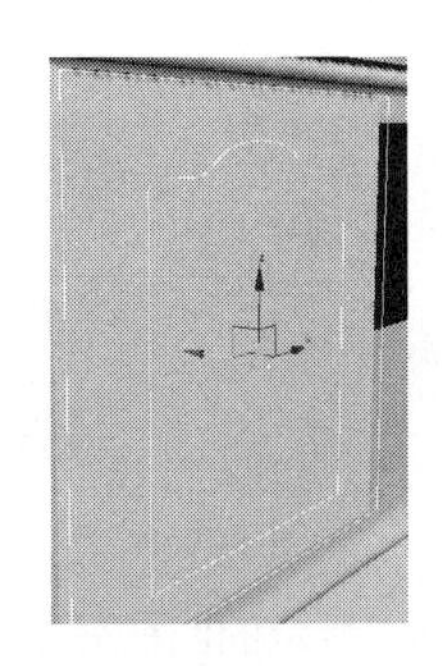
图 4–150

图 4–151

右击，在弹出的快捷菜单中选择“转换为” | “转换为可编辑多边形”命令，将模型转换为可编辑的多边形物体。选择边缘的线段连续切角设置将棱角处理为圆角，如图 4–152 所示。用同样的方法将内侧的棱角也做切角处理，如图 4–153 所示。

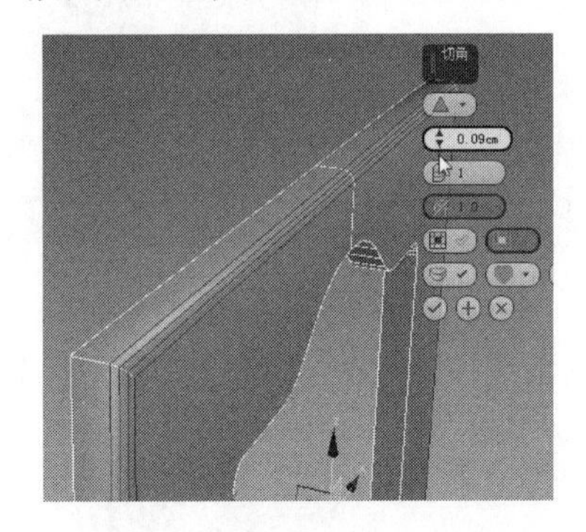
图 4–152

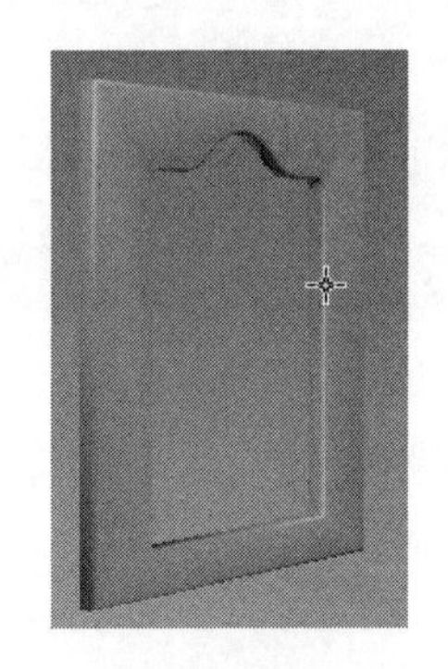
图 4–153

然后在空口出创建一个长方体模型并赋予它一个透明的材质。然后复制调整出顶部桌面物体，整体效果如图 4–154 所示。

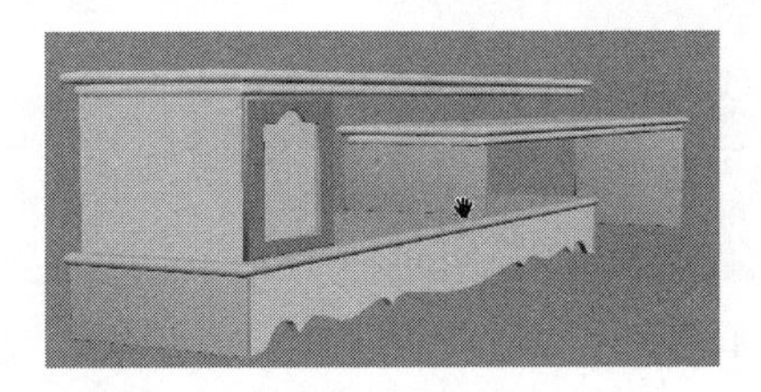
图 4–154

复制出顶部面的支撑物体，如图 4–155 所示。

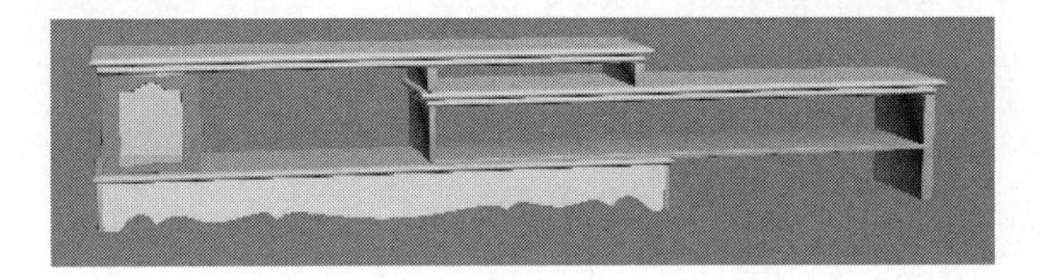
图 4–155

步骤 06 创建一个长方体模型并将长度分段设置为 3，再将其转换为多边形物体后，选择前方的 3 个面，单击 倒角 按钮后面的□图标，在弹出的“倒角”快捷参数面板中设置倒角参数，设置倒角方式为“按多边形方式”向内倒角，如图 4-156 所示。

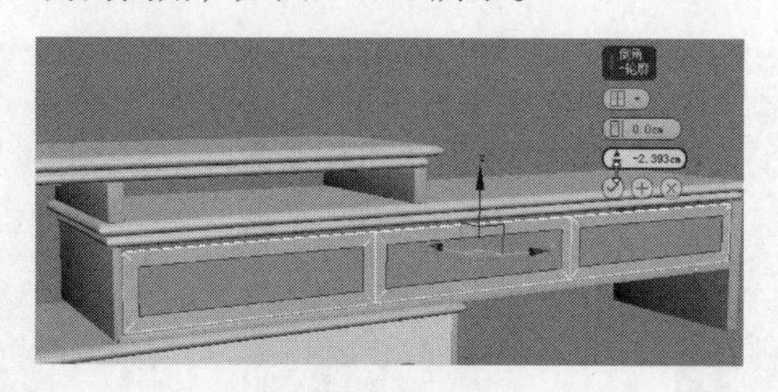

图 4-156

配合挤出值和倒角值调整出如图 4-157 所示的凹槽效果，然后将凹槽内的线段进行切角设置，如图 4-158 所示。

图 4-157

图 4-158

同时在外边缘和内边缘位置加线，如图 4-159 所示。然后将拐角位置线段切角设置，如图 4-160 所示。

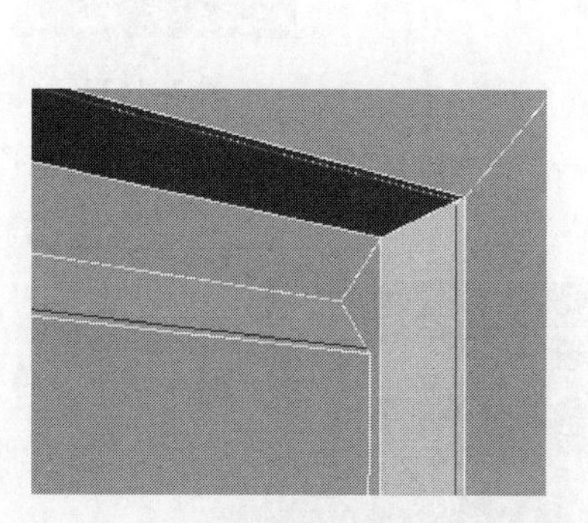

图 4-159

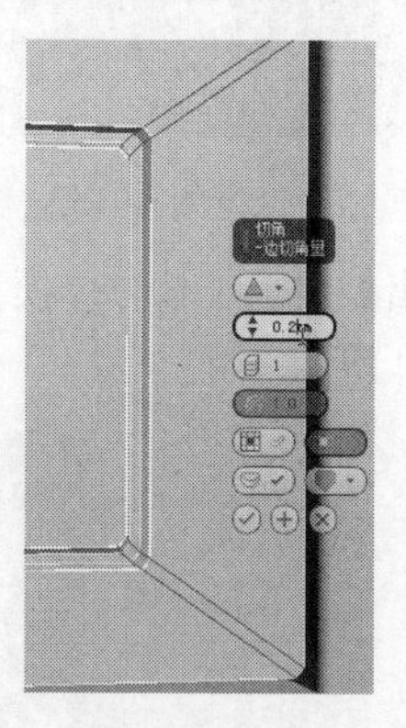

图 4-160

除了上述方法外，还可以在图 4-161 和图 4-162 中的位置分别加线调整。

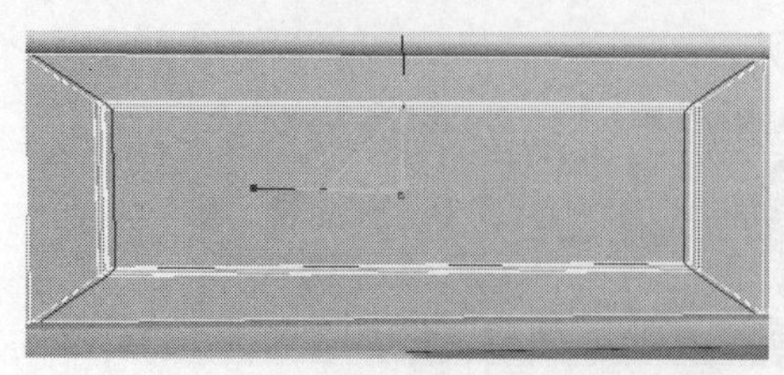

图 4-161

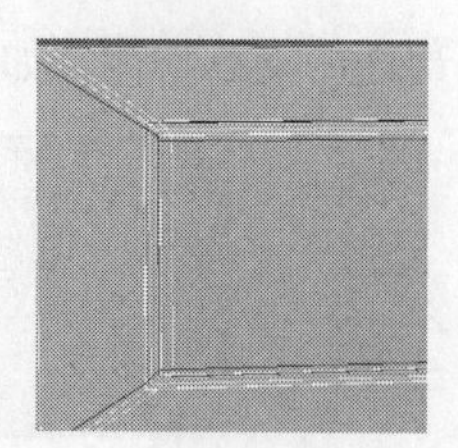

图 4-162

选择图 4-163 中的中间线段，单击 切角 按钮后面的▫图标，在弹出的“切角”快捷参数面板中设置切角的值，如图 4-164 所示，按【1】键进入顶点级别，单击 目标焊接 按钮将多余的点焊接起来 如图 4-165 所示。然后选择线段切角内出的面用倒角工具向内倒角挤出，如图 4-166 所示。

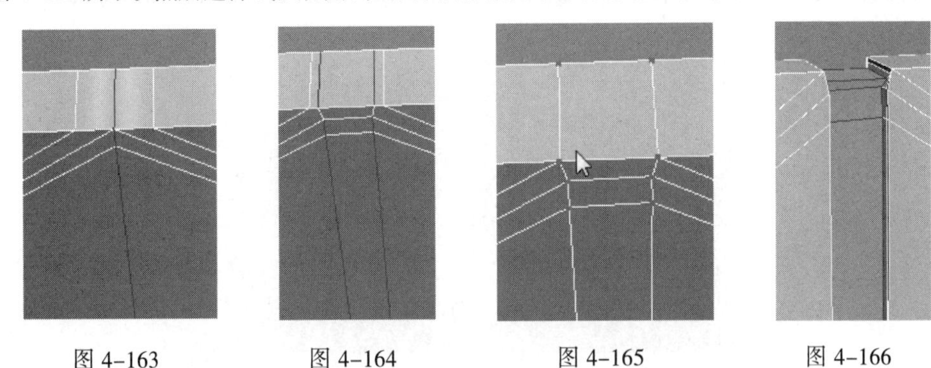

图 4-163　　图 4-164　　图 4-165　　图 4-166

按快捷键【Ctrl+Q】细分该模型，效果如图 4-167 所示。

图 4-167

步骤 07 创建一个圆柱体将其转换为可编辑的多边形物体，删除背部所有面，选择边界线按住【Shift】键先向内再向外挤出面，如图 4-168 所示。然后选择正面外圈的面，单击 倒角 按钮后面的▫图标，在弹出的“倒角”快捷参数面板中设置倒角参数，选择“按多边形方式”挤出倒角效果，如图 4-169 所示。

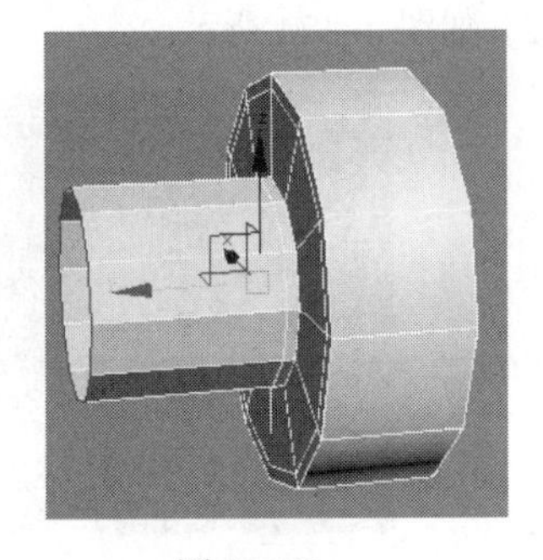

图 4-168

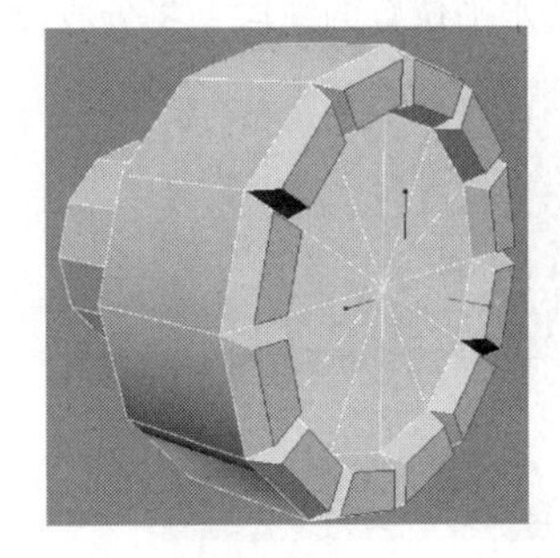

图 4-169

在中间加线后选择中间的面，按“组”方式倒角挤出面调整，如图 4-170 所示。然后将制作好的拉手模型复制调整，如图 4-171 所示。

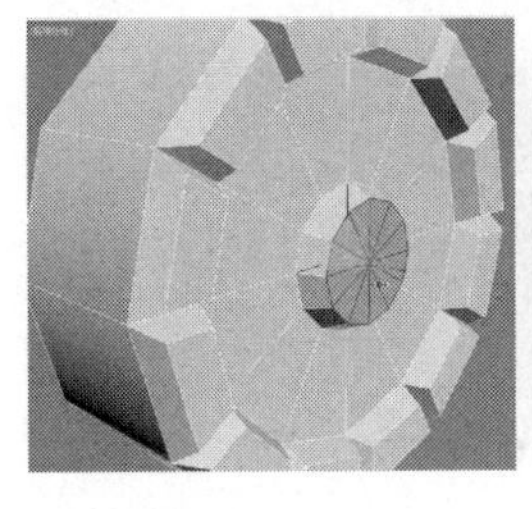

图 4-170

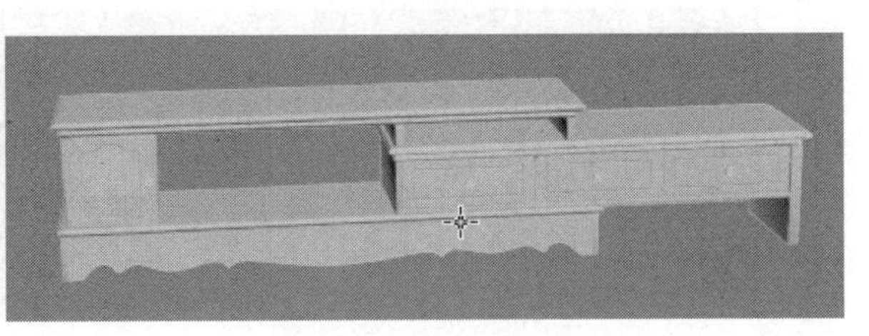

图 4-171

步骤 08 依次单击“导入”|“合并”命令，选择搜集的盆栽模型将其合并到当前场景中，调整大小和位置后，按快捷键【M】打开材质编辑器，在左侧材质类型中单击标准材质并拖动到右侧材质视图区域，选择场景中的所有物体，单击按钮将标准材质赋予所选择物体，效果如图 4-172 所示。

图 4-172

本实例小结:本实例知识点和前面的知识点基本上相同,在制作时只需要把握好模型的整体比例即可。

4.6 制作仿古衣柜

步骤 01 在视图中创建一个 Box 物体，设置它的长、宽、高分别为 60 cm、220 cm、180 cm，将物体转换为可编辑的多边形物体，接下来就利用这个 Box 物体来快速修改成我们需要的模型。

步骤 02 框选垂直方向上的线段，按快捷键【Ctrl+Shift+E】进行快速加线，将添加的线段调整好高度，如图 4-173 所示。

步骤 03 框选水平位置的线段，将分段设置为 3，如图 4-174 所示。

图 4-173

图 4-174

步骤 04 在边缘处继续加线，然后选择中间的线段，单击“切角”按钮切成两条线段，加线的过程如图 4-175 所示。

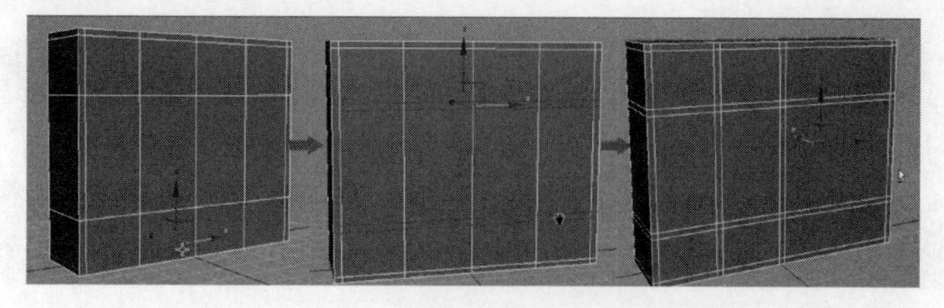

图 4-175

步骤 05 选择如图 4–176 左所示的面，单击倒角工具，先向内挤压缩放，然后向外挤压，再收缩面，最后向外挤出，如图 4–176 中的 2 ~ 4 所示，挤出后的效果如图 4–176 右所示。

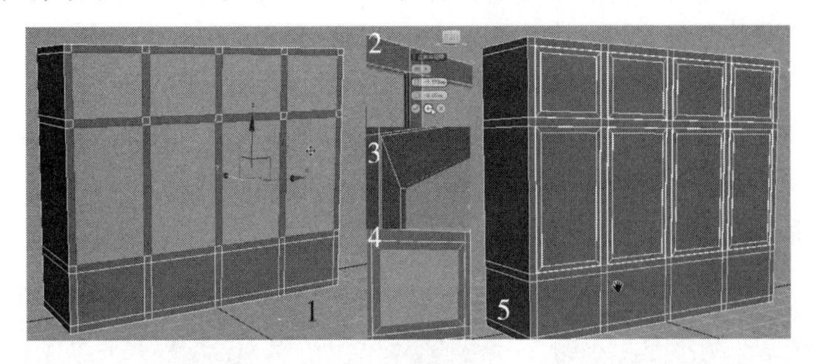

图 4–176

步骤 06 在侧面先加线，选择面执行同样的操作，如图 4–177 所示。

步骤 07 分别对正面和侧面的下部面也执行挤出倒角操作，在模型的对称轴位置添加分段，选择对称中心线，单击“挤出”按钮，将线段向内挤出，单击“切角”按钮切成两条线段，如图 4–178 所示。

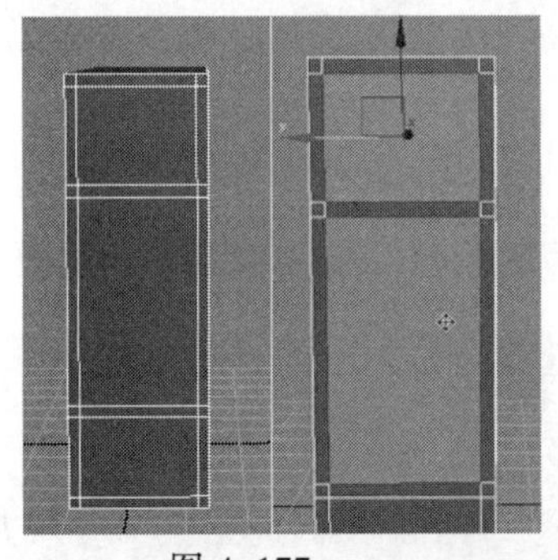

图 4–177

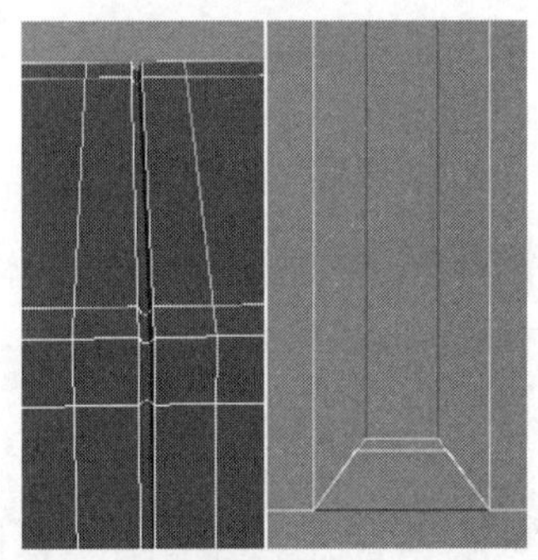

图 4–178

步骤 08 在图 4–179 所示的位置执行同样的操作。

图 4–179

步骤 09 选择底部的面，挤出衣柜的腿部，如图 4–180 所示。

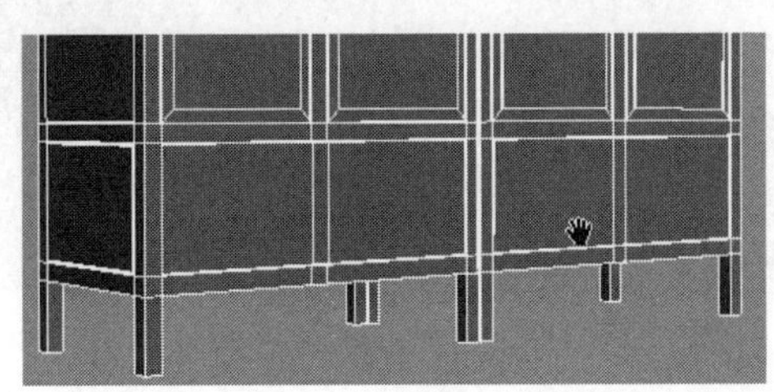

图 4–180

步骤 10 在衣柜的腿部绘制如图 4–181 中的 1 所示的矩形框。用线段的布尔运算工具对茶几进行布尔运算，如图 4–181 中的 2 所示。设置点为贝兹点，调整手柄至如图 4–181 中的 3 所示。在修改器下拉列表中添加“挤出”修改器，效果如图 4–181 中的 4 所示。

步骤 11 合页的制作。首先创建 Box 物体和几个圆柱体，如图 4–182 所示。修改圆柱体模型并细分，复制并调整大小，用放样工具完成图 4–182 中 3 的轮廓制作。然后复制出剩余的部分，调整好位置和比例，并将它们附加在一起，如图 4–182 中的 4 所示。

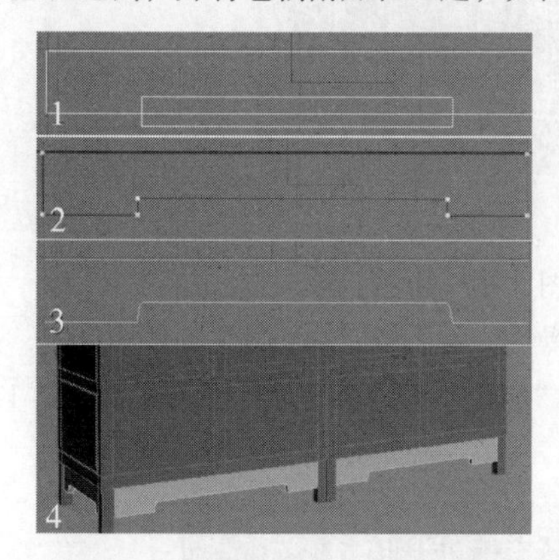

图 4–181

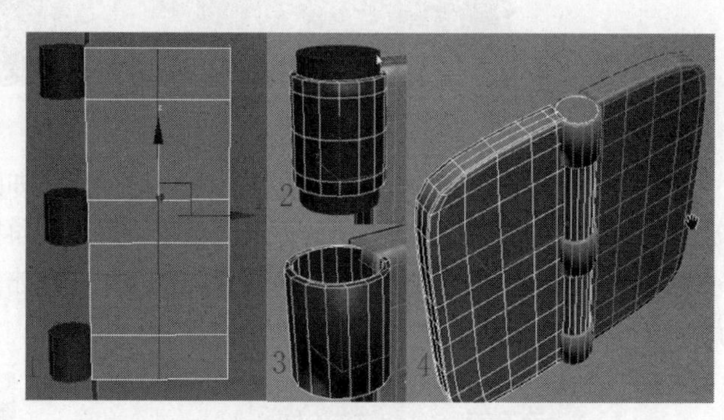

图 4–182

步骤 12 复制出剩余的合页部分模型，效果如图 4–183 所示。

步骤 13 创建一个圆柱和两个长方体，利用布尔运算做出如图 4–184 右所示的效果。

图 4–183

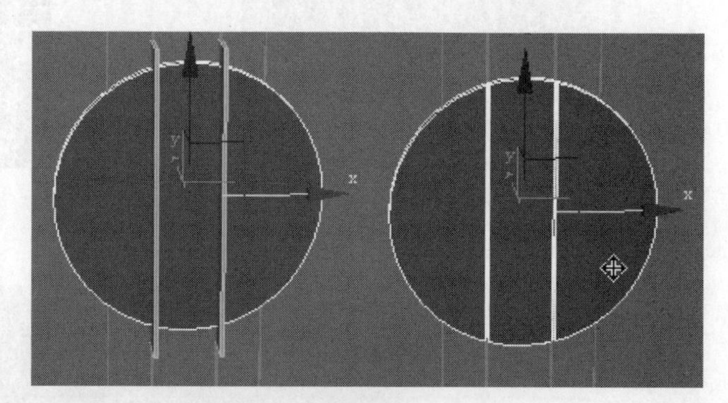
图 4–184

步骤 14 创建一个管状体，删除一半后复制出剩余的 3 个并调整好位置，如图 4–185 所示。

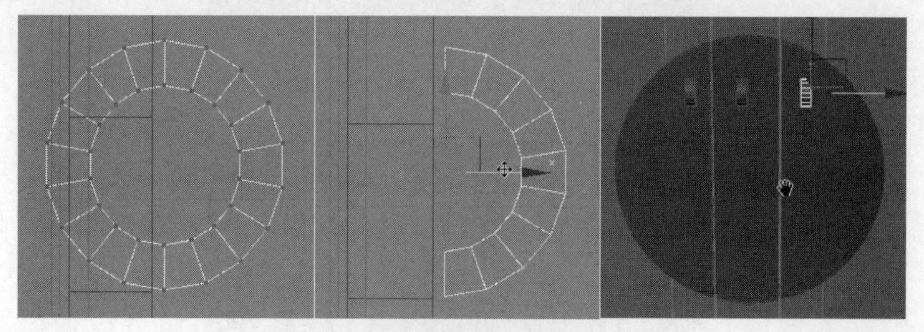
图 4–185

步骤 15 创建一个圆柱体并转换为可编辑的多边形物体，加线然后挤出面，如图 4–186 所示。

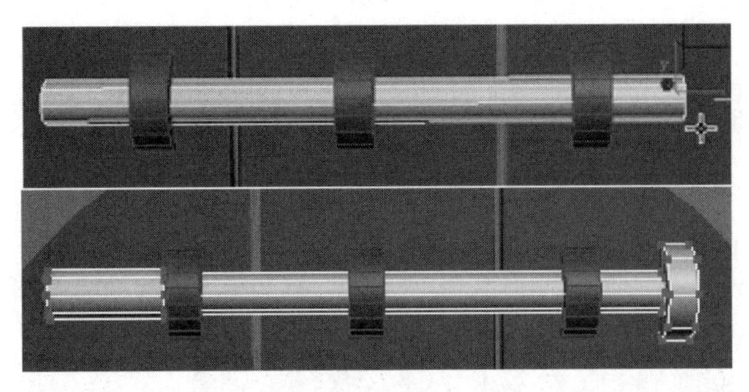

图 4–186

步骤 16 利用 Box 多边形建模将模型修改成如图 4–187 所示的效果。

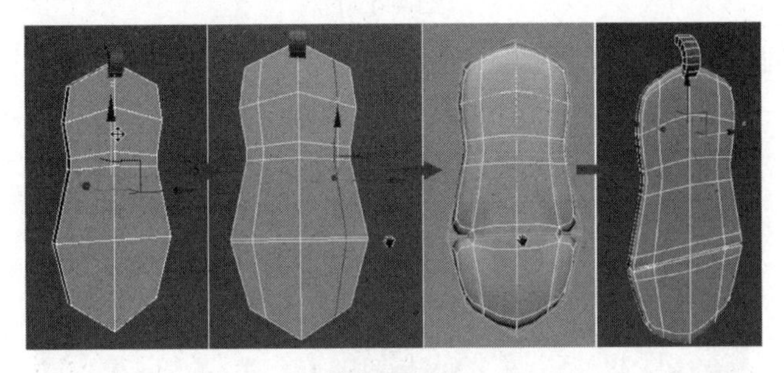

图 4–187

步骤 17 将模型复制出 3 个，并随机调整外观形状，使其看上去有一些不规则的变化，如图 4–188 所示。

步骤 18 复制调整出剩余的部分，最后的效果如图 4–189 所示。

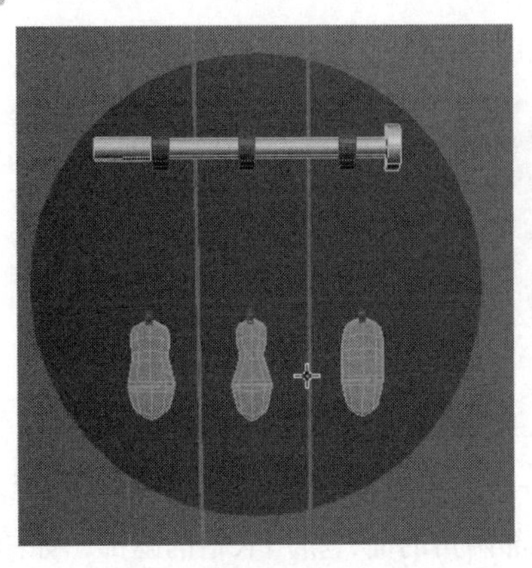

图 4–188

图 4–189

本实例小结：本实例中的模型在制作时除了整体的比例把握之外，还需要注意一些细节的表现，比如合页模型的制作、拉环模型的制作等。

4.7 制作明清小衣柜

步骤 01 在视图中创建一个 Box 物体，将长、宽、高分别设置为 50 cm、120 cm、180 cm；长、宽、高分段分别设置为 1、3、2。将物体转换为可编辑的多边形物体，通过切角、挤出、倒角、挤出工具来调整模型形状，如图 4-190 所示。

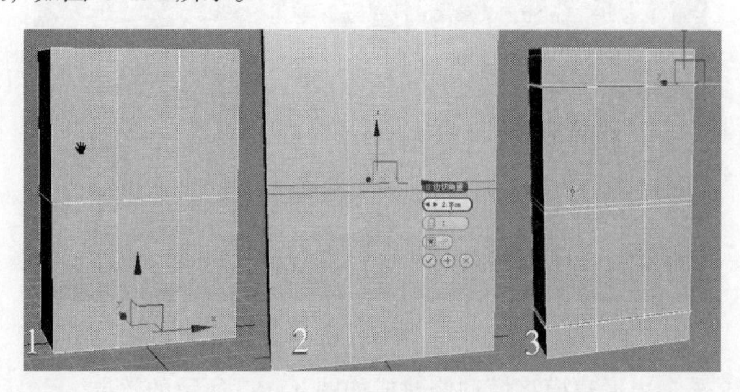

图 4-190

步骤 02 在中间位置加线，然后删除一半模型，单击按钮，对称关联复制出另一半。这样，调整模型时只需调整一半即可。选择正面上部的面并挤出，然后调整点至如图 4-191 所示的形状。

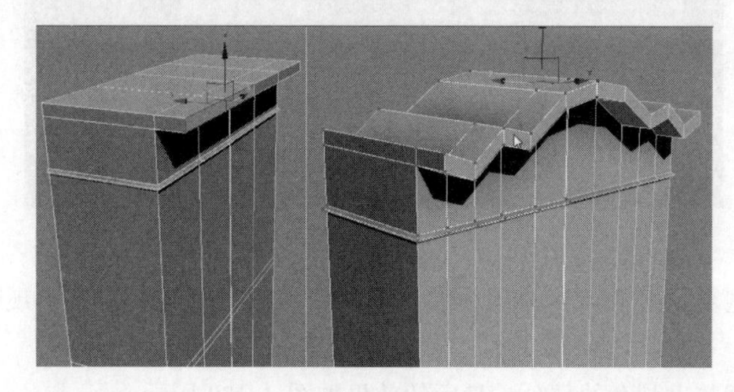

图 4-191

在挤出面的高度线段上添加分段并调整点至如图 4-192 中所示，效果如图 4-192 右所示。

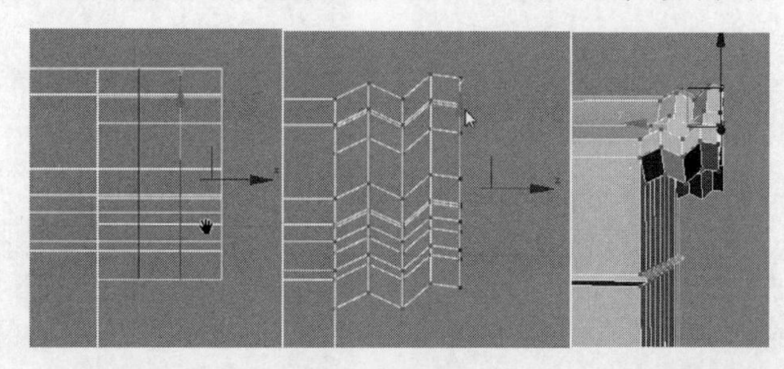

图 4-192

步骤 03 在深度上加线并调整线段，选择底部两角的面，挤出衣柜的腿部，如图 4-193 所示。

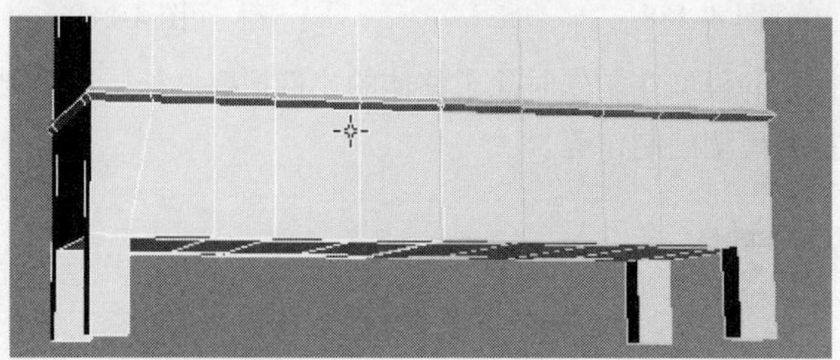

图 4-193

步骤 04 分别在物体的边缘位置加线来保证模型细分后的形状，加线和切角的原则就是希望哪个部位表现出硬边效果，就在哪个部位加线或者切线，如图 4–194 所示。

步骤 05 选择如图 4–195 左所示的面向内挤出，测试渲染效果如图 4–195 右所示。

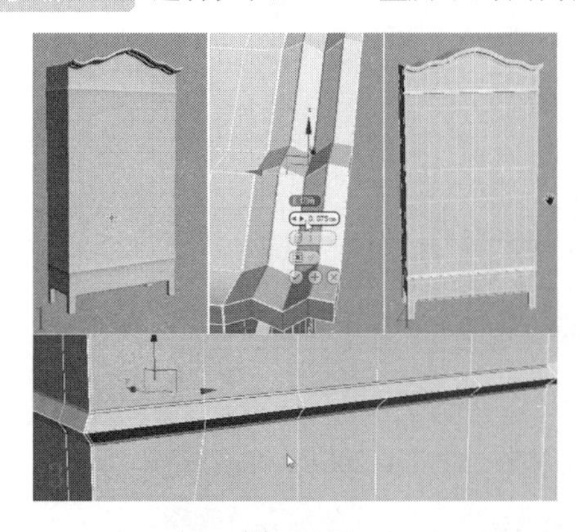

图 4–194

图 4–195

步骤 06 选择图 4–196 中 1 的面，配合倒角工具向内挤出如图 4–196 中 2 的形状，然后选择中心部位多余的面并删除，选择对称中心线，用缩放工具将其缩放在一个平面内。

图 4–196

选择图 4–197 中的线段，利用切角工具切出两条线段，将多余的点用目标焊接工具进行焊接。

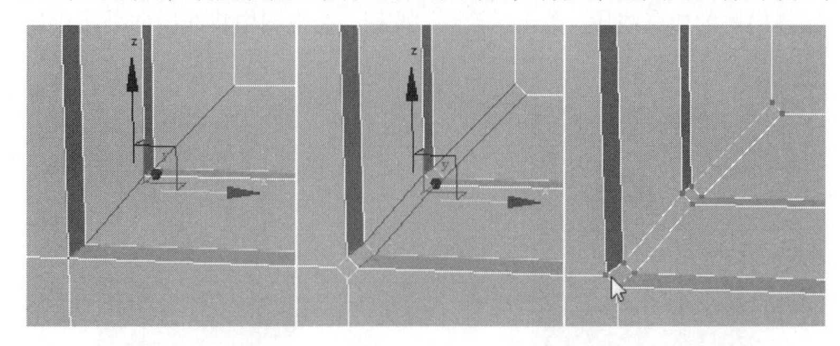

图 4–197

模型光滑后的效果如图 4–198 所示。

步骤 07 在底部加线，选择图 4–199 上所示的面，利用倒角工具制作出凹槽的细节，细分后效果如图 4–199 中所示。可以看到，拐角的部分变成了圆角，这就需要在角的部位进行切线或者加线处理，处理后的效果如图 4–199 下所示。

图 4-198

图 4-199

步骤 08 制作出衣柜门的把手和下部抽屉的拉手模型，如图 4-200 所示。

图 4-200

步骤 09 在视图中创建如图 4-201 所示的样条曲线轮廓。

单击“附加”按钮，将上部的外轮廓线和下部的外轮廓线段进行附加，在修改器下拉列表中添加“挤出”修改器，将模型转换为可编辑的多边形物体，选择内侧的面，先向内收缩，然后向后挤出面，如图 4-202 所示。将该物体移动嵌入衣柜的面内，如图 4-203 左所示。将衣柜细分后的模型塌陷，选择刚挤压修改得到的轮廓模型，在修改器下拉列表中添加“四边形网格化”修改器，调整参数效果如图 4-203 中所示。然后利用超级布尔运算制作出如图 4-203 右所示的形状。

步骤 10 选择内侧的轮廓线段，单击“轮廓”按钮，在视图中将线段向外挤出轮廓，如图 4-204 所示。

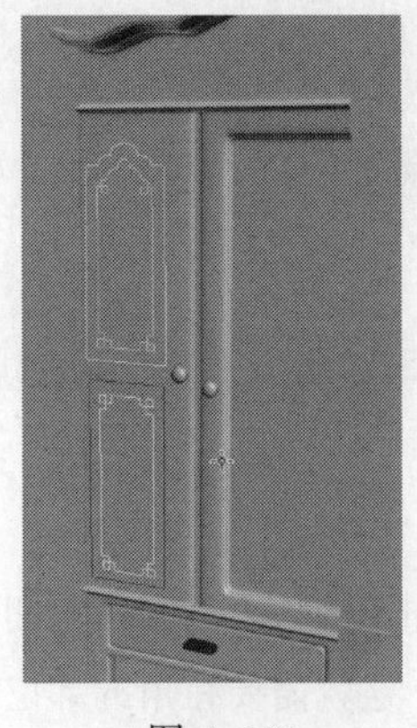

图 4-201

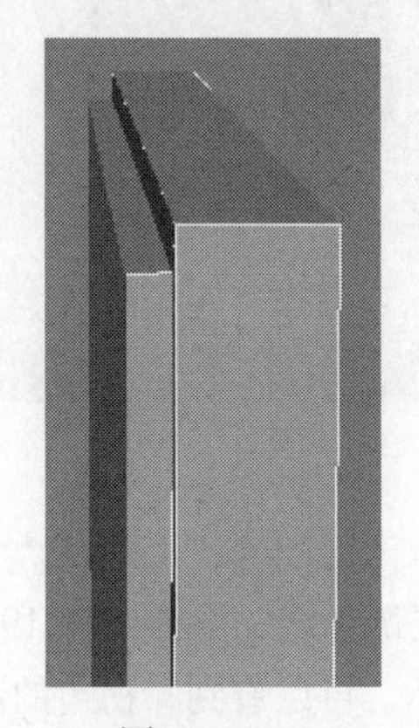

图 4-202

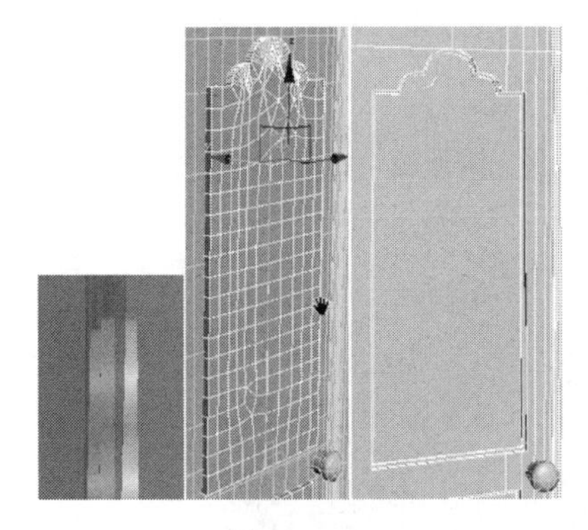

图 4-203

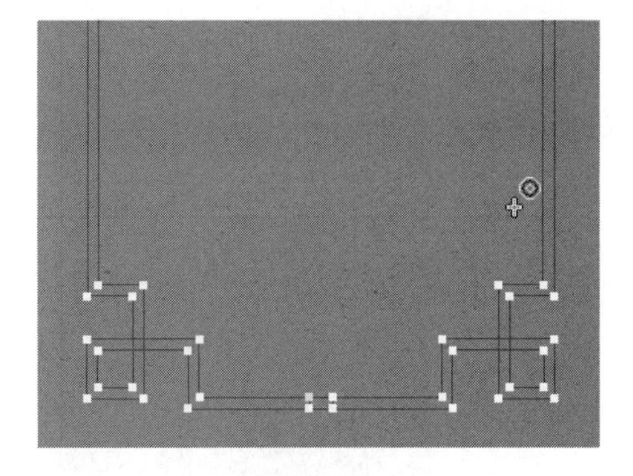

图 4-204

在修改器下拉列表中添加“挤出”修改器，此时可以看到该模型挤出后有问题，可以通过多边形工具进行修改，比如“桥”工具等。将中间的面桥接出来，如图 4-205 所示。

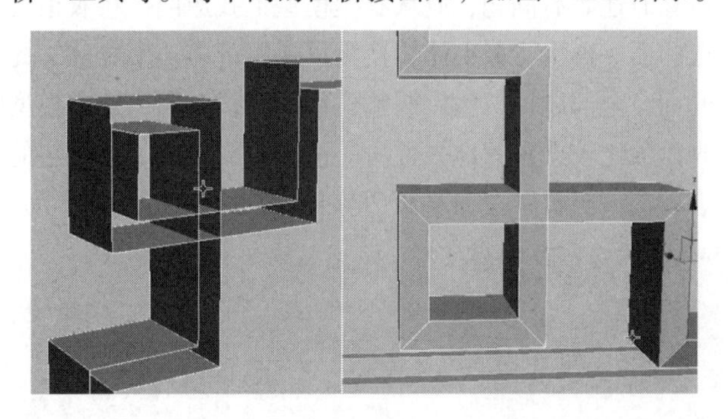

图 4-205

但是有些面通过这种方式同样会出现问题，如图 4-206 所示。

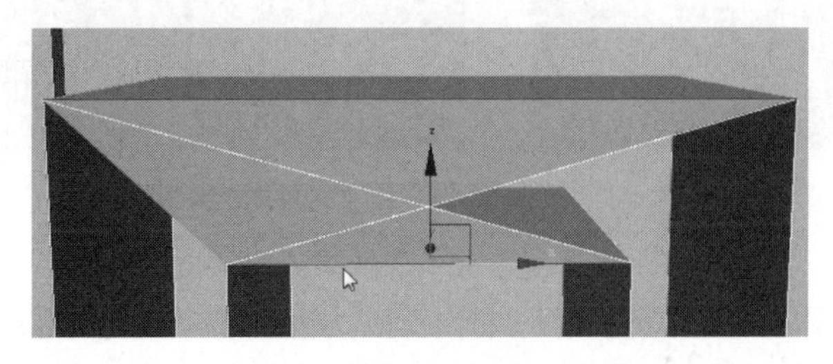

图 4-206

出现这样的问题就要从根本上找原因，即在起初创建线段时哪个环节出现了问题才会造成这样的局面。如果继续修改会浪费大量的时间，与其这样，还不如重新创建线段。接下来就重新创建线段。因为这里有原始的线段可供参考，因此创建起来会方便很多。打开角度捕捉开关，沿着原始的线段重新创建线段。只需创建一半，另一半复制即可。创建完成后的样条线段如图 4-207 左所示。在修改器下拉列表中添加“挤出”修改器，调整至如图 4-207 右所示。

将该模型移动嵌入衣柜表面内，利用超级布尔运算得到它的凹槽花纹，如图 4-208 所示。

注意，在拾取上部分模型时，衣柜的面没有发生任何变化，这是由于开始创建的样条线的问题导致的。因为在添加“挤出”修改器后，它自身就显得很不正常，此时重新创建样条线段。在创建时同样只需创建一半，如图 4-209 左所示。对称复制出另一半并进行附加调整，然后挤出模型，如图 4-209 右所示。

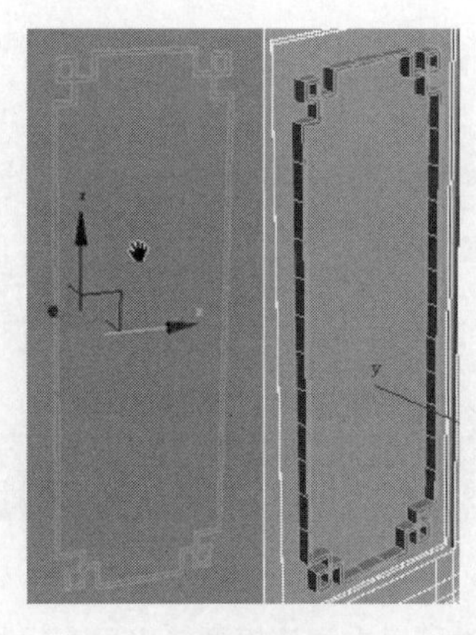

图 4–207

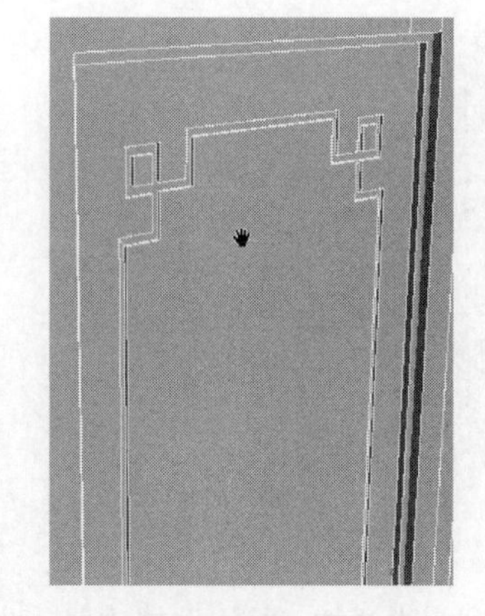

图 4–208

如果再次进行布尔运算时还是有问题，应从衣柜模型上找原因。将衣柜模型转换为可编辑的网格物体，删除一些多余的点和面。再次将该物体转换为可编辑的多边形物体，此时问题非常严重，选择一些不规整的面和多余的面，全部删掉，然后调整模型的布线。因为这里模型的面比较多，全部调整并不现实，所以主要修改面数比较严重的地方即可。进入边界级别，选择它的边界，向内挤出面并调整大小和比例，调整好后单击“封口”按钮将该边界封口，如图 4–210 所示。

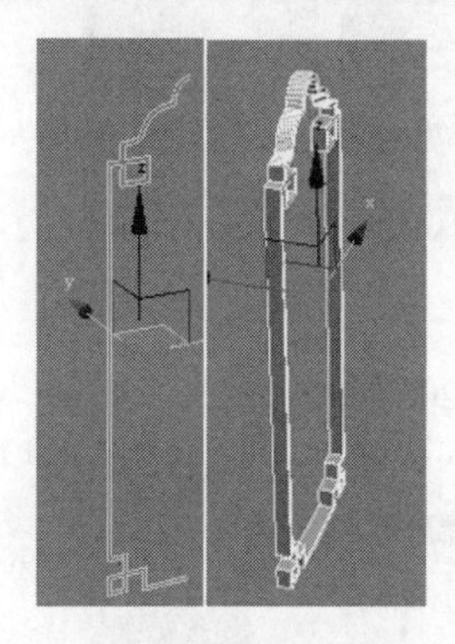

图 4–209

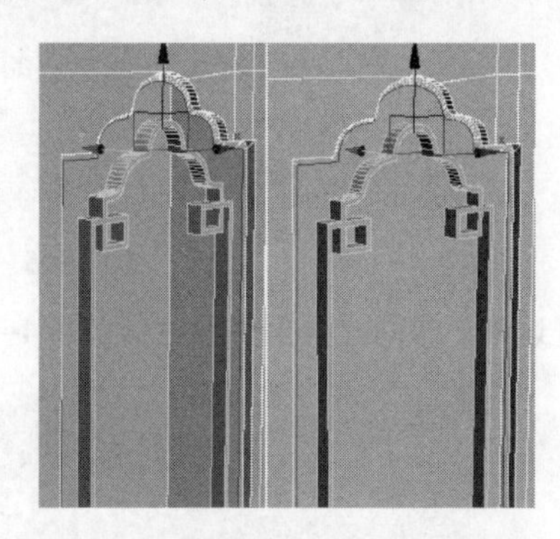

图 4–210

再次进行布尔运算，此时的布尔运算就正常了，效果如图 4–211 所示。

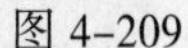步骤 11 创建如图 4–212 所示的线段，挤出模型，用同样的方法进行超级布尔运算。如果超级布尔运算结果有问题，可以尝试普通的布尔运算。普通的布尔运算会将原有的模型镂空，通过挤压边界来挤出面，然后封口，也能达到需要的效果。唯一的缺点就是在调整布线时需要花费大量时间。

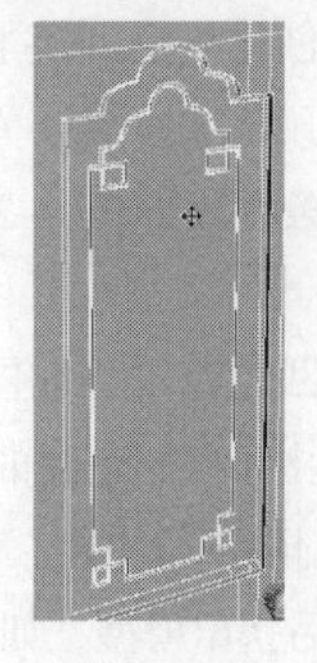

图 4–211

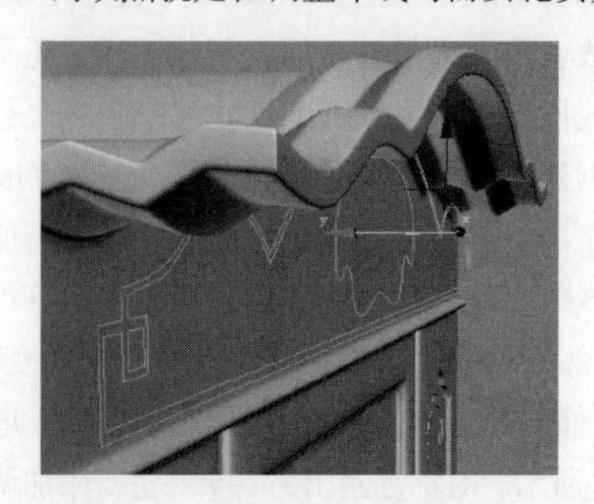

图 4–212

步骤 12　创建如图 4–213 所示的模型，此处的模型制作不再详细介绍，可以通过前面介绍的方法，将图片在 Photoshop 中导出路径，然后在 3ds Max 2016 中生成三维模型，配合多边形的修改制作出最终需要的模型效果。

图 4–213

步骤 13　打开材质编辑器，给场景中的模型赋予一个默认的材质，调整表面色的颜色并将视图中的显示效果设置为真实的效果，如图 4–214 所示。

如果不想显示阴影，单击“视图”菜单，选择“视口配置”命令，在视口配置参数面板中取消选中“阴影”复选框即可。最终的模型效果如图 4–215 所示。

图 4–214

图 4–215

本实例小结：通过本实例的制作，学习了一些建模过程中遇到的各种问题的处理方法，比如“挤出”命令后模型显示不正常的问题，只有在制作中遇到问题并想办法解决问题，才能够真正地快速提高建模技巧。

4.8　制作明清桌柜

步骤 01　创建一个 Box 物体，将长、宽、高分别设置为 40 cm、130 cm、2.5 cm。按【F4】键打开边框显示，将物体转换为可编辑的多边形物体。删除顶部的面，按【3】键进入“边界”级别，选择边界，按住【Shift】键快速挤出面并修改调整。用同样的方法将底部的面也进行修改调整。在该多边形宽度和长度的边缘位置分别加线，细分光滑后的效果如图 4–216 所示。

步骤 02　在高度的边缘上以及拐角处分别加线，调整点至如图 4–217 所示。

图 4–216

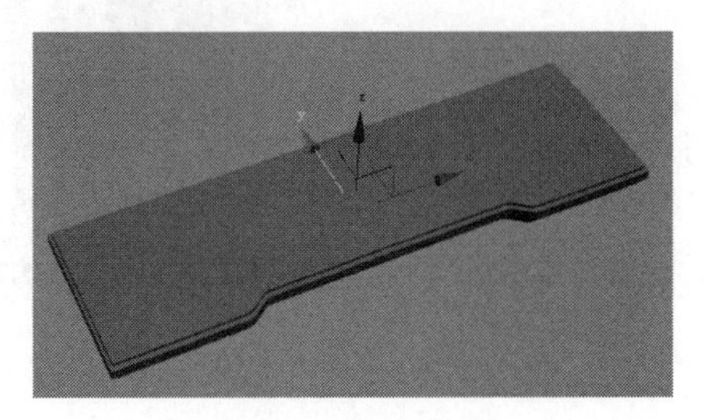

图 4–217

步骤 03 在柜面的下方继续创建一个 Box 物体并将其转换为可编辑的多边形物体，加线调整，选择图 4–218 所示的面进行倒角挤出操作。

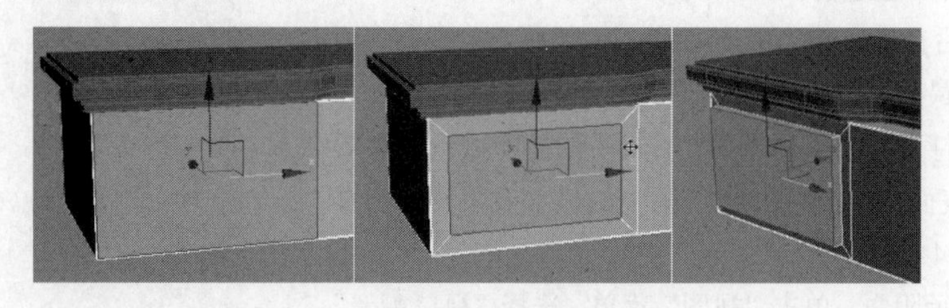

图 4–218

步骤 04 将该面删除，按住【Shift】键缩放移动，复制面，调整过程如图 4–219 所示。

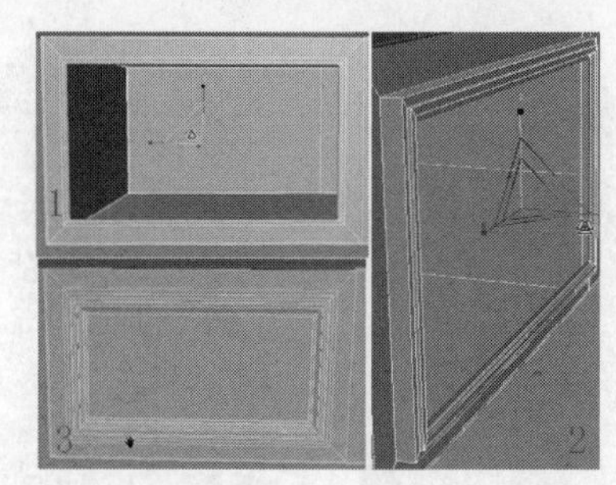

图 4–219

该调整过程就是不断地向内缩放挤出面的过程，此步骤也可通过倒角工具完成。在细分光滑之前，一定要将四个角的边进行切角处理，同时对一周的边缘处也进行切角处理，最后可以适当地在边缘位置加线，如图 4–220 所示。

图 4–220

将该部分向外整体挤出并加线，如图 4–221 左上所示。在右侧部分加线，调整面至如图 4–221 右上所示。调整好后将另一半对称复制出来，调整细分后的模型效果如图 4–221 下所示。

图 4–221

步骤 05 创建一个球体，修改调整至如图 4–222 和图 4–223 所示。

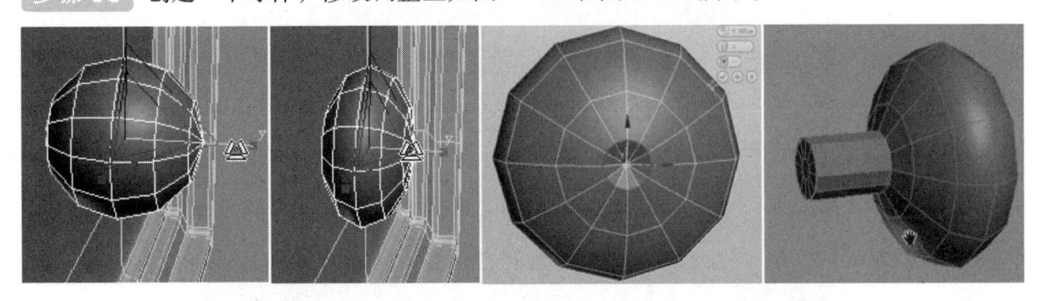

图 4–222　　　　图 4–223

将该模型细分并复制调整到其他抽屉位置，如图 4–224 所示。

图 4–224

步骤 06 创建一个如图 4–225 所示的样条曲线，在修改器下拉列表中添加“倒角”修改器，并设置参数，倒角后的模型效果如图 4–225 右所示。

步骤 07 创建一个柜子腿的剖面曲线，如图 4–226 所示。在修改器下拉列表中添加“车削”修改器，模型效果如图 4–226 右所示。

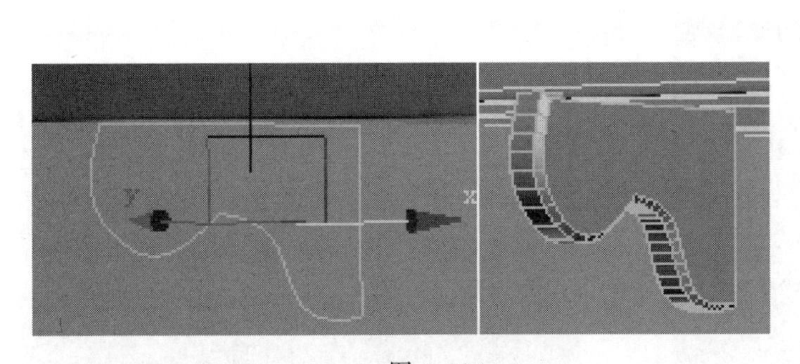

图 4–225

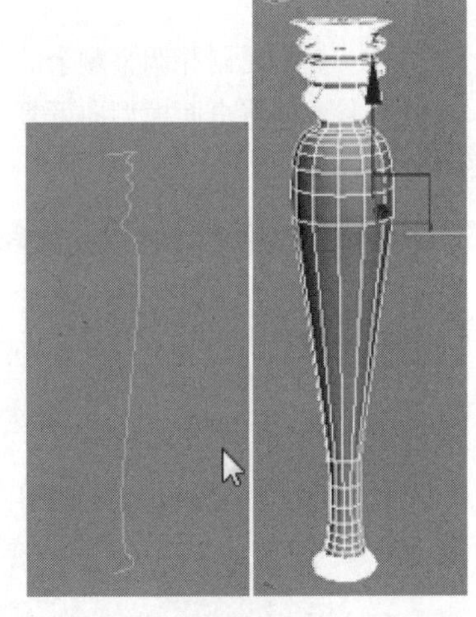

图 4–226

步骤 08 将旋转边数设置为 8，将模型转换为可编辑的多边形物体，将顶部的面删除，选择顶部边界，按住【Shift】键挤出新的面并调整该面至正方形，如图 4–227 所示。继续向上挤出面，在边缘位置手动切出线段，细分后的效果如图 4–227 右所示。

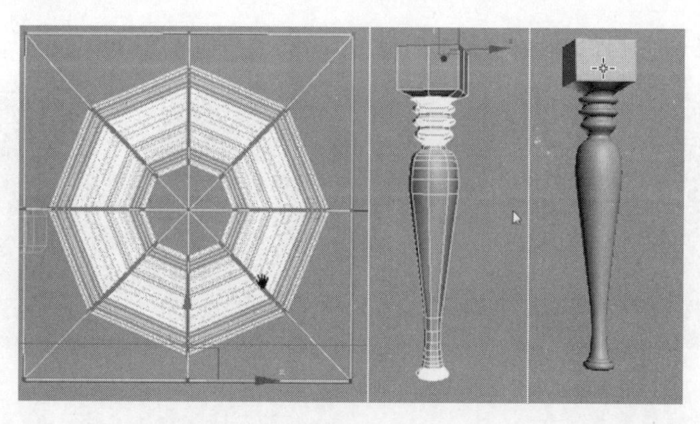

图 4-227

步骤 09 将左侧形状的物体复制一个到右侧，然后创建一个如图 4-228 中所示的样条曲线，在修改器下拉列表中添加“车削”修改器，调高边数，效果如图 4-228（右）所示。

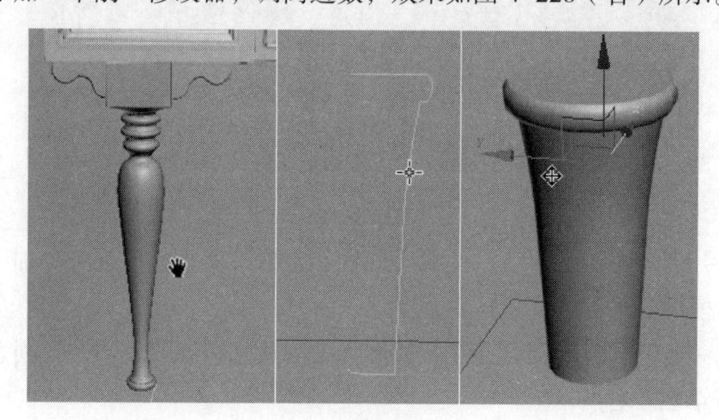

图 4-228

步骤 10 复制并调整剩余的桌柜腿部模型，如图 4-229 所示。

步骤 11 将桌面模型向下复制，然后适当地移除一些不需要的线段并调整模型的形状，效果如图 4-230 所示。

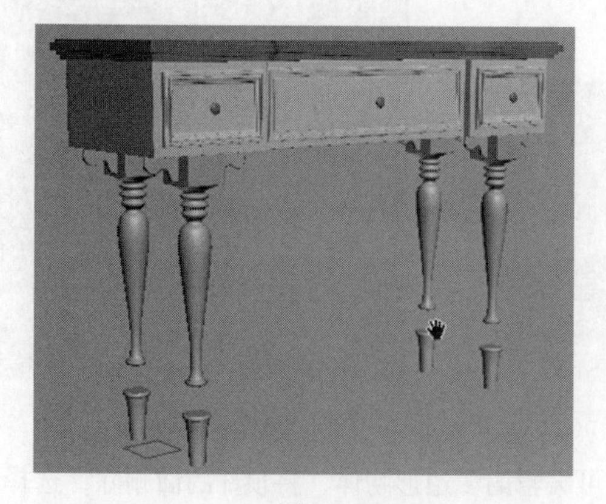

图 4-229

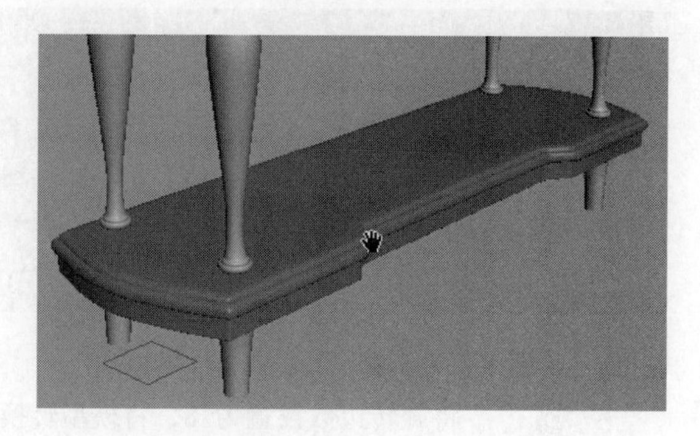

图 4-230

步骤 12 赋予场景中的物体一个默认的材质，最后的模型效果如图 4-231 所示。

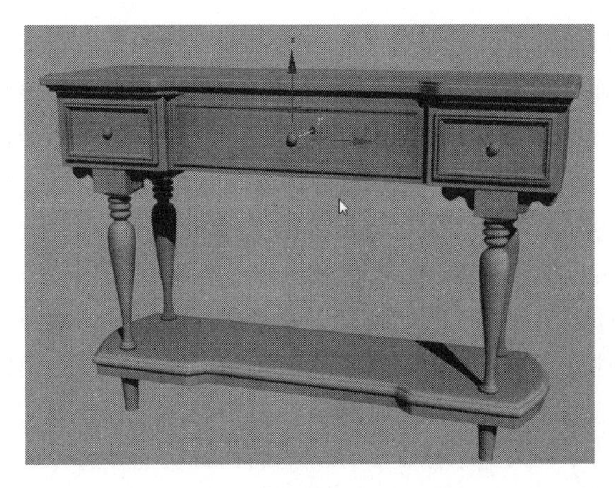

图 4-231

本实例小结：本实例中桌腿模型的制作可以用多边形建模修改也可以使用放样命令来快速制作，用“放样”命令的前提是剖面曲线在绘制时一定要尽可能精确，当然也可以通过后期的调整使模型看起来更加美观。

4.9　制作明清橱柜

在介绍本节模型的制作之前，先来了解橱柜的知识和设计要点。

整体橱柜起源于欧美，于 20 世纪 80 年代末至 90 年代初经由我国香港传入广东、浙江、上海、北京等地，并逐步向其他省市发展。20 世纪 90 年代末，随着改革开放的深化，人民群众经济收入和生活水平的提高、生活方式的改变，以及国外厨卫文化的传播影响，现代家庭橱柜这一新生事物迅速在全国各地蓬勃发展，并形成了庞大的产业市场，成为我国的朝阳行业。

橱柜的设计要点如下。

流行元素：色调沉稳、木质感强、集成化。从橱柜色彩来看，沉稳大气的黑灰色、深咖啡色是橱柜流行的主要色调。同时，单色高光材料，如白色、红色、橄榄绿、香草等将继续流行。在单色背景下，局部进行木纹的点缀或自然木纹的橱柜将会受到欢迎，木纹色回归。古典风格的橱柜多为实木材质，框架和门板都是手工雕刻而成的，再加上手工涂漆和打磨，体现出复古风格。现代风格的橱柜也在跟上这股潮流，仿木纹的橱柜将大量出现，从视觉上营造木质的温暖感。

橱柜的风格样式如下。

- 意式宫廷主义：精致的雕花柱头，贴花配以局部描金的精湛油漆处理工艺，是别墅宫廷化装修的首选配套橱柜。宽大的独立中央岛式操作台，更为橱柜增添豪华感觉，并充分利用了厨房空间，最大化体现收纳、操作的功能性。
- 古典主义：社会越发展，反而越强化了人们的怀旧心理，这也是古典风格经久不衰的原因，它的典雅尊贵，特有的亲切与沉稳，满足了成功人士对它的心理迎合。传统的古典风格要求厨房空间很大，U 字形与岛形是比较适宜的格局形式。在材质上，实木当然为首选，它的颜色、花纹及其特有的朴实无华为成熟人士所推崇。
- 乡村主义：将原野的味道引入室内，让家与自然保持持久的“对话”，都市的喧嚣在这一角落得以沉寂，乡村风格的厨房拉近了人与自然的距离。具有乡野味道的彩绘瓷砖，描画出水果、花鸟等自然景观，呈现出宁静而恬适的质朴风格。原木地板在此也是极佳的装饰材料，温润的脚感仿佛熏染了大地气息。而在橱柜上则更多选择实木。水洗绿、柠檬黄是多年流行的色彩，木条的面板纹饰强化了自然的味道。如果你是喜欢乡居的人，乡村风格的厨房会让你的生活更加充满闲适自然的味道。

- 现代主义：现代风格最为广泛流行，每个国家、每个品牌都会适时推出现代风格的款式；而意大利的厨具由于设计新颖、时代感强而备受推崇。现代风格的厨具摒弃了华丽的装饰，在线条上简洁干净，更注重色彩的搭配，从亮丽的红、黄、紫到明亮的蓝、绿等颜色都得以应用。在与其他空间的搭配上，现代风格也更容易。它不受约束，对装饰材料的要求也不高，这也正是它得以广泛流行的原因。
- 前卫主义：前卫的年轻人追求标新立异。他们在材质上多选择最为流行的质地，如玻璃、金属等，在巧妙的搭配中传递出时尚的信息。
- 实用主义：不常做饭的家庭多会选择比较实用的造型。在配置中只以基本的底柜作为储存区，并配以烤箱、灶台、抽油烟机等主要设备来完成比较完整的烹饪操作过程，水槽通常会被省略以节省空间。这种风格强调实用、简洁的特点。

前面介绍了一些橱柜的基础知识和设计要点，本节来学习明清橱柜的制作。

步骤 01 在视图中创建一个 Box 物体，设置长、宽、高分别为 100 cm、180 cm、50 cm，该 Box 物体只是用来作为一个参考。

步骤 02 创建一个倒角的长方体，分别复制移动到 Box 物体四个角的位置，然后再复制调整参数，移动到顶部和底部的边缘位置，如图 4–232 所示。

步骤 03 选择其中的一个边框，将其转换为可编辑的多边形，并附加剩余的框架模型，选择下部的点向下调整，如图 4–233 所示。

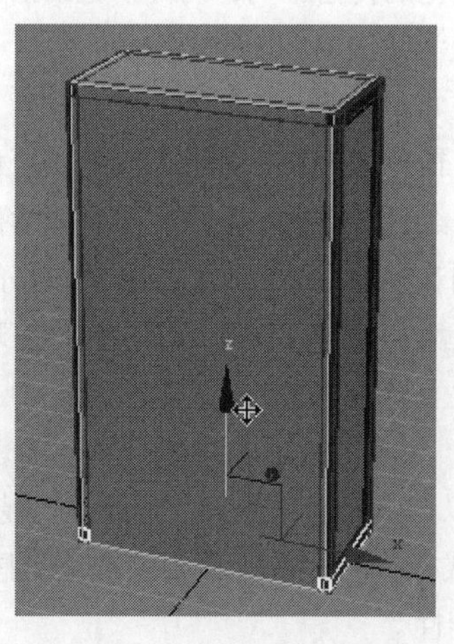

图 4–232

图 4–233

步骤 04 删除所建立的 Box 物体，在视图中继续创建出倒角的长方体，复制出顶部、底部、后部和两侧的面板并进行调整，如图 4–234 所示。

步骤 05 创建一个样条线段，在修改器下拉列表中添加“挤出”修改器，复制并调整到底部后侧，如图 4–235 所示。

图 4–234

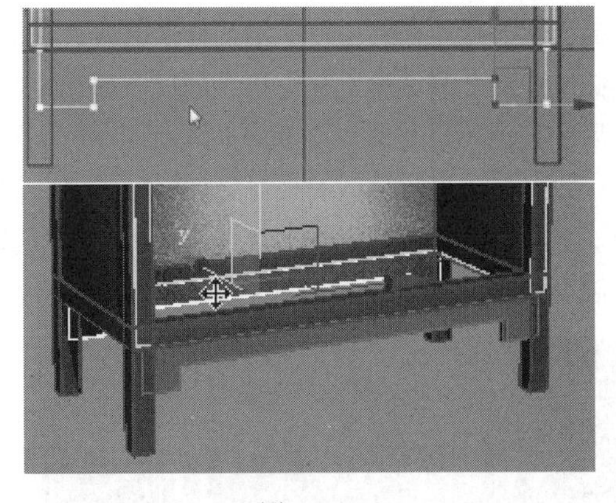

图 4–235

步骤 06 在柜门的位置创建一个 Box 物体，将其转换为可编辑的多边形物体，分段如图 4–236（左）所示。调整线段至如图 4–236（中）所示（注意，在调整时，尽量使上下距离相同，为了正确控制它们之间的距离，可以创建一个 Box 物体作为参考）。继续加线调整至如图 4–236（右）所示。

步骤 07 选择图 4–237 中的线段并向外移动，进入面级别，选择所有的面，在多边形参数面板中单击 清除全部 按钮，清除面的自身光滑效果，如图 4–237（右）所示。

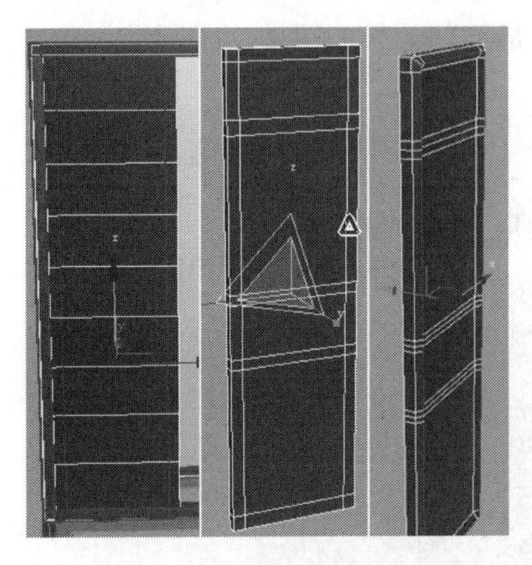

图 4–236

图 4–237

分别在棱角的线段位置进行切角操作，如图 4–238（左）所示；在线段的厚度上进行分段，如图 4–238（中）所示；在四个角的位置进行切角操作，细分光滑后的模型效果如图 4–238（右）所示。

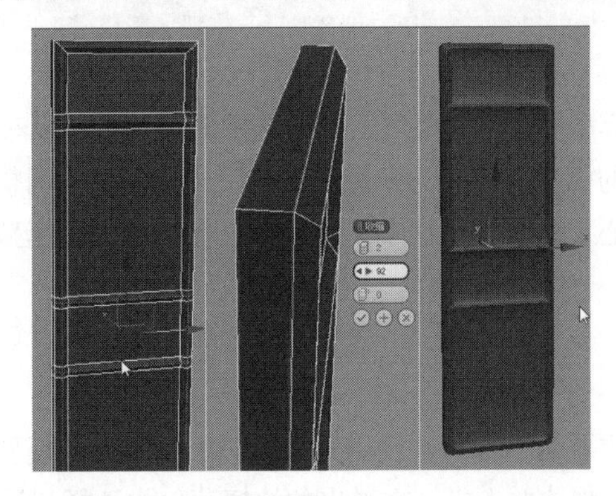

图 4–238

步骤 08 创建如图 4-239 中 1 所示的样条曲线，添加“挤出”修改器，挤出模型并向下复制出一个，如图 4-239 中的 2 和 3 所示。将挤出的模型移动嵌入柜门模型内，用超级布尔运算工具进行布尔运算，运算后的模型效果如图 4-239 中的 4 所示。

步骤 09 此时如果想让模型表现得更加细腻光滑，需要将模型转换为可编辑的多边形物体，调整布线再细分。如果直接细分，会造成乱线乱面的情况。调整好的布线效果如图 4-240（左）所示，然后将模型复制调整到右侧效果，如图 4-240（右）所示。

图 4-239

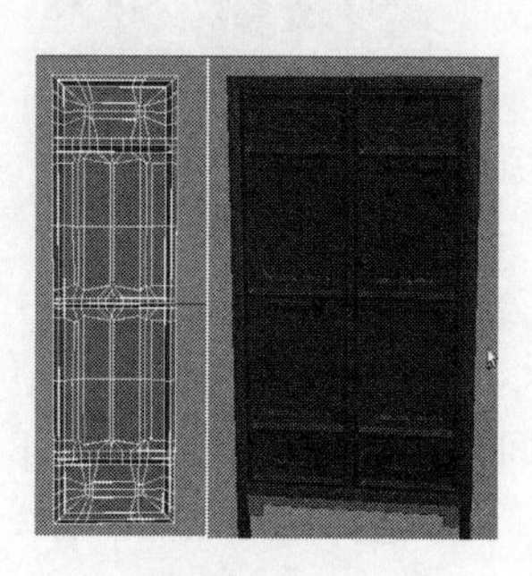

图 4-240

步骤 10 赋予场景中的模型一个默认材质，最终的效果如图 4-241 所示。

图 4-241

本实例小结：本实例中模型制作时，柜门上的形状主要用到了超级布尔运算工具和多边形编辑相结合的方法，布尔运算之后的模型在转换为多边形物体后，需要手动调整布线，虽然此处一笔带过，但是调整过程需要细心和耐心，只有把模型布线调整好，在细分之后模型才会显得更加细腻。

4.10 制作床边柜

床边柜也是家具中十分重要的一部分，我们先来看一下要制作的模型效果，如图 4-242 所示。

步骤 01 创建一个 Box 物体并右击，在弹出的快捷菜单中选择“转换为” | “转换为可编辑多

边形”命令，通过加线操作调整至如图 4–243 所示。

删除另外一半模型，继续加线，调整模型形状至如图 4–244 所示。

图 4–242

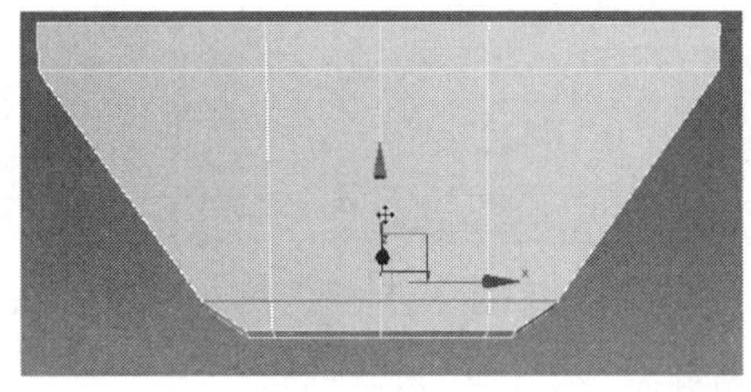

图 4–243

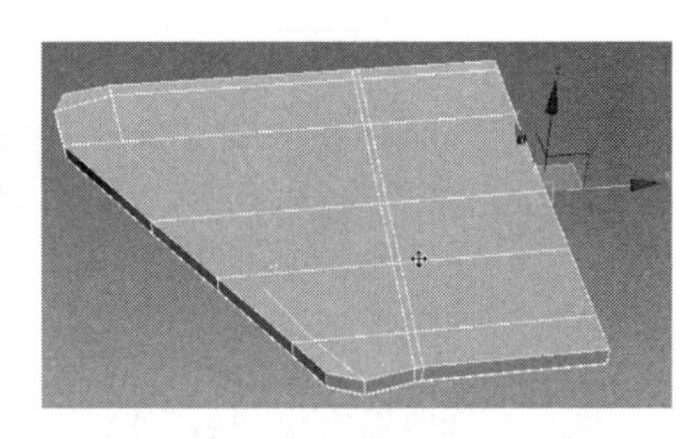

图 4–244

步骤 02 删除顶部面，然后按【3】键进入边界级别，配合【Shift】键移动或者缩放，挤出面并调整至如图 4–245 所示形状。

单击“封口”按钮将开口封闭并重新调整顶部面布线，删除对称中心位置的面，用缩放工具将对称中心处的开口边界线缩放在一个平面内，如图 4–246 所示。

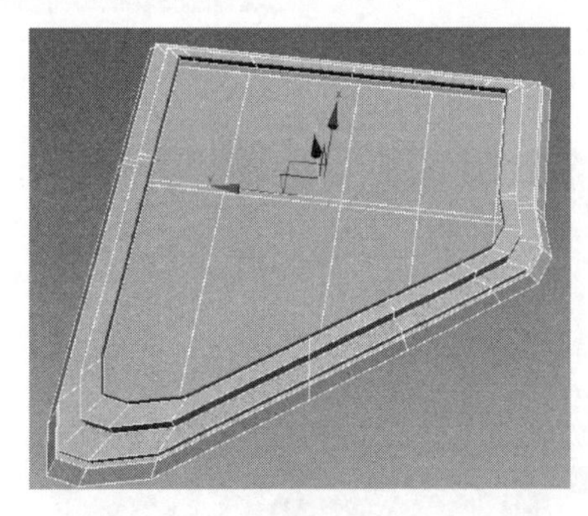

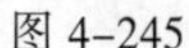

图 4–245

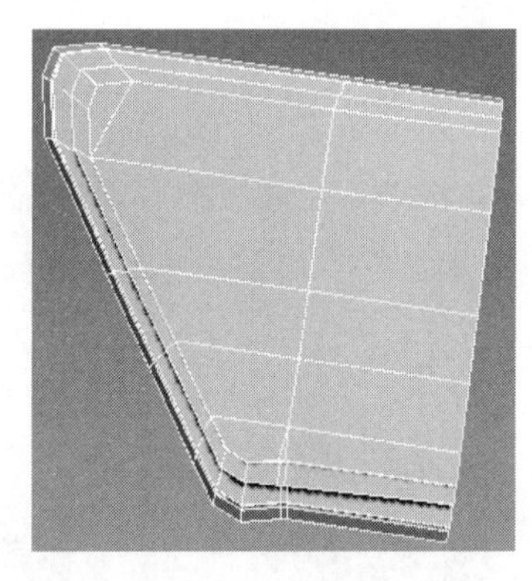

图 4–246

步骤 03 将边缘直角处的线段进行切角处理，细分之后的效果如图 4–247 所示。

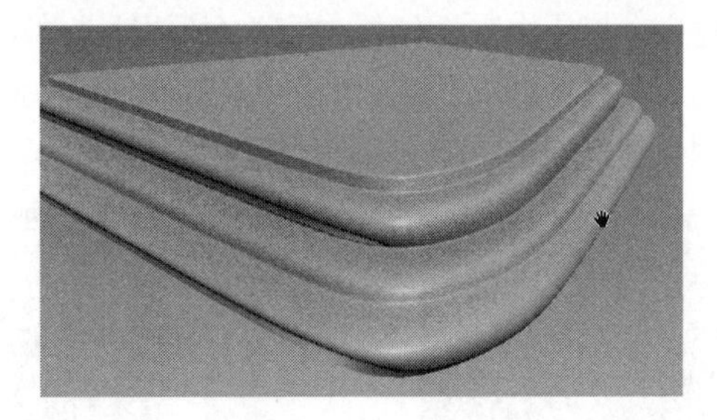

图 4–247

步骤 04 从图 4–247 中可以看出，边缘直角处的细节虽然显现出来了，但是圆滑的形状不是很令人满意，所以这里要用到另一种制作方法，即利用倒角剖面的方法来制作所需模型的效果。首先在视图中创建出轮廓线和截面线，分别如图 4–248 和图 4–249 所示。

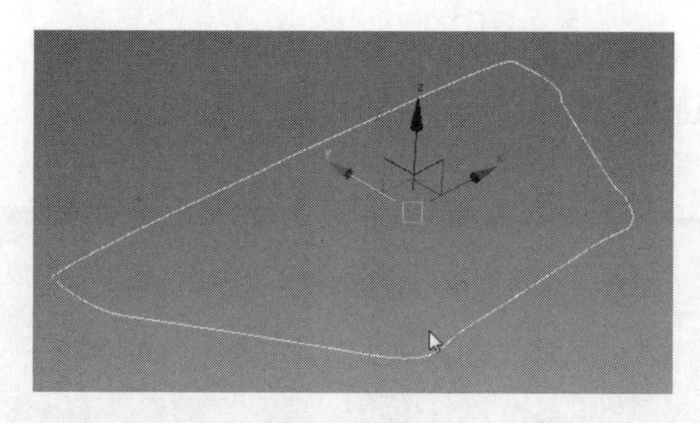

图 4-248

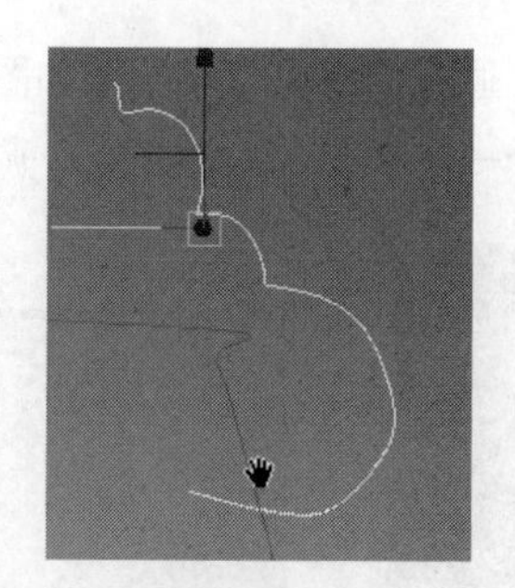

图 4-249

然后在修改器下拉列表中添加“倒角剖面”修改器，单击“拾取剖面”按钮，拾取图 4-249 中的样条线，效果如图 4-250 所示。

图 4-250

步骤 05 复制模型和边缘的曲线，然后删除“倒角剖面”修改器，将边缘曲线重新调整至如图 4-251 所示的形状。

重新添加“倒角剖面”修改器，拾取样条线，效果如图 4-252 所示。

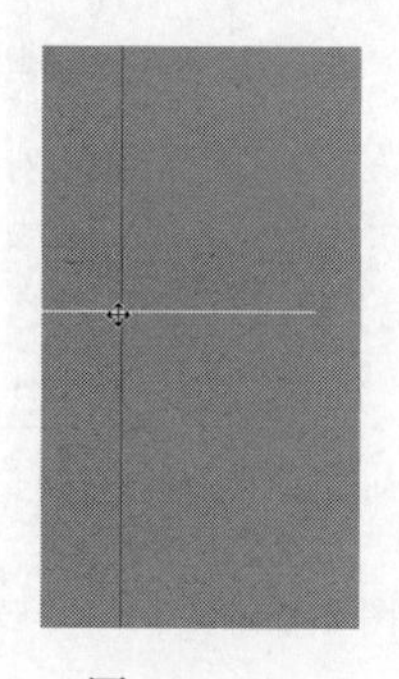

图 4-251

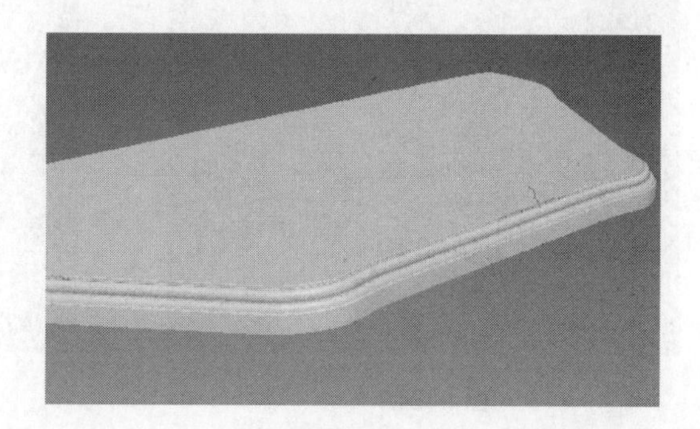

图 4-252

步骤 06 在视图中创建一个面片物体并右击，在弹出的快捷菜单中选择“转换为” | “转换为可编辑多边形”命令，选择边，按住【Shift】键挤出面并调整，然后在顶部位置加线，如图 4-253 所示。继续挤出面，调整至如图 4-254 所示。

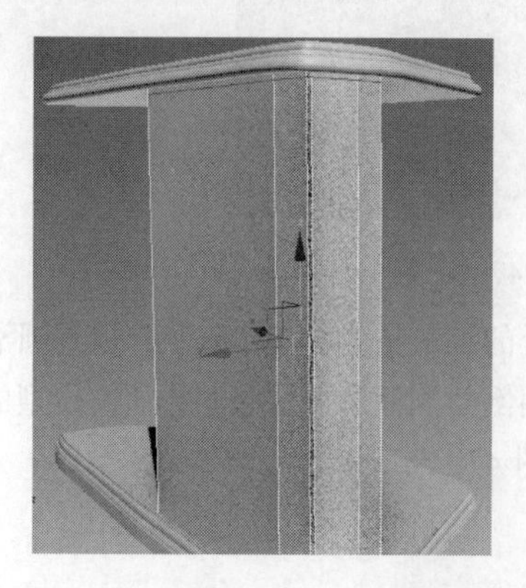

图 4-253

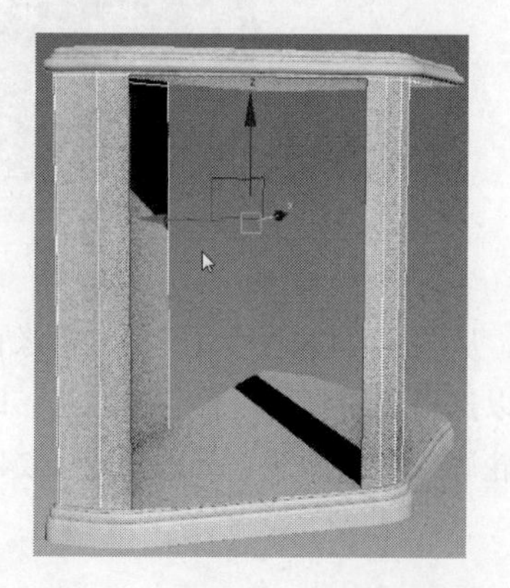

图 4-254

选择图 4-254 中的线段，按住【Shift】键，向内移动挤出面，细分后效果如图 4-255 所示。

这种效果肯定不行，上部位细分后圆角值过大，所以需要在拐角的位置通过加线操作来约束模型形状，再次细分后的效果如图 4-256 所示。

图 4-255

图 4-256

步骤 07 创建一个 Box 物体并将其转换为可编辑的多边形物体，将其移动调整到开口位置并对面做适当调整，如图 4-257 所示。

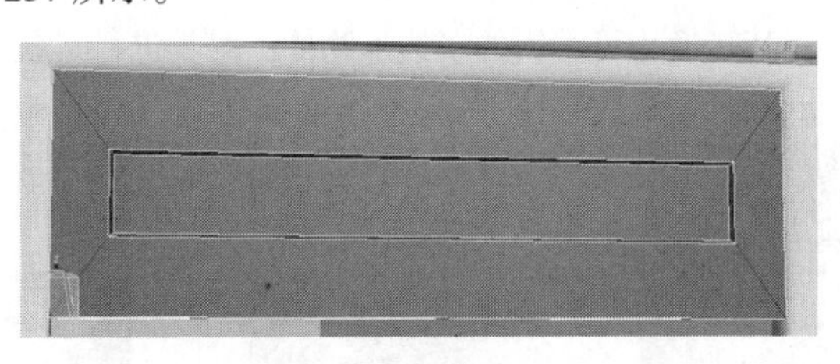

图 4-257

在图 4-258 所示位置进行加线处理并向外侧移动调整。

将图 4-259 中边缘处的线段进行切角处理。

图 4-258

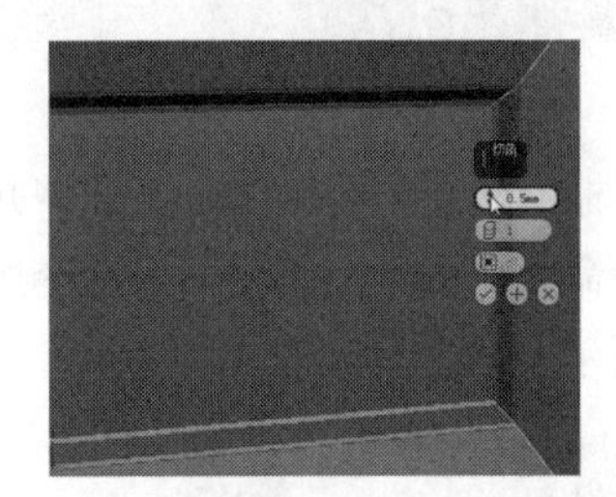

图 4-259

在图 4-260 中两侧的位置加线。细分后的效果如图 4-261 所示。

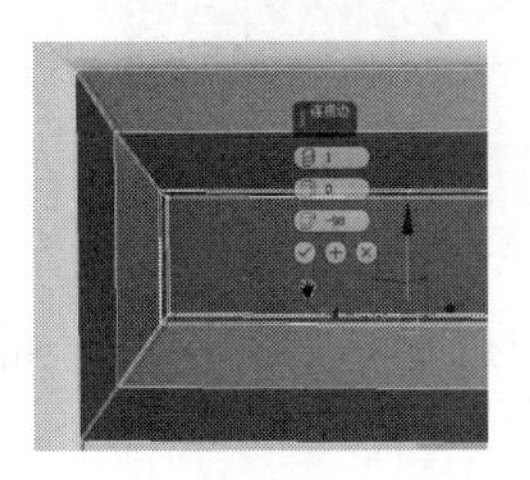

图 4-260

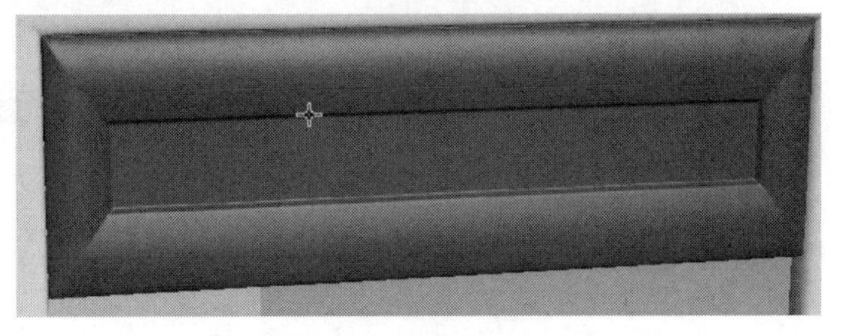

图 4-261

步骤 08 将该物体沿着 Z 轴向下复制并调整至如图 4-262 所示。

步骤 09 选择要对称的模型，在修改器下拉列表中添加“对称”修改器，将另外一半模型对称出来后，将物体塌陷并再次细分，如图 4-263 所示。

复制出正面的柜门模型，如图 4-264 所示。

图 4-262

图 4-263

图 4-264

步骤 10 在视图中创建一个球体，用缩放工具适当拉长，然后单击“圆环”按钮，在球体的位置创建一个圆环。将这两个物体移动调整到抽屉的拉手位置，如图 4-265 所示。

步骤 11 创建圆柱体，复制调整制作出柜门的拉手模型，如图 4-266 所示。在拉手模型下方的位置创建一个 Box 物体，然后将其转换为可编辑的多边形物体，对其进行形状的调整，如图 4-267 所示。

图 4-265

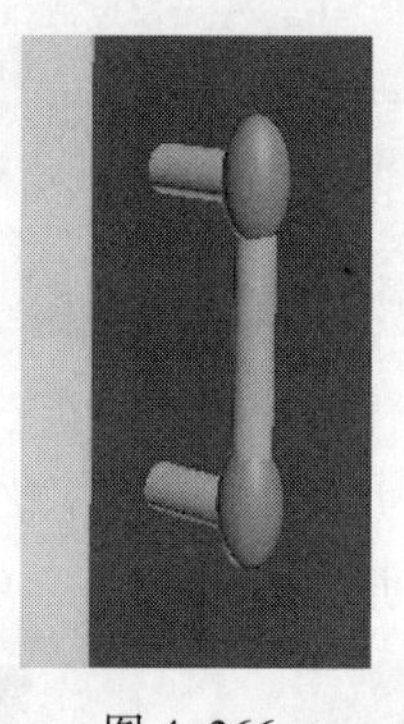

图 4-266

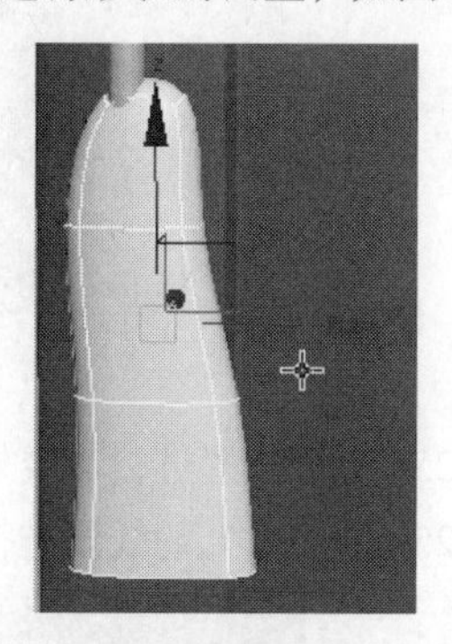

图 4-267

步骤 12 在柜子底部位置创建 Box 物体并右击，在弹出的快捷菜单中选择“转换为” | “转换为可编辑多边形”命令，删除一侧的面，选择边界线，挤出面并调整，如图 4-268 所示。在高度上加线，如图 4-269 所示。

图 4-268

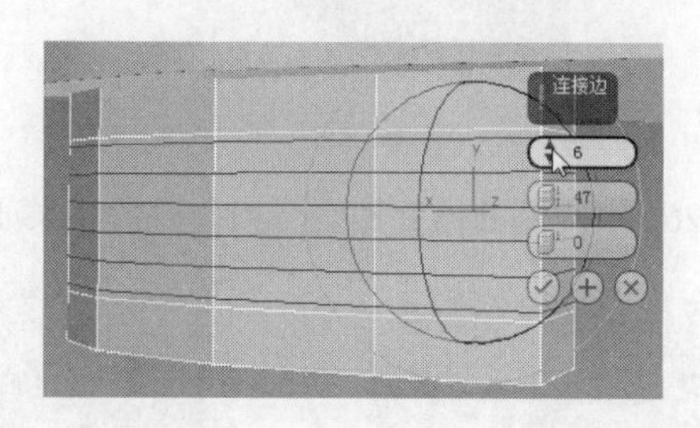

图 4-269

创建一个圆柱体，设置边数为 12，然后复制，分别移动到模型的内部，如图 4-270 和图 4-271 所示。

在◯面板下的复合对象面板中单击“ProBoolean”按钮，单击“开始拾取”按钮，依次拾取圆柱体模型来完成超级布尔运算，运算之后的效果如图 4-272 所示。

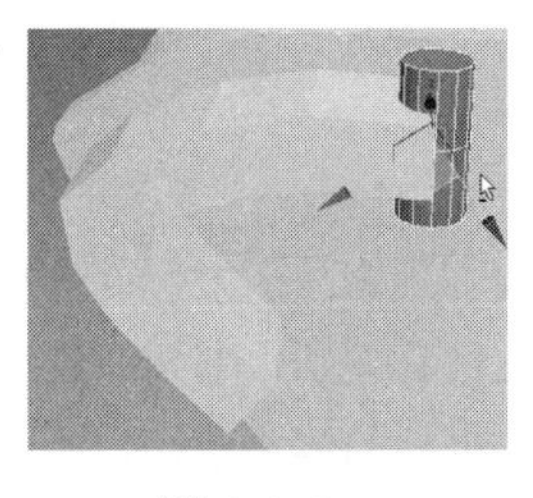

图 4–270

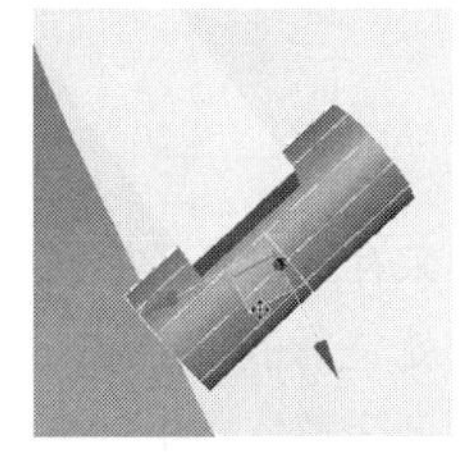

图 4–271

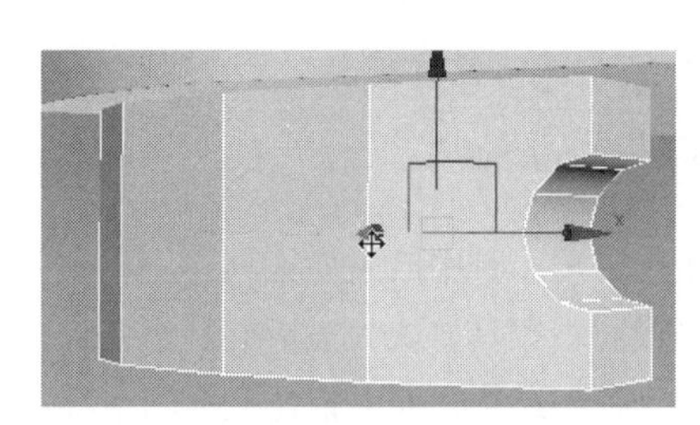

图 4–272

虽然形状达到了要求，但是模型还没有细分，如果这里直接细分，结果就是模型完全变形，所以在细分之前一定要先将模型布线调整好。在中间线段上加线后，与边缘的点之间连接出线段并调整，如图 4–273 所示。分别在边缘位置进行加线处理，如图 4–274 所示。

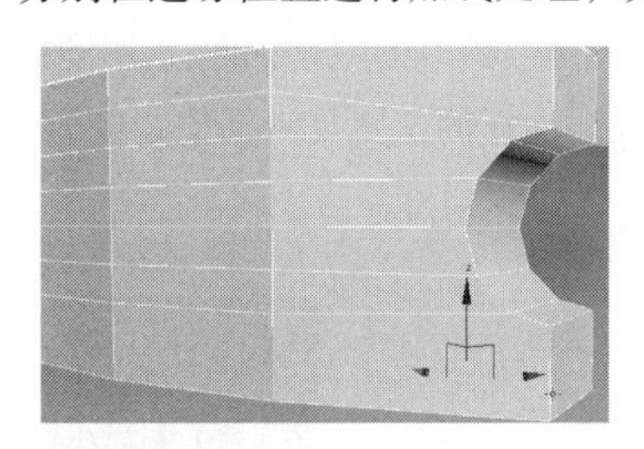

图 4–273

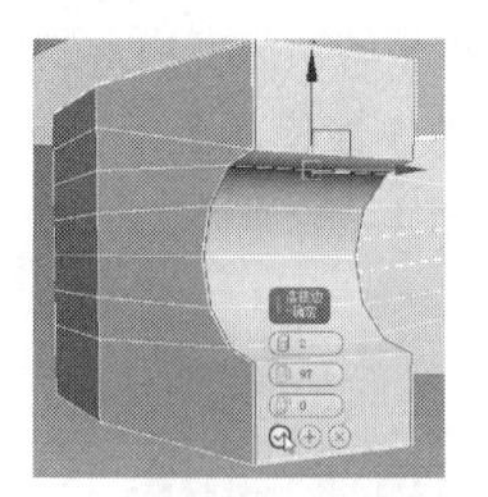

图 4–274

同时将底部的点与点之间连接出线段，如图 4–275 和图 4–276 所示。

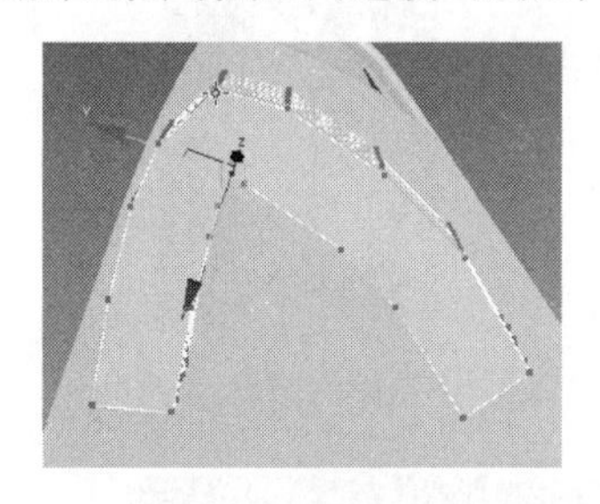

图 4–275

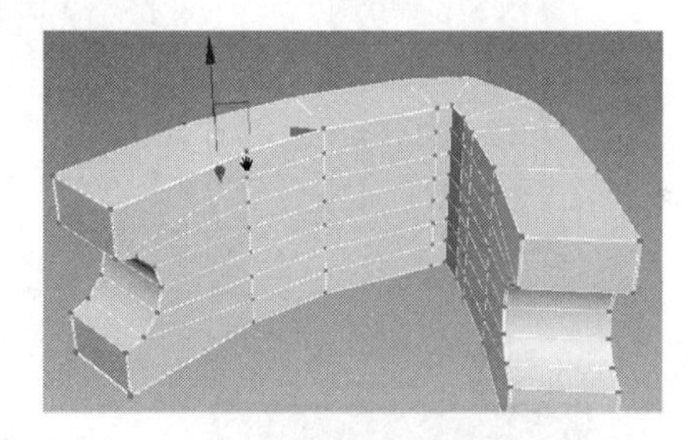

图 4–276

步骤 13 用同样的方法制作出另外一个底座，将右侧底座模型对称复制，如图 4–277 所示。

步骤 14 框选场景中的所有模型，按【M】键打开材质编辑器，选择任意一个材质球，单击按钮，将默认材质赋予场景中的模型，然后单击右侧面板中的颜色框，在对象颜色面板中选择黑色并单击“确定”按钮，按【F2】键打开场景线框显示，最终效果如图 4–278 所示。

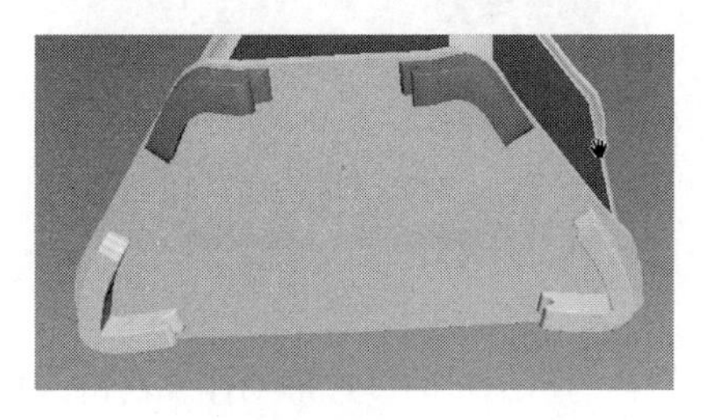

图 4–277

图 4–278

本实例小结：本实例的重点是复习多边形建模方法和边缘光滑棱角的表现方法，同时注意形状的控制即可。

4.11 制作书柜

书柜是书房家具中的主要家具之一，主要用来存放书籍、报刊、杂志等物品。大部分人都把书柜和书架当成同一家具，认为书柜就是书架，书架就是书柜。其实，两者稍有差别，书架只是在空间中存在的一个框架结构，而书柜是在空间中存在的一个整体。相对来说，书柜的体积较大，所以书柜都可以全部称为书架，但并不是所有的书架都可以称为书柜。两个体积相同的书柜和书架，书柜用到的材料可能就比书架多得多。

步骤 01 单击切角长方体按钮，在视图中创建一个 35cm × 2cm × 200cm、圆角为 0.1cm 的切角长方体，然后旋转 90°，复制设置总长为 70cm，再次复制调整至如图 4-279 所示。

步骤 02 将侧板转换为多边形物体之后，在图 4-280 中的位置加线，用同样的方法在图 4-281 中的位置加线（添加 5 段使其平分为 6 部分），根据加线的位置复制调整宽度为 31.5cm 左右，然后再次向上复制，如图 4-282 所示。

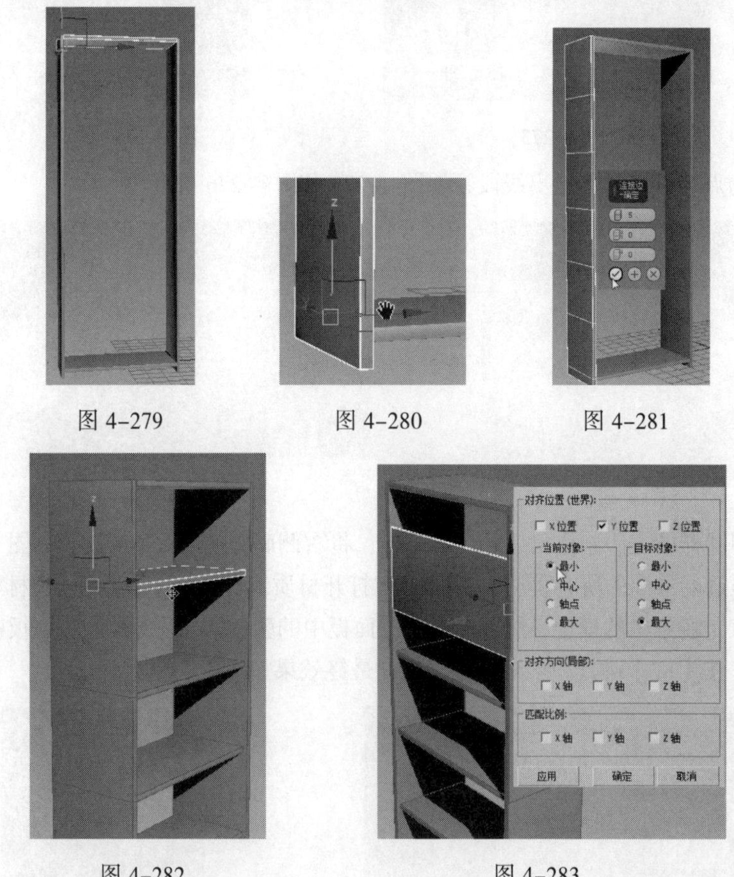

图 4-279　图 4-280　图 4-281

图 4-282　图 4-283

步骤 03 将棚板物体旋转 90° 复制，将其转换为可编辑的多边形物体，右击 3 按钮，在选项面板中选中“启用轴约束”复选框，如图 4-284 所示。单击 3 按钮打开三维捕捉，框选顶部的点沿着 Z 轴方向向上移动，然后直接拖动鼠标到要对齐的点上，如图 4-285 所示。用同样的方法选择底部的点和底部对齐，如图 4-286 所示。

步骤 04 在前方位置创建一个长方体并将其转换为可编辑的多边形物体，如图 4–287 所示。分别在上、下、左、右加线，如图 4–288 所示。删除中间的面，按【3】键进入边界级别，框选前后两个边界线，单击“桥”按钮生成中间的面，如图 4–289 所示。

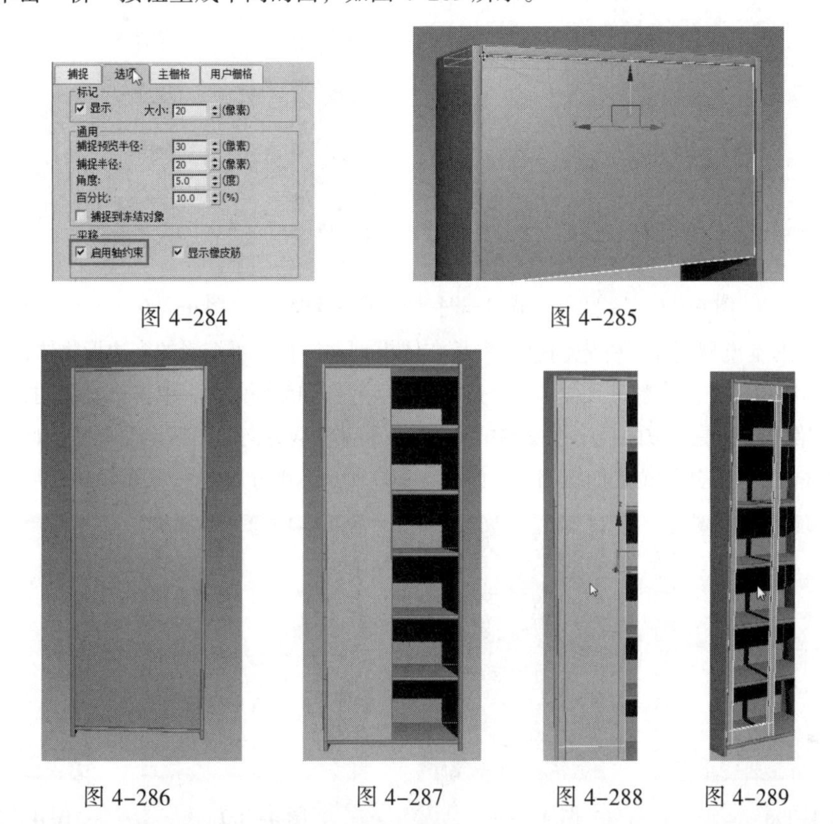

图 4–284　　图 4–285

图 4–286　　图 4–287　　图 4–288　　图 4–289

参考棚板的位置加线调整，然后选择图 4–290 中的面，单击“桥”按钮生成面，如图 4–291 所示。

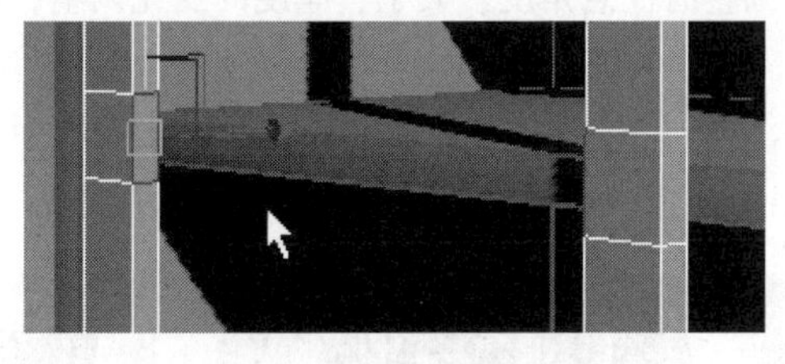

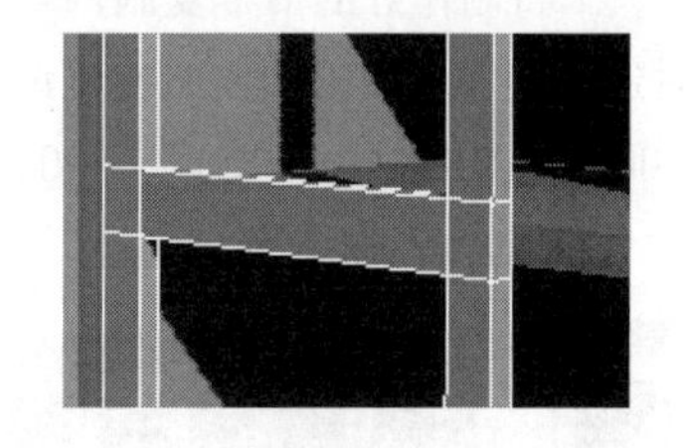

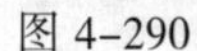

图 4–290　　图 4–291

用同样的方法将柜门框制作出来，如图 4–292 所示。分别在拐角位置和边缘位置加线调整，如图 4–293 和图 4–294 所示。细分后效果如图 4–295 所示。

步骤 05 创建一个长方体或者面片物体，然后赋予它一个半透明的材质效果，如图 4–296 所示。将另一半柜门镜像复制调整出来，如图 4–297 所示。

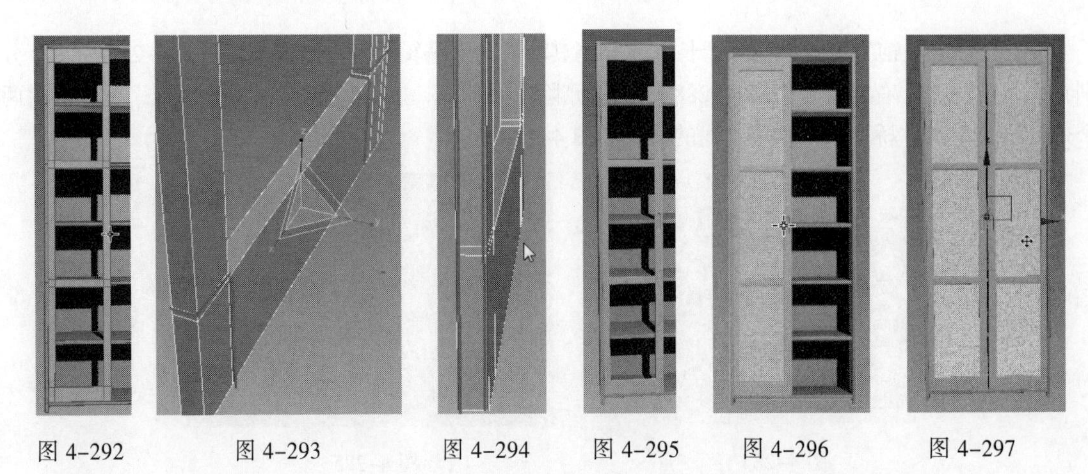

图 4-292　图 4-293　图 4-294　图 4-295　图 4-296　图 4-297

步骤 06 书本模型制作。首先创建一个长方体模型并转换为可编辑的多边形物体，在左侧位置加线，如图 4-298 所示。按【4】键进入面级别，选择顶部、底部和侧面的面，单击 倒角 按钮后面的□图标，在弹出的“倒角”快捷参数面板中设置倒角参数，按局部法线方向向内挤出面调整，如图 4-299 所示。然后分别在顶底部、左右边缘位置加线调整，如图 4-300 所示。细分后效果如图 4-301 所示。

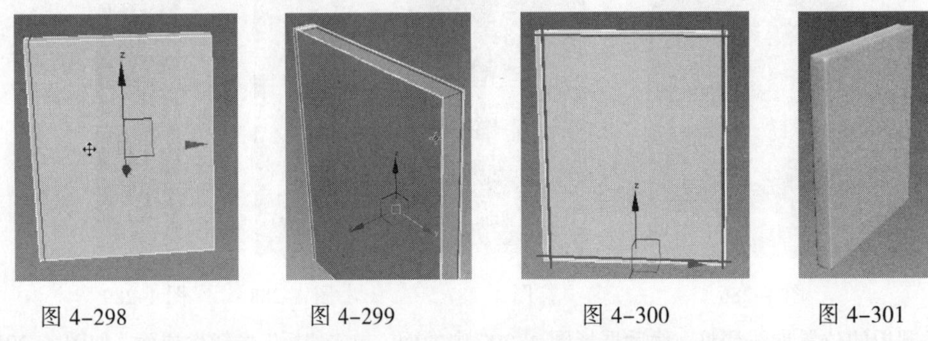

图 4-298　图 4-299　图 4-300　图 4-301

步骤 07 将制作好的书本复制调整，在调整时注意角度、大小、厚度的变化调整，如图 4-302 所示。然后选择整体书柜模型向右复制两个，如图 4-303 所示。

调整中间书柜柜门大小，如图 4-304 所示。按【4】键进入面级别，选择图 4-305 中的面，按住【Shift】键移动复制，在弹出的“克隆部分网格”面板中选择“克隆到对象”（也就是独立的物体）。

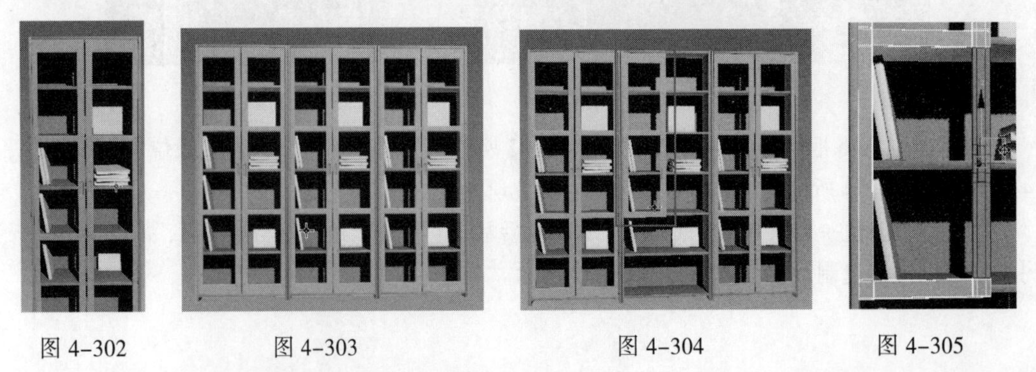

图 4-302　图 4-303　图 4-304　图 4-305

进入点级别，选择点移动调整大小形状至如图 4-306 所示。然后在修改器下拉列表下添加“对称”修改器，对称出另一半模型后将模型塌陷细分，如图 4-307 所示。

图 4-306

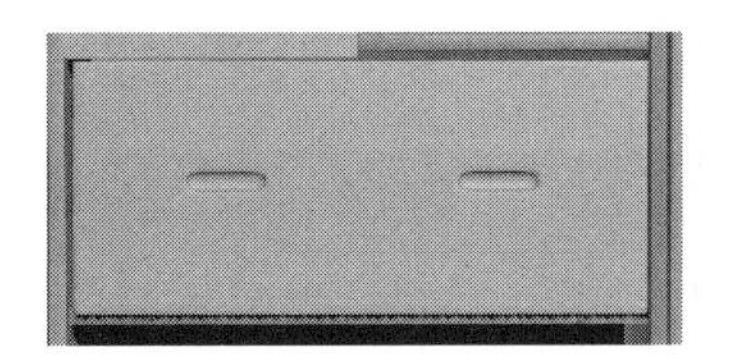

图 4-307

复制调整出剩余的抽屉，如图 4-308 所示。用同样的方法制作出底部柜门模型，用到的方法有加线、面的倒角挤出等操作，如图 4-309 和图 4-310 所示。

图 4-308

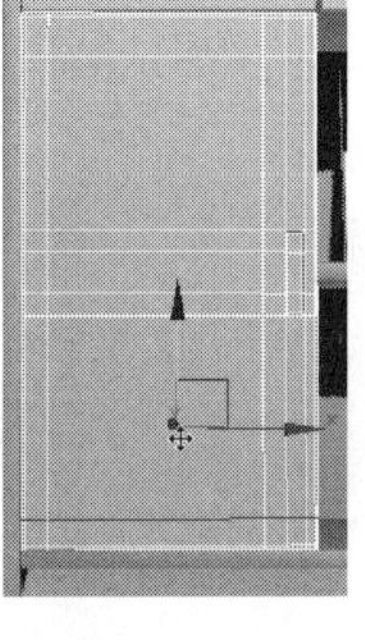

图 4-309

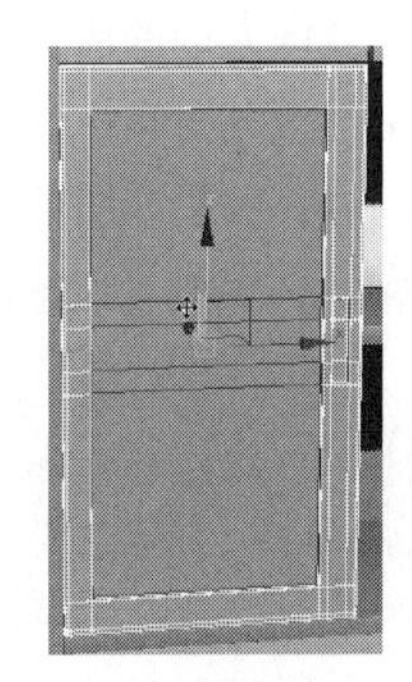

图 4-310

将四角线段切角，也可以在四角位置加线约束，如图 4-311 所示。细分后效果如图 4-312 所示。调整好后的整体效果如图 4-313 所示。

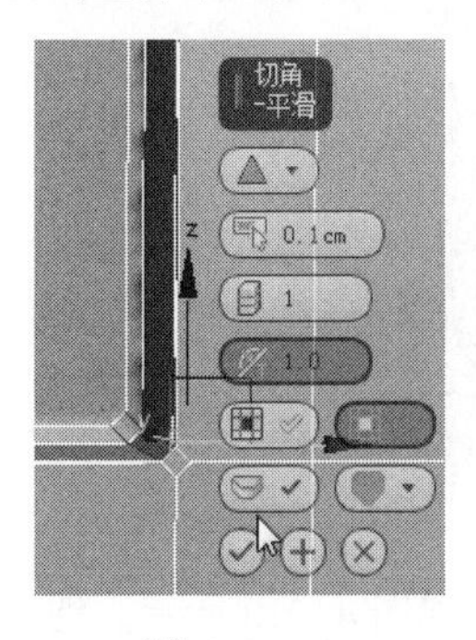

图 4-311

图 4-312

图 4-313

步骤 08 重新调整书本的数量、位置、厚度以及角度等。选择玻璃物体赋予一个不透明度为 10 左右的材质，最终显示效果如图 4-314 所示。

图 4-314

本实例小结：本实例模型并不太复杂，制作时需要注意书本的大小、角度和厚度的变化调整，尽可能地使场景看起来更加随机。

4.12 制作储物柜

储物柜一般分为家庭储物柜和商务储物柜等，主要用于方便人们分门别类地存储不同的物品。对于空间较小的家庭或者宿舍来说，储物柜更是必备物品，它能够充分利用空间来容纳较多的生活物品，而且也能够很好地装饰人们的居家环境。

步骤 01 在视图中创建一个如图 4–315 所示的样条线，在修改器下拉列表中添加“挤出”修改器，设置挤出的高度，效果如图 4–316 所示。

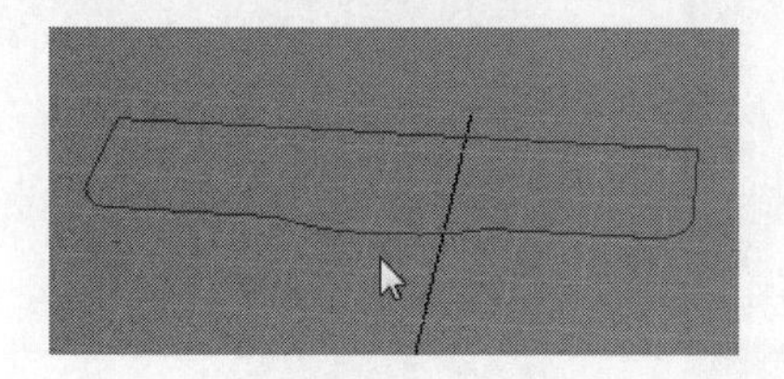

图 4–315

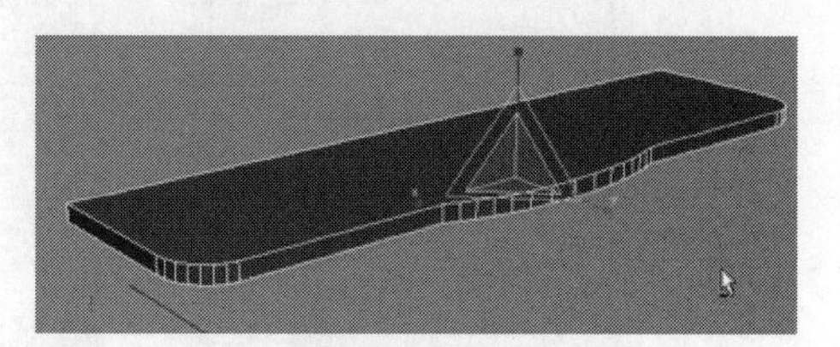

图 4–316

返回样条线级别，将插值下的步数值设置为 1，然后将该物体塌陷为可编辑的多边形物体，调整布线至如图 4–317 所示。在两个点中间快速加线的快捷键为【Ctrl+Shift+E】，该快捷键无论是两点之间的加线还是线段之间的加线都适用，所以要熟练掌握该快捷键。

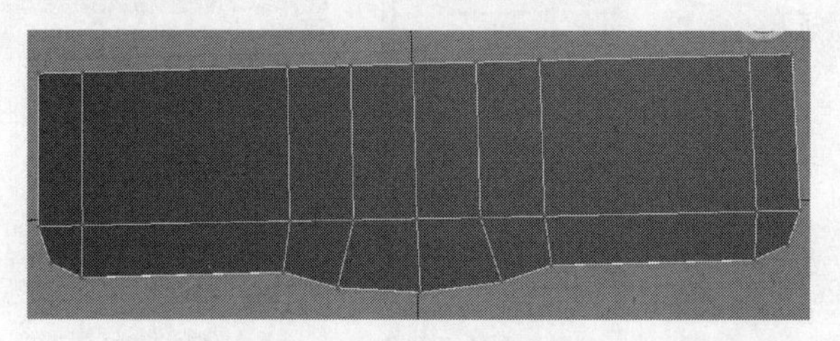

图 4–317

步骤 02 调整布线，删除一半模型，将中间的面向上挤出，如图 4–318 所示，细分后的模型如图 4–319 所示。

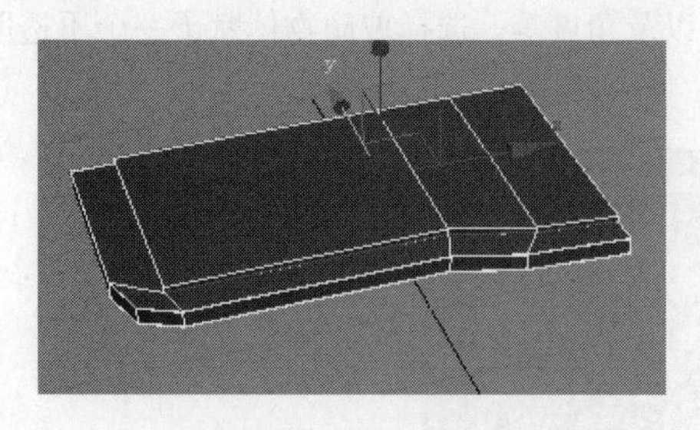

图 4–318

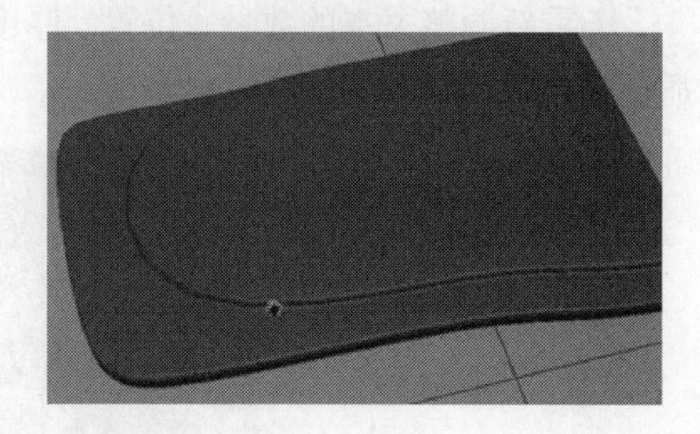

图 4–319

之所以会出现这样的结果，是因为在拐角处没有添加分段。在图 4–320 所示的方框中进行切角操作后再次细分，模型就得到了很好的改善。

调整好后将模型对称调整出另一半，效果如图 4–321 所示。

步骤 03 将该模型向上复制一个，然后删除上部的面并移除多余的线段，重新调整布线，在四周的边缘位置加线并向外移动调整，如图 4-322 所示。

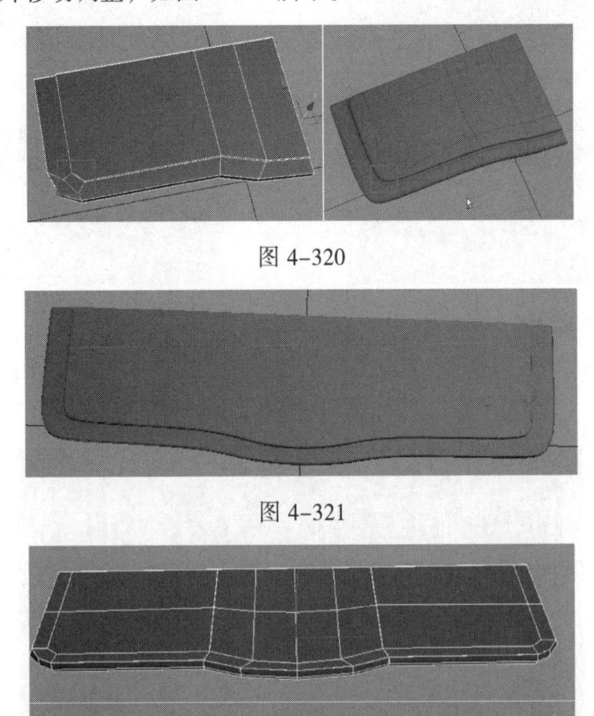

图 4-320

图 4-321

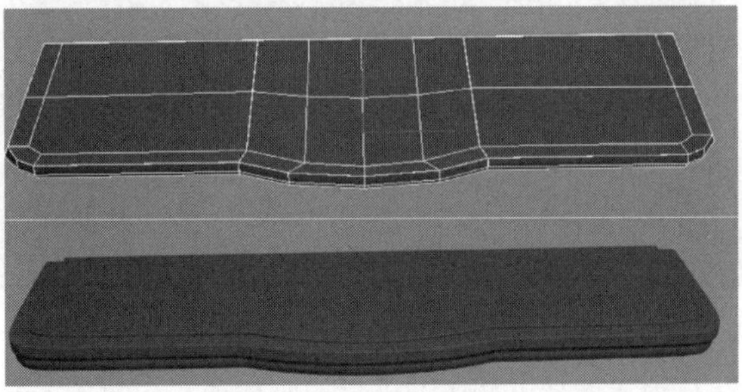

图 4-322

步骤 04 创建 Box 物体，配合加线调整、挤出面等操作调整轮廓，过程如图 4-323 所示。

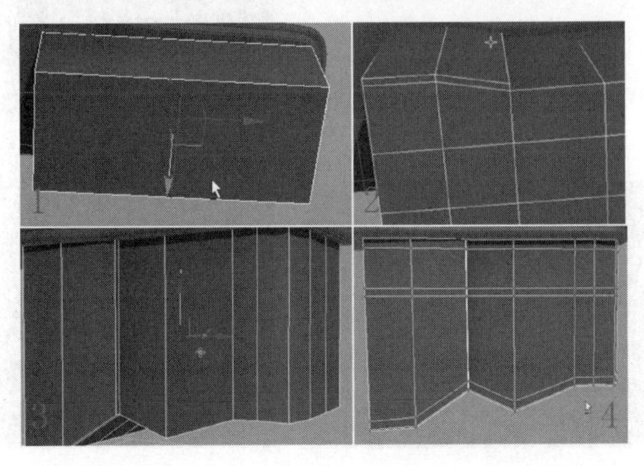

图 4-323

选择图 4-324 左上所示的面，用倒角工具进行多次挤出缩放操作，制作出如图 4-324 右上所示的效果，然后分别在拐角处的边上进行切角操作，细分光滑后的效果如图 4-324 右下所示。

步骤 05 用同样的方法将左侧的面也制作出该效果，如图 4-325 所示。

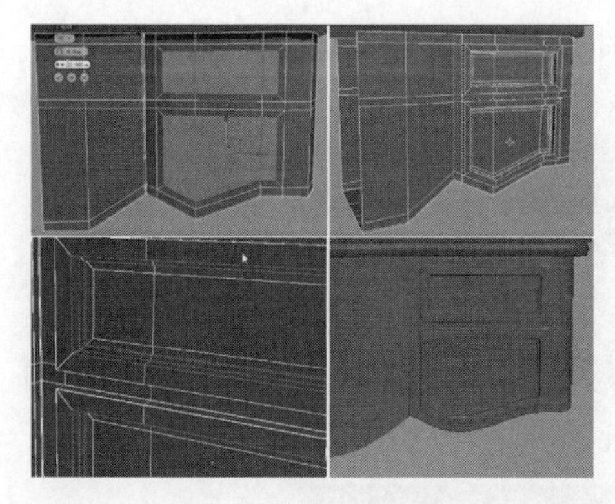

图 4–324

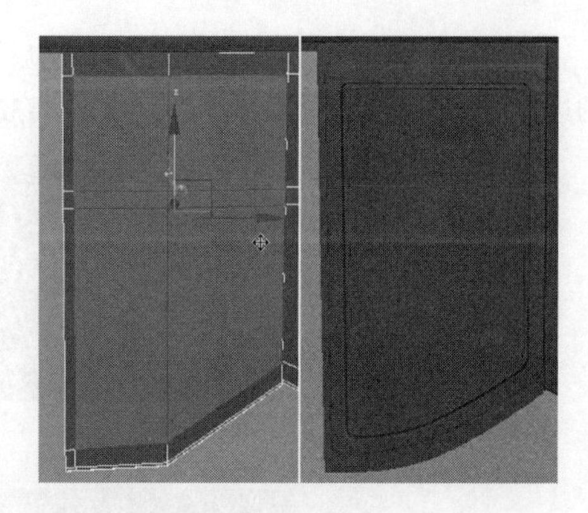

图 4–325

步骤 06 选择图 4–326 中的面，先向外挤出面，然后向内收缩面，再向内挤压面，如图 4–326 右所示。

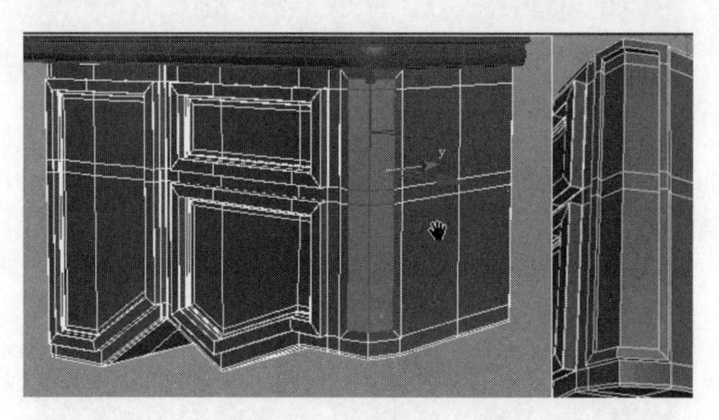

图 4–326

对四角的线段进行切角处理，在挤出的边上进行加线处理，如图 4–327 所示。

用同样的方法制作出图 4–328 中方框处所示的效果。

图 4–327

图 4–328

步骤 07 创建储物柜腿部细节，如图 4–329 所示。该模型的制作方法可以用放样工具先将大致轮廓放样出来，细节部分通过多边形切面等操作切出花纹布线，然后向外挤压出面即可。

步骤 08 腿部花纹细节的制作。花纹制作主要运用石墨建模工具。要使用石墨工具，物体本身必须是可编辑的多边形。进入修改面板，单击“石墨”工具下的“多边形绘制”选项卡，然后在“绘制于：”选项下面单击下三角按钮，在弹出的下拉列表中选择“绘制于：曲面”，如图 4-330 所示。

单击“拾取”按钮，在视图中拾取对象 001 物体，即储物柜腿部模型。拾取后该按钮会显示对象 001，此时即可在该物体的表面进行花纹的制作了，如图 4-331 所示。

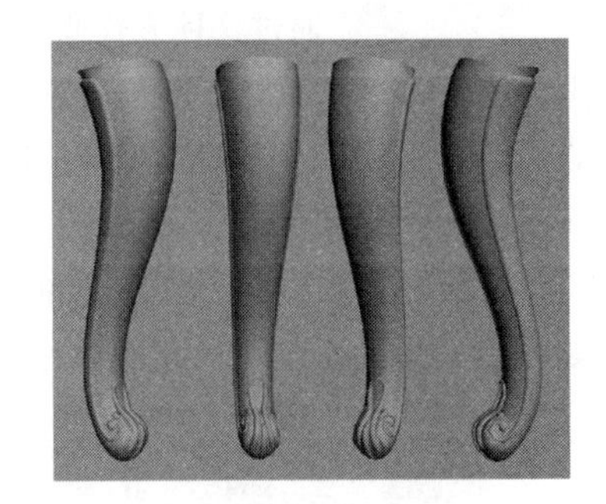

图 4-329

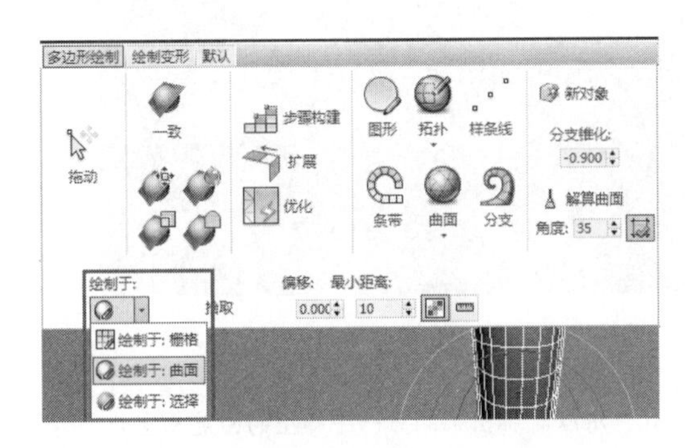

图 4-330

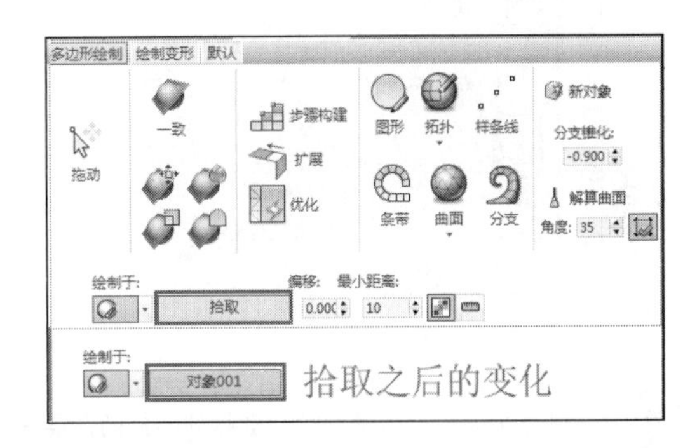

图 4-331

单击按钮，即可快速在物体上绘制出面片，如图 4-332 所示。

该面片的大小可以通过下面的“最小距离”的值来控制，该值越小，绘制的面片越小，布线就越密；值越大，绘制的面片就越大。通过这种方式绘制出如图 4-333 所示的面片，绘制好后右击结束绘制。在调整点时，因为坐标的关系调整起来很麻烦，但又希望将点约束在物体的表面，此时单击按钮，在调整点时即可随意在物体表面调整了，点会自动吸附在物体表面上。该功能非常强大，这也是石墨建模工具的一个特点。

选择绘制的面片，在修改器参数面板中单击“分离”按钮，在弹出的窗口中选中“分离到元素”复选框，单击“确定”按钮，如图 4-334 所示。

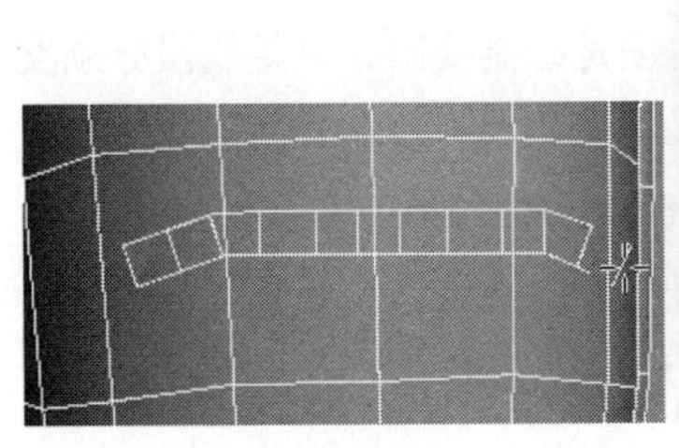

图 4-332

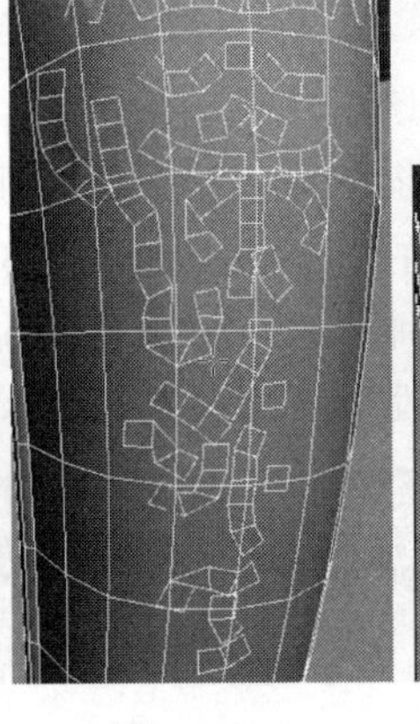

图 4-333

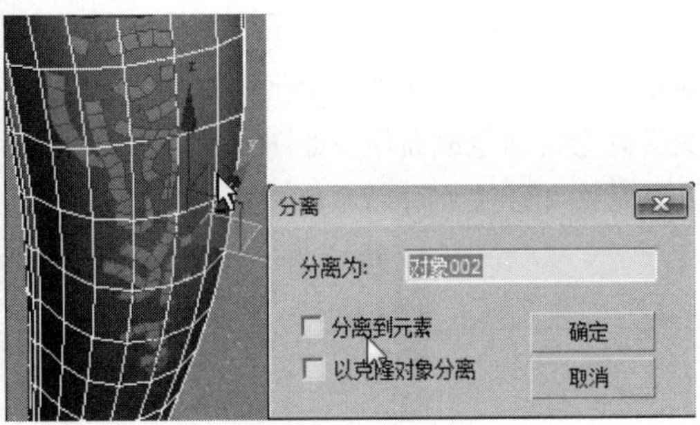

图 4-334

步骤 09 通过这种方式调整模型时，希望被选择的物体显示边框，没有被选择的物体不显示边框，接下来学习如何设置。选择“自定义”菜单中的“自定义用户界面”命令，在“类别”下选择 Views，然后找到“视口选择显示选定边面切换”选项，设置快捷键为【Shift+F4】，单击“确定”按钮，如图 4–335 所示。

返回视图中，按快捷键【Shift+F4】，选择绘制的面片，可以看到此时只有选择的物体才显示边界，如图 4–336 左所示。对称复制出另一半并将两者附加在一起，适当地调整布线至如图 4–336 右所示。

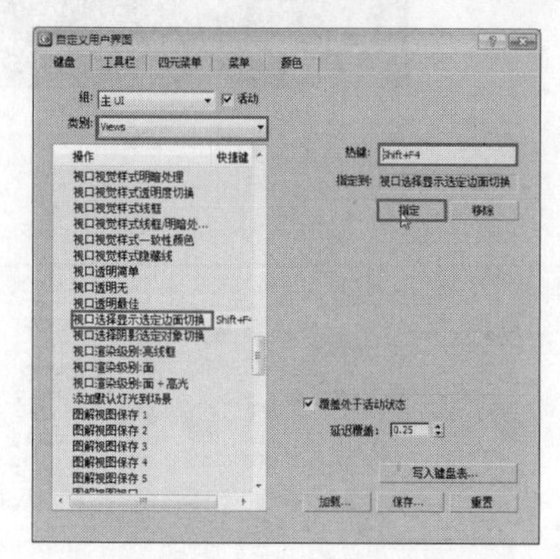

图 4–335

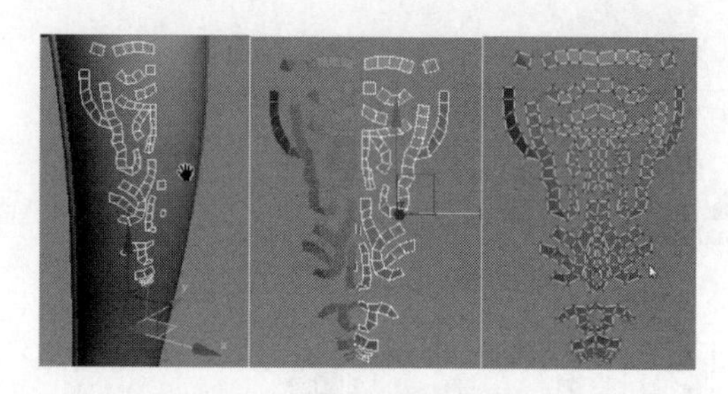

图 4–336

> **注意** 因为在进行对称操作时，坐标轴选择的是屏幕的方式，所以对称出来的另一半模型的面是悬空的，如图 4-337 左所示。单击拖动工具，分别在每一个点上轻微移动即可将该点吸附到腿部模型上，调整好后再来绘制出如图 4-337 中所示的花纹效果。最后框选所有的面，单击“挤出”工具挤出新的面，细分光滑后的效果如图 4-337 右所示。

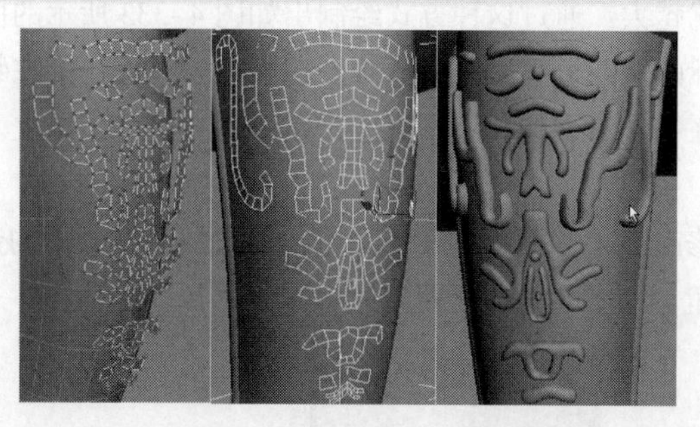

图 4–337

步骤 10 除了上述的条带工具，利用图形工具、拓扑工具也可以很方便地绘制出花纹效果。下面来看拓扑工具的使用，单击“拓扑”按钮，在视图中画线如图 4–338 所示。右击结束画线，在线的交叉处会自动生成面片，如图 4–338 右所示。利用该工具产生面的前提是绘制线时，每条线段必须交叉，从图 4–338 左可以看出，左侧第二条线段没有和下面的线段交叉，所以没有产生面片。

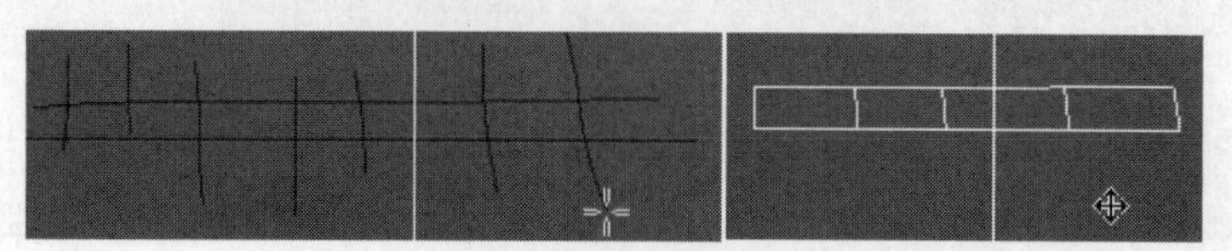

图 4–338

除了绘制直线外，还可以通过绘制曲线生成曲面，如图 4-339 所示。

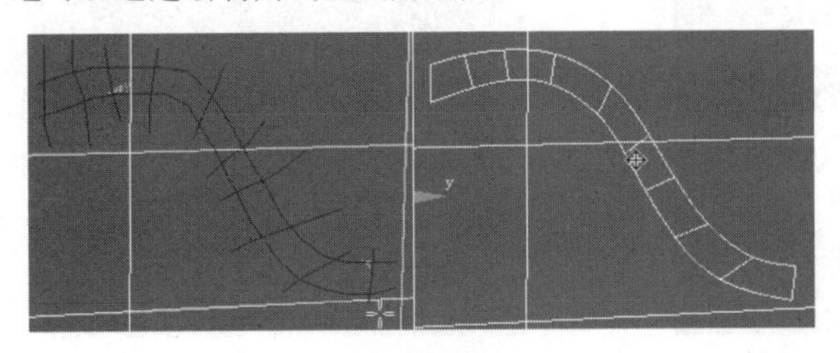

图 4-339

步骤 11 工具的使用也很简单，单击该按钮后可以在模型表面上随意绘制一些造型，右击结束创建，如图 4-340 所示。用这种方式绘制的形状是一个多边面，然后通过后期调整使其变为四边面，边的密集程度同样是“最小距离”的值影响，图 4-340 左右两图“最小距离”的值分别为 10 和 46 时绘制的效果。

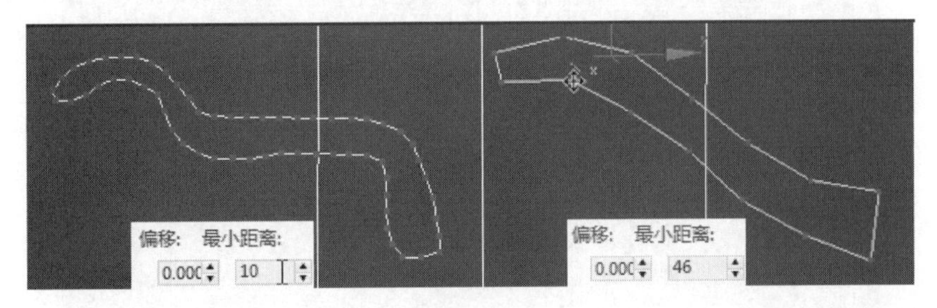

图 4-340

步骤 12 除了条带、图形、拓扑工具外，还有另一种最基本的方法可以创建面片。单击按钮，在模型上单击，创建四个点，按住【Shift】键生成面片，如图 4-341 所示。

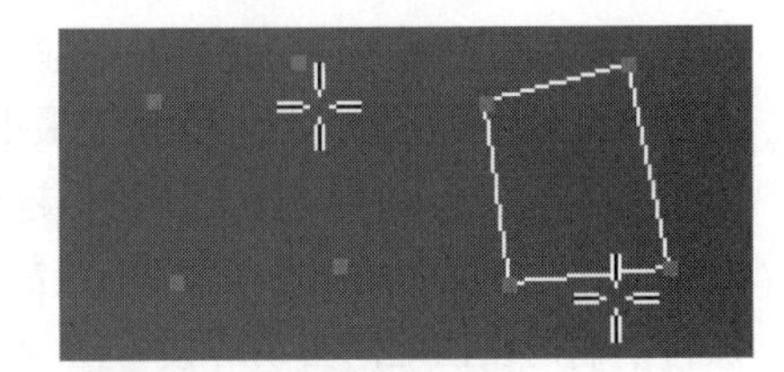

图 4-341

单击按钮，按住【Shift】键可以直接在边上拖拉出新的面，如图 4-342 所示。通过这种方法可以快速地拖拉出物体表面的形状，这也是 3ds Max 中石墨工具很强大的一个功能。按住【Ctrl】键在边上单击可以删除面，按住快捷键【Ctrl+Shift】拖动可以快速拖出一个整体面，如图 4-343 所示。

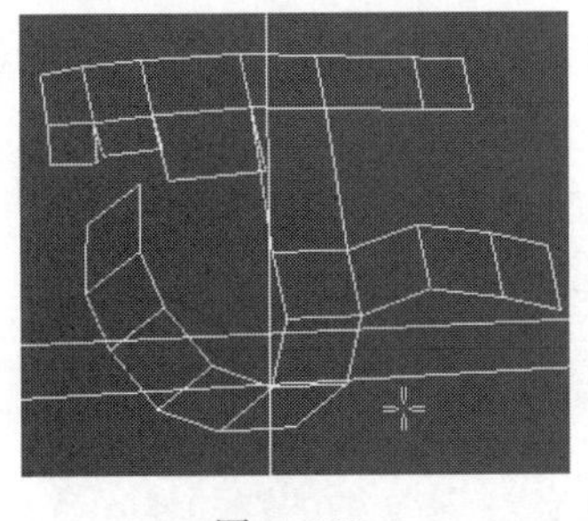

图 4-342

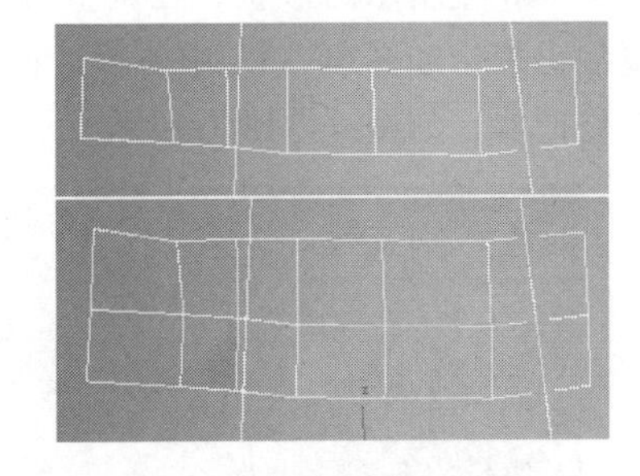

图 4-343

步骤 13 通过介绍的石墨拓扑工具来制作出如图 4-344 所示的花纹效果。

步骤 14 选择柜子腿部模型及花纹模型，单击“组” | “群组”，将这些物体组成一个组便于选择，移动复制出剩余的腿部模型，同时将柜子上的花纹进行对称复制处理，如图 4-345 所示。

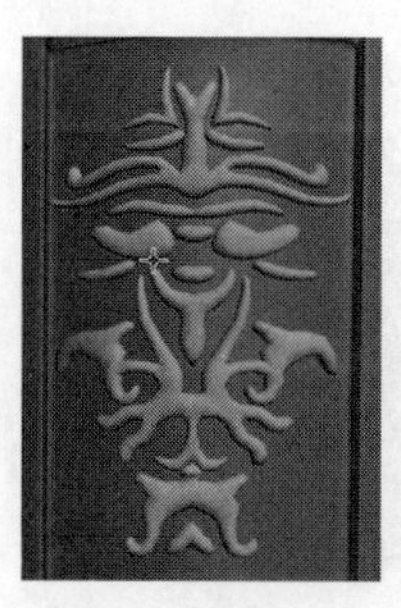

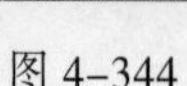

图 4-344

图 4-345

步骤 15 抽屉拉手模型的制作。首先选择柜子模型，按快捷键【Alt+X】将模型透明化显示；从图 4-346 左中可以看到，背部线段很影响观察效果，右击，在弹出的快捷菜单中选择“对象属性”命令，在对象属性参数中选中“背面消隐”复选框，这时背部的线段就看不到了，如图 4-346 右所示。

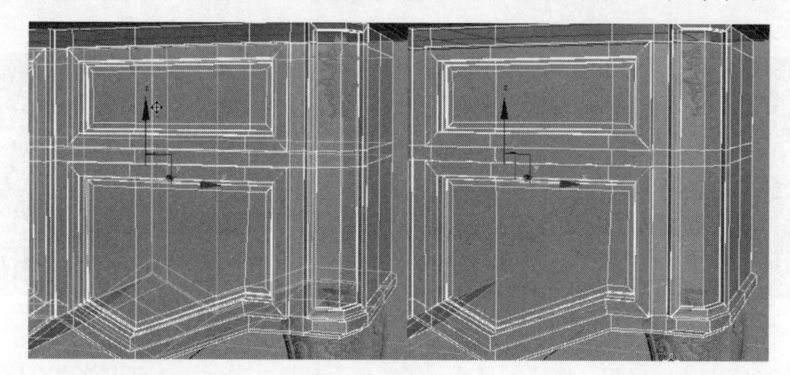

图 4-346

单击石墨工具下的条带工具，在模型表面绘制曲面。注意曲面的大小，除了前面讲到的利用“最小距离”的值来控制外，曲面大小还受视图的影响，视图拉得越近绘制的面就越小，视图拉得越远绘制的面片就越大。在绘制时，按住【Shift】键可以将绘制的线段之间自动焊接，图 4-347 所示为没有按住【Shift】键和按住【Shift】键绘制的不同结果。

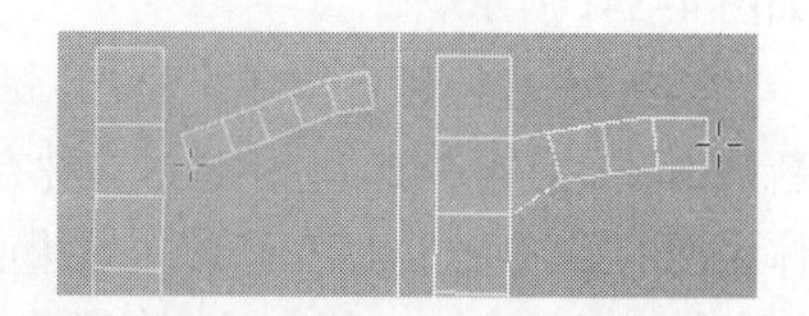

图 4-347

绘制出图 4-348 左所示的形状，在调整时可以将另一半关联对称复制出来，如图 4-348 中所示。调整好后，删除另一半，然后在修改器下拉列表中添加“对称”修改器，如图 4-348 右所示。

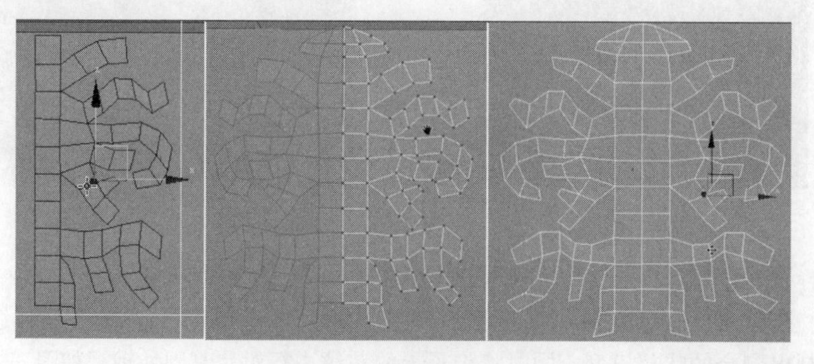

图 4-348

打开软选择，选择中间的点并向外移动调整，如图 4-349 所示。

选择所有的面进行向外挤出缩放操作，细分光滑后的模型效果如图 4-350 右所示。

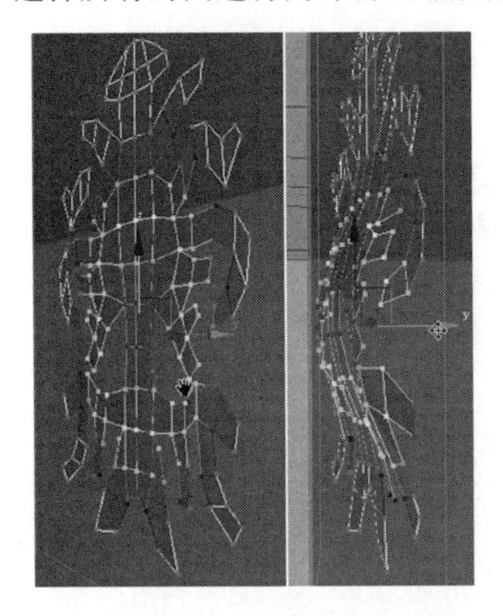

图 4-349

图 4-350

步骤 16 制作好后进行复制，然后在两个模型的中间位置创建样条线，选中“在视图中启用”复选框，然后塌陷为多边形物体，适当地调整比例大小，制作出中间部分的细节，如图 4-351 所示。

步骤 17 复制出剩余的拉手模型，最终的效果如图 4-352 所示。

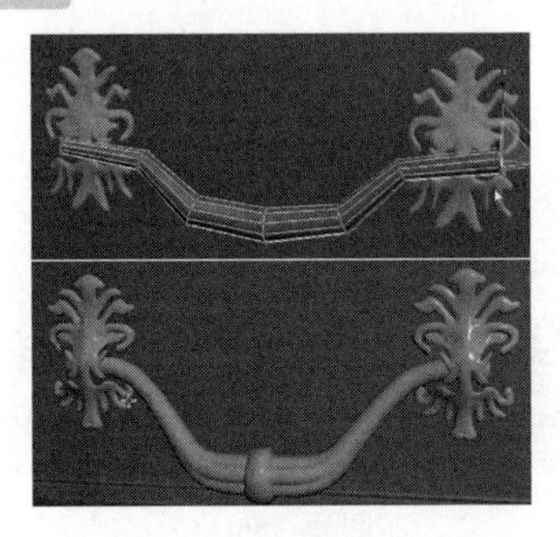

图 4-351

图 4-352

本实例小结：本实例中模型算是比较复杂的一种，特别是雕花等一些细节的表现，在制作时需要花费一些精力和时间。雕花等模型的制作可以配合石墨建模工具调整制作。

4.13　制作食品柜

步骤 01 参考图的设定：在顶视图中按快捷键【Alt+B】，打开视口背景面板，单击“文件”按钮，选择一张食品柜的顶视图参考图片，同样在前视图中也设定一张参考图，选中“匹配位图”和“锁定缩放/平移”复选框。在顶视图中创建一个 Box 物体，切换到前视图中可以发现，创建的 Box 物体在前视图中和参考图并不匹配，所以再次按快捷键【Alt+B】，先取消选中“锁定缩放/平移”复选框，在前视图中滚动鼠标滑轮将所创建的 Box 物体的长度与参考图进行匹配，调整好后再次按快捷键【Alt+B】，选中“锁定缩放/平移”复选框，这样就把两张图片正确对位了，如图 4-353 所示。

通过背景视图的设置参考图在 3ds Max 新版本软件中已经不实用了，所以可以通过创建一个面片进行贴图的方式来赋予一张参考图，前面章节中已经介绍过类似参考图的设置，这里不再详细讲解。

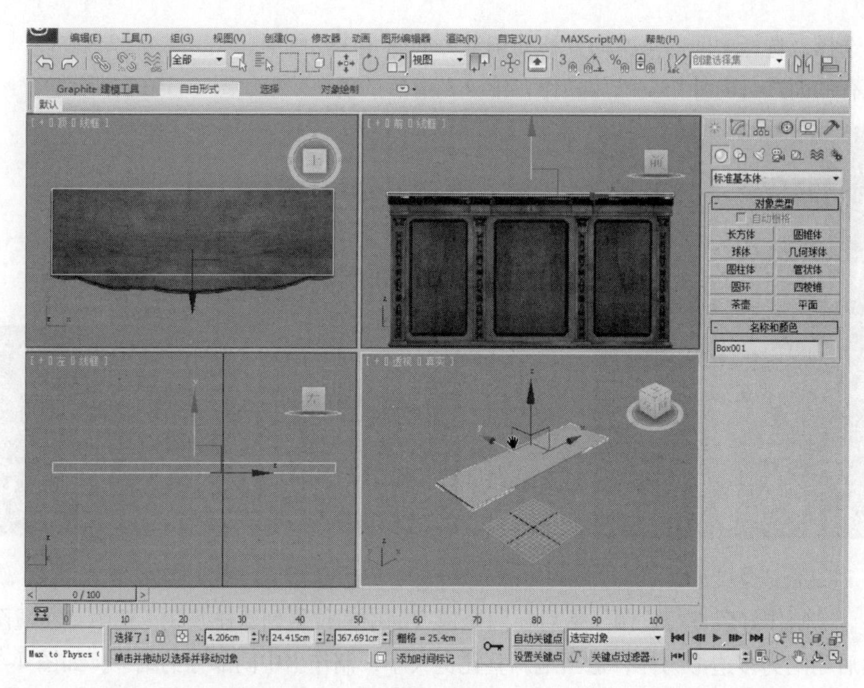

图 4-353

步骤 02 选择 Box 物体并将其转换为可编辑的多边形物体，选择底面并删除，将下面的边界向外适当地缩放，然后进行加线调整，如图 4-354 和图 4-355 所示。

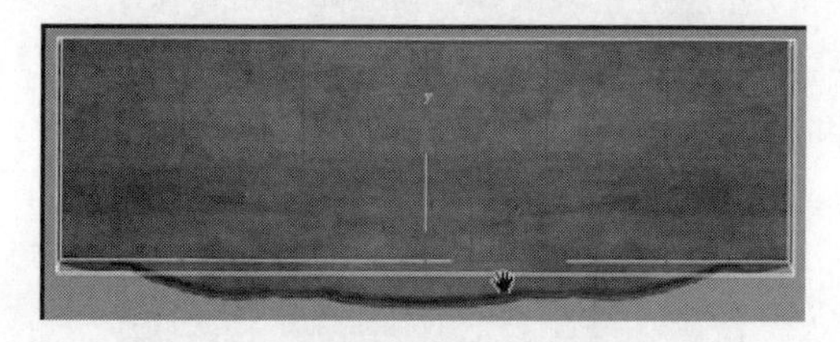
图 4-354

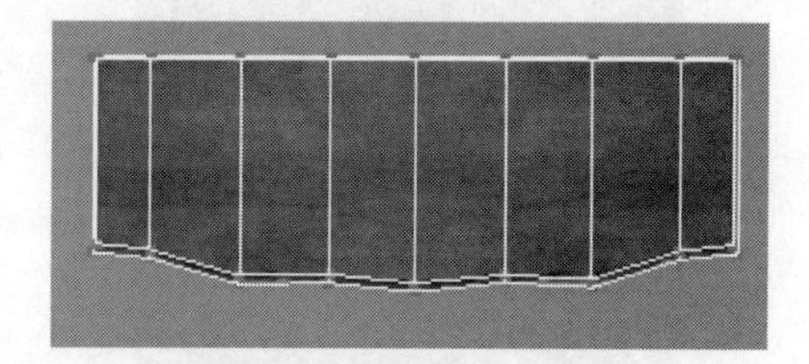
图 4-355

选择边界缩放挤出面，然后向下移动复制出新的面并调整点线，调整的过程如图 4-356 所示。参考图片对模型进行加线处理，调整至如图 4-357 所示的效果。

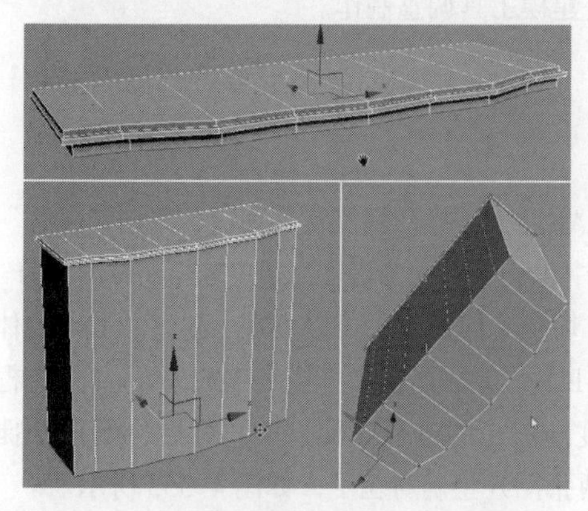
图 4-356

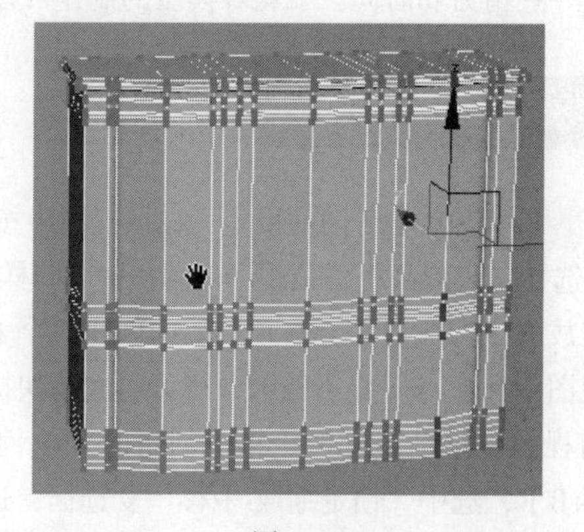
图 4-357

步骤 03 删除不需要的面，选择图 4-358 所示的面并向外挤出。

用同样的方法挤出图 4-359 所示的面并适当地调整模型的布线。

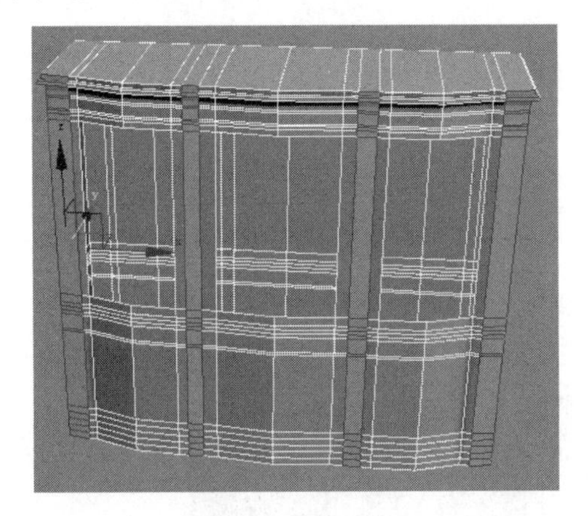

图 4-358

图 4-359

用同样的方法挤出图 4-360 所示的面，在调整布线时，可以配合缩放工具并迅速地将不平整的面缩放在一个平面内，调整后在边缘的位置加线，如图 4-361 所示。

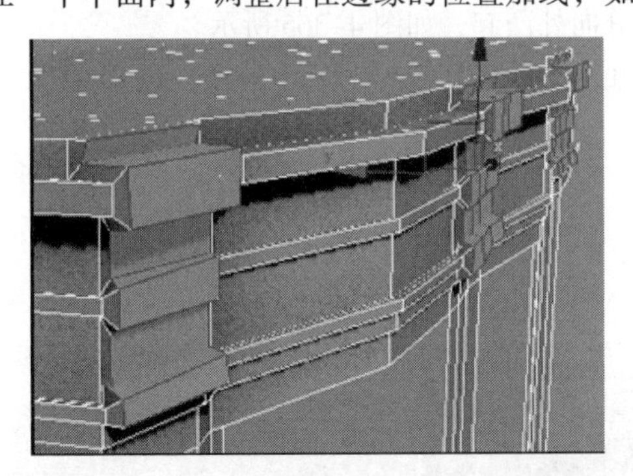

图 4-360

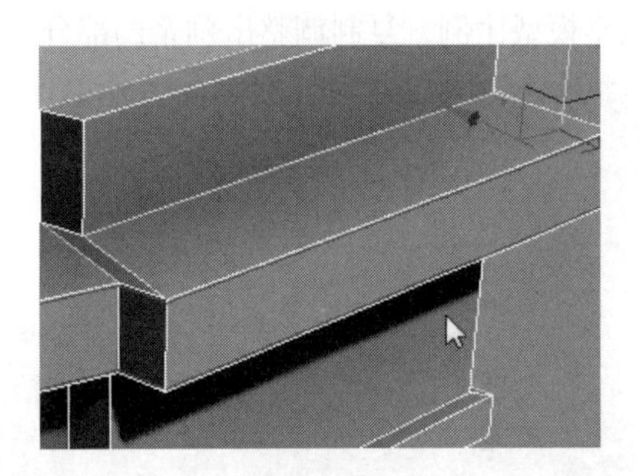

图 4-361

将剩余的边框进行倒角处理或者在边缘位置加线，选择边界，按住【Shift】键向内挤出面，该面不要调整得太深，可以模拟出它的厚度即可。然后在侧面的位置加线并删除中间的面，同样向内挤出面，调整好后经镜像对称复制得到另一半模型，细分后的光滑效果如图 4-362 所示。

步骤 04 创建一个面片物体并将其转换为可编辑的多边形物体，按照图 4-363 所示的步骤修改出花纹效果。

图 4-362

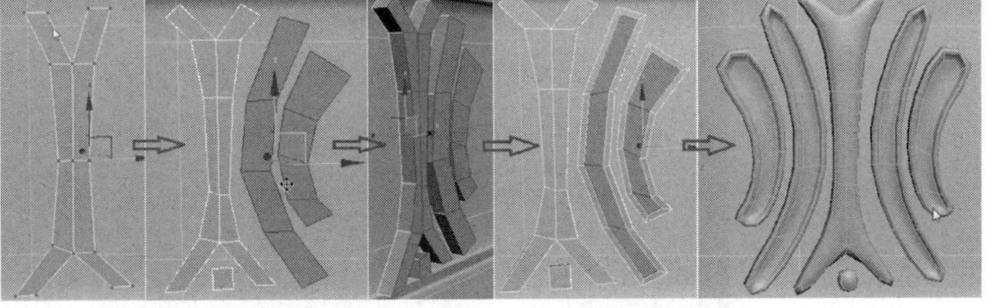

图 4-363

用同样的方法创建出图 4-364 所示的效果。

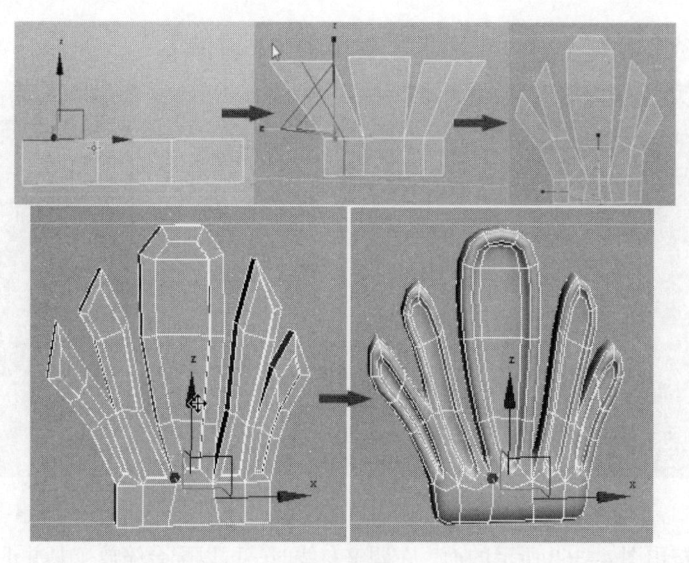

图 4-364

用石墨工具下的偏移工具调整模型，使中间部分向外凸起，如图 4-365 所示。

调整模型比例，复制调整出剩余的部分，效果如图 4-366 所示。

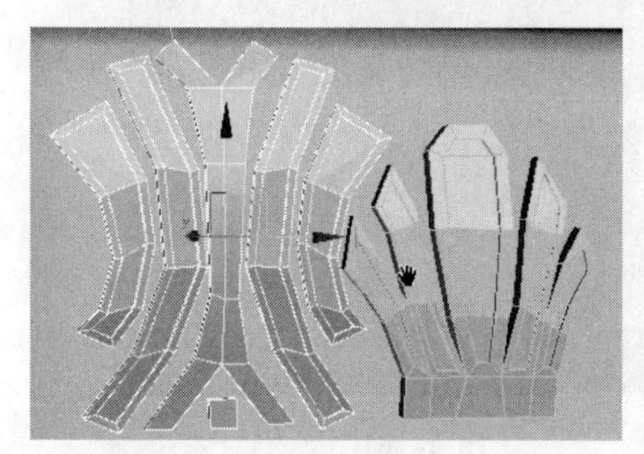

图 4-365

图 4-366

步骤 05 用多边形建模工具制作出图 4-367 所示的模型形状，这里主要用到的方法还是多边形建模下的常用命令，通过创建面片，然后编辑面片，在各个方向上调整位置和比例，通过边和面的挤出操作挤出轮廓，最后添加厚度并加线光滑。

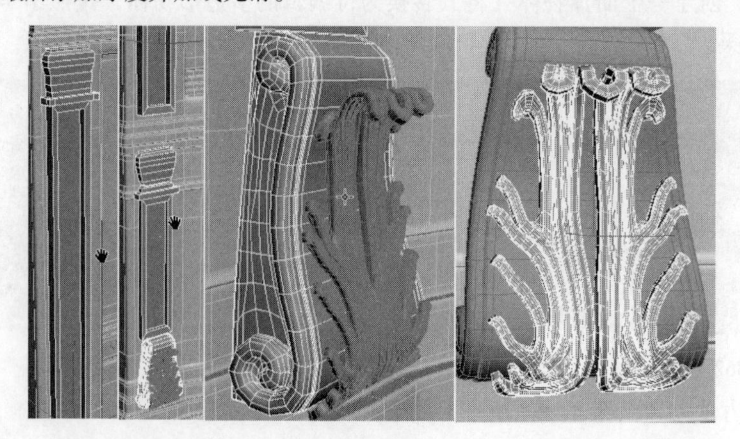

图 4-367

步骤 06 创建出底座的剖面曲线，然后在修改器下拉列表中添加“车削”修改器，调整边数为 4，最后复制出剩余的模型，如图 4–368 所示。

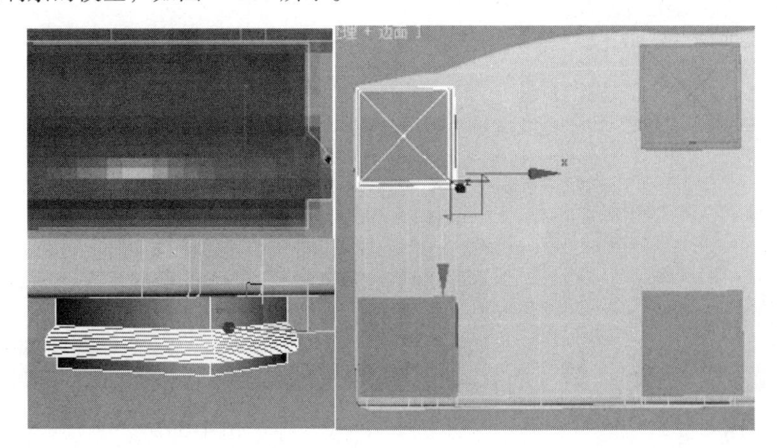

图 4–368

步骤 07 利用石墨工具中的条带工具（“自由形式”|“多边形绘制”|“条带”）绘制出图 4–369 所示的图案面片，对称复制出另一半模型。

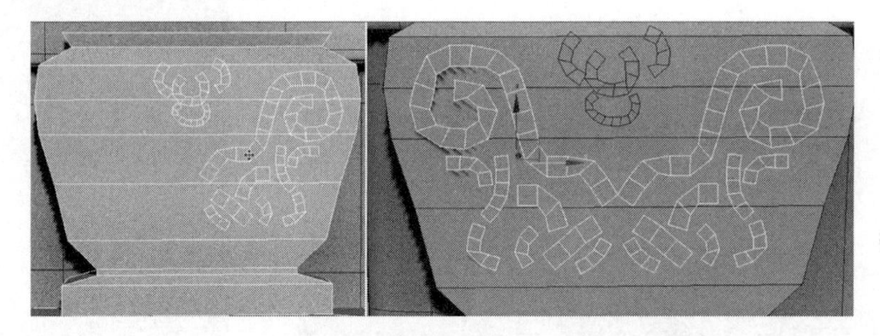

图 4–369

将面片向外挤出厚度并调整整体的比例，效果如图 4–370 所示。

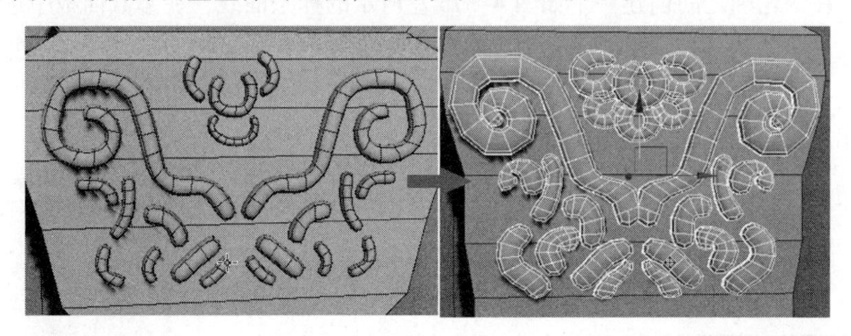

图 4–370

步骤 08 创建图 4–371 左所示的花纹效果并将其他部位的花纹雕刻复制出来。

步骤 09 创建图 4–372 左所示的花纹形状，复制调整出剩余的部分，如图 4–372 右所示。

步骤 10 创建一个矩形框，在矩形框中间加点并调整点的位置。在修改器面板参数中单击 轮廓 按钮，向内挤出轮廓，然后在修改器下拉列表中添加“挤出”修改器，将样条线生成三维模型，如图 4–373 所示。

用同样的方法创建外部轮廓模型，如图 4–374 所示。

图 4–371

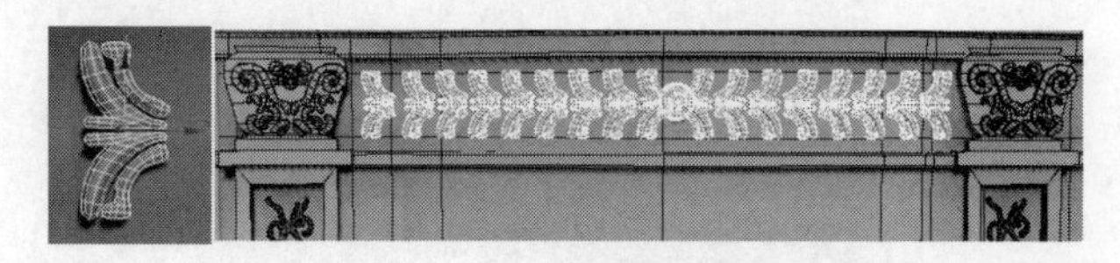

图 4–372

图 4–373

图 4–374

步骤 11 在两轮廓之间创建一个如图 4–375 左所示的样条曲线，在参数面板中选中“视图中启用”复选框，设置边数为 6，将插值设置为 1，然后再创建一个 Box 物体，细分光滑并调整好位置，如图 4–375 右所示。

复制调整出轮廓之间的模型花纹，如图 4–376 所示。

图 4–375

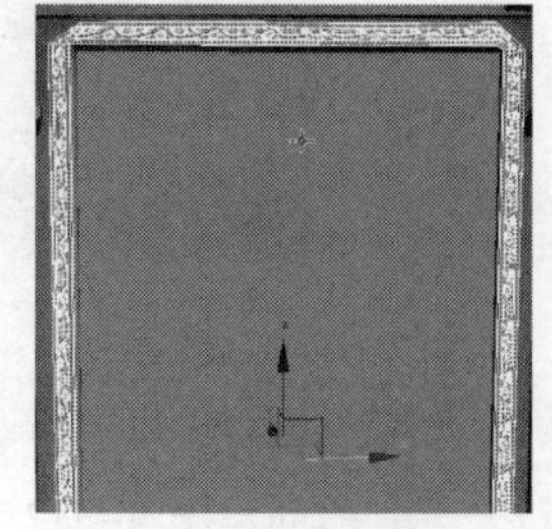

图 4–376

步骤 12 调整好一半模型后，通过修改器下拉列表中的“对称”修改器来复制调整出另一半模型。最终的模型效果如图 4–377 所示。

图 4-377

4.14　制作餐边柜

餐边柜是放在餐厅、主要是具有收纳功能的储物柜，可以供放置碗碟筷、酒类、饮料类，以及临时放汤和菜肴用，也可放置客人包包等小物件。

步骤 01 首先创建一个 200cm × 100cm × 45cm 的长方体并转换为可编辑的多边形物体，加线调整至图 4-378 所示，然后选择正面所有面，单击 倒角 按钮后面的▫图标，在弹出的“倒角”快捷参数面板中设置倒角参数，倒角方式选择“按多边形”方式挤出先向内缩放，如图 4-379 所示。再向后挤出，如图 4-380 所示。

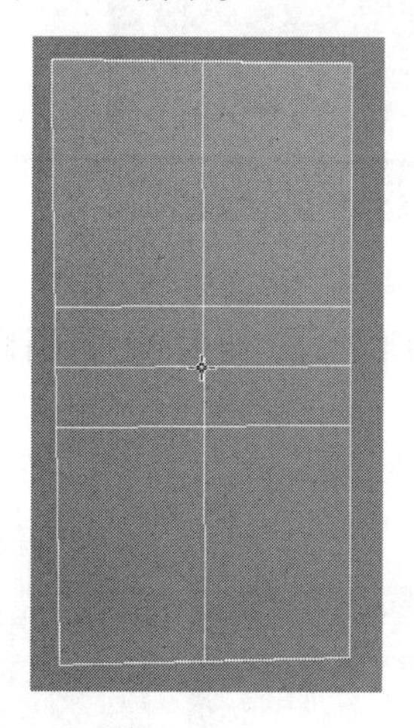

图 4-378

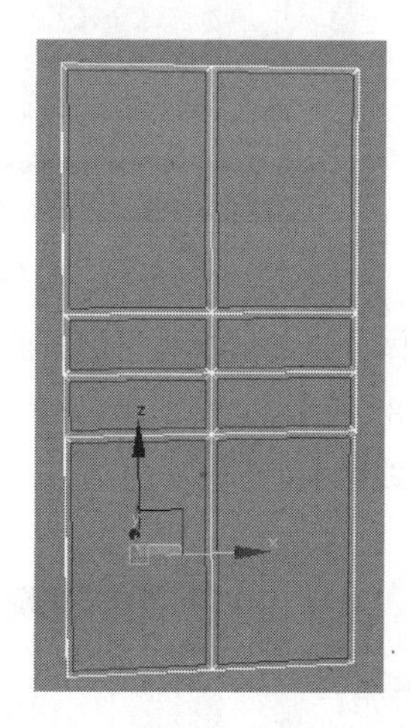

图 4-379

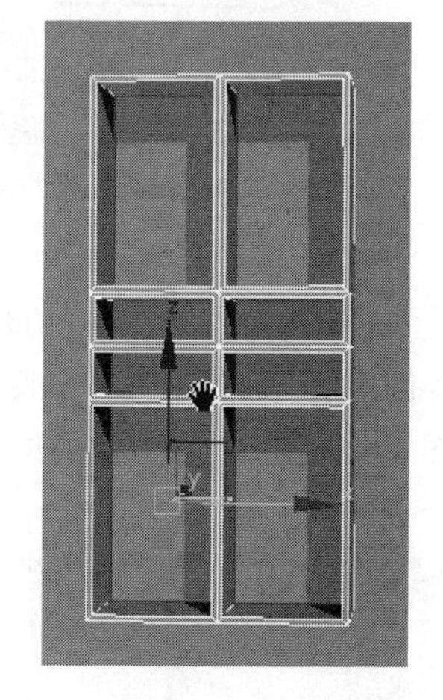

图 4-380

步骤 02 创建一个长方体模型并转换为可编辑的多边形物体，加线调整至如图 4-381 所示。删除中间的面，然后选择边界线用“桥”命令生成前后对应的面，如图 4-382 所示。之后再次在拐角和边缘位置加线，如图 4-383 所示。

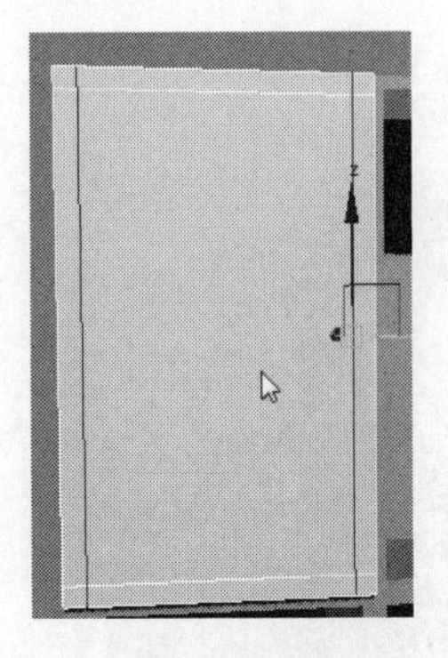

图 4-381

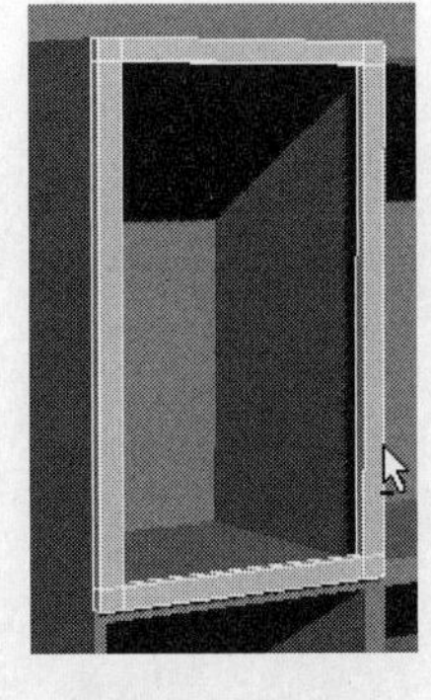

图 4-382

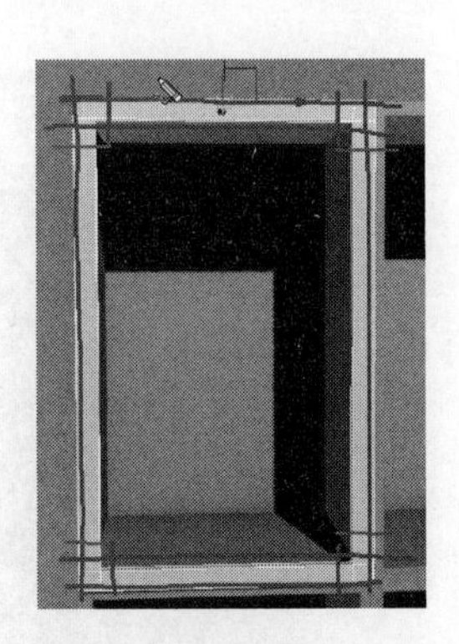

图 4-383

同时还要在门框厚度方向的内外两侧边缘加线，然后在门框内部创建一个长方体，如图 4-384 所示。将其转换为可编辑的多边形物体。

图 4-384

沿着 Z 轴向下复制，如图 4-385 所示。将复制的长方体全部附加起来，用这种方法可以快速制作出百叶窗效果。

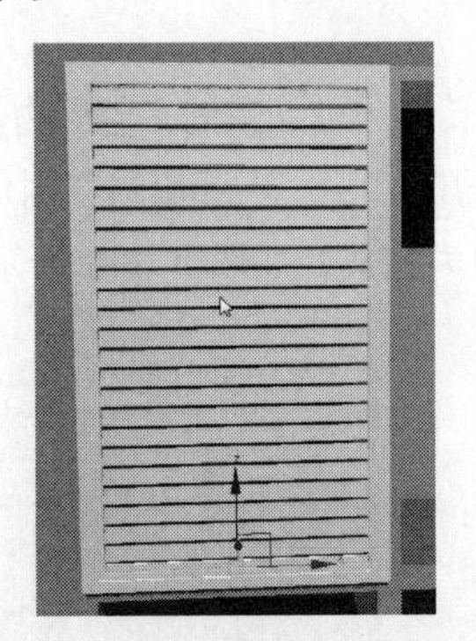

图 4-385

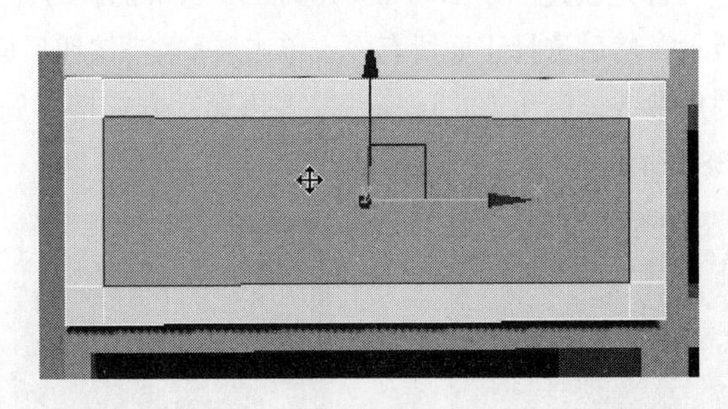

图 4-386

步骤 03 再次创建一个长方体物体，将其转换为可编辑的多边形物体，再对其进行调整，先向内再向外倒角挤出面如图 4-386~图 4-388 所示。

在图 4-389 和图 4-390 中的位置加线约束。

图 4-387

图 4-388

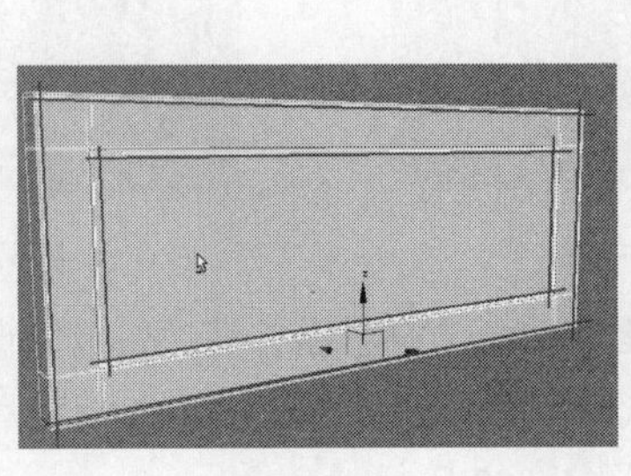

图 4-389

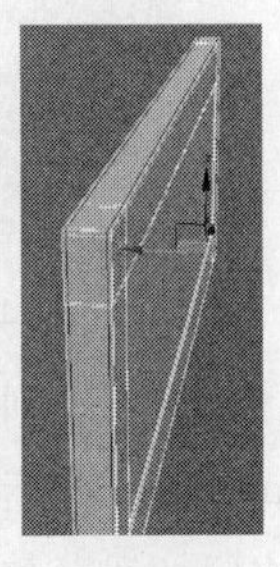

图 4-390

细分后复制出剩余的抽屉和底部柜门模型，如图 4-391 所示。

步骤 04 创建一个长方体并转换为多边形物体后加线调整至如图 4-392 所示。然后选择上下背部为限制的面用“挤出”命令将面挤出，如图 4-393 所示。

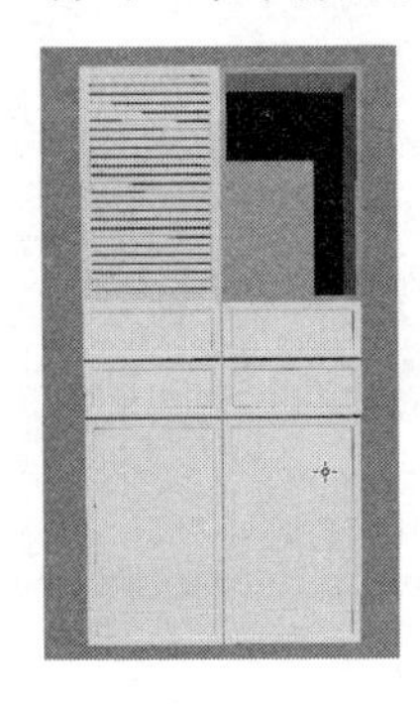

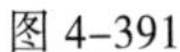
图 4-391

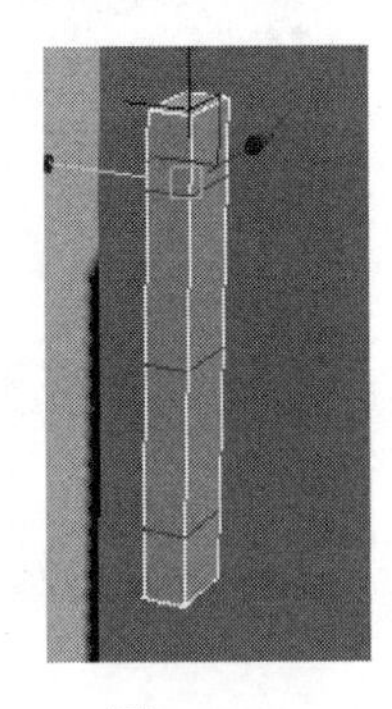

图 4-392

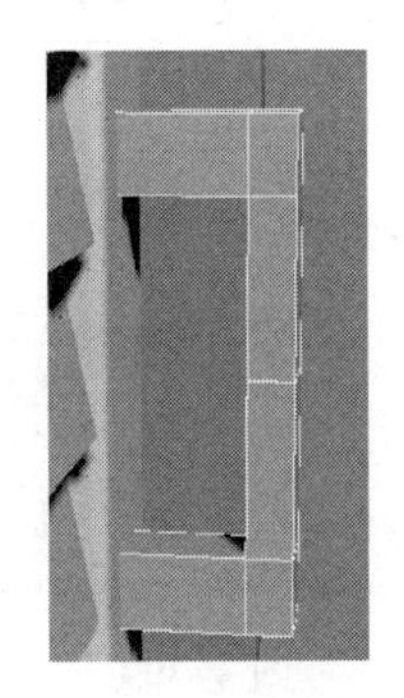

图 4-393

加线约束调整如图 4-394 和图 4-395 所示。细分后将其他部位拉手模型复制调整，如图 4-396 所示。

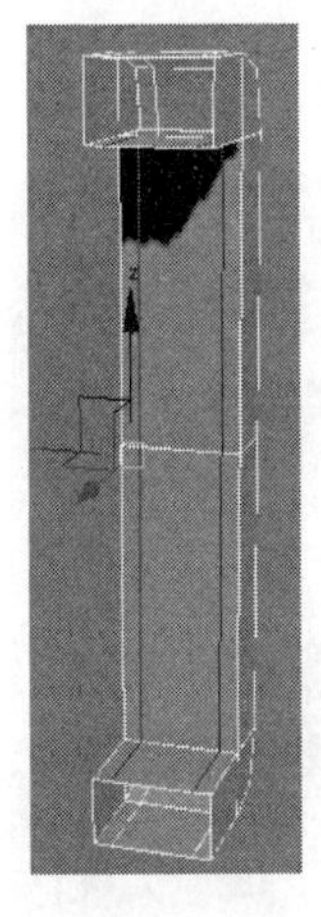

图 4-394

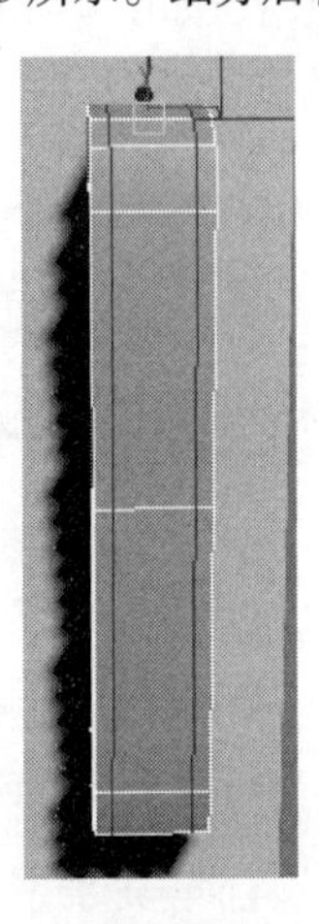

图 4-395

图 4-396

步骤 05 吊柜制作。利用长方体模型对其进行多边形的编辑调整出吊柜基本形状，过程如图 4-397（加线）和图 4-398（面的倒角）所示。

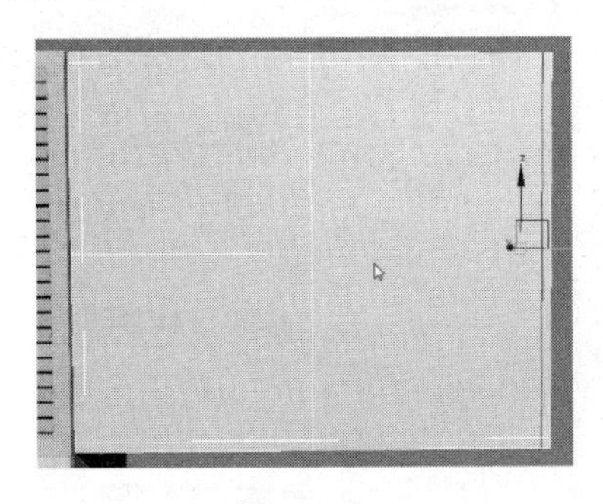

图 4-397

图 4-398

用同样的方法制作出底部柜体，如图 4-399 所示。然后创建出一个长方体物体或者面片物体，按快捷键【M】打开材质编辑器，在左侧材质类型中单击标准材质并拖拉到右侧材质视图区域，双击材质面板中任意参数选项，在右侧“不透明度”参数中设置不透明度的值为 20，选择场景中玻璃物体，单击按钮将标准材质赋予所选择物体，效果如图 4-400 所示。

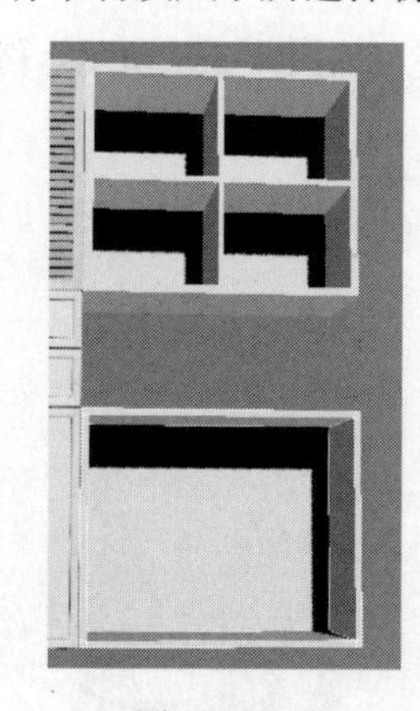

图 4-399

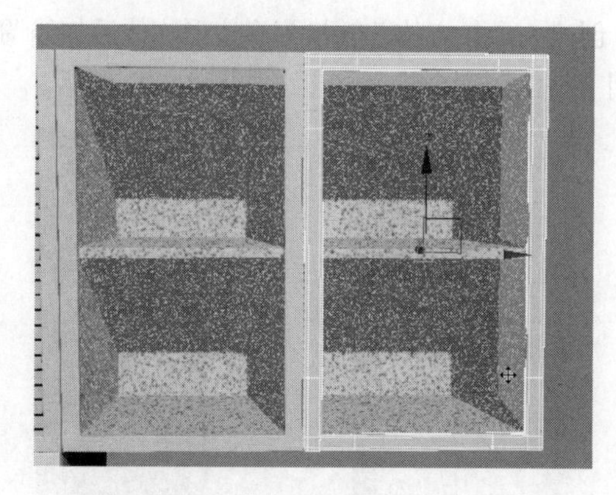

图 4-400

将前面制作的百叶窗模型复制调整，如图 4-401 所示。

步骤 06 复制调整出右侧的柜体物体和柜门，如图 4-402 和图 4-403 所示。然后利用创建长方体或者切角长方体模型制作出如图 4-404 所示的位置模型。

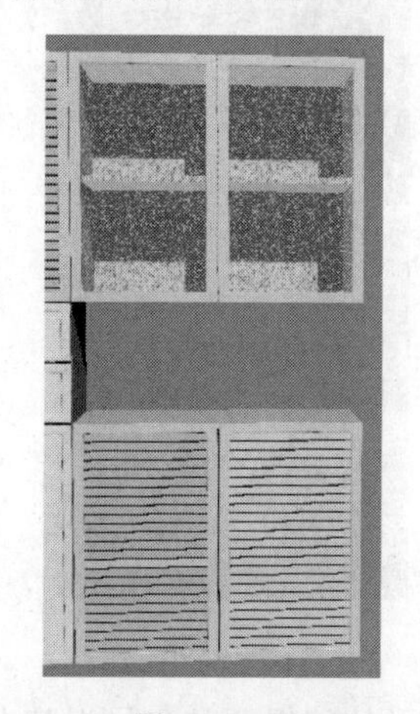

图 4-401

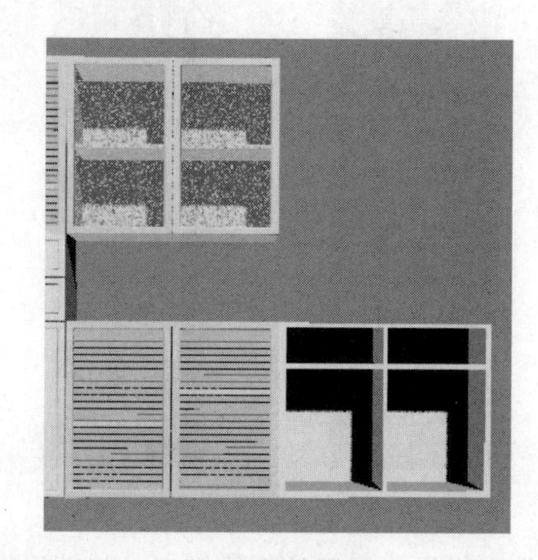

图 4-402

图 4-403

图 4-404

复制调整出所有拉手模型整体效果，如图 4-405 所示。

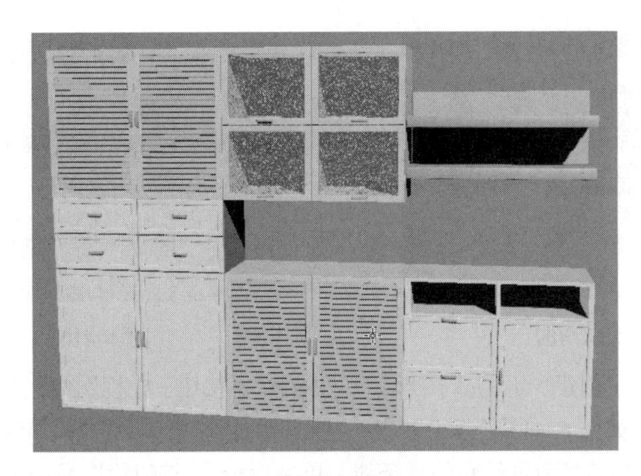

图 4-405

步骤 07 为了使场景模型更加丰富，单击软件左上角图标依次选择“导入”|“合并”命令，导入一些锅碗瓢勺等模型，调整位置和大小，最终的效果如图 4-406 所示。

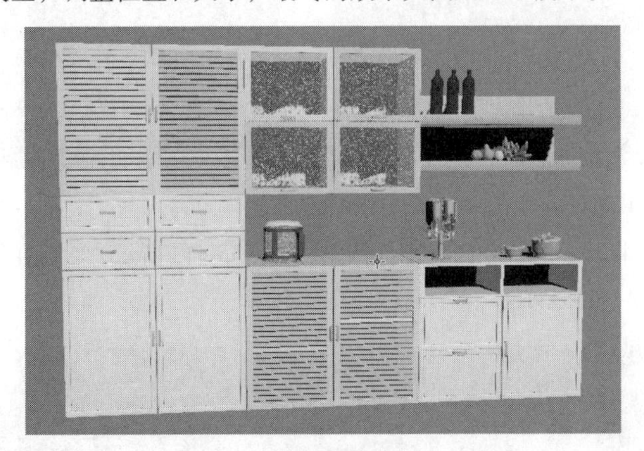

图 4-406

本实例小结：本实例没有太多复杂的模型，利用好多边形建模方法快速调整出柜门、抽屉模型即可。

4.15　制作欧式橱柜

前面我们学习了明清橱柜，本节来学习欧式橱柜的制作。

一般情况下，家用大理石整体橱柜的制作要先从底板等物体开始搭建，然后是支撑隔板，最后是台面和柜门等，如图 4-407~图 4-410 所示。

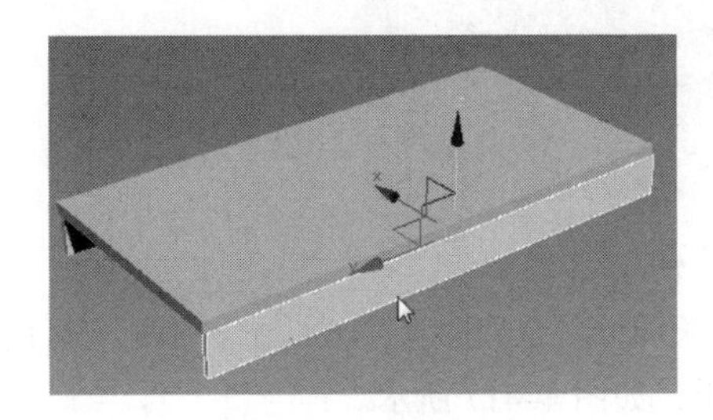

图 4-407

图 4-408

图 4-409

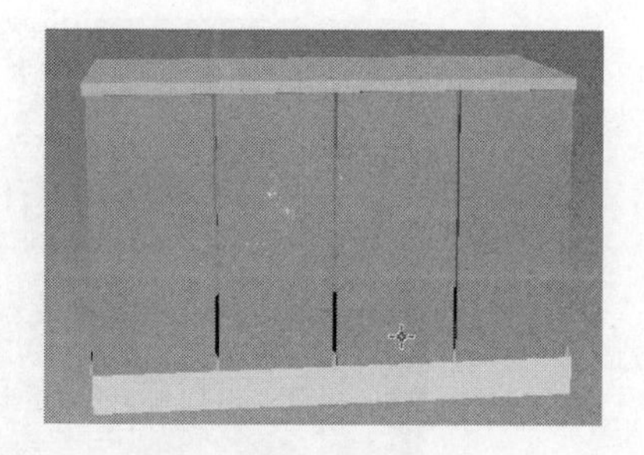

图 4-410

步骤 01 单击（创建）|（图形）| 矩形 按钮，在视图中创建一个 60cm × 260cm 的矩形，旋转 90° 复制。如图 4-411 所示。右击，在弹出的快捷菜单中选择“转换为” | “转换为可编辑样条线”命令，将矩形转换为可编辑的样条线，单击 附加 按钮拾取另一个矩形将其附加在一起，然后单击 布尔 按钮拾取另一个矩形完成布尔运算，如图 4-412 所示。

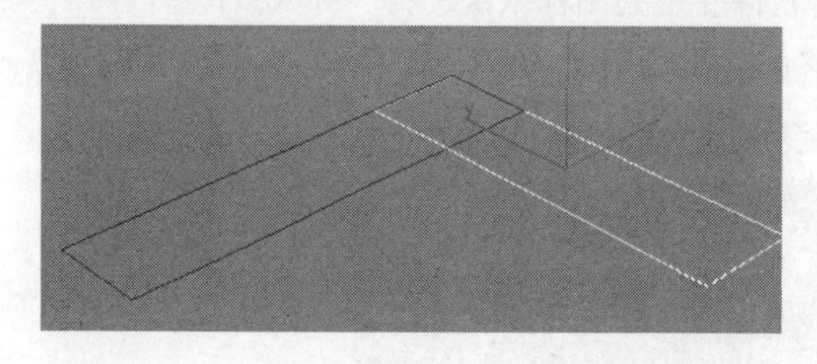

图 4-411

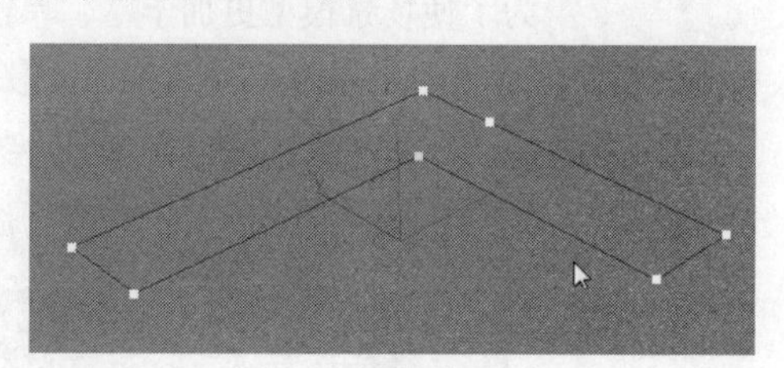

图 4-412

单击 圆角 按钮，将其中的一个角处理为圆角，如图 4-413 所示。然后在修改器下拉列表下添加“挤出”修改器，如图 4-414 所示。

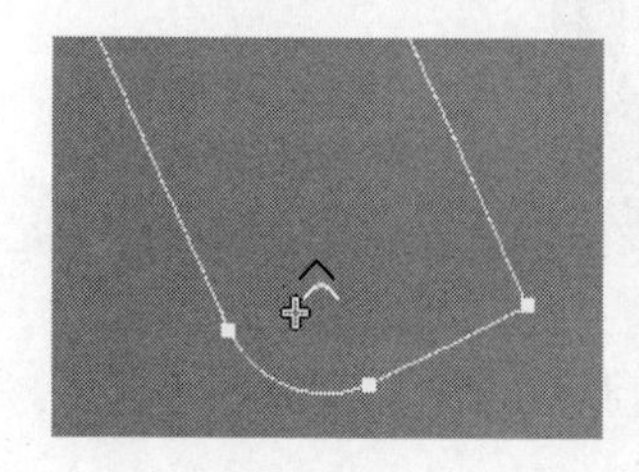

图 4-413

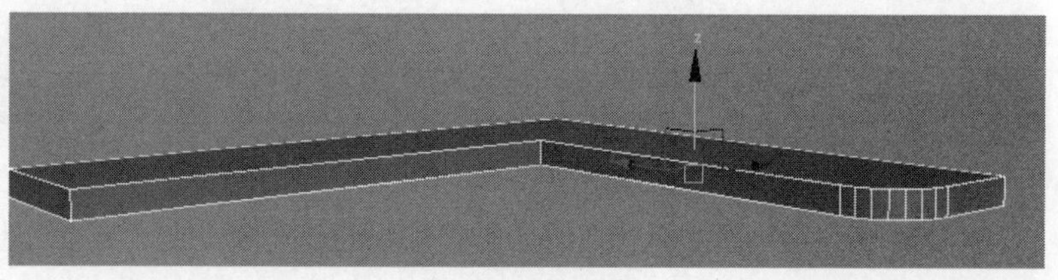

图 4-414

步骤 02 按快捷键【Ctrl+V】将该模型原地复制，然后在下方 Z 轴内输入 70 70.0cm ，这样可以快速将复制的物体向上移动 70cm，然后修改挤出的数量值设置为 3.5cm，如图 4-415 所示。

图 4-415

再向下复制一个，删除“挤出”修改器，调整样条线形状至如图 4-416 所示。添加“挤出”修改器设置挤出数量值为 70cm，然后和底座模型对齐效果，如图 4-417 所示。

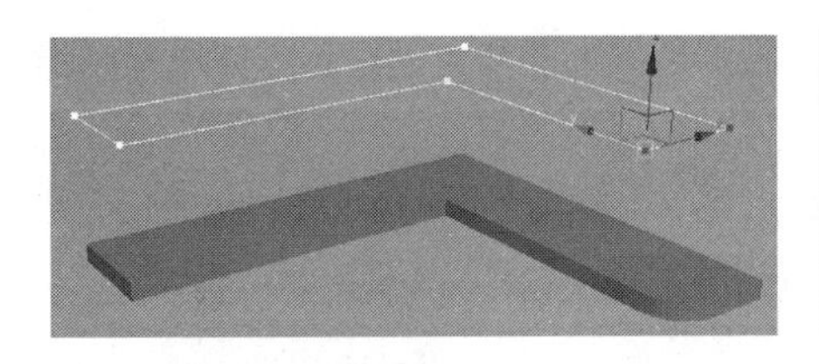

图 4-416

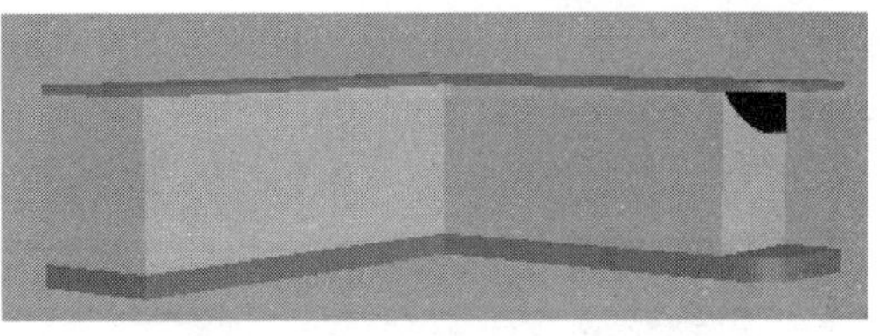

图 4-417

步骤 03 接下来制作出橱柜面燃气灶开口。该位置的创建方法有两种，第一种是创建一个 65cm × 40cm 矩形，先将橱柜面“挤出”修改器删除，用附加工具将样条线和矩形附加在一起后再次添加“挤出”修改器即可，如图 4-418 所示。第二种是可以创建长方体模型，利用超级布尔运算工具运算出开口位置。用同样的方法将底部物体的开口也制作出来，如图 4-419 所示。

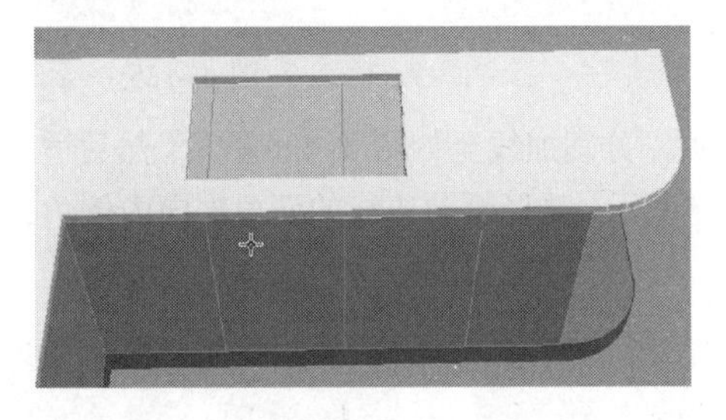

图 4-418

图 4-419

将橱柜面物体转换为多边形物体，简单调整一下布线，如图 4-420 所示。选择边缘的线段用切角工具切角使边缘有一定的圆角效果，如图 4-421 所示。

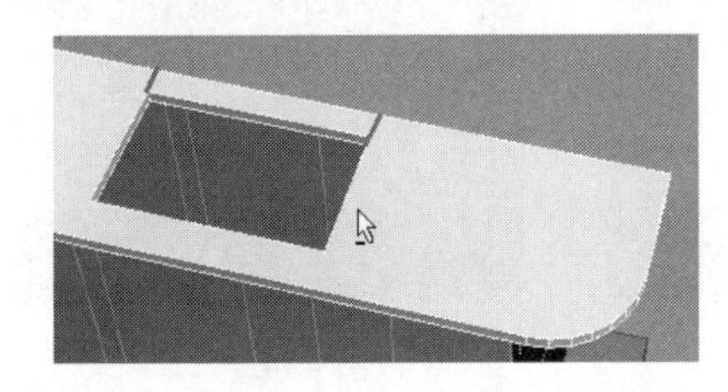

图 4-420

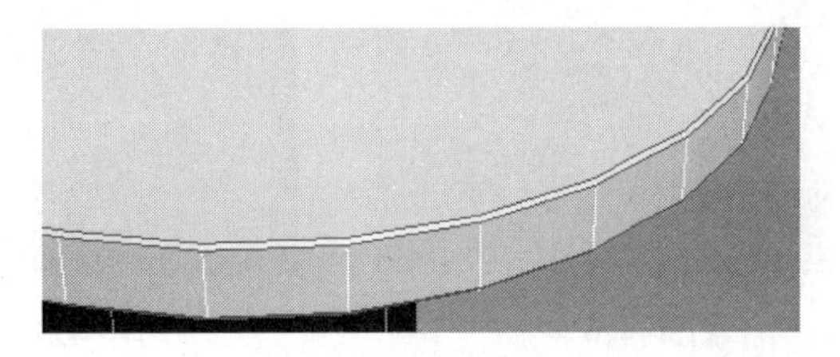

图 4-421

用同样的方法将内部开口位置线段也切角处理。

步骤 04 在侧面创建一个长方体模型如图 4-422 所示，复制调整至如图 4-423 所示的形状。

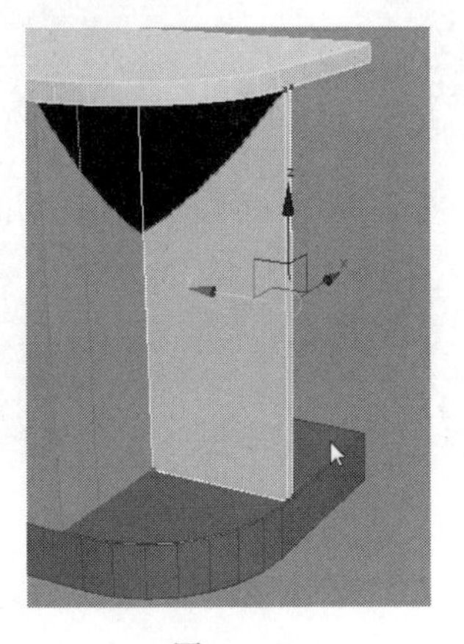

图 4-422

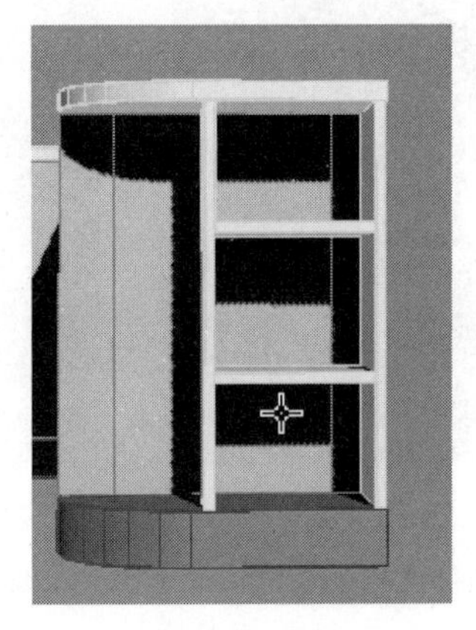

图 4-423

步骤 05 在柜体上添加加线，如图 4-424 所示。根据加线的距离，创建长方体用来制作柜门，如图 4-425 所示。

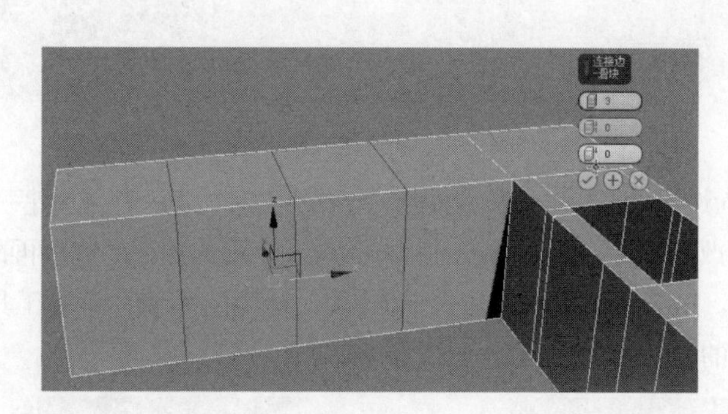

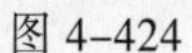
图 4-424

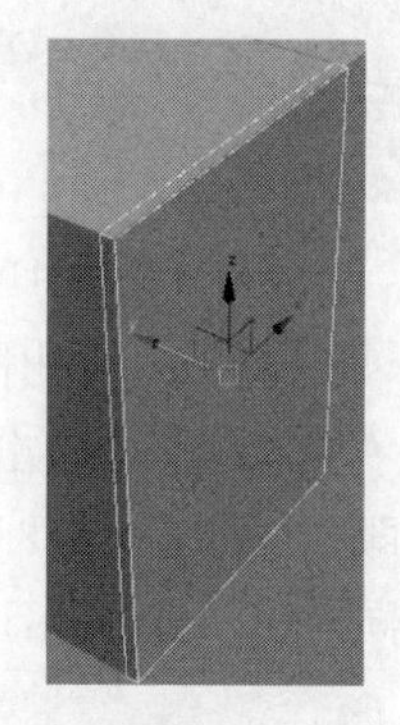

图 4-425

将该长方体模型转换为可编辑的多边形物体后，分别加线至如图 4-426 所示。然后适当调整形状，选择中间的面，用倒角工具向内倒角，如图 4-427 所示。选择倒角边缘的面再次向内倒角，如图 4-428 所示。

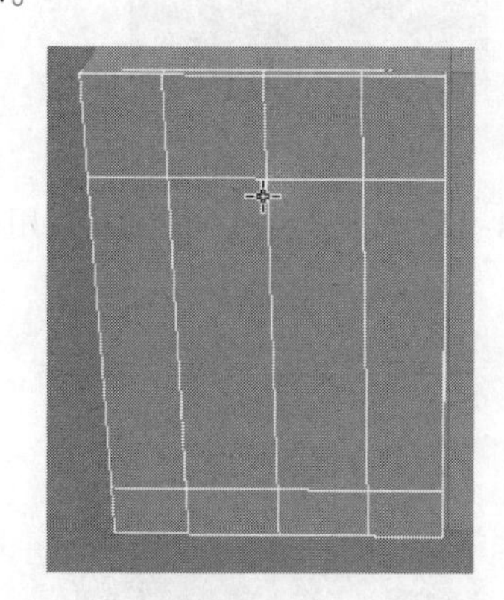

图 4-426

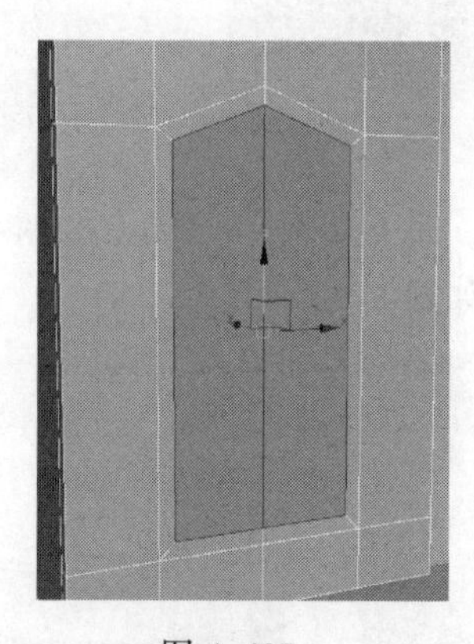

图 4-427

图 4-428

分别在倒角凹槽的上下边缘为限制加线，如图 4-429 和图 4-430 所示。然后在图 4-431 中的位置加线约束。

图 4-429

图 4-430

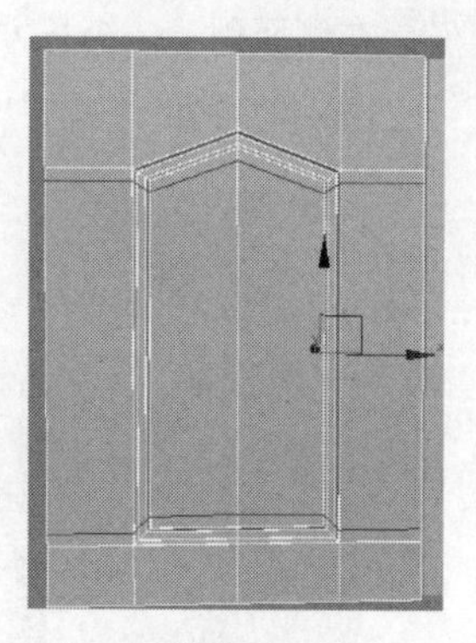

图 4-431

为了更好地使模型细分后更加美观，在图 4-432 和图 4-433 中的位置加线，细分后的效果如图 4-434 所示。

图 4-432

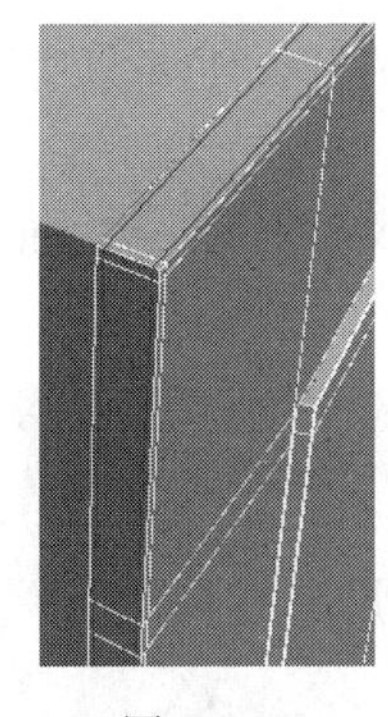

图 4-433

图 4-434

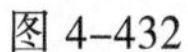

制作好一个柜门物体后复制调整出剩余的柜门模型，如图 4-435 所示。注意复制调整右侧边缘柜门模型时，可以进入“点”级别，选择移动底部的点调整柜门的形状，如图 4-436 所示。最终复制调整结果如图 4-437 所示。

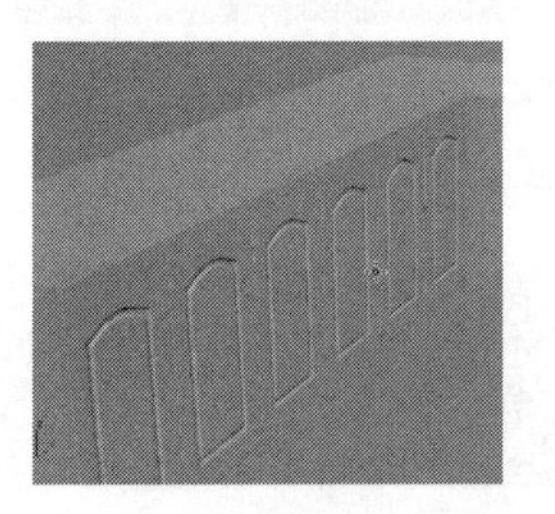

图 4-435

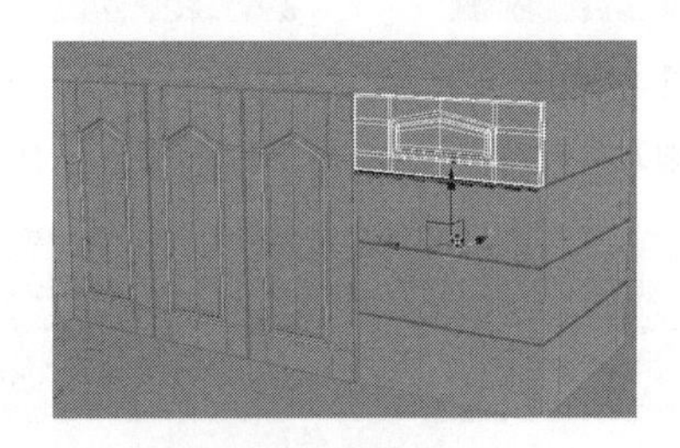

图 4-436

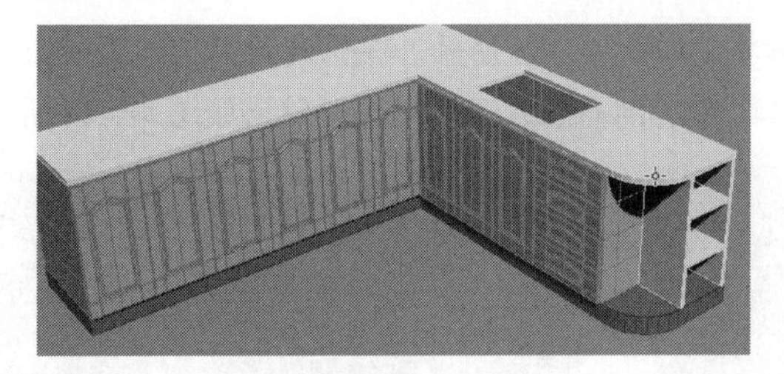

图 4-437

圆角位置柜门调节。要调整出弧形的柜门效果首先要保证模型分段数足够，如果分段数太少，则是不能调整出弧形效果的。所以首先加线，如图 4-438 所示。缩放调整大小在修改器下拉列表下添加“弯曲”修改器，调整参数后的效果如图 4-439 所示。

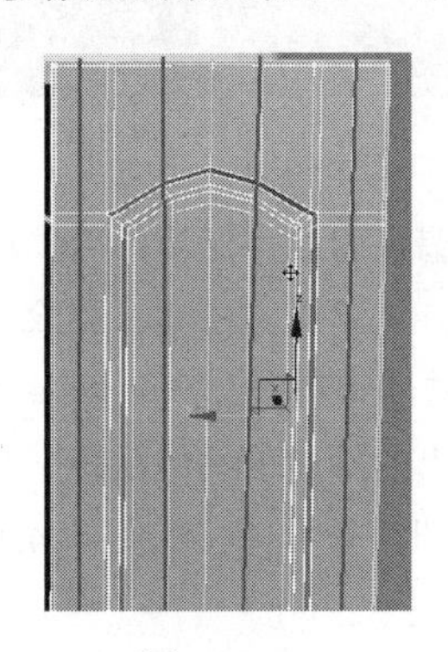

图 4-438

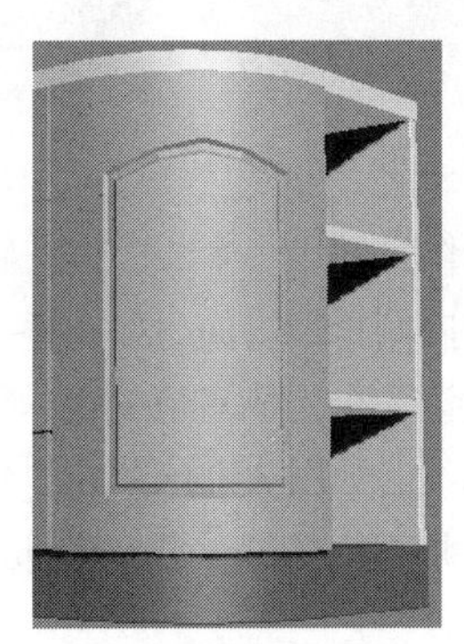

图 4-439

如果“弯曲”修改器调整起来不容易控制，也可以直接通过“点级别下”移动旋转点的方法来进行调整。

步骤 07 在左侧位置创建一个长方体模型，如图 4–440 所示。复制调整出柜门效果如图 4–441 所示。

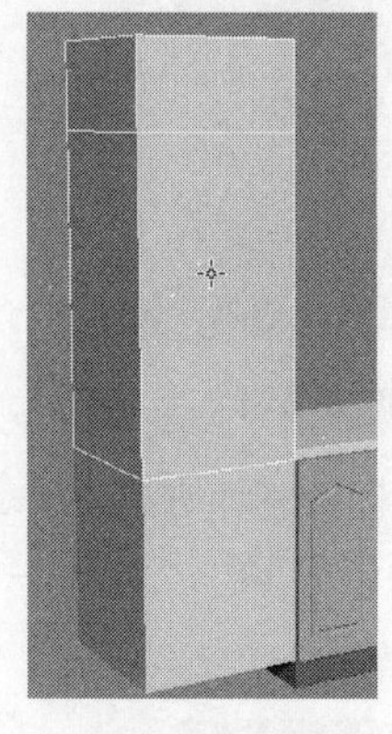
图 4–440

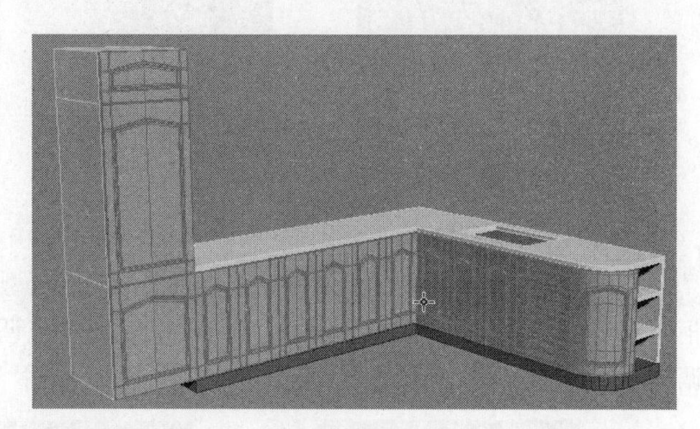
图 4–441

步骤 08 根据橱柜形状创建一个如图 4–442 所示的样条线。

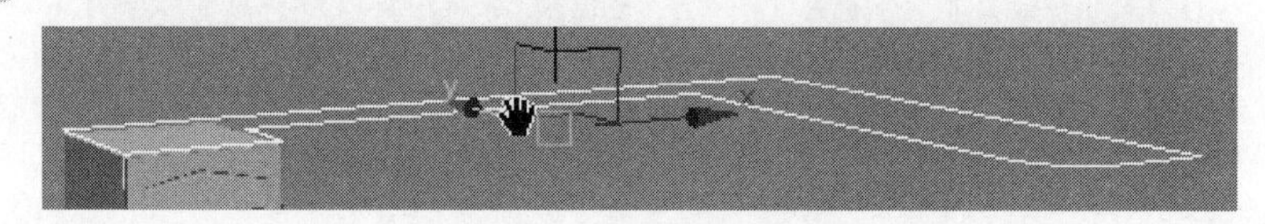
图 4–442

创建出边缘剖面曲线形状，如图 4–443 所示。在修改器下拉列表下添加“倒角剖面”修改器，单击 拾取剖面 按钮拾取图 4–443 中的剖面曲线，倒角剖面效果如图 4–444 所示。

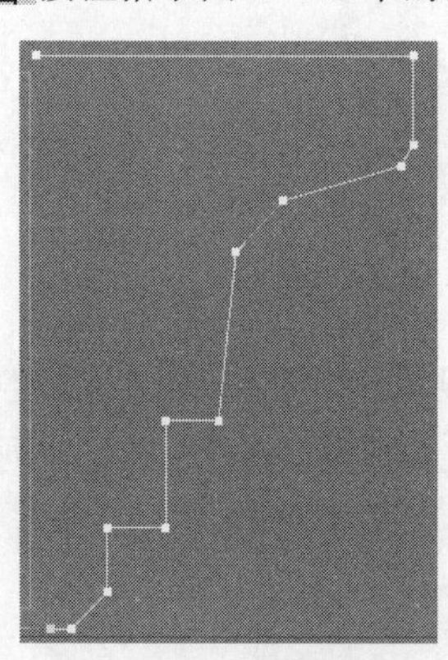
图 4–443

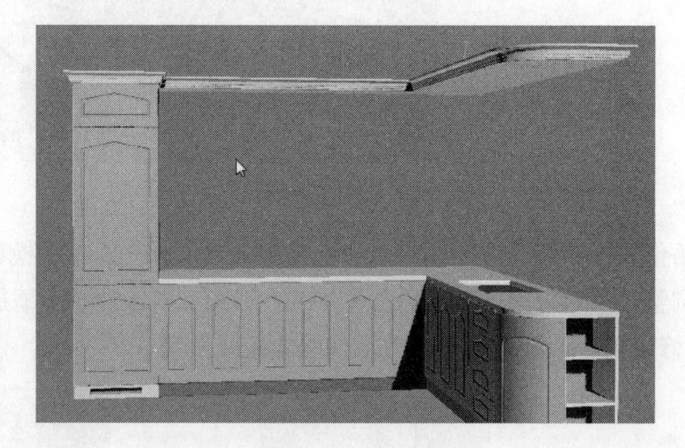
图 4–444

步骤 09 吊柜制作：创建一个长方体并转换为可编辑的多边形物体后，选择图 4–445 中的面，以“按多边形方式”向内倒角挤出面，如图 4–446 所示。复制柜门模型，删除中间部分面，然后选择开口边界线，单击“桥”命令生成对应的面，如图 4–447 所示。

在边缘位置分别加线，如图 4–448 所示。然后创建出内部玻璃物体赋予一个半透明的材质，效果如图 4–449 所示。最后将柜门复制，并在底部创建一个切角长方体，如图 4–450 所示。

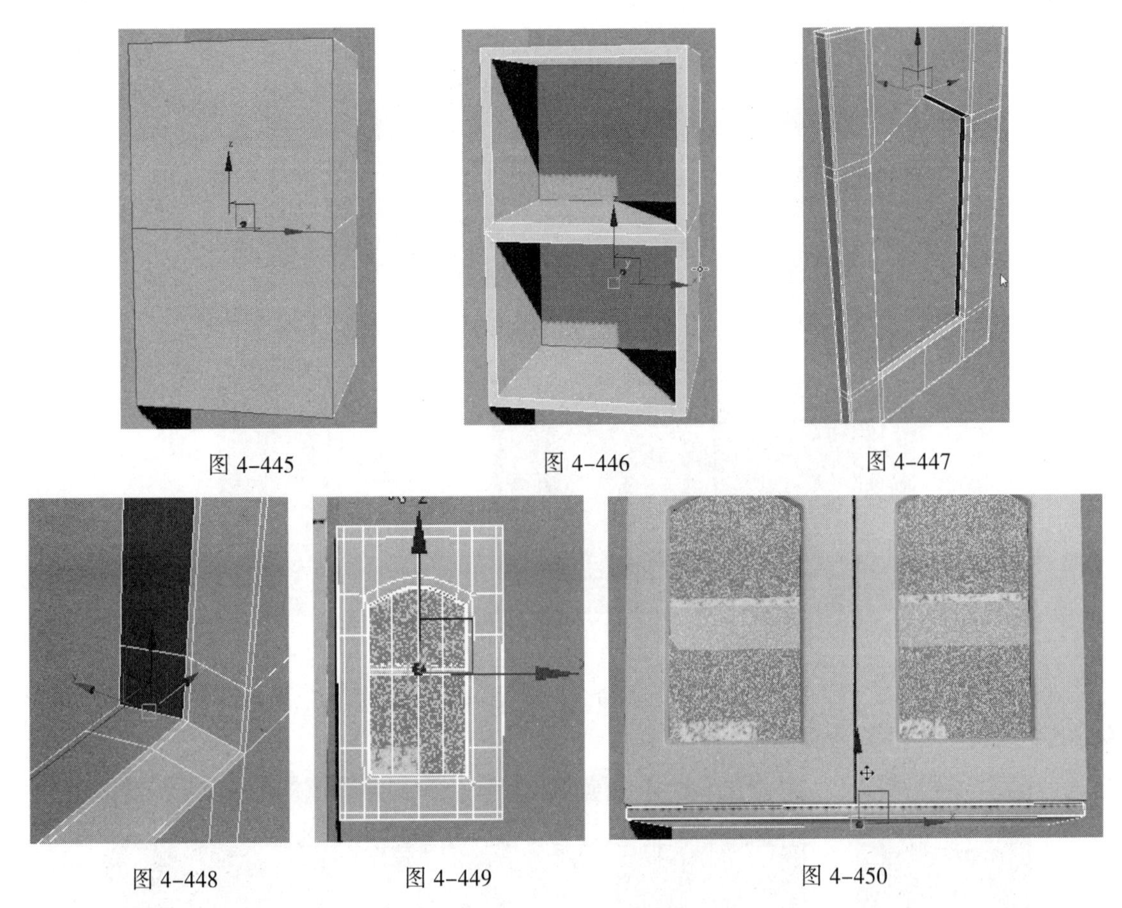

图 4-445　图 4-446　图 4-447

图 4-448　图 4-449　图 4-450

步骤 10 创建一个如图 4-451 中的样条线，单击“圆角”按钮将部分点处理为圆角，如图 4-452 所示，再创建一个矩形设置角半径为 0.5cm，如图 4-453 所示。

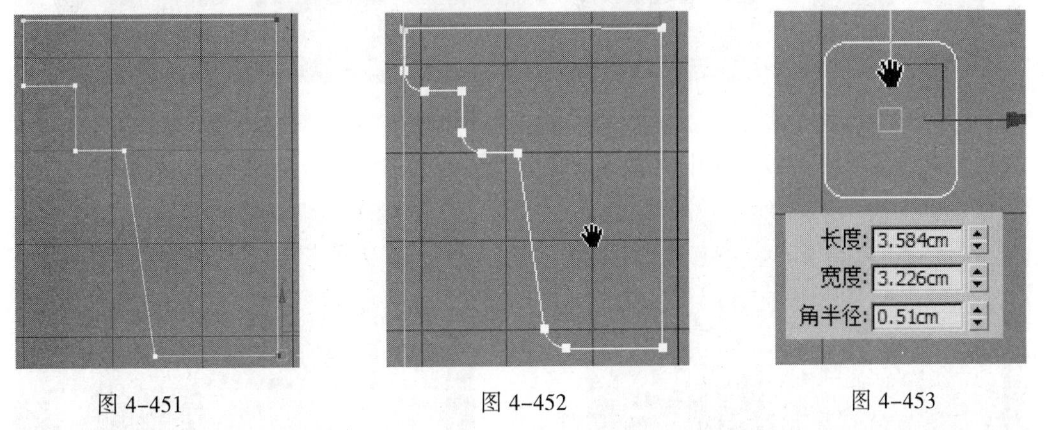

图 4-451　图 4-452　图 4-453

将该矩形转换为可编辑的样条线，进入线段级别，删除左侧线段，如图 4-454 所示。选择图 4-452 中的样条线，用倒角剖面修改器生成三维模型后再向右复制两个，如图 4-455 所示。

创建两个切角长方体模型，如图 4-456 所示。然后创建一个如图 4-457 所示形状的样条线。

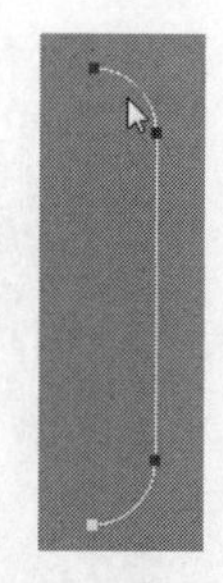

图 4-454

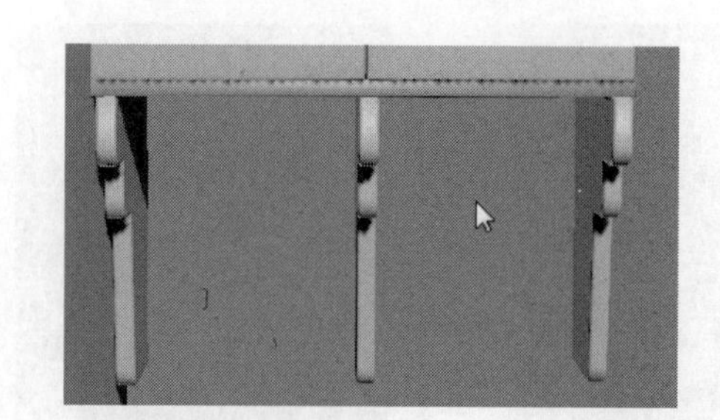

图 4-455

图 4-456

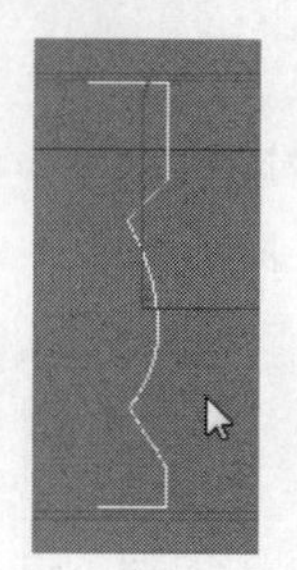

图 4-457

在修改器下拉列表下添加“车削”修改器命令，设置好旋转轴心后的效果如图 4-458 所示。将该物体复制时调整至如图 4-459 所示。

图 4-458

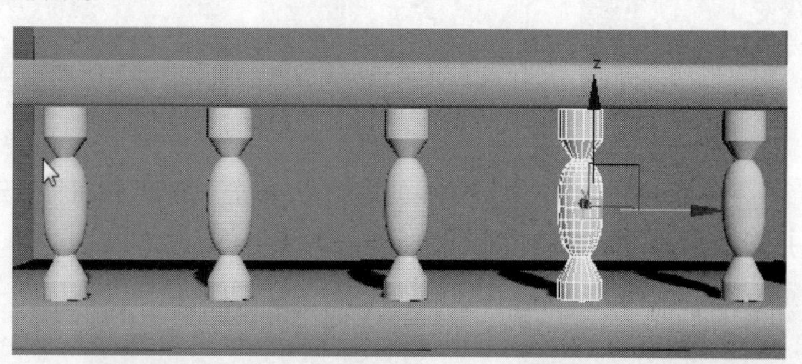

图 4-459

部分效果如图 4-460 所示。用同样的方法制作出剩余的吊柜模型，如图 4-461 所示。

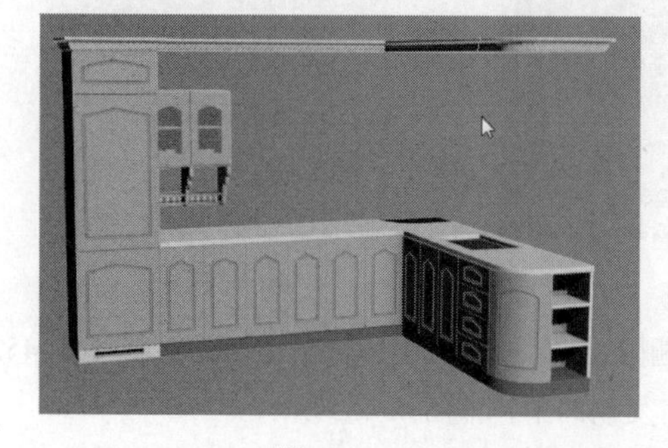

图 4-460

图 4-461

右侧的吊柜制作方法相同，这里不再赘述，最终效果如图 4-462 所示。

图 4-462

本实例小结：本实例模型制作时需要注意模型的尺寸和比例，尽可能地按照现实生活中的橱柜尺寸来设计制作，这样制作出来的模型整体比例才能把握得更好。

4.16　制作艺术柜

前面所介绍的家具基本上都是比较规整的，本节来看一下艺术柜的制作。

步骤 01 首先设置背景视图。按快捷键【Alt+B】，在视口背景面板中单击“文件”按钮，选择一张图片，在纵横比参数面板中选择“匹配位图”，选中“锁定缩放/平移”复选框，在创建模型时同样只需创建一半。在前视图中创建一个 Box 物体，将其转换为可编辑的多边形物体，加线进行分段，调整轮廓并在纵向上加线，如图 4-463 所示。

步骤 02 选择顶部的面，先向内收缩，然后再向上挤出面，并选择对称轴的面进行删除。继续选择左侧边框的面并按【Delete】键删除，按【3】键进入“边界”级别，按住【Shift】键拖动复制面并进行实时调整，如图 4-464 所示。

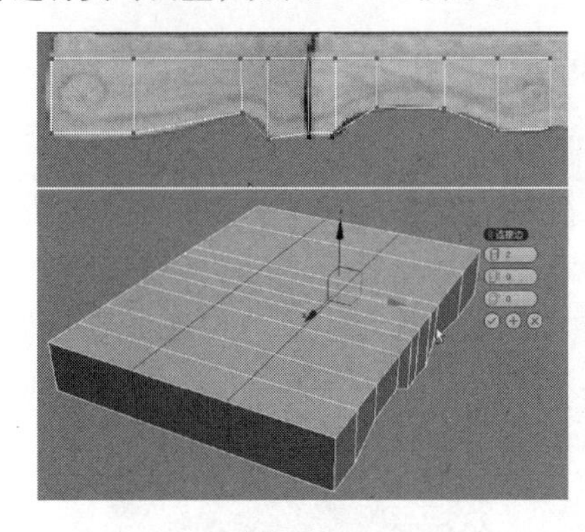

图 4-463

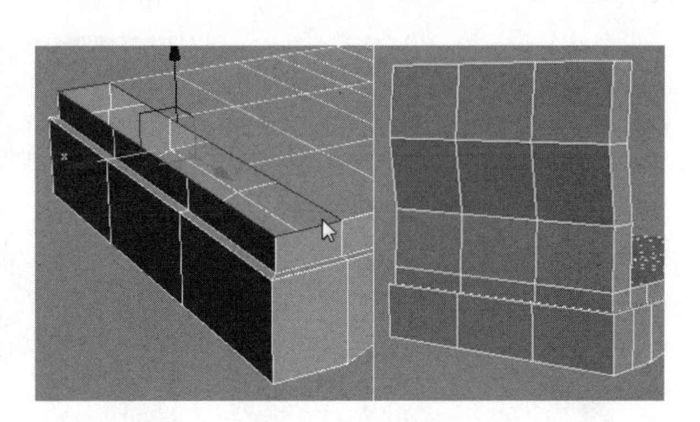

图 4-464

参考背景视图中的造型继续挤出面，如图 4-465 所示。

选择图 4-466 左图中的面并将其删除，然后制作出如图 4-466 右所示的形状。

步骤 03 按照图片的轮廓继续挤压面并调整，中间的面可以先桥接出来，然后再加线调整形状，如图 4-467 所示。

步骤 04 选择前方右侧的面，沿着 Y 轴方向挤出。然后将顶部的面挤出并调整点、线至如图 4-468 所示。

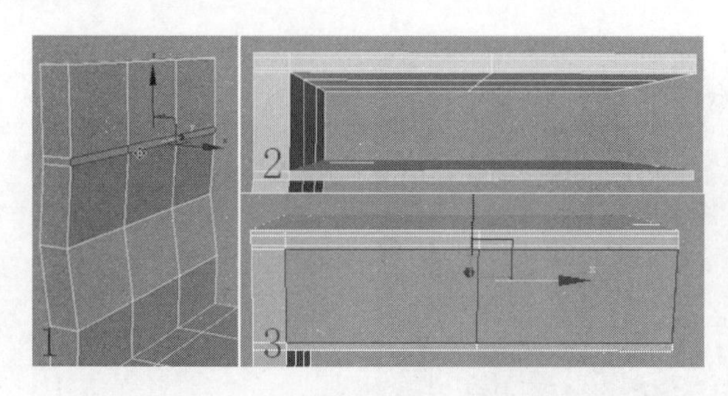

图 4-465

图 4-466

步骤 05 在选择一周的面时，可以先选择一条线段，单击“环形”按钮并快速选择一周的线段，右击切换到面选择，这样即可快速地切换到面的选择，如图 4-469 所示。选择面后单击“挤出”按钮，向外挤出面。

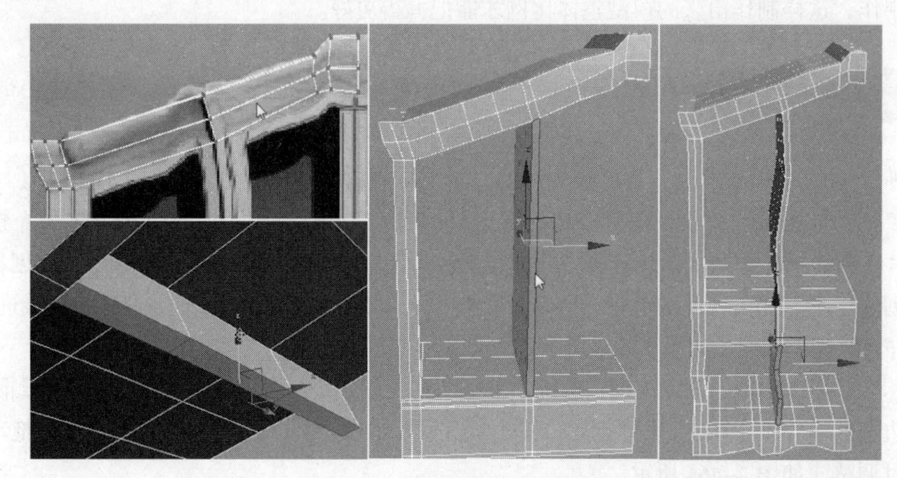

图 4-467

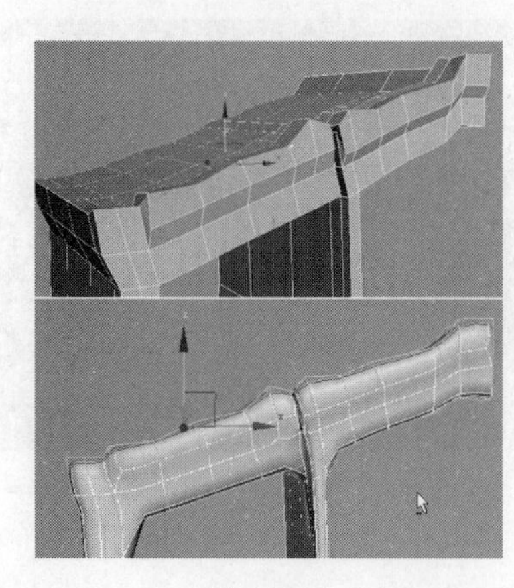

图 4-468

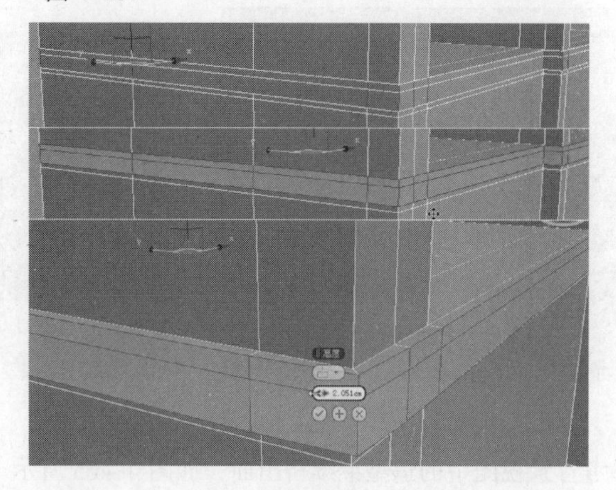

图 4-469

在底部一周加线，选择下部的面并向外挤出面，如图 4-470 所示。

步骤 06 在拐角处分别加线，如图 4-471 所示。用同样的方法在纵向上的边缘位置进行加线处理，以保证模型细分光滑后不至变形太大。

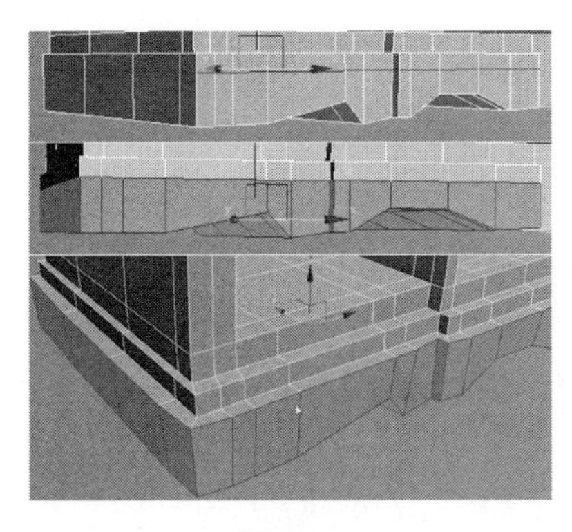

图 4–470

图 4–471

步骤 07 在抽屉的位置选择面并向外挤出，在上、下、左、右面的边缘处加线，细分后的效果如图 4–472 所示。

步骤 08 创建一个面片并转换为可编辑的多边形物体，调整形状并移动到背部。继续创建 Box 物体，用多边形建模工具修改出边框的模型，如图 4–473 所示。

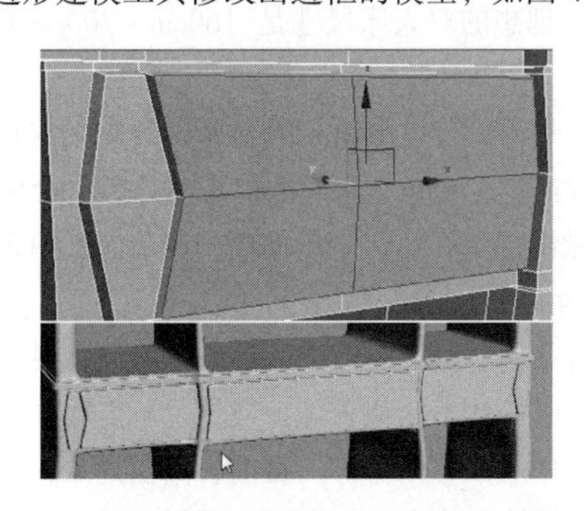

图 4–472

图 4–473

步骤 09 对称复制出另一半和底部的边框，然后将背部的面片复制移动到前侧。按【M】键打开材质编辑器，赋予一个默认的材质，降低半透明值来模拟玻璃效果，选择剩余的模型同样赋予一个默认的材质，最终效果如图 4–474 所示。

图 4–474

本实例小结：本实例中艺术柜的造型突破了以往的反正、对称、规矩的局限，大胆地尝试曲线方式的造型设计，制作方式主要为多边形建模。

第 5 章 床类家具设计

床经过千百年的演化，早已不仅仅是一种睡觉的工具，也是家庭的装饰品之一。床的种类有平板床、四柱床、双层床、单双人床、折叠床、吊床等。

床的尺寸：如果空间许可，床应该越大越好。理想的双人床尺寸是 160cm × 200cm（标准的双人床尺寸是 135cm × 195cm）。

床的高度：当代人用的床，其实包括床架和床垫两部分。最新趋势对床的要求大致有四点：第一是稳固，不能睡上去有摇晃的感觉；第二是造型要简洁，线条直来直去的床具比较符合消费者的购买思路；第三是床头的面积有加大的趋势，并且要做出特色；第四是床的高度降低了，目前流行的床，加上床垫后很多只有 20cm，而传统的床的高度是 40cm。

床垫：要想睡得舒服，床垫是重点。经验告诉我们，良好的床垫应该坚固，足以在各个部位承托人的身体，而且当人躺卧在其上时，脊椎骨和站立时的状态相似较佳。当然也不能太硬，以免使臀部和肩膀超出其正常弯度；也不应过软，免得在睡眠中难以移动身体。目前，高档的床，其床垫也是非常讲究。一是采用独立床垫；二是用料讲究。首先是填充物考究，要达到环保、透气和人体亲和等要求；再有就是外面包囊的织物用料考究，有的高级床垫用的是高级的涤纶，质感非常好。

本章将从单人床、双人床、双层床、童床、圆形床、罗汉床和吊床来逐一学习床类家具的制作方法。

5.1 制作单人床

步骤 01 单击创建面板，单击“标准”基本体右侧的小三角，在下拉菜单中选择扩展基本体，然后单击切角长方体，在视图中创建一个 120cm × 200cm × 28cm、圆角为 1.5cm 的切角长方体，如图 5-1 所示。然后在上方位置再创建一个长方体，设置长度分段为 15 宽度分段为 25，如图 5-2 所示。右击，在弹出的快捷菜单中选择“转换为” | “转换为可编辑多边形”命令，将模型转换为可编辑的多边形物体。选择顶部所有面，在下拉列表下添加“噪波”修改器，设置 X、Y、Z 轴强度值和噪波比例，效果和参数如图 5-3 和图 5-4 所示。

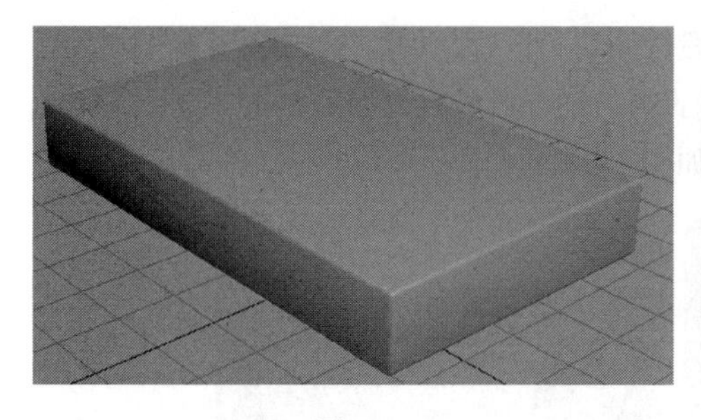

图 5-1

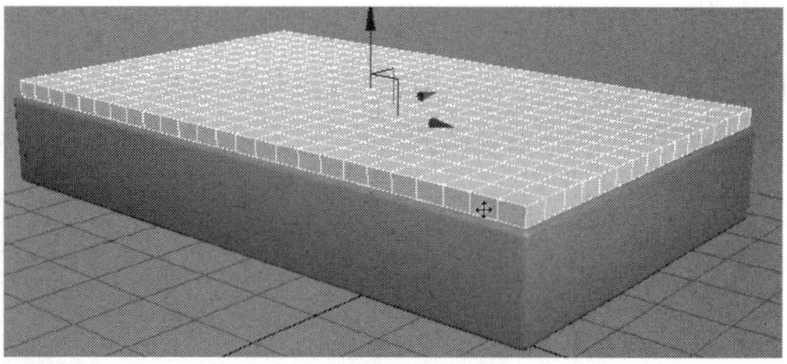

图 5-2

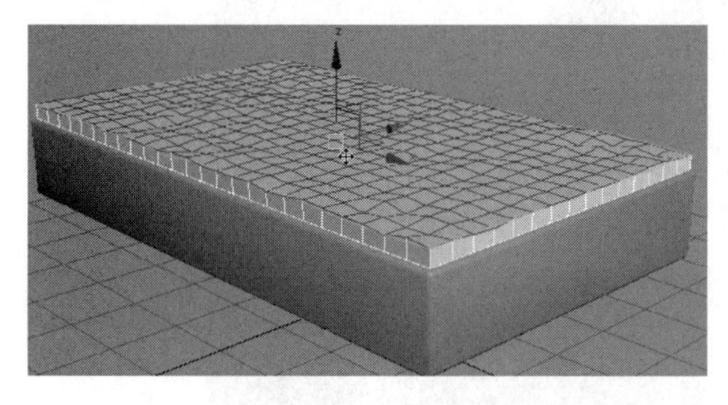

图 5-3

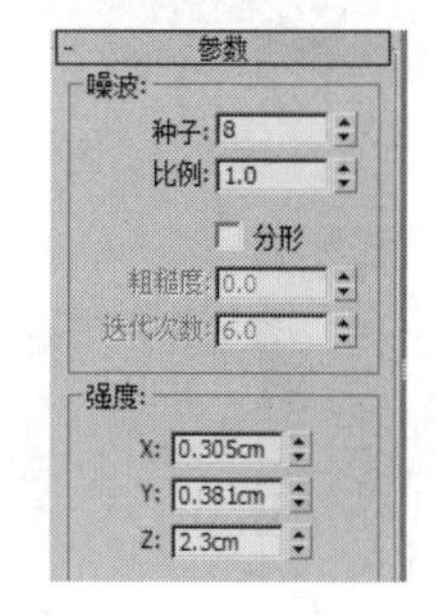

图 5-4

在底部边缘加线细分后效果如图 5-5 所示。

图 5-5

步骤 02 创建一个圆柱体，设置边数为 6，如图 5-6 所示，取消选中“光滑”选项，这样创建的物体边缘会有一定的棱角，如图 5-7 所示。右击，在弹出的快捷菜单中选择“转换为” | “转换为可编辑多边形”命令，将模型转换为可编辑的多边形物体。在 Z 轴方向分别加线调整物体形状，如图 5-8 和图 5-9 所示。

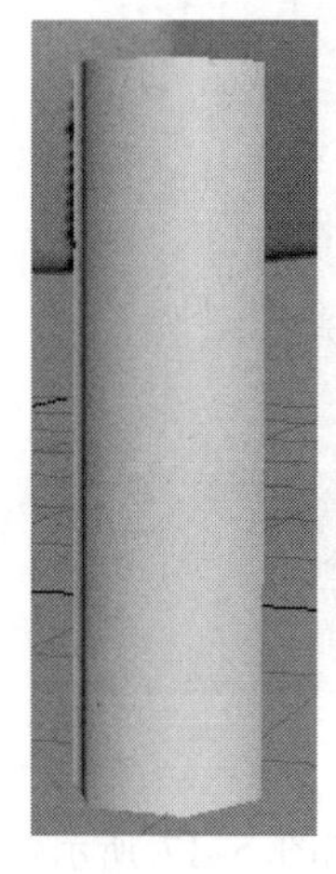

图 5-6

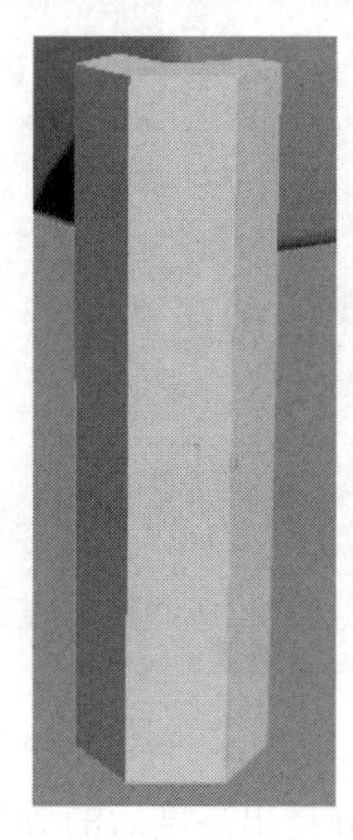

图 5-7

图 5-8

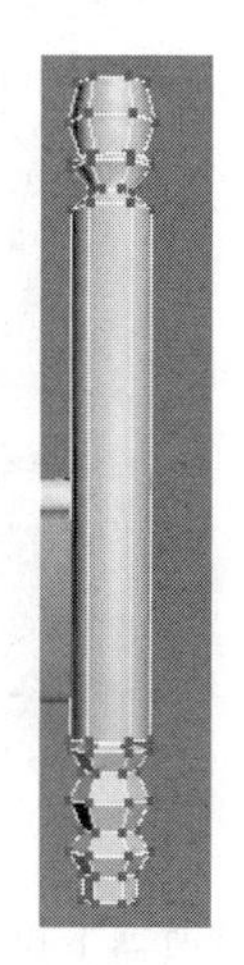

图 5-9

选择拐角位置的环形线段，用切角工具将该位置线段分别切角设置，如图 5-10 和图 5-11 所示。用同样的方法将图 5-12 中红色线段位置的线段也做切角设置，细分后的效果如图 5-13 所示。制作好一个腿部模型后分别复制调整出剩余的三个腿部模型，如图 5-14 所示。

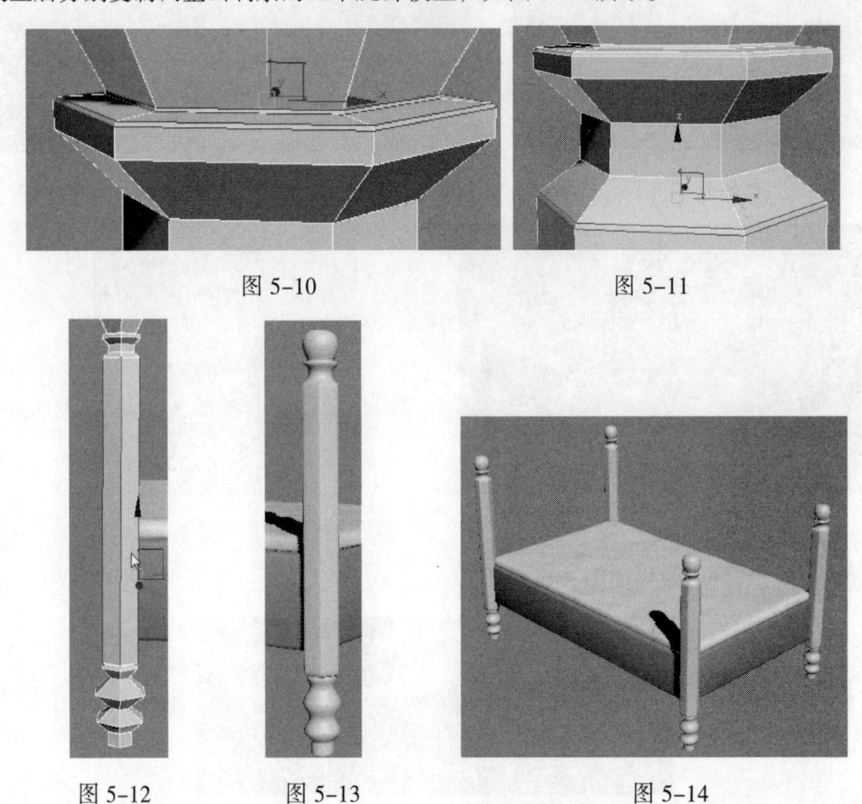

图 5-10　　图 5-11

图 5-12　　图 5-13　　图 5-14

步骤 03 单击（创建）|（图形）| 线 按钮，创建一个如图 5-15 中的样条线，单击按钮镜像复制出另一半线段，单击 附加 按钮拾取另一条线段，将两个样条线附加在一起，然后选择中心位置的点用“焊接”工具将两个点焊接起来，如图 5-16 所示。

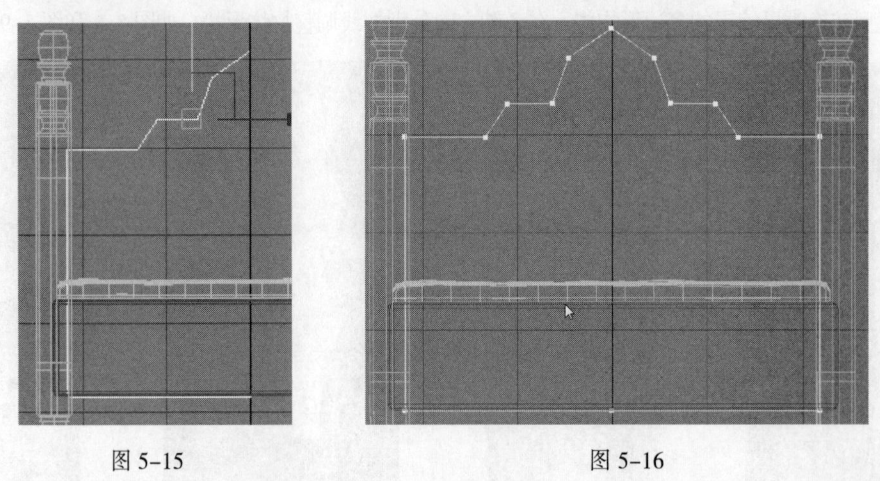

图 5-15　　图 5-16

在修改器下拉列表中添加“挤出”修改器，设置好挤出高度后的效果，如图 5-17 所示。将该模型塌陷为多边形物体，分别加线调整至如图 5-18 所示（调整布线的目的是为下一步模型细节做准备）。

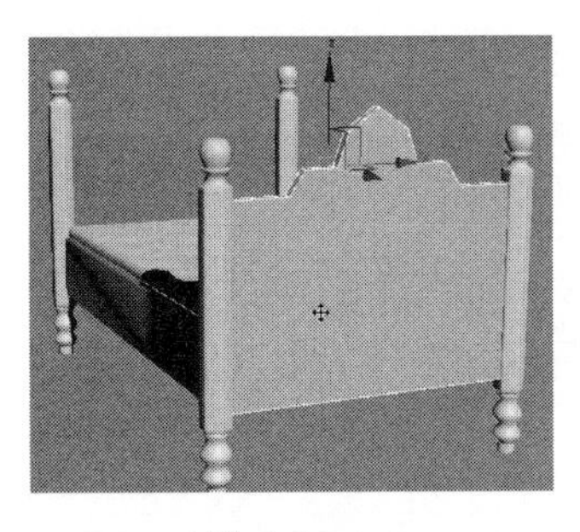

图 5-17

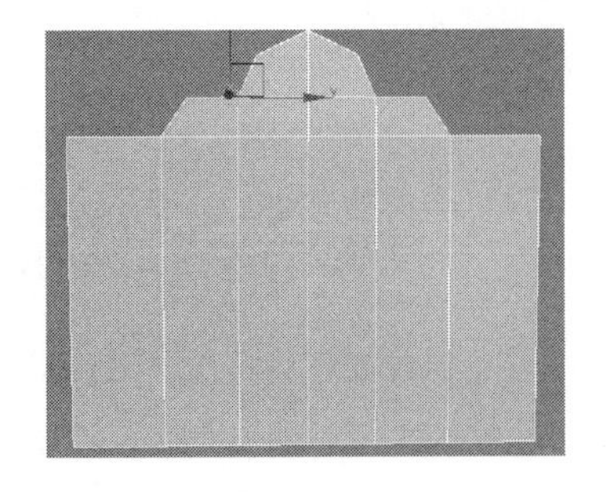

图 5-18

在图 5-19 中的位置加线，然后选择加线中间部位的面，以“局部法线方向”向内倒角挤出面调整，如图 5-20 所示。

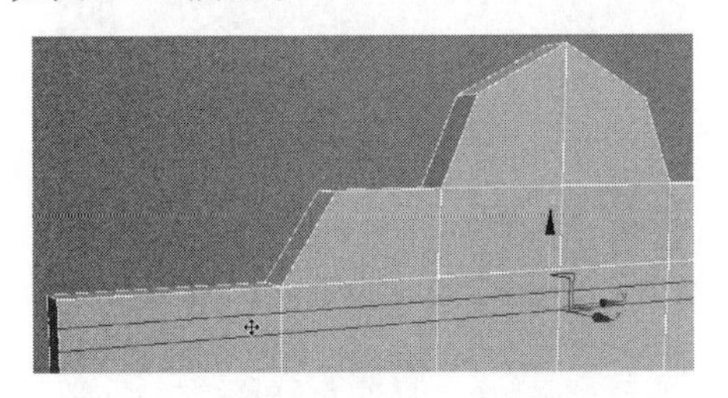

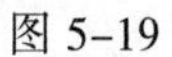

图 5-19

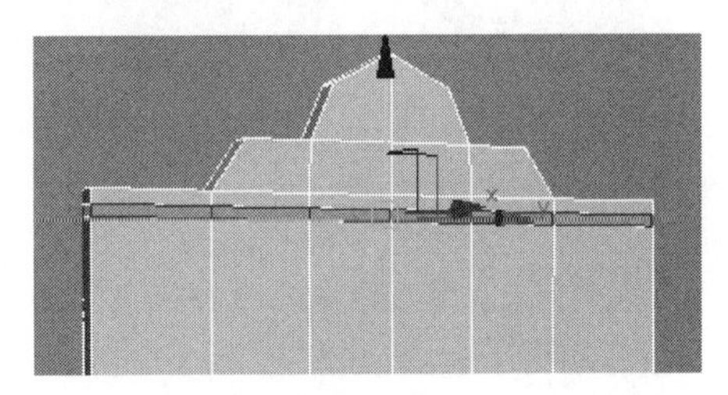

图 5-20

分别在该物体上、下、左、右、前、后边缘位置加线，然后在图 5-21 中的线段切角设置，细分后的效果如图 5-22 所示。

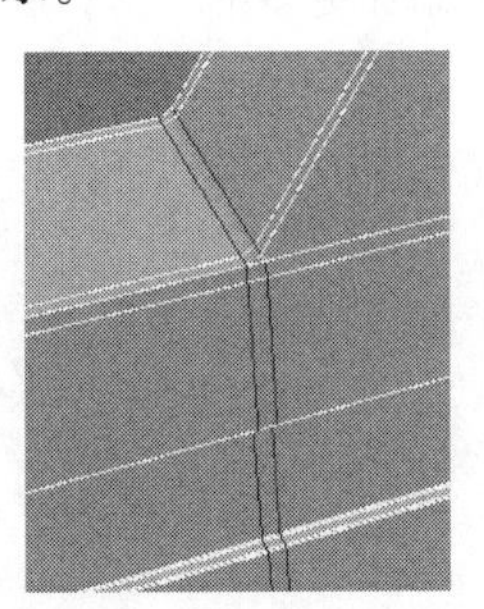

图 5-21

图 5-22

步骤 04 用“倒角”工具先向内再向外倒角调整出如图 5-23 所示的形状，用同样的方法将右侧部位也做同样的调整，如图 5-24 所示。

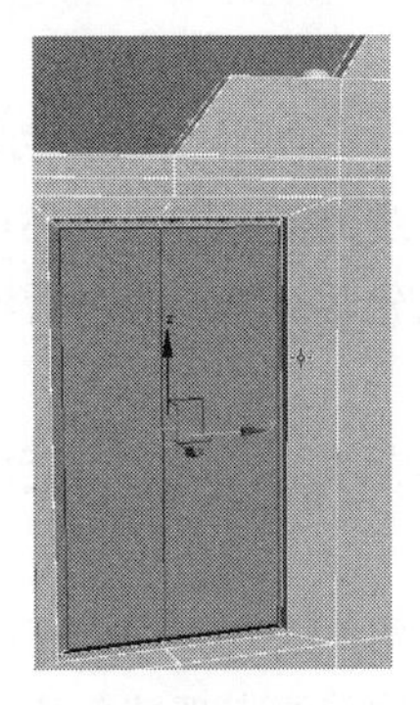

图 5-23

图 5-24

为使模型细分后边缘棱角更加明显，在图 5-25 中的边缘位置加线约束。

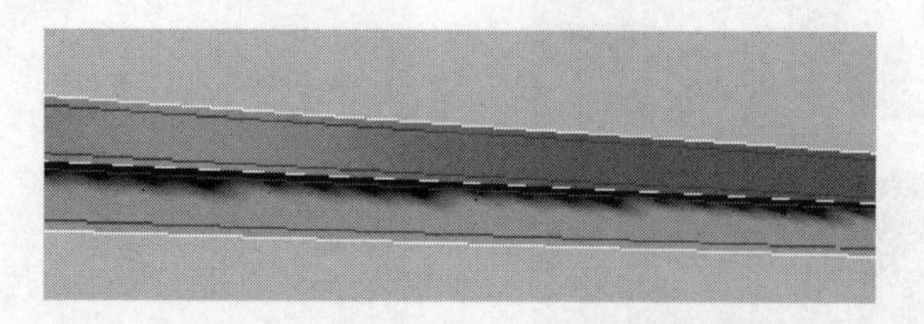

图 5-25

在图 5-26 中的位置继续加线调整。制作一侧细节后，删除另外一半模型，在修改器下拉列表中选择“对称”修改器，对称出另一半模型后再次将模型塌陷为多边形，细分后效果如图 5-27 所示。

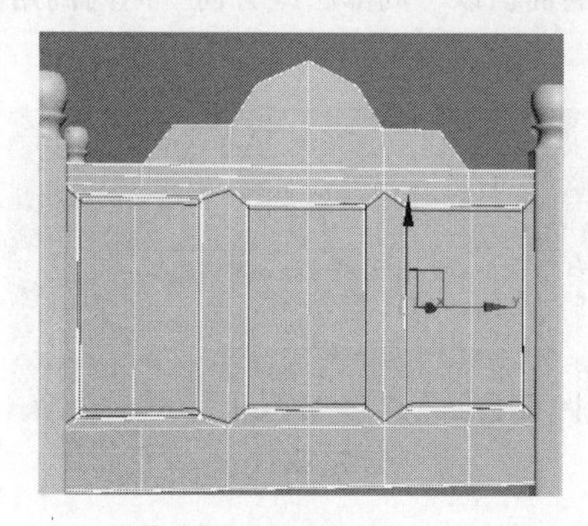

图 5-26

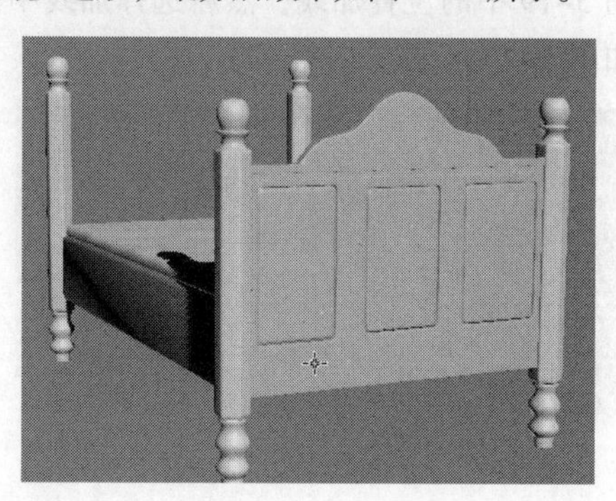

图 5-27

在床尾板顶端位置继续加线调整至如图 5-28 所示（添加更多细节），细分后的效果如图 5-29 所示。

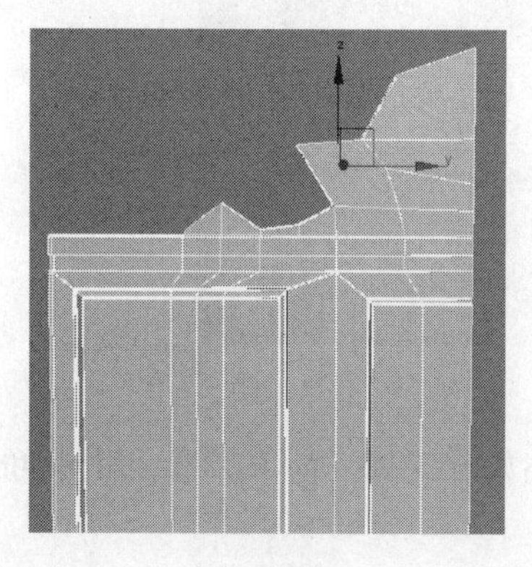

图 5-28

图 5-29

将制作好的床尾板复制到床头位置并调整顶部点的高度，效果如图 5-30 所示。

步骤 05 创建一个长方体模型并转换为多边形物体，加线调整至如图 5-31 所示，调整四周边缘厚度（边缘薄中间后）细分后效果，如图 5-32 所示。将细分后的模型塌陷后添加“噪波”修改器设置，噪波值后的效果如图 5-33 所示。

复制调整大小角度、大小以及噪波参数值，整体效果如图 5-34 所示。制作好后的整体效果如图 5-35 所示。

本实例小结：本实例需要注意的地方在于床腿模型中间棱角的表现，因为它和顶部、底部是同一个物体，而顶部、底部细分后为光滑的物体，中间部位每条边均需要表现棱角效果，所以需要单独对每条边进行切线处理。同时还需要注意的一点是，靠枕模型的大小和凹凸变化的调整。

图 5-30

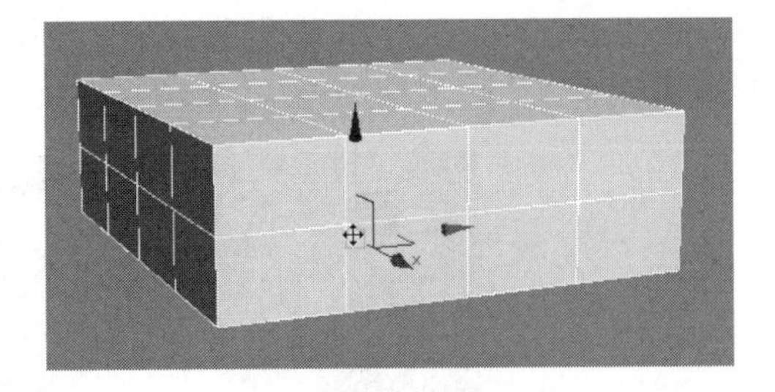

图 5-31

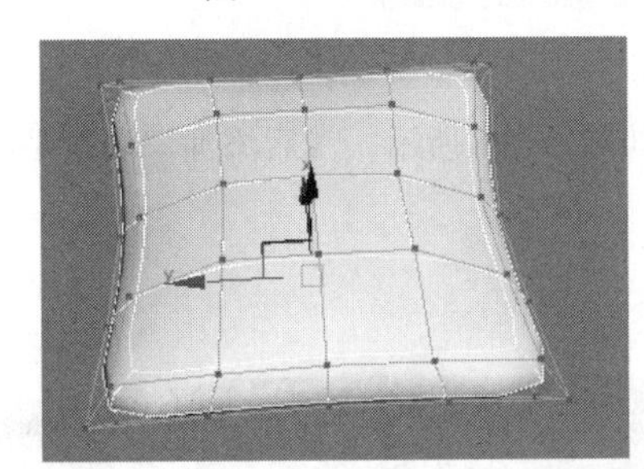

图 5-32

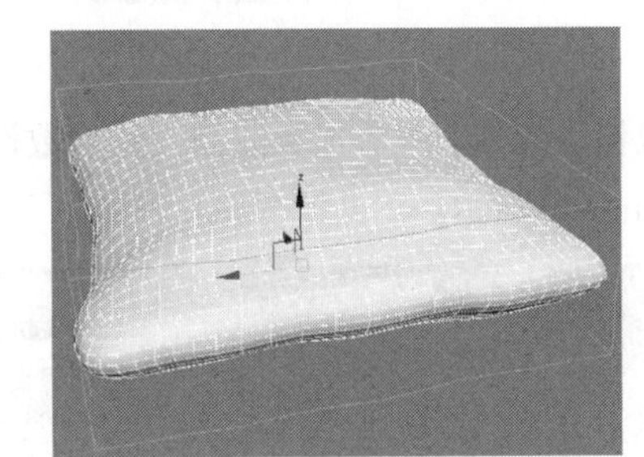

图 5-33

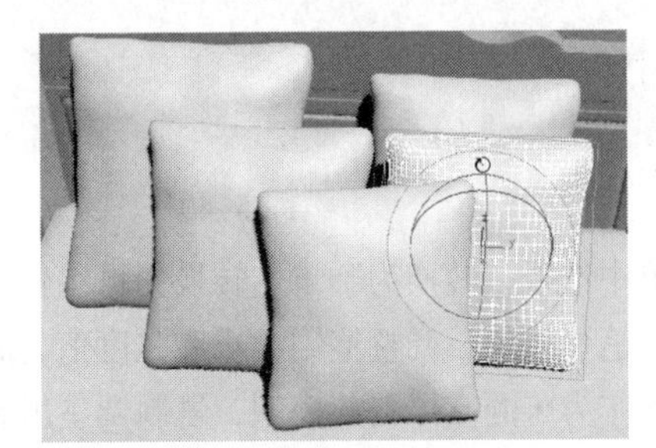

图 5-34

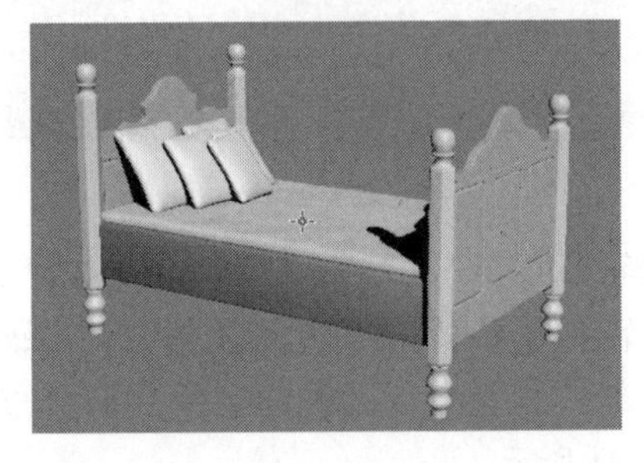

图 5-35

5.2　制作双人床

现代的双人床，通常长度可达 1.8～2.2m，宽度可达 1.5～1.8m。如果空间允许，床应该越大越好。

5.2.1　制作床头柜和床

步骤 01 首先创建出床头柜模型，床头柜模型是由几个切角长方体组合而成的，注意尺寸即可，如图 5-36 和图 5-37 所示。

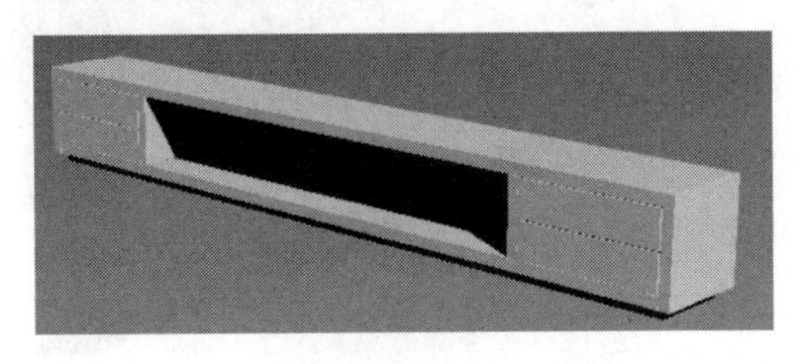

图 5-36

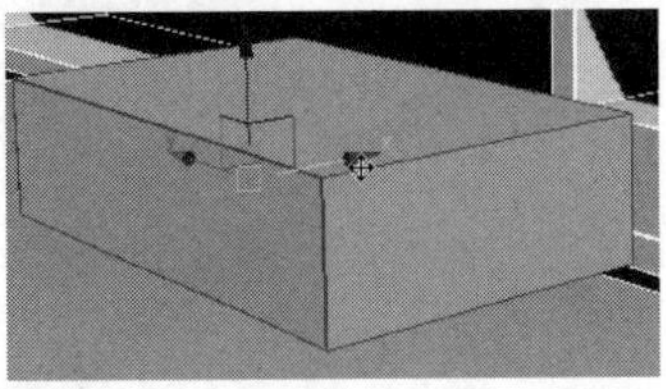

图 5-37

步骤 02 再创建一个 215cm × 250cm × 9cm、圆角为 0.3cm 的切角长方体，然后向上复制一个，设置长宽高为 195cm × 230cm × 20cm、圆角值设置为 0，将该长方体转换为可编辑的多边形物体，分别加线调整至如图 5-38 所示。

图 5-38

在修改器下拉列表下添加噪波修改器参数设置，如图 5-39 所示。然后添加“涡轮平滑”修改器效果，如图 5-40 所示。

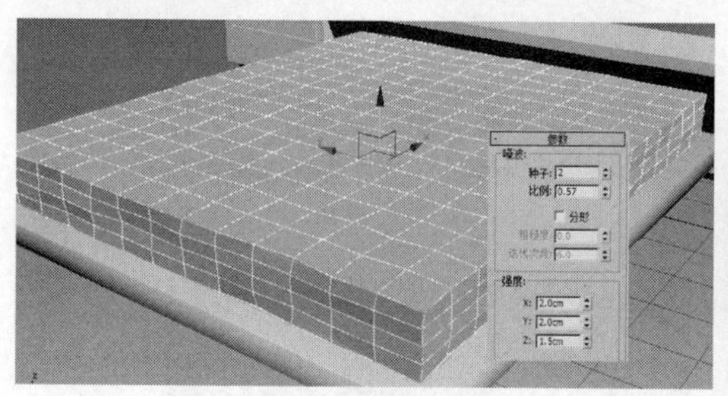

图 5-39

图 5-40

删除涡轮平滑修改器，右击，在弹出的快捷菜单中选择“转换为”|“转换为可编辑多边形”命令，将模型转换为可编辑的多边形物体，单击 推/拉 笔刷按钮，调整笔刷大小和强度值，简单进行凹凸效果的雕刻，然后在底部位置创建一个切角长方体作为床的支撑腿部模型，复制调整出剩余腿部模型，如图 5-41 所示。

图 5-41

步骤 03 在床头位置创建和复制切角长方体如图 5-42 和图 5-43 所示。

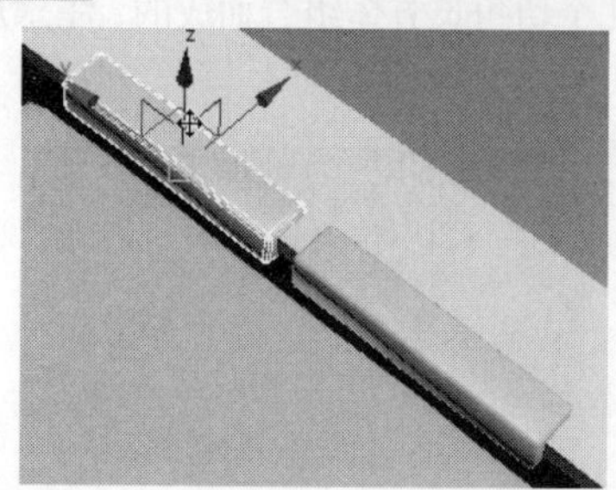

图 5-42

图 5-43

依次单击软件左上角图标选择“导入”|“合并”命令，选择单人床模型（需要导入枕头模型，因为不知道枕头模型名字，所以在导入时可以全部导入进来），如图 5-44 所示。在导入过程中如果导入的场景模型和当前场景模型有相同命名，会弹出如图 5-45 所示的提示框，选中应用于所有重复情况单击自动重命名即可。

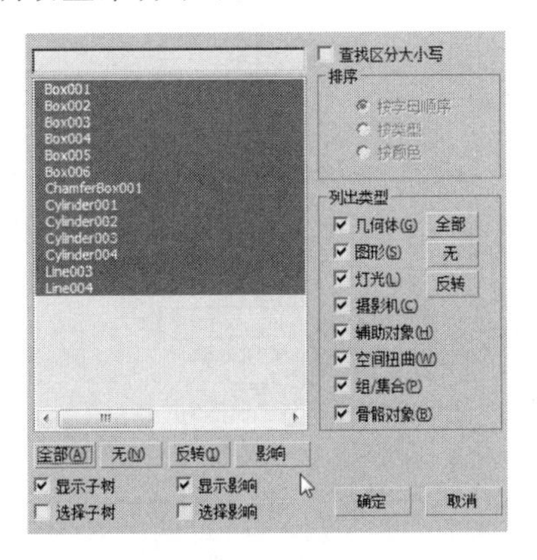

图 5-44

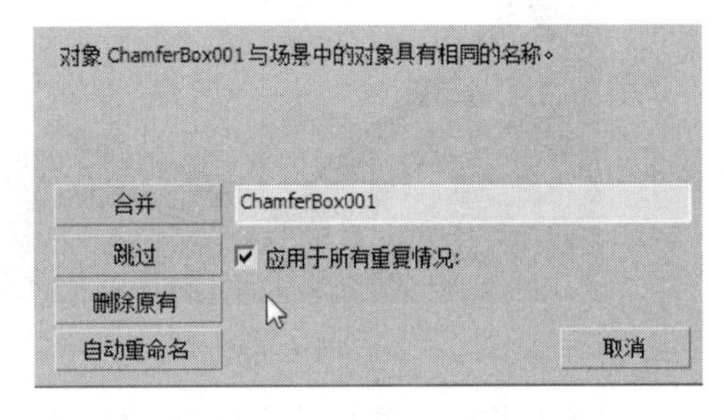

图 5-45

将模型合并进来之后，删除多余的部分只保留枕头模型，调整好位置和大小，然后添加 FFD3×3×3 修改器，进入“控制点”级别，调整控制点来调整模型形状，如图 5-46 所示。然后复制调整大小和控制点，尽量使模型有一定的形状变化，如图 5-47 所示。

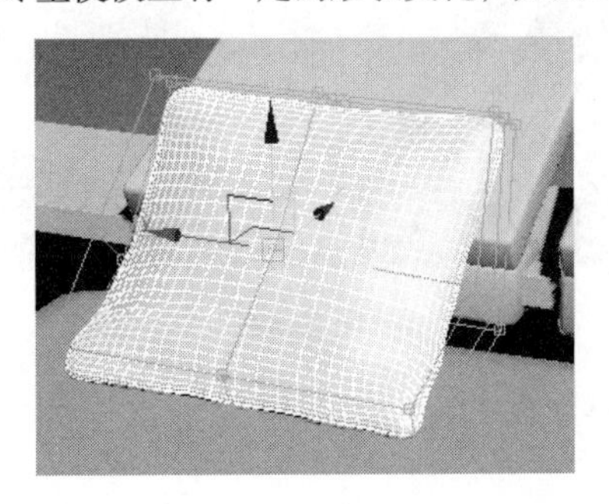

图 5-46

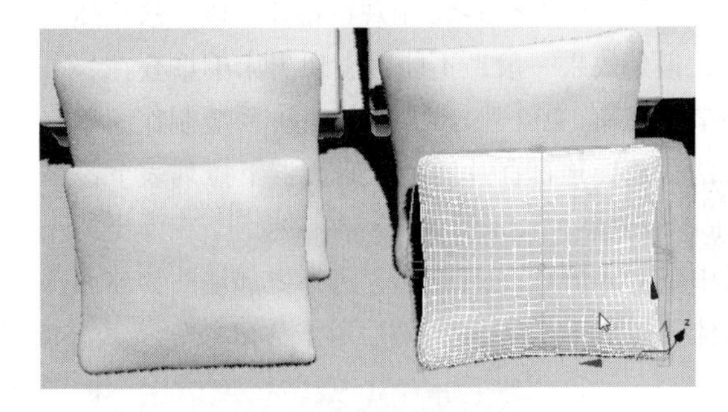

图 5-47

用同样的方法导入一些水果拼盘模型，如图 5-48 所示。调整大小后放置在床头柜上，如图 5-49 所示。

图 5-48

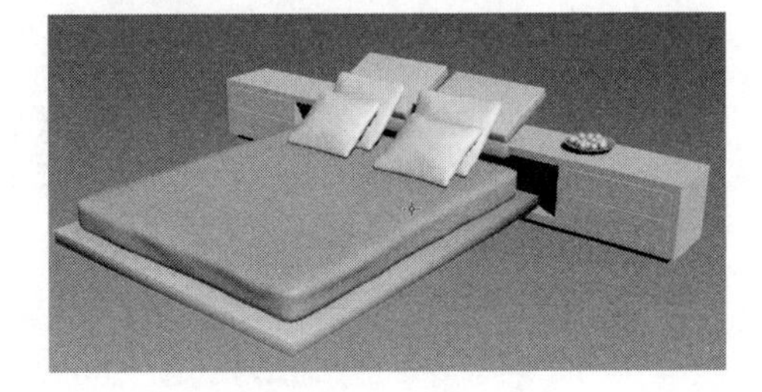

图 5-49

5.2.2　制作床单

床单的制作有三种快捷的方法：第一种是利用动力学系统，第二种是利用 Cloth 系统，第三种是利用 Marvelous Designer 软件制作。首先来看第一种方法。

步骤 01 创建一个面片作为地面物体（图 5-50 中的红色面片物体），再次创建一个面片物体将该面片的分段增加如图 5-50 中的橙色物体。在工具栏中空白处右击，在弹出的右键工具面板中选择 MassFX 工具栏，如图 5-51 所示。

图 5-50

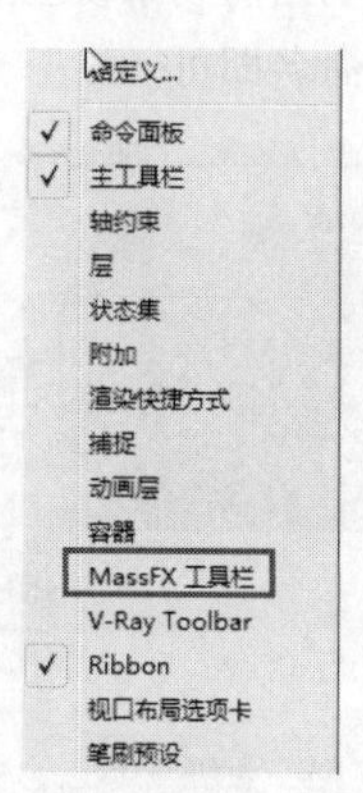

图 5-51

选择上方的面片物体，单击设置为布料，然后选择底部床垫床板和地面面片物体，长按图标选择将选定项设置为静态刚体，单击按钮开始运算，运算效果如图 5-52 所示。

图 5-52

步骤 02 从图 5-52 中观察得知，该方法快捷方便，但是效果一般，不能够表现出床单重叠在一起的褶皱效果。接下来学习一下 Cloth 系统制作床单的方法。选择顶部面片物体在修改器下拉列表下添加 Cloth 修改器，单击 Object Properties 按钮，在弹出的面板中单击 Add Objects 按钮，选择底部地面物体和床物体，如图 5-53 所示。然后单击 Add 按钮将其添加到运算面板中。

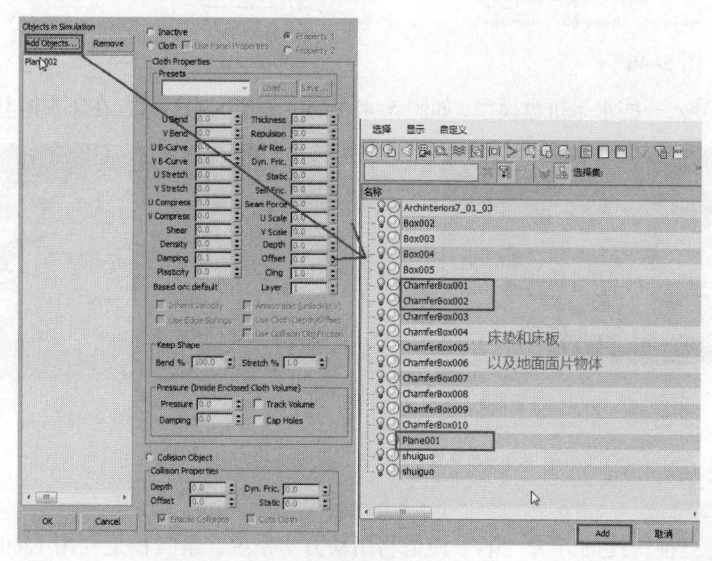

图 5-53

将添加进来的地面物体和床物体设置为碰撞物体，将顶部的面片设置为布料物体并选择一种布料属性，如图 5-54 所示。设置完成后单击 OK 按钮，单击 Simulate Local 运算按钮开始运算，运算效果如图 5-55 所示。

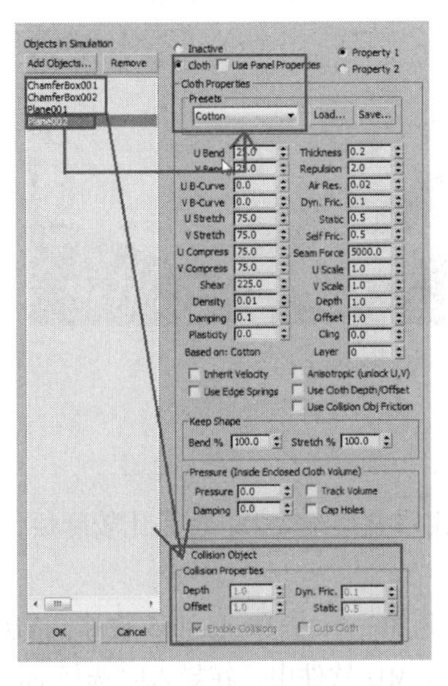

图 5-54

图 5-55

步骤 03　这两种方法虽然都能快速地制作出床单的下垂效果，但是褶皱效果并不能很好地表现出来。进入线段级别，开启软选择后，选择纵向上某一个环形线段移动调整位置，如图 5-56 所示。然后在布线比较稀疏的地方加线调整，如图 5-57 所示。

图 5-56

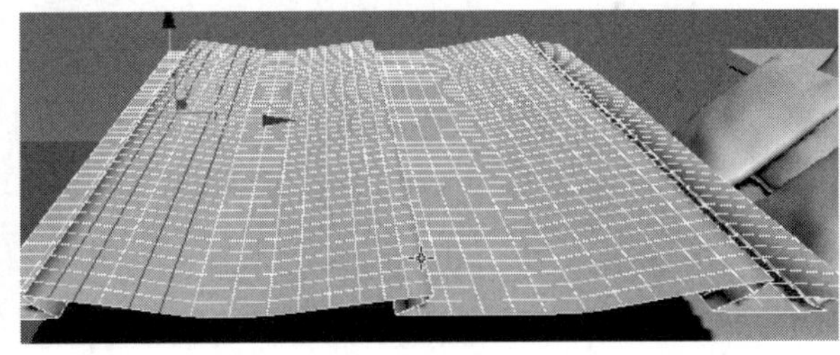

图 5-57

再次执行 Cloth 操作步骤计算后的效果，如图 5-58 所示。在修改器下拉列表下添加“编辑多边形”修改器，单击 推/拉 按钮，调整笔刷大小和强度，在床单物体表面进行雕刻处理，如图 5-59 所示。

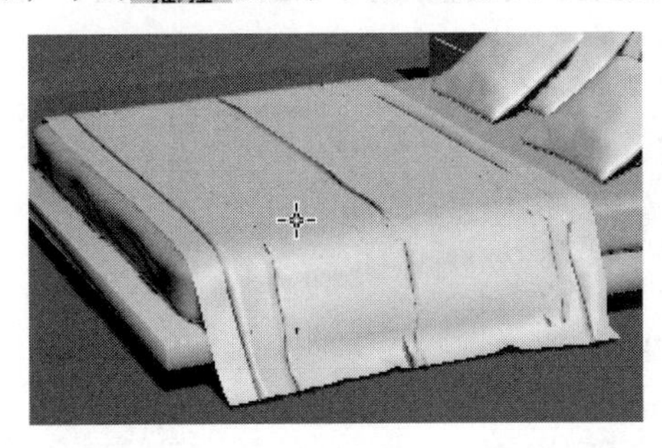

图 5-58

图 5-59

步骤 04 在修改器下拉列表下添加“壳”修改器然后再添加“网格平滑”修改器，效果分别如图 5-60 和图 5-61 所示。

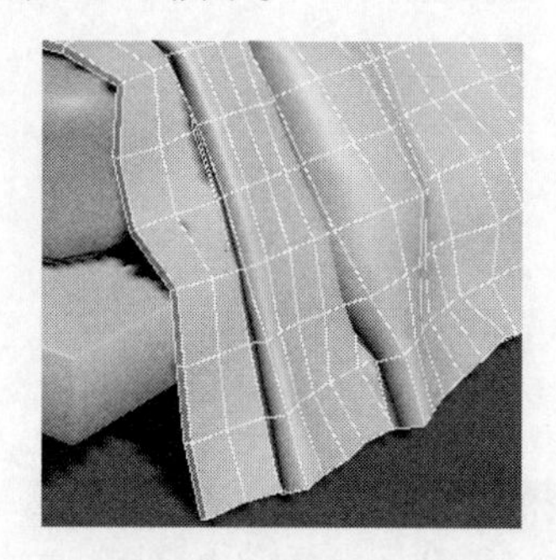

图 5-60

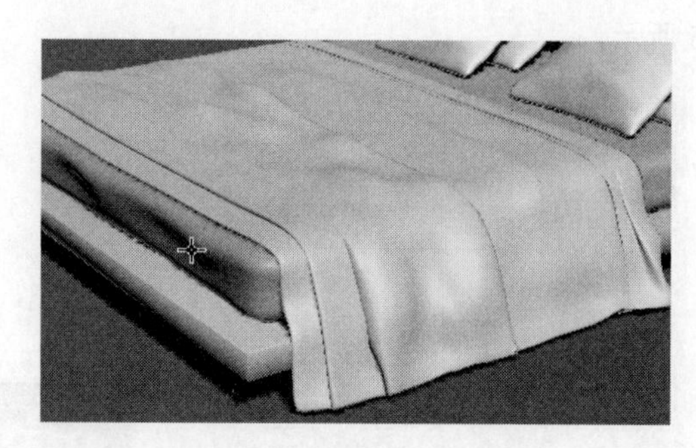

图 5-61

5.2.3 MD 软件制作床单

上述两种方法通过系统计算和手动调整虽然也能调整出重叠褶皱效果，但是比较麻烦，接下来学习一下利用 Maverlous Designer 软件制作床单的方法。

步骤 01 首先将制作好的床等模型导出 obj 格式，打开 Marvelous Designer 5 软件，依次选择“文件”|“导入”|“OBJ”命令，选择导出的模型文件将其导入 MD 软件中，在导入时选择 cm 为单位。参考视频设置背景色为灰色，单击按钮在右侧区域绘制一个矩形，此时三维视图中也会自动更新一个矩形面片显示，如图 5-62 所示。

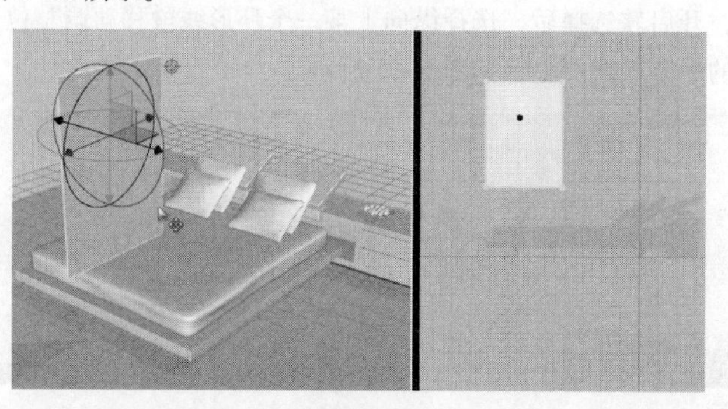

图 5-62

用旋转移动工具调整该面片到床的正上方，如图 5-63 所示。用移动选择工具选择右侧面片物体的边，移动调整面片的大小，三维视图中的面片物体也会自动调整大小，如图 5-64 和图 5-65 所示。

图 5-63

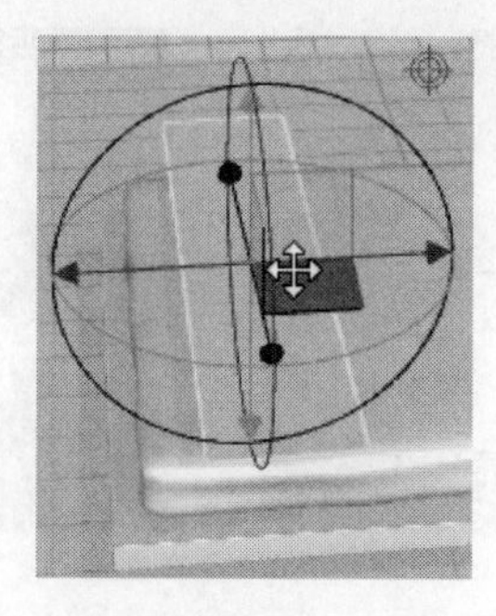

图 5-64

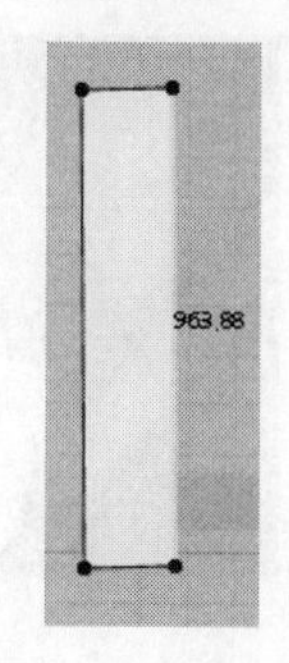

图 5-65

步骤 02 整体选择右侧的面片，按快捷键【Ctrl+C】复制，【Ctrl+V】粘贴，移动鼠标单击即可完成复制，用同样的方法多复制几个面片物体，并调整大小，如图 5-66 所示。注意，在 3D 视图中要调整面片为上下错开的形状，如图 5-67 所示。

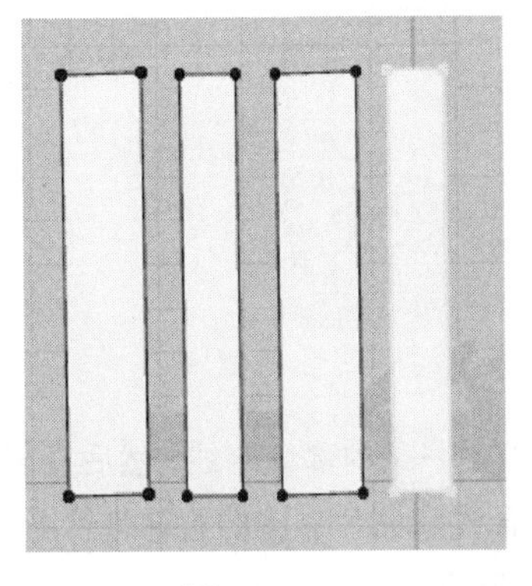

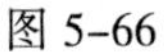

图 5-66

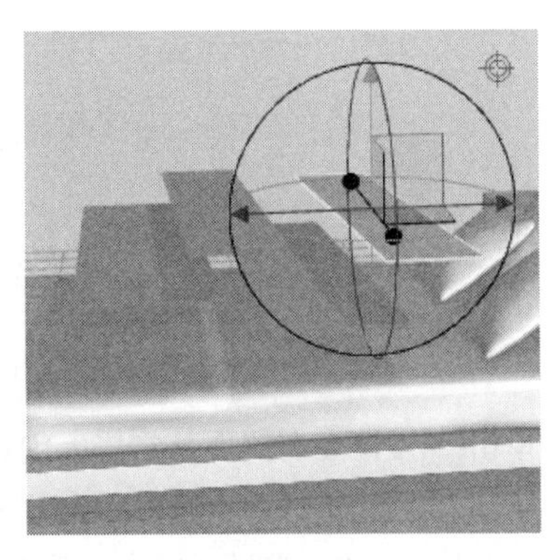

图 5-67

单击▇按钮（缝合工具），在右侧视图中将复制出来的面片物体相对应的边缝合起来，如图 5-68 所示。缝合好对应的边之后，三维视图中也会自动显示出缝合线，如图 5-69 所示。

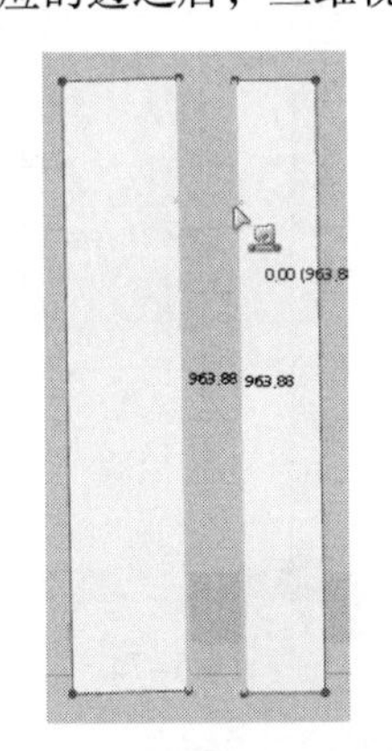

图 5-68

图 5-69

用同样的方法将对应的边全部缝合起来，效果如图 5-70 和图 5-71 所示。

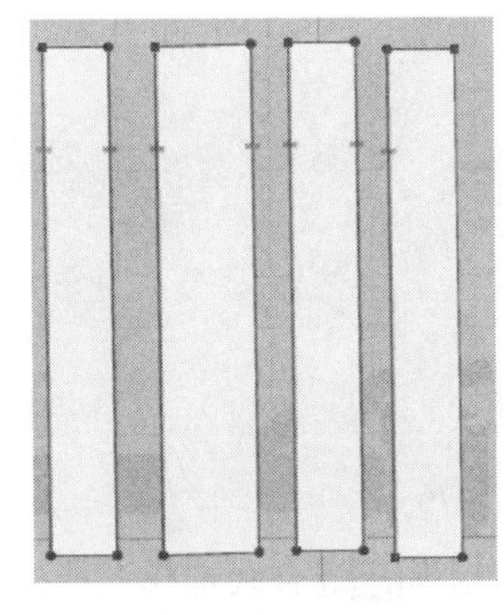

图 5-70

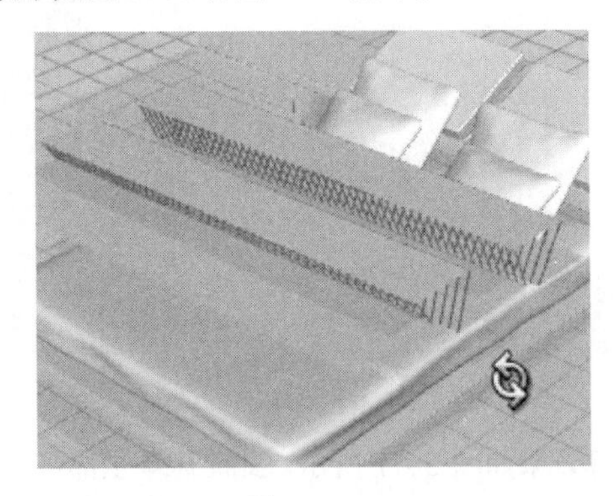

图 5-71

步骤 03 单击▇按钮开始计算，计算后效果如图 5-72 所示。计算时可以很直观地观察床单下落的计算过程，但同样不能表现出褶皱等效果。

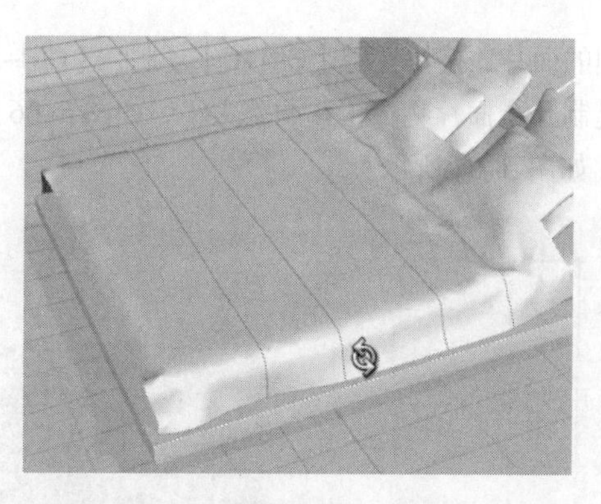

图 5-72

步骤 04 单击按钮在右侧面片物体上创建出单独的一条内部缝合线，然后复制出其他面片物体上的缝合线，如图 5-73 所示。用工具将创建的缝合线和面片物体的边缘进行缝合，如图 5-74 和图 5-75 所示。缝合好后的三维显示缝合线效果如图 5-76 所示。

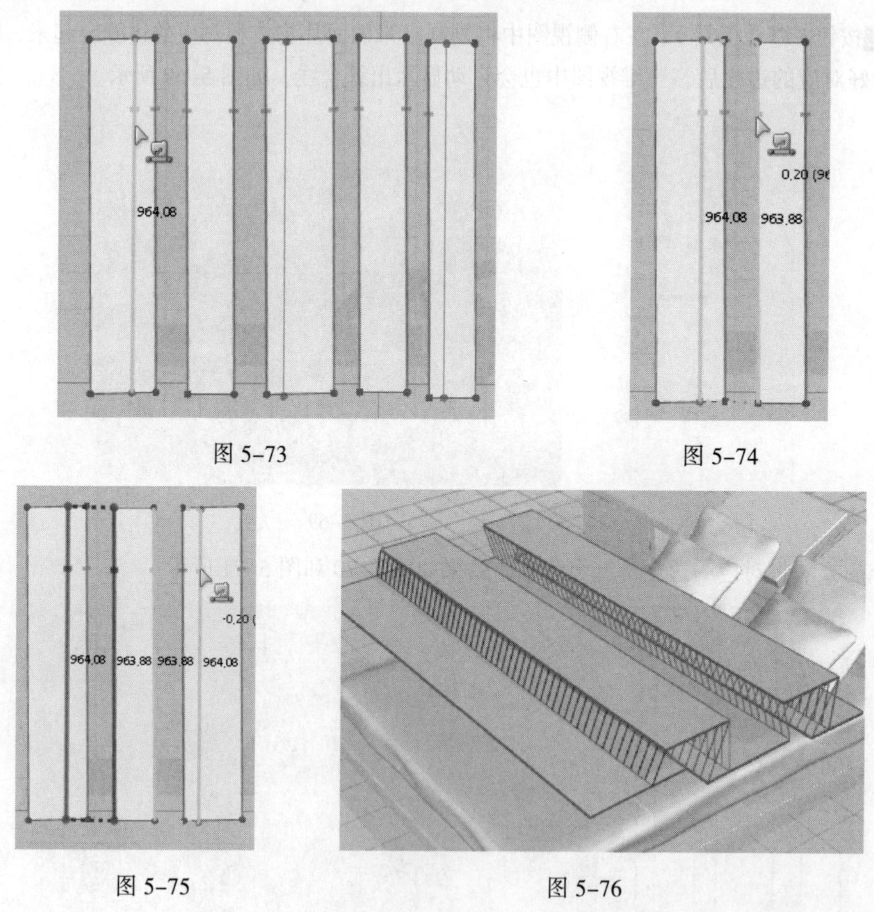

图 5-73　　图 5-74

图 5-75　　图 5-76

重新运算效果如图 5-77 所示。此时床单全部挤压在一起。选择缝合线选择工具，选择之前边缘缝合好的缝合线，如图 5-78 中的缝合线所示。按【Delete】键删除。删除后的显示效果如图 5-79 所示。

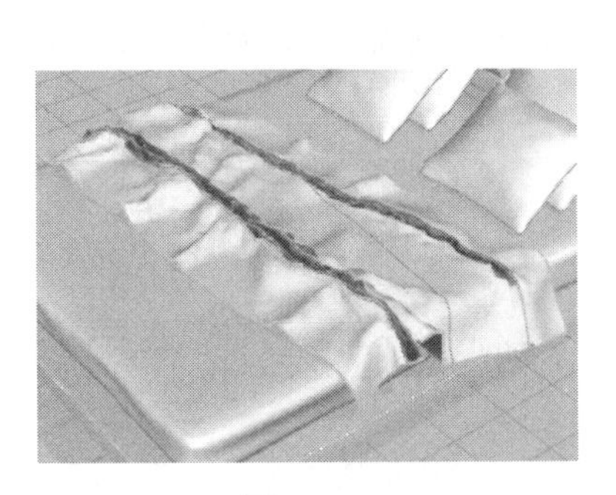

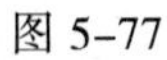

图 5-77

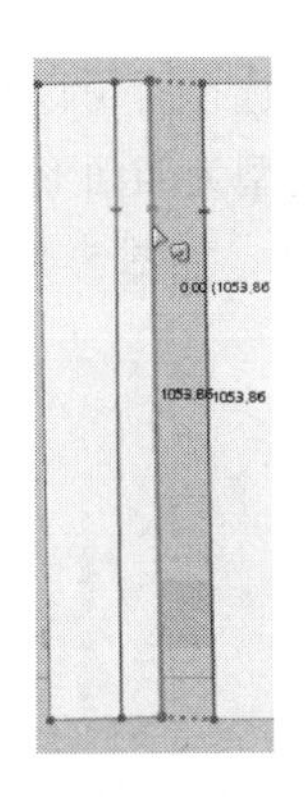

图 5-78

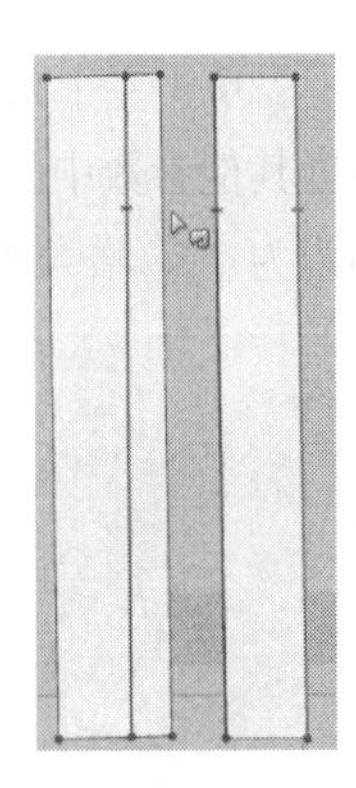

图 5-79

重新调整缝合线后的效果如图 5-80 所示。再次进行计算后的效果如图 5-81 所示。

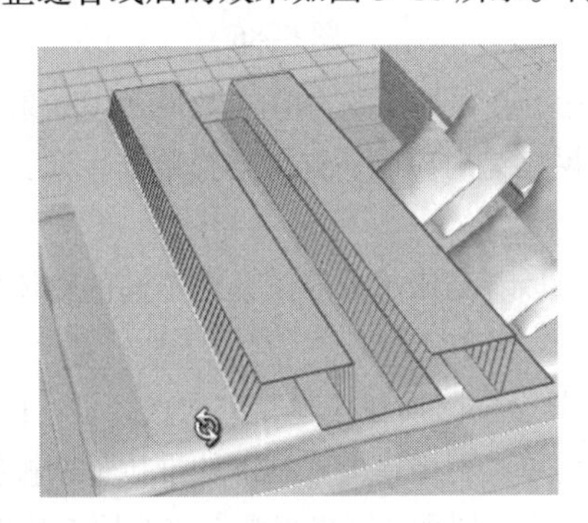

图 5-80

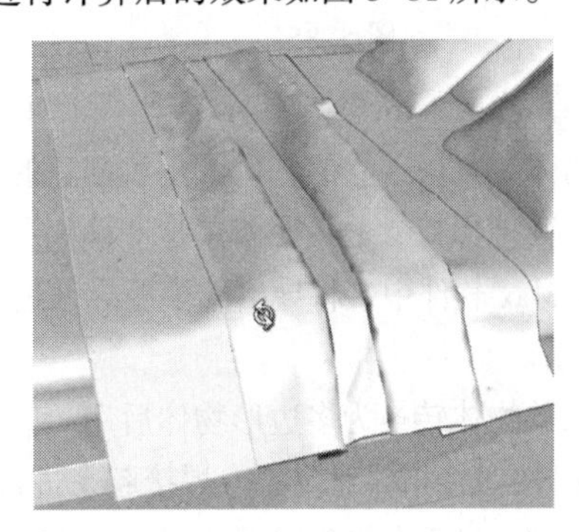

图 5-81

步骤 05 计算后的床单太窄，此时可以将右侧缝合好的面片再次复制一个并缝合调整至如图 5-82 所示。计算后的效果如图 5-83 所示。

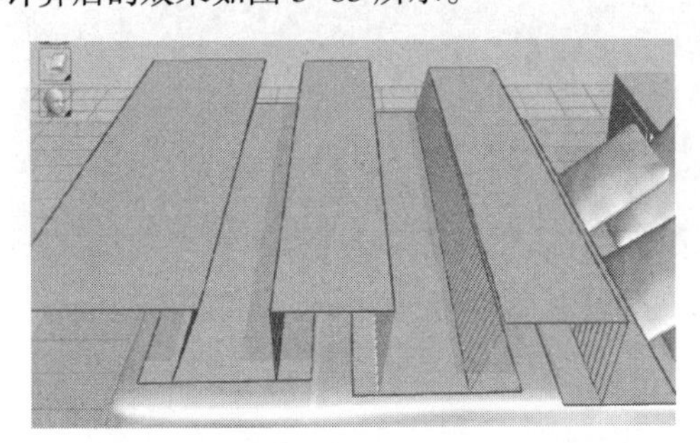

图 5-82

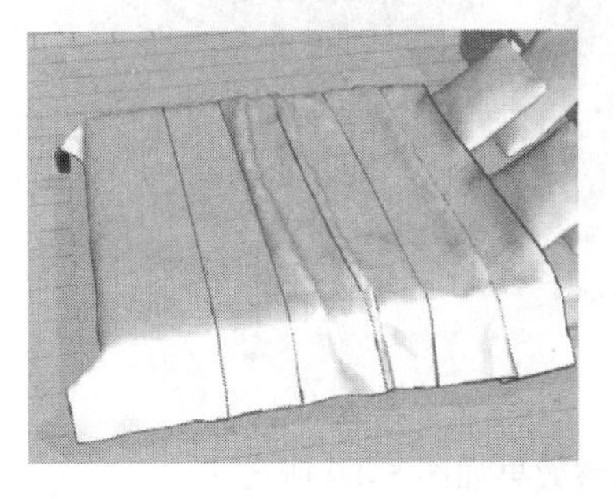

图 5-83

在单击计算按钮后，计算过程中可以用工具选择边缘线段将面片整体拉长，如图 5-84 所示。3D 视图中的物体也会自动拉长进行计算。

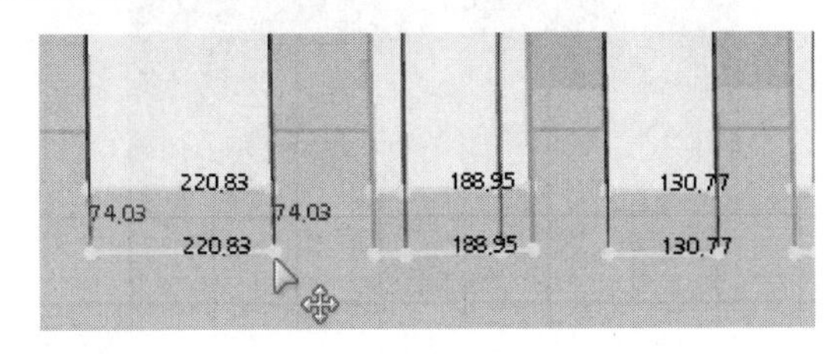

图 5-84

步骤 06 单击左上角 图标选择 可以显示出物体的网格，如图 5-85 所示。然后打开右侧参数面板，设置其他参数中的网格类型为四面形，这样三角面就会变成四边面效果。设置模拟属性参数中的粒子间距为 10，增大网格密度，如图 5-86 所示。

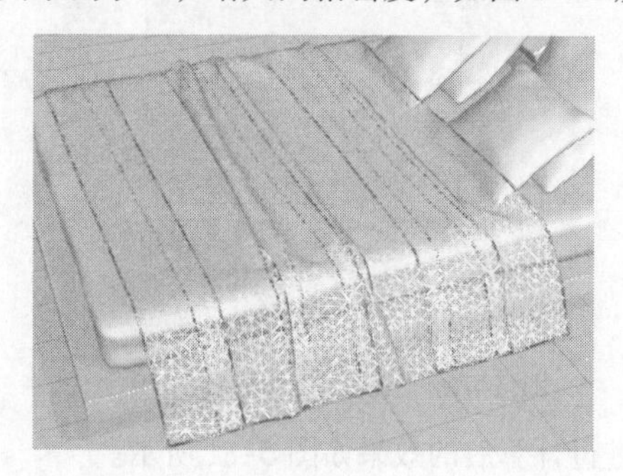

图 5-85

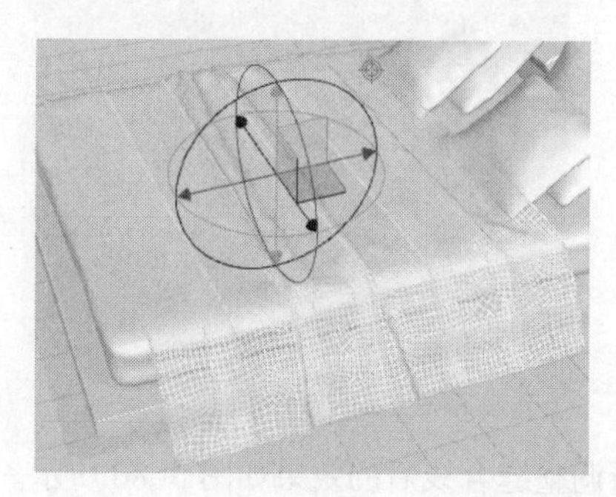

图 5-86

步骤 07 依次单击“文件”|“导出”|“OBJ”命令，在导出的 OBJ 参数面板中如果选择多个目标，导出的物体是分块独立的，也就是和创建的面片网格是对应的，如果选择单个目标，导出的物体是一个整体，其他保持参数不变，单击“确定”导出。

返回 3ds Max 软件中，将导出的模型导入进来，可以看到床单分层了几个不同的物体导入进来。如图 5-87 所示。

将所有床单物体转换为多边形物体后用 附加 工具全部附加在一起，进入点级别，框选所有点，单击 目标焊接 按钮将相邻对应的点焊接起来进行调整。单击石墨建模工具下的推拉笔刷按钮对床单模型简单雕刻处理。然后在修改器下拉列表下添加“壳”修改器和“网格平滑”修改器，效果如图 5-88 所示。

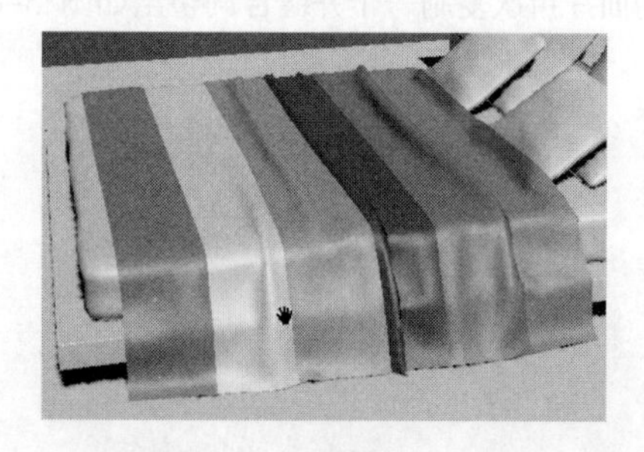

图 5-87

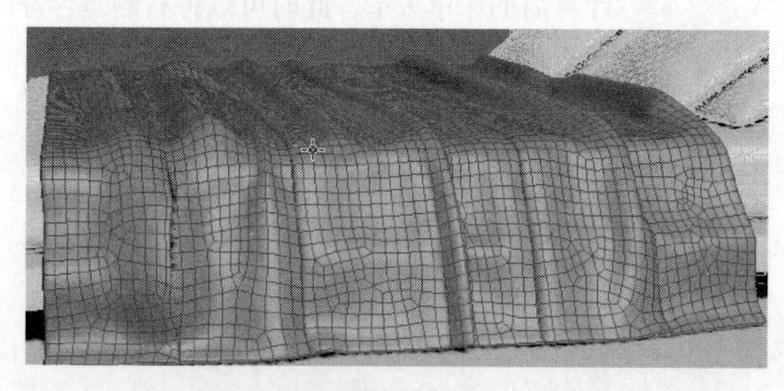

图 5-88

最终效果如图 5-89 所示。

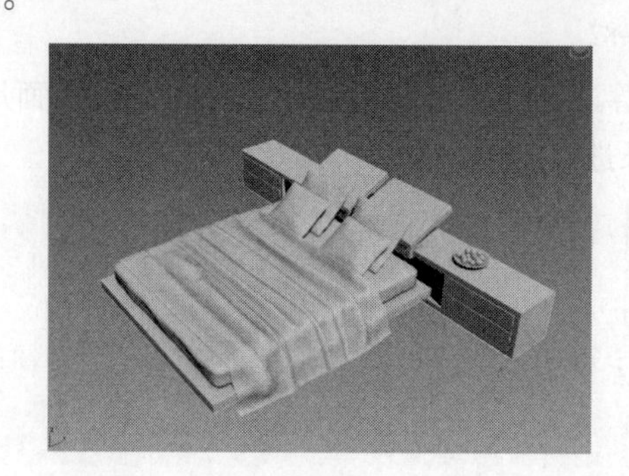

图 5-89

本实例小结：通过本实例的学习要重点掌握 MD 软件的一些基本操作方法和 MD 软件基本的创建工具，缝合工具以及布料的密度调整，三角面和四边面的转换方法等。MD 软件十分强大，特别适合制作衣服效果。

5.3　制作双层床

双层床的制作不是太复杂，本实例制作过程就像拼积木一样由简单的物体拼接而成。

步骤 01 创建一个长宽高为 8cm × 8cm × 180cm、圆角值为 0.3cm 的切角长方体，在移动工具下右击下方坐标轴上的小箭头，快速将物体中心设置原点位置，X:0.0cm Y:0.0cm Z:0.0cm，按快捷键【Ctrl+C】复制，然后在 X 轴方向上输入 X:90.0cm，选择这两个物体，按快捷键【Ctrl+C】再次复制，调整 Y 轴值为 Y:200.0cm。复制调整效果如图 5-90 和图 5-91 所示。

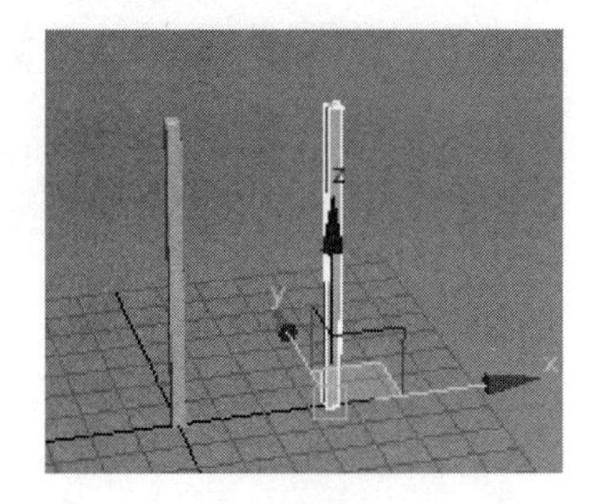

图 5-90

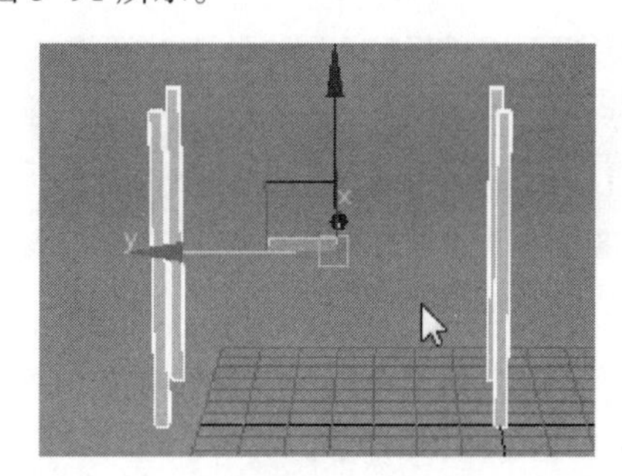

图 5-91

步骤 02 将床腿模型再次复制调整，如图 5-92 所示。然后创建一个切角长方体作为床板模型，如图 5-93 所示。

图 5-92

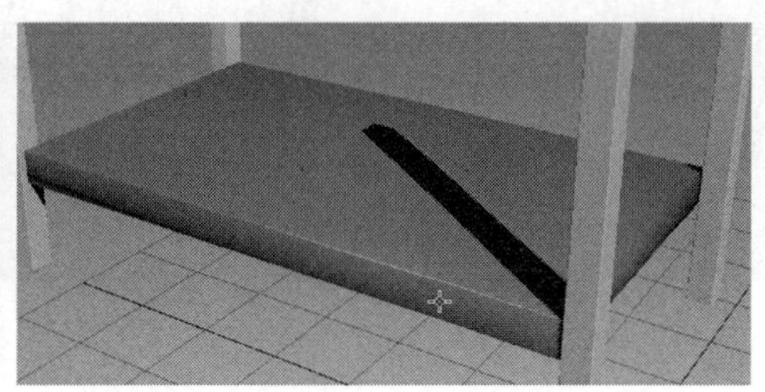

图 5-93

向上复制出第二层的床板，然后创建一个切角长方体作为上层的边缘扶手物体，如图 5-94 所示。将该物体旋转 90°复制调整长度值后向右阵列，阵列参数和效果如图 5-95 所示。

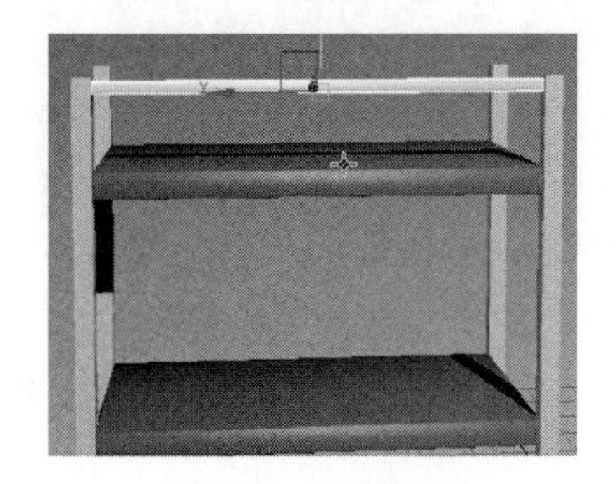

图 5-94

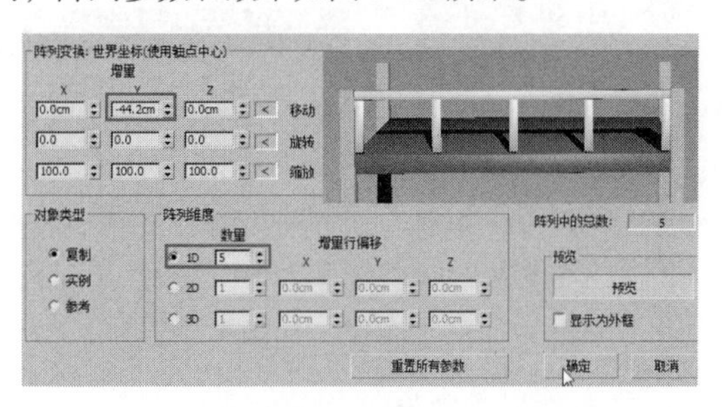

图 5-95

创建圆柱体并复制调整，如图 5-96 所示。单击扩展面板下的 ProBoolean 超级布尔运算按钮，单击 开始拾取 按钮拾取创建的圆柱体完成布尔运算，运算后的效果如图 5-97 所示。

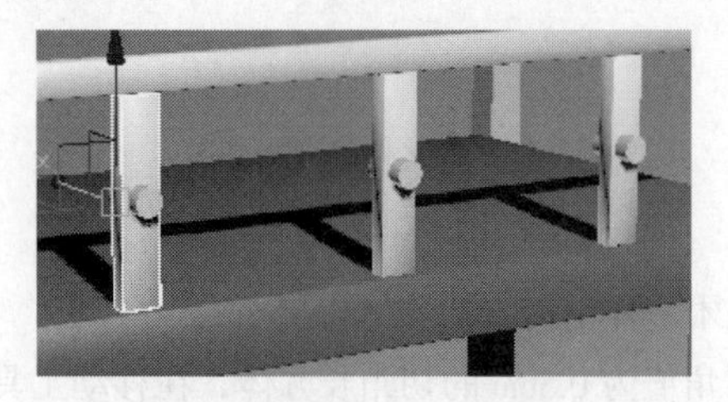
图 5-96

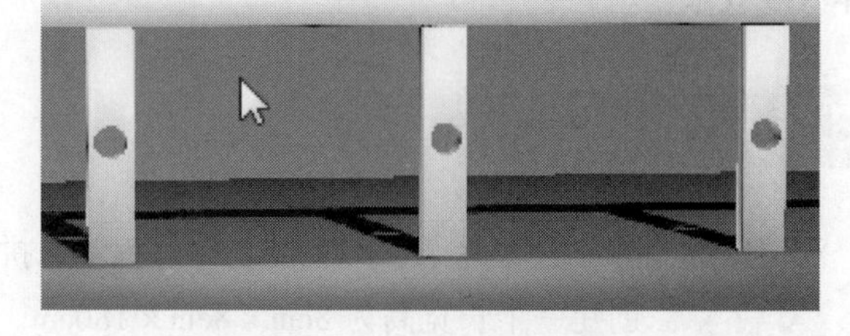
图 5-97

继续创建复制调整出中间的模板，如图 5-98 所示。用同样的方法复制调整出其他侧面的模板模型，如图 5-99 所示。

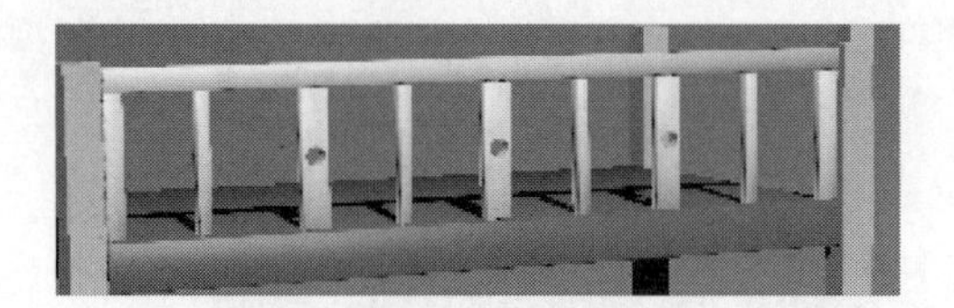
图 5-98

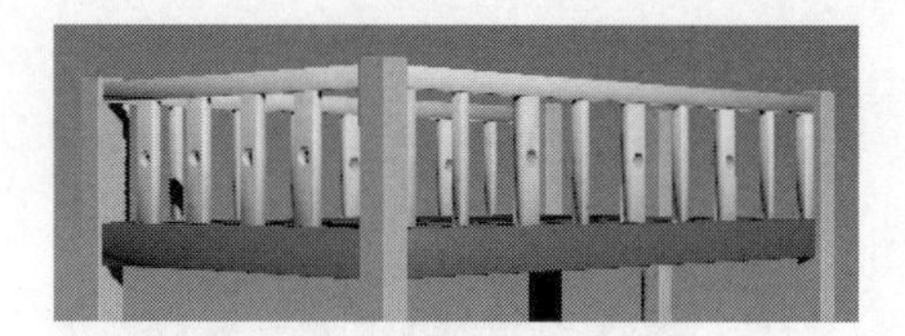
图 5-99

步骤 03 调整好上层侧板后复制调整出底部侧板，如图 5-100 所示。然后在底部位置创建两个切角长方体，如图 5-101 所示。

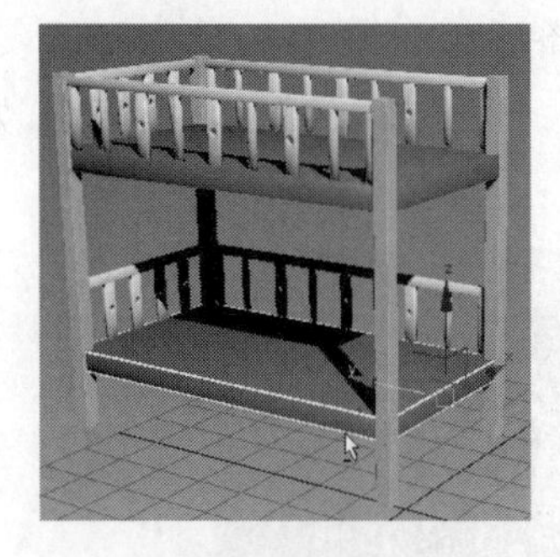
图 5-100

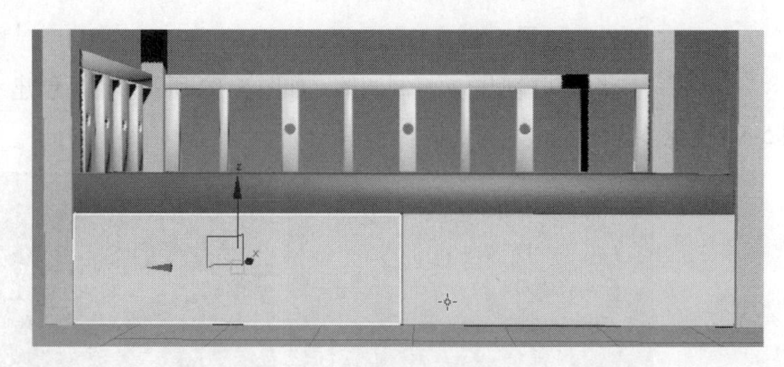
图 5-101

在该物体边面创建圆柱体，移动嵌入物体的内部，如图 5-102 所示。用超级布尔运算工具运算出所需形状，如图 5-103 所示。

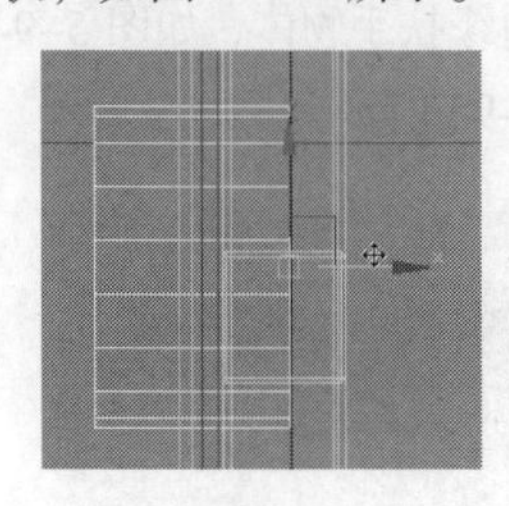
图 5-102

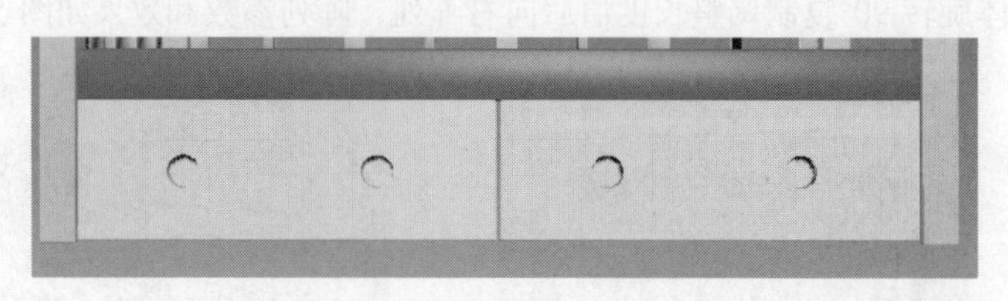
图 5-103

步骤 04 创建出床底部侧板，如图 5-104 所示。然后创建一个如图 5-105 所示的样条线。

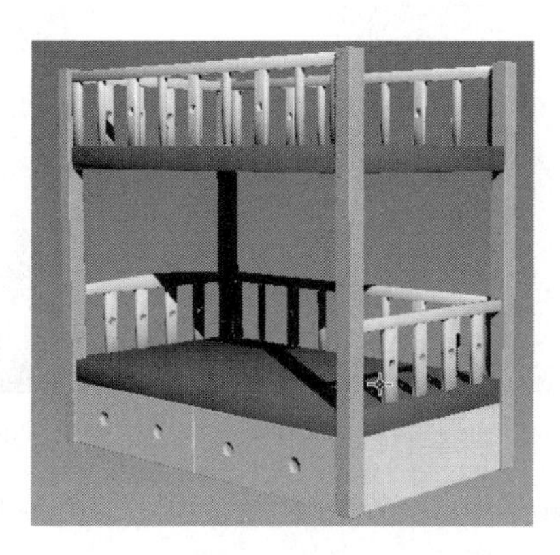

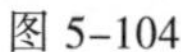

图 5–104

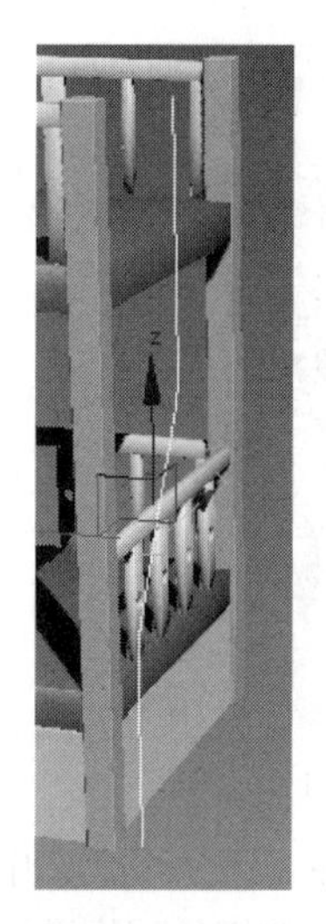

图 5–105

同时创建一个圆角的矩形，利用放样工具制作出图 5–106 中的边缘腿部模型，然后创建出边缘腿部支撑杆，如图 5–107 所示。最后利用长方体模型调整出背板，如图 5–108 所示。

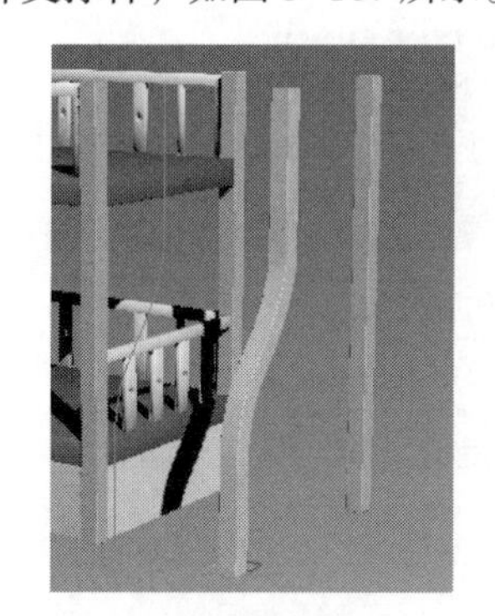

图 5–106

图 5–107

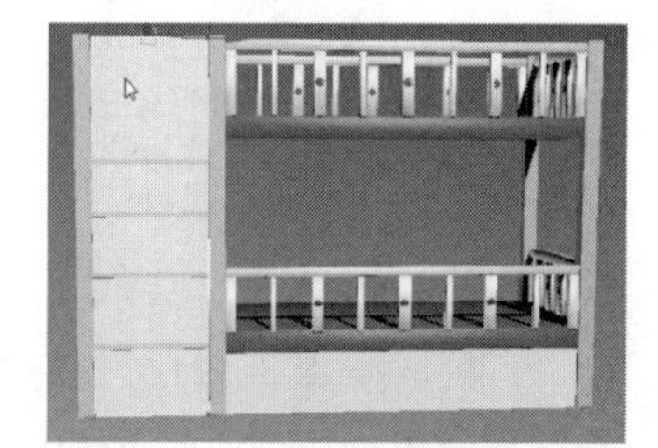

图 5–108

步骤 05 创建出踏板和踏板底部的抽屉板模型，如图 5–109 所示。复制调整出其他抽屉和踏板模型如图 5–110 所示。

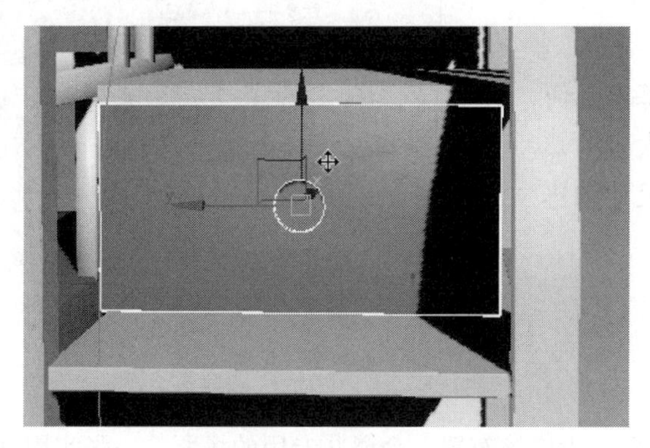

图 5–109

图 5–110

继续创建长方体模型，调整出侧板形状如图 5–111 所示。然后创建图 5–112 所示的样条线，利用放样工具制作出图 5–113 所示的形状物体。

图 5–111

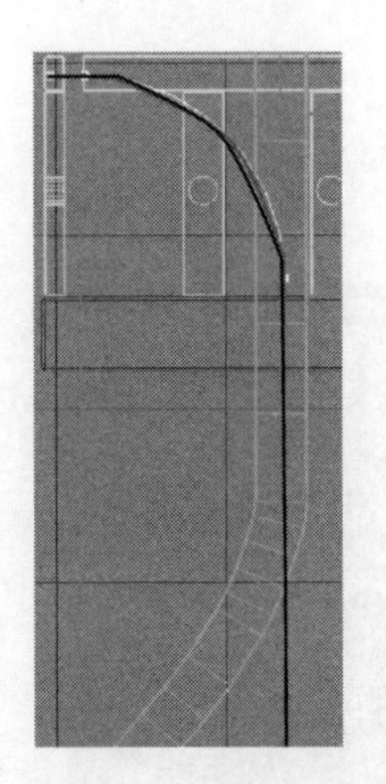
图 5–112

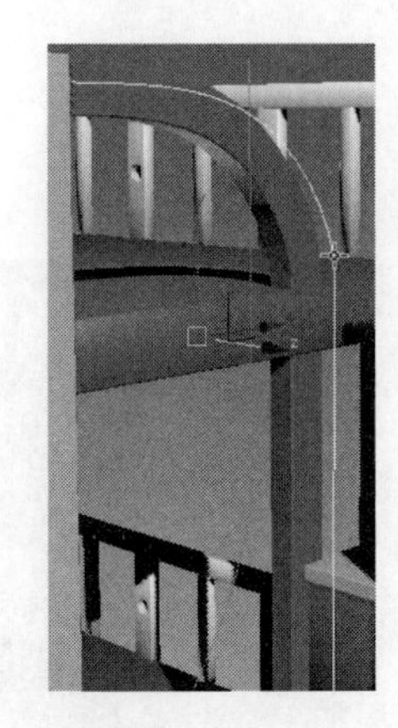
图 5–113

步骤 06 单击按钮，选中图形选项将场景中所有样条线隐藏起来，如图 5–114 所示。利用放样工具制作出底层侧面的储物栏物体，如图 5–115 所示。

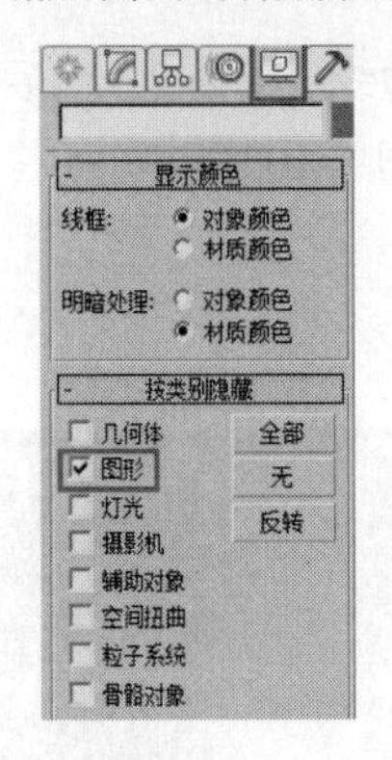

图 5–114

图 5–115

整体调整模型比例，按快捷键【M】打开材质编辑器，在左侧材质类型中单击标准材质并拖拉到右侧材质视图区域，选择场景中所有物体，单击按钮将标准材质赋予所选择物体，最终的效果如图 5–116 所示。

本实例小结：本实例中主要利用一些基本几何体像堆积木一样制作出双层床模型，没有太多的知识要点，在制作过程中把握好模型的整体尺寸和比例即可。

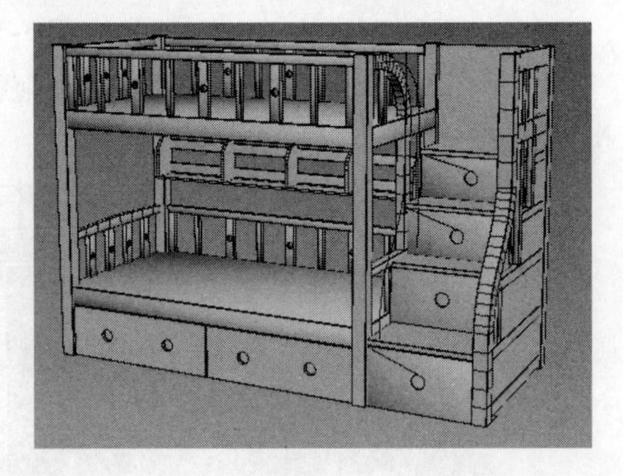
图 5–116

5.4 制作儿童床

婴儿不一定非要给他一个单独的房间，但至少应该布置一个婴儿专用的场所，一张实用舒适的小床是一个很好的选择。小床要放在大人容易看到的地方，最好是向阳的北房。要是能有一个空气新鲜、阳光充足又能保温的房间做婴儿室，那当然是再好不过了。挑选婴儿床最重要的一点是床的安全性能。

有的小床看上去很漂亮，但不结实，这样的床千万不能用。因为宝宝的活动量大，无形之中给小床增加了外力，这样一来，本来就不紧的螺钉、钉子等可能会松脱，导致宝宝出现危险。同时，大人以为小小的婴儿不会乱摸螺钉，殊不知宝宝因无意识地弄松螺钉而掉下床的事故是经常发生的。因此，床的安全性是最重要的。金属小床最为结实，但金属的质感不好，冰冷且过于坚硬，不适合婴儿使用。木制的小床最为理想，既结实又温和。现在市场上有许多款式的木制婴儿床。有的下面安装有小轮子，可以自由地推来推去。这种小床，必须注意它是否安有制动装置，有制动装置的小床才安全，同时制动装置要比较牢固，不至一碰就松。还有的小床可以晃动，有摇篮的作用，这种床也一定要注意它各部位的连接是否紧密可靠。婴儿床的四周一般都有栅栏。从安全角度来看，栅栏的间隔应取 9cm 以下，即孩子的拳头能够伸出为好。要是间隔太大，孩子的头就有可能伸出去。栅栏的高度一般要高出床垫 50cm。要是太低，等到孩子能抓住栅栏站立时，可能会有爬过栅栏掉下来的危险；如果太高，大人抱起或者放下婴儿都十分不便。

设计儿童床时应注意以下几点。

- 围栏间距：围栏间距太大，孩子的身体容易滑出；间距太小，影响孩子观察床外的世界。标准的围栏间距应该在 8cm 左右。
- 围栏高度：围栏的高度应该不低于 60cm。围栏的两面最好有方便上下拉动的“拉门”，这样便于看护宝宝。但要注意查看“拉门”的牢固度，以防婴儿坠落。
- 铺位高度：为宝宝选床时，还要根据自己的睡床高度来决定。宝宝床的高度，在铺上床垫后应该与大人的床在同一个平面上，或比大人床稍低一点儿，这样便于妈妈睡在床上即可看到宝宝，监督宝宝的活动情况。
- 连接处夹缝宽度：床板和床体、护栏和床头之间，如果存在大于 5mm、小于 12mm 的夹缝，也就是 6～11mm 大小的距离，则属于危险夹缝。决定买一张安全的小床时，别忘了检查一下这个数字。
- 做工是否精细：一般情况下，做工较粗糙的床，铁管焊接处会非常毛糙。使用这样的床，宝宝的小手可能会遭殃。此外，还要仔细观察铁管的管口有无封闭。如果管口没有封闭，露出的孔会引起宝宝的好奇，伸手探索时，难免被铁管里的焊渣、毛刺刺伤，严重者还会导致宝宝的手指嵌在里面。制作小床时，少不了螺钉等物体，买床时别忘了观察床体内部有无螺钉突出等问题，以免误伤宝宝。
- 甲醛浓度：床板基本上都是由三合板、胶木板等木板组成，这些木板中可能会存有甲醛的成分。所以购床时，如果闻到有刺鼻的气味，有可能是甲醛含量超标，买这种床千万要谨慎了。

以上介绍了儿童床设计的注意事项，接下来就通过一个实例来学习一下儿童床的制作。

步骤 01 在视图中创建一个切角的长方体，设置长、宽、高分别为 6cm、6cm、60cm，然后创建一个 Box 物体，设置长、宽分别为 90cm、60cm，将切角长方体移动到 Box 物体其中的一个角上，并适当地旋转，右击将该切角长方体转换为可编辑的多边形物体，调整右侧的点至水平位置，然后向右对称复制一个并移动到另一个角处，框选该两个切角长方体，沿着 Y 轴对称复制并调整到合适的位置，如图 5-117 所示。

步骤 02 单击“附加”按钮，依次拾取儿童床的床腿模型将其附加在一起，这样在调整比例时可以快速框选点来进行调节。将床板物体也转换为可编辑的多边形物体，选择上部的面用倒角工具先向内收缩，再向下挤出面，如图 5-118 所示。

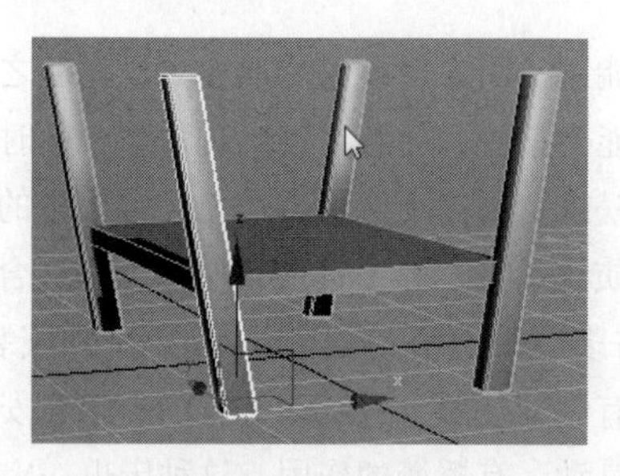
图 5-117

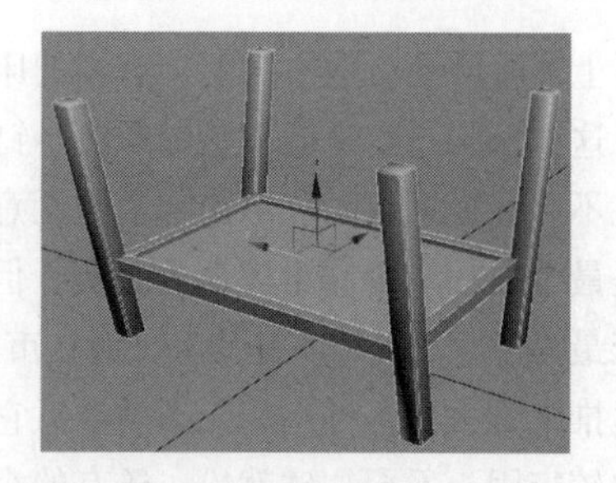
图 5-118

步骤 03 在前视图中创建一个矩形，将其转换为可编辑的样条曲线，将上方的点向两侧调整。再创建一个圆形，单击“附加”按钮，将两个样条线附加起来。进入“样条线”级别，运用样条线的布尔运算工具制作出如图 5-119 所示的形状。

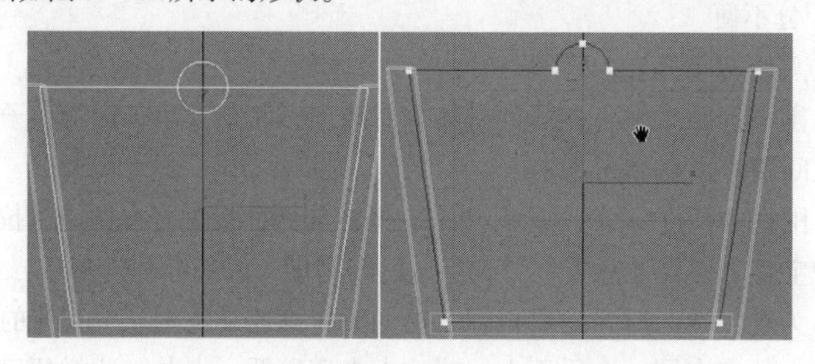
图 5-119

在修改器下拉列表中添加“倒角”修改器，参数设置和效果如图 5-120 所示。

步骤 04 在创建面板下的复合物体面板中单击“环形波”按钮，在视图中创建一个环形波形状，设置“宽度波动”为 0，“次周期数”设置为 7，“宽度波动”为 15%左右，如图 5-121 所示。

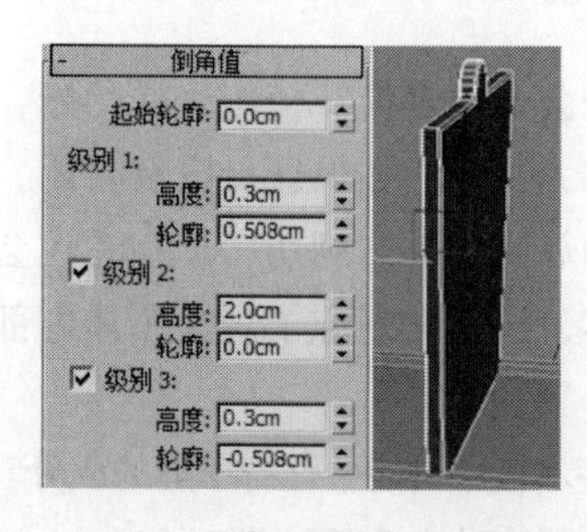

图 5-120

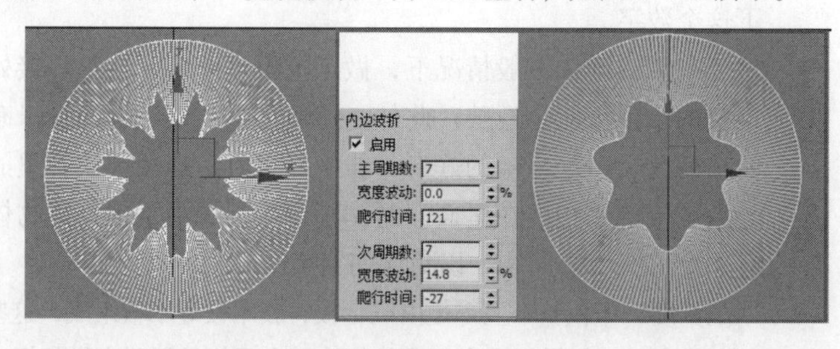

图 5-121

将该环形波转换为可编辑的样条曲线，选择外部的线段并按【Delete】键将其删除，只保留内侧的曲线；或者选择内环的曲线，单击 利用所选内容创建图形 按钮，在弹出的创建图形面板中选择“平滑”并单击“确定”按钮，这样即可分离出内侧的样条线，如图 5-122 左所示。在修改器下拉列表中添加“挤出”修改器，将样条线转换为三维模型，效果如图 5-122 右所示。

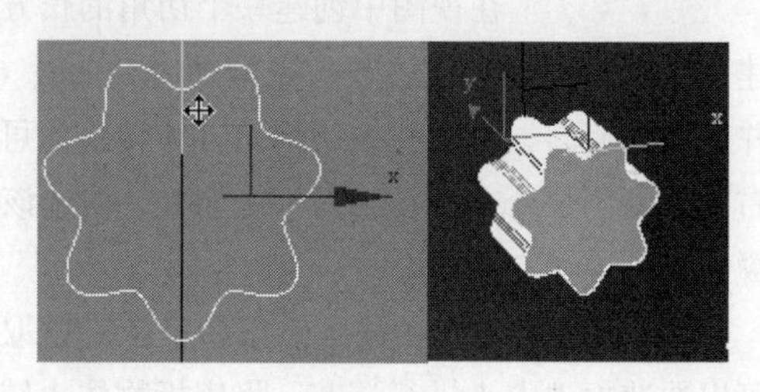
图 5-122

步骤 05 在复合面板下单击 ProBoolean 工具，单击“开始拾取”按钮，拾取七边形物体完成超级布尔运算，运算后的效果如图 5-123 所示。

图 5-123

步骤 06　复制调整出另一侧的物体，然后在视图中创建切角 Box 物体，选择“工具”菜单下的“阵列”工具，打开“阵列”对话框，设置参数如图 5-124 左所示。阵列后的模型效果如图 5-124 右所示。

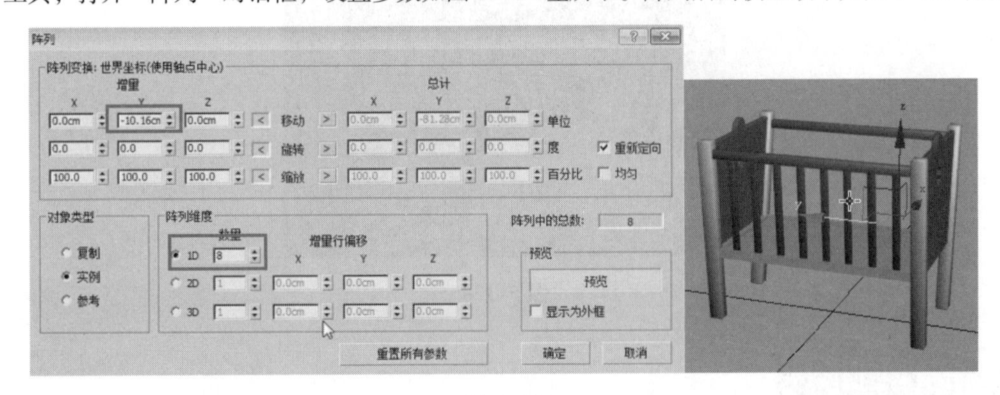

图 5-124

步骤 07　复制调整出右侧的栏杆，然后在前视图中创建一个圆形并将其转换为可编辑的样条线，右击，在弹出的菜单中选择“细化”命令，在下方点的两侧分别加点，删除不需要的线段，单击“轮廓”按钮，将保留的样条线挤出轮廓，如图 5-125 所示。

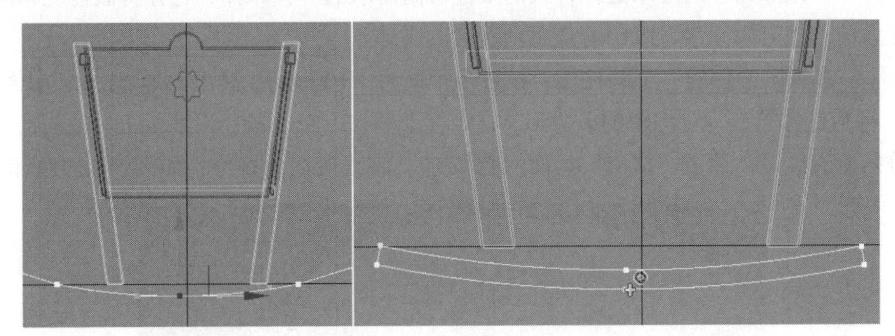

图 5-125

步骤 08　在修改器下拉列表中添加“挤出”修改器，将二维样条线生成三维模型并复制调整出另一侧模型，最后在童床腿部模型上方创建球体作为装饰，如图 5-126 所示。

步骤 09　调整模型的整体比例，如图 5-127 所示。

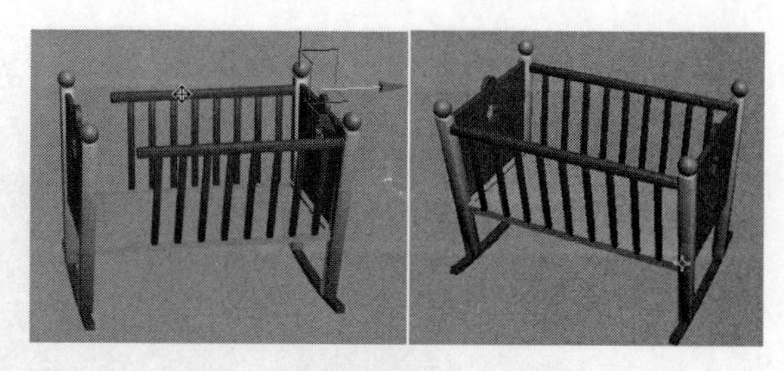

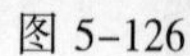

图 5-126　　　　　　　　　　图 5-127

步骤 10　打开材质编辑器，赋予场景中的模型一个默认的材质，最终效果如图 5-128 所示。

图 5-128

5.5　制作圆形床

床是我们劳累了一天的休息地，是我们修养身心，让心灵栖息的地方。所以，人们对床的要求也越来越高，不仅要求舒适助眠，还要求外观大方时尚，能衬托整间卧室的风格。目前市面上出现了一种新型的床体——圆形床。圆形床是符合人们个性时尚需求的一种床体，它在打破传统床的形状的同时还加以更多的个性时尚元素，吸引着众多消费者的眼球。

步骤 01　在视图中创建一个圆柱体，设置半径值为 1 100 mm，高度为 500 mm，端面分段为 2，边数为 32。将圆柱体转换为可编辑的多边形，在高度上添加一个分段，用缩放工具适当向外缩放，选择边缘部分的所有线段，单击“挤出”后面的▢按钮，将线段向内挤出，如图 5-129 所示。

图 5-129

注意，这里要将多边形面稍做处理，将相邻的点与点之间连接出线段，如图 5-130 和图 5-131 所示。

图 5-130

图 5-131

按快捷键【Ctrl+Q】细分显示该模型，效果如图 5-132 所示。

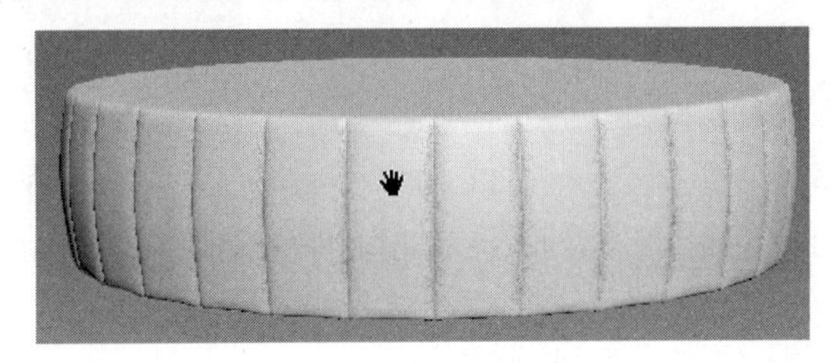

图 5-132

步骤 02　在床的外围处创建一个管状体，设置半径 1 为 1 400 mm，半径 2 为 1 100 mm，边数为 16，将管状体转换为可编辑的多边形，然后删除三分之二的面。选择图 5-131 中的面，单击“挤出”后面的□按钮，将面沿着法线方向向外挤出，如图 5-133 所示。

调整点，将高度调高，然后在高度位置上和物体的两侧位置添加分段，适当将模型向后调整至带有一定弧度的形状，如图 5-134 所示。

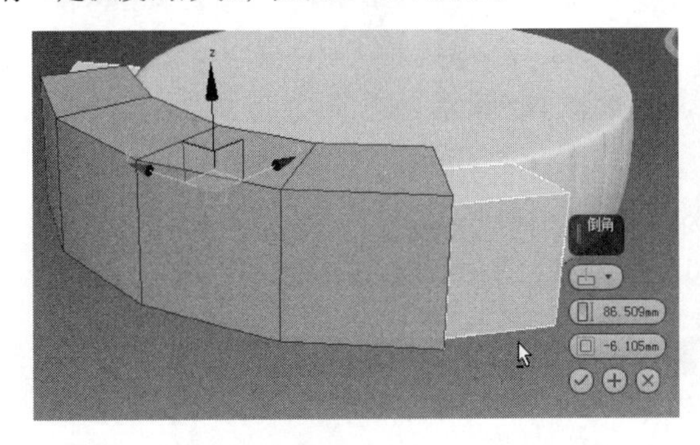

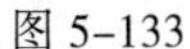

图 5-133

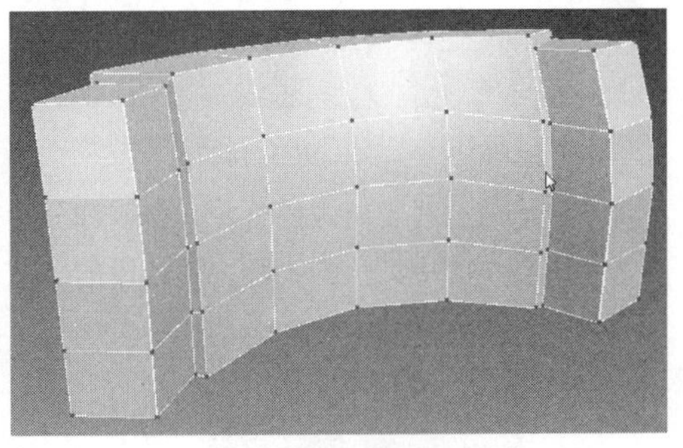

图 5-134

步骤 03　删除另外一半模型，用挤出工具将图 5-135 中的面沿着法线方向向外挤出。

将背部和底部多余的线段移除并对模型重新布线调整。过程如图 5-136 ~ 图 5-139 所示。

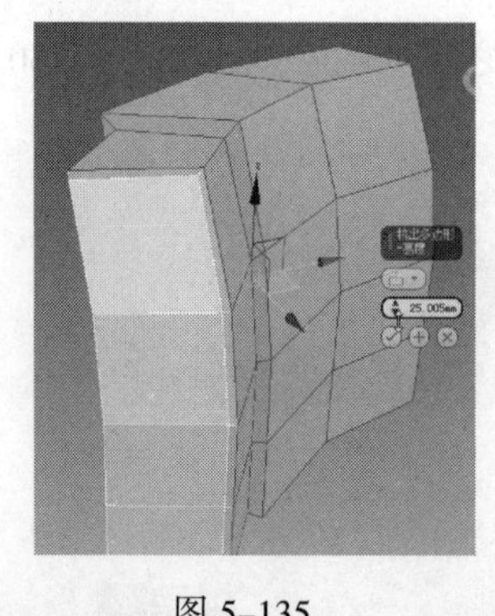

图 5-135

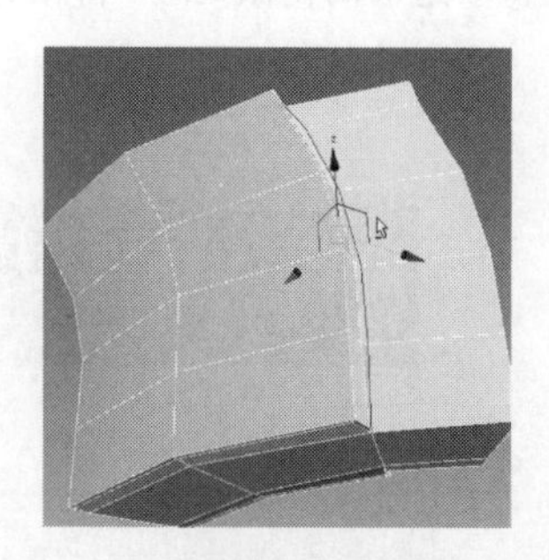

图 5-136

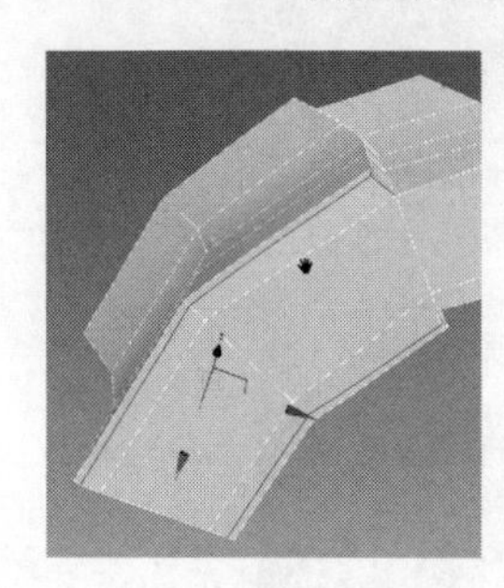

图 5-137

图 5-138

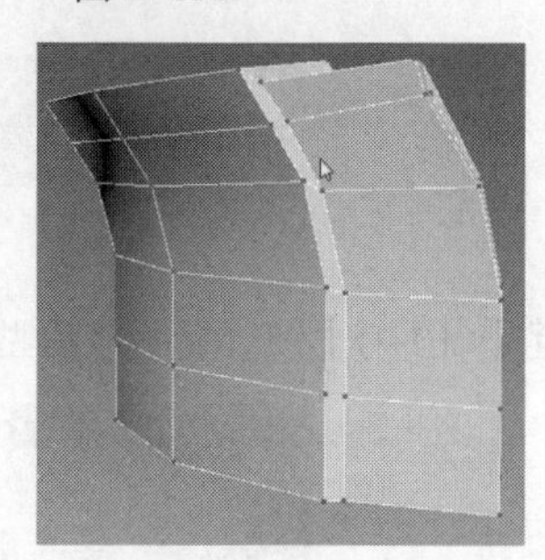

图 5-139

步骤 04 在图 5-140 中的边缘位置加线后适当向外侧移动调整。然后对图 5-141 所示的线段进行切角处理。

步骤 05 继续加线调整至如图 5-142 所示。

调整点和线段，将线段调整为带有弯曲的曲线，如图 5-143 所示。

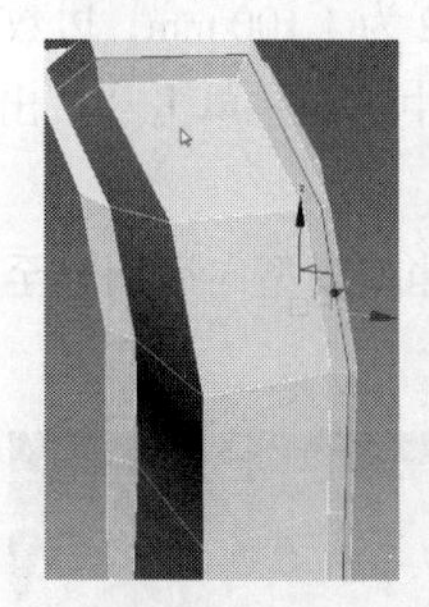

图 5-140

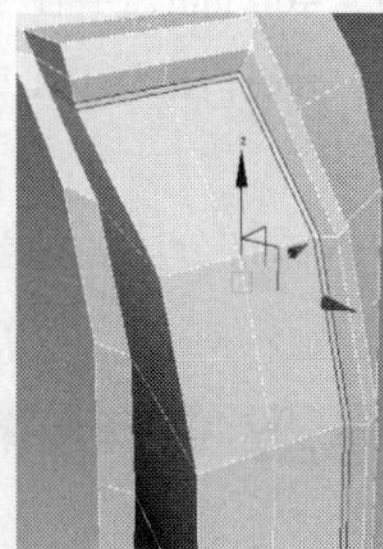

图 5-141

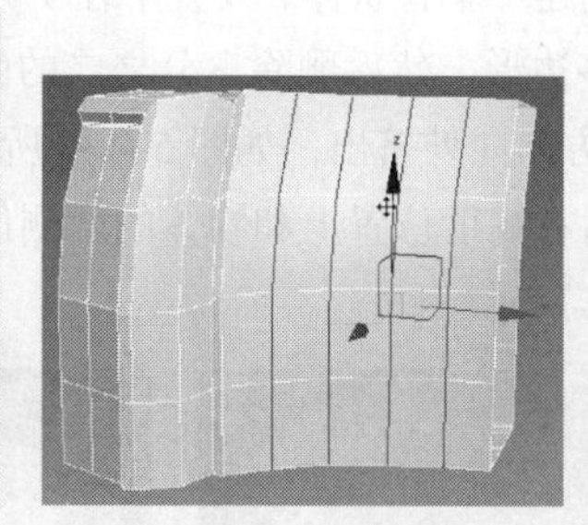

图 5-142

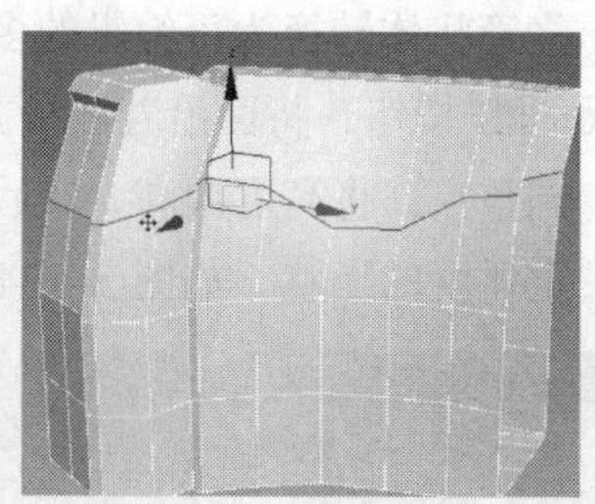

图 5-143

将右侧前后的线段向内挤出并调整，细分后效果如图 5-144 所示。

选择图 5-145 中红色的线段，用线段的“挤出”工具将选择的线段向内挤出并调整。

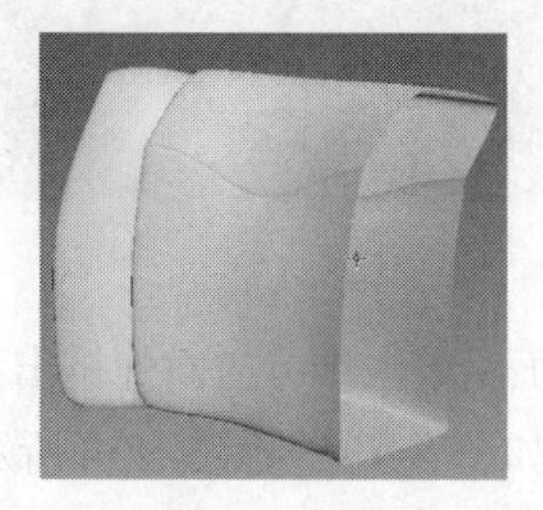

图 5-144

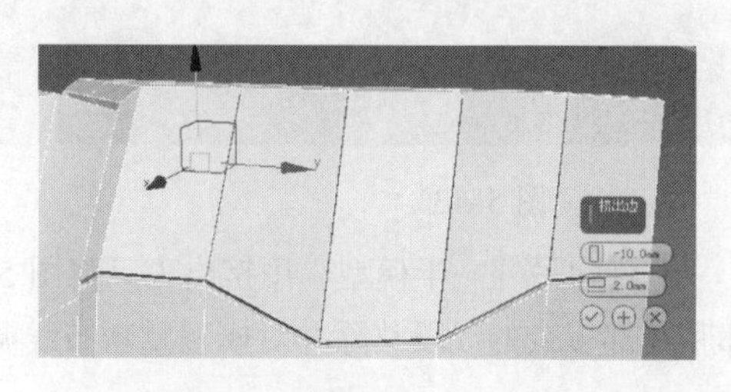

图 5-145

注意挤出后，在线段与线段交叉的位置一定要重新调整模型布线，该移除的线要移除，该焊接的点要焊接，如图 5–146 和图 5–147 所示。

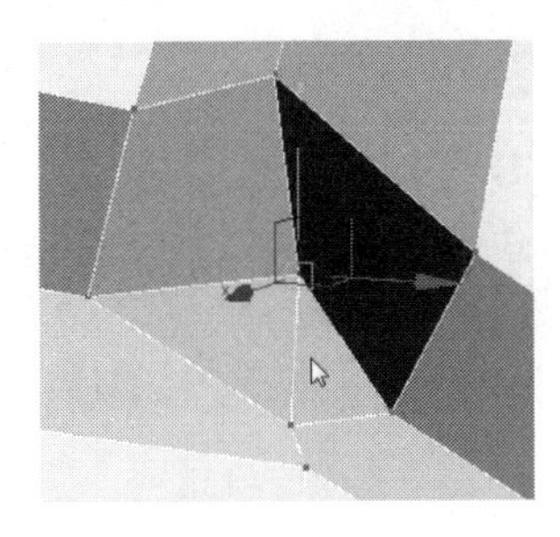

图 5–146

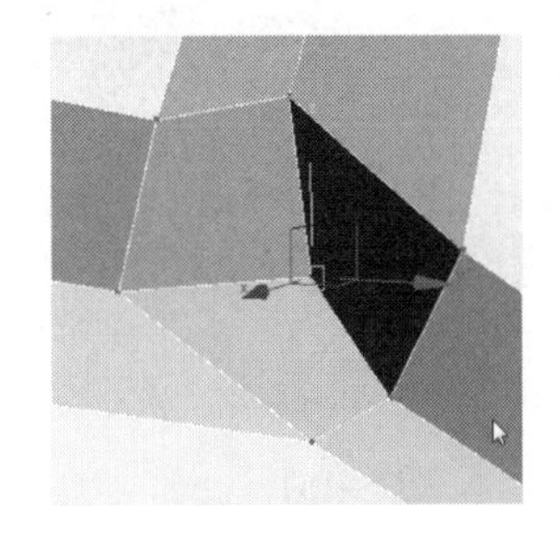

图 5–147

再次对整体形状进行调整，细分后的效果如图 5–148 所示。

步骤 06 在修改器下拉列表中添加“对称”修改器，右击模型，在弹出的快捷菜单中选择“转换为” | “转换为可编辑多边形”命令，将对称中心处的线段向内挤出并调整，最后的细分效果如图 5–149 所示。

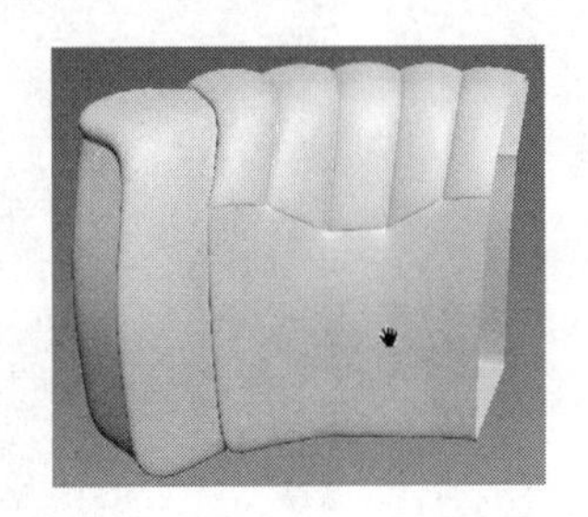

图 5–148

图 5–149

步骤 07 床单的制作。将场景中隐藏的模型显示出来，在顶视图中创建一个面片，注意此时要将面数分段设置得足够多，这里暂时将其长度分段设置为 40，宽度分段设置为 25，然后移动到床的上方。在工具栏的空白处右击，在弹出的快捷菜单中选择 MassFX 工具栏 命令，MassFX 工具栏面板很简单，如图 5–150 所示。

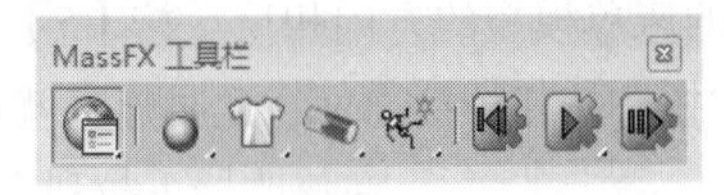

图 5–150

MassFX 工具主要是进行动力学的一些计算。选择面片物体，单击按钮，将选定对象设置为 mCloth 对象，也就是布料对象。然后选择床模型，单击按钮，将其设置为动力学刚体，单击开始模拟按钮，此时场景中的面片物体会自由下落，当落到床上时会发生布料与刚体之间的运算，该运算非常快，感觉运算合适之后一定要再次单击按钮结束运算。运算之后的效果如图 5–151 所示。

虽然有些面嵌入了床的内部，出现这样的情况还是由于面片的分段数造成的，不过没有关系，可以用“偏移”工具或者“松弛”工具将其进行位置的整体调整。右击模型，在弹出的快捷菜单中选择“转换为” | “转换为可编辑多边形”命令，单击“偏移”按钮，对物体进行简单的位置移动操作，如图 5–152 所示。

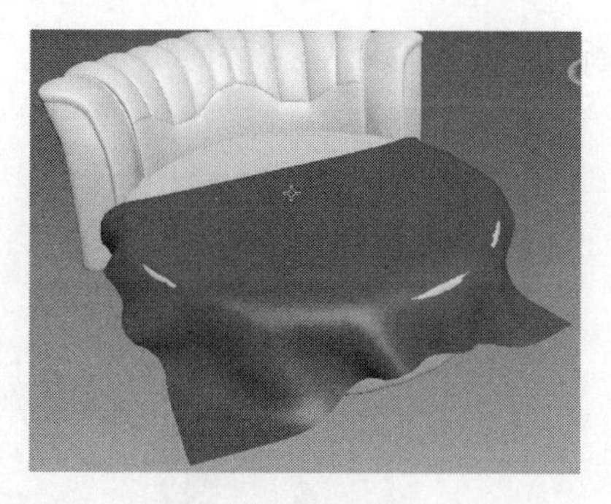

图 5-151

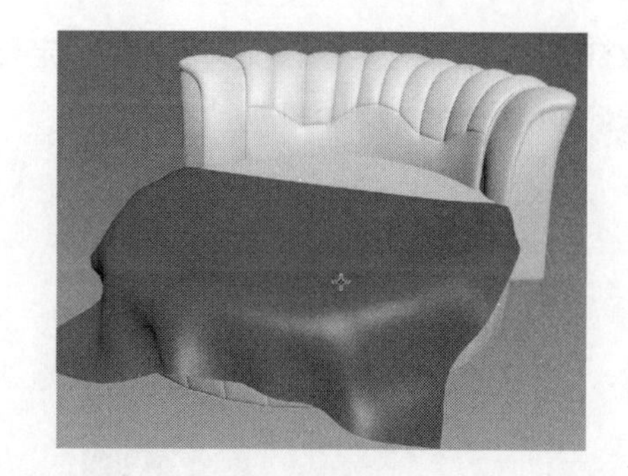

图 5-152

步骤 08 选择前半部的部分面，按住【Shift】键向上移动复制，在弹出的克隆部分网格面板中选择“克隆到对象”单选按钮，单击“确定”按钮，如图 5-153 所示。

单击“附加”按钮，拾取床单模型，选择图 5-154 中的线段，单击“桥”按钮使其中间部分自动生成面，如图 5-155 所示。

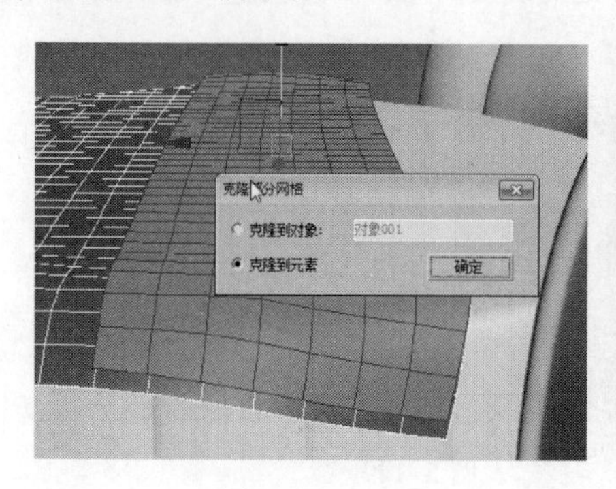

图 5-153

图 5-154

图 5-155

从图 5-154 中可以看出，通过桥接工具自动生成的面发生了扭曲，这是因为后面复制的面与之前的床单模型的方向相反。按【5】键并选择复制的面，单击“翻转”按钮将面的方向翻转，再次单击“桥”按钮桥接出面，此时连接就正常了，如图 5-156 所示。

步骤 09 在修改器下拉列表中添加“壳”修改器，将单面物体设置为双面物体，并将其转换为可编辑的多边形，按快捷键【Ctrl+Q】细分显示该模型，效果如图 5-157 所示。

图 5-156

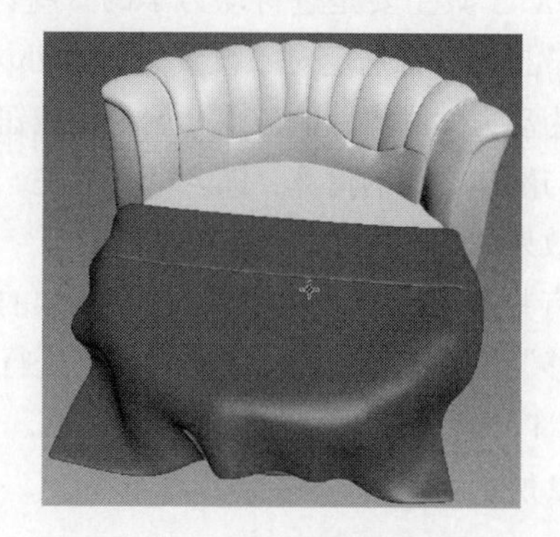

图 5-157

步骤 10 枕头的制作。创建一个 Box 物体，并将其转换为可编辑的多边形，加线，将四周的边适当压扁，用绘制变形工具下的“推/拉”工具将面适当调整至凹凸起伏的效果，越不规则，细分后的效果可能越好，如图 5-158 所示。

移动旋转调整到合适位置，然后按住【Shift】键复制两个，配合旋转移动调整至如图 5-159 所示。

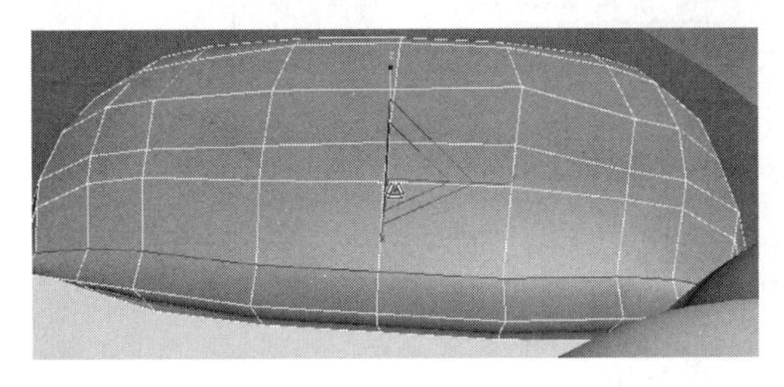

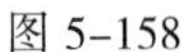

图 5-158

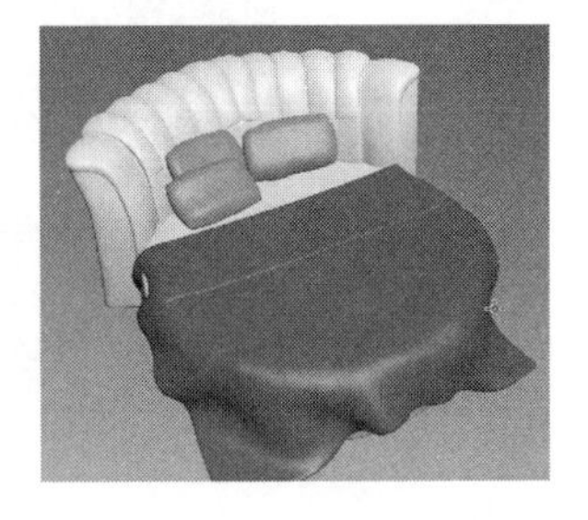

图 5-159

步骤 11　框选场景中的所有模型，按【M】键打开材质编辑器，选择任意一个材质球，单击按钮将默认材质赋予场景中的模型，然后单击右侧面板中的颜色框，在对象颜色面板中选择黑色并单击“确定”按钮，按【F2】键打开场景线框显示，最终效果如图 5-160 所示。

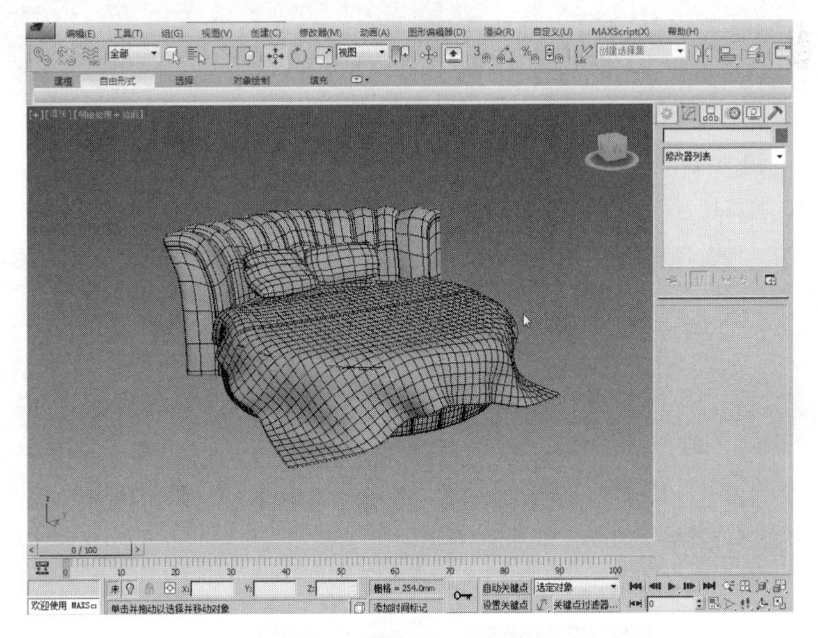

图 5-160

本实例小结：本实例中床头的造型在制作上是个难点，用到的方法同样是多边形建模方法，床单制作利用了动力学系统。

5.6　制作罗汉床

罗汉床是古老的汉族家具，属于卧具之一。弥勒榻一般体形较大，又有无束腰和有束腰两种类型。有束腰且牙条中部较宽，曲线弧度较大的，俗称“罗汉肚皮”，故又称“罗汉床”。罗汉床因其实用一直备受欢迎。

本实例中要制作的罗汉床效果如图 5-161 所示。

图 5-161

步骤 01 首先创建一个 100cm × 200cm × 46cm 的长方体并转换为可编辑的多边形物体，加线调整至如图 5-162 所示，然后删除底部多余的面，如图 5-163 所示。

图 5-162

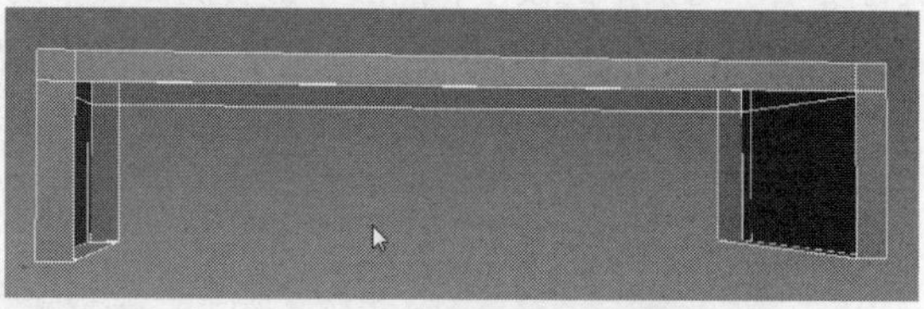

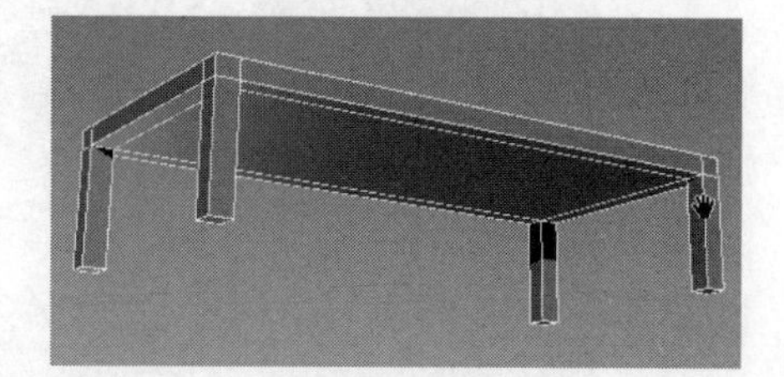

图 5-163

用“桥”和“封口”等命令调整底部形状，如图 5-164 和图 5-165 所示。

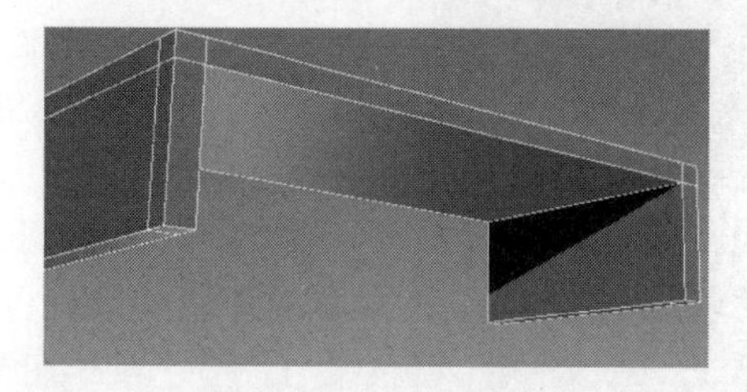

图 5-164

图 5-165

在腿部模型底部位置继续加线，如图 5-166 所示。调整加线位置的点至如图 5-167 所示。然后在桌面临近腿部的位置加线，如图 5-168 和图 5-169 所示。

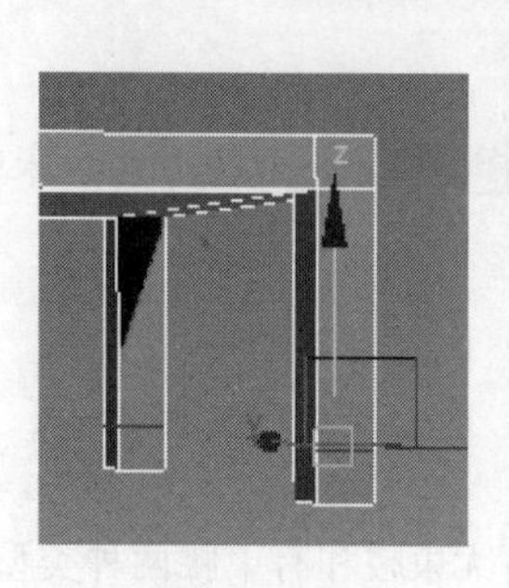

图 5-166

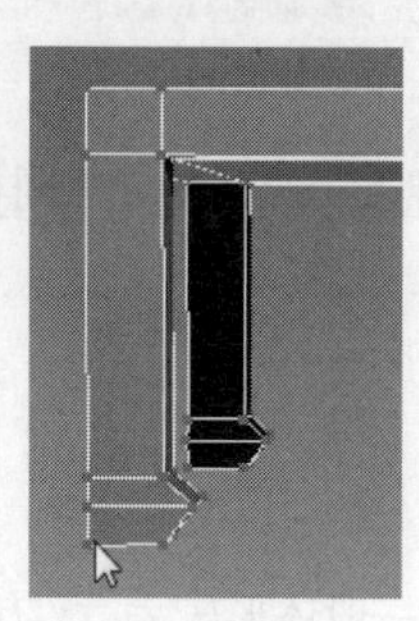

图 5-167

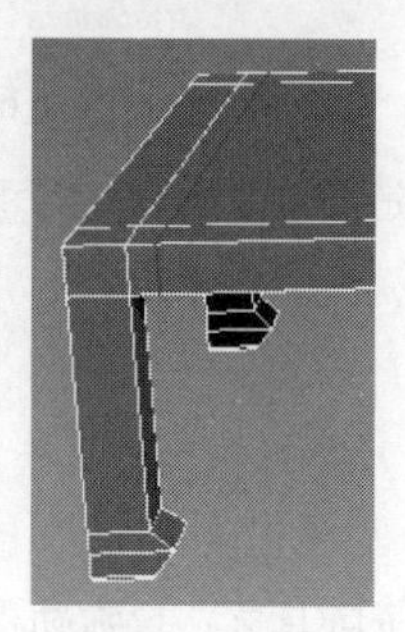

图 5-168

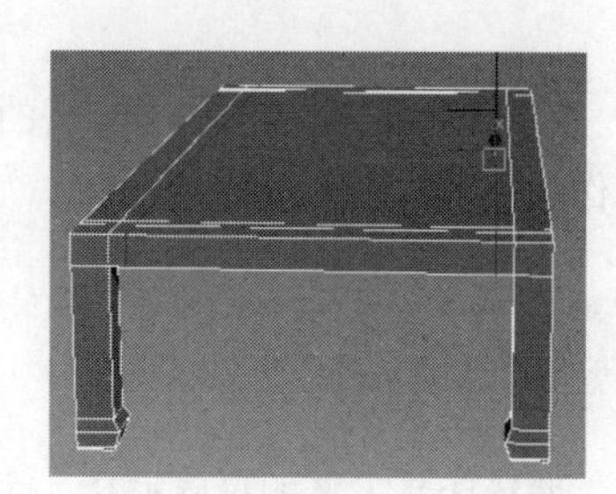

图 5-169

同时在腿部模型的边缘位置分别加线，如图 5-170 和图 5-171 所示。

步骤 02 单击石墨建模工具下的 修改选择 步模式 开启步模式，开启步模式后，在面的选择上会方便很多，比如要选择图 5-172 中的面，可以先选择 1 中的面，按住【Ctrl】键再单击 2 中的面，这样中间过渡的所有面会自动被选择。用这种方法选择顶部所有面，如图 5–173 所示。用“倒角”工具倒角挤出至图 5–174 所示的形状。

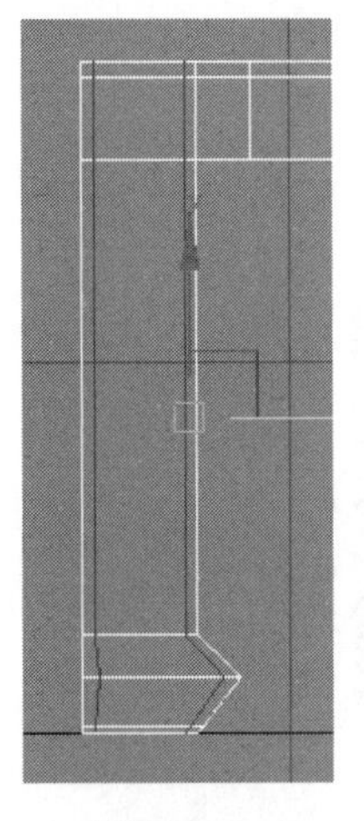

图 5–170

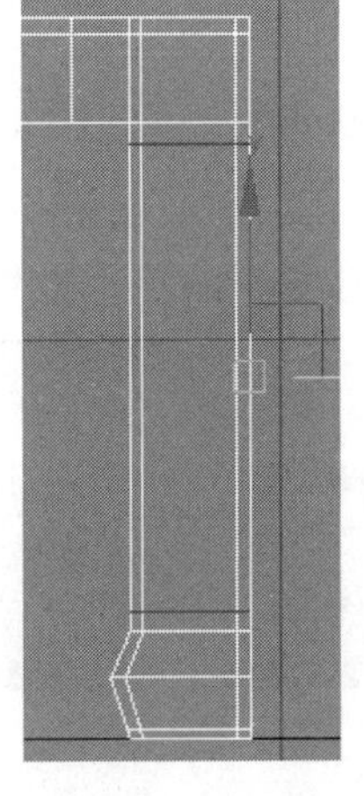

图 5–171

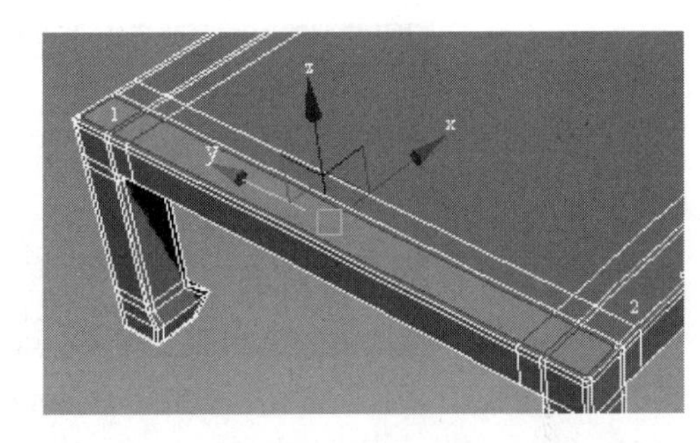

图 5–172

将拐角位置的线段进行切角设置，如图 5–175 所示。

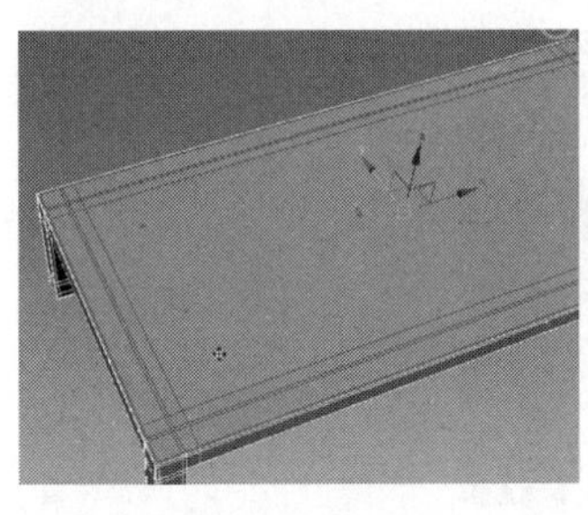

图 5–173

图 5–174

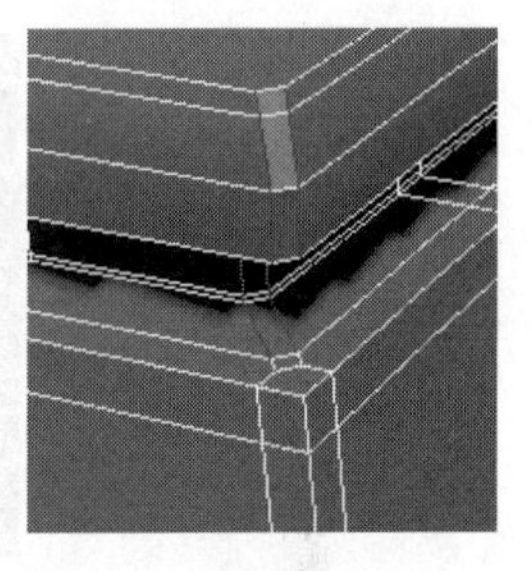

图 5–175

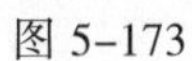

扶手和靠背的制作有三种方法：第一种，可以创建一个长方体并将其转换为可编辑的多边形物体，然后分别加线通过面的挤出、桥接等工具逐步调整出所需的形状，如图 5–176 和图 5–177 所示。

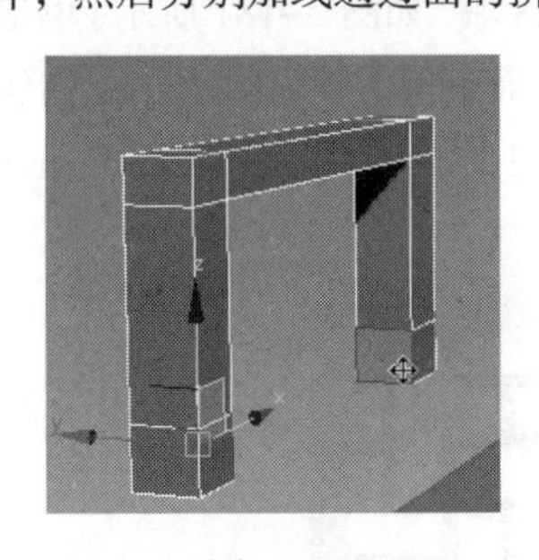

图 5–176

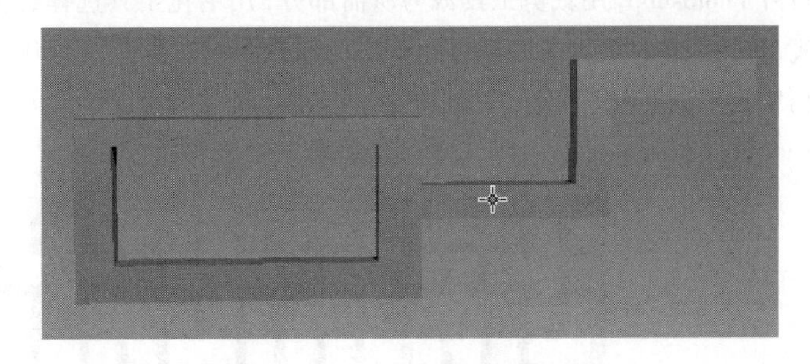

图 5–177

第二种，可以用创建一个面片物体，将分段数设置高一些，如图 5–178 所示。在“面”级别下选择如图 5–179 所示的面。

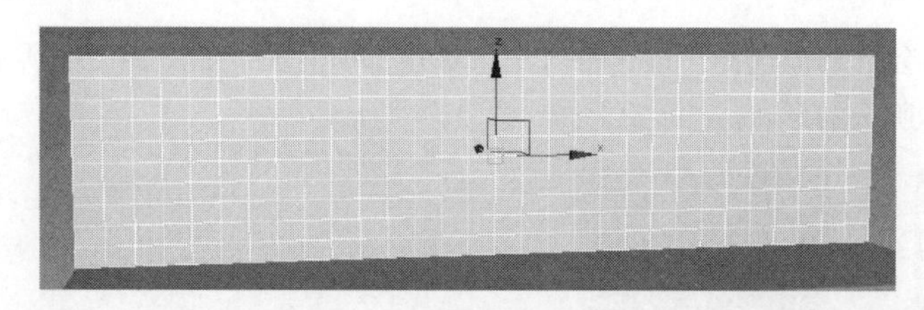

图 5-178

图 5-179

利用挤出工具将选择的面挤出，再将没有挤出的面删除，如图 5-180 所示。用这种方法也能制作出所需要的形状。

图 5-180

第三种，利用图片创建选取路径。

打开 Photoshop，用裁剪工具裁剪所需部分，用羽化工具选择红色区域，如图 5-181 所示。单击 路径 下的 按钮将选区转换为路径，在弹出的面板中设置容差值为 0.5（最小值），该值越小，创建的路径越精细，然后单击“确定”创建路径，创建好路径后，选择“文件”|“导出”|“路径到 Illustrator”，选择一个存储位置并命名，将文件保存起来。

图 5-181

返回 3ds Max 中，选择“导入”，导入时在弹出的选项中依次选择“合并对象到当前场景”和“单个对象”，如图 5-182 和图 5-183 所示。导入进来后的路径将转换为样条线，如图 5-184 所示。

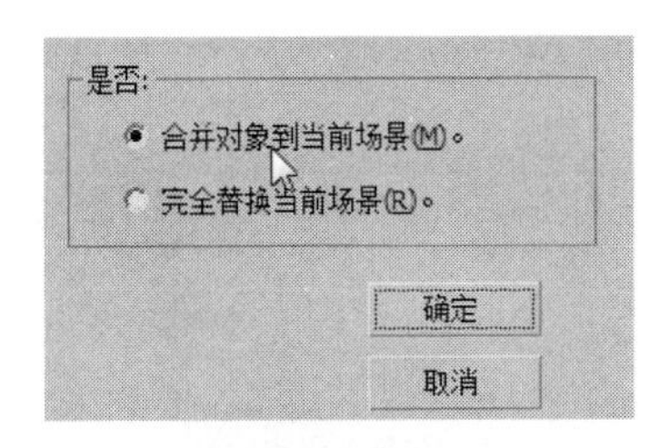

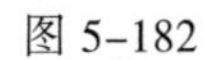
图 5-182

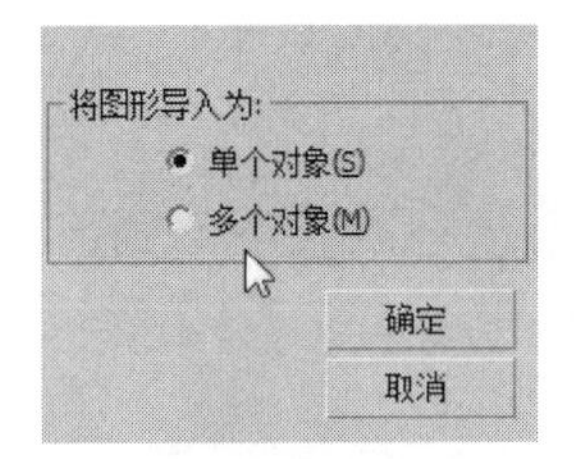

图 5-183

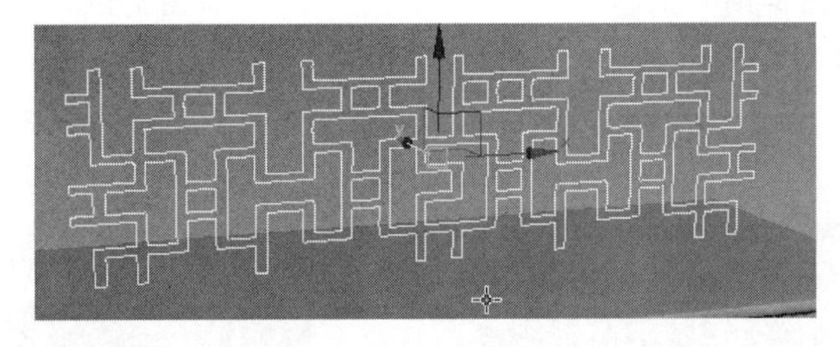
图 5-184

步骤 04 进入“点”级别，选择所有点，右击，在弹出的快捷菜单中选择“角点”（默认导入进来的点为贝兹点，如图 5-185 所示）。将所有点转化为角点，如图 5-186 所示。

删除多余的点，细致调整点的位置等，然后在修改器下拉列表下添加“挤出”修改器，效果如图 5-187 所示。

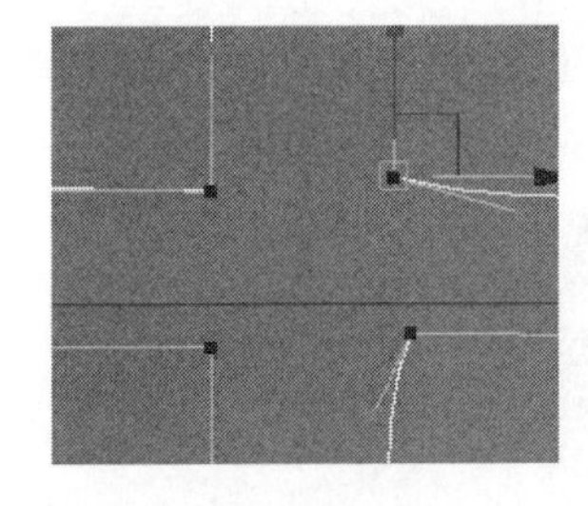
图 5-185

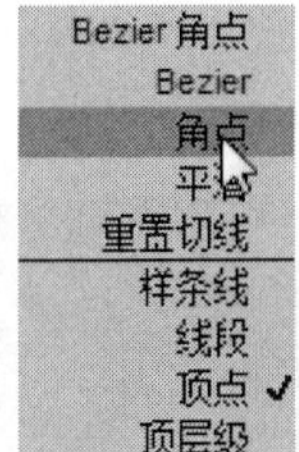

图 5-186

图 5-187

步骤 05 在靠背模型上加线，如图 5-188 所示。然后先前挤出面调整出侧面扶手等，如图 5-189 所示。选择侧面上下对应的面单击“桥”按钮生成中间的面，如图 5-190 所示。

步骤 06 将挤出的背部模型转换为可编辑的多边形物体，如果此时细分会出现如图 5-191 所示的形状。

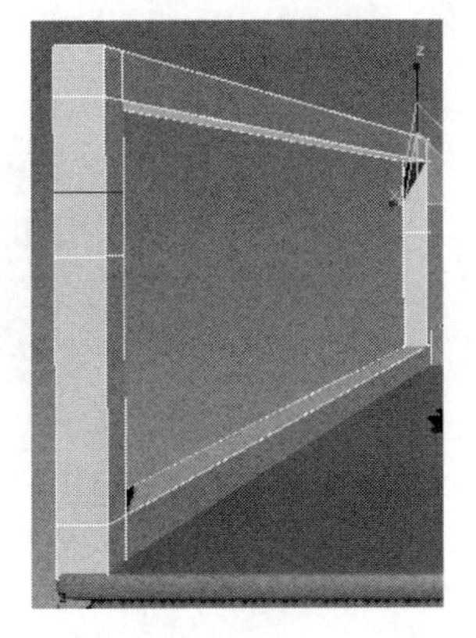
图 5-188

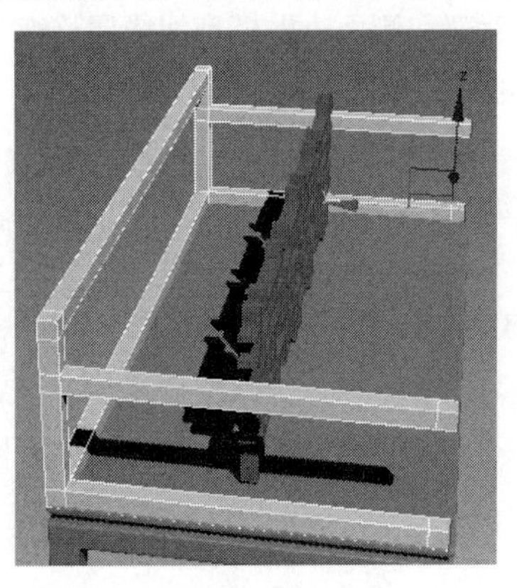
图 5-189

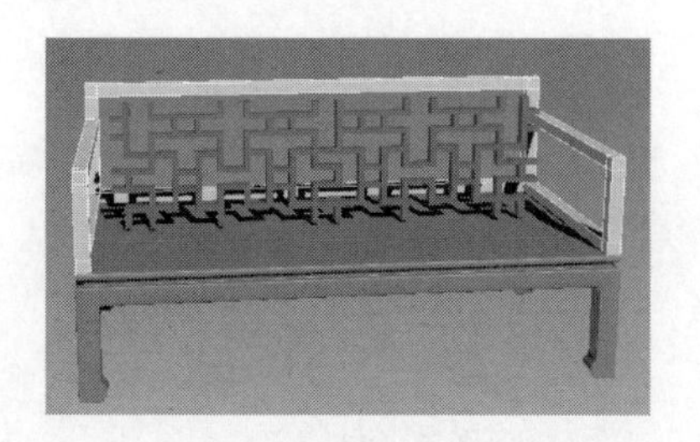

图 5-190

图 5-191

按快捷键【Ctrl+Z】撤销，在修改器下拉列表下添加“四边形网格化”修改器，设置四边形大小 %: 1.0 效果，如图 5-192 所示，该值越小，四边形面越小，模型布线越密，然后添加网格平滑修改器后效果，如图 5-193 所示。

图 5-192

图 5-193

将该模型旋转复制，根据模型场景比例，删除部分面，调整好大小和位置制作出侧面形状，如图 5-194 所示。

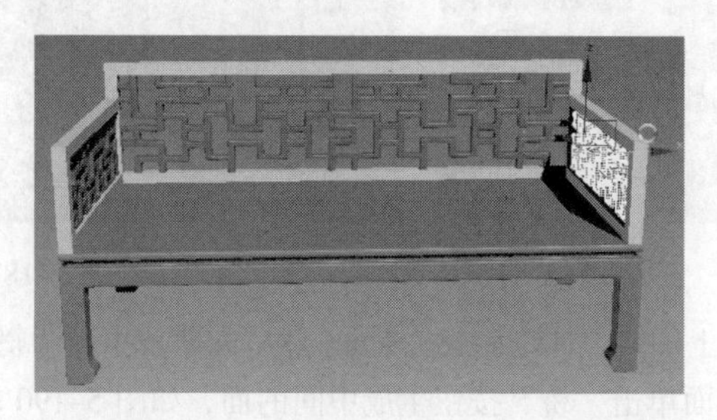

图 5-194

步骤 07 对背部和侧面边框模型加线调整细分后效果，如图 5-195 所示。然后复制底部物体调整大小和位置，如图 5-196 所示。

图 5-195

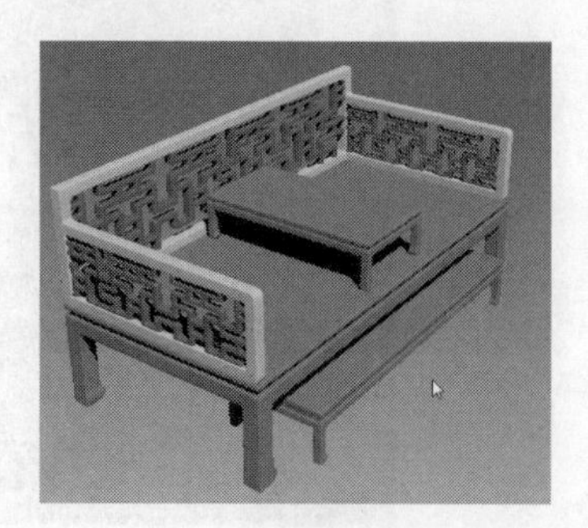

图 5-196

按快捷键【M】打开材质编辑器，在左侧材质类型中单击标准材质并拖动到右侧材质视图区域，选择场景中的所有物体，单击按钮将标准材质赋予所选择物体，效果如图 5-197 所示。

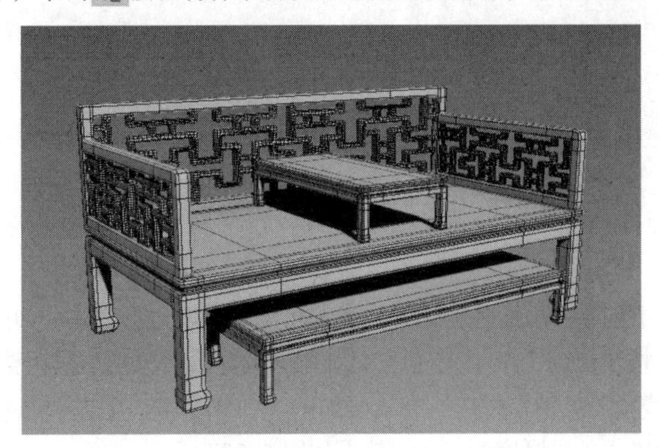

图 5-197

本实例小结：本实例中、罗汉床的背部和侧部的雕花形状是制作的一个重点，当然制作方法多种多样，找到合适的一种即可。

5.7 制作吊床

提到吊床我们会联想到户外的绳网吊床、布吊床等，它是野外活动中轻便且易于携带的一种卧具，但随着人们生活水平的提升，吊床也逐渐发展到室内家具中。

步骤 01　单击（创建）|（图形）| 矩形 按钮，在视图中创建一个 65cm × 180cm 的矩形，然后单击 线 按钮，参考矩形的长度创建如图 5-198 中所示的样条线。然后分别在顶端和末端位置加点（右击选择细分命令），调整形状至如图 5-199 所示。

单击按钮镜像复制出另一半，然后用“附加”命令将两个样条线附加在一起，选择中间的点，用“焊接”工具将点焊接起来，如图 5-200 所示。在渲染卷展栏下选中 ☑ 在渲染中启用 ☑ 在视口中启用 复选框，效果如图 5-201 所示。

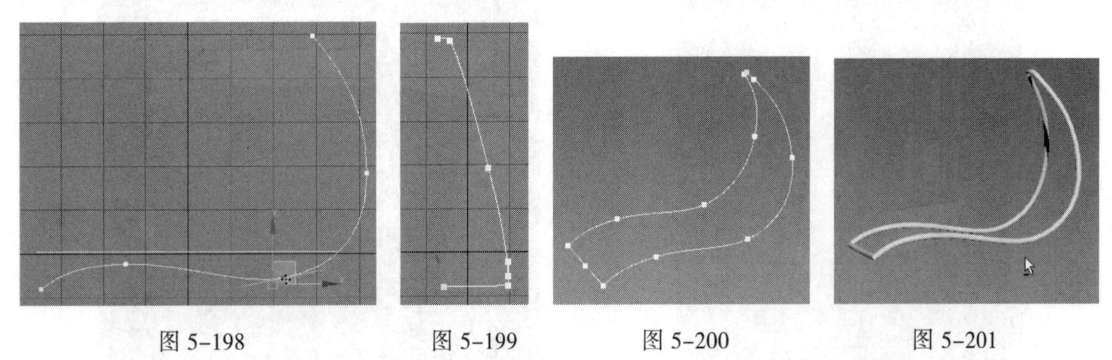

图 5-198　图 5-199　图 5-200　图 5-201

用同样的方法创建复制出如图 5-202 所示的样条线，因为选中了 ☑ 在渲染中启用 ☑ 在视口中启用 选项复选框，再次创建的样条线直接显示为粗管形状。

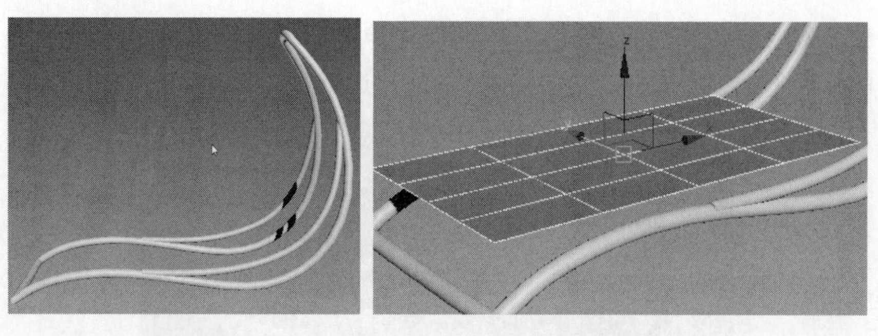

图 5-202　　图 5-203

步骤 02 在视图中创建一个面片物体并转换为可编辑的多边形物体，如图 5-203 所示。调整形状至如图 5-204 所示。按快捷键【Alt+Q】孤立化显示该物体后，分别加线调整如图 5-205 所示。

按【2】键进入“线段”级别，框选所有线段如图 5-206 所示。单击 利用所选内容创建图形 ，在弹出的选项中选择 线性，设置样条线厚度为 2cm，效果如图 5-207 所示。

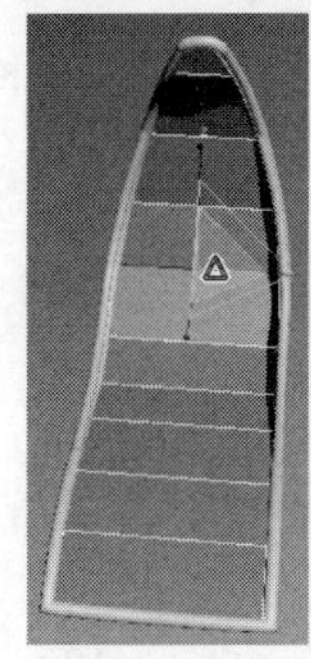

图 5-204

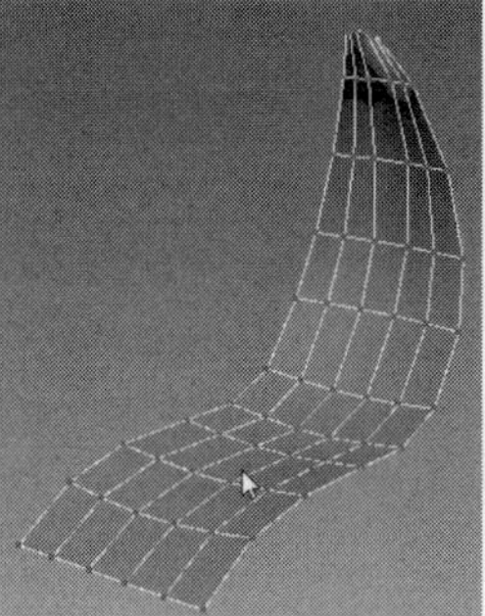

图 5-205

图 5-206

图 5-207

步骤 03 将面片物体再次加线调整，尽量使模型布线均匀，如图 5-208 所示。按快捷键【Ctrl+Q】键细分该模型，右击，在弹出的快捷菜单中选择“转换为”|“转换为可编辑多边形”命令，将模型转换为可编辑的多边形物体，效果如图 5-209 所示。

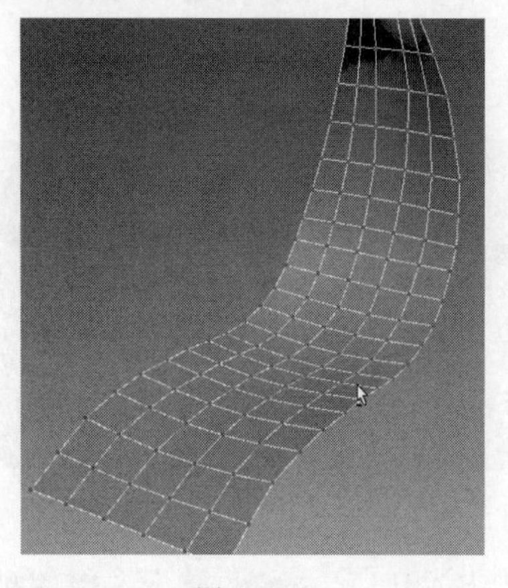

图 5-208

图 5-209

在修改器下拉列表下添加“晶格”修改器，参数设置和效果如图 5-210 所示。

步骤 04 在侧面位置创建固定杆，如图 5-211 所示。然后在底座位置创建一个圆形，设置厚度值为 8cm，同时创建出内部的支撑杆，如图 5-212 所示。然后利用样条线创建出吊杆模型，如图 5-213 所示。

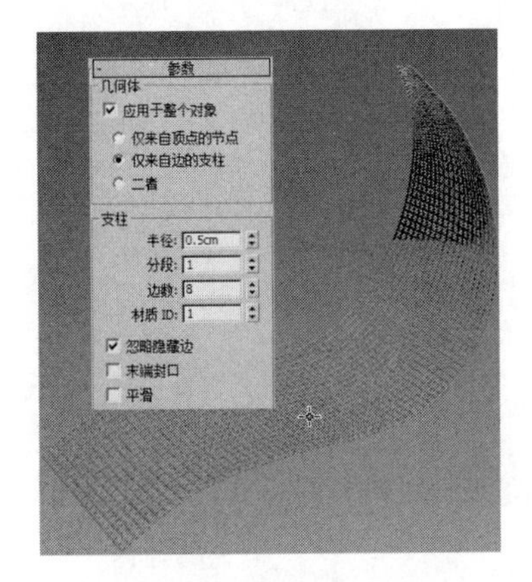

图 5-210

图 5-211

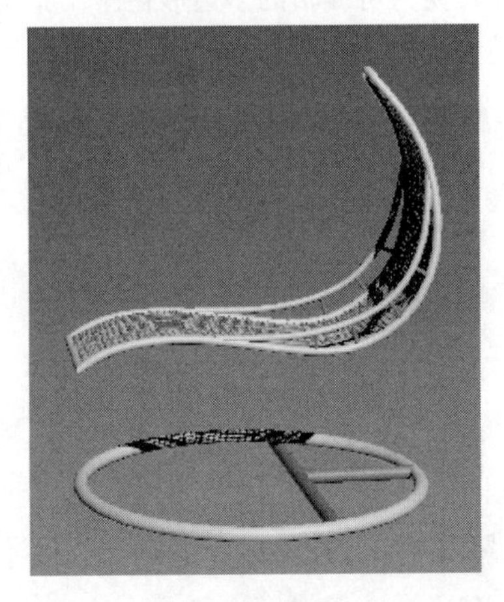

图 5-212

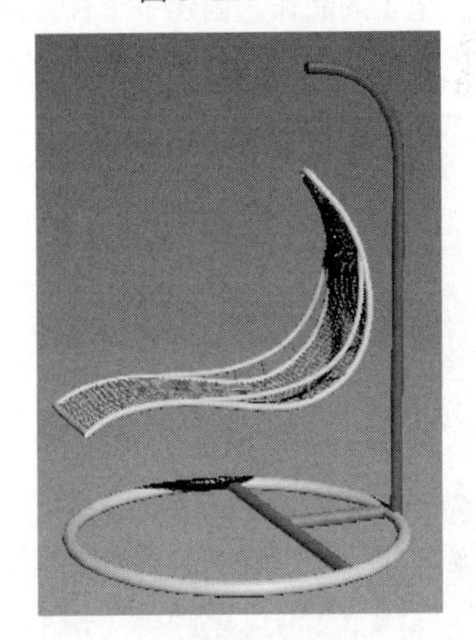

图 5-213

步骤 05 创建一个弹簧线，参数设置如图 5-214 所示。在渲染卷展栏下选中☑在渲染中启用 ☑在视口中启用复选框，效果如图 5-215 所示。

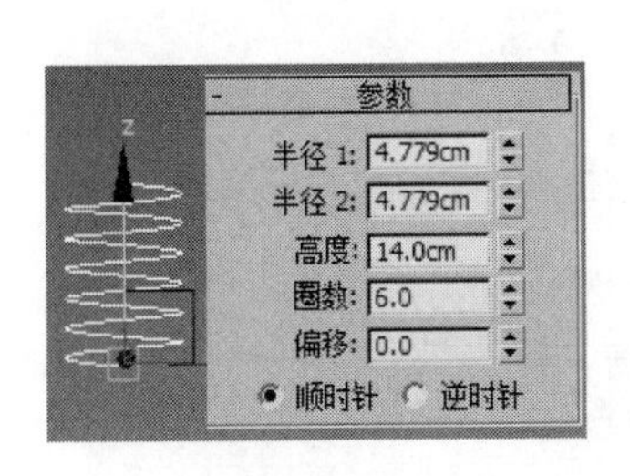

图 5-214

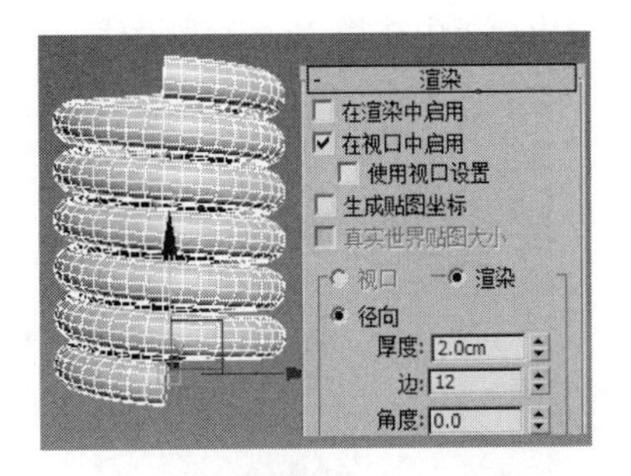

图 5-215

然后利用样条线创建调整出挂钩模型，如图 5-216 所示。复制调整出底部的挂钩并创建出铁链模型（可以创建圆角矩形），如图 5-217 所示。整体效果如图 5-218 所示。

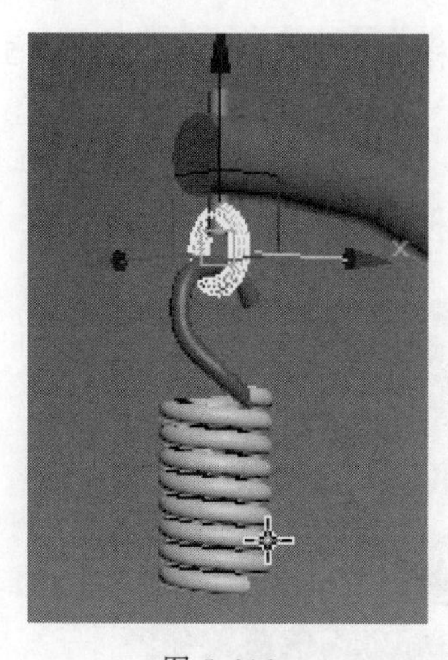

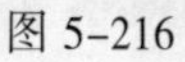

图 5-216

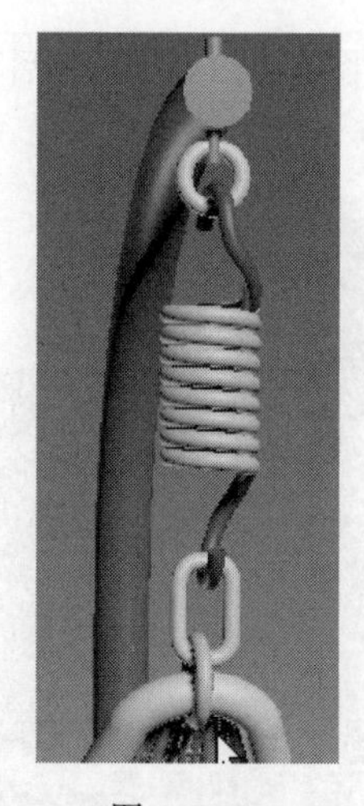

图 5-217

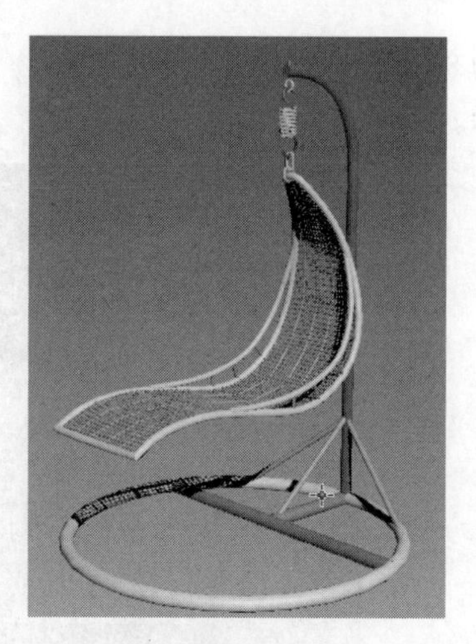

图 5-218

步骤 06 垫子的制作。创建一个长方体模型并转换为可编辑的多边形物体，加线调整形状至如图 5-219 所示。在中心位置加线后，将厚度上中心位置的线段向外调整，如图 5-220 所示。

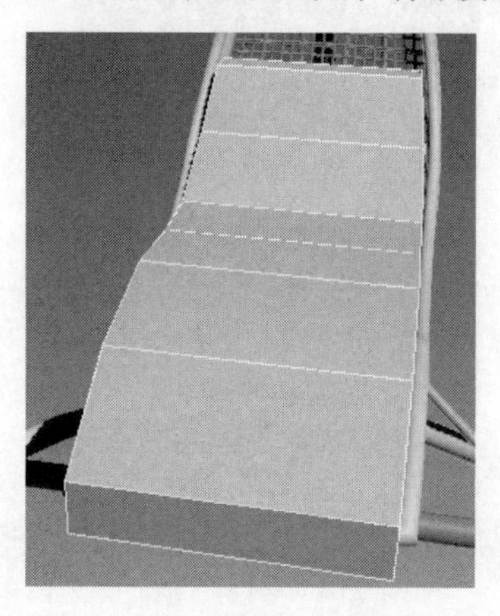

图 5-219

图 5-220

选择顶部的面用“倒角”工具向内倒角挤出面并调整至如图 5-221 所示的形状，单击左上角图标选择导出，在导出面板中选择 ZBrush 预设值，如图 5-222 所示。

图 5-221

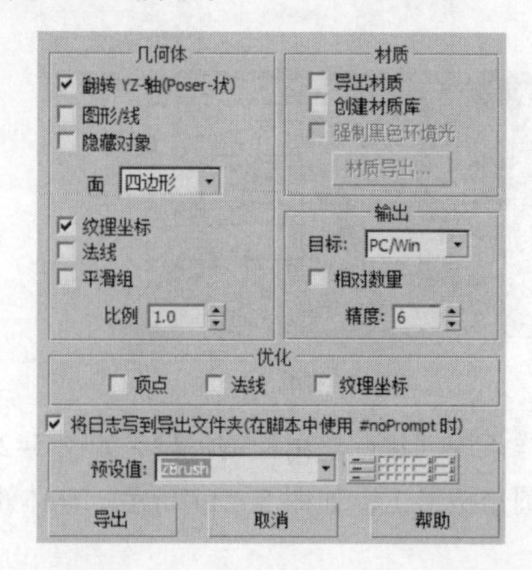

图 5-222

步骤 07　打开 ZBrush 软件，选择Import导入模型并拖出模型，单击Edit按钮进入编辑模式，单击Divide按钮 4 次将模型细分 4 级，然后给模型换一种比较亮一点的材质。

单击Transform菜单，单击 Activate Symmetry 按钮开启对称，选择 Y 轴，如图 5-223 所示。

选择 Dam-standard 笔刷，调整笔刷大小和强度，在模型表面上雕刻出褶皱纹理，如图 5-224 所示。在雕刻时可以配合【Alt】键反向雕刻，雕刻过程可以参考视频文件，雕刻细节如图 5-225 所示。

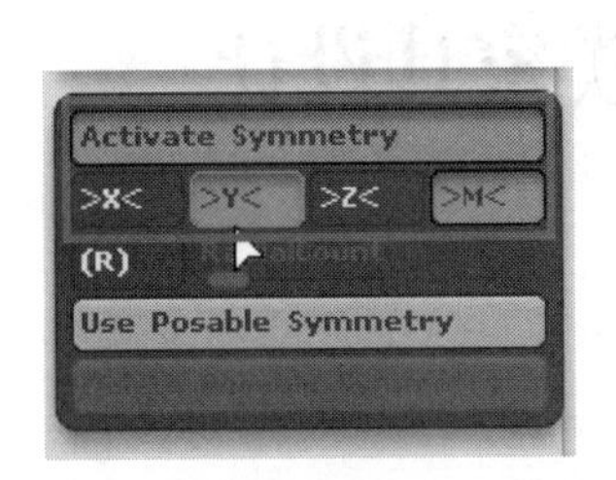

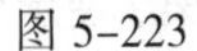

图 5-223

图 5-224

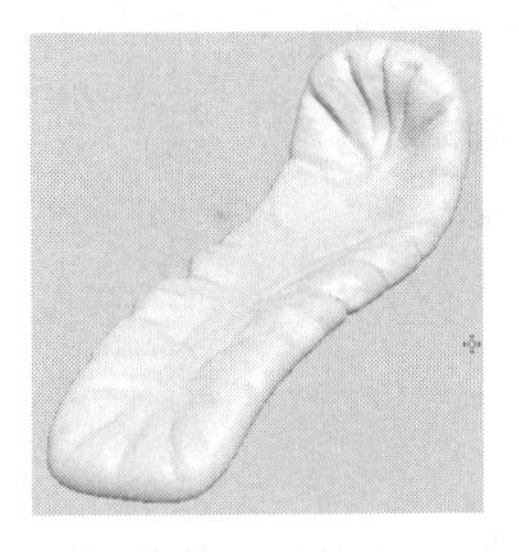

图 5-225

在雕刻时可以按住【Shift】键平滑处理，最后用 move 笔刷将坐垫模型调整得更加饱满一些，最终细节效果如图 5-226 所示。雕刻完成后单击Export按钮将模型导出。

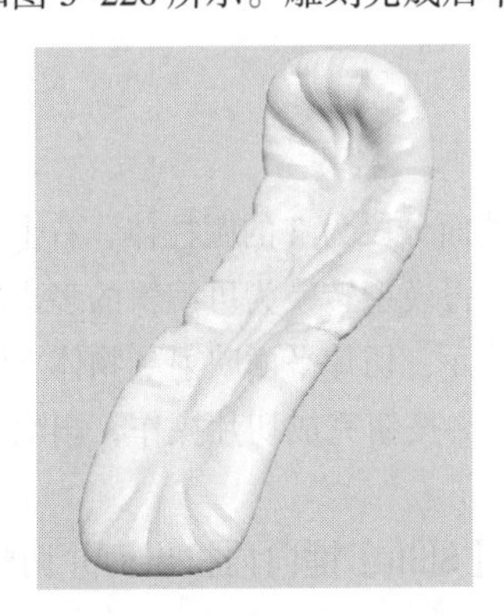

图 5-226

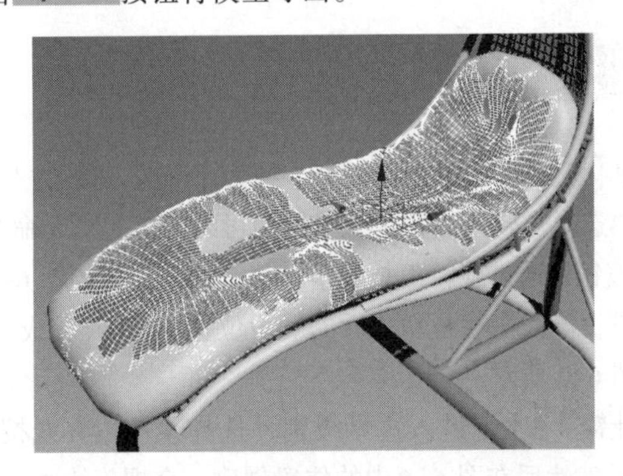

图 5-227

步骤 08　返回 3ds Max 软件中，依次选择“导入”|“导入”，找到在 ZBrush 中导出的模型文件双击，将模型导入 3ds Max 场景中，如图 5-227 所示。删除没有雕刻处理的垫子模型。

步骤 09　因为本实例中的模型基本上是基于样条线制作，所以最后在确定最终形态后，选择所有模型将模型塌陷为多边形物体。最终的效果如图 5-228 所示。

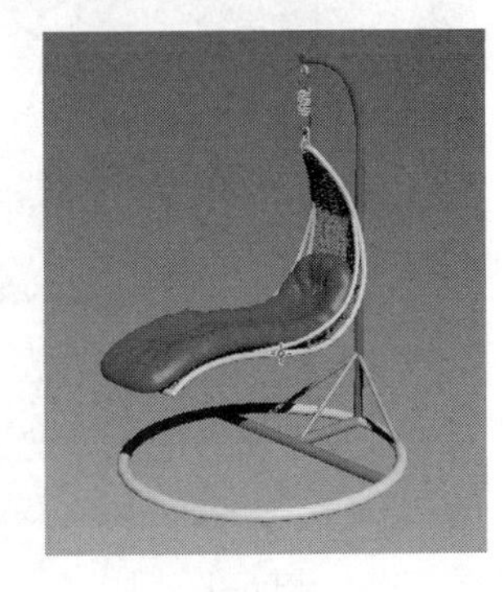

图 5-228

本实例小结：本实例中框架的制作主要运用样条线的创建制作，垫子模型先创建一个基本的形状物体，然后导入 ZBrush 中进行细节雕刻，最后再将雕刻好的模型导返回 3ds Max 软件中。在软件中互导的过程中可以运用 GOZ 插件快速导入和导出。

第 6 章 架类家具设计

架类家具也是家居中很重要的一部分，它包括很多种类，比如衣架、花架、展示架、书架、屏风、隔断等。随着人们生活水平的不断提高，对这类家具的要求也越来越高，在做工、材料、设计上都有很高的讲究，比如隔断和屏风，除了家庭使用外，在一些公共场合更能体现出文化氛围和艺术气息。

6.1 制作衣架

步骤 01 在视图中创建一个半径为 15cm，边数为 8、端面分段为 2 的圆柱体，右击，在弹出的快捷菜单中选择“转换为” | “转换为可编辑多边形”命令，将模型转换为可编辑的多边形物体。单击 切片平面 按钮，通过旋转工具调整切片平面角度，如图 6–1 所示。切片平面映射到物体上时会显示出红色的线段，该线段就是切片后的线段位置。单击或者 切片 按钮完成切片操作，删除顶部所有点效果，如图 6–2 所示。

按快捷键【3】键进入边界级别，选择顶部边界线按住【Shift】键向内挤出面并调整布线，如图 6–3 所示。然后在图 6–4 中的位置创建一个螺旋线。

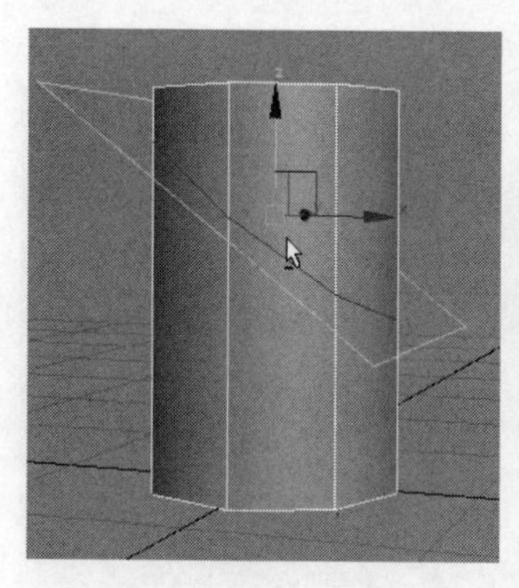

图 6–1

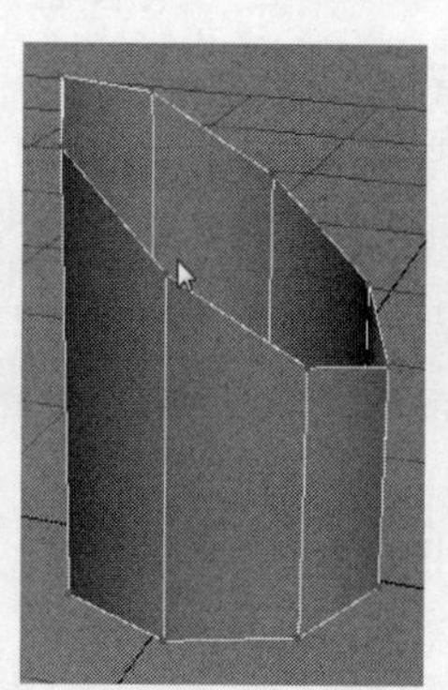

图 6–2

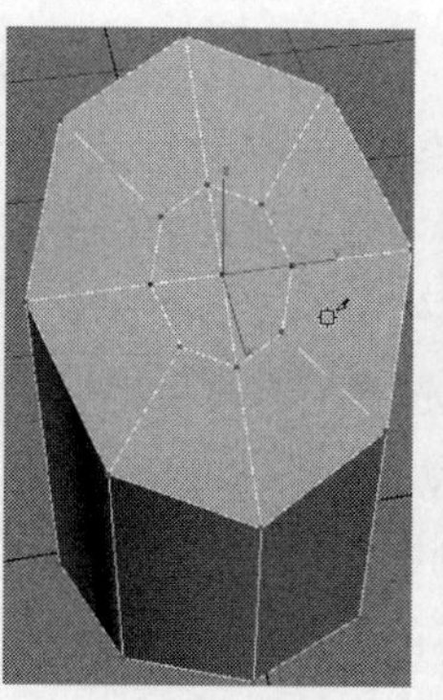

图 6–3

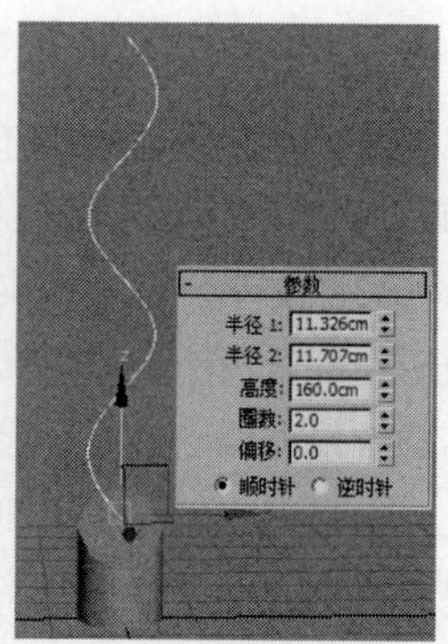

图 6–4

步骤 02 调整顶部面形状后，选择图 6–5 中的面，单击 沿样条线挤出 后面的按钮，在拾取样条线后弹出的参数面板中设置段数为 12，效果如图 6–6 所示。

步骤 03 将开始创建的螺旋线再旋转复制，用沿样条线挤出的方法制作出另外一边的形状，如图 6–7 所示。如果出现面扭曲现象，可以调整扭曲值，如图 6–8 所示。

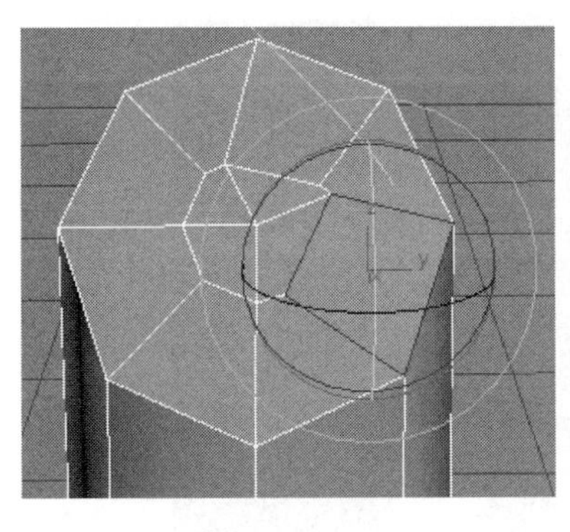

图 6-5

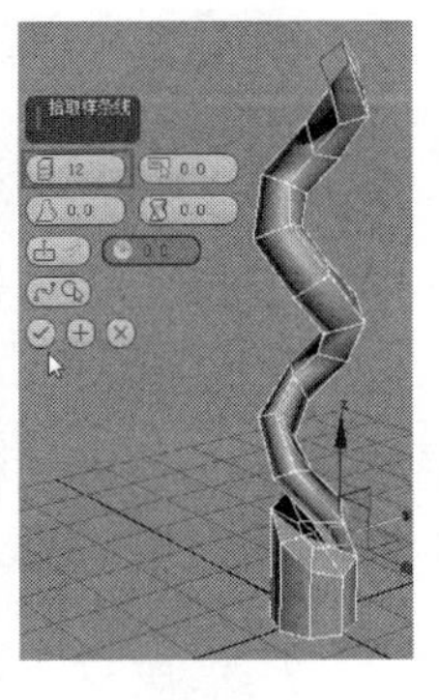

图 6-6

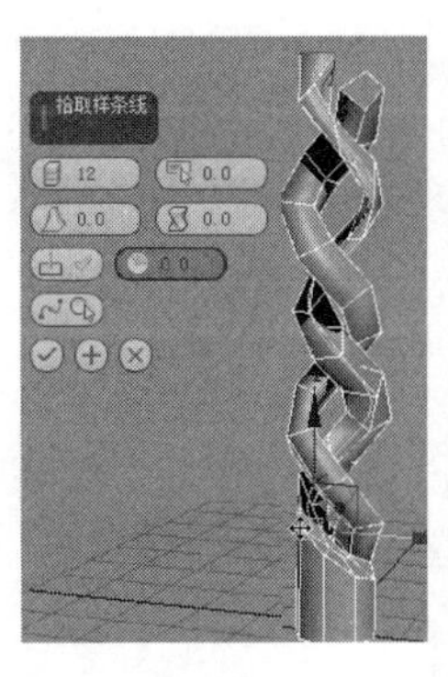

图 6-7

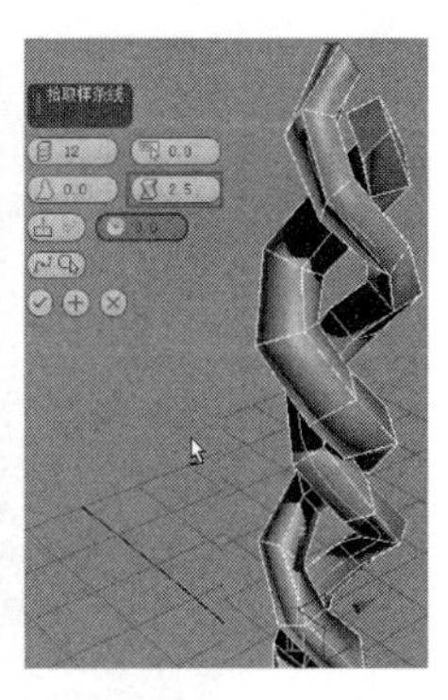

图 6-8

步骤 04 手动调整物体形状后选择图 6-9 中的面，单击“桥”按钮生成对应的面，如图 6-10 所示。

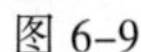

图 6-9

图 6-10

按快捷键【Ctrl+Q】细分该模型，效果如图 6-11 所示。

步骤 05 按【1】键进入“顶点”级别，选择其中的一个点，用“切角”工具将点切角处理，如图 6-12 所示。进入面级别，选择切角位置的面，用“挤出”或者“倒角”工具将选择的面向外挤出调整，如图 6-13 所示。用同样的方法将其他部位的点切角后将面倒角挤出，细致调整整体形状，该加线的地方进行加线处理，调整后的效果如图 6-14 所示。按快捷键【Ctrl+Q】细分该模型，效果如图 6-15 所示。

在模型底座位置继续加线调整，如图 6-16 所示，最终的效果如图 6-17 所示。

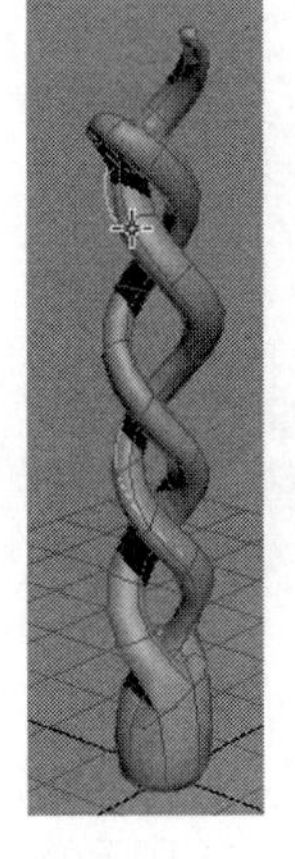

图 6-11

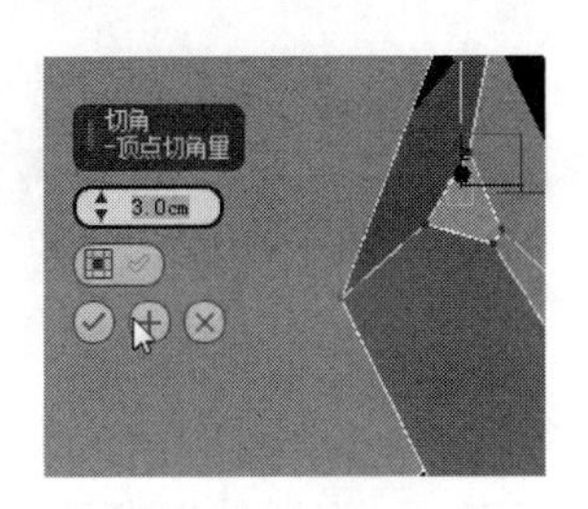

图 6-12

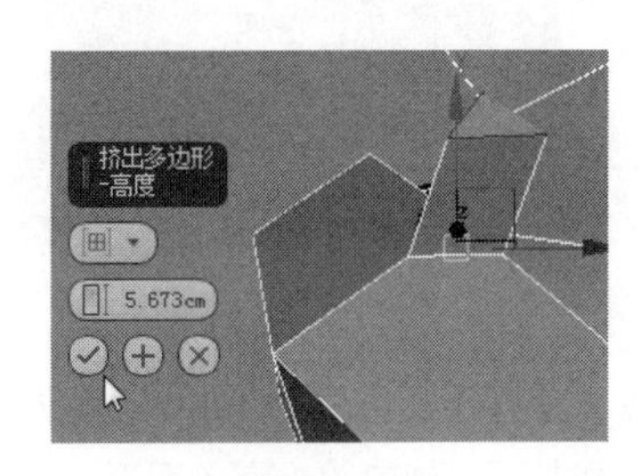

图 6-13

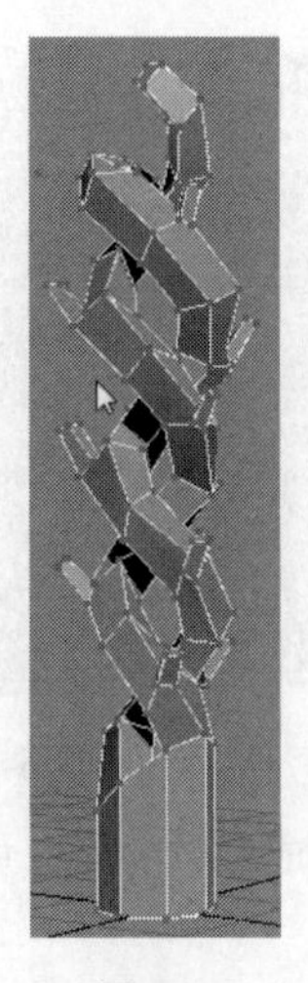
图 6-14

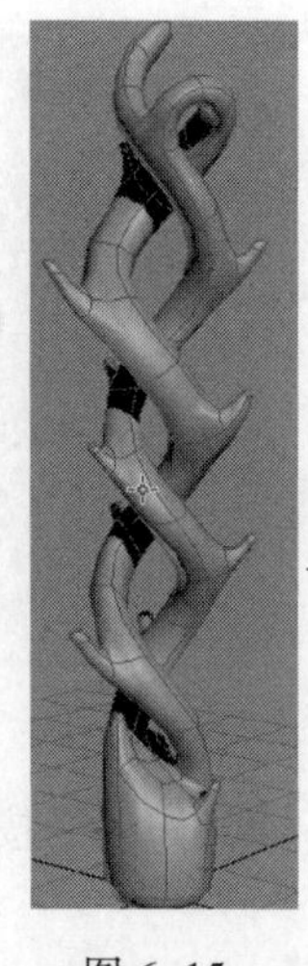
图 6-15

图 6-16

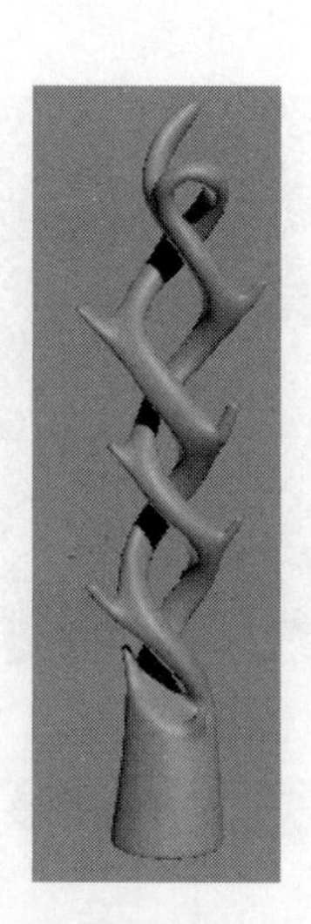
图 6-17

本实例小结：本实例重点掌握多边形编辑下面的“沿样条线挤出”的方法，该方法在挤出特殊形状的面时非常快捷。

6.2 制作花架

花架可应用于各种类型的园林绿地中，经常设置在风景优美的地方可作遮阴休息之用，也可以和亭、廊、水榭等结合，组成外形美观的园林建筑群；在居住区绿地、儿童游戏场中，花架可供休息、遮阴、纳凉；用花架代替廊子，可以美化空间；用格子攀缘藤本植物，可以分隔景物；园林中的茶室、冷饮部、餐厅等，也可以用花架做凉棚，设置座席；此外还可用花架做园林的大门。本节中的花架类似于自行车样式。

步骤 01 在创建面板下单击 管状体 ，在视图中创建一个如图 6-18 所示的管状体物体，右击，在弹出的快捷菜单中选择“转换为” | “转换为可编辑多边形”命令，将模型转换为可编辑的多边形物体，在两侧的位置加线，如图 6-19 所示。

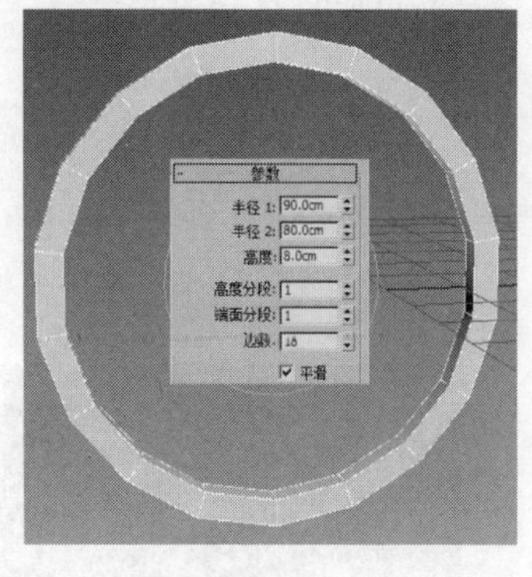

图 6-18

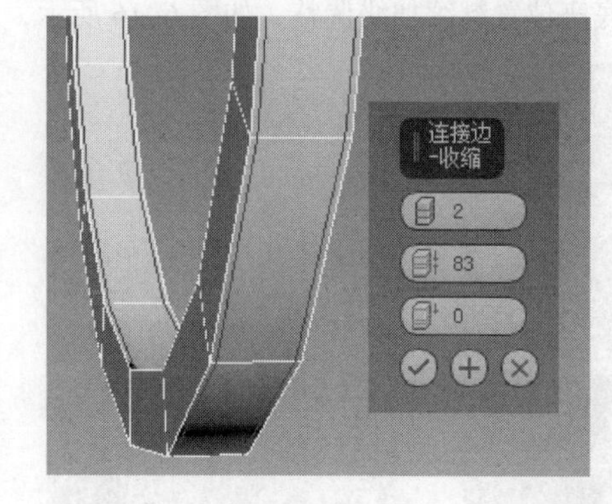

图 6-19

步骤 02 在中心部位创建一个切角圆柱体，单击按钮拾取外部的管状体，对齐参数设置如图 6-20 所示。然后单击（创建） | （图形） | 线 按钮，在视图中创建如图 6-21 所示的样条线。

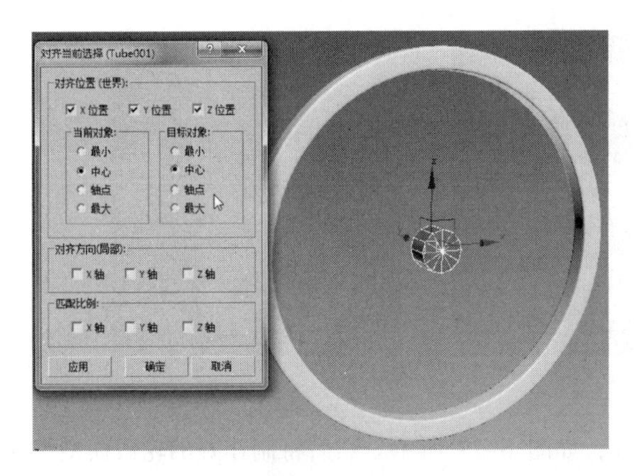

图 6-20

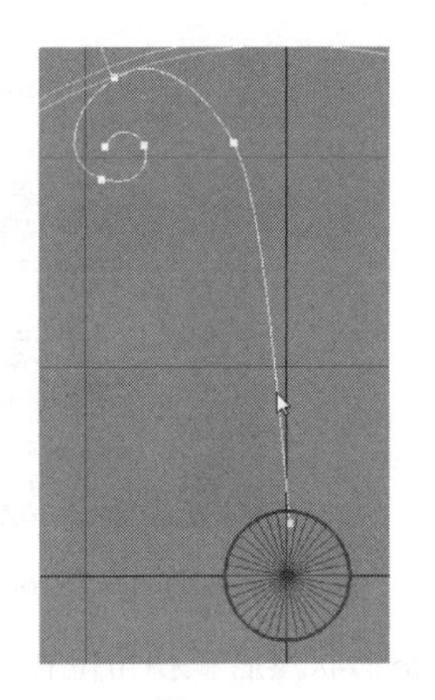

图 6-21

在渲染卷展栏下选中☑在渲染中启用和☑在视口中启用复选框，设置厚度为 2cm，单击视图下小三角，选择拾取，然后拾取中心位置的圆柱体物体，单击按钮切换坐标轴，如图 6-22 所示。按住【Shift】键旋转复制 6 个。

步骤 03 创建长方体模型并转换为多边形物体加线调整形状，调整出外侧的固定杆，如图 6-23 所示。单击按钮镜像复制出另一侧模型后再创建出如图 6-24 中绿色物体所示的模型。

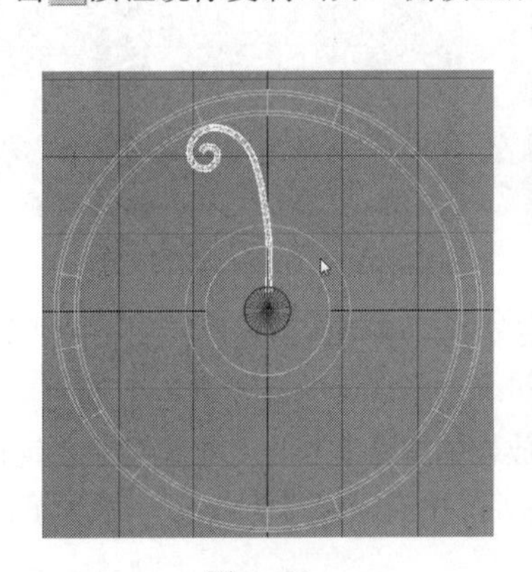

图 6-22

图 6-23

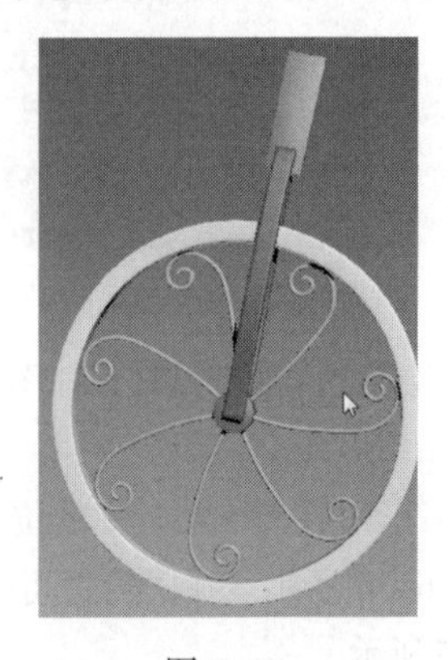

图 6-24

步骤 04 创建一个如图 6-25 所示的样条线，然后再创建一个切角矩形，如图 6-26 所示。选择样条线，在复合面板下单击“放样”按钮拾取切角矩形完成放样，图形步数设置为 0，路径步数设置为 2，效果如图 6-27 所示。将该物体转换为多边形物体后，将两端的面向外倒角挤出，如图 6-28 所示。

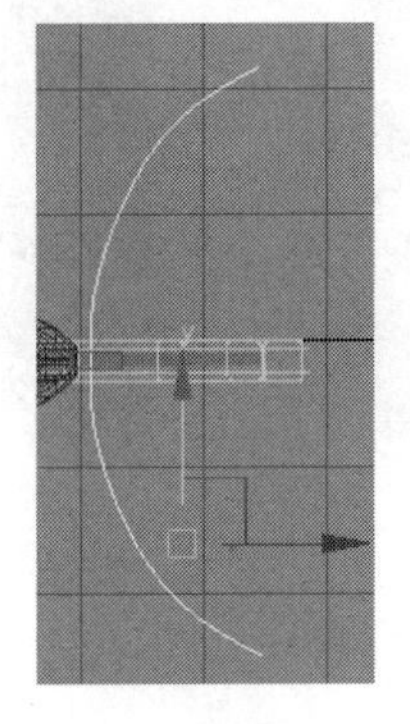

图 6-25

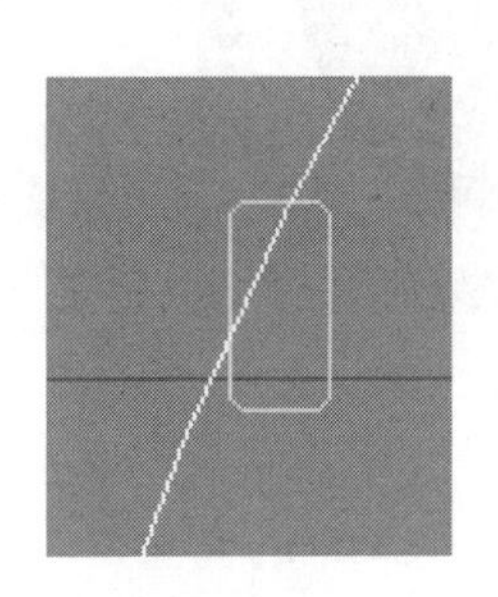

图 6-26

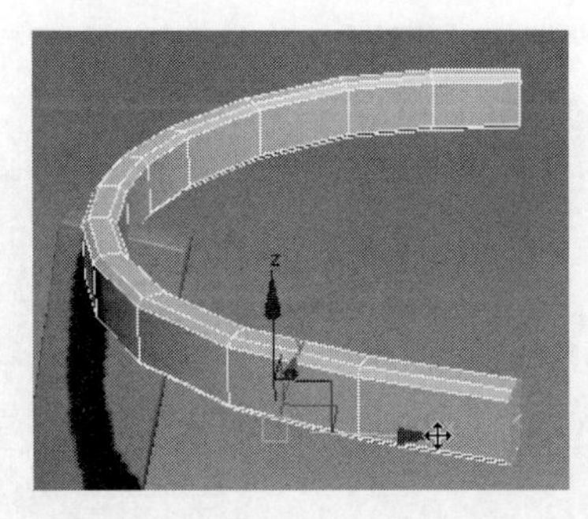

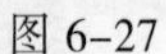

图 6-27

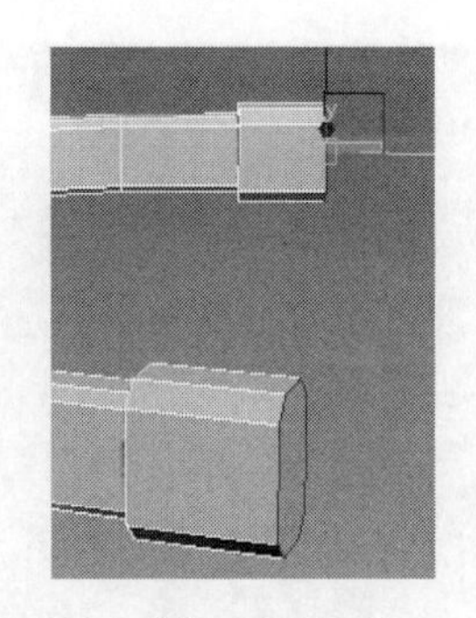

图 6-28

加线调整形状然后在拐角位置加线，如图 6-29 所示。然后将制作好的轮毂模型整体复制，用缩放工具缩小调整，如图 6-30 所示。

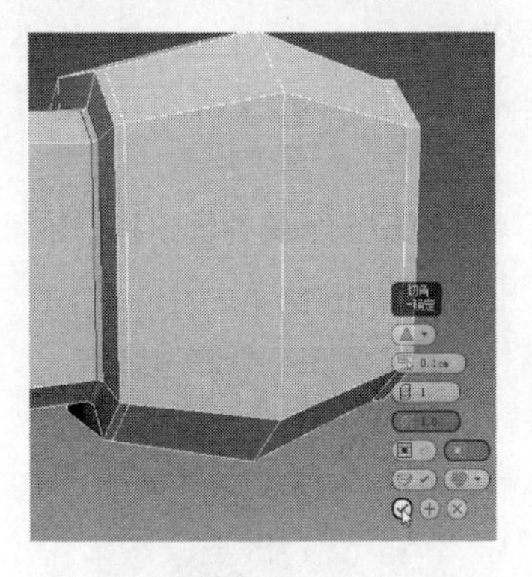

图 6-29

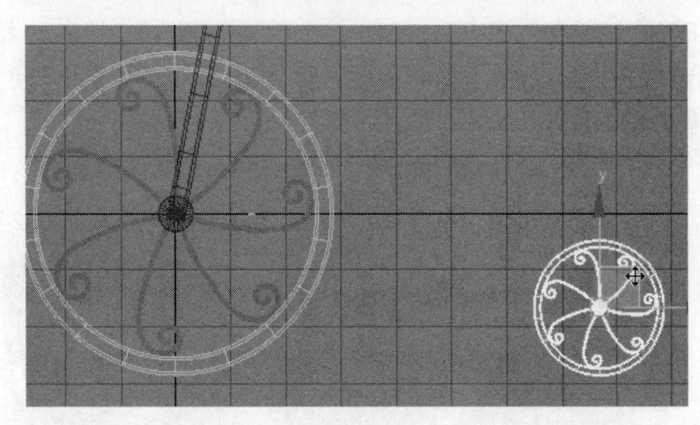

图 6-30

删除多余的内部支撑杆，如图 6-31 所示。然后再向右复制调整整体位置形状和比例，如图 6-32 所示。

步骤 05 在图 6-33 中的位置创建一个样条线，用放样的方法制作出三维模型后再镜像复制调整，如图 6-34 所示。在两轮之间的位置创建一个半径为 37cm 左右，厚度为 5cm，边数为 12 的圆，如图 6-35 所示。

图 6-31

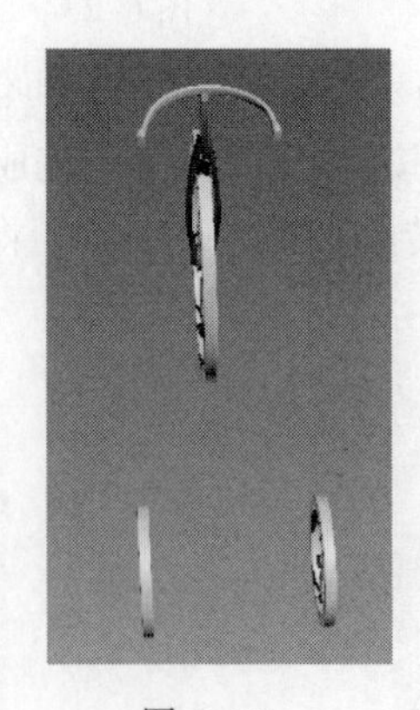

图 6-32

图 6-33

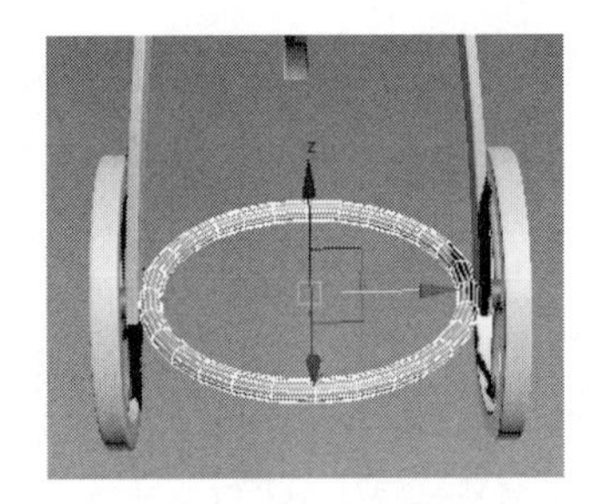

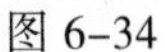

图 6–34　　　　图 6–35

将该圆向上复制一个，如图 6–36 所示。然后在侧面的位置创建一个拱形的样条线，如图 6–37 所示。

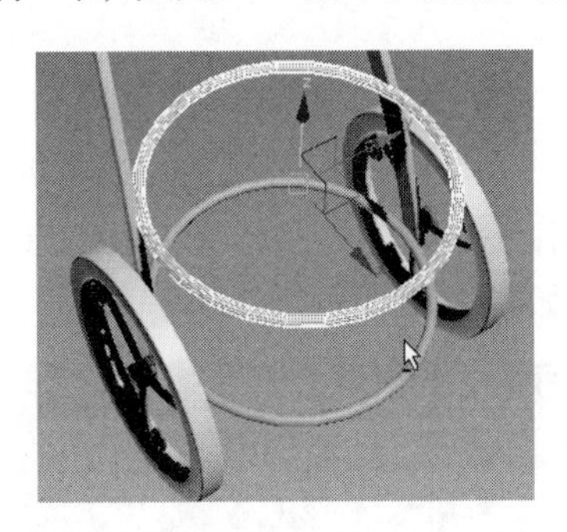

图 6–36　　　　图 6–37

切换到旋转工具，拾取底部圆的轴心并切换到底部圆的轴心上，用阵列工具复制调整所需物体，参数和效果如图 6–38 和图 6–39 所示。

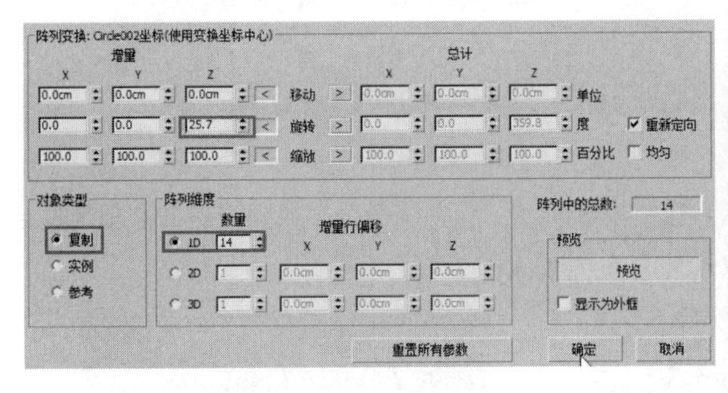

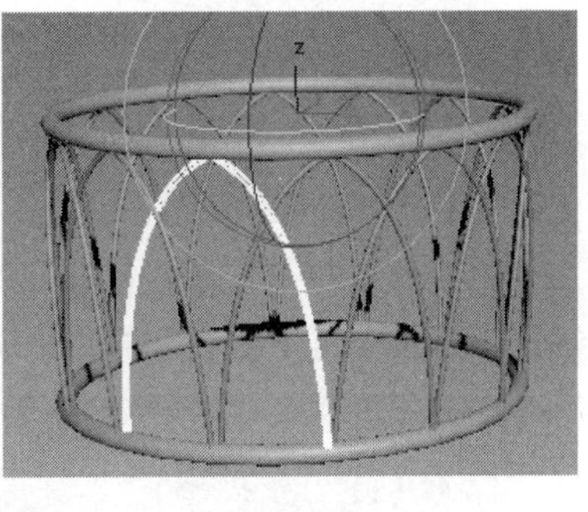

图 6–38　　　　图 6–39

注意，在阵列时，对象类型中要选择“复制”方式，单击 附加 按钮将阵列出的样条线全部附加起来，然后框选中间部位的所有点，用缩放工具向内缩放调整至如图 6–40 所示的形状。

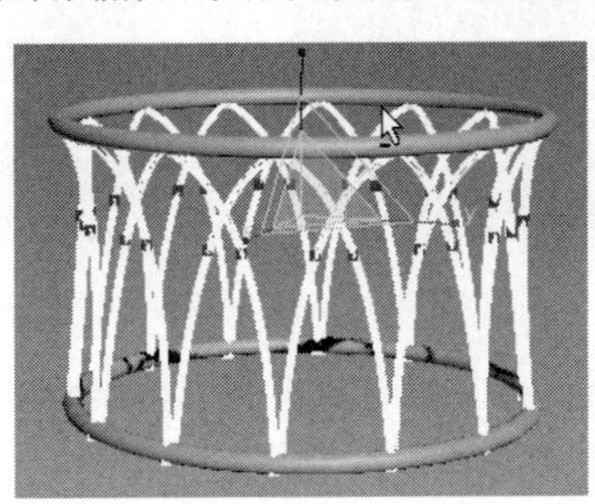

图 6–40

步骤 06 将制作的花篮模型再复制一个调整至如图 6–41 中所示的位置，创建样条线制作出底部支架，如图 6–42 所示。然后创建一条直线并旋转复制调整至如图 6–43 所示。

图 6–41

图 6–42

图 6–43

将复制的直线模型移动到花篮底部，效果如图 6–44 所示。选择所有花篮模型，在修改器下拉列表下添加“FFD3 × 3 × 3”修改器，进入控制点级别，选择底部的控制点用缩放工具缩放调整花篮整体形状，如图 6–45 所示。所有花篮调整好后的效果如图 6–46 所示。

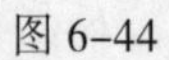

图 6–44

图 6–45

步骤 07 依次单击软件左上角图标，选择“导入” | “合并”命令，找到搜集的盆栽模型合并到当前场景中，调整大小和位置后的整体效果如图 6–47 所示。

图 6–46

图 6–47

按快捷键【M】打开材质编辑器，在左侧材质类型中单击标准材质并拖动到右侧材质视图区域，选择场景中的所有物体，单击按钮将标准材质赋予所选物体，效果如图 6–48 所示。

图 6–48

本实例小结：本实例中制作的花架模型类似于自行车形状，主要运用了样条线的放样，阵列，FFD3×3×3 等命令，如果模型最终需要导出，在导出前要先将场景中的模型塌陷一次多边形物体，这样创建的样条线也会转换为实体模型并最终才可以被渲染。

6.3　制作展示架

这一节要学习制作的展示架模型主体框架并不复杂，难点就在于它的纹路以及类似菠萝模型的花纹雕刻的制作。

步骤 01　底座的制作。在视图中创建一个长为 1 000 mm，宽为 460 mm，高为 80 mm 的 Box 物体，按【G】键取消网格显示。右击 Box 物体，在弹出的快捷菜单中选择“转换为”｜“转换为可编辑多边形”命令，分别在宽度、长度和高度的线段上添加分段，效果如图 6–49 和图 6–50 所示。

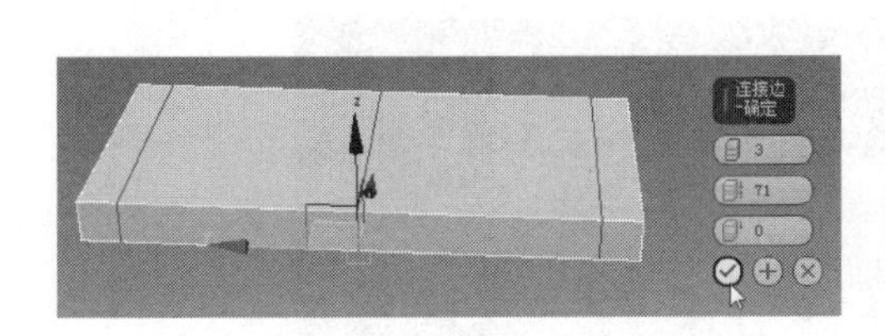

图 6–49

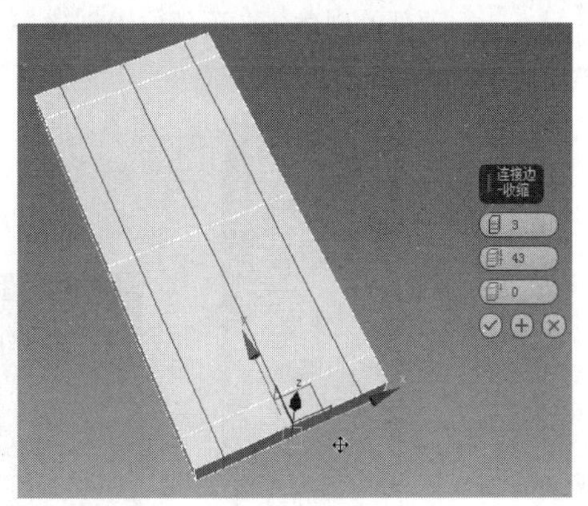

图 6–50

步骤 02　删除顶部所有面，按住【Shift】键，用缩放工具向内缩放挤出面并调整，然后再向上挤出面，多次反复操作。选择开口边界线，单击“封口”按钮将开口封闭，同时将所对应的点与点之间的连接出线段，如图 6–51 所示。

步骤 03 选择 X 轴方向的整个侧面，用缩放工具进行缩放操作，将其缩放在一个平面内，然后将线段进行适当调整，效果如图 6-52 所示。

图 6-51

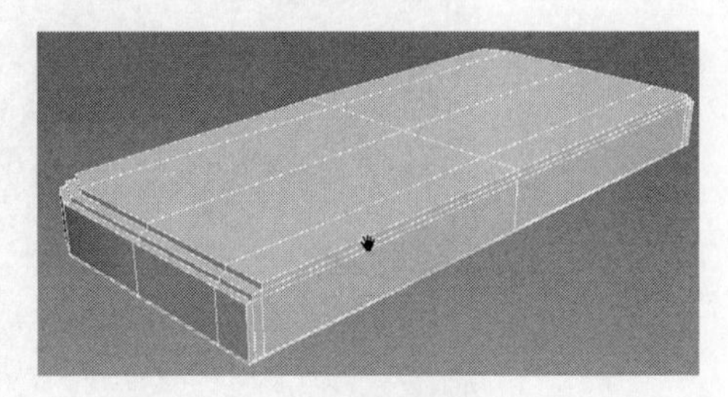
图 6-52

步骤 04 分别在边缘位置进行加线调整，然后在视图中创建一个长、宽、高分别为 80 mm、400 mm、2 000 mm 的 Box 物体，右击 Box 物体，在弹出的快捷菜单中选择“转换为” | “转换为可编辑多边形”命令。同样分别在上、下、左、右、前、后面的边缘位置加线，加线是为了在约束形状的同时又能保证细分边缘是圆角。选择底部的面，单击“切角”后面的■按钮，向外挤出面，如图 6-53 所示。

步骤 05 将拐角处的边进行切角处理，同时在高度上添加两个分段，使模型平均分为三等份，继续在该位置加线，然后选择对应的面向外挤出面并调整，如图 6-54 所示。

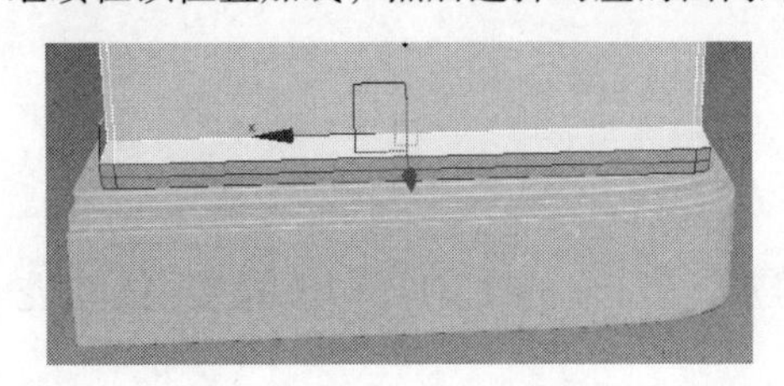
图 6-53

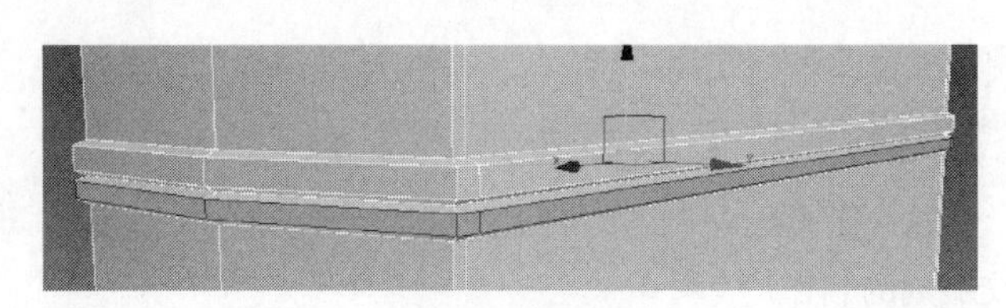
图 6-54

步骤 06 将拐角处的线段进行切角处理后，复制该物体，然后在背部位置创建一个切角长方体，同时创建隔板模型，隔板模型也是用切角长方体来代替，复制调整出剩余的隔板模型，如图 6-55 所示。

步骤 07 顶部的创建。在顶部位置创建一个 Box 物体并将其转换为可编辑的多边形物体，加线并调整至如图 6-56 所示。

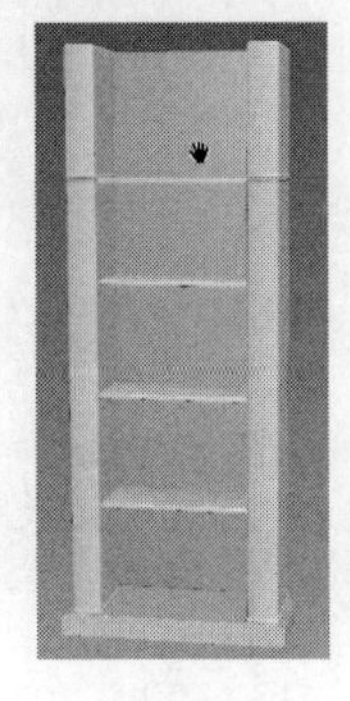
图 6-55

图 6-56

将前方两侧的面向外挤出面并调整好长度，如图 6-57 所示。

选择底部所有面，单击“倒角”后面的■按钮，设置参数，将底部面向下进行多次倒角挤出操作，效果如图 6-58 所示。

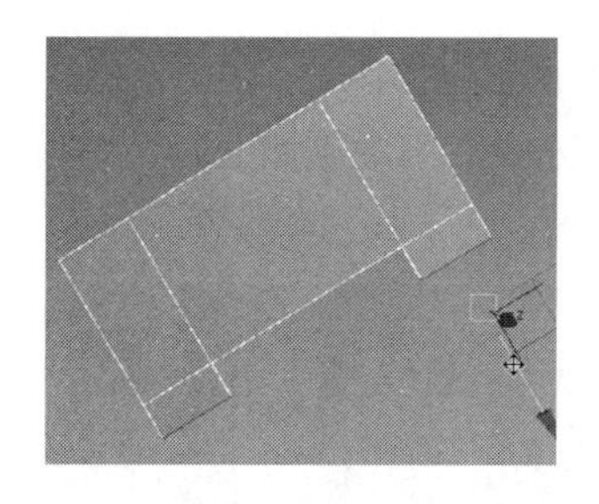

图 6-57

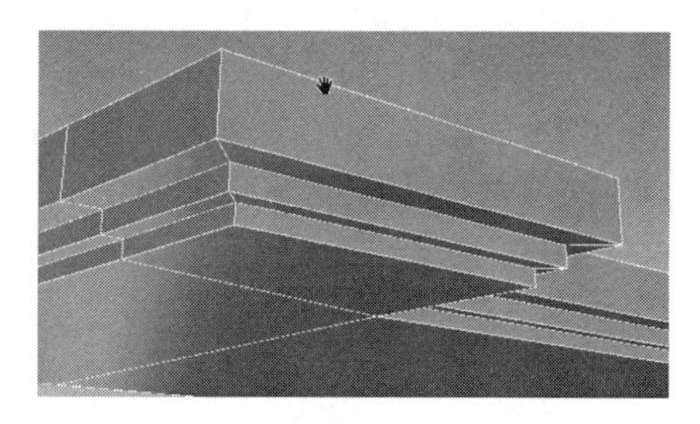

图 6-58

分别在拐角的边缘位置加线，如图 6-59 和图 6-60 所示。

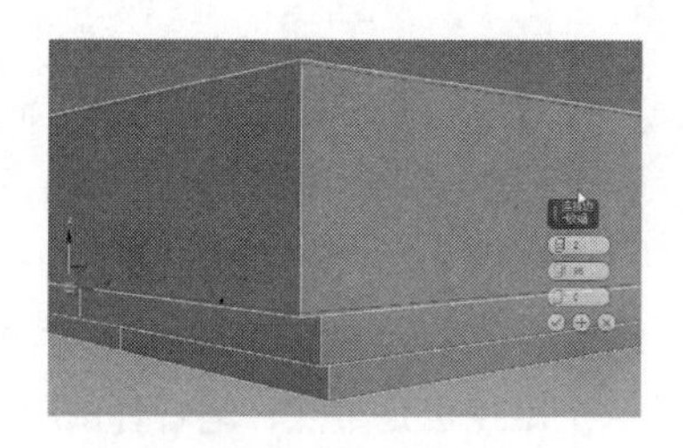

图 6-59

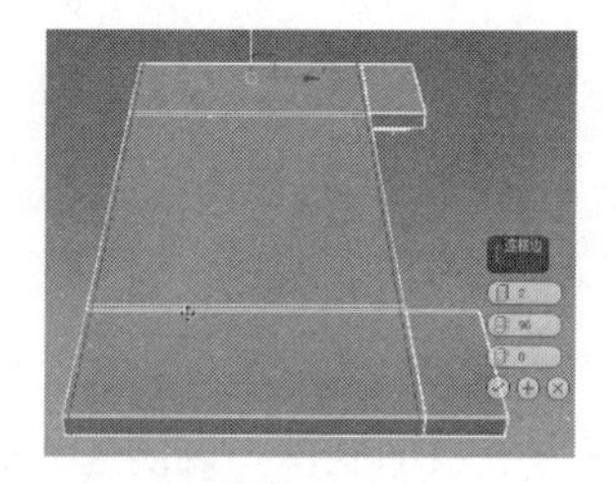

图 6-60

移动调整点、线来调整模型比例，细分后的效果如图 6-61 所示。

步骤 08 在顶部模型的下方位置创建一个 Box 物体并将其转换为可编辑的多边形物体，对其进行简单的加线和面的挤出操作，效果如图 6-62 所示。

图 6-61

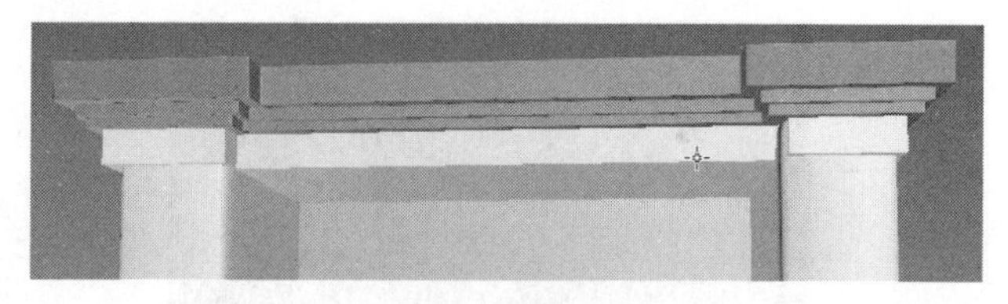

图 6-62

步骤 09 在面板中单击“矩形”按钮，创建一个长、宽分别 130 mm、410 mm 的矩形，右击矩形，在弹出的快捷菜单中选择“转换为” | “转换为可编辑样条曲线”命令。按【3】键进入“样条线”级别，选择样条线，单击“轮廓”按钮，向外挤出轮廓，如图 6-63 所示。

在修改器下拉列表中添加“挤出”修改器，设置数量值为 5 mm，右击物体，在弹出的快捷菜单中选择“转换为” | “转换为可编辑多边形”命令，然后框选四个角的所有点，按快捷键【Ctrl+Shift+E】将点与点之间连接出线段，然后分别在 4 个角的边缘位置进行加线处理，按快捷键【Ctrl+Q】细分显示该模型，参考外部的框架进行调整，如图 6-64 所示。

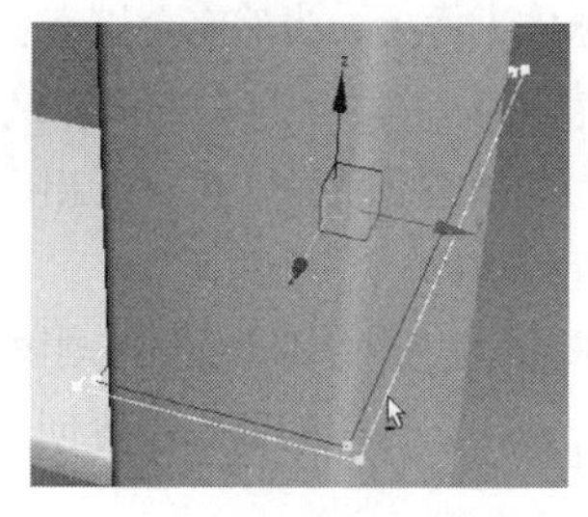

图 6-63

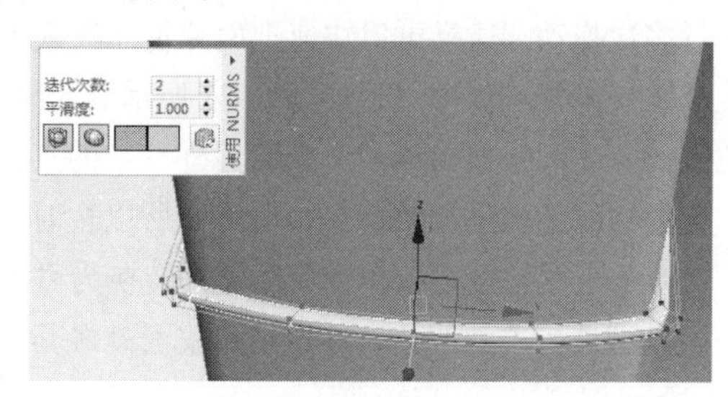

图 6-64

调整好后，按住【Shift】键向下移动复制，如图 6–65 所示。

步骤 10 在视图中创建一个半径为 2.5 mm 左右的圆柱体，移动到如图 6–66 所示的位置。将圆柱体沿着框架复制，效果如图 6–67 所示。

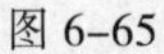

图 6–65

图 6–66

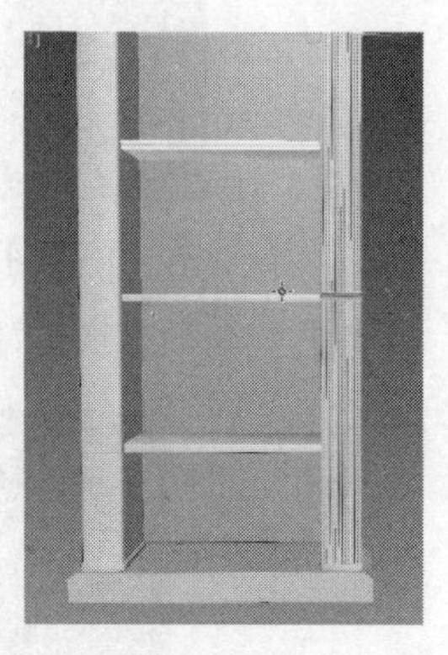

图 6–67

步骤 11 菠萝花纹的制作。该模型是本节中的一个难点也是重点，笔者曾试图用了很多种制作方法，但都没有找到一个更加快捷的方法。我们先来看一下要制作的大体效果，如图 6–68 所示。

首先尝试用球体修改制作出菠萝花纹。创建一个球体，将球体适当进行旋转调整，使其布线和菠萝的纹路相吻合，用缩放工具将其拉长，如图 6–69 所示。很明显拉长之后的球体布线很不均匀，不符合要求。

图 6–68

图 6–69

几何球体的布线同样不能达到我们的要求，如图 6–70 所示。

接下来试验用面片物体进行编辑是否可行。创建一个平面，设置分段数为 10，将其转换为可编辑的多边形并移动到球体的前方。单击“多边形绘制”下的拖动工具，然后将笔刷调大，在面片上按住鼠标左键进行多次拖动，这样可以快速把面片物体吸附于球体表面上，当然有个别点会出现挤压在一起的情况，只需要单独调整即可，如图 6–71 所示。

将中心位置的点之间连接出线段，删除另外一半的点，如图 6–72 所示。可以看出，虽然线段走向符合要求，但是边缘的弧形调整起来很费力。所以暂时放弃该方法。

步骤 12 接下来还是创建一个几何球体并转换为可编辑的多边形物体，删除一半的点和面，然后对剩余的一半模型进行单独调整。首先用缩放工具将其拉长，在该物体的四周位置创建几个 Box 物体，如图 6–73 所示。

在复合面板上单击超级布尔运算按钮，单击“开始拾取”按钮，依次拾取 4 个 Box 物体，布尔运算后的效果如图 6–74 所示。

将边缘位置相邻很近的点进行焊接，在侧面的面上用剪切工具进行手动切割线段，如图 6–75 所示。

该模型中需要斜方向上的线段，不需要竖直方向的线段，所以要选择竖直方向的线段并将其移除，如图 6–76 所示。

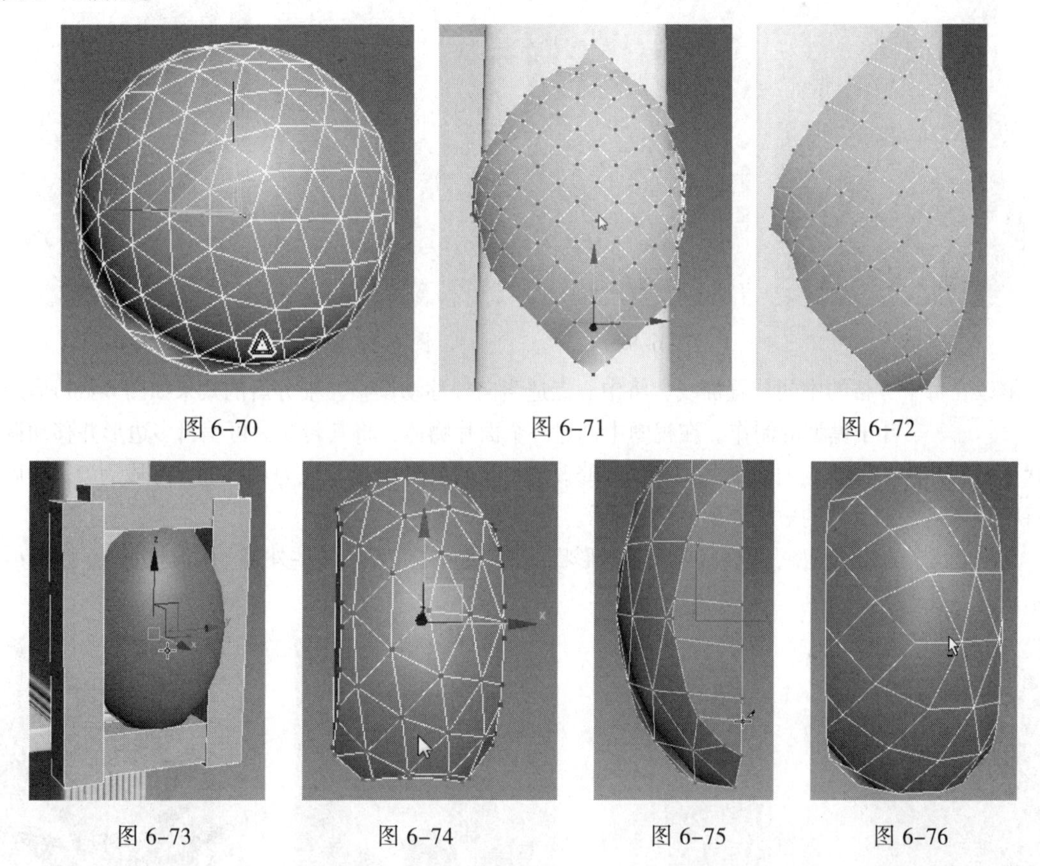

图 6–70　图 6–71　图 6–72

图 6–73　图 6–74　图 6–75　图 6–76

但目前的布线还远远达不到要求，所以要对其布线进行手动调整。调整的方法无非就是加线、调整点，调整的过程不再详细地讲解，这里给出部分调整过程，如图 6–77 ~ 图 6–80 所示。

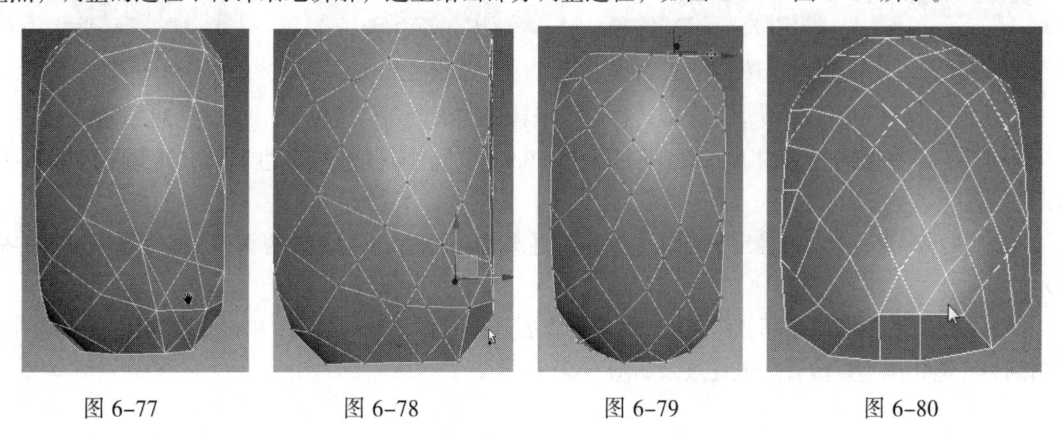

图 6–77　图 6–78　图 6–79　图 6–80

将边缘位置的线段进行切线处理并将相邻的点进行焊接，细分后的效果如图 6–81 和图 6–82 所示。

选择图 6–83 所示的面，单击“倒角”后面的按钮，选择 按多边形 的方式将面向外挤出倒角，如图 6–84 所示。

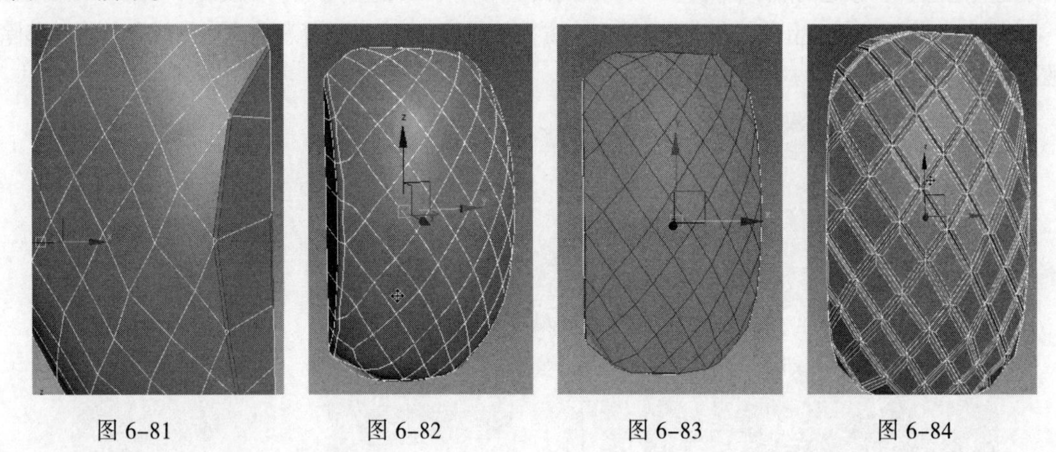

图 6–81　图 6–82　图 6–83　图 6–84

继续在每个方格的中间位置加线，将中心点适当向外移动调整，细分后的效果如图 6–85 所示。

步骤 13 叶子模型的制作。在视图中创建一个面片物体，将其转换为可编辑多边形并移动调整形状，然后在修改器下拉列表中添加“壳”修改器，设置“外部量”值为 3.8mm，分段为 2，然后再次将模型塌陷，细分后的效果如图 6–86 所示。

复制出其余的叶子模型，但要随机调整其形状，尽量使叶子模型有一些外观上的形状变化，如图 6–87 所示。

图 6–85

图 6–86

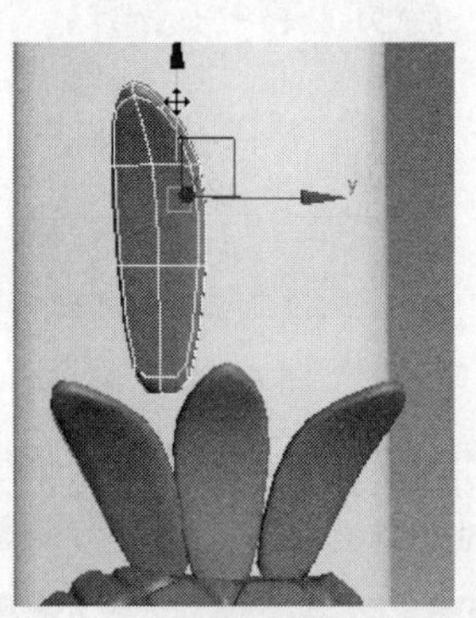

图 6–87

图 6–88

复制调整出剩余叶子模型，配合旋转移动等工具将其调整到合适位置，如图 6–88 所示。

步骤 14 在顶部边缘的下方位置创建一个 Box 物体，对其进行多边形形状调整，如图 6–89 所示。

添加“对称”修改器，镜像出另外一半模型后再次塌陷，对其进行加线等调整，细分效果如图 6–90 所示。

步骤 15 右侧模型全部制作完成之后，选择要进行对称复制的模型，单击按钮将其镜像对称复制到另一侧，调整好位置。最终效果如图 6–91 所示。

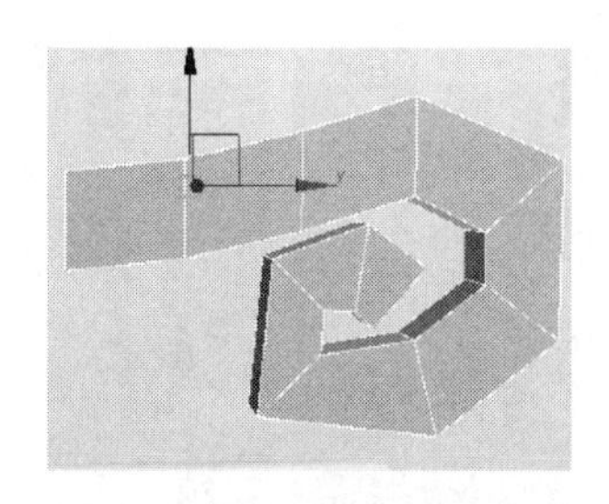
图 6-89

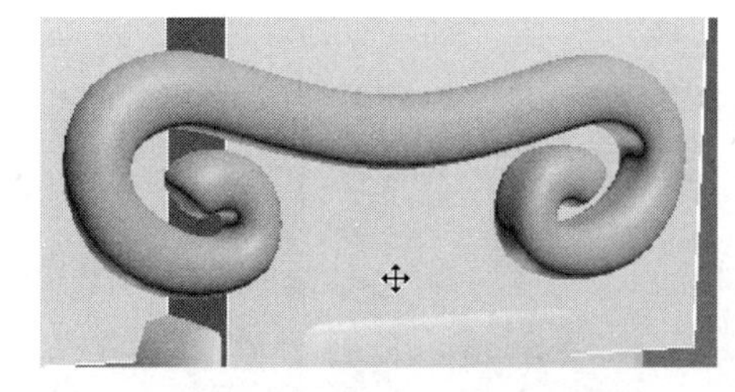
图 6-90

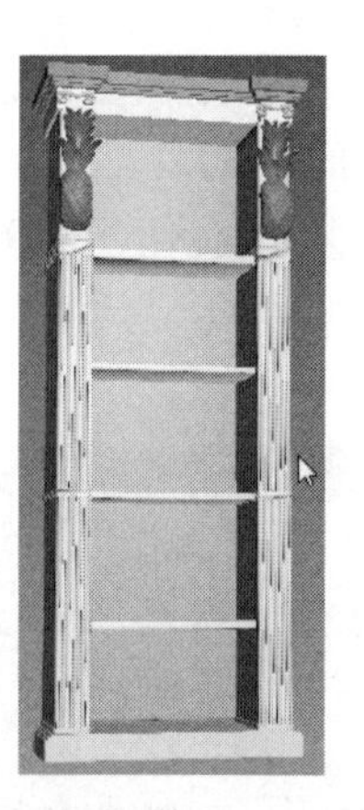
图 6-91

本实例小结：本实例中的难点在于类似菠萝雕花物体的制作，这里没有什么捷径，用多边形建模一点一点加线进行调整。

6.4　制作书架

图 6-92

本节要制作的书架模型效果如图 6-92 所示。

步骤 01 创建一个 70cm × 70cm × 2cm 的切角长方体作为底座，然后向上复制一个并旋转调整角度，如图 6-93 所示。然后在其中一角创建一个 6cm × 2cm × 36cm 的长方体并复制，将其转换为可编辑的多边形物体后加线，然后选择图 6-94 中对应的面。

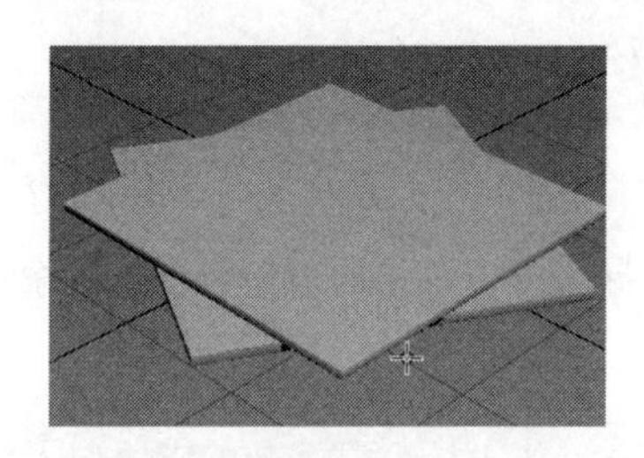
图 6-93

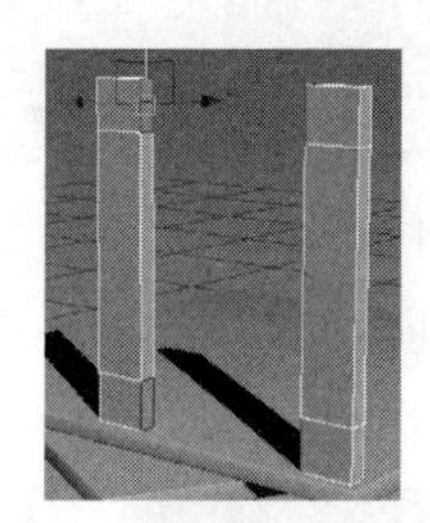
图 6-94

单击“桥”按钮生成中间的面，如图 6-95 所示，分别在该物体边缘位置加线调整，细分后的效果如图 6-96 所示。

图 6-95

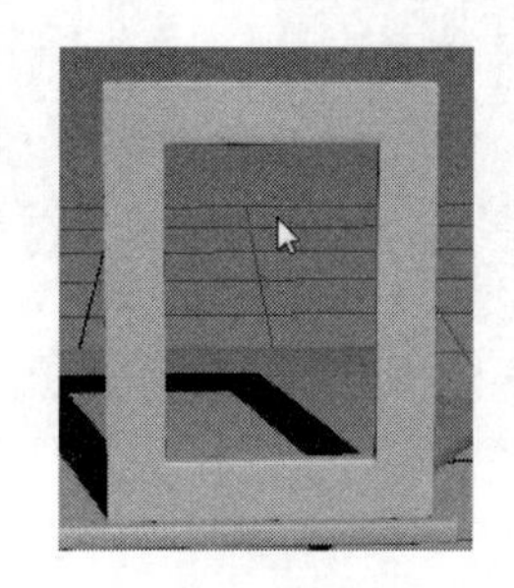
图 6-96

步骤 02 在该物体顶部再次创建一个长方体物体，如图 6–97 所示。然后向上复制调整至如图 6–98 所示的效果。

复制调整出其他侧面物体，如图 6–99 和图 6–100 所示。

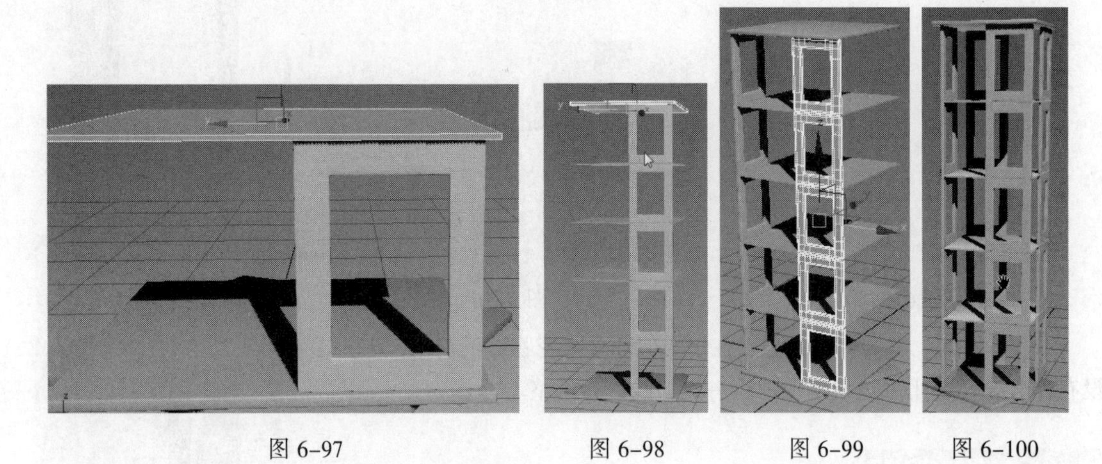

图 6–97　　图 6–98　　图 6–99　　图 6–100

步骤 03 在图 6–101 中的位置两条直线，在渲染卷展栏下选中☑在渲染中启用和☑在视口中启用复选框，效果如图 6–102 所示。

图 6–101　　图 6–102

将内部挡杆模型向上复制如图 6–103 所示。导入第四章中的书柜模型，删除除书本之外的所有模型，调整大小、厚度和角度，如图 6–104 所示。

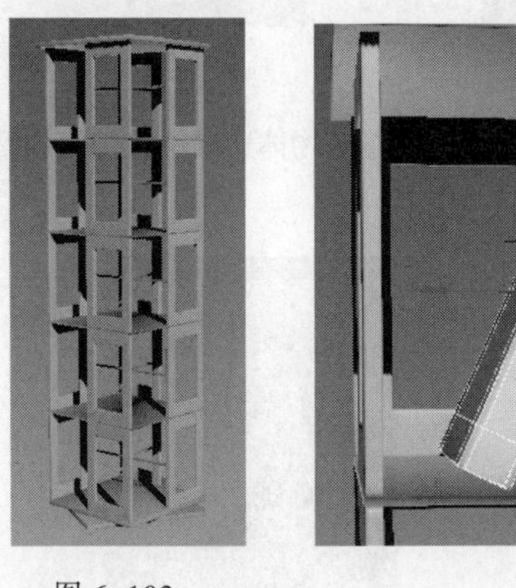

图 6–103　　图 6–104

步骤 04　继续复制调整出其他书本模型，如图 6–105 所示。按快捷键【M】打开材质编辑器，在左侧材质类型中单击标准材质并拖拉到右侧材质视图区域，选择场景中所有物体，单击按钮将标准材质赋予所选择物体，效果如图 6–106 所示。

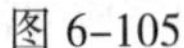

图 6–105

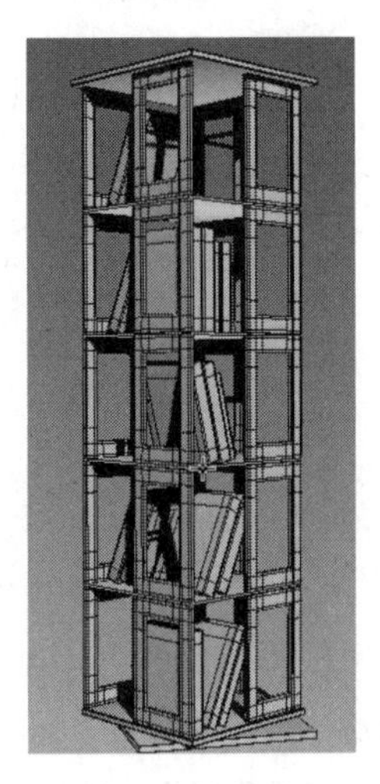

图 6–106

本实例小结：本实例中的模型在制作时只需把握好尺寸即可。

6.5　制作屏风

屏风，古时建筑物内部挡风用的一种家具，所谓“屏其风也”。屏风作为传统家具的重要组成部分，历史由来已久。

屏风一般陈设于室内的显著位置，起到分隔、美化、挡风、协调等作用。它与古典家具相互辉映、相得益彰、浑然一体，成为家居装饰不可分割的一部分，呈现出一种和谐之美、宁静之美。屏风在周朝就以天子专用器具出现，成为名位和权力的象征。经过不断的演变，屏风具备防风、隔断、遮隐的用途，并且起到点缀环境和美化空间的功效，所以经久不衰，流传至今，并衍生出多种表现形式。当今屏风主要分围屏、座屏、挂屏、桌屏等形式，其中大型屏风能展示出高贵的气势，是客厅、大厅、会议室、办公室的首选。以往屏风主要起分隔空间的作用，而现在更强调屏风装饰性的一面，既要营造出“隔而不离”的效果，又强调其本身的艺术效果。它融实用性、欣赏性于一体，既有实用价值，又被赋予新的美学内涵，绝对是极具民族传统特色的手工艺精品。

起初我们先祖的家居陈设是非常简洁的，随着社会的发展，人们的物质生活逐渐丰富起来，审美观念也发生了巨大的变化。于是，家具中的屏风制作也应运而生了。屏风的制作形式多种多样，主要有立式屏风、折叠式屏风等。后来出现了纯粹作为摆设的插屏，它娇小玲珑，饶有趣味。

步骤 01　创建一个 200cm × 60cm × 5cm 的长方体模型并转换为可编辑的多边形物体，分别加线调整至如图 6–107 所示，注意，红线三处距离要相等。按【4】键进入面级别，用“倒角”工具先向内再向外倒角如图 6–108 所示。倒角后的整体效果如图 6–109 所示。

调整布线至如图 6–110 所示（调整的方法是加线、连线、移除多余线段、点的三维捕捉约束调整），前面实例中已经介绍过很多次了，所以这里不再详细讲解。删除中上部中心的面，如图 6–111 所示。

然后将对应的边界线之间桥接出面。

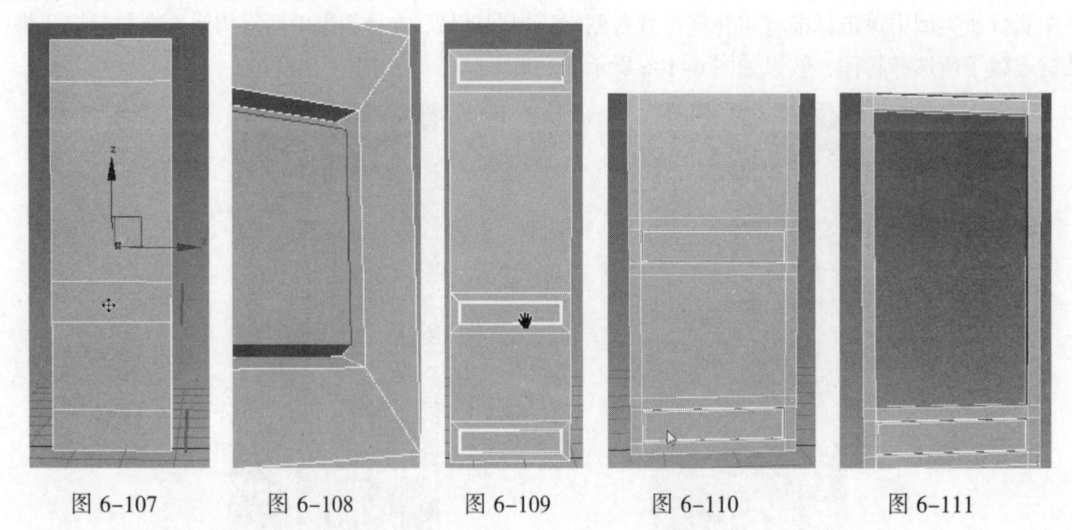

图 6-107　图 6-108　图 6-109　图 6-110　图 6-111

分别在该物体边缘位置和拐角位置加线调整，细分后的效果如图 6-112 所示。

步骤 02 屏风内部雕花制作。雕花的制作配合 Photoshop 中完成，首先要先搜集一些屏风的图片，如图 6-113 所示。打开 Photoshop，打开搜集的图片，用选区工具将多余的边缘裁掉，如图 6-114 所示。

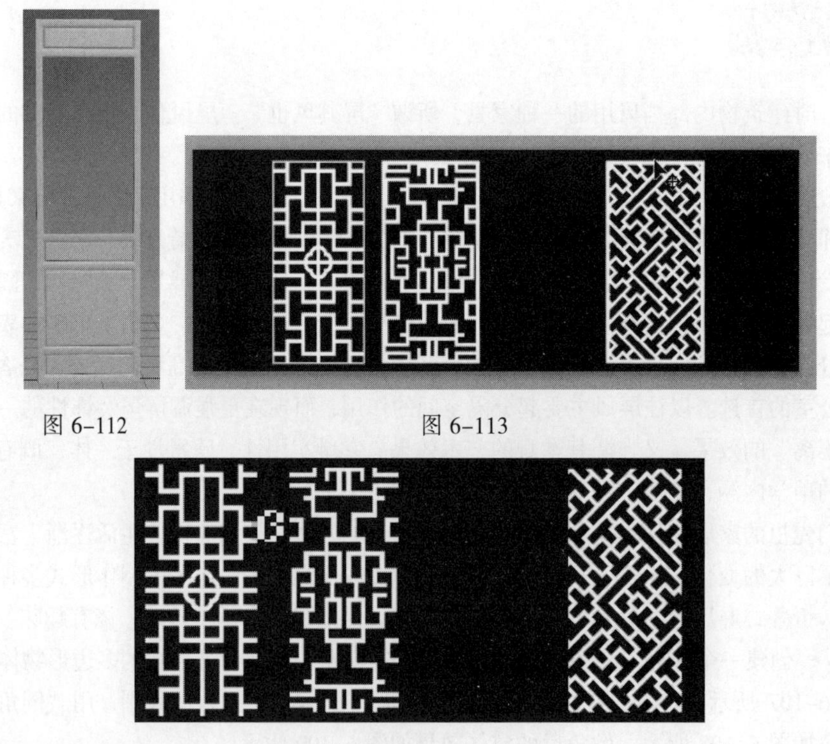

图 6-112　图 6-113

图 6-114

用羽化工具选择所有白色，右击选择建立工作路径，设置容差值为 0.5，单击【确定】按钮，然后选择“文件”|“导出”|“路径到 Illustrator”命令，将路径导出。

步骤 03 返回 3ds Max 软件中，依次选择“导入”|“导入”命令，打开在 Photoshop 中导出的路径文件将其导入进来，如图 6–115 所示。

图 6–115

选择所有点，将所有点转换为角点，导入进来的形状可能会出现多余的点，如图 6–116 所示的形状，手动删除这些多余的点并细致调整，如图 6–117 所示。

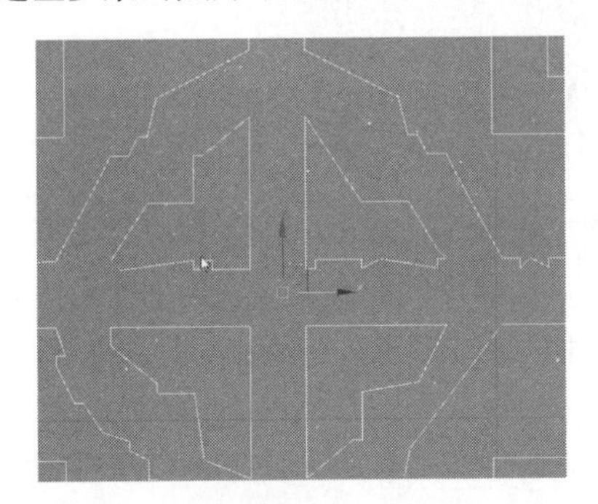

图 6–116

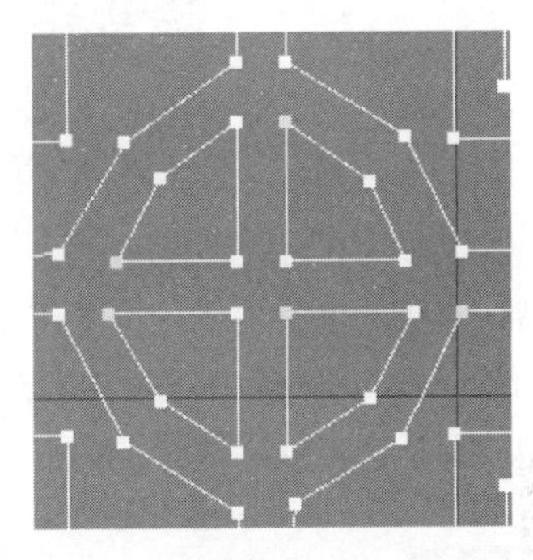

图 6–117

步骤 04 按“3”键进入样条线级别，分别选择每一部分形状的样条线，单击 分离 按钮将其分离开来，然后分别添加“挤出”修改器将二维曲线生成三维模型，调整大小和位置，如图 6–118 所示。用同样的方法制作出其他部分屏风内部细节，如图 6–119 所示。

图 6–118

图 6–119

步骤 05 在底部创建一个长方体并对齐进行多边形形状调整，如图 6–120 所示，复制调整出其他部位底座模型，如图 6–121 所示。

图 6–120

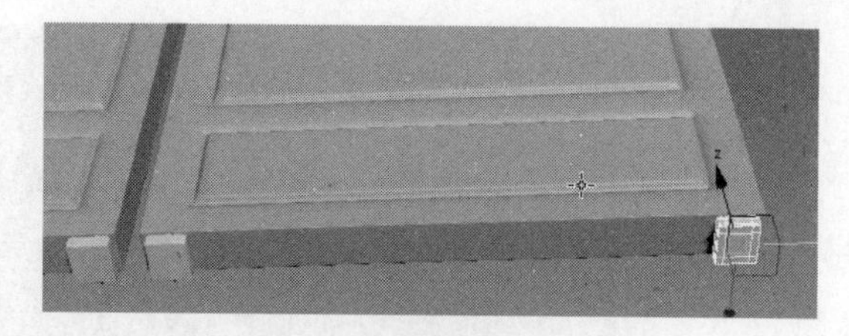
图 6–121

步骤 06 整体复制屏风调整角度，最后的效果如图 6–122 所示。

图 6–122

本实例小结：本实例中主要运用到了与 Photoshop 软件的配合使用快速制作出所需要的图案模型的方法，如果不配合 Photoshop，在 3ds Max 软件中用样条线逐步进行绘制，需要花费大量时间和精力。所以在制作模型时要学会最佳、最快捷的方法。

6.6 制作隔断

在传统意义上，所谓隔断是指专门分隔室内空间的、不到顶的半截立面，而在如今的装修过程中，许多有形隔断却由家具等充当，比如屏风、展示架、酒柜，这样的隔断既能打破固有格局、区分不同性质的空间，又能使居室环境富于变化、实现空间之间的相互交流，为居室提供更大的艺术与品位相融合的空间。

隔断按形式分为单玻隔断、双玻隔断；按材料分为立板隔断、玻璃隔断、金属隔断；按用途分为办公隔断、卫生间隔断、客厅隔断、橱窗隔断；按功能分为家具隔断、屏风隔断、门隔断、帘隔断；按形状分为高隔断、低隔断；按性质分为固定隔断、活动隔断等。

本节要制作的隔断模型和屏风有一些类似，下面让我们来学习一下它的制作。

步骤 01 在视图中创建一个长、宽、高分别为 1 cm、30 cm、4 cm 的 Box 物体，然后复制调整出边框，如图 6–123 所示。

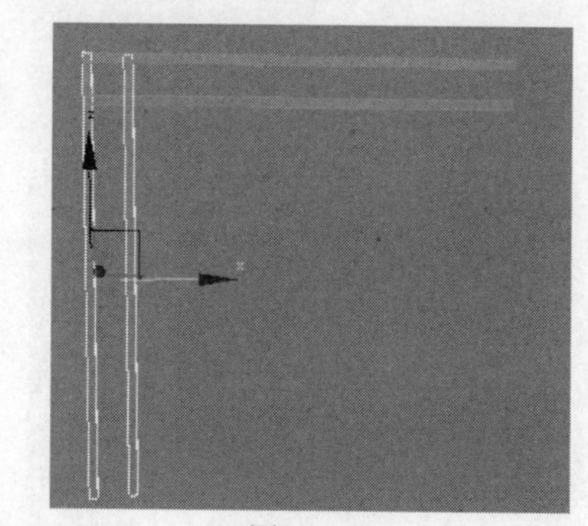
图 6–123

步骤 02 选择竖直方向上的一个 Box 物体，将其转换为可编辑的多边形物体，拾取与之平行的另外一个 Box 物体将其附加在一起，然后选择水平方向上的一个 Box 物体，用同样的方法将与之平行的 Box 物体附加起来，继续复制调整出底部和右部的边框，在边框中间部位创建一个管状体，参考管状体的比例，适当调整边框上、下、左、右的距离，如图 6–124 所示。

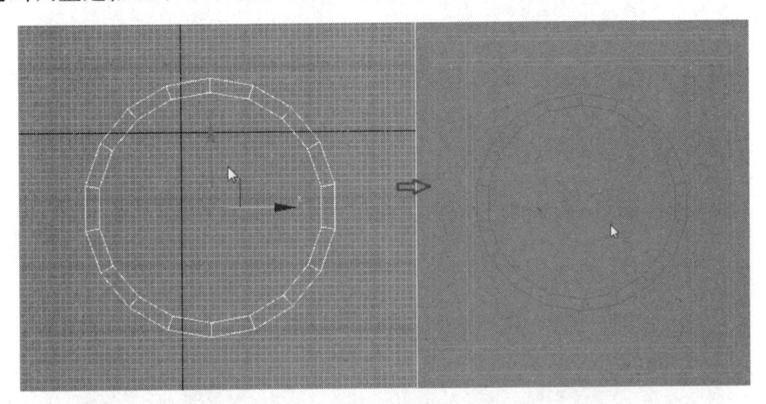

图 6–124

步骤 03 增加管状体的边数为 42，高度分段为 1，适当调整厚度值，选择外边框，用缩放工具将其厚度拉长，如图 6–125 所示。

步骤 04 复制边框的 Box 物体，调整出中间的一些造型，如图 6–126 所示。

图 6–125

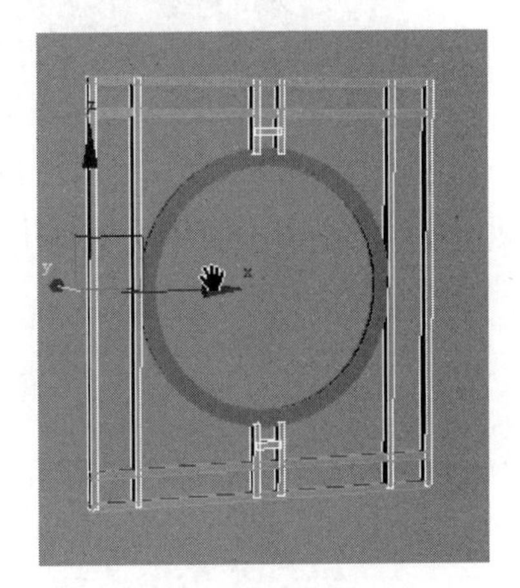

图 6–126

步骤 05 在边框位置创建一条直线，按【2】键进入线段级别，选中该线段，将“拆分”右侧的数值改为 21，单击拆分 拆分 21 ，将线段拆分为 22 段，调整线段至如图 6–127（左）所示，在参数面板中单击“轮廓”按钮，向外挤出轮廓，然后在修改器下拉列表中添加“挤出”修改器，并对称复制出一个并调整好位置，如图 6–127（右）所示。

步骤 06 创建 Box 物体，复制并调整至如图 6–128 所示。

步骤 07 打开 Photoshop，打开一张龙的图片，选择“图像”|“调整”|“去色”命令，将图片去色，如图 6–129 所示。

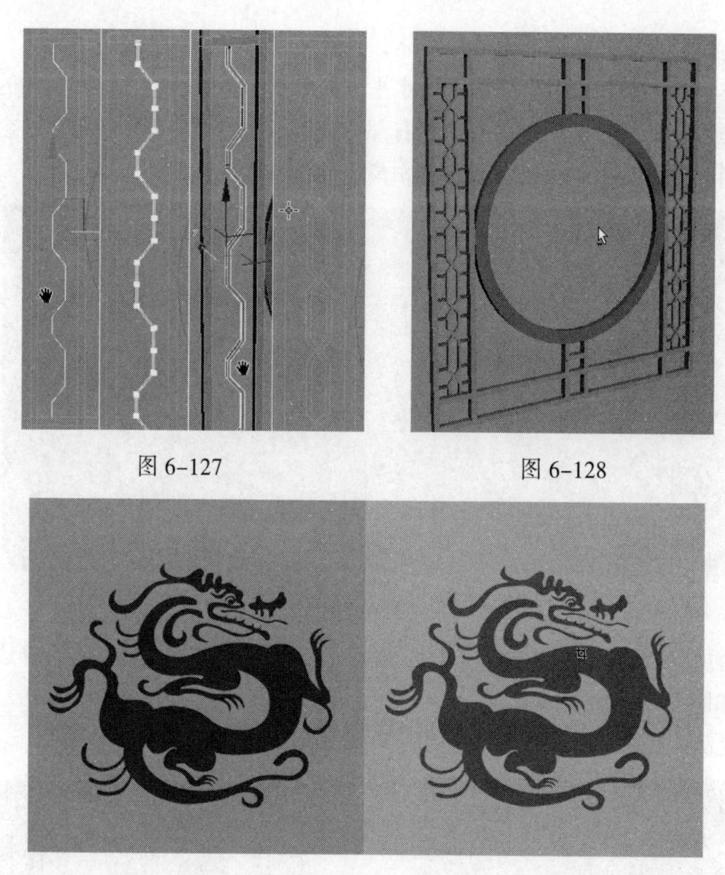

图 6-127　　图 6-128

图 6-129

调整亮度和对比度，将图像整体调亮，如图 6-130 所示。

图 6-130

进入蓝色通道，按住【Ctrl】键并在该通道上单击，提取选区，单击路径面板下的按钮，将选区转化为路径，选择“文件” | “导出” | “路径到 Illustrator”命令，命名文件并保存。

步骤 08 返回 3ds Max 中，单击“文件”按钮，选择“导入” | “导入”命令，选择在 Photoshop 中导出的 AI 格式路径文件，单击“打开”按钮，在弹出的“AI 导入”对话框中选择“合并对象到当前场景”单选按钮，单击“确定”按钮，然后在弹出的“图形导入”对话框中选择“单个对象”单选按钮，单击“确定”按钮，如图 6-131 所示。

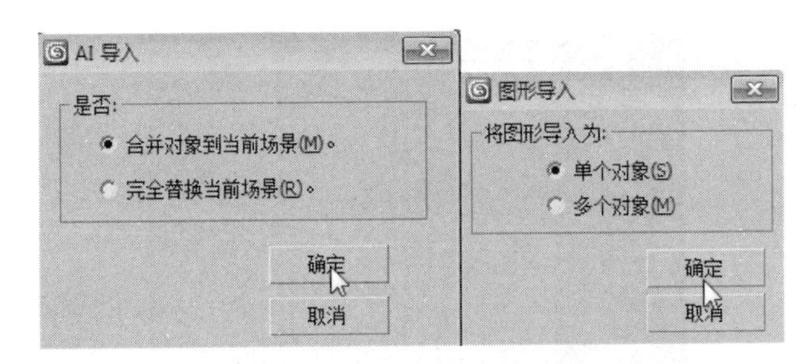

图 6–131

步骤 09 选择导入进来的路径，在修改器下拉列表中添加“挤出”修改器，旋转缩放并调整到合适位置，如图 6–132 所示。

步骤 10 框选所有的模型，按住【Shift】键进行移动复制，然后将中间的龙模型文件删除。返回 Photoshop 打开一张凤凰的图片，按快捷键【Ctrl+I】反转图像，如图 6–133 所示。用同样的方法制作出路径导出。

图 6–132

图 6–133

在 3ds Max 中制作好的模型效果，如图 6–134 所示。

图 6–134

步骤 11 在 Photoshop 中打开一张类似窗格的图片，执行图 6–135 所示的操作。

制作出路径，然后在 3ds Max 中导入路径并挤出三维模型，整体效果如图 6–136 所示。

步骤 12 再创建两个面片物体，最终的模型效果如图 6–137 所示。

图 6-135

图 6-136

图 6-137

本实例小结：本实例同样是配合了 Photoshop 软件快速制作雕花模型。同时配合一些规整的几何形状物体来达到想要表现的效果。

至此为止，本书实例就全部制作完成，通过这些不同的实例，希望读者能彻底掌握样条线的制作调整方法，由样条线转三维模型的方法；物体的不同的复制方法；多边形建模下的所有工具命令；石墨建模工具下的一些常用命令；修改器下拉列表中一些常用的修改器的使用方法；布料系统和动力学的使用以及 ZBrush 和 Marvelous Designer 软件的简单使用；Photoshop 中路径的快速建立方法等一系列建模命令。

希望通过本书的学习，可以快速提高读者的建模技巧以及不同家具的设计要求。